教育部世行贷款 21 世纪初高等教育教学改革资助项目

高等学校教材

无机非金属材料实验

第二版

伍洪标　主编
谢峻林　冯小平　副主编

化学工业出版社
·北京·

本教材是结合无机非金属材料专业的发展以及学科、行业发展对人才的需求而进行编写的。在第一版的基础上，本教材在实验内容的设计方面更加注重培养学生的综合分析能力和知识的应用能力，增加了部分综合性实验项目，强化了无机非金属材料工程实践能力的培养。

本书在"绪论"中从实验教学改革的角度，对"无机非金属材料实验的特点和任务"、"实验课的目的和任务"、"学习方法"等方面进行探索性介绍。在第一章结合有关实验，对"实验误差"、"数据处理"的基础知识进行介绍，力图满足实验中的需要。在第二章编写54个精选的主题实验项目，涵盖了在无机非金属材料科研与生产中需要做的基本实验。第三章编写了4个不同内容、不同风格的设计型实验。

本书可作为相关大专院校本科生、专科生的教材，对从事无机非金属材料研究、生产的研究人员和工程技术人员也有一定的参考价值。

图书在版编目（CIP）数据

无机非金属材料实验/伍洪标主编．—2版．—北京：化学工业出版社，2010.7（2023.2重印）

教育部世行贷款21世纪初高等教育教学改革资助项目．高等学校教材

ISBN 978-7-122-08554-2

Ⅰ．无…　Ⅱ．伍…　Ⅲ．无机材料：非金属材料-实验-高等学校-教材　Ⅳ．TB321.02

中国版本图书馆CIP数据核字（2010）第088344号

责任编辑：杨　菁　　文字编辑：冯国庆

责任校对：陶燕华　　装帧设计：韩　飞

出版发行：化学工业出版社（北京市东城区青年湖南街13号　邮政编码100011）

印　　装：北京虎彩文化传播有限公司

787mm×1092mm　1/16　印张24¾　字数660千字　2023年2月北京第2版第7次印刷

购书咨询：010-64518888　　售后服务：010-64518899

网　　址：http://www.cip.com.cn

凡购买本书，如有缺损质量问题，本社销售中心负责调换。

定　　价：58.00元

前言

本书自2002年出版以来，已先后印刷了4次。在这8年间，无机非金属材料科学在不断发展，社会对材料专业人才的需求也发生了变化。为了适应这种变化和需求，无机非金属材料实验教学内容和教学方法也随之变化，通过对无机非金属材料专业教学体系的研究，结合多年教学实践，对本书的内容进行了一次修订。本书修订后充分反映近年来武汉理工大学在无机非金属材料工程专业教学改革的进展和成果。

1996年，由四川大学主持、七校联合参加的教育部面向21世纪高等学校教学改革项目"材料类专业人才培养方案及教学内容体系改革研究"启动，武汉理工大学承担了无机非金属材料专业改革内容，2000年该项目通过国家鉴定，确立了面向一级学科专业立足二级学科专业的办学思路，新的"无机非金属材料工程专业教学计划"理论体系得到认可。

为深化教学改革，确立与新的理论教学体系相适应的实验课程体系，武汉理工大学提出"无机非金属材料工程专业实验教学体系整体优化的研究与实践"课题，并于2000年8月正式被教育部获准立项。通过对教学资源进行优化组合，成立具有较大规模的、能适应拓宽后专业实验教学改革的"无机非金属材料实验中心"。对无机非金属材料专业实验室建设与管理、实验教材建设、实验教学方法与组织形式等方面进行了全面改革与实践，本教材的出版正是该项目成果的具体体现。同时于2003年出版了与之配套的《无机非金属材料实验CAI课件》，供无机非金属材料专业实验教学使用。

2006年"无机非金属材料实验"课程成为国家级精品课程，2007年以无机非金属材料专业实验教学为主要特色的武汉理工大学"材料科学与工程实验教学示范中心"作为国家级实验教学示范中心被教育部批准立项。与此同时无机非金属材料专业实验教学体系得到进一步完善，教学内涵得到延伸。

本次修订，是结合无机非金属材料专业的发展，以及学科、行业发展对人才的需求而进行的。在实验内容的编排上，在更新教学内容的同时，注重按照实验教学模块进行排列，便于使用者查阅。在实验内容的设计方面，注重培养学生的综合分析能力和知识的应用能力，增加部分综合性实验项目，强化了无机非金属材料工程实践能力的培养。

为了使读者了解本书，在此将编写思路简介如下。

一、无机非金属材料专业实验课程体系

新的无机非金属材料专业实验课程体系，在与学科基础课配套设置物理实验、化学实验、电工与电子技术实验的同时，对原附属于理论课的硅酸盐物理化学、粉体技术、热工技术、硅酸盐工艺实验等课程实验内容进行全面整合，同时为拓宽专业实验内涵，强化工程能力训练，增设了粉体工程实验、流体力学实验、材料制备与性能测试、研究方法与测试技术等课程实验内容，优化后形成了由学科基础实验平台、一级专业基础实验平台、二级专业实验平台三个层次，以及材料科学基础实验、材料工程基础实验、材料制备与性能实验、材料研究方法与测试技术七个课程模块组成的专业实验课程体系（表1）。无机非金属材料实验课中每级课程模块的教学目的见表2。

无机非金属材料实验由材料科学基础实验、材料工程基础实验、材料制备与性能实验三个模块组成。在实验教学改革中，这三个模块分别在不同的学期进行，在进行修订的过程

中，将实验项目按照这三个模块进行编排，方便实验教学的管理和教材的使用。

表 1　无机非金属材料工程专业实验课程体系

<table>
<tr><th>实验层次</th><th>课程名称</th><th>课程模块</th></tr>
<tr><td rowspan="2">二级专业实验平台</td><td>研究方法与测试技术</td><td>研究方法与测试技术实验</td></tr>
<tr><td rowspan="3">无机非金属材料实验</td><td>材料制备与性能测试</td></tr>
<tr><td rowspan="2">一级专业基础实验平台</td><td>材料工程基础实验</td></tr>
<tr><td>材料科学基础实验</td></tr>
<tr><td rowspan="5">学科基础实验平台</td><td>电工电子技术</td><td>电工实验</td></tr>
<tr><td>物理实验</td><td>物理实验</td></tr>
<tr><td rowspan="3">基础化学实验</td><td>有机化学实验</td></tr>
<tr><td>分析化学实验</td></tr>
<tr><td>无机化学实验</td></tr>
</table>

表 2　无机非金属材料实验各课程模块教学目的

<table>
<tr><th>实验层次</th><th>课程模块</th><th>教学目的</th></tr>
<tr><td rowspan="2">一级专业基础实验平台</td><td>材料工程基础实验</td><td>熟悉流体、粉体、传热、燃烧等工程理论，能理论联系实际，进行现象综合分析</td></tr>
<tr><td>材料科学基础实验</td><td>研究材料组成、结构、性能之间的关系</td></tr>
<tr><td>二级专业实验平台</td><td>材料制备与性能测试</td><td>熟悉无机非金属材料组成设计、制备方法、使用性能常规测试手段，具备研究各要素之间关系的能力</td></tr>
</table>

二、实验教学主要内容

无机非金属材料实验课程结构发生了根本变化，拓宽了专业内涵，在实验课设置中，突出了培养材料工程师和材料科学家应具备的“材料研究”、“材料制备”和“材料生产”的基本能力与综合能力的训练，加大了对过去陈旧的、演示性、验证性实验项目的整合力度，以学生为主体，开发了一批综合性、设计性实验项目。

在课程实验项目的安排上采取从基础到前沿、从传授知识到培养综合能力，逐级提高的方式。使学生从较高起点进入专业实验，逐步走向研究前沿。材料科学基础实验模块安排的实验项目全部是基本型，目的在于巩固专业基础理论知识，同时进行材料研究基本能力的训练。材料工程基础实验模块安排的实验项目有基本型和综合型两种类型，目的在于巩固粉体、热工、流体等基础理论知识、掌握基本实验技能的同时，加强工程研究能力培养及综合现象分析能力的训练。材料制备与性能实验模块安排的实验项目则由基本型、综合型、设计型三种类型组成，重点在于训练学生专业实验技能和产品设计能力，培养创新研究精神。

实验教学内容设计方面注重技术性、综合性和探索性相结合，有效地培养学生的创新思维和独立分析问题、解决问题的能力。

实验技术体现先进性：将实验教学与科研、工程、社会应用实践密切联系，鼓励将科研成果转化为教学实验项目，实现基础与前沿、经典与现代的有机结合。例如按最新国家标准和行业标准改革的无机材料性能测试内容；根据企业关注热点，增设煤的燃烧特性分析实验；根据原料制备技术需要，开设粉体粒度表征实验项目等。

实验项目体现综合性：以是否能使学生真正达到对所学理论知识、实践技能的自主、综合运用效果，综合实验能力得到提高为标准，选择与设计综合型实验项目。如在“材料制备与性能测试”课程模块中，按照各种材料的制备和性能测试的系统性去安排实验，并根据各种材料的研究需要去体现实验的综合性，让学生系统地理解所开实验的目的、意义及原理，掌握实验方法，掌握材料生产质量控制和科学研究基本技能，提高分析问题、解决问题的能力。

实验过程体现探索性：在教学过程中，在使学生掌握了基本实验技能后，安排不具有唯一测试手段或唯一结果的实验项目，分组进行，由学生去探索研究，发现不同测试手段所揭示的信息，比较不同结果所反映的问题，通过资料查询，完成综合实验报告。如在“材料工程基础实验”课程模块中，安排的燃料燃烧特性分析实验，需要用四种测试手段，从不同角度反映煤质的燃烧信息。而且同一测试手段，采用的不同实验条件，也可以揭示出更多的信息；同一测试数据，分析方法不同，结果也会有一定区别。

三、实验教学的几点建议

1. 实验总学时

本教材的建议教学总时数为166～230学时。在使用本书时的学时安排见表3。实验教师可根据传统型实验、综合实验、设计型实验等教学需要进行调整。

表3　建议学时安排表

实验名称	实验项目	学　　时
材料科学研究基础实验	实验1～实验5	16～20
材料工程基础实验	实验6～实验15	60～90
无机非金属材料工程实验	实验16～实验54	90～120

材料科学基础实验和材料工程基础实验建议在理论课期间或之后开设。材料科学基础实验一般在第5学期进行，材料工程基础实验一般在第6学期进行，实验项目及数量可以根据设备情况进行选择。无机非金属材料制备与性能实验是在上完《无机非金属材料工学》课程后进行，一般在第7学期。

2. 实验教学方法与组织形式

专业实验一般是从第4学期以后开始，学生基本完成了基础课程的学习，开始进入专业课程的学习，这期间，学生的选修课程比较多，并且每位学生所选的课程不尽相同，这为实验教学的组织方法带来一定的困难。下面介绍一下武汉理工大学实验教学的组织形式，仅供读者参考。

武汉理工大学的无机非金属材料实验教学一般采用的是分散与集中相结合的方式。如无机非金属材料制备与性能实验是120学时，4个教学周的时间。在实际执行时，采取3周集中和1周分散的组织形式。即3周时间，学生没有其他课程的学习，全部进行实验，另外，在全学期中，利用学生空堂时间安排实验。一般流程如下：统计每位学生的选修课程及上课时间情况，了解学生的空堂时间及学生人数，由于单项实验项目相对独立，尽量安排在空堂时间单元，将综合设计型实验尽量安排在集中周进行，便于在较短时间内完成各项测试，保证实验的连续性。通过实验教学管理系统发布每项实验的开放时间，可以根据实验设备的台（套）数，每项实验的开放时间单元可以不一样，以保证实验教学质量，保证每位同学都有动手的机会。如学生总人数为200人，如果设备只有2台（套），可以开放50个单元时间，每次每台设备2个人进行实验，如果有10台（套）设备，开放10个单元时间就可以保证每次每台设备2个人进行实验。实验教学开放时间发布后，学生可以根据自己上课的时间进行上网教学选课，并按照选课的时间参加实验即可。这种实验教学组织方法，弥补了设备台（套）数不足对实验教学质量的影响，也充分利用学生空堂时间进行实验教学，可以让每位学生都能有动手的机会。

对于设计型实验的开设，一般对学生提出实际的基本思路，由学生根据自己的兴趣爱好，并结合《无机非金属材料工学》的相关知识，通过广泛查阅科技文献资料，独立完成成分设计、工艺参数的制定、材料的合成以及材料性能的测试，并初步分析材料组成、结构、性能与合成工艺之间的关系。

四、结束语

在高等教育的教学改革中，实验教学的改革难度是很大的，涉及教学思想、教学体系、教学内容、教学方法、教学场地、教学设备等诸多问题。从近几年国内几个重要的材料专业教学改革会议的讨论情况来看，编一本从学科的角度和专业的角度来看都符合要求的实验教材是必须的。但是，由于各高等院校的办学特点有所不同，实验教学条件有较大的差别，要编一本通用的实验教材是很困难的。因此，按照无机非金属材料专业的特点和实验教学的基本要求，结合武汉理工大学的实验室条件尽量编写好这本书是我们的主导思想和力争达到的目标。

本书由伍洪标主编，第一版参编人员及编写分工如下：前言、绪论、实验误差及数据处理、综合设计实验、实验报告方法，实验 25、26、27、28、45、46、47、48 由伍洪标编写；实验 6、11 由叶菁编写；实验 7、8、9、10、12 由吉晓莉编写；实验 20、33、34、40、41、43 由万惠文编写；实验 13、14、15、24 由何仁德编写；实验 1、2、3、4、5 由黄学辉编写；实验 16、17、18、19、44 由武七德编写；实验 35、36、37、38、39、42 由陈玲莉编写；实验 21、22、23、49 由韩建军编写；实验 50、51、52、53、54 由裴新美编写；实验 29、30、31、32 由陈文、苗君编写；附表由何仁德编辑。

本次修订版，由谢峻林组织编写，参编人员分工如下：谢峻林策划教材内容的增减和目录重排，新编实验 13；实验 2、3、4、29、45 由冯小平修改与完善；实验 22、24、50、51、52、53 由文进修改与完善；实验 33、34、35、36、37、38、39、42 由赵青林修改与完善；实验 7、11、12 由吉晓莉重新编写和完善；实验 30、32 由韩春华修改与完善；实验 27、28 由梅书霞修改与完善，在修订的过程中，实验中心的其他老师也给予了很多帮助。全书由冯小平统稿，谢峻林、伍洪标审稿。

在这次修订中，我们尽量吸收武汉理工大学教师和有关兄弟院校老师的有益建议，在此表示衷心感谢。我们希望本书更为完善，但是，由于编写者的水平有限，书中不妥之处仍然难免存在，真诚希望使用本书的教师、学生及有关读者进一步批评指正。

最后，衷心感谢化学工业出版社为本书做了大量的工作，没有他们的无私奉献，本书就不可能与读者见面。

编　者
2009 年 12 月　于武汉

目 录

绪　论

材料是可以直接用来制造有用成品的物质，是人类生存和发展、征服自然和改造自然的物质基础。材料的使用与发展是人类不断进步和文明的标志。从科学技术发展史中可以看到，每当发现一种新材料，就将带动科学的发展和技术的革命。材料是一切科学技术的物质基础，是当代科学研究的前沿。现在，材料与能源、信息技术是现代文明的三大支柱已经得到国际的公认。世界上现有的传统材料约有几十万种，新材料还在以每年约5%的速度不断增长。在21世纪中，科学技术将有更大的发展，材料的研究与制造将显得十分重要，在材料科学与工程领域里奋斗的人们将有无限的前途。未来的科学家与工程师们现在要努力学习，以便将来去迎接挑战，去开拓材料研究与制造的新天地，为人类进步与文明做出应有的贡献。

一、无机非金属材料实验的特点和任务

1. 无机非金属材料的现状

从古到今，无机非金属材料在材料中都占有较大的比重。但在不同的历史阶段，无机非金属材料的定义有一定的差别。在20世纪40年代以前，无机非金属材料仅被认为是由自然产出的石头加工而成的制品；用天然粘土为主要原料制作而成的粘土制品；用多种非金属矿物原料生产出的水泥、玻璃、陶瓷、耐火材料；用成分比较纯的非金属矿物原料生产出的人工晶体等。20世纪40年代以后，随着航空航天工业、电子信息工业、机械工业、生物材料工业等的发展，人们开发出了一系列的新型材料，极大地增加了无机非金属材料的品种和名目。现代无机非金属材料的定义已经扩展，品种包括除金属材料、有机高分子材料以外的几乎所有的材料，种类繁多，用途广泛。其中的结构材料、耐磨材料、电子材料、声光材料、敏感材料、生物材料等，是现代社会不可缺少的支柱材料，在21世纪中将发挥重要的作用。

2. 无机非金属材料实验的特点

（1）实验的概念

在现代汉语中，有“实验”、“试验”、“测试”、“检验”等词。这些词的含义相似，容易混淆。

“实验”是指科学上为了阐明某一现象而创造的条件，以便观察它的变化和结果的过程，或者为了检验某种科学理论或假设而进行的某种操作、所从事的某种活动。“实验”的这些定义似乎带有验证的意思。

“试验”，指的是为了察看某事的结果或某物的性能而从事的某种活动，侧重于表达研究的意思。

“测试”的含义偏重于对某物性能的数值测量。因此在科学研究或生产中，当需要定量确定材料的某些（个）性能时，一般习惯于说做“测试”。

“检验”则是指用工具、仪器或其他（物理或化学的）分析方法检查事物是否符合规格的过程。所以，在工厂对产品的质量进行鉴别和评定时，一般说进行产品“检验”；同样，在商品流通过程中对商品的质量进行鉴别和评定时，一般也是说进行商品“检验”。

由以上分析可见，“实验”一词的含义与“试验”、“测试”、“检验”等词的含义是不同的。为了论述方便，在此约定将“试验”、“测试”、“检验”等词的含义都合并到“实验”之

中。在本书的其他叙述中，所说的“实验”属于这个扩充的含义，不再具体说明。

（2）无机非金属材料实验的特点

无机非金属材料实验是研究材料制取方法和材料性能测量方法的科学。在不同的历史阶段，无机非金属材料实验具有不同的研究内容和特点。在现代，无机非金属材料的定义已经扩展，品种包括除金属材料、有机高分子材料以外的几乎所有的材料，所以其研究内容十分广泛，具有新的特点。

① 与科学研究和生产实践紧密结合　随着科学技术的不断发展，各行各业需要各种传统材料的同时，还需要性能特殊的新材料，这促进了无机非金属材料的研究、开发与生产。在材料的研究与开发中，人们对新材料进行设计，然后通过实验获得新材料，通过测试获得新材料的性能数据，并根据测量数据判断其是否满足应用的需要。如果没有满足需要，则继续进行设计与实验。有时，为了改进材料的种类或性能的测量方法，人们还要研究新的实验方法和测量手段。如果获得的材料已满足使用的要求，则组织规模化生产，向社会提供商品。所以，无机非金属材料实验与科学研究和生产实践紧密相连，互相促进，共同发展。

② 与物理、化学、物理化学等多学科相结合　在现代，随着生活水平的提高，人们对新材料品种和功能的要求越来越多，对传统材料的使用也提出了新的问题。例如，石材从古到今地使用，没发现什么问题，但近年来，花岗岩、大理石的放射性引起人们的警惕。一些用“三废”研制的（新）材料是否有放射性或毒性，目前也使人们不放心。此外，材料在自然或人工环境长期作用下的变质问题也越来越引起人们的重视。要解决这些众多的问题，需要物理、化学、物理化学等多门学科的理论知识和实验方法。因此，无机非金属材料实验是综合多门学科的科学。

③ 传统实验方法与现代实验方法相结合　无机非金属材料的制备方法有多种。从温度范围来分，有高温和低温制备方法。从物质形态来分，有固相、液相和气相制备方法。其中，有的是传统方法，有的是现代方法。在无机非金属材料成分、结构、性能的测试方法中，有许多是传统的测试方法，也有不少是现代测试方法。因此，无机非金属材料实验是传统实验方法与现代实验方法相结合的实验。

3. 无机非金属材料实验的任务

无机非金属材料实验的任务，应从社会的发展和科学技术的发展对无机非金属材料的需要、材料的研究与生产的特点来考虑。

当前，社会还需要大量的、传统的无机非金属材料，这些材料的传统研究方法以经验、技艺为基础，依靠配方筛选和性能测试与分析的方式来进行的。因此，通过对原料的特性、界面性质、工艺性能与材料（及其制品）性能之间规律性的研究，可以表征材料的本质，形成和完善材料生产、应用的质量控制体系，为无机非金属材料的发展提供理论和实践的根据。

随着社会和科学技术的发展，各行各业将需要大量的新型材料。然而，沿用传统的方法是不大可能研制出具有独特性能的新型材料的，因为通过传统的宏观现象的研究只能对材料的宏观性能提供某种定性的解释，而不能准确地预示材料的性能，不能准确地指明新材料开发的方向。从现有新材料的发展来看，几乎所有新型功能材料的研究中都体现出化学与物理相结合、微观与宏观研究相结合、理论与技术相结合的特点。因此，要通过综合各门学科的知识来研究传统材料的改进和新材料的设计，通过各种先进技术来探索新材料的生产方法。

要从事无机非金属材料的研究和生产就得有人才。因此，无机非金属材料实验还有一个任务，即通过科学实验和生产实验工作培养出能理论联系实际、有分析问题和解决问题的能力、有严谨态度和实事求是的工作作风的科学家与工程师。

二、实验课的目的和任务

以上所讨论的无机非金属材料实验的特点，与实验课的特点是有区别的，后者的侧重点在于对在校学生的教育与培养。

1. 实验课的目的

开设无机非金属材料实验课，其宗旨是使学生受到科学家和工程师素质的基本训练。现在，传统无机非金属材料很多，新型无机非金属材料不断增加，这就确定了无机非金属材料实验课的两个特点：许多传统实验要继续开展，学生对这些实验技能要掌握；新实验的原理和方法陆续出现，并处于不断完善和不断进步之中，学生对其中的一些实验要掌握，一些实验要了解。

长期以来，传统观点认为学生上实验室做实验是验证所学的书本知识，加深对知识的理解和记忆，“实验”这个词的验证含义已经深深地植入人们的大脑之中。当然，由于理论教学的需要，适当做些验证型的实验是必要的，但只做验证型的实验是不够的。改革开放的形势要求大学毕业生要具有较强的动脑和动手能力，传统的教育观念必须改变。学生不仅要做验证型的实验，还要做测试型、综合型和设计型的实验。

在实际工作中，无论是一个科研项目的探索性实验，还是一种材料的性能实验，一般都由一系列的单项实验组成，都要按计划一个一个地做，然后根据各项实验现象或数据分析判断，得出最终实验结果（结论）。无机非金属材料实验也是这样，从实验类型来看，可以分为验证型实验、综合型实验或设计型实验等，可以按教学要求或实验室的条件选择一种类型进行实验教学。但无论选择做何种类型的实验，都是由一系列的单项实验组成的，每个单项实验都为实验设计的总目标服务，要按计划一个一个地做。为此，在做每个实验时要有整体实验的概念，要考虑每个实验之间的联系、每个实验可能对最终实验结果产生的影响。

现代无机非金属材料的种类很多，研究方法、生产方法和质量检验方法也有区别。由于教学时间和实验条件的限制，要全面涉足是不可能的。突出重点，兼顾其他是目前唯一的选择。另一方面，从思维方式和技术方法这两个角度来看，各种无机非金属材料的科研、生产和质量检验也有许多相同之处，因此在教学上以点带面是可能的。学生通过认真做一些经过精选、具有代表意义的实验，再经过举一反三，融会贯通，就会具备适应将来工作岗位的基础和能力。

2. 实验课的任务

无机非金属材料实验课的任务可以概括为对学生进行实验思路、实验设计技术和方法的培养；对学生进行工程、创新能力培养的；对学生进行理论联系实际和主动精神的培养。

（1）完善本专业的知识结构

在高等教育中，理论教学和实验教学是大学教育的两个主项，两者相辅相成，并由此构成完整的教学体系。

对材料类专业的学生来说，在大学期间主要是学习材料科学与工程方面的基本理论，材料制备与材料性能测试的基本知识和基本技能，掌握材料性能的变化规律，为正确设计材料、生产材料和合理应用材料打好基础。

无机非金属材料实验课是“无机非金属材料工学”课程的后续课程。从某种意义上说，实验也是材料工学知识的具体应用与深化。通过实验教学环节，使学生巩固在理论课中所学的材料制备、各种基本物理化学性能及测量这些性能的理论知识，加深本专业的认识和理解，完善本专业的知识结构，从而达到专业应有的水平。这对于学生今后在材料科学与工程领域从事有关实际工作具有重要意义。

（2）培养和提高能力

无机非金属材料实验课程的主要任务是通过基础知识的学习和实际操作训练，使学生初步掌握无机非金属材料实验的主要方法和操作要点，培养学生理论联系实际、分析问题和解决问题的能力。这些能力主要包括如下几点。

① 自学能力。能够自行阅读实验教材，按教材要求做好实验前的准备，尽量避免“跟着老师做实验，老师离开就停转”的现象。

② 动手能力。能借助教材和仪器说明书，正确使用仪器设备；能够利用工学理论对实验现象进行初步分析判断；能够正确记录和处理实验数据、绘制曲线、说明实验结果、撰写合格的实验报告等。

③ 创新能力。能够利用所学的工学知识，或根据小型科研或部分实际生产环节的需求，完成简单的设计性实验。

(3) 培养和提高素质

素质的教育与培养是大学教育的重要一环。实验教学不仅是让学生理论联系实际，学习科研方法，进而提高科研能力，还要使学生具有较高的科研素质。科研素质主要包括以下几个方面。

① 探索精神。通过对实验现象的观察、分析和对材料物理化学性能测量数据的处理，探索其中的奥妙，总结其中的经验，提出新的见解，创立新的理论等。

② 团队精神。在实验教学环节中，有许多实验是单个人无法独立完成的，有的实验要花上十几个小时甚至几天才能完成，实验中必须多人分工合作才能使其进行，要尽量发挥集体的力量才能使实验成功。要通过做这类实验提高实验组成员的凝聚力，使学生之间的关系更加融洽；要通过做这类实验使学生认识到团队协作精神在材料这个行业中的重要性，增强责任感和事业心，培养团队协作精神和能力，为将来的工作打好基础。

③ 工作态度。做实验有时是枯燥无味和艰苦的。但是，纵观做出较大贡献的科学家或工程师，几乎都是在实验室里刻苦工作才取得巨大成就。因此，在实验教学中要教育学生，要求学生刻苦钻研、严谨求实、一丝不苟地做实验，要督促他们在实验室里进行磨练，认真把实验做好。要使之明白“先苦后甜”的道理，只有在大学的学习中学会对工作、对生活的正确态度，才能胜任将来材料研究或生产的工作，才能为祖国和人民做出贡献。

④ 人文素质。人文素质通常指人文科学知识和素养。材料类专业的学生在大学期间这方面的课程学得不多，因而有的学生人文素质极差，写作水平低下。在实验教学中要求学生通过写较高质量的实验预习报告、设计实验开题报告、实验课题总结报告等形式，提高学生的人文科学知识和素养。

⑤ 优良品德。21 世纪对人们道德的评价，是以社会公认的人的公民素质为主来评判的。其标准是具有高度的公民觉悟和公民意识，即具有整体意识、高尚的情操、健全良好的人格；具有奉献精神、自尊自爱、尊重他人、关心他人、先人后己；具有热情、文明行为，诚实守信，会合作、有良好的人际关系；有个性、有主见，有较强的控制力、坚定的信念、良好的情绪，不因为时势所动；有敬业精神、开拓精神，有新的观念、宽阔的视野、会生存等。只有具备高尚品质的人，才能受人尊重并在自己工作中做出突出成绩。

在实验教学的过程中，教师要对学生进行引导，使学生克服不良的习惯，提高道德品质的素质，为提高大学生的综合素质做贡献。

三、学习方法

传统的实验教学方法是灌输式，学生围着老师转，有许多缺点。但是，传统教育也培养出许多优秀的学生，他们会思考，动手能力强，在工作中做出了不少成绩，或为人类做出了较大的贡献。在相同的条件下培养出了不同质量的学生，答案只有一个，那就是学生个体的特性在起作用，而学习方法不同无疑是主要的影响因素之一。当然，实验教学改革的目的和重点是要让学生从被动转为主动，但对学生来说，无论教师采取什么方式教学，自己发挥主观能动性，自己把被动转为主动，就能把学习工作做好，就能成为具有真才实学的人。

为了达到期望的实验教学效果，本书提出以下建议供读者参考。

1. 重视实验

随着改革开放的不断深入及社会市场经济体制的建立和运行，社会需要的是综合性复合型的人才。专业人士不能只树一帜，必须博学多才，身怀多种绝技。为了将来能适应改革开放的环境，在校大学生不能满足课堂上所学的理论知识，而是要千方百计地拓宽知识面、扩大视野以增强自己的竞争实力，尤其是实验方面的实力。

华裔科学家丁肇中是一个对实验非常看重的人，他说："研究成功原子弹，实验方面起的作用非常重要，因为真正困难的是独立解决实验技术问题"。丁肇中的成功也是得益于实验。他在诺贝尔颁奖典礼致答词时说："得到诺贝尔奖是一个科学家的最大的荣誉。我是在旧中国长大的，因此想借这个机会向发展中国家的青年强调实验工作的重要性。中国人有句古话：'劳心者治人，劳力者治于人'，这种落后的思想，对于发展中国家的青年们有很大害处。由于这种思想，很多发展中国家的学生们都倾向于理论研究而避免实验工作。事实上，自然科学离不开实验的基础。特别是物理学，它是从实验产生的。我希望由于我这次得奖，能够唤起发展中国家的学生们的兴趣，使他们注意实验室工作的重要性。"

实验室是人才的诞生地，英国剑桥大学是"科学家的摇篮"，其中的卡文迪什实验室，就出了25人次的诺贝尔奖。实验是一种实践活动，是基本技能训练、动手能力培养的重要环节。现代的理工科大学生要成材，就要足够重视实验，在实验室里努力学习，经受训练。在大学学习期间全身心地投入实验将会受益终身。

2. 预习

为了使实验有良好的效果，实验前必须进行预习。看实验教材应达到什么程度呢？我国南宋哲学家、教育家朱熹的说法可供参考，他说："大抵观书须先熟读，使其言皆若出吾之口；继以精思，使其意皆若出于吾之心，然后可有得尔"。要达到这种程度当然不容易，对即将要做的实验心中有数则是应该做到的。通常，预习应达到下列要求。

① 浏览实验教材，知道计划要做的实验项目的总体框架。

② 了解实验目的、实验原理、实验重点和关键之处。

③ 了解仪器设备的工作原理、性能、正确操作步骤。

④ 定量实验必须记录测量数据，因此在预习实验项目时，应画好记录数据的表格。设计表格是一项重要的基本功，应当尽力把表格设计好。

⑤ 实验教材中的思考题或作业题，是加深实验内容或对关键问题的理解、开发学生视野的一些问题；在实验前应把这些问题看一遍或进行一番琢磨，可提高实验的质量。

⑥ 对不理解的问题，及时查阅有关教科书，或列出清单请老师解答。

3. 实验

做实验有时是枯燥无味和艰苦的，但"先苦后甜"。纵观已做出较大贡献的科学家，几乎都是在实验室里刻苦工作才取得巨大成就。例如，赫兹成功地证实了麦克斯韦的理论，发现了电磁波，为人类文明做出了伟大的贡献，这是他几乎整日整夜地沉浸在实验室中的结果。他在一封信中写道："无论从时间上还是从性质上，我都像一个工人在工厂里那样工作，我上千次地重复每一个单调的动作，一个挨一个地钻孔、弯铁片、接下来还要把它们涂上漆……"。为了今后能胜任无机非金属材料的研究或生产的工作，为祖国和人民做出贡献，我们要学习这种精神，现在就要在实验室里进行磨练，认真把实验做好。

一般来说，在大学学习期间要做的实验与有成就的科学家们所做的实验是有区别的。这些科学家们所做的实验尽管有的现在看起来比较简单，但做这些实验是为了达到某种科研目的而自行设计的。而学生在实验室所做的课程实验，一般是根据实验教科书上所规定的实验方法、步骤来进行操作的，因此，要达到教学的要求得注意以下几点：

① 认真操作、细心观察，并把观察到的现象，如实、详细地记录在实验报告中；

② 如果发现实验现象与实验理论不符合，或者测试结果出现异常，就应该认真检查原因，并细心重做实验；

③ 实验中遇到疑难问题而自己难以解释时，应及时提请教师解答；

④ 在实验过程中应保持安静，严格遵守实验室工作规则，防止出现各种意外事故。

⑤ 要在实验教学安排的有限时间里，保质、保量地完成实验。

4. 编写实验报告

实验成功只是实验教学要求的一部分。学生做完实验之后，必须写实验报告，这是实践训练的重要环节之一。

实验报告是学生动手能力、写作能力的一种体现，是实验水平的一种证明。如果实验很成功，但实验报告却写的一塌糊涂，就不能反映真正的实验水平。因此，做完实验之后要尽心尽力地把实验报告写好，要写出深度，写出水平。

实验报告是实验总结的一种方式，对于验证型的实验，应解释每个实验的现象，并得出结论；对于测试型的实验，应根据测得的数据进行计算，求出最终结果，并分析测试结果的可信程度。对于综合型或设计型的实验，还要写出总体实验研究报告。

要按时完成实验报告，并交指导教师评阅。评阅实验报告是教师检查学生学习情况和教学效果的一种重要方法，实验报告的优劣是教师给予实验成绩的根据之一。当然，实验分数的高低不应是学生所关心的主题，重要的是要看教师批阅后发还的实验报告，要明白哪些做对了，哪些做错了。

思考题

1. 原料、材料、原材料的含义有何差别？

2. 验证型实验、测试型实验、设计型实验、综合型实验的特点是什么？

3. 你认为本书所列的实验项目中，哪些实验是验证型？哪些实验是测试型？有没有设计型？

4. 你认为本书所列的实验项目中，哪些实验是原料（燃料）性质的测试研究？哪些实验是材料形成规律的实验研究？哪些实验是材料性质的测定分析？

5. 你认为在做实验的整个过程中，误差分析和数据处理的基础知识有没有用？为什么？

6. 你是否喜欢到实验室做实验？为什么？

参考文献

[1] 唐小真主编．材料化学导论．北京：高等教育出版社，1997：1-17.
[2] 刘万生主编．无机非金属材料概论．武汉：武汉工业大学出版社，1996：1-3.
[3] 徐海龙．现代无机非金属材料的分类与发展．国外建材科技，1997，4：13-18.
[4] 欧阳国恩，欧国荣主编．复合材料试验技术．武汉：武汉工业大学出版社，1993：1-3.
[5] 杨建邺等编．杰出物理学家的失误．武汉：华中师范大学出版社，1986.
[6] 赵家凤主编．大学物理实验．北京：科学出版社，2000.
[7] 丁振华，谢景山主编．物理实验预习与实验报告．成都：成都科技大学出版社，1997.
[8] 陈金忠等．浅议面向21世纪实验教学改革的形势与任务．实验技术与管理，2000，1：102，101-104.
[9] 范昌波．编写实验教材和培养学生能力的实践与体会．实验技术与管理，2000，1：133-134.

第一章 实验误差与数据处理

在无机非金属材料的科学研究中，经常需要对材料的某些物理量（如密度、表面积、硬度、强度等）进行测量，并对测量数值进行分析研究，从中获得科学的结论。在无机非金属材料的生产中，也要对某些工艺参数（如温度、流量、压力等）进行测量，根据所得的测量值，可以间接（或直接）地控制产品的产量与质量。测量数据是否准确，数据处理方法是否科学，直接影响材料研究与生产。因此，对测量误差与数据处理方法进行研究是十分必要的。

一、测量方法分类

对材料进行测量，就是用一定的工具或设备确定材料的未知物理量。测量的分类方法很多。按被测量量的获得方式，通常将测量方法分为直接测量和间接测量两种。按被测量量的状态，可以将测量方法分为动态测量和静态测量等。

1. 直接测量

直接测量，是用一定的工具或设备就可以直接地确定未知量的测量。例如，用直尺测量物体的长度，用天平称量物质的质量，用温度计测量物体的温度等。

2. 间接测量

间接测量，是所测的未知量不仅要由若干个直接测定的数据来确定，而且必须通过某种函数关系式的计算，或者通过图形的计算才能求得测量结果的测量。例如，用膨胀仪测量材料的热膨胀系数 A，既要测定试体的原始长度 L，还要测定试体被加热时，对应于温度 T_2 与 T_1 时伸长的长度 ΔL，再通过公式 $A=A_0+\Delta L/(T_2-T_1)$ 来计算出材料的平均热膨胀系数。在测量材料的色度时，要用测量数据在三色图上标出其位置之后才能计算该材料颜色的主波长和兴奋纯度。因此，这两种测量都属于间接测量。

3. 静态测量

静态测量是指在测量过程中被测量量是不变的测量。无机非金属材料的测量通常属于这种测量。

4. 动态测量

动态测量也称瞬态测量，是指在测量过程中测量量是变化的测量。

材料的某些性质可以用动态法测量，也可以用静态法测量。例如，材料弹性模量的测定方法就有动态法和静态法两种，其性质的定义和测量数值是不同的，因此，在材料测量方法的选择和性质的解释时应当注意。

二、测量误差及其分类

在一定的环境条件下，材料的某些物理量应当具有一个确定的值。但在实际测量中，要准确测定这个值是十分困难的。因为尽管测量环境条件、测量仪器和测量方法和都相同，但由于测量仪器计量不准、测量方法不完善以及操作人员水平等各种因素的影响，各次各人的测量值之间总有不同程度的偏离，不能完全反映材料物理量的确定值（真值）。测量值 X 与真值 X_0 之间存在的这一差值 Y，称为测量误差，其关系为：

$$X_0=X\pm Y \tag{1}$$

大量实践表明，一切实验测量结果都具有这种误差。

了解误差基本知识的目的在于分析这些误差产生的原因，以便采取一定的措施，最大限度地加以消除，同时科学地处理测量数据，使测量结果最大限度地反映真值。因此，由各测量值的误差积累，计算出测量结果的精确度，可以鉴定测量结果的可靠程度和测量者的实验水平；根据生产、科研的实际需要，预先定出测量结果的允许误差，可以选择合理的测量方法和适当的仪器设备；规定必要的测量条件，可以保证测量工作的顺利完成。因此，无论是测量操作或数据处理，树立正确的误差概念是很有必要的。

根据误差产生的原因，按照误差的性质，可以把测量误差分为系统误差、过失误差和随机误差。

1. 系统误差

这种误差是人机系统产生的误差，是由一定原因引起的，在相同条件下多次重复测量同一物理量时，使测量结果总是朝一个方向偏离，其绝对值大小和符号保持恒定，或按一定规律变化，因此有时称之为恒定误差。系统误差主要是由下列原因引起的。

(1) *仪器误差*

由于测量工具、设备、仪器结构上不完善；电路的安装、布置、调整不得当；仪器刻度不准或刻度的零点发生变动；样品不符合要求等原因所引起的误差。

(2) *人为误差*

由观察者感官的最小分辨力和某些固有习惯引起的误差。例如，由于观察者感官的最小分辨力不同，在测量玻璃软化点和玻璃内应力消除时，不同人观测就有不同的误差。某些人的固有习惯，例如在读取仪表读数时总是把头偏向一边等，也会引起误差。

(3) *外界误差*

外界误差也称环境误差，是由于外界环境（如温度、湿度等）的影响而造成的误差。

(4) *方法误差*

由于测量方法的理论根据有缺点；或引用了近似公式；或实验室的条件达不到理论公式所规定的要求等造成的误差。

(5) *试剂误差*

在材料的成分分析及某些性质的测定中，有时要用一些试剂，当试剂中含有被测成分或含有干扰杂质时，也会引起测试误差，这种误差称为试剂误差。

一般来说，系统误差的出现是有规律的，其产生原因往往是可知的或可掌握的。只要仔细观察和研究各种系统误差的具体来源，就可设法消除或降低其影响。

2. 随机误差

这类误差是由不能预料、不能控制的原因造成的。例如：实验者对仪器最小分度值的估读，很难每次严格相同；测量仪器的某些活动部件所指示的测量结果，在重复测量时很难每次完全相同，尤其是使用年久的或质量较差的仪器时更为明显。

无机非金属材料的许多物化性能都与温度有关。在实验测定过程中，温度应控制恒定，但温度恒定有一定的限度，在此限度内总有不规则的变动，导致测量结果发生不规则的变动。此外，测量结果与室温、气压和湿度也有一定的关系。由于上述因素的影响，在完全相同的条件下进行重复测量时，使得测量值或大或小，或正或负，起伏不定。这种误差的出现完全是偶然的，无一定规律性，所以有时称之为偶然误差。

3. 过失误差

过失误差，也叫错误，是一种与事实不符的显然误差。这种误差是由于实验者粗心、不正确的操作或测量条件突然变化所引起的。例如：仪器放置不稳，受外力冲击产生毛病；测量时读错数据、记错数据；数据处理时单位弄错、计算出错等。显然，过失误差在实验过程中是不允许的。

三、误差表示方法

为了表示误差，工程上引入了精密度、准确度和精确度的概念。精密度表示测量结果的重演程度，精密度高表示随机误差小；准确度指测量结果的正确性，准确度高表示系统误差小；精确度（又称精度）包含精密度和准确度两者的含义，精确度高表示测量结果既精密又可靠。根据这些概念，误差的表示方法有三种。

1. 极差

极差是测量最大值与最小值之差，即：

$$R=x_{\max}-x_{\min} \tag{2}$$

式中 R——极差，表示测量值的分布区间范围；

$x_{\max}$——同一物理量的最大测量值；

$x_{\min}$——同一物理量的最小测量值；

极差可以粗略地说明数据的离散程度，既可以表征精密度，也可以用来估算标准偏差。

2. 绝对误差

绝对误差是测量值与真值间的差异，即：

$$\Delta x_i=x_i-x_0 \tag{3}$$

式中 Δx_i——绝对误差；

x_i——第 i 次测量值；

x_0——真值。

绝对误差反映测量的准确度，同时含有精密度的意思。

3. 相对误差

相对误差指绝对误差与真值的比值，一般用百分数表示，即：

$$\varepsilon=\frac{|\Delta x_i|}{x_0}\times 100\%=\frac{|x_i-x_0|}{x_0}\times 100\% \tag{4}$$

相对误差 ε 既反映测量的准确度，又反映测量的精密度。

绝对误差和相对误差是误差理论的基础，在测量中已广泛应用，但在具体使用时要注意它们之间的差别与使用范围。在某些实验测量及数据处理中，不能单纯从误差的绝对值来衡量数据的精确程度，因为精确度与测量数据本身的大小也很有关系。例如，在称量材料的质量时，如果质量接近 10t，准确到 100kg 就够了，这时的绝对误差虽然是 100kg，但相对误差只有 1%；而称量的量总共不过 10kg，即使准确到 0.5kg 也不能算精确，因为这时的绝对误差虽然是 0.5kg，相对误差却有 5%。经对比可见，后者的绝对误差虽然比前者小 200 倍，相对误差却比前者大 5 倍。相对误差是测量单位所产生的误差，因此，无论是比较各测量值的精度或是评定测量结果的质量，采用相对误差更为合理。

在实验测量中应当注意到，虽然用同一仪表对同一物质进行重复测量时，测量的可重复性越高就越精密，但不能肯定准确度一定高，还要考虑到是否有系统误差存在（如仪表未经校正等），否则虽然测量很精密，但也可能不准确。因此，在实验测量中要获得很高的精确度，必须有高的精密度和高的准确度来保证。

四、随机误差及其分布

在测量中，即使系统误差很小和不存在过失误差，对同一个物理量进行重复测量时，所得的测量值也是不同的，这是由于存在随机误差而影响测量结果。当对同一个物理量进行足

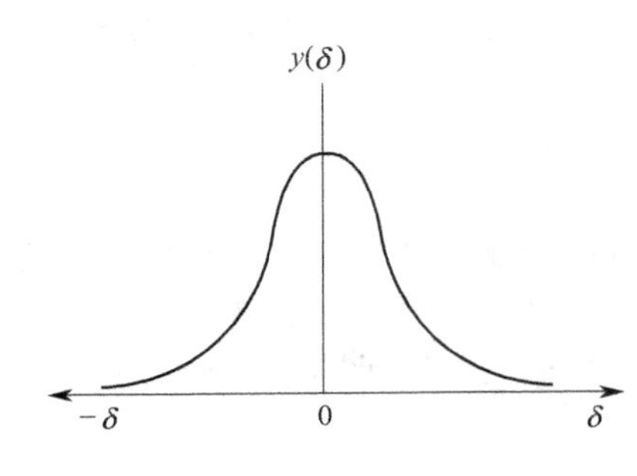

图 1 随机误差的正态分布曲线

够多次重复测量并计算出误差之后，以横坐标表示随机误差 δ，纵坐标表示各随机误差出现的概率，则可得图 1 所示的曲线。从曲线可以看出以下几点。

① 随机误差分布具有对称性，即绝对值相等的正负误差出现的概率（机会）相等。多次重复测量的算术平均值 $\bar{x}$ 是待测量的最佳代表值。

② 曲线形状是两头低，中间高，说明绝对值小的误差比绝对值大的误差出现的机会多，分布具有单峰性。

③ 绝对值很大的误差出现的概率极小，此为有界性。

这种曲线称为正态分布曲线。从统计学原理可以说明随机误差服从正态分布。1795 年，高斯（Gauss）推导出它的函数形式，所以正态分布又称高斯分布。随机误差的概率密度函数形式为：

$$y=\frac{1}{\sigma\sqrt{2\pi}}e^{-\frac{\delta^2}{2\sigma^2}} \tag{5}$$

式中 y——误差 δ 出现的概率密度；

δ——随机误差，$\delta=x_i-x_0$；

σ——标准误差（总体的标准差），如下式所示。

$$\sigma=\sqrt{\frac{1}{n}\sum_{i=1}^{n}\delta_i^2}=\sqrt{\frac{1}{n}\sum_{i=1}^{n}(x_i-x_0)^2} \tag{6}$$

由此可见，σ 愈小，则绝对值小的随机误差出现的概率（机会）愈大，误差分布曲线愈尖耸，表现出测量精度愈高；σ 愈大则情况相反。因此，为了减小随机误差的影响，在实际测量中常常对被测的物理量进行多次重复的测量，以提高测量的精密度或重演性。标准误差完全表征测量的精度，在许多测量中都采用它作为评价测量精度的标准。

虽然真值 x_0 是客观存在的，但由于任何测定都有误差，一般难以获得真值。在实验测量中，实际测得值都只能是近似值，真值 x_0 是未知的。所以在实际使用中，真值一般是指载于文献手册上的公认的数值，或用校正过的仪器多次测量所得的算术平均值。通常用一组测量值的算术平均值 $\bar{x}$ 来代表 x_0，使之成为可表示的量，即：

$$x_0\approx\bar{x}=\frac{1}{n}\sum_{i=1}^{n}x_i \tag{7}$$

式中 n——测量次数。

在实际运算中是用有限个测量值与其算术平均值的偏差来代表随机误差的，在这种情况下，标准误差的计算式应为：

$$\bar{\sigma}=\sqrt{\frac{1}{n-1}\sum_{i=1}^{n}(x_i-\bar{x})^2} \tag{8}$$

式(8) 称为贝塞尔（Bessel）标准差，是一个近似值或近似标准差，有时也称为样本的标准差。由于标准差 σ 在重复测量中的重要性，又能求得，所以将贝氏标准差称为标准差，代表可以求到的测量精度。近似标准差与测量的次数密切相关，当 n 较小时，它存在明显的误差，这一点在测量中应当注意。

标准误差是一个重要的统计量，但它只考虑绝对偏差的大小，没有考虑测量值大小对测量结果的影响。一般测量较大的物体时，绝对误差就较大。当考虑相对误差的大小时，通常用变异系数（亦称离散系数）作为统计量，即：

$$c_v=\frac{\bar{\sigma}}{\bar{x}}\times 100\% \tag{9}$$

变异系数能较好地代表测量的相对精度，所以将此统计量称为相对标准差。我国的一些国家标准也有要求，在测量报告中除了要提供算术平均值和标准误差外，还应有相对标准偏差值。

五、系统误差的发现与消除

前面已讨论过，系统误差可能由仪器误差、装置误差、人为误差、外界误差及方法误差引起，因此要发现系统误差是哪种误差引起的不太容易，而要完全消除系统误差则是更加困难的。

1. 系统误差的检出

在一般情况下，用实验对比法可以发现测量仪器的系统误差的大小并加以校正。实验对比法是用几台仪器对同一量样的同一物理量进行测量，比较其测量结果；或用标准样品、被校准的样品进行测量，检查仪器的工作状况是否正常，然后对被测样品的测量值加以修正。

根据误差理论，误差 $x-x_0$ 是测不到的，能测得的只是剩余误差。剩余误差 v_i 定义为：

$$v_i=x_i-\bar{x} \tag{10}$$

式中 $\bar{x}$——一组测量数据（数列）的算术平均值；

x_i——任一测量值。

用剩余误差观察法可以检出变质系统误差。如果剩余误差大体是正负相间，而且无明显变化规律时，则不考虑有系统误差。如果剩余误差有规律地变化时，则可认为有变质系统误差。

用标准误差也可以判断是否存在系统误差。不存在明显系统误差的判据定义为：

$$\bar{M}_i-\bar{M}_j\leqslant 2\sqrt{\frac{\sigma_i^2}{n_i}-\frac{\sigma_j^2}{n_j}} \tag{11}$$

式中 $\bar{M}$——被测物理量的算术平均值；

n——测量次数；

σ——测量标准差；

i,j——表示第 i 组和第 j 组测量。

当式中的不等号方向变为相反方向时，表示第 i 组和第 j 组的测量结果之间存在系统误差。

2. 系统误差的消除或减少

要完全消除系统误差比较困难，但降低系统误差则是可能的。降低系统误差的首选方法是用标准件校准仪器，作出校正曲线。最好是请计量部门或仪器制造厂家校准仪器。其次是实验时正确地使用仪器，如调准仪器的零点、选择适当的量程、正确地进行操作等。

六、过失误差的发现与消除

过失误差是实验人员疏忽大意所造成的误差，这种误差无规律可循。在实验中是否出现过失误差，可用以下准则进行检测。

1. 拉依达（Райта）准则

根据误差理论，$|x-x_0|\leqslant 3\hat{\sigma}$ 的概率为 99.7%；反过来说，$|x-x_0|\geqslant 3\hat{\sigma}$ 的概率是 0.3%，可能性很小。所以，拉依达准则规定：如果某个观测值的剩余误差 $v_i=x_i-\bar{x}$ 超过 $\pm 3\hat{\sigma}$，就有过失误差存在。因此，这个准则又称为 $3\hat{\sigma}$ 法则，有时也称极限误差法。

拉依达方法简单，无需查表，当测量次数较多或要求不高时，使用比较方便。

2. 格鲁布斯（Grubbs）准则

在一组测量数据中，按其从小到大的顺序排列，最大项 x_{max} 和最小项 x_{min} 最有可能包含过失性，它们是不是可疑数据，可由其剩余误差与临界值进行比较来确定，如果：

$$|v_i| = |x_i - \bar{x}| > G_0 \hat{\sigma} \tag{12}$$

则 x_i 是可疑数据。为此，先要计算出统计量

$$G_{max} = \frac{|x_{max} - \bar{x}|}{\hat{\sigma}} \quad 或 \quad G_{min} = \frac{|x_{min} - \bar{x}|}{\hat{\sigma}}$$

在 n 次测量中，若给定显著度 α，就可从表 1 中查出临界值 $G_{(n,\alpha)}$。如果 $G_{max} \geqslant G_{(n,\alpha)}$ 或 $G_{min} \geqslant G_{(n,\alpha)}$，则有过失误差存在。

在我国的一些产品标准或检验标准中，对准则的选择已有规定，数据处理时应按其规定进行操作。

消除过失误差的最好办法是提高测量人员对实验的认识，要细心操作，认真读、记实验数据，实验完后，要认真检查数据，发现问题，及时纠正。

表 1 格鲁布斯准则 G_0 数值表

n	α		n	α	
	0.01	0.05		0.01	0.05
3	1.15	1.15	17	2.78	2.48
4	1.49	1.46	18	2.82	2.50
5	1.75	1.67	19	2.85	2.53
6	1.94	1.82	20	2.88	2.56
7	2.10	1.94	21	2.91	2.58
8	2.22	2.03	22	2.94	2.60
9	2.32	2.11	23	2.96	2.62
10	2.41	2.18	24	2.99	2.64
11	2.48	2.23	25	3.01	2.66
12	2.55	2.28	30	3.10	2.74
13	2.61	2.33	35	3.18	2.81
14	2.66	2.37	40	3.24	2.87
15	2.70	2.41	50	3.34	2.96
16	2.75	2.44	100	3.59	3.17

七、有效数字的修约与运算规则

在实验过程中，任何测量的准确度都是有限的，只能以一定的近似值来表示测量结果。因此，测量结果数值计算的准确度就不应该超过测量的准确度，如果任意地将近似值保留过多的位数，反而会歪曲测量结果的真实性。在测量和数字运算中，确定该用几位数字来代表测量值或计算结果，是一件很重要的事情。关于有效数字和计算规则简单介绍如下。

1. 一次读数的有效数字表示法

任何仪器都有一定的读数分辨率。在读数分辨率以下，测量量的数值是不确定的。因此，所有读数都只需读到能分辨的最小单位就行了。最小单位指的是在不变动仪器和实验条件的情况下能够重复读定的单位，它通常是仪器标尺的最小分度或它的 1/10。例如，用米尺去测量一块玻璃试样的长度时，一般最多只需读到 1/10mm，因为米尺最小分度是毫米的 1/10，这个 1/10mm，就是分辨率的最小单位。

为了如实地反映读数情况，记录测量数值时应当不多不少地能够确定读得的全部数字，例如用米尺测量上述玻璃试样的长度为 23.8mm，23 是完全确定的，末位 8 是不确定的或

叫做可疑数字，因为“8”是估计值，当不同的人来读取这一测量结果时，可能是23.9mm，也可能是23.7mm，这之间可能发生一个单位的出入。又如，用万分之一天平称量某一物体的质量时，称量结果为（2.2345±0.0002）g，其中2.234是完全确定的，末位数字5是不确定的。因此，把所有确定的数值（不包括表示小数点位置的“0”）和这位有疑问数字在一起称为有效数字。在记录测定数值时，只保留一位可疑数字。在这两个例子中，23.8和2.2345都叫做有效数字。其中，23.8称为三位有效数字；2.2345称为五位有效数字。

有效数字还能反映测量的精密度。例如，用外径千分卡尺去测量上述玻璃试样的长度，读数可能是23.83mm，它的有效数字为四位。那么，为什么用两种不同的测量仪器去测量同一个试体会得到不同的有效数字位数呢？这是因为外径千分卡尺的精密度比米尺高，其最小分辨率是1/100mm，百分位上的数还能读得出来。因此，在记录测量数据时，写有效数值的位数必须符合仪器的实际情况，不能多写，也不可少写。

在确定有效数字时，必须注意“0”这个数字。紧接着小数点后的“0”仅用来确定小数点的位置，不算有效数字。例如，在数字0.00013中，小数点后的三个“0”都不是有效数字，而0.130中小数点后的“0”是有效数字。但是整数，例如数字250中的“0”就难以判断是不是有效数字了。因此，为了明确表明有效数字，常用指数标记法，可将数字250写成2.5×10^2就清楚了。

有效数字位数确定之后，其余数字一律舍去。舍去数字时按“四舍六入五留双”的规则，如果末位数恰好是5，看最后倒数第二位数字，是奇数者进1，是偶数者弃而不计。如将数字27.045和27.055取为四位有效数字时，则分别记作27.04和27.06。

2. 有效数字运算规则

在运算中，经常有不同有效位数的数据参加运算。在这种情况下，需将有关数据进行适当的处理。对数字的首位大于8的，可多算一位有效数字，如9.12在运算中可看成四位有效数字9.120等。

① 加减运算。当几个数据相加或相减时，它们的小数点后的数字位数及其和或差的有效数字的保留，应以小数点后位数最少（即绝对误差最大）的数据为依据。例如：

$$\begin{array}{r} 0.03 \\ 32.212 \\ +)\ 1.06783 \\ \hline ? \end{array} \quad \xrightarrow{\text{调整到保留两位小数}} \quad \begin{array}{r} 0.03 \\ 32.21 \\ +)\ 1.07 \\ \hline 33.31 \end{array}$$

如果数据的运算量较大时，为了使误差不影响结果，可以对参加运算的所有数据多保留一位数字进行运算。

② 乘除运算。几个数据相乘相除时，各参加运算数据所保留的位数，以有效数字位数最少的为标准，其积或商的有效数字也以此为准。例如，当$0.0121\times25.64\times1.05782$时，其中0.0121的有效数字位数最少，所以，其余两数应改写成25.6和1.06与之相乘，即：

$$0.0121\times25.6\times1.06=0.328$$

③ 对数运算。应用对数计算时，所取对数的位数（对数首数除外）应与真实有效数字相同。

④ 计算式中的常数为π、e的数值、$\sqrt{2}$、1/3等的数值，以及其他一些取自手册上的常数，可以为无规则，可按需要取有效数字。若算式中有效数字最低是三位，则上面常数取三位或四位均可。

⑤ 计算平均值时，若参加平均的数字有4个以上，则平均值的有效数值可多取一位。

例如，下面的5个数据，其平均值可取1.56，也可取1.565。

$$x_1=1.58;\ x_2=1.57;\ x_3=1.56;\ x_4=1.55$$

$$\bar{x}=(1.58+1.57+1.56+1.55)/4=1.565$$

⑥ 在整理最后结果时，需按测量结果的误差进行化整，表示误差的有效数字最多用两位。例如（22.84±0.12）cm 等。当误差第一位数为8或9时，只需保留一位。测量值的末位数应与误差的末位数对应。例如：

测量结果		化整结果
$x_1=1001.77\pm0.033$	⇒	$x_1=1001.77\pm0.03$
$x_2=237.464\pm0.127$		$x_2=237.46\pm0.13$
$x_3=123357\pm878$		$x_3=(1.230\pm0.009)\times10^5$

八、实验数据的处理

实验（测量）数据要经过处理才能求出未知参数（被测量的量）的数值和评定这个数值所含有的误差。

在测量过程中可能同时存在系统误差、随机误差和过失误差，而且在每种误差中还存在多个误差（这些误差称为误差分量），不同的是哪一种误差占优势。因此，测量数据出来之后还要对其进行分析，确定其中含有什么误差，并进行适当的处理，否则就得不到可靠的结果。

当对材料的某一个物理量进行 n 次重复测量时，可得 n 个数据。一般来说，这 n 个数据是彼此不相同的，因此，通常用这组数据的算术平均值 $\bar{x}$（亦称近真值）来表示这组测量值的大小，用各种误差公式计算出这组数据的误差值来表示其离散性。最终实验结果应写成下式的标准表达形式：

$$x=\bar{x}\pm E \tag{13}$$

式中 x——最终测量结果；

$\bar{x}$——一组 n 个测量值的算术平均值［用式(7) 进行计算］；

E——合成不确定度，一般保留一位有效数字。

不确定度是误差理论发展所提出的概念，是指“误差可能数值的测度”，即由于有测量误差存在而对被测量量不能肯定的程度。

在标准式(13) 中，近真值、不确定度和单位这三个要素缺一不可，否则不能全面表达测量结果。

合成不确定度E由不确定度的两个分量（A类和B类）求“方和根”而得。A类不确定度用 S_i 表示，是统计不确定度，即指可以采用统计方法计算的不确定度，可以像计算标准误差那样，用贝塞尔（Bessel）公式(8) 进行计算。

B类不确定度用 σ_B 表示，是非统计不确定度，即指用非统计方法求出或评定的不确定度，如测量仪器不准确、标准不准确等。这样，合成不确定度为：

$$\sigma=\sqrt{S_i^2+\sigma_B^2} \tag{14}$$

1. 过失误差的分析处理

过失误差属于B类不确定度，实验时必须想办法最大限度地消除或减少。这里所讨论的是实验中已有过失误差，对实验数据如何处理。

如果在一组观测值中，某个数值与其他值相差较大，则该值很可能含有过失误差，这样的值称为可疑观测值。可疑观测值又称可疑数据或“坏值”。根据误差理论，测量中出现大误差的概率极小，但也不是没有，可能性还是存在的。当然，可疑值不一定就含有过失误差，应经过判别后再决定取舍。否则将影响测量结果的准确性。

判别可疑值的准则很多，在本章“六、过失误差的发现与消除”中所介绍的“拉依达准则”和“格鲁布斯准则”是常用的两种准则。

(1) 拉依达准则

根据拉依达准则，在一组测量数据中，如果某个观测值的剩余误差 $v_i=x_i-\bar{x}$ 超过 $\pm 3\hat{\sigma}$，就有过失误差存在。测量值 x_i 是可疑数据，在计算测量结果时应予剔除，以消除过失误差对测量结果的影响。

剔除第1个可疑数据之后，要根据留下的数据重新计算 $\bar{x}$ 和 $\hat{\sigma}$（注意此时的 n 已经减少），再检查是否有可疑数据。如此反复，直至可疑数据全部消除为止。

应当注意的是，用这种方法剔除可疑数据，只有在 n 较大时才适用，因为当 $n<11$ 时，对任何一列数据都不可能有 $|v_i|=|x_i-\bar{x}|>3\hat{\sigma}$ 的情况出现。因此，这种方法一般只有在 $n>13$ 的情况下才能使用。

(2) 格鲁布斯准则

在一组测量数据中，最大项 x_{max} 和最小项 x_{min} 最有可能包含过失性，它们是不是可疑数据，可用格鲁布斯准则进行判断。其判定方法在前面已经讲过，在此不再重复。若有过失误差存在，最大项 x_{max} 和最小项 x_{min} 之一是可疑数据，应将其剔除。然后再进行计算，再判断另一项是否该剔除。最后再用留下的数据计算测量结果。

在计算 $\hat{\sigma}$ 时，可疑值也要包括在内。由于该法经过严密的推导，包含可疑数据同样得到严密的结果。

在国内、国际的一些标准中，对测量结果处理有具体的规定，如果剔除的数据过多，达不到标准规定的实验数据个数的要求，要另选一组试样再做测定。

还应当注意，在无机非金属材料的测量中，有时出现可疑数据不是过失误差，而是试样的特殊性引起的。在这种情况下要仔细分析原因，如果所选的试样没有代表性，应重选有代表性的一组试样重做一次。

2. 系统误差的分析处理

系统误差也属于B类不确定度。任何一项实验，各种或具体的测量，首先都要想办法最大限度地消除或减少一切可能存在的系统误差。如果实验中已有过失误差，应对实验数据进行处理。

当可疑数据被剔除，即过失误差消除之后，决定测量精度的即为系统误差和随机误差。系统误差影响测量的准确度，随机误差影响测量的精密度。下面先讨论系统误差的处理问题。

在测量过程中，即使采用了各种各样的方法去消除系统误差，也不可能把系统误差完全消除干净，只能把它减弱到某种程度，使它对测量结果的影响小到可以略去不计，这时就可以认为系统误差已经被消除。本章“五、系统误差的发现与消除”中已介绍几种方法判断系统误差是否被消除，这里不再重复。

(1) 平均值检验（t 检验）

统计理论已经证明，在有限次测量（即 n 较小）时，误差一般遵守 t 分布。t 检验法是用服从 t 分布的统计量检验正态总体均值的方法。为了判断一种分析方法、一种分析仪器、一种试剂、某实验室或某人的操作是否可靠，即是否存在系统误差，可以将所得的样本平均值 $\bar{x}$ 与标准值 x_0 做比较，进行 t 检验。t 统计量的定义为：

$$t=\frac{|\bar{x}-x_0|}{\hat{\sigma}}\sqrt{n} \tag{15}$$

如果求得的 t 值大于 t 分布表（见表2）所列的值 $t_{\alpha,j}$，则说明 $\bar{x}$ 对 x_0 的偏离已超出随机误差的范围，即必定存在系统误差。

表2 t 分布表

N	α				
	0.10	0.05	0.02	0.01	0.001
1	6.31	12.71	31.82	63.66	636.62
2	2.92	4.30	6.97	9.93	31.60
3	2.35	3.18	4.54	5.84	12.94
4	2.13	2.78	3.75	4.60	8.61
5	2.02	2.57	3.37	4.03	6.86
6	1.64	2.45	3.14	3.71	5.96
7	1.90	2.37	3.00	3.50	5.41
8	1.85	2.31	2.90	3.35	5.04
9	1.83	2.26	2.82	3.25	4.78
10	1.81	2.23	2.76	3.17	4.59
11	1.80	2.20	2.72	3.11	5.44
12	1.78	2.18	2.68	3.06	4.32
13	1.77	2.16	2.65	3.01	4.22
14	1.76	2.15	2.62	2.98	4.14
15	1.75	2.13	2.60	2.95	4.07
16	1.75	2.12	2.58	2.92	4.02
17	1.74	2.11	2.57	2.90	3.97
18	1.73	2.10	2.55	2.83	3.92
19	1.73	2.09	2.54	2.86	3.88
20	1.73	2.09	2.53	2.85	3.85
21	1.72	2.08	2.52	2.83	3.82
22	1.72	2.07	2.51	2.82	3.79
23	1.71	2.07	2.50	2.81	3.77
24	1.71	2.06	2.49	2.80	3.75
25	1.71	2.06	2.48	2.79	3.73
26	1.71	2.06	2.48	2.78	3.71
27	1.70	2.05	2.47	2.77	3.69
28	1.70	2.05	2.47	2.76	3.67
29	1.70	2.04	2.46	2.76	3.66
30	1.70	2.04	2.46	2.75	3.65
40	1.68	2.02	2.42	2.70	3.55
60	1.67	2.00	2.39	2.66	3.45
120	1.66	1.98	2.36	2.62	3.37
∞	1.65	1.96	2.33	2.58	3.29

【例1】 某工厂实验室用老方法对一种原料中的含铁量进行测定，得标准值为4.55%；一天，某实验员用一种新方法对这种原料测定5次，结果为4.38%，4.50%，4.52%，4.45%，4.49%，试问此测定结果是否存在系统误差（$P=95\%$）？

解：

$$x_0=4.55，\bar{x}=4.47，\hat{\sigma}=0.055$$

$$t=\frac{|4.47-4.55|}{0.055}\times\sqrt{5}=3.309$$

$$\alpha=1-P=1-0.95=0.05$$

$$N=n-1=5-1=4$$

$$t_{0.05,4}=2.776$$

因为 $t\geqslant t_{0.05,4}$，所以结果不可靠，存在系统误差。

（2） 系统误差可略准则

这里介绍一个定量判断系统误差是否已被消除的准则，当存在式(16) 的关系时，系统误差可以略去不计。

$$|\theta_x| < \frac{1}{2}10^x \tag{16}$$

式中 θ_x——残余系统误差；

10^x——总误差最后一位有效数字所在的位置。

当总误差最后一位有效数字所在的位置是“个位”时，$x=0$；在“十位”，$x=1$；在$\frac{1}{10}$位上时，$x=-1$；在$\frac{1}{100}$位上时，$x=-2$；其余类推。

如果系统误差不满足式(16)，就可以认为系统误差没有被消除，就要采取进一步措施去减弱系统误差对测量结果的影响。

采取进一步措施之后，选取试样再做测定，再检验系统误差的大小，直至可以认为系统误差被消除时为止。

3. 随机误差的分析处理

随机误差属于 A 类不确定度。随机误差是不可能消除的，因此在计算实验结果之前对其分析处理是十分重要的。

（1） 系统误差对随机误差的影响

根据对系统误差的掌握程度，可以将它分为确定（固定）系统误差和不确定（变化）系统误差。确定系统误差是指其误差的大小和方向均已确切掌握的误差，这种误差不会引起随机误差分布曲线形状的改变，只引起误差分布曲线的平移。不确定系统误差是指其误差的大小和方向不能确切掌握，而只能或只需估计出误差区间的系统误差，这种误差不但使随机误差分布曲线发生位移，也使分布曲线的形状发生改变。因此，处理随机误差要以无系统误差（尤其是变化系统误差）为前提。

（2） 重复测量次数对随机误差的影响

随机误差只有在重复测量次数很多的情况下才遵守一定的统计分布规律，如果测量的次数较少，它将偏离正态分布，在这种情况下计算出来的误差值本身就有较大的误差。那么，重复测量次数 n 究竟应该取多大？当总体为正态分布时，可由统计量 t 和指定的置信概率来确定。

【例 2】 测复合材料的巴氏硬度 5 次，数值是：47，45，44，48，46，如要求测定平均值与真值间不能相差±1.5，并且 $\alpha=0.05$，问最少需测定多少次？

解：由式(15) 可得：

$$n=\frac{t^2\hat{\sigma}^2}{|\bar{x}-x_0|^2} \tag{17}$$

① 按现有的 5 个测量数据，计算得 $\hat{\sigma}^2=2.5$；$|\bar{x}-x_0|^2=1.5^2=2.25$；自由度 $N=n-1=5-1=4$，查 t 表得 $t=2.78$；将这些数据代入式(17) 得 $n=8.59$。从计算结果可知，只测 5 次是不够的。

② 现在再增加一次测定，假定其值为 45，则计算得 $\sigma^2=2.17$；自由度 $N=5$，查 t 表得 $t=2.57$；将这些数据代入式(17) 得 $n=6.37$。测 6 次还是不够。

③ 如果再增加一次测定，假定其值为 46，则计算得 $\sigma^2=1.81$；自由度 $N=6$，查 t 表得 $t=2.45$；将这些数据代入式(17) 得 $n=4.83$。这个 n 小于 7，说明在此精度要求下至少要测 7 次才行。

【例 2】说明，只测三五次就进行误差计算是意义不大的。因此，在国内外的一些标准中，对于只需测量 3～5 次的，在测量结果的处理中，往往只要求取算术平均值即可，对精度的要求也只是取几位小数或几位有效数字。

在无机非金属材料的科研和生产中，取样量的大小与测试目的有关。一般有以下两种情况。

① 在科研和生产中需要对某种材料的性能进行测试时，这种测试的试样量较少。在我国或国际一些单项性能测试标准中，一般规定试样 3～5 个。对于每个试样，有的要求测一个数据即可，有的则要求测多个数据。

【例 3】 根据 GB/T 13891—92 的规定，在测大理石板材、花岗岩板材、水磨石板材的光泽度时，要求 5 个（块）试样，每块试样要测 5 个点。墙地砖要求 5 个（块）试样，每块试样只要测中心的 1 个点。塑料地板要求 3 个（块）试样，每块试样却要测 10 个点（板材中心与四角的 5 个点测量后，将测量头旋转 90°，再测一次）。

在【例 3】中，墙地砖的结果计算比较简单，只需做算术平均值计算即可。塑料地板虽然要求 3 个（块）试样，但每块试样却要测 10 个点，如果这 10 点测定值中的最高值或最低值超过其算术平均值的 10%，应在该值的后面用括号注明，这种结果计算就复杂一些。虽然如此，在这个标准中只要求每个试样的光泽度值要用多点测量值的算术平均值表示，计算精确至 0.1 光泽度单位；以 3 块或 5 块试样测定值的平均值作为被测建筑饰面材料镜向光泽度值，小数点后的余数采用数值修约规则修约，结果取整数。没有要求做误差计算。

在科学实验或生产检测中，有时也要求做误差估计，在测试结果中要标明测量的误差范围，这时可将每个试样的测量点增加到 15 个以上，或对同一个测量点测定 15 次以上即可做误差计算。

② 在产品质量检验或商品质量检验中，抽样量要足够大才有代表性。一般情况下，商品检测标准中都有抽样规定，在没有具体明确的规定时，抽样量可按下式确定：

$$n=\sqrt{\frac{N}{2}} \tag{18}$$

按这个公式计算，如果出库商品 $N=500$ 件，则抽样量 $n=16$ 件。这样测量的次数就多了，在测量结果的处理中即可满足计算误差的基本数据要求。

4. 合成不确定度的计算与实验结果的确定

如前所述，实验结果应用一组数据的算术平均值 $\bar{x}$（亦称近真值）来表示这组测量值的大小，用不确定度来表示其离散性。最终实验结果应写成标准的表达形式。下面通过几个例子说明合成不确定度的计算与实验结果的确定方法。

【例 4】 用毫米刻度的米尺来测量 100cm×100cm 正方形玻璃板的边长，共测 10 次，其测量值为 100.27cm，100.25cm，100.23cm，100.29cm，100.24cm，100.28cm，100.26cm，100.20cm，100.24cm，100.21cm，试计算合成不确定度，写出测量结果。

解：边长的近真值［由式(7) 计算］

$$\bar{l}=\frac{1}{n}\sum_{1}^{10}l_i=\frac{1}{10}(100.27+100.25+100.23+\cdots+100.24+100.21)$$
$$=100.24(\mathrm{cm})$$

A 类不确定度［由式(8) 计算］

$$S_i=\sqrt{\frac{\sum_{i=1}^{n}(x_i-\bar{x})^2}{n-1}}=\sqrt{\frac{(100.27-100.24)^2+\cdots+(100.21-100.24)^2}{10-1}}$$
$$=0.03(\mathrm{cm})$$

B 类不确定度

米尺的仪器误差 $\Delta_{仪}=0.05$（cm）

$$\sigma_B=\sigma_{仪}=0.05\ (\text{cm})$$

合成不确定度

$$\sigma=\sqrt{S_i^2+\sigma_B^2}=\sqrt{0.03^2+0.05^2}=0.06\ (\text{cm})$$

测量结果的标准形式为

$$l=100.24\pm0.06\ (\text{cm})$$

有时需要引入相对不确定度来评价测量结果。相对不确定度的定义为 $E_0=\dfrac{\sigma}{\bar{x}}\times100\%$，$E_0$ 的结果取 2 位数。

【例 5】 用介质损耗测定仪测定一组（10 块）刚玉材料的介电系数 ε，其值为 10.27，10.25，10.23，10.29，10.24，10.28，10.26，10.20，10.24，10.21，该仪器的示值误差为 5%，试计算相对不确定度，写出测量结果。

解：刚玉材料的介电系数 ε

$$\varepsilon=\frac{1}{n}\sum_{1}^{10}\varepsilon_i=\frac{1}{10}(10.27+10.25+10.23+\cdots+10.24+10.21)=10.24$$

A 类不确定度

$$S_i=\sqrt{\frac{\sum_{i=1}^{n}(x_i-\bar{x})^2}{n-1}}=\sqrt{\frac{(10.27-10.24)^2+\cdots+(10.21-10.24)^2}{10-1}}$$

$$=0.03$$

B 类不确定度

仪器的示值误差 $\Delta_{仪}=5\%=0.05$

$$\sigma_B=\sigma_{仪}=0.05$$

合成不确定度

$$\sigma=\sqrt{S_i^2+\sigma_B^2}=\sqrt{0.03^2+0.05^2}=0.06$$

相对不确定度则为

$$E_\varepsilon=\frac{\sigma_\varepsilon}{\bar{\varepsilon}}=\frac{0.06}{10.24}\times100\%=0.58\%$$

测量结果的标准形式为

$$\varepsilon=10.24\pm0.06$$

九、实验结果的表示方法

实验数据经误差分析和数据处理之后，就可考虑结果的表述形式。实验结果的表述不是简单地罗列原始测量数据，需要科学地表述，既要清晰，又要简洁。推理要合理，结论要正确。实验结果的表示有列表法、图解法和数学方程（函数）法。分别简要介绍如下。

1. 列表法

列表法用表格的形式表达实验结果。具体做法是：将已知数据、直接测量数据及通过公式计算得出的（间接测量）数据，按主变量 x 与应变量 y 的关系，一个一个地对应列入表中。这种表达方法的优点是：数据一目了然，从表格上可以清楚而迅速地看出两者间的关系，便于阅读、理解和查询；数据集中，便于对不同条件下的实验数据进行比较与校核。

在作表格时，应注意下述几点。

(1) 表格的设计

表格的形式要规范，排列要科学，重点要突出。每个表格均应有一个完全又简明的名称。一般将每个表格分成若干行和若干列，每个变量应占表格中一行或一列。

(2) 表格中的单位与符号

在表格中，每一行的第一列（或每一列的第一行）是变量的名称及量纲。使用的物理量单位和符号要标准化、通用化。

(3) 表格中的数据处理

同一项目（每一行或列）所记的数据，应注意其有效数字的位数尽量一致，并将小数点对齐，以便查对数据。如果用指数来表示数据中小数点的位置，为简便起见，可将指数放在行名旁，但此时指数上的正负号应易号。例如，材料的热膨胀系数是 $5.5\times10^{-7}℃^{-1}$ 时，该行名可写成：$\alpha\times10^{7}℃^{-1}$。

此外，表格中不应留有空格，失误或漏做的内容要以“/”记号划去。

2. 图解法

图解法利用实验测得的原始数据，通过正确的作图方法画出合适的直线或曲线，以图的形式表达实验结果。该法的优点是使实验测得的各数据间的相互关系表现得更为直观，能清楚地显示出所研究对象的变化规律，如极大值或极小值、转折点、周期性和变化速度等。从图上也易于找出所需的数据，有时还可用作图外推法或内插法求得实验难于直接获得的物理量。

图解法的缺点是存在作图误差，所得的实验结果不太精确。因此，为了得到理想的实验结果，必须提高作图技术。下面简单介绍作图的一般步骤及规则。

(1) 坐标纸的选择

通常采用的是直角毫米坐标纸，它能适合大多数用途。有时为了方便处理非线性变化规律的数据，也用半对数或对数坐标纸。例如，在用玻璃的软化点测定数据作图时，既可用直角坐标纸，也可用半对数坐标纸，但后者更为方便。个别特殊情况还采用三角坐标纸。例如，无机非金属材料三组分系统的相图用的就是三角坐标纸。

(2) 坐标轴的确定

用直角坐标纸作图时，一般以自变量为横轴，应变量（函数）为纵轴。坐标轴上的尺度和单位的选择要合理，要使测量数据在坐标图中处于适当的位置，不使数据群落点偏上或偏下，不致使图形细长或扁平。如果某一物理量的起始与终止的范围过大，可考虑采用对数坐标轴。例如，无机非金属材料的体积电阻率很大，在作“电阻率-温度”关系图或“电阻率-组成”关系图时，纵坐标一般采用对数坐标。此外，各坐标的比例和分度，原则上要与原始数据的精密度一致，与实验数据的有效数字相对应，以便于很快就能从图上读出任一点的坐标值。

曲线的形状随比例尺的改变而改变。因此，只有合理地确定实验数据的倍数才能得到最佳的图形与实验结果。不要过分夸大或缩小各坐标的作图精度，因为图形过大，会浪费纸张和版面；图形过小，当曲线有极大值、极小值或转折点时将表达不清楚，还会给实验结果计算带来误差。通常应以单位坐标格子代表变量的简单整数倍，例如，用坐标轴 1cm 表示数量的 1 倍、2 倍或 5 倍，而不宜代表 3 倍、6 倍、7 倍、9 倍等。若作出的图是一条直线时，则直线与横坐标的夹角应为 45°左右，角度过大或过小都会给实验结果带来较大的误差。

如无特殊需要（如直线推求截距等）时，就不必从坐标原点作标度起点，而可以从略低于最小测量值的整数开始，这样才能充分利用坐标纸，使作图紧凑同时读数精度也可提高。例如，在作测材料析晶温度的梯温炉的“炉长-温度”梯温曲线时就采用这种方法。

画上坐标轴后，在轴旁注明该轴变量的名称及单位，在纵轴的左面和横轴的下面每距一定距离写下该处变量应有的“值”，以便作图及读数，但不要将实验值写在轴旁。

（3）原始数据点的标出

将实验所测得的各个数据的位置标在坐标图上时，每个数据可用“·”来表示，这种点称为实验点、数据点或代表点。这些点的中心应与原始数据的坐标相重合，点的面积大小应代表测量的精密度，不可太大或太小。如果同一坐标图中要表示多条曲线，则各曲线中的实验点位置可用★、○、□、⊙、△、◆、等符号分别表示，并在图中或图下注明各记录符号所代表的意义。

描绘曲线时需要有足够的数据点，点数太少不能说明参数的变化趋势和对应关系。对于一条直线，一般要求至少有4个点；一条曲线通常应有6个点以上才能绘制。当数据的数值变化较大时，该处曲线将出现突折点，在这种情况下，曲线拐弯处所标出的数据点应当多一些，以使曲线弯曲自然，平滑过渡。

（4）曲线的绘制

在图纸上作出数据点后，就可用直尺或曲线板（尺），按数据点的分布情况确定一条直线或曲线。直线或曲线不必全部通过各点，但应尽可能地接近（或贯穿）大多数的实验点，只要使各实验点均匀地分布在直（曲）线两侧邻近即可。如果有个别数据点离曲线很远，该点可不考虑，因为含有这些点所得的曲线一般是不会正确的。但遇到这种情况要谨慎处理，最好将此个别点的数据重新测量。如原测量确属无误，则应考虑其特殊性，确定材料的性质在该数据处是否有反常现象，并考虑将此数据纳入绘制曲线中。

画曲线时，先用淡铅笔轻轻地循各数据点的变动趋势，手描一条曲线。然后用曲线板逐段凑合手描曲线的曲率，作出光滑的曲线。最后根据所得图形或曲线进行计算与处理，以获得所需的实验结果。

3. 函数表示法

用一定的数学方法将实验数据进行处理，可得出实验参数的函数关系式，这种关系式也称经验公式，对研究材料性能的变化规律很有意义，所以被普遍应用。

当通过实验得出一组数据之后，可用该组数据在坐标纸上粗略地描述一下，看其变化趋势是接近直线或是曲线。如果接近直线，则可认为其函数关系是线性的，就可用线性函数关系公式进行拟合，用最小二乘法求出线性函数关系的系数。无机非金属材料的有些性质有线性关系，可以用这种方法进行处理。例如，在中低温（约在室温至600℃）下，普通玻璃的线膨胀与温度呈线性关系，就可根据线性函数关系式用手工进行拟合。当然，手工拟合十分麻烦，若将拟合方法编成计算程序，将实验数据输入计算机，就可迅速得到实验结果。

对于非线性关系的数据，可将粗描的曲线与标准图形对照，再确定用何种曲线的关系式进行拟合。当然，曲线拟合要复杂得多。为了简化，在可能的条件下，可通过数学处理将数据转化为线性关系。例如，在处理测量玻璃软化点温度的数据时，将实验数据在直角坐标纸上描绘时是明显的非线性关系，但在半对数坐标纸上描绘时则成为线性关系，可以用最小二乘法方便地进行处理，用计算机进行快速计算。

用函数形式表达实验结果，不仅给微分、积分、外推或内插等运算带来极大的方便，而且便于进行科学讨论和科技交流。随着计算机的普及，用函数形式来表达实验结果将会得到更普遍的应用。

思考题

1. 误差是可以转化的。如果一把尺子的刻度有误差，再用这把尺子做标准尺子去鉴定一批其他尺子，则什么误差转化为什么误差？

2. 对一组测量数据进行结果计算后，得到的结果是：$x=1.384\pm0.006$；对这个结果有两种错误的解释。①这个结果表示：测量值1.384与真值之差就等于0.006。②这个结果表示：真值就落在1.378～1.390这个范围之内。为什么说这两种解释都是错误的？

3. 对一种碱灰的总碱量（Na_2O%）进行5次测定，结果如下：40.02%，40.13%，40.15%，40.16%，40.20%。用三倍法（3σ）和格鲁布斯法进行判定，40.02%这个数据是不是应舍去的可疑数据？

4. 某钢铁厂生产正常时，钢水平均含碳量为4.55%，某一工作日抽查了5炉钢水，测定含碳量分别为：4.28%，4.40%，4.42%，4.35%，4.37%。问这个工作日生产的钢水含碳量是否正常（$P=95\%$）？

5. 用一种新方法测定标准试样的二氧化硅含量，得到8个数据：34.30%，34.32%，34.26%，34.35%，34.38%，34.28%，34.29%，34.23%。标准值为34.33%，问这种新方法是否可靠（当$P=95\%$时，有没有系统误差）？

6. 某厂生产一种材料，在质量管理改革前抽检10个产品，测定其抗拉强度为164.2MPa，185.5MPa，194.9MPa，198.6MPa，204.0MPa，213.3MPa，229.7MPa，236.2MPa，258.2MPa，291.5MPa；质量管理改革后抽检12个产品，测定其抗拉强度为210.4MPa，222.2MPa，224.7MPa，228.6MPa，232.7MPa，236.7MPa，238.8MPa，251.2MPa，270.7MPa，275.1MPa，315.8MPa，317.2MPa。问企业质量管理改革前后的产品质量是否相同？

7. 某实验员用新方法和标准方法对某试样的铁含量进行测定得到的结果如下。

标准方法：23.44%，23.41%，23.39%，23.35%。

新 方 法：23.28%，23.36%，23.43%，23.38%，23.30%。

问这两种方法间有无显著差异，即新方法是否存在系统误差？

8. 某实验室有两台光谱仪A和B，用它们对某种金属含量不同的9件材料进行测定，得到9对观测值如下。

A设备：0.20%，0.30%，0.40%，0.50%，0.60%，0.70%，0.80%，0.90%，1.00%。

B设备：0.10%，0.21%，0.52%，0.32%，0.78%，0.59%，0.68%，0.77%，0.89%。

问根据测量结果，在$\alpha=0.01$下，这两台设备的质量有无显著差异？

参考文献

[1] 周秀银. 误差理论与实验数据处理. 北京：北京航空学院出版社，1986.
[2] 孙炳耀. 数据处理与误差分析基础. 开封：河南大学出版社，1990.
[3] 肖明耀. 实验误差估计与数据处理. 北京：科学出版社，1980.
[4] 孟尔熹等. 实验误差与数据处理. 北京：科学出版社，1980.
[5] 浙江大学普通化学教研组编. 普通化学实验. 第2版. 北京：高等教育出版社，1996.
[6] 欧阳国恩，欧阳荣主编. 复合材料试验技术. 武汉：武汉工业大学出版社，1993.
[7] 刘爱珍. 现代商品学基础与应用. 北京：立信会计出版社，1998.
[8] 浙江大学数学系高等数学教研组. 概率论与数理统计. 北京：人民教育出版社，1979.
[9] 伍洪标. 玻璃热膨胀实验数据的计算机处理. 玻璃与陶瓷，1986，1.
[10] 伍洪标. 玻璃软化点温度的计算方法. 玻璃，1988，1.
[11] 赵家凤主编. 大学物理实验. 北京：科学出版社，2000.

第二章 实验部分

实验1 粘土-水系统 ζ 电位测定

一、目的意义

ζ 电位是固-液界面电位中的一种，其值的大小与固体表面带电机理、带电量的多少密切相关，直接影响固体微粒的分散特性、胶体物系的稳定性。对于陶瓷泥浆系统而言，ζ 电位高时，泥浆的稳定性好，流动性、成型性能也好。

本实验的目的：

① 了解固体颗粒表面带电原因，表面电位大小与颗粒分散特性、胶体物系稳定性之间的关系；

② 了解粘土粒子的荷电性，观察粘土胶粒的电泳现象；

③ 掌握通过测定电泳速率来测量粘土-水系统 ζ 电位的方法。进一步熟悉 ζ 电位与粘土-水系统各种性质的关系。

二、基本原理

在硅酸盐工业中经常遇到泥浆、泥料系统。泥浆与泥料均属于粘土-水系统。它是一种多相分散物系，其中粘土为分散相，水为分散介质。由于粘土颗粒表面带有电荷，在适量电解质作用下，泥浆具有胶体溶液的稳定特性。但因泥浆粒度分布范围很宽，就构成了粘土-水系统胶体化学性质的复杂性。

固体颗粒表面由于摩擦、吸附、电离、同晶取代、表面断键、表面质点位移等原因而带电。带电量的多少与发生在固体颗粒和周围介质接触界面上的界面行为、颗粒的分散与团聚等性质密切相关。带电的固体颗粒分散于液相介质中时，在固-液界面上会出现扩散双电层，有可能形成胶体物系，而 ζ 电位的大小与胶体物系的诸多性质密切相关。固体颗粒表面的带电机理、表面电位的形成机理及控制等是现代材料科学关注的焦点之一。

根据胶体溶液的扩散双电层理论，胶团结构由中心的胶核与外围的吸附层和扩散层构成。胶核表面与分散介质（即本体溶液）的电位差为热力学电位 E。吸附层表面与分散介质之间的电位差即 ζ 电位，如图 1-1 所示。

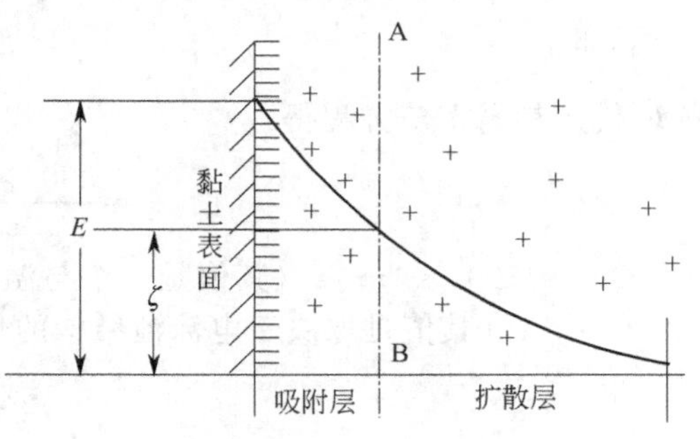

图 1-1 热力学电位与 ζ 电位和胶团结构示意图

带电胶粒在直流电场中会发生定向移动，这种现象称为电泳。根据胶粒移动的方向可以判断胶粒带电的正负，根据电泳速率的快慢，可以计算胶体物系 ζ 电位的大小。进而通过调整电解质的种类及含量，就可以改变 ζ 电位的大小，从而达到控制工艺过程的目的。

DPW-1 型微电泳仪测量 ζ 电位的原理如图 1-2 所示。

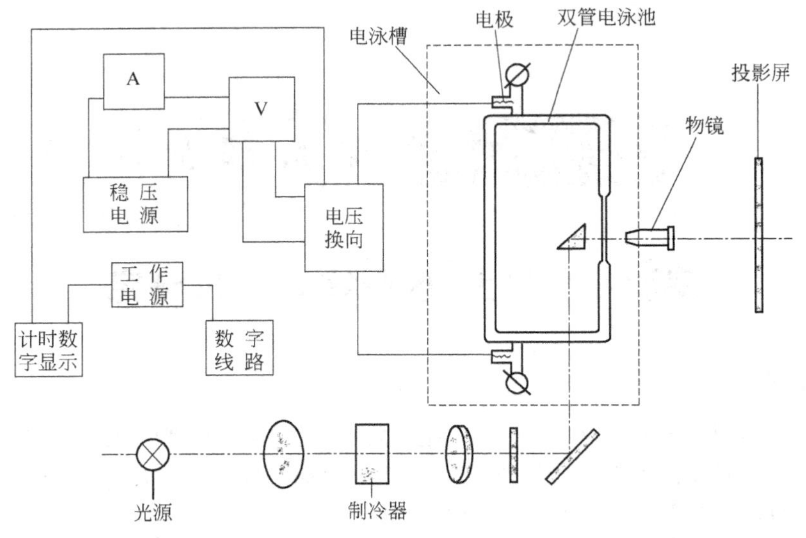

图 1-2 DPW-1 型微电泳仪原理方框图

胶体分散相在直流电场作用下定向迁移。胶粒通过光学放大系统将其运动情况投影到投影屏上。通过测量胶粒泳动一定距离所需要的时间，计算出电泳速率。依据赫姆霍茨方程即可计算出 ζ 电位。

$$\zeta = 300^2 \times \frac{4\pi\eta v}{\varepsilon E} \tag{1-1}$$

式中 η——粘度；

ε——介电常数，粘度和介电常数都是温度的函数；

v——电泳速率；

E——电位梯度（其值等于电极两端电压 U 除以电泳池的长度 L）。

根据欧姆定律：

$$E = \frac{U}{L} = \frac{IR}{L} = \frac{i}{\lambda_0 A} \tag{1-2}$$

式中 R——电阻 $R=\rho L/A$；

A——电泳池测量管截面积；

λ_0——$\lambda_0 = 1/\rho$ 为电导率；

i——通过电泳池测量管的电流，其值可以通过电流表读得的电流值 I 乘以因子 $1/f$ 得到，即 $i=I/f$。

因此：

$$E = \frac{I}{f\lambda_0 A}$$

将 E 代入赫姆霍茨方程得：

$$\zeta = \frac{300^2 \times 4\pi\eta}{\varepsilon} \times fA \times \frac{v\lambda_0}{I} \tag{1-3}$$

令 $C=300^2 \times 4\pi\eta/\varepsilon$（其值是一个与温度有关的常数，见表 1-1）。

$B=fA$（其值是取决于电泳池结构的仪器常数，标于仪器上），则有：

$$\zeta = \frac{Cv\lambda_0 B}{I} \tag{1-4}$$

考虑到 C-T（C 值-温度）对应关系中物理量单位以及仪器常数中有关单位的限制，上述公式中各物理量的单位分别为：v——μm/s；λ_0——$\Omega^{-1} \cdot \text{cm}^{-1}$；$\zeta$——mV。

三、实验器材

1. 仪器设备

① DPW-Ⅰ型微电泳仪（也可用 BDL-B 型表面电位粒径仪测试），1 台。

② DDS-Ⅱ型电导率仪，1 台。

③ 托盘天平，1 台。

④ 玻璃杯，玻璃研钵，温度计，pH 试纸等。

2. 材料

① 氯化钠溶液（0.1mol/L）1 瓶；

② 氢氧化钠溶液（0.01mol/L）1 瓶；

③ 蒸馏水若干；

④ 粘土试样 1 瓶。

四、测试步骤

1. 样品制备

称取 0.2g 粘土试样，置于研钵内研磨 5min 后放入玻璃烧杯内，加入氯化钠水溶液至 250mL，再加入氢氧化钠溶液调节 pH 值为 8。

2. 电导率（λ_0）及温度测量

接通电导率仪电源。把电极置于盛有胶体溶液的烧杯内，将测量-校正开关置于校正位置，转动调节旋钮使表头指针达到满刻度。然后把测量-校正开关置于测量位置，调节倍率旋钮使表头有明显的读数，电导率值由表头读数乘以倍率而得。测量完毕取出电极置于盛有蒸馏水的烧杯内，关掉电导率仪电源。在测量电导率的同时，将温度计置于胶体溶液内读取温度以查表 1-1，得出 C 值。

表 1-1 不同温度下的 C 值（分散介质为水溶液）

温度 T/℃	C 值	温度 T/℃	C 值	温度 T/℃	C 值
0	22.99	16	15.36	32	11.40
1	22.34	17	15.04	33	11.22
2	21.70	18	14.72	34	11.04
3	21.11	19	14.42	35	10.87
4	20.54	20	14.13	36	10.70
5	20.00	21	13.86	37	10.54
6	19.49	22	13.56	38	10.39
7	18.98	23	13.33	39	10.24
8	18.50	24	13.09	40	10.09
9	18.05	25	12.85	41	9.93
10	17.61	26	12.62	42	9.82
11	16.79	27	12.40	43	9.68
12	16.42	28	12.18	44	9.55
13	16.20	29	11.88	45	9.43
14	16.05	30	11.78	46	9.31
15	15.70	31	11.48	47	9.19

3. 测量电泳速率

① 清洗电泳池。

② 注入胶体溶液。注入时应缓慢，避免产生涡流或气泡。若不加电场时胶粒在水平方

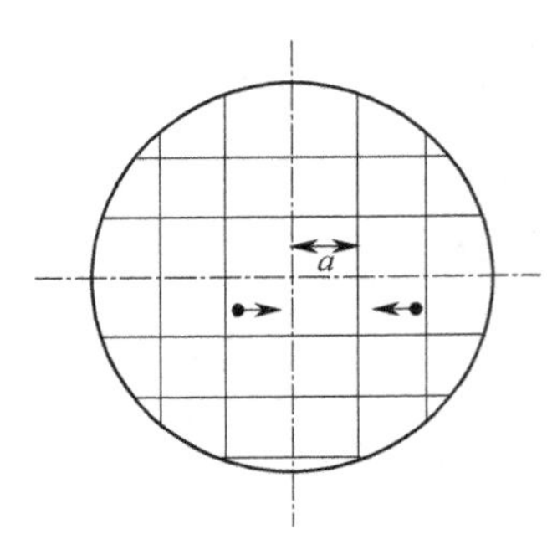

图 1-3 胶粒在投影屏上往返运动示意图

向有运动，表明电泳池内有气泡。通过反复抽动可消除气泡。

③ 测量电泳速率。电压调节至 200V 左右。按复零开关，选择投影屏中心线附近的胶粒，按正向或反向开关使胶粒对准一根垂直线。按正计开关（此时右端电极为正极），胶粒运动一个格子（100μm）后，按反计开关，使胶粒返回出发点。再按正计开关，如此反复，使胶粒在一个格子间往返 5 次（图 1-3）。则胶粒运动距离为 10μm×100μm，记录所用时间，计算出电泳速率。重新选择胶粒，重复上述步骤，共测 5～6 个胶粒，计算平均值。

④ 记录电流值。按下正向开关，选择适当的倍率，记录电流值 I。

⑤ 记录仪器常数 B 值。

⑥ 抽出胶体溶液，用蒸馏水清洗电泳池，最后注入蒸馏水保护电极。

五、数据记录及处理

将各种数据进行整理，记录入表 1-2 中。根据实验结果，用式(1-4) 计算 ζ 电位。

表 1-2 实验数据表

胶粒编号	C 值	B 值	电流值 I/A	平均时间/s	平均速度/(μm/s)	ζ 电位/mV	胶粒电性
1							
2							
3							
4							
5							
…							

思考题

1. 影响电泳速率的因素有哪些？
2. 影响 ζ 电位的因素有哪些？
3. 粘土带什么电荷？它会带相反的电荷吗？为什么？

实验 2 固相反应

一、目的意义

固相反应是材料制备中一个重要的高温动力学过程，固体之间能否进行反应、反应完成的程度、反应过程的控制等直接影响材料的显微结构，并最终决定材料的性质，因此，研究固体之间反应的机理及动力学规律，对传统和新型无机非金属材料的生产有重要的意义。

本实验的目的：

① 掌握 TG 法的原理，熟悉采用 TG 法研究固相反应的方法；
② 通过 Na_2CO_3-SiO_2 系统的反应验证固相反应的动力学规律——杨德方程；
③ 通过作图计算出反应的速率常数和反应的表观活化能。

二、基本原理

固体材料在高温下加热时，因其中的某些组分分解逸出或固体与周围介质中的某些物质作用使固体物系的重量发生变化，如盐类的分解、含水矿物的脱水、有机质的燃烧等会使物系重量减轻，高温氧化、反应烧结等则会使物系重量增加。热重分析法（thermogravimetry，简称 TG 法）及微商热重法（derivative thermogravimetry，简称 DTG 法）就是在程序控制温度下测量物质的重量（质量）与温度关系的一种分析技术。所得到的曲线称为 TG 曲线（即热重曲线），TG 曲线以质量为纵坐标，以温度或时间为横坐标。微商热重法所记录的是 TG 曲线对温度或时间的一阶导数，所得的曲线称为 DTG 曲线。现在的热重分析仪常与微分装置联用，可同时得到 TG-DTG 曲线。通过测量物系质量随温度或时间的变化来揭示或间接揭示固体物系反应的机理和/或反应动力学规律。

固体物质中的质点，在高于绝对零度的温度下总是在其平衡位置附近做谐振动。温度升高时，振幅增大。当温度足够高时，晶格中的质点就会脱离晶格平衡位置，与周围其他质点产生换位作用，在单元系统中表现为烧结，在二元或多元系统中则可能有新的化合物出现。这种没有液相或气相参与，由固体物质之间直接作用所发生的反应称为纯固相反应。实际生产过程中所发生的固相反应，往往有液相和/或气相参与，这就是所谓的广义固相反应，即由固体反应物出发，在高温下经过一系列物理化学变化而生成固体产物的过程。

固相反应属于非均相反应，描述其动力学规律的方程通常采用转化率 G（已反应的反应物量与反应物原始重量的比值）与反应时间 t 之间的积分或微分关系来表示。

测量固相反应速率，可以通过 TG 法（适用于反应中有重量变化的系统）、量气法（适用于有气体产物逸出的系统）等方法来实现。本实验通过失重法来考察 Na_2CO_3-SiO_2 系统的固相反应，并对其动力学规律进行验证。

Na_2CO_3-SiO_2 系统固相反应按下式进行：

$$Na_2CO_3 + SiO_2 \longrightarrow Na_2SiO_3 + CO_2 \uparrow$$

恒温下通过测量不同时间 t 时失去的 CO_2 的重量，可计算出 Na_2CO_3 的反应量，进而计算出其对应的转化率 G 来验证杨德方程的正确性。

$$[1-(1-G)^{\frac{1}{3}}]^2 = K_j t$$

式中 K_j——杨德方程的速率常数；$K_j = A\exp(-Q/RT)$；

Q——反应的表观活化能。

改变反应温度，则可通过杨德方程计算出不同温度下的 K_j 和 Q。

三、实验器材

1. 设备仪器

WTG 型热天平如图 2-1 所示，由仪器主体、电子天平和温度控制器组成，可选用气氛控制系统和计算机系统。仪器主体结构如图 2-2 所示。

2. 材料

刚玉坩埚一个，不锈钢镊子两把，实验原料（化学纯 Na_2CO_3 一瓶，SiO_2 一瓶）。

图 2-1 WTG 型热天平

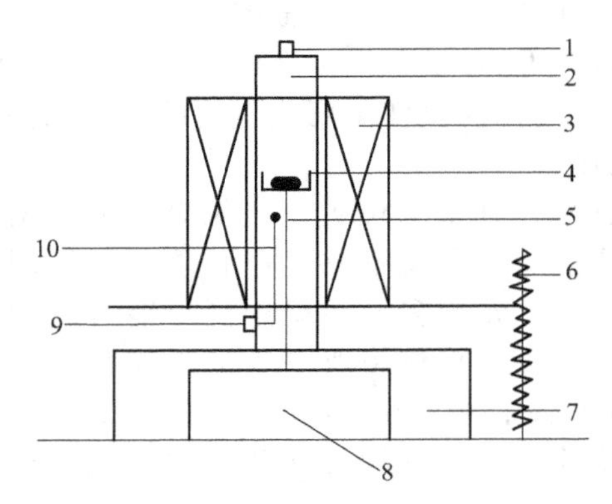

图 2-2 WTG 型热天平结构图
1—出气口；2—气体保护管；3—电炉；4—样品盘；5—样品支撑杆；6—升降机构；7—底座；8—电子天平；9—进气口；10—热电偶

四、测试步骤

1. 样品制备

① 将 Na_2CO_3（化学纯）和 SiO_2（含量 99.9%）分别在玛瑙研钵中研细，过 250 目筛。

② SiO_2 的筛下料在空气中加热至 800℃，保温 5h，Na_2CO_3 筛下料在 200℃烘箱中保温 4h。

③ 把上述处理好的原料按 Na_2CO_3 ∶ SiO_2 = 1 ∶ 1（摩尔比）配料，混合均匀，烘干，放入干燥器内备用。

2. 测试步骤

① 接通电炉电源，按预定的升温速率升温（10～20℃/min），达到 700℃时保温 5min 后待测。

② 下降电炉，使样品盘露出，天平清零，装入大约 0.5g 的样品，记录天平读数，同时记录时间，迅速上升电炉，使样品处于炉膛中央，以后每隔 3～5min 记录一次时间和重量，记录 5～7 次数据。

③ 更换另一个坩埚，重复步骤②，重新装样，进行 750℃的测试。

④ 实验完毕，取出坩埚，将实验工作台物品复原。

五、数据记录及处理

按表 2-1 的方式记录实验数据，作$[1-(1-G)^{\frac{1}{3}}]^2$-$t$ 图，通过直线斜率求出反应的速率常数 K_j。通过 K_j 求出反应的表观活化能 Q。

表 2-1 实验数据记录

反应时间 t/min	坩埚与样品质量 W_1/g	CO_2 累计失质量 W_2/g	Na_2CO_3 转化率 G/%	$[1-(1-G)^{\frac{1}{3}}]^2$	K_j

思考题

1. 温度对固相反应速率有何影响？其他影响因素有哪些？
2. 本实验中失重规律怎样？请给予解释。
3. 影响本实验准确性的因素有哪些？

参考文献

[1] 日本化学协会编．无机固态反应．董万堂，董绍俊译．北京：科学出版社，1985.

[2] 浙江大学等编．硅酸盐物理化学．北京：中国建筑工业出版社，1981.

实验3 淬冷法研究相平衡

一、目的意义

在实际生产过程中，材料的烧成温度范围、升降温制度，材料的热处理等工艺参数的确定经常要用到专业相图。相图的制作是一项十分严谨且非常耗时的工作。淬冷法是静态条件下研究系统状态图（相图）最常用且最准确的方法之一。掌握该方法对材料工艺过程的管理及新材料的开发非常有用。

本实验的目的：

① 从热力学角度建立系统状态（物系中相的数目、相的组成及相的含量）和热力学条件（温度、压力、时间等）以及动力学条件（冷却速率等）之间的关系；

② 掌握静态法研究相平衡的实验方法之一——淬冷法研究相平衡的实验方法及其优缺点；

③ 掌握浸油试片的制作方法及显微镜的使用，验证 Na_2O-SiO_2 系统相图。

二、基本原理

从热力学角度来看，任何物系都有其稳定存在的热力学条件，当外界条件发生变化时，物系的状态也随之发生变化。这种变化能否发生以及能否达到对应条件下的平衡结构状态，取决于物系的结构调整速率和加热或冷却速率以及保温时间的长短。

淬冷法的主要原理是将选定的不同组成的试样长时间地在一系列预定的温度下加热保温，使它们达到对应温度下的平衡结构状态，然后迅速冷却试样，由于相变来不及进行，冷却后的试样保持了高温下的平衡结构状态。用显微镜或X射线物相分析，就可以确定物系相的数目、组成及含量随淬冷温度而改变的关系。将测试结果记入相图中相应点的位置，就可绘制出相图。

由于绝大多数硅酸盐熔融物粘度高，结晶慢，系统很难达到平衡。采用动态方法误差较大，因此，常采用淬冷法来研究高粘度系统的相平衡。

淬冷法是用同一组成的试样在不同温度下进行试验。样品的均匀性对试验结果的准确性影响较大。将试样装入铂金装料斗中，在淬火炉内保持恒定的温度，当达到平衡后把试样以尽可能快的速度投入低温液体中（水浴、油浴或汞浴），以保持高温时的平衡结构状态，再在室温下用显微镜进行观察。若淬冷样品中全为各向同性的玻璃相，则可以断定物系原来所处的温度 T_1 在液相线以上。若在温度 T_2 时，淬冷样品中既有玻璃相又有晶相，则液相线温度就处于 T_1 和 T_2 之间。若淬冷样品全为晶相，则物系原来所处的温度 T_3 在固相线以下。改变温度与组成，就可以准确地作出相图。

淬冷法测定相变温度的准确度相当高，但必须经过一系列的试验，先由温度间隔范围较宽作起，然后逐渐缩小温度间隔，从而得到精确的结果。除了同一组成的物质在不同温度下的试验外，还要以不同组成的物质在不同温度下反复进行试验，因此，测试工作量相当大。

三、实验器材

① 相平衡测试仪。实验设备包括高温炉、温度控制器、铂装料斗及其熔断装置等，如图 3-1 所示。

熔断装置为把铂装料斗挂在一根细铜丝上，铜丝接在连着电插头的个两铁钩之间，欲淬冷时，将电插头接触电源，使发生短路的铜丝熔断，样品掉入水浴中淬冷。

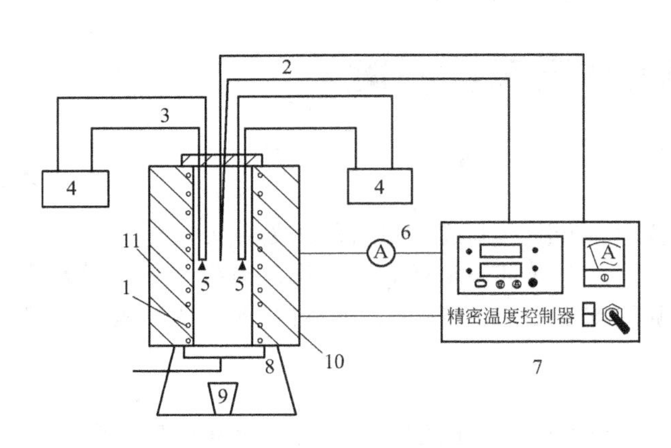

图 3-1 仪器装置示意图

1—高温炉电炉丝；2—铬铝电偶；3—熔断装置；4—电插销；5—铂装料斗；6—电流表；7—温度控制器；8—电炉底盖；9—水浴杯；10—高温炉；11—高温炉保温层

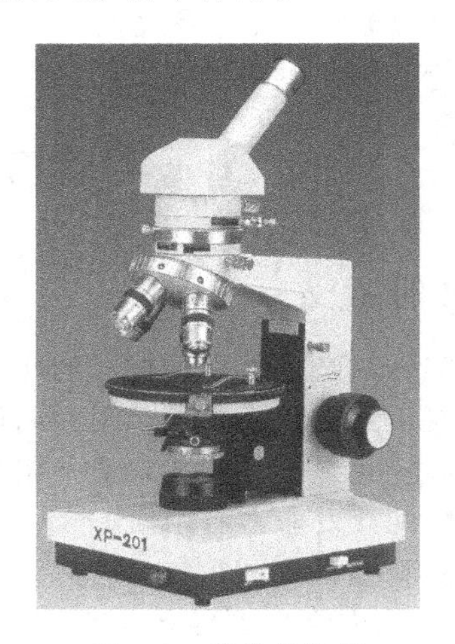

图 3-2 偏光显微镜

放大倍数：40×～630×

可做单偏光观察、正交偏光观察、锥光观察及显微摄影

② 偏光显微镜一套，如图 3-2 所示。

四、测试步骤

1. 试样制备

按 Na_2O : SiO_2 =1 : 2（摩尔比）的组成计算 Na_2O 和 SiO_2 的质量百分数，以 Na_2CO_3 和 SiO_2 进行配料，混合均匀，将该原料制成玻璃以得到组成均匀的样品。

2. 测试步骤

① 先将高温炉升温至 750℃，恒温。

② 用细铜丝把两个铂金装料斗挂在熔断装置上（注意两挂钩不能相碰）。再把少量试样（0.01～0.02g）装入铂金装料斗内，然后把样品放入高温炉中，盖好高温炉上下盖子。

③ 在 750℃保温 30min。将水浴杯放至炉底，打开高温炉下盖，把熔断装置的电插头接触电源（注意，稍一接触即可）使铜丝熔断，让样品掉入水中淬冷。

④ 盖上电炉盖，升温至 900℃，保温 30min，重复上述步骤淬冷样品。

⑤ 取出铂金坩埚，放在高温炉的盖上，利用炉体温度烘干样品。

⑥ 取下试样，在捣碎器内砸成粉末（注意，不能研磨），做成浸油试片。

⑦ 在偏光显微镜下观察有无晶体析出，并与相图（图 3-3）相比较。

⑧ 记录观察结果，写出实验报告。

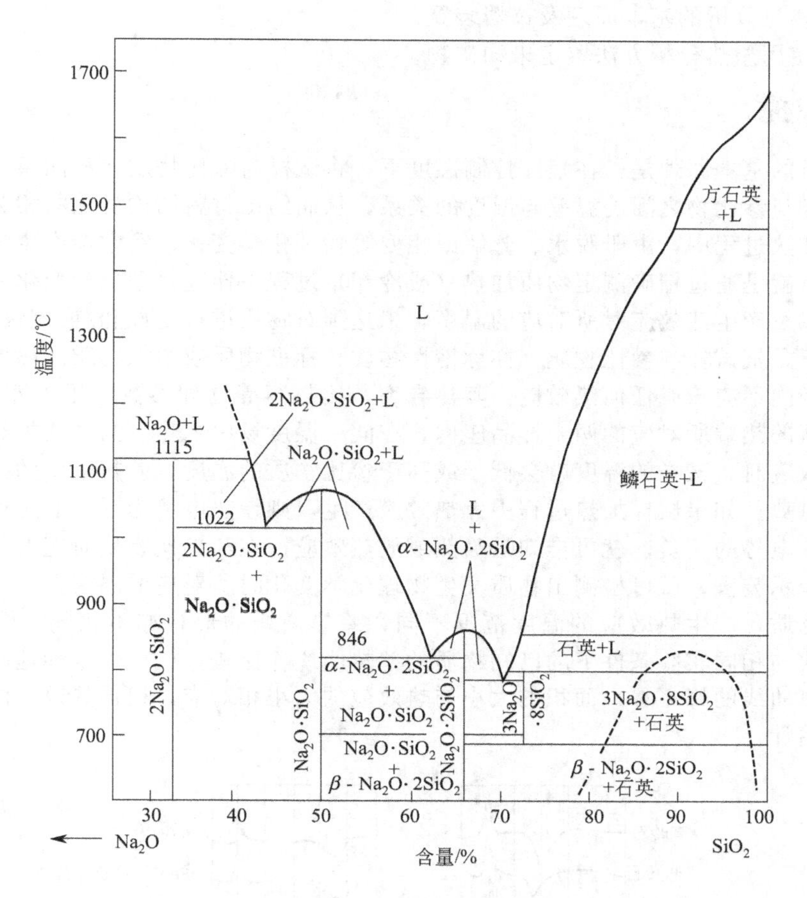

图 3-3 Na_2O-SiO_2 系统相图

思考题

1. 用淬冷法研究相平衡有什么优缺点？
2. 用淬冷法如何确定相图中的液相线和固相线？

参考文献

浙江大学等编. 硅酸盐物理化学. 北京：中国建筑工业出版社，1981.

实验 4 差热分析

一、目的意义

差热分析（differential thermal analysis，DTA）是研究相平衡与相变的动态方法中的一种，利用差热曲线的数据，工艺上可以确定材料的烧成制度及玻璃的转变与受控结晶等工艺参数，还可以对矿物进行定性、定量分析。

本实验的目的：

① 了解差热分析的基本原理及仪器装置；

② 学习使用差热分析方法鉴定未知矿物。

二、基本原理

差热分析的基本原理是：在程序控制温度下，将试样与参比物质在相同条件下加热或冷却，测量试样与参比物之间的温差与温度的关系，从而给出材料结构变化的相关信息。

物质在加热过程中，由于脱水、分解或相变等物理化学变化，经常会产生吸热或放热效应。差热分析就是通过精确测定物质加热（或冷却）过程中伴随物理化学变化的同时产生热效应的大小以及产生热效应时所对应的温度，来达到对物质进行定性和/或定量分析的目的。

差热分析是把试样与参比物质（亦称惰性物质、标准物质或中性物质。参比物质在整个实验温度范围内不应该有任何热效应，其热导率，比热容等物理参数应尽可能与试样相同）置于差热电偶的热端所对应的两个样品座内，在同一温度场中加热。当试样加热过程中产生吸热或放热效应时，试样的温度就会低于或高于参比物质的温度，差热电偶的冷端就会输出相应的差热电势。如果试样加热过程中无热效应产生，则差热电势为零。通过检流计偏转与否来检测差热电势的正负，就可推知是吸热或放热效应。在与参比物质对应的热电偶的冷端连接上温度指示装置，就可检测出物质发生物理化学变化时所对应的温度。

不同的物质，产生热效应的温度范围不同，差热曲线的形状亦不相同（图 4-1）。把试样的差热曲线与相同实验条件下的已知物质的差热曲线作比较，就可以定性地确定试样的矿物组成。差热曲线的峰（谷）面积的大小与热效应的大小相对应，根据热效应的大小，可对试样作定量估计。

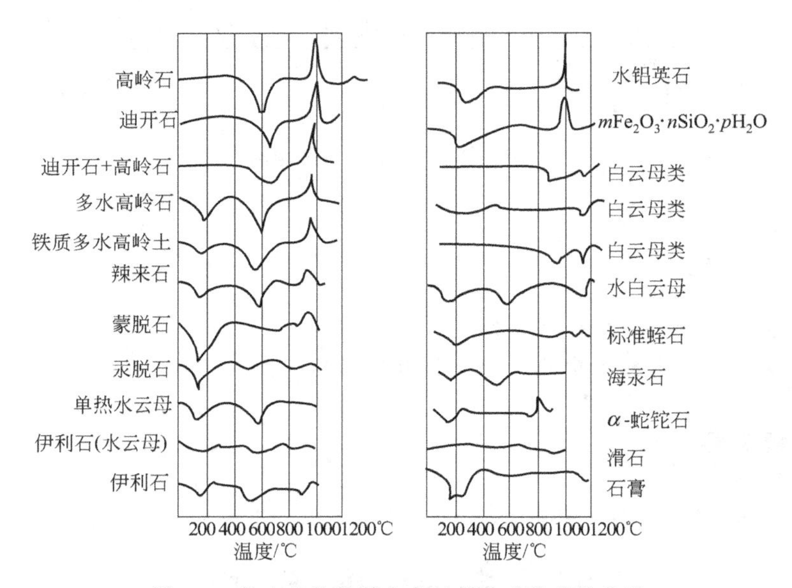

图 4-1 粘土矿物及其夹杂的部分矿物差热曲线

三、实验器材

差热分析实验仪由仪器主体、温度控制器和差热电势测量部件组成，仪器主体结构如图 4-2 所示。

差热电偶是把材质相同的两个热电偶的相同极连接在一起，另外两个极作为差热电偶的输出极输出差热电势。

四、测试步骤

① 检查仪器的连接情况是否正确。

② 手摇升降机构使电炉下降至暴露样品池座。

③ 接通电源，用手轻轻触摸热电偶端，如果差热电势测量显示仪表数字正向变大，则为放热效应，数字负向变大，则为吸热效应。

④ 将样品池放在样品座上，使热电偶端点位于池孔中央。试样（石膏）放在数字正向变大热电偶端对应的样品座内，中性物质（α-Al_2O_3）放在另一个样品座内，样品装填密度应该相同。

⑤ 手摇升降机构使电炉上升，使样品池位于电炉中部。

⑥根据空白曲线的升温速率（一般大约 10℃/min）升温。每隔 5 ～10℃记录差热电势和温度。差热电势最大时的温度（差热曲线峰顶或谷底温度）一定要记录下来，否则影响差热曲线的形状。石膏试样升温至 300℃即可。

⑦ 实验完毕，按“停止”按钮，然后关闭电源。

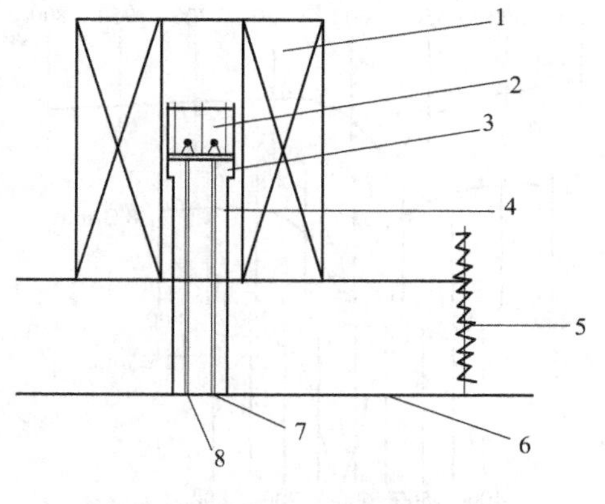

图 4-2 差热分析实验仪结构示意图
1—电炉；2—样品池；3—样品座；
4—样品座支撑杆；5—升降机构；6—底板；
7—参比热电偶；8—试样热电偶

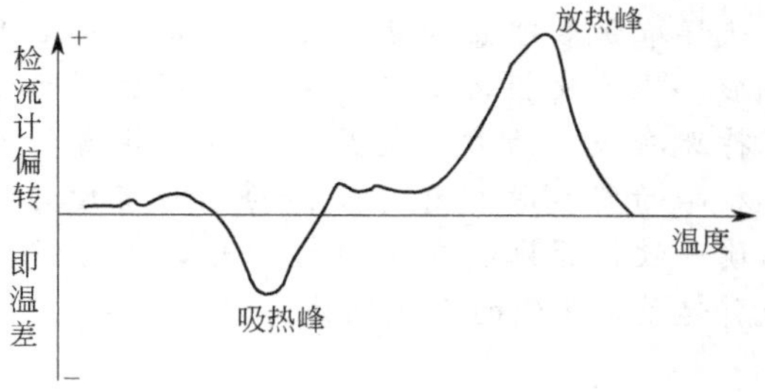

检流计偏转 即温差
放热峰
吸热峰
温度

图 4-3 差热曲线（示例）

五、数据记录及处理

以表 4-1 的形式记录原始数据，以原始数据减去空白实验数据得出校正后的检流计读数，并以校正后检流计读数为纵坐标，温度为横坐标，绘制出差热曲线，如图 4-3 所示。

如果所测的矿物是未知矿物，则与标准图谱比较即可鉴定该矿物。常见粘土类矿物的差热曲线示于图 4-1。

表 4-1 原始数据记录表

温度/℃	差热电势/μV	空白差热电势/μV	校正后差热电势/μV

注：空白试验是指样品座内都装中性物质，对仪器的系统误差进行校正时所做的实验。其实验数据由实验室提供。

附：影响热分析的因素

1. 加热速率

加热速率显著影响热效应在差热曲线上的位置，如图 4-4 所示。不同的加热速率，其差热曲线的形态、特征及反应出现的温度范围有明显的不同。一般加热速率增快，热峰（谷）变得尖而窄，形态拉长，反应出现的温度滞后。加热速率慢时，热峰（谷）变得宽而矮，形态扁平，反应出现的温度超前。

2. 热传导

物质的热导率对差热曲线的形状和峰谷的面积有很大影响。因此，要求样品与中性物质的

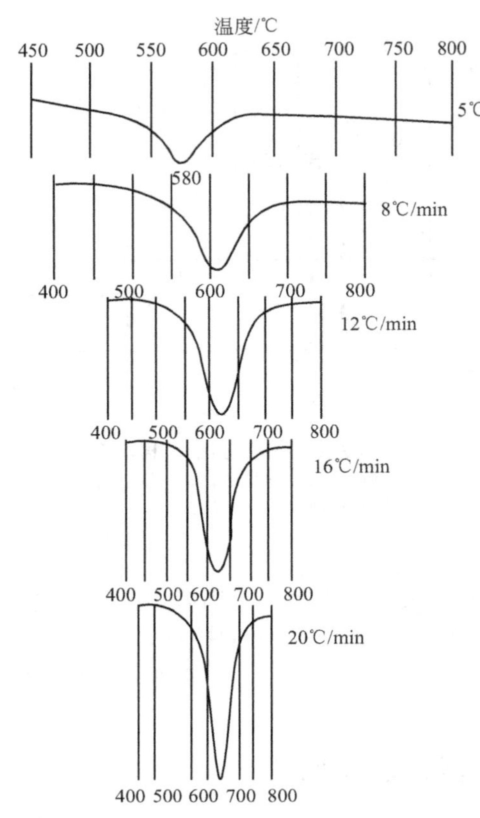

图 4-4 加热速度对高岭石脱水的影响

热导率相近。如果两者热导率和热容相差较大时，即使样品没有发生热效应，由于导热性不同而产生温度差，导致差热曲线的基线不成一条水平线。所以，粘土与硅酸盐物质选用煅烧过的氧化铝或刚玉粉。对于碳酸盐，则选用灼烧过的氧化镁。

3. 样品的物理状态

(1) 颗粒度

粉末试样颗粒度的大小，对产生热峰的温度范围和曲线形状有直接影响。一般来说，颗粒度愈大，热峰产生的温度愈高，范围愈宽，峰形趋于扁而宽；反之，热效应温度偏低，峰形尖而窄。试样细度一般过 4900 孔/cm^2 筛较好。

(2) 试样的重量

一般用少量试样可得到较明显的热峰。试样太多，由于热传导迟缓使相近的两峰易合并在一起。通常用 0.2g 左右，可以得到较好灵敏度。

(3) 试样的形状和堆积

试样堆积最理想的方式是将粉状试样堆积成球形，从热交换的观点来看，球形试样可以没有特殊损失。为方便起见，可取试样直径与高度相等的圆柱体代替。试样的堆积密度与中性物质一致，否则，在加热过程中，因导热不同会引起差热曲线的基线偏移。

(4) 热电偶的热端位置

热电偶热端在试样中的位置不同，会使热峰产生的温度和热峰的面积有所改变。这是因为物料本身有一定的厚度，因此表层的物料物理化学过程完成较早，中心部分较迟，使试样出现温度梯度。

思考题

1. 与静态方法相比较，差热分析这种动态方法有什么优缺点？
2. 如何保证差热分析数据的准确性？

参考文献

[1] 上海天平仪器厂. 热分析技术及应用. 1988,(5).
[2] 上海天平仪器厂. 热分析技术及应用. 1987,(4).
[3] 南京化工学院等. 陶瓷材料研究方法. 北京：中国建筑工业出版社，1980.

实验 5 材料的显微结构观察

一、目的意义

材料的显微结构与材料制备中的物理化学变化密切相关，通过显微结构分析，可以将材料的“组成-工艺过程 -结构-性能”等因素有机地联系起来，对控制材料性能、开发新材料显得特别重要。

本实验的目的：

① 学会用显微镜分析矿物的显微结构；

② 掌握显微照相技术；

③ 用金相显微镜观察水泥熟料矿物的显微结构。

二、基本原理

显微结构研究的主要内容是：在研究对象的被观察区域内，区别各物相的种类和它们的形态及分布结合状况。如果把显微结构与材料制备过程中物理化学联系起来，则不能仅仅满足于上述内容，而应该进一步去了解图像中所包含的物相形成的先后顺序和条件，以及这些物相形成、转变过程中，是遵循哪些规律而变化的。此外还应注意，有哪些现象需要与物相所含的化学组成联系起来考察，根据物相鉴定的结果去识别特征区域，以表明其中曾经发生过的物理化学变化等。这样，就可以从复杂多样的显微结构图像中，整理出具有条理性的内容，作为指导材料研究的依据。

显微结构研究的主要任务是：根据不同类型显微镜下观察到的显微结构特征，对它们的形成原因做出合理的分析和推断。如果观察所使用的是光学显微镜，则可以通过光性鉴定或运用特殊显微技术，如暗场、相衬等，使微小的物相也能清楚地分辨出来。如果使用的是电子显微镜，则在考虑选用仪器时，首先要比较透射型和扫描型所得的结果何者更为合适，同时还要考虑是否需要配合使用适当的能谱仪或用电子探针等，以确证微区的物相组成。

显微照相是使目镜中的图像投射到照相底片上，使底片感光而记录下视域中的图像的方法。显微结构与材料的形成过程和材料的性能密切相关，研究材料的显微结构，可以指导材料的生产过程，改善材料的性能。

显微照相法与一般照相法大同小异，当从样品出来的光线射到感光材料（照相底片）上时，底片上的卤化银因为受光的作用将发生如下化学变化：

$$AgX + h\nu \longrightarrow Ag + X \tag{5-1}$$

但这种变化在显影前看不出任何迹象，实际上在感光材料上只是有了潜伏的影像，叫做“潜影”。当感光材料产生潜影以后，在暗房中用显影液使潜影显示出来，这个过程叫做“显影”。经过显影以后，底片上出现了极细微的深浅不同的黑色银粒，堆积成了影像。显影液对没有感光的卤化银不起作用。为了避免它以后继续发生变化，使影像固定下来，在显影以后，要进一步将没有感光的卤化银溶掉，使之不再怕光线对它起作用，这个过程叫做“定影”。定影之后底片上仍然吸附着不少已经溶解的没有感光过的卤化银以及定影液中的药物（主要是 $Na_2S_2O_3$），如不清洗干净，时间一长，接触光线和空气，仍会造成相片变质和变色。因此，定影完毕，还需要有足够的时间，把感光材料用流动水或换水漂洗干净，才能使照片长期保存。

感光胶片经感光显影后，底片上的图像与所拍摄的影像恰好相反，实物中明亮部分呈黑色而黑暗部分则呈透明或淡灰色，这种底片称为“负片”。若使光线通过负片，让它射到另一种感光材料上（印相纸或放大纸），它所感受光线的情况与负片相反，成为一张明暗与实物相同的照片，称为“正片”。这个过程称为“印相”。

放大原理与照相原理相似，放大机把底片上的影像用镜头发射到放大纸上，使底片上的影像结影于放大纸的感光面上。

要获得一个理想的显微照相，首要的条件是成像要清晰。要获得清晰的图像，就要调好焦距，选择适当的亮度。光圈太大，增加了光的干扰，会使影像轮廓不清，光圈较小，减少了光的干扰，可使影像的轮廓清晰，并使焦平面前后清晰范围加大，即所谓“景深长”。但

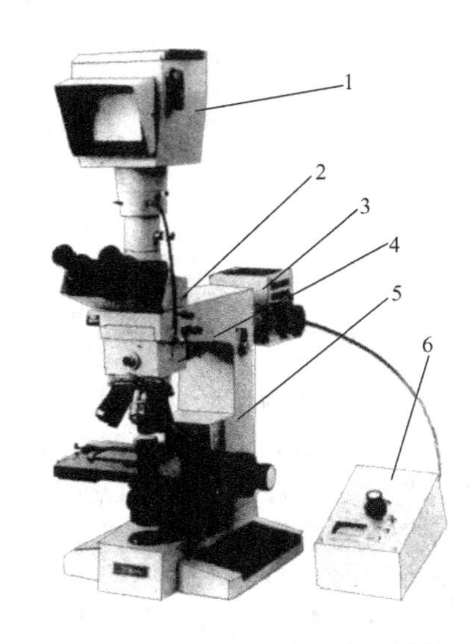

图 5-1 XJZ-6 正置式金相显微镜
1—摄影装置；2—双目镜筒；3—灯室；4—垂直照明；5—仪器主体；6—电源箱

光圈太小，光线太弱，图像也不够清晰。同时，暴光时间太长也不方便，故要调节适当的亮度。获得清晰图像之后，暴光时间的正确与否，是决定照片质量的主要因素。通常是根据底片的感光性能、照明光源的强度、光圈的大小、放大倍数（暴光时间与放大倍数平方成正比）、被摄样品的光学性质等，通过试摄来确定暴光时间。若底片暴光正确，在底片上强光和阴暗部分密度适中，层次就能够充分地表现出来，反差适当。若底片暴光过度，底片密度较厚，强光部分丧失影纹。暴光不足，底片上强光部分有影纹层次，但阴暗部分没有影纹，色调灰淡，都得不到效果好的照片。

三、实验器材

显微结构观察的仪器很多，如 XPT-6 型金相显微镜、XJ-16A 型金相显微镜、XJZ-6 正置式反射摄像金相显微镜等。其中，XJZ-6 正置式反射摄像金相显微镜带有摄像装置（由摄像机和彩色电视机构成）和照相装置，可用 120 或 135 胶卷进行照相，使用比较方便，如图 5-1 所示。

四、显微结构观察

1. 偏光镜下试样制备及观察

将试样磨制成薄片进行观察。用切片机从有代表性的试样上切下一小块（定向的或不定向的），先将一面磨光（磨料有金刚砂 SiC 及刚玉粉 Al_2O_3），用加拿大树胶或光学树胶把这一平面粘在载玻片上，再磨另一面，磨到厚度 0.03mm，用树胶把盖玻片粘在该面上即可。另一种制样方法是将矿物制成浸油试片来观察。

单偏光镜下可观察晶体形态、矿物颗粒大小、百分含量、解理、突起、糙面、贝克线、颜色、多色性等。

正交镜下可观察晶体的消光现象、干涉现象、干涉色级序、晶体延性符号、双晶等。

锥光镜下可观察晶体（一轴晶、二轴晶）的干涉图等。

2. 样品制备和观察

试样通过切、磨、抛光等步骤制备成光片。光片抛光后，在矿物表面覆盖着一层厚度为数微米的非晶质薄膜，充填了矿物显微结构中的裂隙及晶体边界孔隙，使晶体的内部结构及不同晶体的界线分辨不清。因此，要用适当的试剂对光片表面进行浸蚀，使覆盖着的非晶质薄膜溶蚀及沉淀，矿物着色，显出显微结构（包括晶体界线、解理、双晶、晶体内部的环带构造与包裹体等），以获得更好的显微图像和结构信息。浸蚀按其特性可以分为鉴定浸蚀和结构浸蚀两种。前者的目的在于获得鉴定矿物的特殊标志；后者的目的在于能显示出矿物的内部结构。

浸蚀时要选择适当的浸蚀剂及浸蚀时间。当用适当的试剂作用于光片表面时，开始时非晶质薄膜溶解，并显示出矿物的某些结构特征。试剂继续作用则引起矿物表面不同程度的溶解或生成带有色彩的沉淀。如果作用过甚，就会破坏或掩盖起初显出的结构，因此应避免试样光片被试剂过度地浸蚀。

3. 矿物含量的测定

矿物的质量百分含量可以通过体积百分含量乘以矿物的密度而得出。由于质量百分数与体积百分数和面积百分数成正比关系，故显微镜下矿物含量测定方法有面积法和直线法等。

面积法是通过一定视域内欲测矿物所占的面积来计算其百分含量，即：

$$面积百分数=\frac{矿物所占面积}{视域总面积} \tag{5-2}$$

面积法测量时至少要2～3块试片，试片数目愈多，结果愈准确。

直线法测定百分含量可以按式(5-3)计算体积百分数：

$$V_A=\frac{L_1+L_2+L_3+\cdots+L_n}{nL} \tag{5-3}$$

式中 V_A——欲测矿物的体积百分数；

$L_1,L_2,L_3,\cdots,L_n$——欲测矿物在各测定直线上所截的格数；

n——测定直线的总数；

L——目镜刻度尺的格数。

一般测定总长度至少应为矿物颗粒平均粒径的100倍以上。

思考题

1. 研究显微结构有什么意义？
2. 显微结构分析能提供哪些结构信息？

参考文献

[1] 诸培南等编．无机非金属材料显微结构图册．武汉：武汉工业大学出版社，1994.
[2] 武汉工业大学等编．硅酸盐岩相学．武汉：武汉工业大学出版社，1988.

实验6 Bond球磨功指数的测定

一、目的意义

物料粉碎在无机非金属材料研究与生产中是十分重要的。Bond功指数值反映出物料粉碎时功耗的大小，即粉碎的难易程度。根据测试方法的不同，Bond功指数分为：破碎功指数、棒磨功指数、球磨功指数和自磨功指数。Bond功指数可用于以下方面：

① 作为物料的可磨度标准之一；
② 选择和计算粉碎设备的规格、台数和功率；
③ 判断生产中磨矿设备的工作效率；
④ 估算金属磨损耗；
⑤ 选择和计算磨介尺寸。

本实验的目的：

① 了解Bond功指数的定义；
② 掌握Bond球磨功指数的测定方法。

二、基本原理

Bond球磨功指数是在专门制造的规格为 ϕ305mm×305mm 间歇式球磨机内（筒体光滑无衬板），按标准程序，在循环负荷率为250%的闭路粉磨过程中进行测定的。其实质是用

Bond 功指数磨以特定的实验操作步骤与测定方法来代替溢流型球磨机闭路湿法粉磨作业中，对某一物料在指定给料粒度条件下，将其粉磨至某一要求粒度所消耗的功。

根据 Bond 粉碎功耗定律，在某些条件下的粉碎功耗：

$$W_x = 10W_i\left(\frac{1}{\sqrt{P}} - \frac{1}{\sqrt{F}}\right) \tag{6-1}$$

式中 W_i——Bond 功指数，kW・h/t。

用 Bond 功指数磨所得的 ϕ2.4m 溢流型球磨机功指数的算式为：

$$W_i = \frac{44.5 \times 1.10}{(P_1)^{0.23}(G_{bp})^{0.82}\left(\frac{10}{\sqrt{P_{80}}} - \frac{10}{\sqrt{F_{80}}}\right)} \tag{6-2}$$

式中 P_1——粉碎实验用筛网孔径，μm；

P_{80}——粉碎产物 80%通过的筛网孔径，μm；

F_{80}——进料 80%通过的筛网孔径，μm；

G_{bp}——实验用球磨机每转一次的 P_1 筛下生成量。

三、实验器材

(1) Bond 功指数磨

典型的 Bond 功指数磨如图 6-1 所示。

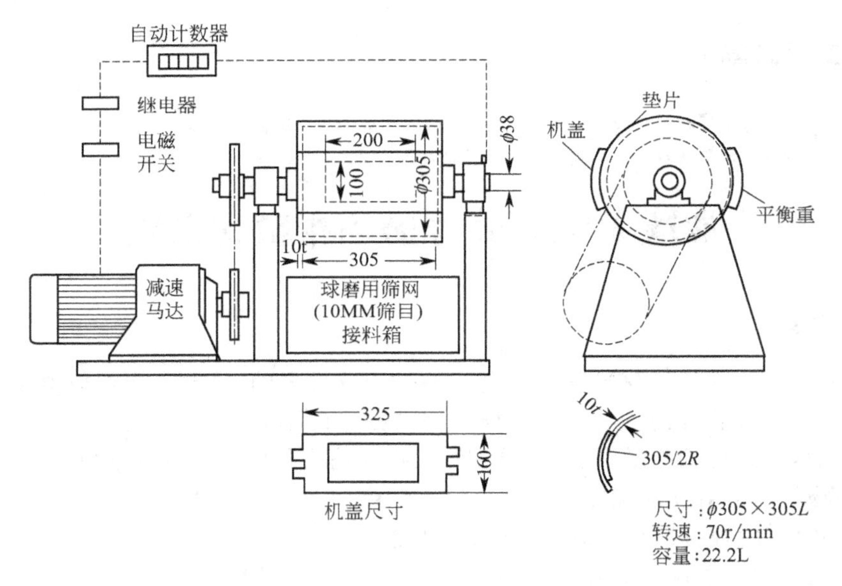

图 6-1 典型的 Bond 功指数磨

(2) 测定用钢球

采用普通级滚珠轴承用钢珠，其组配见表 6-1。

(3) 其他仪器设备

① 旋敲式摇筛机。

② 标准筛（框内径为 ϕ200mm。孔径为 2.0mm、1.0mm、500μm、250μm、150μm、125μm、90μm、63μm）。

③ 试样缩分器。

④ 托盘天平：量程 500g，感量 0.5g 的 1 台；量程 100g，感量 0.1g 的 1 台。

表 6-1　研磨体的级配

球径/mm	公称尺寸/in	数量/个
36.5	$1\frac{7}{16}$	48
30.2	$1\frac{3}{16}$	67
25.4	1	10
19.1	$\frac{3}{4}$	71
15.9	$\frac{5}{8}$	94
合计		290

注：1in=25.4mm。

⑤ 1000mL 量筒（塑）。

⑥ 其他：清扫筛网用的毛刷及清扫球磨机内表面的带柄毛刷，保存试样用的塑料袋，扳手工具。

四、实验步骤

1. 测定准备

（1）试验用球磨机的准备

卸下机盖，用毛刷或布拭净磨机的内表面上的粘附粉尘，锁紧机盖，确保垫片完整，无粉尘泄漏。打开球磨机及计数器电路的电源开关，用手缓慢转动球磨机，再由微动开关启动计数器，然后，启动球磨机运转按钮，使磨机开始运转。

（2）测定用钢球的准备

按表 6-1 的钢球级配检查钢球组成。对新加的钢球，擦去球表面的油后，装入磨内，再加上约 700mL 的硅砂，运转 1～2h，待钢球表面完全发暗后再正式使用。

2. 待粉碎试样的准备

配制对筛网孔径 3.35mm（6 目）标准筛能够全通过的实验用料粒度。对于 3.35mm 筛上的粗粒，则以适当的实验粉碎机粉碎到 3.35mm 全通过后再利用。备好 12.8kg 以上的试样，并以 Carpenter 法进行缩分。按图 6-2 所示编号，分别保存于塑料袋中。

3. 进料粒度的测定

取上述缩分 No.1111 约 200g，用量程为 500g 的托盘天平称量，精确到 0.5g。

采用筛网孔径为 2.0mm、1.0mm、500μm、250μm、150μm、125μm、90μm、63μm 的标准筛，以旋敲式摇筛机筛分 5min。将测定结果记录在表中，再标绘于方格纸上，如图 6-3 所示，并内插求得相当于 150μm（以 P_1 表示）

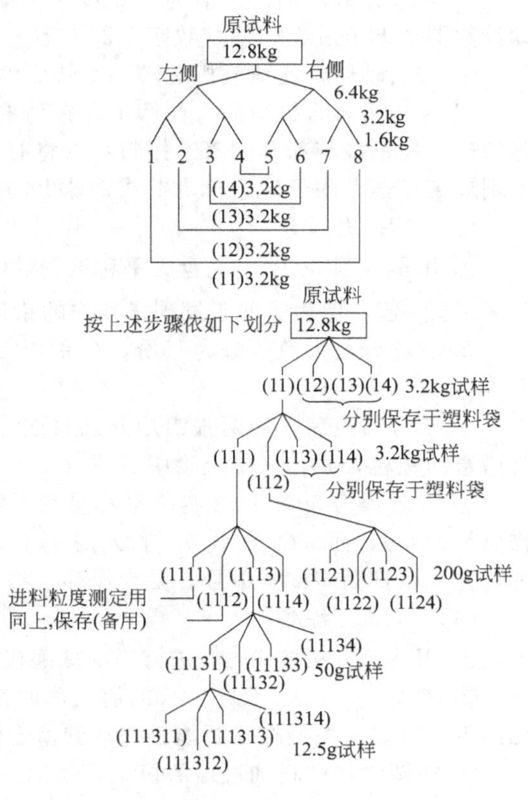

图 6-2　试样缩分步骤（Carpenter 法）

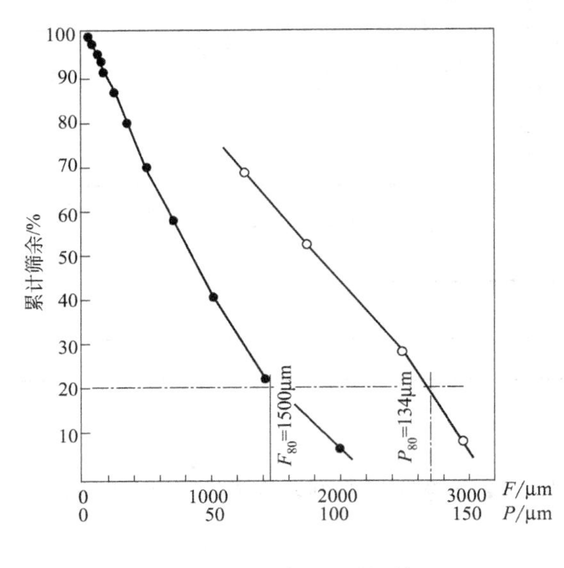

图 6-3 F_{80} 与 P_{80} 的图解

筛上累积率 R_F 及筛下 80% 粒径 F_{80}（μm）记入表中。

4. 具体测试步骤

(1) 700mL 进料的采取

按上述缩分取得的 800g、200g、50g、12.5g 各缩分试料，经适当组合成 700mL 左右，并装入 1000mL 的量筒内。当接近 700mL 时，在桌上轻轻敲击，使之充分填充。再加上 50g、12.5g 的试料填充，直至料层表面不再下沉时，以 12.5g 试料来对齐最后的刻度。刻度对齐的精度为 10mL（因待粉碎试样属粒度分布范围较广的试料，故需采用预先经过缩分的试料来取其所需要的试料量。若以小勺等掏取，粒度会偏析而发生误差）。

采取 700mL 之后，以量程为 500g 的托盘天平三次测定其质量 Q_0，记入表中（Q_0 值在下面的计算中很重要，切勿读错砝码）。

(2) 第一次粉碎

① 使球磨机的装料口朝上，打开机盖，将选用的钢球全部装入。

② 将上述取得的 700mL 进料全部装入球磨机内。

③ 调节计数器的设定值为 100 转（用计数器的调节指针准确地调节到设定值后，再转动计数器的调节旋钮，使其数字全部为零）。

④ 按启动钮，使球磨机运转 100 转而停止（常因惯性而会多转 2～3 转，无妨碍）。

⑤ 停止后，将机盖向上而卸下，在球磨机下方的接料箱上设置选球用筛网，用手慢转球磨机，使钢球与粉碎物落入接料箱（将有粉尘飞扬，分次取出少量，切勿遗失钢球）。以毛刷仔细拭落粘附于球磨机内壁或钢球上的粉末，并归入粉碎物中。钢球仍送回球磨机内。

(3) 第一次筛分

① 用量程为 500g 的托盘天平称取粉碎物，记录下它与上述所称得的 Q_0 值之差（计算时采用 Q_0 值，但为了便于发现操作中的错误，所以作为 Q_0' 记录表中）。

② 将粉碎物大致等分为三份，分别以 150μm（P_1，μm）的筛网在旋敲式摇筛机上筛分 5min。

③ 筛分结束后，用两张铝片分别收取筛上物与筛下物。从筛网内侧以所选用的毛刷拂落堵塞的颗粒，并归入筛上物中。

④ 以量程为 500g 的托盘天平称量筛上物与筛下物的质量。设筛上物质量为 Q_{cl}、筛下物质量为 Q_p，而（$Q_{cl}+Q_p$）与 Q_0 之差，以±5g 之内为宜。将 Q_p 量的试样放在聚乙烯袋中，并注以日期与试样编号，妥为保存。将 Q_{cl} 量的试样放入球磨机内，待下一次粉碎用。

(4) 第二次粉碎

① 用下述方法按表 6-2 进行一次球磨机转速的预测计算。

② 求 $Q_{F(n)}=Q_0-Q_{cl(n-1)}$ 的值，称取符合此量的新试样。需从已准备好的划分试样中无偏析地采取。关键在于要能迅速达到稳定值。

③ 将新添加试料加进球磨机，按照第一次粉碎操作，计数器对准预测转数。

④ 按第一次筛分操作，取得 Q_p 与 Q_{cl}。

表 6-2 球磨机转速预测计算 $Q_0=$________，$R_F=$________

次数	(1)	(2)	(3)	(4)	(5)	(6)
粉碎次数	N	$Q_{p(n)}$	$Q_{cl(n)}$	$Q_{F(n)}$	$(3)/Q_0$ $R_{N(n)}$	$R'_{F(n)}$
1				①		②
2	⑤			④		③
3						
4						

次数	(7)	(8)	(9)	(10)
粉碎次数	$\frac{(4)_{n+1}\times R_F+(3)}{Q_0}$ $R'_{F(n+1)}$	$\frac{2.5/3.5}{(7)}$ $R'_{N(n+1)}/R'_{F(n+1)}$	$(5)/(6)$ $R_{N(n)}/R'_{F(n)}$	$(1)\times(\ln 8/\ln 9)^{1/1.2}$ $N_{(n+1)}$
1				
2				
3				
4				

① 第 1 次是 Q_0。

② 第 1 次为 (4)$\times R_F/Q_0$。

③ 第 2 次以后，将第 ($n+1$) 次的 (7) 值转记至第 (n) 次。

④ $Q_0-(3)_{n-1}$ 值（第 n 次的进料添加量）。

⑤ 预测转速 $N_{(n+1)}=385$，但因球磨机的惯性等而稍有偏离设定值，表中所记为实测值。

下一次的球磨机转速的预测计算：Bond 的 G_{bp} 是在循环负荷（circulating load）cl$=Q_{cl}/Q_F=2.5$ 的间歇式实验用小型球磨机闭路粉碎过程中进行测定的。闭路粉碎过程如图 6-4 所示。对 G_{bp} 测定的第 n 及 $n+1$ 次标绘成图 6-5。Q 为物料的质量 (g)，R 为以筛孔径 P_1 的筛网进行筛分时筛上物的 (%)。

该 АНДРееВ 的粉碎速度式成立，则可得下式：

$$R_{N(n)}=R'_{F(n)}\exp[-kN_{(n)}^m] \tag{6-3}$$

设 $m=1$，第 (n) 与 ($n+1$) 次之比为：

$$\frac{\ln[R_{N(n)}/R'_{F(n)}]}{\ln[R_{N(n+1)}/R'_{F(n+1)}]}=\frac{N_{(n)}}{N_{(n+1)}} \tag{6-4}$$

$$N_{(n+1)}=N_{(n)}\frac{\ln[R_{N(n+1)}/R'_{F(n+1)}]}{\ln[R_{N(n)}/R'_{F(n)}]} \tag{6-5}$$

由第 n 次的粉碎结果，预测计算第 $n+1$ 次 cl$=2.5$ 的球磨机转速 $N_{(n+1)}$ 时，可将下列各 R 值代入上式。

$$R_{N(n)}=\frac{Q_{cl(n)}}{Q_0} \tag{6-6}$$

$$R'_{F(n)}=\frac{Q_{F(n)}R_F+Q_{cl(n-1)}}{Q_0} \tag{6-7}$$

$$R_{N(n+1)}=\frac{Q_{cl(n+1)}}{Q_0}=\frac{2.5}{3.5} \tag{6-8}$$

$$R'_{F(n+1)}=\frac{Q_{F(n+1)}R_F+Q_{cl(n)}}{Q_0} \tag{6-9}$$

表 6-2 为计算用表。上述计算容易发生差错，若不用计算机，则用此表辅助。该表应附在实验数据的后面。

(5) 稳定值的达成

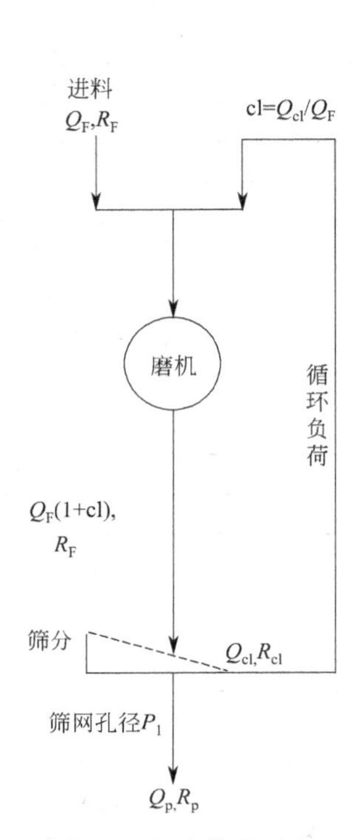

图 6-4 闭路粉碎过程

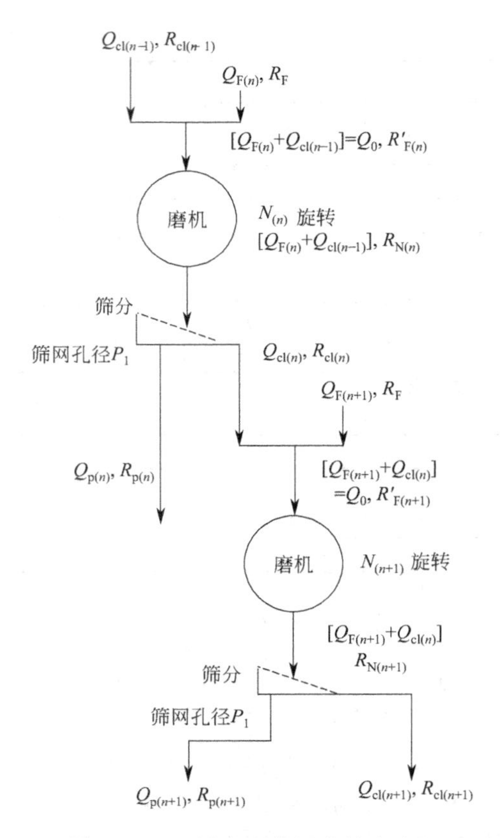

图 6-5 G_{bp} 测定法的闭路粉碎过程

① 重复相同的操作，将结果作出图（图 6-6），得出渐近于稳定 G_{bp} 值。

② 在连续三个 G_{bp} 值中，最大值与最小值之差不超过这三个 G_{bp} 平均值的 3%时，则可以认为 G_{bp} 已达到稳定值。

③ 通常约需 10 次即能稳定。若要反复达成稳定值，最好的办法是中途不休息，当天完成实验。若中断一天以上，重续实验时，则常会有异常值出现，这是由于粉碎物的状态因湿度或温度而有了变化所致。为此，进料（特别是 Q_{cl}）不可装存于球磨机，而应密封在塑料袋中。恢复实验时，先用准备的新进料运转片刻，清扫干净后，才进行正式的粉碎实验。

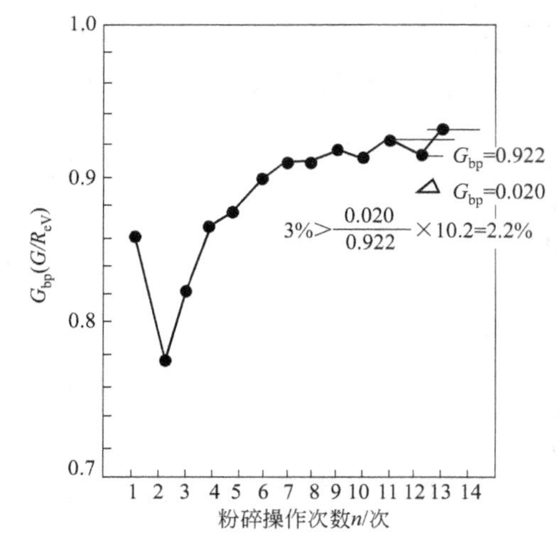

图 6-6 G_{bp} 达到稳定值的过程

人造矿物中常夹杂有异常坚硬的部分，经粉碎后，则留在 Q_{cl} 料之中，使实验达不到稳定值，G_{bp} 逐渐降低，此时，应以显微镜仔细观察 Q_{cl} 料，并做出适当的判断。

(6) P_{80} 的确定

① 将最后三次的 Q_p 料进行混合，用双缩分器缩分，称取约 100g，再用量程 100g 的托盘天平作精确称量（精确度在 0.1g 以内），最后由标准筛和旋敲式摇筛测定粒度。筛分时间为 5min。

② 如图 6-3 所示，求出 P_{80}。

(7) 工作指数 W_i 的计算

由上述数据，用式(6-2) 求出 W_i 即可。

五、实验结果

将测试数据及有关的计算结果填入表 6-3(a) 和表 6-3(b) 之中。

表 6-3(a) Bond 工作指数的测定结果 (1)

粒度测定				
标准筛筛网孔径/μm	进料		P_1 筛下	
	各筛上残留量/g	筛上累积/%	各筛上残留量/g	筛上累积/%
2000				
1000				
500				
250				
150				
125				
90				
63				
−63				

P_1=________ μm，R_F=________，$1-R_F$=________

F_{80}=________ μm，P_{80}=________ μm

表 6-3(b) Bond 工作指数的测定结果 (2)

粉　碎　实　验

测定日期：　年　月　日

测定者：

审定者：

Q_0=________ g，P_1=________ μm，R_F=________

次数	(1)	(2)	(3)	(4)	(5)	(6)	(7)	(8)
粉碎次数 n	球磨机转速 N	P_1 筛下生成量 Q_p /g	P_1 筛上生成量 Q_{cl} /g	进料添加量 Q_F /g	粉碎前 P_1 筛下量 $Q_F(1-R_F)$ /g	粉碎后 P_1 筛下增加量 (2)−(5) /g	G_{bp} (6)/(1)	下次预测转速 $N_{(n+1)}$
1				①				
2				②				
3								
4								
5								
6								
7								
8								
9								
10								
11								
12								
13								

11～13 次的平均 G_{bp}=

① 第一次为 Q_0 值

② 第二次以后，由前次数据计算 $Q_0-Q_{cl(n-1)}$

$$W_i=\frac{44.5\times1.10}{(P_1)^{0.23}(G_{bp})^{0.82}(10/\sqrt{P_{80}}-10/\sqrt{F_{80}})}=\qquad \text{kW/(h·t)}$$

六、W_i 的应用及其范围

粉碎装置的基本设计，必须已知原料的性质与粉碎量（生产能力 t/月，t/天），并设定对粉碎产物的粒度分布或颗粒形状等的要求，还要考虑必要的粉碎过程。进料粒度较大时，粉碎不能一气呵成，而要分成多段来完成粉碎。先确定各段的粒度分布与处理能力之后，再确定粉碎机的功率值及其台数。

若已有实际生产的粉碎数据，则可据此而得以确定。如果没有，则以实验室的粉碎结果来推断确定所需的动力。Bond 在美国的 Allis-Chalmers 公司曾从事此项工作，他根据多年积累的实际生产资料和实验数据，而整理得出的有关 W_i 的概念，虽不是理论性的，在实用上却很有指导意义。但是，必须充分了解它的前提条件和这种方法的适用范围。

① 一般情况下，只以岩石与人造矿物之类作为粉碎对象，不适用于软质或韧性大的物料。

② 关于测定进料，原则上为采用 3.35mm 筛网的闭路粉碎物。因而，不适用于非常细的物料。对于经过粒度齐整化了的进料，Bond 提供有校正的方法，须予注意。

③ 根据 W_i 而确定的功率值，仍以内径 8ft（1ft=0.30m）湿法闭路溢流式球磨机在平均效率下的电机输出功率为其基准。

对于干法，将 W_i 乘以 4/3；对球磨机直径为 D 者，将 W_i 乘以 $(8/D)^{0.20}$；对 $P_{80}<70\mu m$ 时，将 W_i 乘以 $(P_{80}+10.3)/1.149P_{80}$。

因而，不适用于球磨机以外而粉碎机理完全不同的其他粉碎机。但是，可供反击式粉碎机与振动磨等参考之用。

④ 从实际作业中求得的 W_i。

若已有粉碎机的实际作业资料时，可以倒算出 W_i。对于从 F_{80} 至 P_{80} 的粉碎，W［单位为：kW/(h·t)］则为：

$$W=10W_{i0}\left(\frac{1}{\sqrt{F_{80}}}-\frac{1}{\sqrt{P_{80}}}\right) \tag{6-10}$$

按此求得的 W_{i0}，称为作业工作指数（operating work index），它有助于对实际作业数据的整理与研究。

思考题

1. 为什么用 Bond 功指数磨能测定物料粉碎的难易程度？
2. 为什么待测定的物料要预先粉碎成一定的粒度？
3. 为什么用 Bond 功指数磨不能测定软质或韧性大的物料？
4. 为什么由实验室小规模球磨机实验结果，可以对高达几千千瓦的粉碎机进行按比例放大的计算？

参考文献

[1] 三轮茂雄，日高重助．粉体工程手册．杨伦译．北京：中国建筑工业出版社，1987.
[2] 陈炳辰．磨矿原理．北京：冶金工业出版社，1989.
[3] 鲁法增．水泥生产过程中的质量检验．北京：中国建材工业出版社，1996.
[4] JC/T 734—1996．水泥原料易磨性试验方法.

实验 7 物料易磨性指数测定（Hardgrove 法）

一、目的和意义

克服物体变形时的应力与质点之间的内聚力以及生成新的被粉磨物料的表面能，主要取决于被粉磨物料的性质，它可以概括地用易磨性来表示。物料的易磨性是表示物料被粉磨的难易程度的一种物理性质。物料的易磨性与物料的强度、硬度、密度、结构的均匀性、含水量、粘性、裂痕、表面形状等许多因素有关。

物料的易磨性通常采用物料的易磨性指数（grindability index）表示。物料的易磨性指数是指被粉磨物料易磨程度的实用物性值。易磨性指数常用 Hardgrove（哈德格罗夫）指数表示，它定量地表征了将物料粉磨到某一粒度的难易程度，Hardgrove 指数法测定较为简单，使用性强，广泛用于水泥原料、煤料及各种粉料的粉磨系统工艺设计和设备选型。

本实验的目的：

① 了解 Hardgrove 指数法的意义；

② 掌握 Hardgrove 指数法的测定原理及方法。

二、基本原理

Hardgrove 易磨性依据原料所需的粉磨能量与新生成的比表面积成正比的原理。将一定粒度范围和质量的粉料，经 Hardgrove 可磨性测定仪研磨 60r 后在规定的条件下筛分，称量筛上物料的质量，由研磨前的物料质量减去筛上料质量得到筛下料质量 W，则 Hardgrove 指数（HGI）为：

$$HGI=13+6.93W \tag{7-1}$$

HGI 值越大，物料的易磨性越好。

如果试验料为烟煤和无烟煤，则直接由测得的筛下料的质量再从由标准煤样绘制的校准图上查得 Hardgrove 可磨性指数。

三、实验器材

① Hardgrove 可磨性测定仪，其结构如图 7-1 所示。电动机通过蜗轮、蜗杆和一对齿轮减速后，带动主轴和研磨环以（20±1）r/min 的速度运转。研磨环驱动研磨碗内的 8 个钢球转动，钢球直径为 25.4mm，由重块、齿轮、主轴和研磨环施加在钢球上的总垂直力为（284±2）N。

② 试验筛：孔径为 0.071mm、0.63mm、1.25mm，直径为 200mm，并配有筛盖和底盘。

③ 保护筛：能套在试验筛上的圆孔筛或方孔筛，孔径范围 16～19mm。

④ 振筛机：可以容纳外径为 200mm 的一组垂直套叠并加盖和底盘的筛子。垂直振击频率为 $149min^{-1}$，水平回转频率为 $221min^{-1}$，回转半径为 12.5mm。

⑤ 天平：最大称量 100g，感量 0.01g。

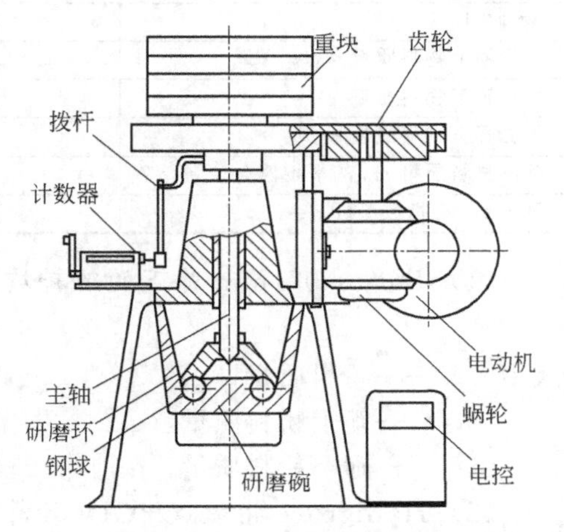

图 7-1 哈氏易磨性测定仪

四、实验步骤

1. 试样制备

① 用0.63～1.25mm筛子将试样筛分，取0.63～1.25mm之间的试样120g，弃去筛下物。

② 将0.63～1.25mm的试样混合均匀，用二分器缩分后，用天平称量两份各为（50.00±0.01)g的试样。

2. 实验步骤

① 将已称取的（50.00±0.01)g待测物料，记做m(g)。将物料均匀倒入研磨碗内，平整其表面，并将落在钢球上和研磨碗凸起部分的试样清扫到钢球周围，使研磨环的十字槽与主轴下端十字头方向基本一致时将研磨环放在研磨碗内。

② 把研磨碗移入机座内，使研磨环的十字槽对准主轴下端的十字头，同时将研磨碗挂在机座两侧的螺栓上，拧紧固定，以确保总垂直力均匀施加在8个钢球上。

③ 将计数器调到零位，启动电机，仪器运转60r后自动停止。

④ 将保护筛、0.071mm筛子和筛底盘套叠好，卸下研磨碗，把粘在研磨环上的粉料刷到保护筛上，然后将磨过的粉料连同钢球一起倒入保护筛，并仔细将粘在研磨碗和钢球上的粉料刷到保护筛上，再把粘在保护筛上的粉刷到0.071mm筛子内。取下保护筛并把钢球放回研磨碗内。

⑤ 将筛盖盖在0.071mm筛子上，连筛底盘一起放在振筛机上振筛10min。取下筛子，将粘在0.071mm筛面底下的粉料刷到筛底盘内，重新放到振筛机上振筛5min，再刷筛面底下一次，再振筛5min，刷筛面底下一次。

⑥ 称量0.071mm筛上的粉料（称准到0.01g)，记作m_1(g)。

⑦ 称量0.071mm筛下的粉料（称准到0.01g)，筛上和筛下粉料质量之和与研磨前物料m(g)相差不得大于0.5g，否则测定结果作废，应重做试验。

⑧ 重复上述步骤，连续测定两次。

五、实验数据和结果

将实验结果记入表7-1中。

表7-1 Hardgrove指数测定结果

物料名称		
16～30目物料质量m/g	50	
测量次序	1	2
称量筛上物料质量m_1/g		
称量筛下物料质量/g		
计算筛下物料质量m_2/g		
筛下物料质量m_2的平均值/g		
Hardgrove指数 HGI=13+6.93m_2		

(1) 计算0.071mm筛下的粉料质量m_2(g)

$$m_2=m-m_1 \tag{7-2}$$

式中 m——粉料质量，g；

m_1——筛上粉料质量，g；

m_2——筛下粉料质量，g。

(2) Hardgrove指数（HGI）计算式

$$HGI=13+6.93m_2 \tag{7-3}$$

思考题

1. Hardgrove 指数法的测定原理和方法是什么？

2. Hardgrove 指数（HGI）的计算式中，筛下物质量为什么不直接用称量的 0.071mm 筛下的粉料质量，而要用计算的 0.071mm 筛下的粉料质量 m_2？

参考文献

GB/T 2565—1998．煤的可磨性指数测定方法（哈德格罗夫指数法）．

实验 8 粉体粒度分布测定

粒度分布通常是指某一粒径或某一粒径范围的颗粒在整个粉体中占多大的比例。它可用简单的表格、绘图和函数形式表示颗粒群粒径的分布状态。颗粒的粒度、粒度分布及形状能显著影响粉末及其产品的性质和用途。例如，水泥的凝结时间、强度与其细度有关；陶瓷原料和坯釉料的粒度及粒度分布影响着许多工艺性能和理化性能；磨料的粒度及粒度分布决定其质量等级等。为了掌握生产线的工作情况和产品是否合格，在生产过程中必须按时取样并对产品进行粒度分布的检验，粉碎和分级也需要测量粒度。

粒度测定方法有多种，常用的有筛析法、沉降法、激光法、小孔通过法、吸附法等。本实验用筛析法和沉积天平法测粉体粒度分布。

Ⅰ．筛 析 法

一、目的意义

筛析法是最简单的也是用得最早和应用最广泛的粒度测定方法，利用筛析方法不仅可以测定粒度分布，而且通过绘制累积粒度特性曲线，还可得到累积产率 50％时的平均粒度。

本实验的目的：

① 了解筛析法测粉体粒度分布的原理和方法；

② 根据筛分数据绘制粒度累积分布曲线和频率分布曲线。

二、基本原理

筛析法是让粉体试样通过一系列不同筛孔的标准筛，将其分离成若干个粒级，分别称重，求得以质量百分数表示的粒度分布。筛析法适用于 20～100mm 之间的粒度分布测量。如采用电成形筛（微孔筛），其筛孔尺寸可小至 5μm，甚至更小。

筛孔的大小习惯上用“目”表示，其含义是每英寸（25.4mm）长度上筛孔的数目，也有用 1cm 长度上的孔数或 1cm^2 筛面上的孔数表示的，还有的直接用筛孔的尺寸来表示。筛分法常使用标准套筛，标准筛的筛制按国际标准化组织（ISO）推荐的筛孔为 1mm 的筛子作为基筛，以优先系数及 20/3 为主序列，其筛比孔为 $(\sqrt[20]{10})^3 \approx 1.40$（化整值）；再以 $R20$ 或 $R40/3$ 作为辅助序列，其筛比分别为 $\sqrt[28]{10} \approx 1.12$ 或 $(\sqrt[40]{10})^3 \approx 1.19 \approx \sqrt[4]{2}$。

筛析法有干法与湿法两种，测定粒度分布时，一般用干法筛分；湿法可避免很细的颗粒附着在筛孔上面堵塞筛孔。若试样含水较多，特别是颗粒较细的物料，若允许与水混合，颗粒凝聚性较强时最好使用湿法。此外，湿法不受物料温度和大气湿度的影响，还可以改善操作条件，精度比干法筛分高。所以，湿法与干法均被列为国家标准方法，用于测定水泥及生料的细度等。

筛析法除了常用的手筛分、机械筛分、湿法筛分外，还用空气喷射筛分、声筛法、淘筛法和自组筛等，其筛析结果往往采用频率分布和累积分布来表示颗粒的粒度分布。频率分布表示各个粒径相对应的颗粒百分含量（微分型）；累积分布表示小于（或大于）某粒径的颗粒占全部颗粒的百分含量与该粒径的关系（积分型）。用表格或图形来直观地表示颗粒粒径的频率分布和累积分布。

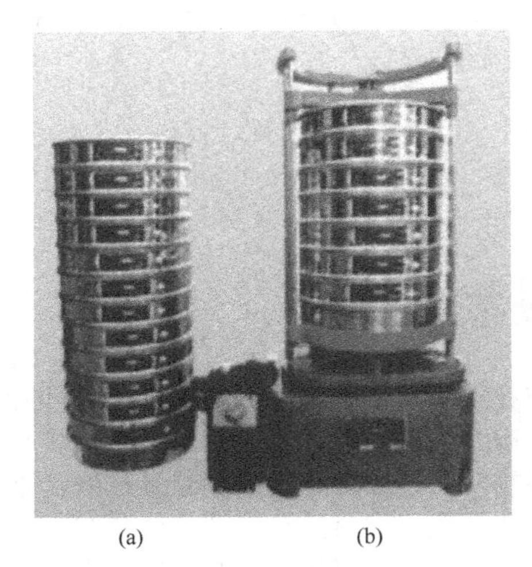

(a) (b)

图 8-1 标准筛（ϕ200mm）及振筛机

筛析法使用的设备简单，操作方便，但筛分结果受颗粒形状的影响较大，粒度分布的粒级较粗，测试下限超过 38μm 时，筛分时间长，也容易堵塞。

三、实验器材

① 标准筛 1 套［图 8-1(a)］；
② 振筛机 1 台［图 8-1(b)］；
③ 托盘天平 1 架；
④ 搪瓷盘 2 个；
⑤ 脸盆 2 个；
⑥ 烘箱 1 个。

四、实验步骤

1. 干筛法

干筛法是将置于筛中一定重量的粉料试样，借助于机械振动或手工拍打使细粉通过筛网，直至筛分完全后，根据筛余物重量和试样重量求出粉料试料的筛余量。

(1) 设备仪器准备

将需要的标准筛、振筛机、托盘天平、搪瓷盘和烘箱准备好。

(2) 具体操作步骤

① 试样制备：用圆锥四分法（图 8-2）缩分取样，再将试样放入烘箱中烘干至恒重，准确称取 100g（松装密度大于 1.5g/cm^3 的取 50g）。

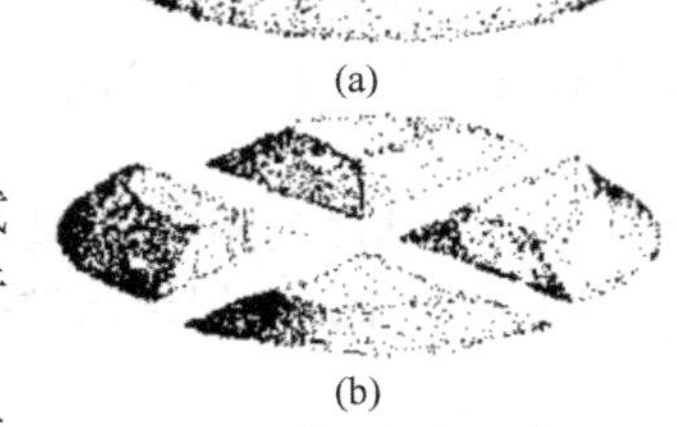

图 8-2 圆锥四分法示意图

② 套筛按孔径由大至小顺序叠好，并装上筛底，安装在振筛机上，将称好的试样倒入最上层筛子，加上筛盖。

③ 开动振筛机，震动 10min，然后依次将每层筛子取下，用手筛分，若 1min 所得筛下物料量小于 0.05g，则认为已达筛分终点，否则要继续手筛至终点。

附： 如没有振筛机，可用手均匀摇振筛子，每分钟拍打 120 次，每打 25 次将筛子转 1/8 圈，使试样分散在筛布上，拍打约 10min，直至筛分终点（终点时拍打 1min 后筛下物小于筛上物料的 1%）。

④ 小心取出试样，分别称量各筛上和底盘中的试样质量，并记录于表中。

⑤ 检查各层筛面质量总和与原试样质量的误差，误差不应超过 2%，此时可把所损失的质量加在最细粒级中，若误差超过 2% 时实验重新进行。

2. 湿筛法

湿筛法是将置于筛中一定质量的粉料试样，经适宜的分散水流（可带有一定的水压）冲洗一定时间后，筛分完全。根据筛余物质量和试样质量求出粉料试样的筛余量。

（1）设备仪器准备

将需要的套筛一套（或选定目数筛子），脸盆和烘箱准备好。

（2）具体操作步骤

① 试样制备：用圆锥四分法缩分取样，将试样放入烘箱中烘干至恒重，准确称取 50g。

② 将试样放入烧杯中，加水搅拌成泥浆（如果难分散粉料，还需加入适量的分散剂）。

③ 将上述泥浆倒入所选号数的筛上或套筛上，然后逐个在盛有清水的脸盆中淘洗或用水冲洗，直至水清为止，将淘洗过的浊水倒入第二个筛子，再按上法进行淘洗，如此逐个进行，最后将各层筛上的残留物用洗瓶分别洗到玻璃皿中，放在烘箱内烘干至恒重，称量（准确至 0.1g）。

④ 若直接用泥浆进行测定，则先称 50g 或 100g 泥浆放在烘箱内烘干、称重，测定此泥浆含水量后，再计算称取相当于 100g 干粉重的泥浆，按上述步骤测定筛余率或各号筛上的筛余量。

3. 数据记录

筛分析结果可按下表的形式记录。

（1）干法筛分析记录

试样名称：＿＿＿＿＿＿＿＿　试样质量：＿＿＿＿＿＿＿＿ g

测试日期：＿＿＿＿＿＿＿＿　筛分时间：＿＿＿＿＿＿＿＿ min

标准筛		筛上物质量/g	分级质量百分率/%	筛上累积百分率/%	筛下累积百分率/%
筛目	筛孔尺寸/mm				
共　计					

（2）湿法筛分析记录

试样名称：＿＿＿＿＿＿＿＿　试样质量：＿＿＿＿＿＿＿＿ g

测试日期：＿＿＿＿＿＿＿＿　筛分时间：＿＿＿＿＿＿＿＿ min

标准筛		干粉质量测定				残留物质量测定		分级质量百分率/%	筛上累积百分率/%	筛下累积百分率/%
筛目或编号	筛孔尺寸/mm	皿号	皿重/g	皿＋湿样重/g	皿＋干样重/g	泥浆重/g	残渣重/g			
共　计										

五、测试结果处理

1. 数据处理

① 实验误差$=\dfrac{\text{试样质量}-\text{筛析总质量}}{\text{试样质量}}\times 100\%$

② 根据实验结果记录，在坐标纸上绘制筛上累积分布曲线 R，筛下累积分布曲线 D，频率分布曲线（粒度 Δd 尽量减小，通常可取 $\Delta d=0.5$mm）。

2. 结果分析

一个筛子的各个筛孔可以看做是一系列的量轨，当颗粒处于筛孔上，有的颗粒可以通过而有的通不过。颗粒位于一筛孔处的概率由下列因素决定：粉末颗粒大小分布、筛面上颗粒的数量、颗粒的物理性质（如表面积）、摇动筛子的方法、筛子表面的几何形状（如开口面积/总面积）等。当颗粒位于筛孔上是否能通过则取决于颗粒的尺寸和颗粒在筛面上的角度。

筛分所测得的颗粒大小分布还取决于下列因素：筛分的持续时间、筛孔的偏差、筛子的磨损、观察和实验误差、取样误差、不同筛子和不同操作的影响等。

Ⅱ. 沉降天平法

一、目的意义

沉降法原理简单，操作计算容易，由于它不仅能测定粒度大小，还能测粒度分布，因而得到了广泛的应用，是测定微细物料粒度大小与粒度分布的常用方法之一。

本实验的目的：

① 掌握沉降天平法测粉末粒度的原理及方法；

② 根据测定结果正确作出沉降曲线；

③ 利用沉降曲线计算粉末试样各粒级的颗粒百分数。

二、基本原理

1. 斯托克斯理论

沉降法是在适当的介质中使颗粒进行沉降，再根据沉降速度测定颗粒大小的方法，除了利用重力场进行沉降外，还可利用离心力场测定更细的物料的粒度。该法的理论依据是众所周知的斯托克斯公式，即球形颗粒在液体中沉降时，其沉降速度 v 由式(8-1) 表示：

$$v=\frac{(\rho_1-\rho_2)g}{18\eta}X^2 \tag{8-1}$$

式中 v——颗粒的沉降速度；

X——球形颗粒的直径；

ρ_1——粉料的密度；

ρ_2——液体介质的密度；

η——液体介质的粘度；

g——重力加速度。

由此得到的直径：

$$X=\left[\frac{18\eta V}{(\rho_1-\rho_2)g}\right]^{\frac{1}{2}} \tag{8-2}$$

X 称为斯托克斯直径。实际上它是与试样颗粒具有相同沉降速度的球体的直径，因此，用沉降法测得的粒径有时也称为有效直径，颗粒形状不规则时要取适当的形状系数进行修正。

2. 测试方法概述

按照测定计算方法的不同，重力沉降和离心沉降都可以分为增量法和累积法两种。增量法是测定距液面某一深度处悬浊液的浓度随时间的变化，应用增量法测试的仪器主要有移液管、比重计、光透过仪等。累积法是测定颗粒在悬浊液中的沉降速度或测量沉降容器底部颗粒的质量随时间的变化，应用累积法的测试仪器有沉降天平、Werner 管（又叫沉降柱）差压计法等。其中沉降天平法是在不同的时间里称量沉降下来的颗粒重量的方法，它的最大缺点是进行一次分析所需要的时间较长，因为必须等待至悬浮液中大部分粉末沉积到天平盘上为止。但它可取之处是所需粉末量少（一般约 0.5g），这一点对于材料为有毒的或只能得到少量材料的情况是很重要的，且此法很易实现自动化，仪器结构简单、容易操作，因此目前仍在一些实验室中应用。

沉降天平的种类很多，典型的有 Callenkamp 天平、Sartorius 天平、Shimadzu 天平、Cahn 仪、Bastock 仪，我国生产的主要是 KCT 型颗粒沉积天平。特别是 KCT-1 型颗粒沉积天平是我国 GB 2939—82《水泥颗粒级配测定方法》采用的标准仪器。此外，其他一些行业也普遍采用 KCT-1 型沉降天平来测定粉末的粒度大小及颗粒级配。

3. 仪器工作原理

本实验采用 KCT-1 型沉降天平。它由天平装置、沉降部分、光电放大装置及自动记录四部分组成。分度值每步 2mg，仪器结构及工作原理如图 8-3 所示。

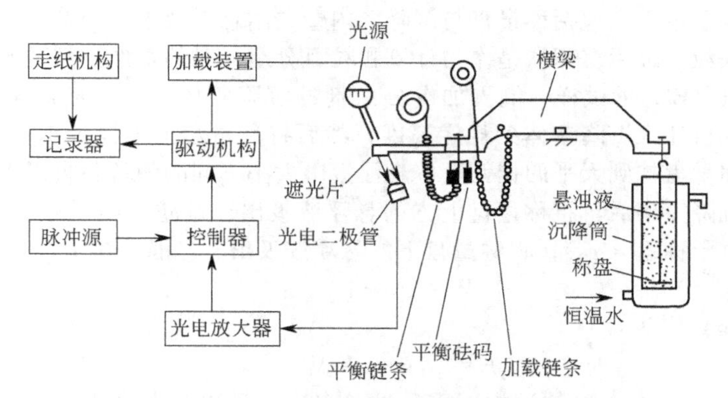

图 8-3 KCT 型颗粒沉积天平原理示意图

当天平开启并调好平衡后，随着悬浮液中的颗粒沉积于称盘中，天平横梁产生倾斜，固定在横梁上的遮光片随之产生偏移，当称盘中增加 2mg 重量时，遮光片的偏移使得光电二极管受到一定量的光照，经光电放大器放大后，控制器输出一个电脉冲，驱动机构（步进电机）转动一步带动记录器和加载装置动作，使记录笔向右划出一格，加载链条下降一定的长度，使横梁恢复平衡状态，遮断光路。当在称量盘上再沉积 2mg 时，上述过程再循环一次。由于事先已选好记录纸移动速度，随着颗粒不断沉积，记录笔就在记录纸上画出一阶梯状的曲线即沉降曲线，对该曲线进行分析和计算，便可得出试样的颗粒大小分布情况。记录纸的移动通过变速器进行调节，以满足实验的要求。

三、实验器材

① KCT-1 型颗粒沉积天平。

② 恒温水浴：将恒定温度的水送入沉降筒外套，保证颗粒沉降过程在恒温下进行。

③ 机械搅拌器：用作将粉末团中各颗粒分散成单个颗粒。搅拌刷直径 2.0～2.5cm，与容器壁的间隙不大于 0.2cm。搅拌刷的转速约为 3500r/min。

④ 分析天平：分度值 0.1mg。

⑤ 比重计：测定沉降液的密度，精确度为 1/1000。

⑥ 计时秒表。

⑦ 烘干箱。

四、实验步骤

1. 沉积天平的校核

(1) 调整称量盘平衡

根据测试要求，在沉降筒内放入一定高度的液体介质，挂好称量盘，将记录笔复零并开启天平，用加平衡砝码和旋转天平上方的微调旋钮使天平平衡。可从指示表头上的指针位置确定。

(2) 校核并调整分度值

当天平调整平衡后，按下“工作”按钮，在挂钩上放置2mg的小砝码，记录笔可移动一步。

(3) 走纸速度的校核

用计时秒表校核仪器上所标出的走纸速度。

(4) 最后沉积量的测定

最后沉积量是指试样最终真正能沉积到称量盘上的重量，必须从称量试样中扣除不能沉积到称量盘上的试样重量，它包括称量盘与沉降筒内壁之间悬浮液中的颗粒、称量盘与沉降筒底之间悬浮液中的颗粒。最后沉积量是作为计算颗粒百分组成时的基准，需准确测定。测定方法是：称取一定重量（W）的试样，倒入加有分散剂的沉降液体中，分散后全部转移到沉降筒中，放入称量盘，再注入沉降液体到规定高度，然后将称量盘上下提拉10～15次，待悬浮液均匀一致后，将称量盘挂到天平的挂钩上，悬浮液中大小不同的颗粒各自以不同的沉降速度沉降，待颗粒基本沉降完毕后，将称量盘上方的悬浮液吸出、过滤，烘干称重（g_1）；将沉积在称量盘上的颗粒烘干称重（g_2）；将称量盘下的悬浮液吸出、过滤、烘干、称重（g_3），则：

$$W=g_1+g_2+g_3 \tag{8-3}$$

最后沉积量E(mg)应为：

$$E=g_1+g_2=W-g_3 \tag{8-4}$$

采用不同细度，不同密度的试样，重复试验多次，算出其平均值。

最后沉积量也可待颗粒全部沉降完毕后，记录笔横向移动的距离即为最后沉积量。若颗粒很细，沉降时间很长，亦可在颗粒大部分沉积后将天平关闭，经过若干小时或几个小时后再开启天平，记录笔最后横向移动的距离即为最后沉降量，此法可做辅助校核用。

最后沉积量E与相应记录纸上的长度E'之关系为：

$$E'=E\times\frac{\rho_1-\rho_2}{\rho_1}\times\frac{S}{m} \tag{8-5}$$

式中 ρ_1——试样的密度，g/cm^3；

ρ_2——液体介质的密度，g/cm^3；

S——记录笔移动一步的距离，0.064cm；

m——记录笔移动一步的增量，2mg。

2. 试样的制备

(1) 试样的干燥

将试样放入烘箱烘干，烘箱的温度应根据试样的性质而定，一般取80℃左右，保温4h，然后将试样取出放入干燥器冷却至室温。

(2) 试样量的确定

根据记录纸宽度和记录笔同步移动一次的长度以及记录笔每移动一次所增加的重量，同时考虑到液体中的浮力来计算。

KCT型沉积天平，记录纸宽度160mm，记录笔移动一次为0.64mm，增重2mg，共500mg；在考虑到液体中的浮力后试样量W(mg)应为：

$$W=\frac{500\rho_1}{\rho_1-\rho_2} \tag{8-6}$$

（3）沉降液与分散剂的选择

为了很好地测定颗粒大小和分布，要选择适当的沉降液体，即介质溶液应不与试样起化学反应，也不能溶解及产生凝聚、结晶等现象。最常用的沉降液是蒸馏水，分析密度小的极细颗粒，可选用粘度小且不易挥发的液体如甲醇、无水煤油等；分析密度大的粗颗粒可选用粘度大的甘油及其水溶液。

为使试样在沉降中能充分地分散，常常在沉降液中加入一定数量的分散剂。用水和水溶液作为沉降液的常用六偏磷酸钠、磷酸钠等作分散剂，其含量为0.1%～0.2%。

（4）制备悬浮液

将称量好的试样，倒入小烧杯中，用机械搅拌器分散，对于某些分散不理想的悬浮液，则应先用超声波分散，然后采用机械搅拌器分散，最后倒入沉降筒（用沉降液冲洗烧杯、防止颗粒残留），并加沉降液至规定的高度。

（5）恒温

若试样很细或温度变化很大，可将沉降筒外套与恒温器连接，待沉降筒内悬浮液恒温30min后，再进行测试，恒温器的温度一般为20℃。使用蒸发快或粘度低的沉降液时，宜用低温，相反情况时宜用高温。

3. 具体操作步骤

① 沉降时间的计算。根据试验要求，计算大小不同颗粒所需的沉降时间。颗粒的沉降时间按式(8-7)计算：

$$t_x=\frac{141^2\eta}{\rho_1-\rho_2}\times\frac{H}{x^2} \tag{8-7}$$

式中 t_x——颗粒直径为x的沉降时间，min；

η——在实验温度时液体介质的粘度，Pa·s；

ρ_1——试样的密度，g/cm³；

ρ_2——在实验温度下液体的密度，g/cm³；

H——沉降高度，cm；

x——非圆形颗粒的当量直径，μm。

② 接通电源，在稳定的电源电压下保持15min，使记录笔尖对准记录纸左边零点。根据计算的沉降时间选择合适的记录纸速度。

③ 用称量盘在沉降筒内上下移动10～15次，边移动边转动，使悬浮液均匀一致。

④ 迅速将称量盘挂在天平的挂钩上，立即开启天平，仪器开始工作，自动记录并绘制出沉降曲线。

⑤ 试验结束后，关闭天平，切断电源，将记录笔回到记录纸的左边零点，取下记录纸。

4. 数据记录

颗粒大小、沉降时间t_x及记录纸时间坐标上的折合长度三者相互关系见下表；沉积量累积曲线如图8-4所示。

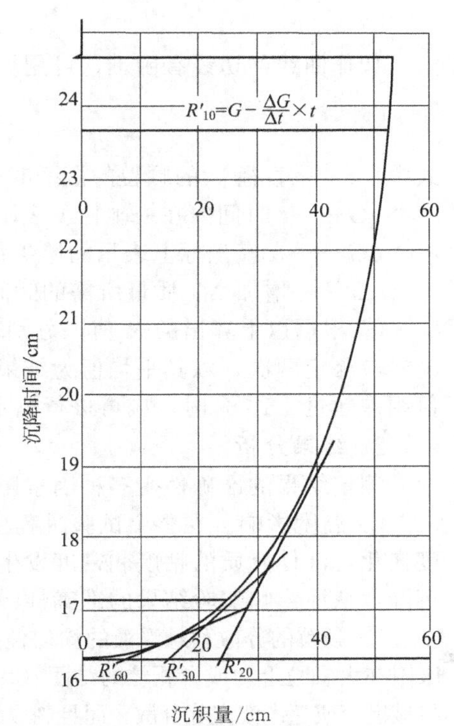

图8-4 沉积量累积曲线图

颗粒大小 x /μm	沉降时间 t_x /min	折合长度 /cm	颗粒大小 x /μm	沉降时间 t_x /min	折合长度 /cm

五、结果处理与分析

1. 数据处理

根据记录所得沉积量累积曲线计算颗粒组成。

① 用曲线尺连接各个小阶梯顶点，作圆滑沉降曲线。曲线的纵坐标表示时间，横坐标表示沉积量。

② 根据所要求分析的颗粒大小，按式(8-7) 算出沉降时间和所选择的走纸速度。

③ 按计算求得的沉降时间，在曲线的纵坐标上取点，通过各点作横坐标的平行线与曲线相交，再通过各个交点作曲线的切线，各点切线在横坐标上的截距即为各级颗粒的累积量。

④ 根据各切线与横坐标的交点，求得大于某粒径的颗粒所占的沉积量 R'，可以用直尺量得各交点的坐标值。根据所测得的最后沉积量，以横坐标距离表示为 E_g，计算大于颗粒直径 x 的百分含量为：

$$R=\frac{R'}{E_g}\times 100\%$$

式中 R——大于直径 x 的颗粒所占的质量百分数；

R'——大于直径 x 的颗粒在称量盘上的沉积量，cm；

E_g——用距离表示的最后沉积量，cm。

$$E_g=\frac{E}{W}\times 16$$

如作曲线的切线有困难，可用算式计算，即：

$$R'=G-\frac{\Delta G}{\Delta t}\times t$$

式中 t——直径 x 的颗粒的沉降时间，在纵坐标上表示的时间，cm；

G——t 时间内在横坐标上表示的称量盘上总沉积量，cm；

ΔG——在横坐标上表示的笔尖每移动一步所增加的质量，0.064cm；

Δt——增加 ΔG 质量所需的时间在纵坐标上以距离表示，cm。

⑤ 根据以上算出的 R 值，分别算出各种粒级的百分含量，计算到小数点后一位。每个试样应测定两次，以其平均值为结果。如在测得的各级颗粒的百分含量中，最多的两级的数值相差超过±10% 时，应再进行测定，并以最接近的两项结果的平均值作为测定结果。

2. 结果分析

测定结果的准确性受多种因素影响，因此，实验中要注意以下几点。

① 温度影响。在整个试验过程中，保持恒定的温度是保证结果正确的重要条件，因温度变化，液体介质的粘度和密度发生变化，而且由于温度差引起液体对流，影响颗粒的自由沉降，从而影响实验结果的准确性。

② 颗粒的分散和悬浮液的均匀性。悬浮液内的试样颗粒必须充分分散，否则由于小颗粒被吸附在大颗粒上，或者颗粒的结团（片）而影响正确测定。为此，除了加入少量分散剂外，还需用机械搅拌或超声波充分分散，而且制成的悬浮液在试验前要用称量盘反复提拉，悬浮液均匀一致。

③ 物料的称量及转移。物料称量要准确，应精确到 0.001 精度。机械分散后，物料转

移到沉降筒时，不能有任何损失，否则将影响实验结果。

④ 沉降介质的选择。应根据所测物料的粒度、密度及要求测试的时间来选择。

⑤ 记录纸的转速。为了减少曲线计算上的误差，应根据颗粒沉降的速度选择合适的走纸速度，如测定较粗的颗粒，宜采用快的走纸速度；测定细颗粒时宜采用慢的走纸速度。

⑥ 最后沉积量。最后沉积量是作为计算颗粒百分组成时的基准，因此需正确测定。

⑦ 颗粒沉降中的外力影响。在测试过程中沉降筒应避免任何振动，否则会引起外力而干扰颗粒自由沉降，影响测定的正确性。

⑧ 悬浮液内的气泡。当使用粘度大的液体介质时，气泡不易排除，应采用抽气设备排除气泡，否则由于气泡上升干扰颗粒自由沉降而影响实验结果。

⑨ 由于沉积天平法是建立在斯托克斯沉降定律基础上的，粒径相同但密度不同的物料在同一沉降介质中的沉降速度也不相同。因此，沉降天平法不适用于测定密度不同的混合粉状物料。

思考题

1. 干筛法与湿筛法各有什么特点？
2. 影响筛析法的因素有哪些？
3. 由粒度分布曲线如何判断试样的分布情况？
4. 由粒度分布曲线确定试样的平均径（中位径及最大几率径）是多少？
5. 粉体的均匀度是表示粒度分布的参数，可由筛分结果按下式计算：

$$均匀度=\frac{60\%粉体通过的粒径}{10\%粉体通过的粒径}$$

试求所测粉体的均匀度为多少？

6. 沉积天平法是否适用于测定密度不同的混合粉状物料？
7. 影响沉积天平法试验结果的因素有哪些？各因素如何影响试验结果？

参考文献

[1] 杨东胜. 水泥工艺实验. 北京：中国建筑工业出版社，1986.
[2] 艾伦 T. 颗粒大小测定. 第 3 版. 北京：中国建筑工业出版社，1984.
[3] 建筑材料科学研究院. 水泥物理检验. 第 3 版. 北京：中国建筑工业大版社，1985.
[4] 张佑林. 粉体的流体分级技术与设备. 武汉：武汉工业大学出版社，1997.
[5] 祝桂洪. 陶瓷工艺实验. 北京：中国建筑工业出版社，1987.
[6] 陆厚根. 粉体技术导论. 上海：同济大学出版社，1998.
[7] 三轮茂雄，日高重助. 粉体工程实验手册，杨伦译. 北京：中国建筑工业出版社，1987.
[8] 郑水林. 超细粉碎. 粉碎工程（增刊），1991.
[9] GB 1345—91. 水泥细度检验方法.
[10] JC/T 650—1996. 玻璃原料粒度测定方法.
[11] GB/T 3520—1995. 石墨细度测定方法.
[12] ASTM C 429—82 (87). 玻璃工业用原料的筛析试验方法.

实验 9　粉体真密度测定

一、目的意义

粉体真密度（ture density）是粉体材料的基本物性之一，是粉体粒度与空隙率测试中不可缺少的基本物性参数。此外，在测定粉体的比表面积时也需要粉体真密度的数据进行计算。

许多无机非金属材料都采用粉状原料制造，因此在科研或生产中经常需要测定粉体的真密度。在制造水泥或陶瓷材料中，需要对粘土的颗粒分布球磨泥浆细度进行测定，都需要真密度的数据。对于水泥材料，其最终产品就是粉体，测定水泥的真密度对生产单位和使用单位都具有很大的实用意义。

本实验的目的：

① 了解粉体真密度的概念及其在科研与生产中的作用；

② 掌握浸液法——比重瓶法测定粉末真密度的原理及方法。

二、基本原理

1. 测试技术概述

粉体真密度是粉体质量与其真体积之比值，其真体积不包括存在于粉体颗粒内部的封闭空洞。所以，测定粉体的真密度必须采用无孔材料。根据测定介质的不同，粉体真密度的主要测定方法可分为气体容积法和浸液法。

气体容积法是以气体取代液体测定试样所排出的体积。此法排除了浸液法对试样溶解的可能性，具有不损坏试样的优点。但测定时易受温度的影响，还需注意漏气问题。气体容积法又分为定容积法与不定容积法。

浸液法是将粉末浸入在易润湿颗粒表面的浸液中，测定其所排除液体的体积。此法必须真空脱气以完全排除气泡。真空脱气操作可采用加热（煮沸）法和减压法，或两法同时并用。浸液法主要有比重瓶法和悬吊法。其中，比重瓶法具有仪器简单、操作方便、结果可靠等优点，已成为目前应用较多的测定真密度的方法之一。因此，本实验采用这种方法。

2. 测试原理

比重瓶法测定粉体真密度基于“阿基米德原理”。将待测粉末浸入对其润湿而不溶解的浸液中，抽真空除气泡，求出粉末试样从已知容量的容器中排出已知密度的液体，就可计算所测粉末的真密度。真密度 ρ 计算式为：

$$\rho=\frac{m_s-m_0}{(m_1-m_0)-(m_{sl}-m_s)}\times\rho_1 \qquad (9\text{-}1)$$

式中 m_0——比重瓶的质量，g；

m_s——（比重瓶＋粉体）的质量，g；

m_{sl}——（比重瓶＋粉体＋液体）的质量，g；

m_1——（比重瓶＋液体）的质量，g；

ρ_1——测定温度下浸液密度，g/cm^3；

ρ——粉体的真密度，g/cm^3。

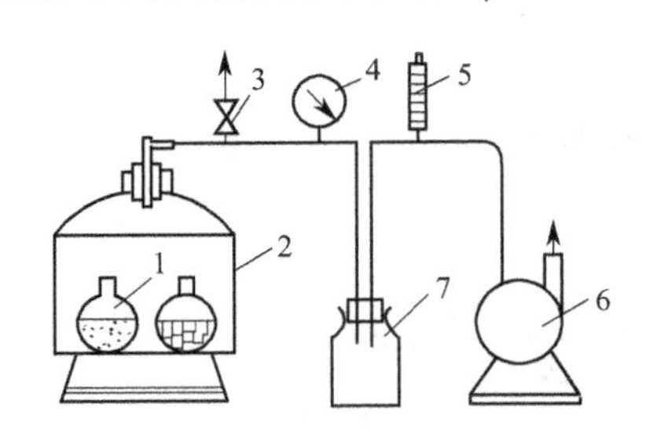

图 9-1 抽真空装置

1—比重瓶；2—真空干燥器；3—三通开关；4—压力表；5—温度计；6—真空泵；7—缓冲瓶

三、实验器材

① 真空装置：由比重瓶、真空干燥器、真空泵、真空压力表、三通阀、缓冲瓶组成（图 9-1）。

② 温度计：0～100℃，精度 0.1℃。

③ 分析天平：感量 0.001g。

④ 烧杯：300mL。

⑤ 烘箱、干燥器。

四、实验步骤

1. 测定准备

① 将比重瓶洗净（一般需要5个），编号，放入烘箱中于110℃下烘干，然后用夹子小心地将比重瓶夹住，快速地放入干燥器中冷却，称各个比重瓶的质量 m_0，备用。

② 每次测定所需试样约为比重瓶容量的1/3，所以要预先用四分法缩分待测试样。

③ 取约300mL浸液倒入烧杯中，再将烧杯放进真空干燥器内预先脱气（有的浸液可以省略此项操作）。浸液的密度一般用比重瓶进行测定。

2. 操作步骤

① 在已干燥称质量（m_0）的比重瓶内，装入约为比重瓶容量2/3的粉体试样，精确称量比重瓶和试样的质量 m_s。

② 将预先脱气的浸液注入装有试样的比重瓶内，至容器容量的2/3处为止，放入真空干燥器内。

③ 按图9-1连接各仪器，启动真空泵，抽气15～20min，至真空度约为750mm汞柱（1mmHg＝0.133kPa）时停止抽真空。

④ 从真空干燥器内取出一个比重瓶，向瓶内加满浸液并称其质量 m_{sl}。

⑤ 洗净该比重瓶，然后装满浸液，称其质量 m_1。

⑥ 重复④、⑤的操作，测定下一个试样。

五、测试结果处理

1. 数据记录

将测定数据进行整理，填入下列表格中。

粉体名称＿＿＿＿＿＿＿＿　　测定日期＿＿＿＿＿＿＿＿
浸液名称＿＿＿＿＿＿＿＿　　测定温度＿＿＿＿＿＿＿＿
浸液密度＿＿＿＿＿＿＿＿　　操 作 者＿＿＿＿＿＿＿＿

瓶号	瓶质量 m_0/g	（瓶＋粉）质量 m_s/g	（瓶＋粉＋液）质量 m_{sl}/g	（瓶＋液）质量 m_1/g	真密度 ρ_i/(g/cm³)	平均值 ρ/(g/cm³)
1						
2						
3						
4						
5						

2. 数据处理

① 粉体的真密度按式(9-1)进行计算。数据应计算到小数点第三位。

② 在计算平均值时，其计算数据的最大值与最小值之差应不大于±0.008g/cm³。

③ 每个试样需进行5次平行测定，如果其中有2个以上的数据超过上述误差范围时，应重新取一组样品进行测定。

3. 结果分析

浸液法中，选择不溶解试样而易润湿试样颗粒表面的液体是十分重要的，对于陶瓷原料如长石、石英和陶瓷制品一般可用蒸馏水作为液体介质；对可能与水起作用的材料如水泥则可用煤油或二甲苯等有机液体介质；对无机粉体一般多选用有机溶剂类。此外，当粉末完全浸入液体后，必须完全排除其中的气泡，才能准确确定其所排除的体积。

根据 Burt M. W. G《Powder technol》(1973 年)，比重瓶法不适用粒度小于 5μm 的超细粉体，对于这类超细粉体在其表面上有更多的机会强烈地吸附气体。要除去吸附气体，常需要在高温真空下处理。对于表面粗糙的颗粒同样可能有空气进入表面裂缝和凹坑内不易除去。提出比重瓶，将粉末制备成悬浮液放入比重瓶内，使悬浮液受离心作用后再按通常的方法测定密度。

思考题

1. 测定真密度的意义是什么？
2. 浸液法——比重瓶法测定真密度的原理是什么？
3. 影响测定真密度的主要因素是什么？
4. 怎样由真密度数据来分析试样的质量？

参考文献

[1] 三轮茂雄，日高重助. 粉体工程手册. 杨伦译. 北京：中国建筑工业出版社，1987.
[2] 祝桂洪. 陶瓷工艺实验. 北京：中国建筑工业出版社，1987.
[3] 鲁法增. 水泥生产过程中的质量检验. 北京：中国建材工业出版社，1996.

实验 10 粉体比表面积测定

每单位质量的粉体所具有的表面积总和，称为比表面积（单位为 m^2/kg）。比表面积是粉体的基本物性之一。测定其表面积可以求得其表面积粒度。

在工业中，钢铁冶炼及粉末冶金；电子材料；水泥、陶瓷、耐火材料；燃料、磨料；化工、药品；石油化工中固体催化剂等很多行业的原料，这些工业的有些中间产品或最终产品也是粉末状的。在生产中，一些化学反应需要有较大的表面积以提高化学反应速率，要有适当的比表面积来控制生产过程；许多产品要求有一定的粒度分布才能保证质量或者是满足某些特定的要求。

粉体有非孔结构和多孔结构两种特征，因此粉体的表面积有外表面积和内表面积两种。粉体比表面积的测定方法有勃氏透气法、低压透气法、动态吸附法三种。理想的非孔性结构的物料只有外表面积，一般用透气法测定。对于多孔性结构的粉料，除有外表面积外还有内表面积，一般多用气体吸附法测定。

Ⅰ. 勃 氏 法

一、目的意义

勃莱恩（Blaine）透气法（简称勃氏法）是许多国家用于测定粉体试样比表面积的一种方法。

在无机非金属材料中，水泥产品是粉体。水泥细度是水泥的分散度（水泥颗粒的粗细程度），是水泥厂用来控制水泥产量与质量的重要参数。测水泥的比表面积可以检验水泥细度以保证水泥的强度。水泥细度的检验方法有筛析法、比表面积测定法、颗粒平均直径与颗粒组成的测定等几种。其中，勃氏法仪器构造简单、操作容易、测定方便、节省时间、完全不损坏试样、复演性好，国家标准规定在测试结果有争议时以该法为准。国际标准化组织也推荐这种方法作为测定水泥比表面积的方法。

本实验采用勃氏法测定粉体的比表面积，实验目的如下：

① 了解透气法测定粉体比表面积的原理；

② 掌握勃氏法测粉体比表面积的方法；

③ 利用实验结果正确计算试样的比表面积。

二、基本原理

1. 达西法则

当流体（气体或液体）在 t 秒内透过含有一定孔隙率的、断面积为 A、长度为 L 的粉体层时，其流量 Q 与压力降 Δp 成正比，即达西法则：

$$\frac{Q}{At}=B\,\frac{\Delta p}{\eta L} \tag{10-1}$$

式中 η——流体的粘度系数；

B——与构成粉体层的颗粒大小、形状、充填层的空隙率等有关的常数，称为比透过度或透过度。

柯增尼（Kozeny）把粉体层当作毛细管的集合体来考虑，用泊萧（Poiseuille）法则将在粘性流动的透过度导入规定的理论公式。卡曼（Carman）研究了 Kozeny 公式，发现关于各种粒状物质充填层的透过性的实验与理论很一致，并导出了粉体的比表面积与透过度 B 的关系式：

$$B=\frac{g}{KS_{\mathrm{v}}^{2}}\times\frac{\varepsilon^{3}}{(1-\varepsilon)^{2}} \tag{10-2}$$

式中 g——重力加速度；

ε——粉体层的孔隙率，%；

S_{v}——单位容积粉体的表面积，$\mathrm{cm^2/cm^3}$，

K——柯增尼常数，与粉体层中流体通路的“扭曲”有关，一般定为 5。

从式(10-1) 及式(10-2) 得出下式：

$$\begin{aligned} S_{\mathrm{v}}&=\rho S_{\mathrm{w}}=\frac{\sqrt{\varepsilon^{3}}}{1-\varepsilon}\times\sqrt{\frac{g}{5}\times\frac{\Delta pAt}{\eta LQ}} \\ S_{\mathrm{w}}&=\frac{\sqrt{\varepsilon^{3}}}{\rho(1-\varepsilon)}\times\sqrt{\frac{g}{5}\times\frac{\Delta pAt}{\eta LQ}} \\ &=\frac{\sqrt{\varepsilon^{3}}}{\rho(1-\varepsilon)}\times\frac{\sqrt{t}}{\sqrt{\eta}}\times\sqrt{\frac{g}{5}\times\frac{A\Delta p}{LQ}} \end{aligned} \tag{10-3}$$

式中，$\varepsilon=1-\dfrac{W}{\rho AL}$；对于一定比表面积的透气仪，仪器常数 $K=\sqrt{\dfrac{g}{5}\times\dfrac{A\Delta p}{LQ}}$。

式(10-3) 称为柯增尼-卡曼公式，它是透过法的基本公式。式中，S_{w} 是粉体的质量比表面积；ρ 是粉体的密度；W 是粉体试样的质量。由于 η、L、A、ρ、W 是与试样及测定装置有关的常数，所以，只要测定 Q、Δp 及时间 t 就能求出粉体试样的比表面积。

2. 测试方法概述

根据透过介质的不同，透过法分为液体透过法和气体透过法，而目前测定粉体比表面积使用最多的是气体（空气）透过法。该方法的种类很多，根据使用仪器不同分别有：前苏联的托瓦洛夫式 T-3 型透气仪、英国的 Lea-Nurse 透过仪、日本荒川-水渡的超微粉体测定仪、美国弗歇尔式的平均粒度仪、美国勃莱恩式的勃氏透气仪（该装置由于透过粉体层的空气容

积是固定的，故称为恒定容积式透过仪）等。

其中，勃氏透气仪在国际中较为通用，在国际交往中，水泥比表面积一般都采用勃莱恩（Blaine）数值。

3. 仪器工作原理

如图 10-1 所示为 Blaine 透气仪示意图，如图 10-2 所示为 Blaine 透气仪结构及主要尺寸。

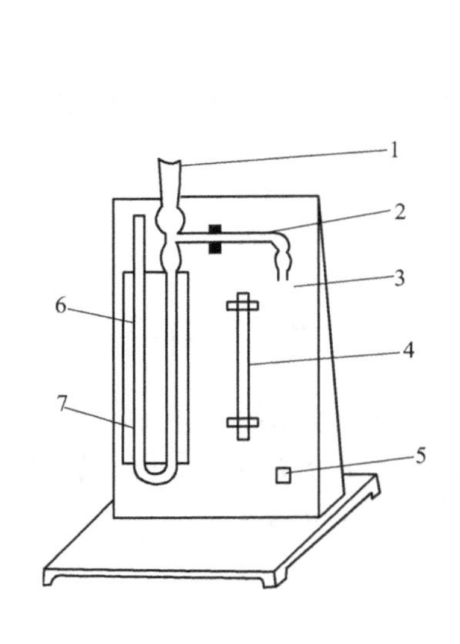

图 10-1 Blaine 透气仪示意图

1—透气圆筒；2—活塞；3—接电磁泵；4—温度计；5—开关；6—平面镜；7—U 形压力计

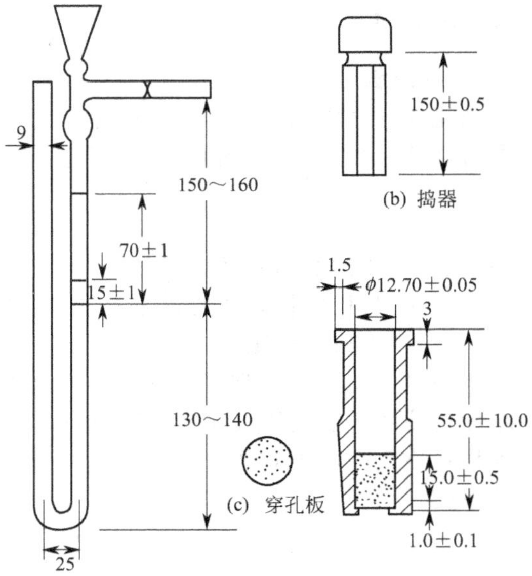

(a) U形压力计　(b) 捣器　(c) 穿孔板　(d) 透气圆筒

图 10-2 Blaine 透气仪结构及主要尺寸（单位为 mm）

测试时先使试样粉体形成空隙率一定的粉体层，然后抽真空，使 U 形管压力计右边的液柱上升到一定的高度。关闭活塞后，外部空气通过粉体层使 U 形管压力计右边的液柱下降，测出液柱下降一定高度（即透过的空气容积一定）所需的时间，即可求出粉体试样的比表面积。

三、实验器材

① Blaine 透气仪一台，它由透气圆筒、穿孔板、捣器、U 形管压力计、抽气装置（小型电磁泵或抽气球）组成。图 10-2 给出各部件的尺寸及其允许偏差。

② 计时秒表：精确到 0.05s。

③ 滤纸：采用符合国标的中速定量滤纸。

④ 烘干箱：用于烘干试样。

⑤ 分析天平：分度值为 1mg。

⑥ 压力计液体：采用带有颜色的蒸馏水。

⑦ 基准材料：标准试样。

四、实验步骤

1. 仪器准备（仪器校准）

（1）漏气检查

将透气圆筒上口用橡皮塞塞紧，按到压力计上，用抽气装置从压力计一臂中抽出部分气体，然后关闭阀门，观察是否漏气，如发现漏气，用活塞油脂加以密封。

（2）试料层体积的测定

用水银排代法，将两片滤纸沿圆筒壁放入透气圆筒内，用一个直径比透气圆筒略小的细长棒往下按，直到滤纸平整地放在金属穿孔板上，然后装满水银，用一小块薄玻璃板轻压水银表面，使水银面与圆筒口平齐，并须保证在玻璃板和水银表面之间没有气泡或空洞存在。从圆筒中倒出水银称量，精确至0.05g，重复几次，至数值基本不变为止。然后取出一片滤纸，在圆筒中加入适量的试样。再把取出的一片滤纸盖至上面，用捣器压实试料层，压到规定的厚度，即捣器的支持环与圆筒边接触。再把水银倒入压平，同样倒出水银称量，重复几次至水银质量不变为止，圆筒内试料层体积可按式(10-4) 计算：

$$V=\frac{P_1-P_2}{\rho_{水银}} \qquad (10\text{-}4)$$

式中 V——试料层体积，cm^3；

P_1——未装试样时的水银质量，g；

P_2——装试样后的水银质量，g；

$\rho_{水银}$——试验温度下水银的密度，g/cm^3。

试料层体积的测定，至少应进行两次，每次应单独压实，取两次数值相差不超过$0.005cm^3$ 的平均值。

2. 试样层制备

先将试样通过0.9mm方孔筛，在（110±5)℃下烘干后冷至室温。

按式(10-5) 称取试样：

$$W=\rho V(1-\varepsilon) \qquad (10\text{-}5)$$

式中 W——需要的试样量，g；

ρ——试样真密度，g/cm^3；

V——试料层体积，cm^3；

ε——试料层孔隙率。

将穿孔板放入透气圆筒的边缘上，用一根直径比圆筒略小的细棒把一片滤纸送至穿孔板上，边缘压紧，将称取的试样（精确至0.001g）倒入圆筒。轻敲圆筒边，使试样层表面平坦，再放入一片滤纸，用捣器均匀捣实试料，直至捣器支持环紧紧接触圆筒顶边并旋转两周，慢慢取出捣器。

注：穿孔板上的滤纸应是与圆筒内径相同、边缘光滑的圆片。穿孔板上滤片如比圆筒小时，会有部分试样粘于圆筒内壁高出圆板上部；当滤纸直径大于圆筒内径时会使结果不准。每次测定需用新的滤纸。

3. 操作步骤

① 把装有试料层的透气圆筒连接到压力计上，为保证紧密连接不漏气，可先在圆筒下锥面涂一薄层活塞油脂，然后把它插入压力计顶部锥形磨口处，旋转两周，并注意不要振动所制备的试料层。

② 打开微型电磁泵，慢慢从压力计一臂中抽出空气，或人工抽吸，直到压力计内液面上升到扩大部下端时关闭阀门。当压力计内液体的凹液面下降第一条刻线时开始计时，当凹液面下降到第二条刻线时停止计时，记录液面从第一条刻线到第二条刻线所需的时间。以秒表记录，并记下实验时的温度。

五、测试结果处理

1. 数据处理

比表面积按式(10-6) 计算：

$$S=\frac{S_s\sqrt{T}(1-\varepsilon_s)\sqrt{\varepsilon^3}\rho_s}{\sqrt{T_s}(1-\varepsilon)\sqrt{\varepsilon_s^3}\rho}\times\frac{\sqrt{\eta_s}}{\sqrt{\eta}} \tag{10-6}$$

若测定标准试样和被测试样的实验温度在 3℃以内，则：

$$S=\frac{S_s\sqrt{T}(1-\varepsilon_s)\sqrt{\varepsilon^3}\rho_s}{\sqrt{T_s}(1-\varepsilon)\sqrt{\varepsilon_s^3}\rho} \tag{10-7}$$

式中 S——被测试样的比表面积，cm^2/g；

S_s——标准试样的比表面积，cm^2/g；

T——被测试样试验时，压力计中液面降落测得的时间，s；

T_s——标准试样试验时，压力计中液面降落测得的时间，s；

ε——被测试样试料层中的空隙率；

ε_s——标准试样试料层中的空隙率；

ρ——被测试样的密度，g/cm^3；

ρ_s——标准试样的密度，g/cm^3。

说明：试样比表面积应由两次透气试验结果的平均值确定。如果两次试验结果相差 2% 以上时，应重新做试验。计算应精确至 $10cm^2/g$，$10cm^2/g$ 以下的数值按四舍五入计。

以 cm^2/g 为单位算得的比表面积换算为 m^2/kg 单位时需乘以 0.1。

表 10-1 为不同温度下的空气粘度和水银密度值，表 10-2 为不同 ε（空隙率）所对应的值。

表 10-1 不同温度下的空气粘度和水银密度值

温度/℃	空气粘度 η/Pa·s	$\sqrt{\frac{1}{\eta}}$	水银密度 /(g/cm³)
8	0.000001749	75.64	13.58
10	0.000001759	75.41	13.57
12	0.000001768	75.21	13.57
14	0.000001778	75.00	13.56
16	0.000001788	74.79	13.56
18	0.000001798	74.58	13.55
20	0.000001808	74.37	13.55
22	0.000001818	74.16	13.54
24	0.000001828	73.96	13.54
26	0.000001837	73.78	13.53
28	0.000001847	73.58	13.53
30	0.000001857	73.38	13.52
32	0.000001867	73.19	13.52
34	0.000001876	73.10	13.51

2. 结果分析

用透气法测定比表面积的主要缺点是在计算公式推导中引用了一些实验常数和假设。空气通过粉末层对粉末颗粒做相对运动，粉末的表面形状、颗粒的排列、空气分子在颗粒孔壁之间的滑动等都会影响比表面积测定结果，但这些因素在计算公式中均没有考虑。对于低分

表 10-2　不同 ε（空隙率）所对应的值

ε	$\sqrt{\frac{\varepsilon^3}{(1-\varepsilon)^2}}$	ε	$\sqrt{\frac{\varepsilon^3}{(1-\varepsilon)^2}}$	ε	$\sqrt{\frac{\varepsilon^3}{(1-\varepsilon)^2}}$	ε	$\sqrt{\frac{\varepsilon^3}{(1-\varepsilon)^2}}$
0.450	0.549	0.474	0.620	0.498	0.700	0.522	0.789
0.451	0.552	0.475	0.624	0.499	0.704	0.523	0.793
0.452	0.554	0.476	0.627	0.500	0.707	0.524	0.797
0.453	0.557	0.477	0.630	0.501	0.711	0.525	0.801
0.454	0.560	0.478	0.633	0.502	0.714	0.526	0.805
0.455	0.563	0.479	0.636	0.503	0.718	0.527	0.809
0.456	0.566	0.480	0.639	0.504	0.721	0.528	0.813
0.457	0.569	0.481	0.643	0.505	0.725	0.529	0.817
0.458	0.572	0.482	0.646	0.506	0.729	0.530	0.821
0.459	0.575	0.483	0.649	0.507	0.733	0.531	0.825
0.460	0.578	0.484	0.652	0.508	0.736	0.532	0.829
0.461	0.581	0.485	0.656	0.509	0.739	0.533	0.833
0.462	0.584	0.486	0.659	0.510	0.743	0.534	0.837
0.463	0.587	0.487	0.662	0.511	0.747	0.535	0.842
0.464	0.590	0.488	0.666	0.512	0.751	0.536	0.845
0.465	0.593	0.489	0.669	0.513	0.755	0.537	0.850
0.466	0.596	0.490	0.672	0.514	0.758	0.538	0.854
0.467	0.599	0.491	0.676	0.515	0.762	0.539	0.858
0.468	0.602	0.492	0.679	0.516	0.766	0.540	0.863
0.469	0.605	0.493	0.683	0.517	0.770	0.541	0.867
0.470	0.608	0.494	0.687	0.518	0.774	0.542	0.871
0.471	0.611	0.495	0.690	0.519	0.777	0.543	0.875
0.472	0.614	0.496	0.693	0.520	0.781	0.544	0.880
0.473	0.617	0.497	0.697	0.521	0.785	0.545	0.884

散度的试料层，气体通道孔隙较大，上述因素影响较小，测定结果比较准确；但对于高分散度的物料、空气通道孔径较小，上述因素影响增大，用透气法测得的结果偏低。物料越细，偏低越多。因此，测定高分散度物料的比表面积，特别是多孔性物料的比表面积，可以用低压透气法和吸附法。

Ⅱ. BET 吸附法

一、目的意义

本实验采用 BET 吸附法原理制成的 ST-08 比表面测定仪来测定粉体物料的比表面积。实验目的是：

① 学习 BET 吸附理论及其公式的应用；

② 掌握 ST-08 比表面积测定仪工作原理及测定方法；

③ 正确分析实验结果的合理性。

二、基本原理

1. BET 吸附理论

固体与气体接触时，气体分子碰撞固体并可在固体表面停留一定的时间，这种现象称为吸附。吸附过程按作用力的性质可分为物理吸附和化学吸附。化学吸附时吸附剂（固体）与吸附质（气体）之间发生电子转移，而物理吸附时不发生这种电子转移。

BET（Brunauer-Emmett-Teller）吸附法的理论基础是多分子层的吸附理论。其基本假设是：在物理吸附中，吸附质与吸附剂之间的作用力是范德华力，而吸附质分子之间的作用力也是范德华力。所以，当气相中的吸附质分子被吸附在多孔固体表面之后，它们还可能从气相中吸附其他同类分子，所以吸附是多层的；吸附平衡是动平衡；第二层及以后各层分子的吸附热等于气体的液化热。根据此假设推导的 BET 方程式如下：

$$\frac{p}{V(p_0-p)}=\frac{1}{V_m C}+\frac{C-1}{V_m C}\times\frac{p}{p_0} \tag{10-8}$$

式中 p——吸附平衡时吸附质气体的压力；

p_0——吸附平衡温度下吸附质的饱和蒸气压；

V——平衡时固体样品的吸附量（标准状态下）；

V_m——以单分子层覆盖固体表面所需的气体量（标准状况下）；

C——与温度、吸附热和催化热有关的常数。

通过实验可测得一系列的 p 和 V，根据 BET 方程求得 V_m，则吸附剂的比表面积 S 可用式(10-9) 计算。

$$S=n_\lambda\delta=\frac{V_m N_A \delta}{22400W} \tag{10-9}$$

式中 n_λ——以单分子层覆盖 1g 固体表面所需吸附质的分子数；

δ——1 个吸附质分子的截面积，1Å（1Å=0.1nm）；

N_A——阿佛加德罗常数，$6.022\times10^{23}\text{mol}^{-1}$；

W——固体吸附剂的质量，g。

若以 N_2 作吸附质，在液氮温度时，1 个分子在吸附剂表面所占有的面积为 16.2nm^2，则固体吸附剂的比表面积为：

$$S=4.36\frac{V_m}{W} \tag{10-10}$$

这样，只要测出固体吸附剂质量 W，就可计算粉体试样的比表面积 S（m^2/kg）。

2. 吸附方法概述

以 BET 等温吸附理论为基础来测定比表面积的方法有两种：一种是静态吸附法；另一种是动态吸附法。

静态吸附法是将吸附质与吸附剂放在一起达到平衡后测定吸附量。根据吸附量测定方法的不同，又可分为容量法与质量法两种。容量法是根据吸附质在吸附前后的压力、体积和温度，计算在不同压力下的气体吸附量。质量法是通过测量暴露于气体或蒸汽中的固体试样的质量增加直接观测被吸附气体的量，往往用石英弹簧的伸长长度来测量其吸附量。静态吸附对真空度要求高，仪器设备较复杂，但测量精度高。

动态吸附法是使吸附质在指定的温度及压力下通过定量的固体吸附剂，达到平衡时，吸附剂所增加的量即为被吸附之量。再改变压力重复测试，求得吸附量与压力的关系，然后作图计算。一般来说，动态吸附法的准确度不如静态吸附法，但动态吸附法的仪器简单、易于装置、操作简便，在一些实验中仍有应用。

目前，国际、国内测量粉体比表面积常用的方法是容量法。在容量法测定仪中，传统的装置是 Emmett 表面积测定仪。该仪器以氮气作为吸附质，在液态氮（−195℃）的条件下进行吸附，并用氮气校准仪器中不产生吸附的“死空间”的容积，对已称出质量的粉体试样加热并抽真空脱气后，即可引入氮气在低温下吸附，精确测量吸附质在吸附前后的压力、体积和温度，计算在不同相对压力下的气体吸附量，通过作图即可求出单分子层吸附质的量，然后就可以求出粉体试样的比表面积。一般认为，氮吸附法是当前测量粉体物料比表面积的标准方法，如图10-3所示。

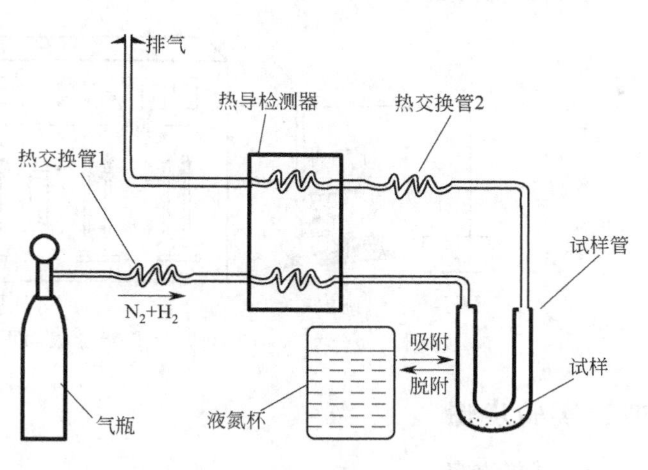

图 10-3　气体吸附法的测定原理

随着气体色谱技术中的连续流动法用于气体吸附来测定细粉末的表面积，出现了 Nelsen 和 Eggertsen 比表面积仪，改进后的 Ellis、Forrest 和 Howe 比表面积仪，ST-03 比表面积仪（北京分析仪器厂）及改进后的 ST-08 比表面积仪。这些仪器的工作过程基本上是相同的，将一个已知组成的氮氦混合气流流过样品，并流经一个与记录式电位计相连的热传导电池。当样品在液氮中被冷却时，样品从流动气相中吸附氮气，这时记录图上出现一个吸附峰，而当达到平衡以后，记录笔回到原来的位置。移去冷却剂会得到一个脱附值，其面积与吸附峰相等而方向相反，这两个峰的面积均可用于测量被吸附的氮。通过计算脱附峰（或吸附峰）的面积就可求出粉体试样的比表面积。这种连续流动法比传统的 BET 法好，其特点为：不需要易破碎的复杂的玻璃器皿；不需要高真空系统；自动地得到持久保存的记录；快速而简便；不需要做“死空间”的修正。

3. 仪器工作原理

本实验的测试仪器是 ST-08 比表面积测定仪。该仪器是根据 BET 理论及 F·MNELSON 气相色谱原理采用对比法研制而成的，其气路流程如图 10-4 所示。仪器用氮气作吸附气；氢气（H_2）和氦气（He）作载气，按一定比例（H_2/N_2 和 He/N_2 均为 4∶1）混装在高压气瓶内。当混合气通过样品管，装有样品的样品管浸入液氮中时，混合气中的氮气被样品表面吸附，当样品表面吸附氮气达到饱和时，撤去液氮，样品管由低温升至室温，样品吸附的氮气受热脱附（解吸），随着载气流经热导检测器的测量室，电桥产生不平衡信号，利用热导池参比臂与测量臂电位差，在计算机屏幕（或记录仪）上可产生一个脱附峰（图 10-7），经计算机计算出脱附峰的面积，就可算出被测样品的表面积值。

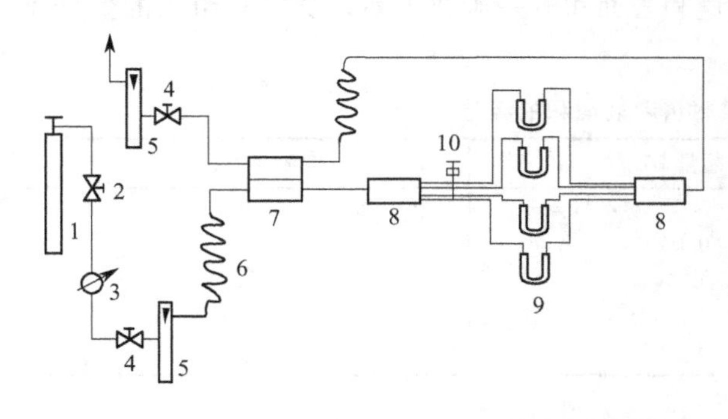

图 10-4　ST-08 比表面积测定仪气路流程图

1—气瓶；2—稳压阀；3—压力表；4—针阀；5—流量计；6—温度调节管；7—热导池；8—混合器；9—样品管；10—锥形阀

ST-08 比表面积测定仪是目前国内比较先进的比表面测定仪。由于利用计算机对测试数据进行处理，可准确、快速地给出被测粉体试样的比表面积；测量时间仅 30min；测量精度 ±3%；测量范围 0.1～1000m^2/g；能同时测量 4 个样品（其中一个为标准样品）。

三、实验器材

① 仪器配置：包括主机、计算机、打印机等，如图 10-5 所示。

② 配件：包括光电分析天平、装液氮的专用罐和杯、样品加热器等。

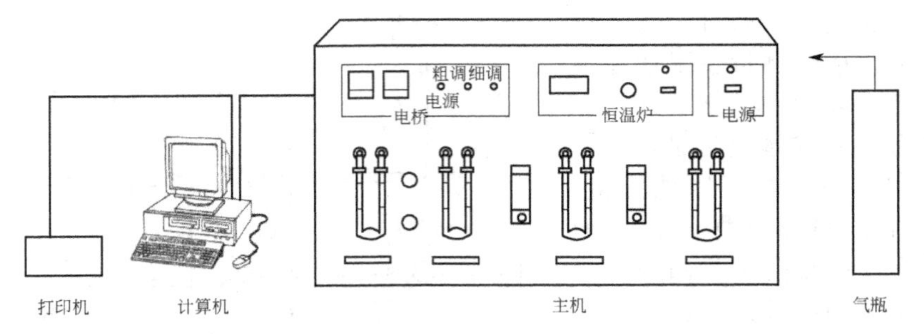

图 10-5 ST-08 比表面积测定仪

四、实验步骤

1. 试样准备

(1) 样品的预处理

先将适当筛目的被测固体样品放入 V 形玻璃管中，两端塞以玻璃毛，然后通入惰性气体（N_2，Ne），在温度 120℃左右预处理 2～4h，以除去水汽等。如果样品许可，温度可升高一些，应视具体情况而定。处理后的样品应放在干燥器皿内，以免受潮。

(2) 标准样品的选择

一般选择标准样品的表面积值与被测样品表面积值越接近，测出的误差就越小。

(3) 装填样品量的选择

装填量的选定，要视样品密度大小、表面积值大小而定，原则是使用时测定的四个样品（一个标准样品和三个待测样品）在吸附总量上差别不大，在同一数量级上，一般认为样品量以使得 N_2 的吸附量在 5mL 左右为宜，所以表面积大的样品应少装一些，而表面积小的样品应多装一些。但是表面积从 $0.01\sim1000m^2/g$ 之间有十万倍的变化，在表面积小于 $10m^2/g$ 的情况下，除了多装样品外，吸附量也只得相应地少装一些。从经验得知样品量：

$$W \propto \frac{V_a}{\delta} \tag{10-11}$$

式中 W——样品量；

V_a——吸附量；

δ——表面积。

由式(10-11) 可见样品称量多少与吸附量和表面积有一函数关系，从经验给出的数据见表 10-3。

表 10-3 样品量、吸附量和表面积的经验关系

表面积 $\delta/(m^2/g)$	样品量 W/g	吸附量 V_a/mL
1000	0.01	10
100	0.05	5
10	0.5	5
1	1	1
0.1	2	0.2

(4) 样品量的称量

称量要用万分之一感量天平称量，先称样品管质量，再装适量的样品于干燥的样品管中，再称总质量，用减差法求出样品量。在向样品管装样品时，从样品管口径大的一端装入。对于易吸潮的样品，应在烘箱内装填，并在称量时加盖。装在仪器上后，在通载气的情况下用小加热炉加热处理。做完实验后，再称量一次进行核对，这对易吸潮的样品是十分重要的。

(5) 样品管的安装

应注意将样品管口径大的一端安装在气路接口的左侧、内径小的一端接在右侧，四个样品管底部距实验台的高度尽量一致，以便在浸入液氮中时，深度相近，确保吸附温度的一致性。一般安装顺序为从左到右依次为标准样品管以及被测1号、2号、3号样品管。

2. 仪器准备

(1) 检查气路密封性

打开载气气瓶使低压表指示0.5MPa左右。打开仪器稳定阀，使压力表指示为0.2MPa左右，打开流量计开关阀，使左侧转子流量计流量指示为70mm左右，右侧流量打开即可。将仪器上载气出口堵死，10min后压力表上的指示不降低0.01MPa时，密封性良好。

(2) 检查热导池的阻值

打开仪器后板，在热导池保温箱上有一块五点接线板，用万用表检查1-2，2-3，3-4，4-1每组阻值75Ω或45Ω左右，若阻值很大或很小，则有断裂或碰地的可能，需重新更换热导池。

(3) 检查恒温炉

将恒温炉的电缆插头插在电器部件插座上，然后恒温旋钮给定一个温度数值，用温度计检查给定的温度和恒温指示温度相近，不同时立即关掉。

恒温炉在使用时应注意：

① 恒温炉的给定温度与实测温度有一定差距，因此，使用时以给定温度为参考，以实测温度为准；

② 恒温炉接通后，要注意用温度计不断测量升温情况，若没有升温应立即检查线路连接是否正常；

③ 恒温炉是处理样品的部件，不得移作它用，使用完毕应关掉电源。

(4) 通载气

打开载气阀，使低压表指示0.5MPa，打开仪器上的稳压阀，使面板上压力指示0.2MPa左右，调节左侧流量计阀，使流量达到45mm（应缓慢增加以免把样品吹进气炉管道），使右侧流量达45mm即可，使流量保持在120～150mL/min，并用皂膜流量计在仪器气体出口处进行测量。

(5) 加桥流

在通载气的条件下，再打开电源开关加上桥流量100mA。

3. 测试步骤

(1) 参数设置

在仪器启动正常、准备工作完毕且样品管装好后，打开计算机，启动ST-08型比表面积测定仪软件，首先进行各参数设置，具体步骤如下。

用鼠标点击“参数设置”菜单，则弹出下一级菜单项“设置计算参数”和“设置显示参数”。

① 设置计算参数 用鼠标点击“设置计算参数”菜单项，显示如下对话框（图10-6）。

样品数量：由于ST-08比表面积测定仪一次最多测量三种样品的比表面积，根据实际样品数（不包括标准样品），此处填1、2或3。

标样比表面积：标准样品的比表面积值（m^2/g）。

最小峰宽：本参数是确认为峰的最小宽度（s），此参数一般取缺省值10。

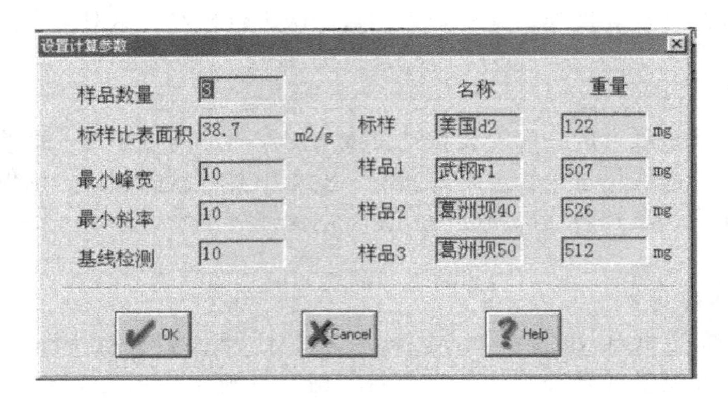

图 10-6 “设置计算参数”菜单对话框（示例）

最小斜率：此参数决定峰识别的起始点。此值最小，则峰的起始点越提前；此值越大，则峰的结束点越延迟，缺省值为 10。

基线检测：此参数决定峰识别的结束点，此值越小，则峰的结束点越提前；此值越大，则峰的结束点越延迟，缺省值为 5。

名称：名称一列从上到下分别为标准样品，一号样品、二号样品、三号样品的名称，此名称对应打印报告上的样品名称。

重量：重量一列从上到下分别为标准样品，一号样品、二号样品、三号样品的质量(mg)，输完以上值后，按“OK”按钮结束。

② 设置显示参数　用鼠标点击“设置显示参数”菜单项，显示出对话框后，通过选择“显示灵敏度”为 1、2、5、10、20、50、100 可调整纵轴的满度显示范围为相应的电压(mV)，通过选择“显示时间”可调整横轴的满度显示时间。

(2) 基线调整

用鼠标点击“基线观察开始菜单”，显示出对话框后，调节仪器上的“粗调”和“细调”旋轴，使基线靠近 0mV，一般数字显示在 5～10 为宜，待数字显示稳定后，即测定电桥已经达到平衡，然后结束基线观察。

(3) 吸附过程

重新执行“基线观察”，基线开始显示出来并靠近 0mV，记下屏幕右上角数字显示值，将样品管依次浸入液氮杯中（应使样品管浸入液氮的深度基本一致），基线开始降至 0mV 以下（0mV 以下部分屏幕不显示，可观察仪器上的 0mV 表头指示变化情况），过 3min 或 4min 后，基线又升至 0mV 以上，当数字显示值恢复到样品管浸入液氮杯前的值（可能小 1～2）时，说明样品吸附到平衡，结束基线观察。

(4) 脱附分析

当样品在低温液氮中达到吸附平衡并结束基线观察后，用鼠标点击“脱附分析开始”菜单项，屏幕出现样品数量（不包括标准样品）确认对话框，如数量不对，点击“取消”按钮重新设置计算参数，如果数量正确，点击“确定”按钮，则窗口右上角分析状态变为“正在脱附标准样品”，并不断闪烁，此时需将标准样品管下的液氮杯移开，立即换为 40℃左右温水杯，标准样品开始脱附，屏幕上出现脱附峰，当脱附峰的白色基线出现（峰识别完成）后，标准样品即脱附结束，此时点击“完毕”按钮，则分析状态变为“正在脱附一号样品”，按照脱附标准样品的办法可依次完成脱附一号样品、二号样品、三号样品，并显示各样品的脱附峰。

当最后一个脱附峰的白色基线出现（峰识别完成）后，点击“完毕”按钮，屏幕上立即显示分析报告，包括各样品的脱附峰面积值和比表面积值（图 10-7）。

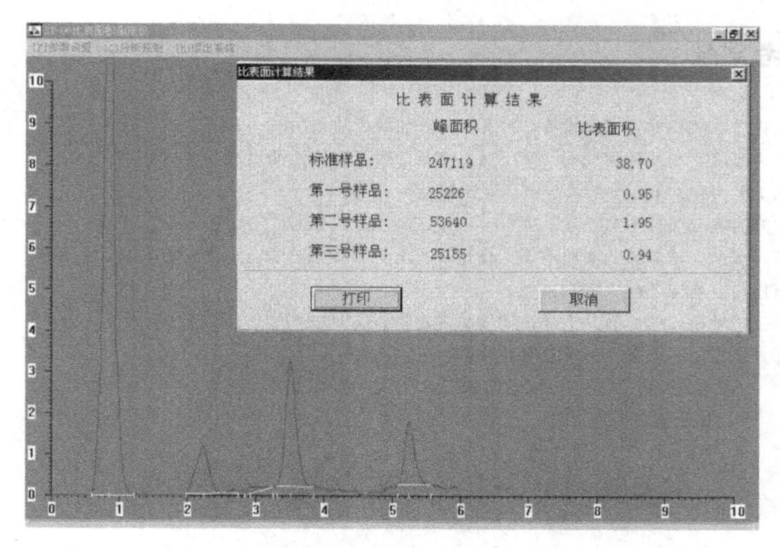
比表面计算结果

	峰面积	比表面积
标准样品:	247119	38.70
第一号样品:	25226	0.95
第二号样品:	53640	1.95
第三号样品:	25155	0.94

图 10-7 各样品的脱附峰和脱附峰面积值和比表面积值（示例）

（5）重新分析

当脱附分析结束后，如果软件对脱附峰的起始点和结束点识别不好，可重新设置计算参数中的“最小斜率”、“基线观察”两个峰识别参数，然后利用“重新分析”功能再次对 ST-08 比表面测定仪的原始脱附数据重新分析计算，而不必再操作 ST-08 比表面测量仪重新进行吸附脱附过程。

（6）退出系统

当分析结束后，点击“退出系统”的“退出”菜单项，即可退出 ST-08 比表面测定仪软件系统。

五、测试结果分析

BET 公式的适用范围是相对压力 p/p_0 在 0.05～0.35 之间。因而实验时气体的引入量应控制在该范围内。在测量前需将吸附剂表面原已吸附的气体或蒸汽除去（除气），否则可能改变它对氮气的吸附条件，影响测定结果。除气所达到的程度取决于三个变量：压力、温度和时间，因此要严格按照实验中样品预处理的方法进行除气，以保证实验结果尽可能与实际相一致。

另外，用吸附法测定比表面积，包括了颗粒表面上微细的凹凸和裂缝的表面积，因而较其他方法（如透过法）测得的比表面积偏大。

思考题

1. 透气法测定粉体比表面积的原理是什么？
2. 测试前为什么要进行漏气检查？如有漏气应如何处理？
3. 试料层如何正确制备？
4. 如何根据测试结果计算被测试样的比表面积？
5. 透气法测试粉体表面积的局限性？
6. 影响测试结果的因素有哪些？

7. 吸附法与透过法测定的粉体比表面积有何不同?

参考文献

[1] 丁志华. 水泥物理性能检验仪器及设备. 北京：中国建筑工业出版社，1996.
[2] 建筑材料科学研究院. 水泥物理检验. 第3版. 北京：中国建筑工业出版社，1985.
[3] 杨东胜. 水泥工艺实验. 北京：中国建筑工业出版社，1986.
[4] 张佑林. 粉体的流体分级技术与设备. 武汉：武汉工业大学出版社，1997.
[5] 三轮茂雄，日高重助. 粉体工程实验手册. 杨伦译. 北京：中国建筑工业出版社，1987.
[6] 郑水林. 超细粉碎. 粉碎工程（增刊)，1991.
[7] 陆厚根. 粉体技术导论. 第2版. 上海：同济大学出版社，1998.
[8] 艾伦 T. 颗粒大小测定. 北京：中国建筑工业出版社，1984.
[9] GB 8074—87. 水泥比表面积测定方法（勃氏法).
[10] GB 207—63. 水泥比表面积测定方法.

实验11 粉体综合流动性实验

一、目的意义

粉体是由不连续的微粒构成，是固体的特殊形态。它具有一些特殊的物理性质，如巨大的比表面积和很小的松密度，以及凝聚性和流动性等。在粉体的许多单元操作过程中涉及粉体的流动性能，例如粉体的生产工艺、传输、贮存、装填以及工业中的粉末冶金、医药中不同组分的混合等。粉体的流动性能随产地、生产工艺、粒度、水分含量、颗粒形状、压实力大小和压实时间长短等因素的不同而有明显的变化，所以测定粉体的流动性对粉体工程具有重要的意义。而Carr指数法是工业上评价粉体流动性最常用的方法，由于这种方法快速、准确、适用范围广、易操作等一系列优点而被广泛应用于粉体特性的综合评判和粉体系统的设计开发中。

本实验的目的：

① 了解粉体流动性测定的意义；

② 掌握粉体流动性测定方法；

③ 了解粒度和水分对粉体流动性的影响。

二、基本原理

Carr指数法是卡尔教授通过大量的实验，在综合研究了影响粉体流动性和喷流性的几个单项粉体物性值的基础上，将其每个特征值指数化并累加以指数方式来表征流动性的方法。Carr指数分为流动性指数与喷流性指数。流动性指数是由测量结果参照Carr流动性指数表得到与其相对应的单项Carr指数值（安息角、压缩率、平板角和粘附度/均齐度)，将其数值累加，计算出流动性指数合计，用取得的总分值来综合评价粉体的流动性质；喷流性指数是单项检测项目（流动性指数、崩溃角、差角、分散度）指数化后的累积和。卡尔流动性指数表见表11-1。

安息角：粉体堆积层的自由表面在静平衡状态下，与水平面形成的最大角度叫做安息角。它是通过特定方式使粉体自然下落到特定平台上形成的。安息角对粉体的流动性影响最大，安息角越小，粉体的流动性越好。安息角也称休止角、自然坡度角等。安息角的理想状态与实际状态示意图如图11-1所示。

表 11-1 卡尔流动性指数表

流动性指数	流 动 性 能
90～100	流动性极好，无需辅助设备，不会形成拱堆
80～89	流动性良好，无需辅助设备，基本不形成拱堆
70～79	流动性中等，无需辅助设备，如果需要，要振动
60～69	流动性一般，物料附着挂料的边界线
40～59	流动性不好，必须搅动或振动
20～39	流动性非常不好，需更积极的搅动
0～19	流动性极不好需要特殊振动料斗

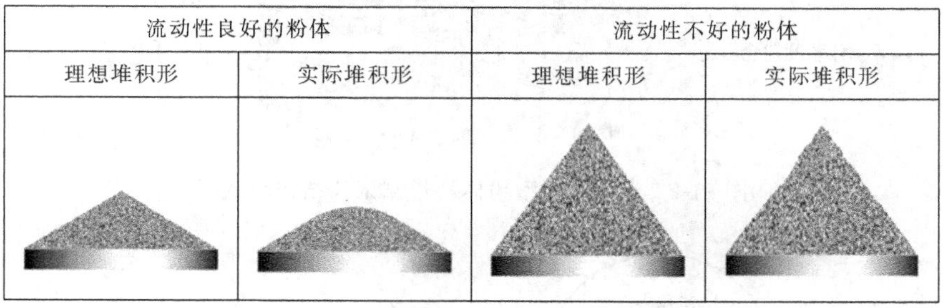

流动性良好的粉体		流动性不好的粉体	
理想堆积形	实际堆积形	理想堆积形	实际堆积形

图 11-1 安息角的理想状态与实际状态示意图

崩溃角：给测量安息角的堆积粉体以一定的冲击，使其表面崩溃后圆锥体的底角称为崩溃角。

平板角：将埋在粉体中的平板向上垂直提起，粉体在平板上的自由表面（斜面）和平板之间的夹角与受到振动后的夹角的平均值称为平板角。在实际测量过程中，平板角是以平板提起后的角度和平板受到冲击后除掉不稳定粉体角度的平均值来表示的。平板角越小粉体的流动性越强。一般情况下，平板角大于安息角。

分散度：粉体在空气中分散的难易程度称为分散度。测量方法是将 10g 试样从一定高度落下后，测量接料盘外试样占试样总量的百分数。分散度与试样的分散性、漂浮性和飞溅性有关。如果分散度超过 50%，说明该样品具有很强的飞溅倾向。

差角：安息角与崩溃角之差称为差角。差角越大，粉体的流动性与喷流性越强。

压缩度：同一个试样的振实密度与松装密度之差与振实密度之比为压缩度。压缩度也称为压缩率。压缩度越小，粉体的流动性越好。

空隙率：空隙率是指粉体中的空隙占整个粉体体积的百分比。空隙率因粉体的粒子形状、排列结构、粒径等因素的不同而变化。颗粒为球形时，粉体空隙率为 40%左右；颗粒为超细或不规则形状时，粉体空隙率为 70%～80%或更高。

三、实验器材

① BT-1000 型粉体综合特性测试仪（图 11-2）。

② 电子天平。

③ 干燥箱。

四、实验步骤

1. 安息角（θ_r）、崩溃角（θ_f）的测定和差角（θ_d）的计算

（1）安息角 θ_r 测定

① 按要求准备一定质量的试样并烘干。

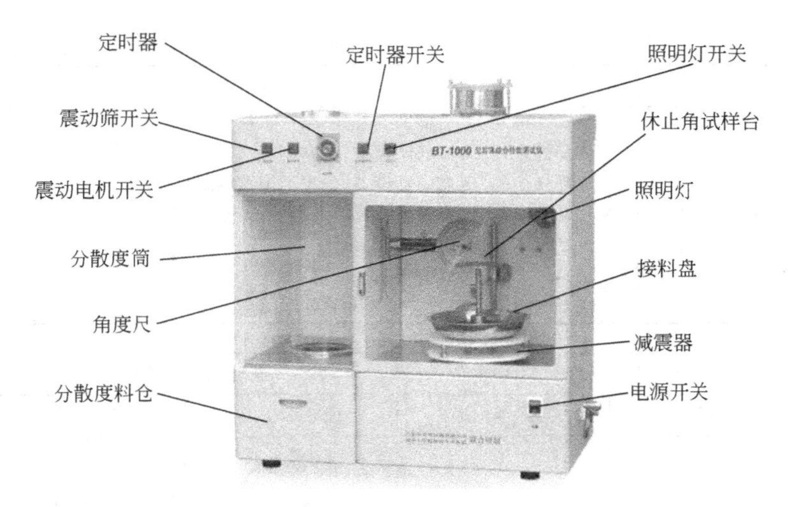

图 11-2 BT-1000 型粉体特性测试仪结构示意图

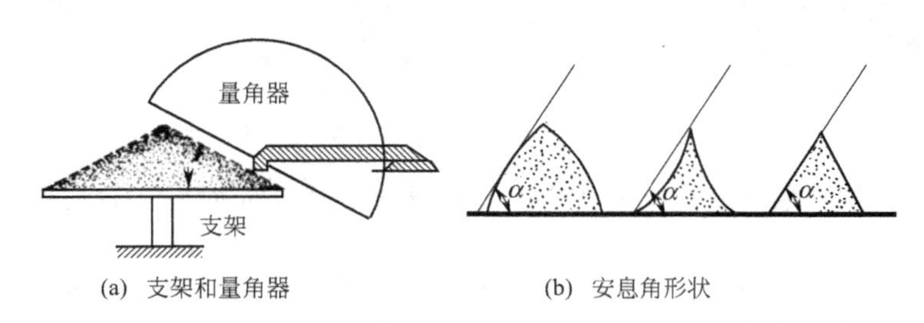

图 11-3 量角器的用法和安息角的形成

② 将减振器放到仪器中央的定位孔中，再放上接料盘和安息角试样台。

③ 加料：关上仪器前门，将定时器调到 3min 左右，打开仪器的电源开关和振动筛开关，用小勺在加料口徐徐加料，物料通过筛网、出料口洒落到试样台上，形成锥体。

④ 安息角的测定：当试样落满试样台并呈对称的圆锥体后，停止加料，关闭振动筛电源，将测角器置于试样托盘左侧并靠近料堆，与圆锥形料堆的斜面平齐，测定安息角。测量安息角时应从三个不同位置进行（图 11-3），然后取平均值，该平均值为这个样品的安息角（θ_r）。

安息角的计算：

$$\theta_r=\frac{\theta_{r_1}+\theta_{r_2}+\theta_{r_3}}{3} \tag{11-1}$$

（2）崩溃角 θ_f 的测定

测完安息角后，用两个手指轻轻提起试样台中轴上的崩溃角振子，高度为距离顶部大约 10mm，然后张开手指使振子自由落下，使试样台上堆积的试样受到振动，圆锥体的边缘崩塌落下。如此振动三次，然后再用测角器测定三个不同位置的安息角，其平均值即为崩溃角（θ_f）。

崩溃角的计算：

$$\theta_f=\frac{\theta_{f_1}+\theta_{f_2}+\theta_{f_3}}{3} \tag{11-2}$$

（3）差角 θ_d 的计算

差角即安息角与崩溃角之差：

$$\text{差角}(\theta_d)=\text{安息角}(\theta_r)-\text{崩溃角}(\theta_f) \tag{11-3}$$

2. 平板角 θ_s 的测定

① 在升降台上放好托盘，平板伸入托盘中，将待测样品徐徐撒落在托盘中，直到埋没

平板为止。加料时也可以先将样品加到 1mm 的筛子上，然后将样品筛到试样盘中。

② 加完料以后，轻轻扭动升降台旋钮使升降台的高度缓缓降低，平板与试样盘完全分离，这时用测角器测定三处留在平板上粉体所形成的角度，取平均值 θ_{s_1}。

③ 用锤下落一次，冲击平板，再用测角器测定三处留在平板上粉体所形成的角度，取平均值 θ_{s_2}，则平板角 θ_s 的计算：

$$\theta_s=\frac{\theta_{s_1}+\theta_{s_2}}{2} \tag{11-4}$$

3. 分散度 D_s 的测定

① 将分散度卸料控制器拉到右端并卡住，关闭料斗。

② 用天平称取试样 10g，通过漏斗把试样均匀地加到仪器顶部的分散度入料料斗中。

③ 将小接料盘（ϕ100mm）置于分散度测定筒正下方的分散度测定室内的定位圈中，关上抽屉。然后瞬间开启卸料阀，使试样通过分散度筒自由落下。

④ 这样试验两次，取出接料盘，称量残留于接料盘的粉末，取其平均值，再用式(11-5)求分散度 D_s。

$$D_s=\frac{10-m}{10}\times 100\% \tag{11-5}$$

式中 m——落在接料盘中粉体的质量，g。

4. 松装密度 ρ_a 的测定方法

① 用天平称取密度容器的质量为 G_1。

② 按实验要求将各部件组装好。

③ 打开振动筛开关，在振动筛上加料，使样品通过筛网、出料口撒落到密度容器中，当充满密度容器后停止加料，关闭振动筛。

④ 取出密度容器，用刮板将多余的料刮出，并用毛刷将外面的粉扫除干净，用天平称量容器与粉体的总质量 G。

⑤ 连续试验 3 次。设 3 次的平均总质量为 G，密度容器的重量为 G_1，则松装密度 ρ_a 为：

$$\rho_a=\frac{G-G_1}{100}\quad (g/cm^3) \tag{11-6}$$

5. 振实密度 ρ_p 的测定方法

① 按实验要求将各部件组装好。

② 打开振动筛开关，在振动筛上加料，使样品通过筛网、出料口、透明套筒充满密度容器，如果试样过筛困难，可用料铲直接装入。

③ 当试样高度达到透明套筒中央时即可停止加料，关闭振动筛，将定时器调整到 6min 位置，打开振动电机开关，连续振动，待振动自动停止后再重新启动振动电机，在振动过程中观察透明套筒中的粉体表面，如果粉体表面还在下降，就要继续振动下去，直到粉体表面不再下降后停止振动，取出透明套筒，用刮刀刮平，并用毛刷将容器外面的粉轻轻扫除干净，用天平称量容器与粉体的总质量。

④ 对于同一个样品，每次的振动时间或振动次数要相同。即记录好第一次测试时的振动时间或振动次数，以后测试时可不必观察粉体表面的下降情况。

⑤ 连续测试 3 次。设 3 次的平均总质量为 G，密度容器的质量为 G_1，则振实密度 ρ_p 为：

$$\rho_p=\frac{G-G_1}{100}\quad (g/cm^3) \tag{11-7}$$

6. 压缩度（C_p）的计算

测定松装密度 ρ_a 和振实密度 ρ_p 后，按式(11-8) 计算压缩度 C_p：

$$C_p=\frac{\rho_p-\rho_a}{\rho_p}\times100\% \tag{11-8}$$

7. 粘附度 C 的测定

① 计算试样动态松装密度（单位为 g/cm^3）：

$$\rho_w=\frac{(\rho_p-\rho_a)C_p}{100}+\rho_a \tag{11-9}$$

② 计算试样筛子振动时间（单位为 s）：

$$t=20+\frac{1.6-\rho_w}{0.016} \tag{11-10}$$

③ 精确称取 2g 试样。

④ 选定 40 目、60 目、100 目 3 种筛子，将其依层放置在振动台上，将 2g 的试样置于最上层的筛子中，在振动台上以 1mm 的振幅进行 t 秒筛分。

⑤ 筛分后卸下筛子，分别测定各层筛子所残留的试样质量（g），按下式计算试样的粘附度 C：

$$C_1=\frac{\text{留在最上层筛子里的粉料质量}}{2g}\times100 \tag{11-11}$$

$$C_2=\frac{\text{留在中间层筛子里的粉料质量}}{2g}\times100\times\frac{3}{5} \tag{11-12}$$

$$C_3=\frac{\text{留在下层筛子里的粉料质量}}{2g}\times100\times\frac{1}{5} \tag{11-13}$$

$$\text{粘附度 }C=C_1+C_2+C_3(\%) \tag{11-14}$$

注意：比较轻的物质（平均堆积密度＝0.16～0.4g/cm^3），用粗筛子（40 目、60 目、100 目）；较重的物质（平均堆积密度＝0.9～1.5g/cm^3），用细的筛子（100 目、200 目、325 目）。对任何一种物质，应该是粉料的细度足以通过最下层筛子。

显然，如果 2g 样品全部残留在 40 目筛网上，则粘附度则为 100%；如果 2g 样品全部通过 100 目的筛子，则粘附度为零。

8. 均齐度的测定与计算

① 对于比较粗的粉体，可采用上面的筛分实验，按式(11-15) 计算均齐度：

$$\text{均齐度}=\frac{60\%\text{粉料通过的粒度}}{10\%\text{粉料通过的粒度}} \tag{11-15}$$

② 对于粒度比较细的粉体，可用粒度测定仪测出粉体的 D_{60} 和 D_{10}，用式(11-16) 计算均齐度：

$$\text{均齐度}=\frac{D_{60}}{D_{10}} \tag{11-16}$$

五、实验数据与处理

将实验的有关数据依次记入表 11-2～表 11-6 中。

1. 粉料的安息角、崩溃角和差角

表 11-2 粉料的安息角、崩溃角和差角记录与计算表

项　目	数　据				
	第一次测	第二次测	第三次测	平均值	指数值
安息角/(°)					
崩溃角/(°)					
差角/(°)					

2. 粉料的松装密度和振实密度及压缩率

表 11-3 粉料的松装密度和振实密度及压缩率记录与计算表

数值		项目	
		松装密度 ρ_p	振实密度 ρ_a
空杯质量/g			
空杯容积/cm^3		100	
杯加粉末质量/g	第一次称量		
	第二次称量		
	第三次称量		
	平均值		
粉末质量/g			
密度/(g/cm^3)			
压缩率 $C_p=[(\rho_p-\rho_a)/\rho_p]\times 100\%$			
压缩率指数值			

3. 粘附度及均齐度

表 11-4 粘附度及均齐度记录与计算表

平均堆积密度$=(\rho_p+\rho_a)/2$	
所用筛子规格/目	
动态松装密度$\{\rho_w=[(\rho_p-\rho_a)C_p/100]+\rho_a\}/(g/cm^3)$	
筛子振动时间$\{t=20+[(1.6-\rho_w)/0.016]\}/s$	
留在最上层筛子里的粉末质量 C_1/g	
留在中间层筛子里的粉末质量 C_2/g	
留在下层筛子里的粉末质量 C_3/g	
粘附度$(C=C_1+C_2+C_3)/\%$	
粘附度指数值	
均齐度=60%粉末通过的粒度/10%粉末通过的粒度	
均齐度指数值	

4. 平板角

表 11-5 平板角记录与计算表

项目	平板角 θ_s/(°)			
重锤滑落前				平均值 $\theta_{s_1}=$
重锤滑落后				平均值 $\theta_{s_2}=$
平板角	$(\theta_{s_1}+\theta_{s_2})/2=$			
平板角指数值				

5. 分散度

表 11-6 分散度记录与计算表

粉末质量/g	
接料盘质量/g	
(接料盘+粉末)质量/g	
分散度=(10−接料盘上粉末质量)×10%	
分散度指数值	

6. 流动性指数计算

流动性指数＝安息角指数＋压缩率指数＋平板角指数＋均齐度指数（或粘附度指数）

注：粘附性强的粉体，采用粘附度指数计算；一般的粉体采用均齐度指数计算。

7. 喷流性指数计算

喷流性指数＝流动性指数＋崩溃角指数＋差角指数＋分散度指数

附：流动性指数与喷流性指数表（表 11-7 和表 11-8）

表 11-7 粉体的流动性指数

流动性的程度	流动性指数	起拱防止措施	安息角		压缩率		平板角		均齐度		粘附度	
			/(°)	指数	/%	指数	/(°)	指数	测试值	指数	测试值	指数
很好	90～100	不要	＜25 26～29 30	25 24 22.5	＜5 6～9 10	25 23 22.5	＜25 26～30 31	25 24 22.5	1 2～4 5	25 23 22.5		
良好	80～89	不要	31 32～34 35	22 21 20	11 12～14 15	22 21 20	32 33～37 38	22 21 20	6 7 8	22 21 20		
比较好	70～79	需要振动器	36 37～39 40	19.5 18 17.5	16 17～19 20	19.5 18 17.5	39 40～44 45	19.5 18 17.5	9 10～11 12	19 18 17.5		
一般	60～69	起拱的临界点	41 42～44 45	17 16 15	21 22～24 25	17 16 15	46 47～56 60	17 16 15	13 14～16 17	17 16 15	＜6	15
不太好	40～59	必要	46 47～54 55	14.5 12 10	26 27～30 31	14.5 12 10	61 62～74 75	14.5 12 10	18 19～21 22	14.5 12 10	7～9 10～29 30	14.5 12 10
不好	20～39	需要有力措施	56 57～64 65	9 7 5	32 33～36 37	9.5 7 5	76 77～89 90	9.5 7 5	23 24～26 27	9.5 7 5	30 32～54 55	9.5 7 5
非常差	0～19	需要特殊装置和措施	66 67～89 90	4.5 2 0	38 39～45 ＞45	4.5 2 0	91 92～99 ＞99	4.5 2 0	28 29～35 ＞35	4.5 2 0	56 57～79 ＞79	4.5 2 0

注：1. 对粒状粉体，使用此值能测定均齐度。

2. 对粘附度强的微粉，使用此值能测定粘附度。

表 11-8 粉体的喷流性指数

喷流性程度	喷流性指数	防止喷流措施	流动性(表 11-6)		崩溃角		差角		分散度	
			/(°)	指数	/(°)	指数	/(°)	指数	/%	指数
非常强	80～100	必须采取环向密封	＞60 59～56 55 54 53～50 49	25 24 22.5 22 21 20	10 11～19 20 21 22～24 25	25 24 22.5 22 21 20	＞30 29～28 27 26 25 24	25 24 22.5 22 21 20	＞50 49～44 43 42 41～36 35	25 24 22.5 22 21 20
相当强	60～79	需要采取环向密封	48 47～45 44 43 42～40 39	19.5 18 17.5 17 16 15	26 27～29 30 31 32～39 40	19.5 18 17.5 17 16 15	23 22～20 19 18 17～16 15	19.5 18 17.5 17 16 15	34 33～29 28 27 26～21 20	19.5 18 17.5 17 16 15

续表

喷流性程度	喷流性指数	防止喷流措施	流动性(表 11-6)		崩溃角		差角		分散度	
			/(°)	指数	/(°)	指数	/(°)	指数	/%	指数
有倾向	40～59	有时需要环向密封	38 37～34 33	14.5 12 10	41 42～49 50	14.5 12 10	14 23～11 10	14.5 12 10	19 18～11 10	14.5 12 10
也许有	25～39	由给料状态或流动速度决定是否需要密封	32 31～29 28	9.5 8 6.25	51 52～56 57	9.5 8 6.25	9 8 7	9.5 8 6.25	9 8 7	9.5 8 6.25
无	0～24	不需要	27 26～23 >23	6 3 0	58 59～64 >64	6 3 0	6 5～1 0	6 3 0	6 5～1 0	6 3 0

思考题

1. 影响粉体流动性的因素有哪些？

2. 为什么说粉体颗粒的大小和形状影响粉体的流动性？

3. 压缩度在粉体流动性研究中是非常重要的，当压缩率大于20%时，在料仓里有结拱的倾向（易产生空洞），尤其压缩率达40%～50%时，一旦这种粉末被贮存在料仓里，此粉料是难卸出还是易卸出？

4. 当粉末具有较高的粘附度（单位为%）时，其流动性较小，在设计给料装置、料仓和其他装置时应考虑什么？

参考文献

[1] 三轮茂雄，日高重助．粉体工程实验手册．杨伦译．北京：中国建筑工业出版社，1987.

[2] 伍洪标．无机非金属材料实验．北京：化学工业出版社，2002.

实验 12 粉体的剪切实验

一、目的意义

粉体的摩擦性质和内聚性质是研究粉体力学行为和流动状态的基础。粉体的形变与流动特性是贮存、供料、运输、混合、球团等矿物加工及装置设计的基础。人们把由于颗粒间的摩擦力和内聚力而形成的角统称为摩擦角。为适应不同研究目标的需要，将摩擦角分成四类，即内摩擦角、安息角、壁面内摩擦角和运动摩擦角，其中内摩擦角反映了粉体起始滑移时的摩擦情况。如果对颗粒层施加垂直压力，再施以水平剪力将颗粒层沿着内部某一断面刚好切断产生滑动时，作用于此断面的剪切应力与垂直应力可用库仑定律表示。利用等应力直剪仪可以测定粉体的抗剪强度及内摩擦角。

本实验的目的：

① 掌握粉体剪切实验的原理，认识粉体的摩擦特性规律及影响因素；

② 掌握库仑方程的应用；

③ 通过实验确定粉体剪切应力与垂直应力关系曲线，求出其内摩擦角。

二、基本原理

粉体从静止状态到开始变形流动，具有一定的强度。粉体的强度是由于颗粒间接触点上具有摩擦力和内聚力而引起的。也就是说，是摩擦力和内聚力与促使粉体变形流动的力相对抗。颗粒间的内聚力包括范德华力、静电吸引力、固体桥联联结力、液体桥联时颗粒间产生的联结力等。如果对粉体层施加一定的作用力，粉体所受的作用力小于颗粒间的作用力时，粉体层保持静止不动，但当作用力的大小达到极限值时，粉体层将突然出现崩坏，该崩坏前后的状态称为极限应力状态。这一极限应力状态是由一对压应力和剪应力组成的。换言之，若在粉体任意面上加一个垂直应力，并逐渐增加该层面的剪应力，则当剪应力达到某一值时，粉体层将沿此面滑移。实验表明，粉体开始滑动时，滑移面上的剪应力 τ 是正应力 σ 的函数：

$$\tau=f(\sigma) \tag{12-1}$$

当粉体开始滑动时，如若滑移面上的剪应力 τ 与正应力 σ 成正比

$$\tau=\mu\sigma+C \tag{12-2}$$

或

$$\tau=\tan\varphi\sigma+C \tag{12-3}$$

这样的粉体称为库仑粉体。式(12-2) 称为库仑定律。库仑定律中的 μ 是粉体的内摩擦系数，C 是初抗剪强度。初抗剪强度等于零的粉体为无附着性粉体。

库仑定律是粉体流动和临界流动的充要条件。当粉体内任一平面上的应力为 $\tau<(\mu\sigma+C)$ 时，粉体处于静止状态，当粉体内某一平面上的应力满足 $\tau=\mu\sigma+C$ 时，粉体将沿该平面滑移。而粉体内任一平面上的应力 $\tau>(\mu\sigma+C)$ 的情况不会发生。

三、实验器材

等应力直剪仪示意图如图 12-1 所示。实验采用 ZJ-2 型等应力直剪仪（图 12-2)，其主要部件如下。

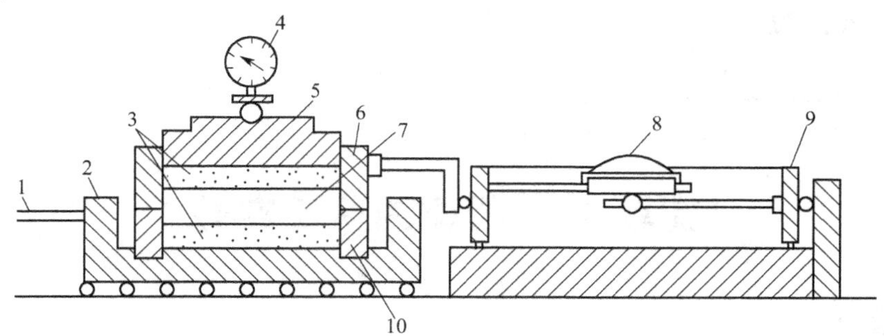

图 12-1 等应力直剪仪示意图

1—轮轴；2—底座；3—透水石；4—垂直变形量表；5—传压活塞；6—上盒；7—粉料；8—水平位移量表；9—量力环；10—下盒

① 剪切盒：分为上下两盒。

上盒一端顶在量力环的一端，下盒与底座连接，底座放在两条轨道滚珠上，可以移动。剪切盒粉样面积为盒 30cm^2，高 2cm。

② 加力及量测设备。

垂直荷重：通过杠杆（1∶12）放砝码来施加。

水平荷重：通过旋转手轮推进螺杆顶压下盒来施加（手轮每转推进杆位移 0.2mm)。荷重大小，从量力环的变形间接求出。

③ 测微表（百分表）：最大量距 10mm，精度 0.01mm。

④ 其他：天平、鼓风干燥箱。

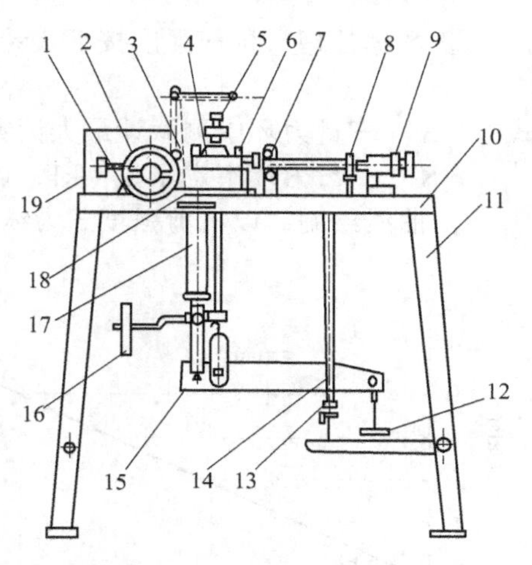

图 12-2 ZJ-2 型等应力直剪仪结构简图

1—推动座；2—手轮甲；3—插销；4—剪切盒；5—传压螺钉；6—螺丝插销；7—量力环轴承；8—量力环部件；9—锁紧螺母；10—底板；11—支架；12—吊盘；13—手轮乙；14—立柱；15—杠杆；16—平稳锤；17—接杆；18—滑动框；19—变速箱

四、实验步骤

1. 手动剪切实验

① 准备一定质量的待测粉料。

② 校准杆杠水平：仪器使用时，调节平衡锤使杠杆下沿与立柱的中间线平齐，此时杆杠处于水平位置。

③ 将上盒和下盒上下对准，插入固定销。按实验要求，依次在下框内放入透水石、适量的粉料，粉料上再放上透水石、盖上传压板，放好钢珠（ϕ12mm）及加压框架，使传压螺钉与钢珠接触。

④ 按顺时针方向徐徐转动手轮至上盒前端的钢珠刚与量力环接触（即量力环内的测微计指针刚要开始移动）时为止。调整测微计读数为零。

⑤ 在试样上施加规定的垂直压力，待试样达到固结稳定后拔去销钉，开动秒表，以 4～12r/min 的均匀速率转动手轮（通常可控制在 6r/min），转动过程中不应中途停顿或时快时慢，使试样在 3～5min 内剪破。手轮每转一圈应测记测微计读数一次，直至量力环中的测微计指针不再前进或后退，即说明试样已剪破。如测微计指针一直缓慢前进，说明不出现峰值，则破坏以变形控制进行到剪切变形达 4mm 时为止。

⑥ 剪切结束后，倒转手轮，然后顺序去掉荷载、加压架、钢珠、传压板与上盒，取出试样。

⑦ 重复上述步骤，分别施加 50kPa、100kPa、200kPa、300kPa、400kPa 的垂直压力，测记水平变形读数。

注：按实验需要施加垂直载荷，吊盘为一级荷重（50kPa），在重复实验或连续实验中，无需每次将砝码和吊盘取下，加荷时可左旋手轮乙，使支起的杆杠慢慢放下，卸荷时，右旋手轮乙，使传压螺钉脱离钢珠，到容器部件能自由取放为止（传压螺钉约抬高 3mm）。

2. 自动剪切实验

① 试样制备、安装应按手动剪切的步骤进行。

② 施加垂直压力，拔去固定销，将开关打向“进”即可进行剪切，当测力计的读数达到稳定或有明显后退时表示试样剪损，记下所需数据。

③ 开关打向“退”，推轴自动退回。

五、实验结果与处理

① 将实验结果记入表 12-1。

表 12-1 粉体剪切试验记录

粉料名称			测定人		
量力环率定系数			测定日期		
垂直压力/kPa	50	100	200	300	400
破坏时百分表读数/mm					
抗剪强度/kPa					

② 数据处理。抗剪强度按下式计算：

$$\tau = KR \ (\text{kPa})$$

式中 R——量力环中测微计最大读数或位移4mm时的读数，0.01mm；

K——量力环率定系数，kPa/0.01mm。

③ 曲线绘制。以抗剪强度 τ 为纵坐标，垂直压力 σ 为横坐标，画出 τ-σ 曲线，该线的倾角即为所测粉体的内摩擦角，该线在纵坐标上的截距 C 即为粉体的初始抗剪强度，如图12-3所示。

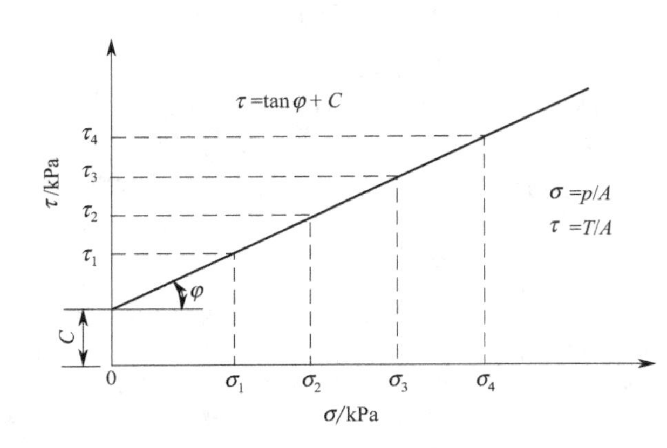

图12-3 τ-σ 关系曲线

④ 根据 τ-σ 关系曲线得出粉体的初始抗剪强度值和内摩擦角 φ 值，求出粉体的内摩擦系数 μ。写出粉体的库仑方程：

$$\tau = \mu\sigma + C \quad \text{kPa}$$

六、实验时注意事项

① 在剪切开始前，一定要检查上、下盒的固定插销是否拔掉。

② 剪切时可控制转动手轮速度是6r/min，在试验前可先练习一下，以便控制剪切速度。

③ 读数可直接读测微表的小格数（每格相当于0.01mm），而后以格数最多的一次乘以测力环率定系数 K，便是抗剪强度 τ。

思考题

1. 做剪切实验为什么要先对样品预密实和密实？
2. 粉体的内摩擦角 φ 与哪些因素有关？
3. 颗粒的空隙率大小对粉体的内摩擦角 φ 有何影响？

参考文献

[1] 谢洪勇．粉体力学与工程．北京：化学工业出版社，2003.
[2] GB/T 50123—1999．土工试验方法标准（直接剪切试验）.

实验13 煤的燃烧特性综合实验

一、目的意义

大多无机非金属材料需要在高温下烧成，因此生产过程中会消耗大量的热量。目前工业窑炉的热源一般是由燃料燃烧产生的。就玻璃、陶瓷、水泥的生产成本而言，燃料费用所占比例达到30%以上。就产品的产量与质量而言，燃料燃烧状况会对材料的生产过程产生重要影响。因此了解燃料的燃烧特性和燃烧过程，对合理选用燃料燃烧设备及组织燃烧过程，实现材料生产的优质、高效、低耗，至关重要。

煤炭是我国工业窑炉使用最为广泛的固体燃料，是古代植物埋藏在地下经历了复杂的生物化学和物理化学变化而逐渐形成的，组成非常复杂，既有可燃成分也有不可燃成分，这些组分含量直接影响到煤的发热量和燃烧特性，因此煤中有关组分含量、发热量是评价煤质的重要依据。

测定煤中组分的方法有元素分析法和工业分析法。元素分析法是借助化学分析方法直接测定煤中的碳（C）、氢（H）、氧（O）、氮（N）、硫（S）五种元素。因此煤的元素分析组成包括上述五元素、水分和一些矿物杂质（通常统称灰分）。但因元素分析法较为复杂，在研究及生产中使用不多。煤的工业分析，又称煤的技术分析或实用分析，它是用加热的方法将煤中极为复杂的成分加以分解和转化，得到水分（*M*）、挥发分（*V*）、灰分（*A*）、固定碳（FC）（fixed carbon）等规范化组成，目前在工业生产中被普遍使用。

单位质量的煤完全燃烧时所产生的热量叫做煤的发热量。煤种类不同，其成分组成不同，发热量也不相同。在许多行业，比如发电行业，发热量是影响电厂技术经济指标的主要因素，因此测量煤的发热量是燃料使用时必不可少的测试项目。

了解煤的工业分析值和煤的发热量值，可以粗略判断煤的品质，满足工厂对煤质的基本判断，但对合理科学地选用煤燃烧设备及组织燃烧过程还远远不够。比如煤粉的着火特性和燃尽特性是水泥分解炉生产中人们所关注的。热重分析方法、差热分析方法为获取更多煤的燃烧信息、研究煤的热解特性提供了可能。

煤的燃烧特性综合实验与工业生产、最新研究进展紧密结合，通过煤的工业分析、发热量的测定等传统分析方法和热失重分析、差热分析等现代研究手段使学生较全面地了解反映燃料品质、描述燃料燃烧特性的基本方法，通过不同的实验分析方法从不同角度揭示煤的燃烧信息，从而实现对煤燃烧特性的综合评价。

本综合实验的目的：

① 掌握煤的工业分析方法；

② 掌握煤的发热量测定方法；

③ 通过煤的热重分析和差热分析曲线确定煤的燃烧特性参数。

二、基本方法及原理

燃烧通常是指燃料中的可燃物与空气产生剧烈的氧化反应、产生大量的热量并伴随着有强烈的发光现象。对煤和油而言，燃烧过程又是一个重量损失的过程。因此煤燃烧发光、放热、失重等现象是研究其燃烧过程的重要依据。煤的工业分析及微分热重分析正是基于燃烧过程是一个重量损失过程这一原理而进行的；煤的发热量测定和差热分析则是基于燃烧过程的放热现象而进行的。当然也有研究者借助发光现象测定煤的着火点。本实验选择煤的工业分析、微分热重分析、煤的发热量测定和差热分析四个实验方法来进行煤的燃烧特性综合评判。下面分别叙述各实验方法及测试原理。

1. 煤的工业分析

煤被加热后会热解失重。根据煤样中各组分的不同物理化学性质，控制不同的温度和时间，使煤中组分（*M*、*V*、*A*、FC）热分解或燃烧，以样品失去的质量占原试样的质量百分比表示该成分的质量百分含量。显然煤的工业分析组成不是煤的原始组成，而是人为区分的可燃组成（*V*、FC）和不可燃组成（*M*、*A*）。

国家标准 GB/T 212—2001 煤的工业分析方法，详细规定了煤中水分（*M*）、挥发分（*V*）、灰分（*A*）、固定碳（FC）（fixed carbon）的测定方法。为方便研究，避免煤因大气环境变化引起水分含量变动，继而造成其他组成的质量百分数变化，测试中采用风干煤样（即空气干燥基）。

（1）水分 M

在燃料中水分是以游离水和化合水两种状态存在的。游离水包括外在水 M_f 和内在水 M_{inh}。外在水是附着在燃料表面的水分，可用自然干燥的方法去除；而内在水又称固有水，是指内部吸附在毛细孔内的水，可用加热方式测出。化合水又称结晶水，是一部分氢和氧化合并与燃料中化合物结合的水，含量较少，用加热方法不能测出。工业分析组成中的水分M是指煤的内在水分或固有水分，不包括结晶水分。

GB/T 212—2001 煤的工业分析方法中水分 M 测定包括通氮干燥法和空气干燥法。本实验采用后者。即称取一定量的空气干燥煤样，置于105～110℃的干燥箱内，在氮气流或空气流中干燥到质量恒定，然后根据煤样的质量损失计算出水分的质量百分数 M_{ad}（单位为%）。

（2）灰分 A

煤的灰分是指煤中所有可燃物质完全燃烧、水分完全蒸发以及煤中矿物杂质在一定温度下产生一系列分解、化合等复杂反应后所剩下的残渣，是煤中不能燃烧的矿物杂质。因此，实验中应使煤样完全燃烧。GB/T 212—2001 标准中有缓慢灰化法和快速灰化法两种测定方法。缓慢灰化法为仲裁法。

缓慢灰化法：即称取一定量的空气干燥煤样，放入马弗炉中，以一定速度加热到(815±10)℃，灰化并灼烧至质量恒定，以残留物的质量占煤样质量的百分数作为煤样的灰分（单位为%）。

快速灰化法：即称取一定量的空气干燥煤样，置于预先加热至（815±10)℃的马弗炉中灰化并灼烧至质量恒定，以残留物的质量占煤样质量的百分数作为煤样的灰分 A_{ad}（单位为%）。

本实验中测定煤样中的灰分采用快速灰化法。

（3）挥发分 V

煤的挥发分是在特定条件下受热分解的产物，剩下的不挥发物称为焦渣。煤的挥发分是煤炭分类的重要指标之一，根据挥发分含量及焦渣特性可以初步判断煤的工业利用性质。GB/T 212—2001 标准中规定了挥发分 V 测定方法。即称取一定量的空气干燥煤样，置于带盖的瓷坩埚中，在（900±10)℃的马弗炉中，隔绝空气加热 7min。冷却后称重，以减少的质量占煤样质量的百分数减去该煤样的水分含量 M_{ad} 作为煤样的挥发分 A_{ad}（单位为%）。

（4）固定碳 FC

煤的固定碳指存在于焦渣中的可燃组分，空气干燥基固定碳百分含量按式(13-1)计算。

$$FC_{ad}=100-(M_{ad}+V_{ad}+A_{ad}) \tag{13-1}$$

2. 微分热重分析

如前所述，煤的燃烧过程是一个质量损失过程，在一定实验条件下，煤的质量损失速度反映出煤的燃烧速度。因此通过热分析，获得不同煤的热重分析（TGA）曲线、微分热重分析（DTGA）曲线、差热分析（DTA）曲线，研究特征峰及特征值变化，可以揭示不同煤的着火和燃烧信息。

微分热重分析是将少量空气干燥煤粉样置于天平支架的坩埚内，通以氧气或空气，按规定速度升温，随着温度的升高，试样单位时间损失的质量（即失重率$\frac{dm}{dt}$）不断发生变化，燃尽时失重率趋于零，记录$\frac{dm}{dt}$随温度 T、时间 t 的变化规律，得到微分失重曲线（DTGA曲线），又称为燃烧分布曲线。

如图 13-1 所示为典型烟煤的微分热重分析（DTGA）曲线。图中各特征点的意义是：A 为挥发分开始释放点；B 为挥发分最大失重率对应点；C 为固定碳开始着火点；D 为固定碳最大失重率对应点；E 为煤已燃尽。挥发分失重峰、固定碳失重峰的宽窄代表了挥发分释放、固定碳燃烧的激烈程度。失重峰峰值大小代表了挥发分释放、固定碳燃烧的最大速度。E 点对应的温度及时间大小代表煤燃尽的难易程度。

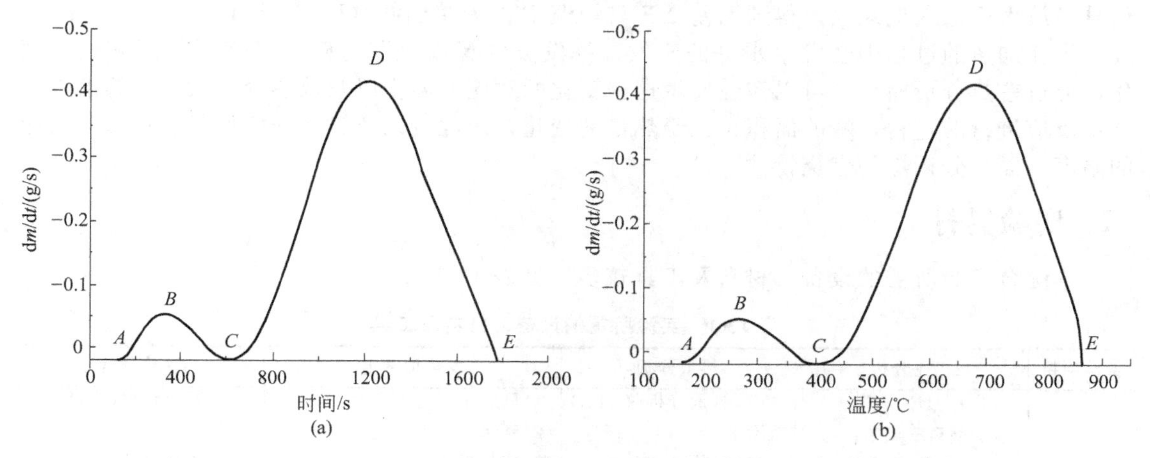

图 13-1 典型烟煤的燃烧特性曲线

在同样的升温速度下测定不同煤样的 DTGA 曲线，比较不同煤样各特征点对应温度、时间值以及失重峰形状，可以相对判断煤质的燃烧特性。C 点对应温度低、时间短，且 D 峰高而窄，E 点对应时间短，表明煤质好，着火温度低、燃烧速度快、燃尽所需时间短；反之亦然。

3. 煤的发热量测定

我国煤的发热量测定方法（GB/T 213—2003）引用的是伯斯路特 1881 年发明的氧弹法。测定原理是将一定量的分析试样置于氧弹热量计中，在充有过剩氧的氧弹内充分燃烧，根据试样燃烧前后量热系统产生的温升，并对点火热等附加热进行校正，求得单位质量燃料所放出的热量。该发热量又称为弹筒发热量，记作 $Q_{b,ad}$，单位为 MJ/kg 或 J/g。

测定中氧弹内煤充分燃烧后燃烧产物冷却到室温，此时，燃料中的碳完全燃烧生成二氧化碳，氢燃烧并经冷却变成水，燃烧产物中的硫氧化物、氮氧化物等溶于水生成硫酸、硝酸。由于这些化学反应均是放热反应，因此弹筒发热量较燃料燃烧过程中所放出的热量要高，是燃料的最高发热量。

由于弹筒发热量测定时，试样完全燃烧放出的热量不仅被水吸收，亦被弹筒自身、内筒、搅拌器和量热温度计等装置吸收，即存在量热系统热容量，需通过相近似条件下燃烧一定量的基准量热物（苯甲酸）进行标定，求出该系统的仪器常数，以校正发热量测定结果。

本实验中，在密闭的氧弹中充以初压为 2.8～3.0 MPa 的氧气，终了时燃烧产物温度为 25℃，其中煤的燃烧产物为 CO_2、H_2SO_4、HNO_3、水和固态灰。

与弹筒发热量对应，燃料的热值还有另外两种规定值，即恒容高位发热量、恒容低位发热量，其区别在于所指燃烧产物的最终状态不同。恒容高位发热量所指燃烧产物组成为氧气、氮气、二氧化碳、二氧化硫、液态水以及固态灰；恒容低位发热量所指燃烧产物中气体及水都为气态。因此弹筒发热量 $Q_{b,ad}$ 中扣除硝酸生成热和硫酸校正热（硫酸和二氧化硫生成热之和）即为恒容高位发热量（J/g），记作 $Q_{gr,v,ad}$。恒容高位发热量 $Q_{gr,v,ad}$ 减去水的蒸发热，即为恒容低位发热量（J/g），记作 $Q_{net,v,ad}$。恒容高位发热量比实际工业所指的恒压（大气压）高位发热量低 8.374～16.748J/g，此误差一般可忽略不计。

4. 差热分析

差热分析是在程序控制温度下，测量试样与参比物（一种在测量温度范围内不发生任何热效应的物质）之间的温度差和温度关系的一种技术。仪器中的样品与参比物的测温热电偶是反向串联的，当试样不发生反应，即试样温度 T_a 与参比物温度 T_r 相同，$\Delta T=T_a-T_r=0$，相应的温差电势为零。当试样发生变化而有热的吸收或释放时，$\Delta T\neq 0$，相应的温差热电势信号经放大后送入记录仪，得到温差 ΔT 与炉温 T 的差热曲线（DTA 曲线）。

煤在加热的过程中会发生水分的蒸发、挥发分的释放及固定碳的燃烧等物理和化学变化，通过差热分析曲线，可以知道发生这一变化所对应的温度以及放热峰的大小，峰的形状预示反应进行的过程，峰的面积正比于热量的变化，因此可以通过特征峰形状、位置与对应的温度、面积分析煤的燃烧特性。

三、实验器材

本综合实验所需的设备、材料及工具较多，见表 13-1。

表 13-1　实验所需的设备、材料及工具

实验项目	工业分析	热重分析	发热量测定	差热分析
实验器材	(1)马弗炉 (2)鼓风干燥箱 (3)1/10000 感量天平 (4)玻璃干燥器 (5)称量瓶 (6)瓷质灰皿：底长 45mm，底宽 22mm，高 14mm (7)带盖瓷坩埚	(1)热重分析仪(TG)热天平 (2)试样勺 (3)温度控制器 (4)计算机 (5)计时秒表	(1)量热计 (2)氧弹 (3)控制箱 (4)氧气瓶及氧气减压阀 (5)压块机	(1)差热分析仪(TG) (2)试样勺 (3)温度控制器 (4)计算机

1. 热重分析仪（TG）结构

热重分析仪的结构原理图如图 13-2 所示。该仪器主要由电子天平、电加热系统、温控器、样品托盘和计算机数据采集系统组成，用于测量物质的质量随温度、时间的变化、温控器能自动控制升温速率，具有 32 段可编程序升温曲线，精度较高，实现了与计算机的通信。电子天平带通信接口，亦与计算机相连。加热系统具有升温速度快、保温性能好的特点。

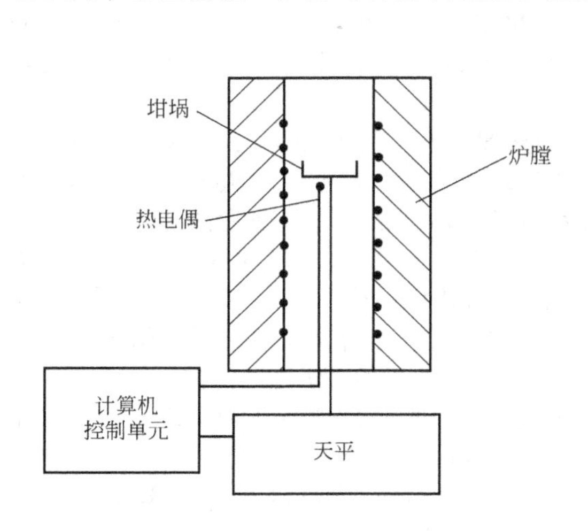

图 13-2　热重分析仪结构原理图

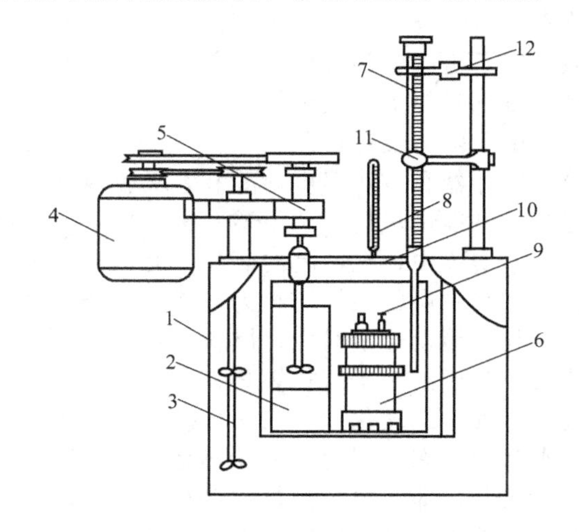

图 13-3　GR-3500 氧弹式热量计结构

1—外筒；2—内筒；3—搅拌器；4—搅拌电机；5—绝缘支架；6—氧弹；7—内筒温度计；8—外筒温度计；9—点火栓；10—外筒盖；11—读数放大镜；12—振荡器

2. 量热计及氧弹结构

氧弹量热计广泛用来测定固体、液体燃料的热值。本实验在 GR-3500 氧弹式热量计中进行，其结构如图 13-3 所示。氧弹结构如图 13-4 所示。

四、煤样制备

将所测煤样粉碎、过筛，取粒度小于 0.2 mm 的煤粉为待测试样，在空气中自然干燥，得到空气干燥基煤样，待用。

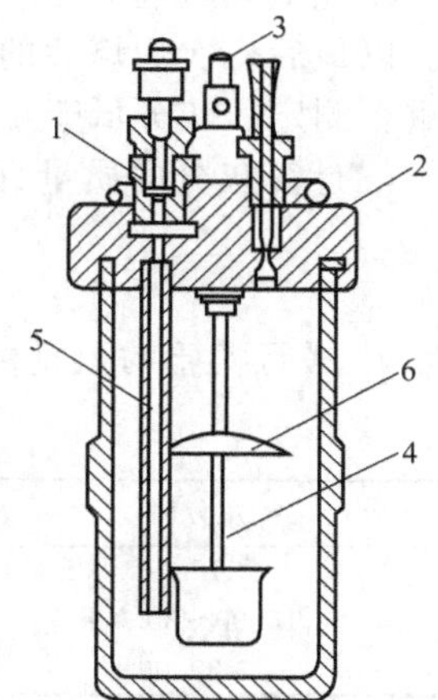

图 13-4 氧弹结构
1—充氧阀；2—放气阀；3—电极；4—坩埚架；5—充气管；6—燃烧挡板

五、煤的工业分析

1. 实验内容及步骤

(1) 水分测定

① 给鼓风干燥箱、马弗炉通电，使其温度升到实验要求的数值。

② 在分析天平上称出称量瓶（带盖）空重，然后加煤样（1.0±0.1）g，称准至 0.0002g，平摊在称量瓶中。

③ 将称量瓶送入温度已达 105 ～ 110℃的鼓风干燥箱中，打开瓶盖，在一直鼓风的条件下，烟煤干燥 1h，无烟煤干燥 1～1.5h。

④ 取出称量瓶，立即盖上瓶盖，冷却片刻后放入玻璃干燥器中，继续冷却到室温（约 20min）后称量。

⑤ 进行检查性干燥（若水分＜2％，不必进行检查性干燥）。步骤是将样品重新放入干燥箱中烘干，每次 30min，直至连续两次干燥煤样的质量减少小于 0.0010g 或质量增加为止。后一种情况，以增重前的一次称量结果为计算依据。

⑥ 计算水分的质量百分含量：

$$M_{ad}=\frac{失重}{样品重}\times 100\% \tag{13-2}$$

⑦ 平行实验的重复性规定见表 13-2。

表 13-2 平行实验的重复性规定（一）

水分(M_{ad})/%	重复性限/%
<5.00	0.20
5.00～10.00	0.30
>10.00	0.40

(2) 灰分测定

① 快速灰化法

a. 在预先灼烧至质量恒定的灰皿中，称取煤样（1.0±0.1）g，称准至 0.0002g，均匀地摊平在灰皿中，使其每平方厘米的质量不超过 0.15g。将盛有煤样的灰皿预先分排放在耐热瓷板或石棉板上。

b. 将马弗炉加热到 815℃，打开炉门，将放有灰皿的耐热瓷板或石棉板缓慢地推入马弗炉中，先使第一排灰皿中的煤样灰化。待 5～10min 后煤样不再冒烟时，快速把其余各排灰皿顺序推入炉内炽热部分（若煤样着火发生爆燃，试验应作废）。

c. 关上炉门，在（815±10)℃的温度下灼烧 40min。

d. 从炉中取出灰皿，放在空气中冷却 5min 左右，移入干燥器中冷却至室温（约 20min）后称量。

e. 进行检查性灼烧，每次 20min，直到连续两次灼烧后的质量变化不超过 0.0010g 为止。以最后一次灼烧后的质量为计算依据。如遇检查性灼烧时结果不稳定，应改用缓慢灰化法重新测定。灰分低于 15.00%时，不必进行检查性灼烧。

f. 计算灰分的质量百分含量：

$$A_{ad}=\frac{灰重}{样品重}\times 100\% \tag{13-3}$$

g. 平行实验的重复性规定见表 13-3。

表 13-3 平行实验的重复性规定（二）

灰分%	重复性限 A_{ad}/%	再现性临界差 A_d/%
<15.00	0.20	0.30
15.00~30.00	0.30	0.50
>30.00	0.50	0.70

② 缓慢灰化法

a. 在预先灼烧至质量恒定的灰皿中，称取粒度小于 2mm 的空气干燥煤样（1±0.1）g，称准至 0.0002g，均匀地摊平在灰皿中，使其每平方厘米的质量不超过 0.15g。

b. 将灰皿送入炉温不超过 100℃的马弗炉恒温区中，关上炉门并使炉门留有 15mm 左右的缝隙。在不少于 30min 的时间内将炉温缓慢升至 500℃，并在此温度下保持 30min。继续升温到（815±10）℃，并在此温度下灼烧 1h。

c. 从炉中取出灰皿，放在耐热瓷板或石棉板上，在空气中冷却 5 min 左右，移入干燥器中冷却至室温（约 20 min）后称量。

d. 进行检查性灼烧，每次 20 min，直到连续两次灼烧后的质量变化不超过 0.0010g 为止。以最后一次灼烧后的质量为计算依据。灰分低于 15.00%时，不必进行检查性灼烧。

（3）挥发分测定

① 在预先灼烧至质量恒定的带盖坩埚中，称取空气干燥煤样（1.0±0.1）g（称准至 0.0002g），轻轻振动坩埚，使煤样摊平，盖上盖。

② 将马弗炉预先加热至 920℃左右。迅速将加盖坩埚送入恒温区，立即关上炉门并计时，准确加热 7min。坩埚放入后，要求炉温在 3min 内恢复至（900±10）℃，此后保持在（900±10）℃，否则此次试验作废。加热时间包括温度恢复时间在内。

③ 取出坩埚放在石棉板上，在空气中冷却 5min 左右后放入玻璃干燥器中冷却到室温（约 20min）后，称重。打开坩埚盖，将剩余的焦渣倒在纸上，观察判断该焦渣特性。

④ 计算挥发分的质量百分含量：

$$V_{ad}=\frac{失重}{样品重}\times 100\%-M_{ad} \tag{13-4}$$

⑤ 焦渣特征分类：分为 8 类。为了简便起见，通常用下列序号作为各种焦渣特征的代号。

Ⅰ 粉态——保持原煤样的粉末状。

Ⅱ 粘着——稍有粘连，手指轻压即成粉末。

Ⅲ 弱粘——有粘结，手指轻压即成碎块。

Ⅳ 不熔融粘结——粘结，手指用力压才成碎块。

Ⅴ 不膨胀熔融粘结——焦渣呈扁平状、煤粒界限不清，表面有银白色光泽。

Ⅵ 微膨胀熔融粘结——焦渣用手指不能压碎，表面有银白色光泽和较小的膨胀泡。

Ⅶ 膨胀熔融粘结——焦渣表面有银白色光泽，明显膨胀但高度不超过 15mm。

Ⅷ 强膨胀熔融粘结—— 同Ⅶ，但膨胀高度超过 15mm。

⑥ 平行实验的重复性规定见表 13-4。

表 13-4 平行实验的重复性规定（三）

挥发分/%	重复性限 V_{ad}/%	再现性临界差 V_d/%
<20.00	0.30	0.50
20.00～40.00	0.50	1.00
>40.00	0.80	1.50

（4）固定碳的计算

$$F_{Cad}=100-(M_{ad}+A_{ad}+V_{ad}) \quad (13\text{-}5)$$

上述实验步骤，因受实验时间的限制，可省略检查性步骤。但在生产中进行煤工业分析时，需按国标的规定进行操作。

2. 数据记录与处理

（1）数据记录

测定成分	容器名称	容器空重/g	加样总重/g	样品重/g	热处理后总重/g	计算结果/%
水分						
灰分						
挥发分						
固定碳	$F_{Cad}=10-(M_{ad}+A_{ad}-V_{ad})$					

（2）判断煤的种类

因此，需将空气干燥基挥发分 V_{ad} 换算为干燥无灰基挥发分 V_{daf}。换算公式：

$$V_{daf}=V_{ad}\times\frac{100}{100-(M_{ad}+A_{ad})} \quad (13\text{-}6)$$

我国煤的种类是以干燥无灰基挥发分含量 V_{daf} 为依据划分的，不同种类煤的挥发分含量如下。

煤的种类	褐煤	烟煤	贫煤	无烟煤
V_{daf}	≥40	20～40	10～20	≤10

（3）计算煤的低位发热量 $Q_{net,ad}$

根据工业分析资料，可按下列公式计算（根据中国煤炭科学研究院介绍，75%的试样，计算结果与实测值的误差约在 400kJ/kg 以内）。

① 无烟煤

$$Q_{net,ad}=K_0-360M_{ad}-385A_{ad}-100V_{ad} \quad (\text{kJ/kg}) \quad (13\text{-}7)$$

式中 K_0——系数，根据 V'_{daf} 查表得出。

V'_{daf}	≤2.5	2.5～5.0	5.0～7.5	>7.5
K_0	34332	34750	35169	35588

上表中，对 A_d>40%的无烟煤，$V'_{daf}=V_{daf}$（实测值）$-0.1A_d$。

② 烟煤

$$Q_{net,ad}=100K_1-(K_1+25.12)(M_{ad}+A_{ad})-12.56V_{ad} \quad (\text{kJ/kg}) \quad (13\text{-}8)$$

式中　K_1——系数，根据 V_{daf} 和焦渣特性查表得出。

焦渣特性 \ V_{daf}	10～13	13～16	16～19	19～22	22～28	28～31	31～34	34～37	37～40	>40
Ⅰ	352	337	335	329	320	320	306	306	306	304
Ⅱ	352	350	343	339	329	327	325	320	316	312
Ⅲ	354	354	350	345	339	335	331	329	327	320
Ⅳ	354	354	352	348	343	339	335	333	331	325
Ⅴ	354	356	356	352	350	345	341	339	335	333
Ⅵ	354	356	356	352	350	345	341	345	335	333
Ⅶ	354	356	356	356	354	352	348	348	343	339
Ⅷ	不出现	356	356	358	356	354	350	350	348	343

3. 影响因素分析讨论

(1) 仪器的影响

① 称量精度的影响

要求用万分之一以上精度的分析天平或电子天平。称量时要等到试样冷却到室温，热的试样会影响称量精度。

② 坩埚、器皿的影响

挥发分测定用的坩埚和灰分测试用的灰皿大小、重量和几何形状对结果会有影响。坩埚盖与坩埚的严密程度直接会影响挥发分测定结果。

③ 炉子控温精度及密闭性的影响

温度高于测试温度，会使测试结果偏高。炉子的密闭性不好，也会带来测试误差。

(2) 操作条件的影响

① 试样用量、粒度和装填情况的影响

试样用量多、试样粒度大及试样装填不均匀，都会影响物料反应的完全程度，往往需要较长时间才能减少测试误差。

② 气氛的影响

测试中频繁开启炉门，会使炉内进入较多的空气，对不同测试项目会带来不同的影响。如灰分测试，会改善燃烧，缩短灰化时间；而挥发份测试，会增加焦炭氧化的概率，使测试结果偏大。

六、煤的微分热重分析

1. 实验步骤

① 检查设备线路是否正常连接。开启计算机、温控仪表及热分析天平，天平开机预热半个小时。

② 将称量托盘降至炉膛中部，盖上炉盖，轻轻移开炉盖留 1/4 缝隙。天平校正、称量去皮至零。

③ 设定仪器升温速率（建议 10～20℃/min），开启炉子开关升温，同时启动热重分析仪的数据采集程序，开始记录空白试验数据，至 900℃关闭炉子电源，空白试验结束，存储数据。

④ 炉子温度降至 100℃以下，开始煤样测试。在实验过程中，保持环境气流的稳定性。

⑤ 将称量托盘升至炉膛上部，天平校正、称量去皮至零。用小角勺在称量托盘上均匀撒放煤粉试样 0.2g 左右。再将称量托盘降至炉膛中部，盖上炉盖，轻轻移开炉盖留 1/4 缝隙，记录天平显示的试样质量。开启炉子升温，启动数据采集程序，记录试验数据，至连续 5min 试样质量变化不超过 0.0010g 为止。

⑥ 若至 900℃，测试试样仍未恒定，表明测试失败，应减少试样称量，或降低仪器升温

速率，重复⑤步骤。

⑦ 实验完毕后，将实验数据保存。按次序依次关闭数据采集程序、温控仪表、热重分析仪、总电源等。

2. 数据记录与处理

（1）空白试验数据处理

将空白试验数据调出，得到质量变化与温度的一一对应关系（图 13-5）。

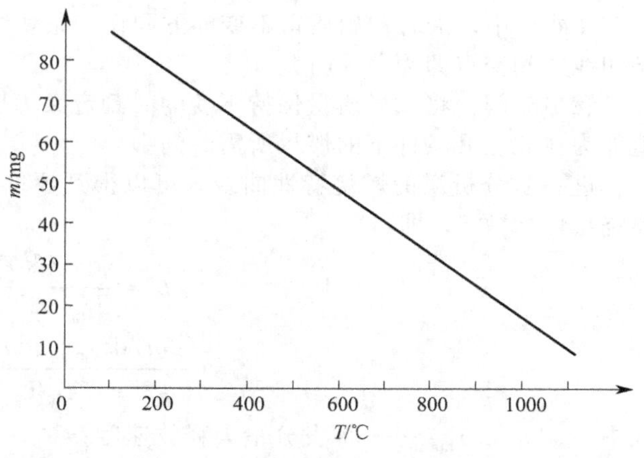

图 13-5 空白试验质量-温度曲线

（2）试样试验数据处理

将试样试验数据调出，同样得到质量变化与温度的一一对应关系，减去在该温度下的空白质量，就得到试样真实质量随温度的变化曲线。再调出真实质量与时间的一一对应关系，得到试样质量随时间的变化曲线，这两条曲线统称为 TG 曲线。对 TG 曲线再进行微分处理，便得到了 DTG 曲线，即煤的燃烧特性曲线，如图 13-6 所示。

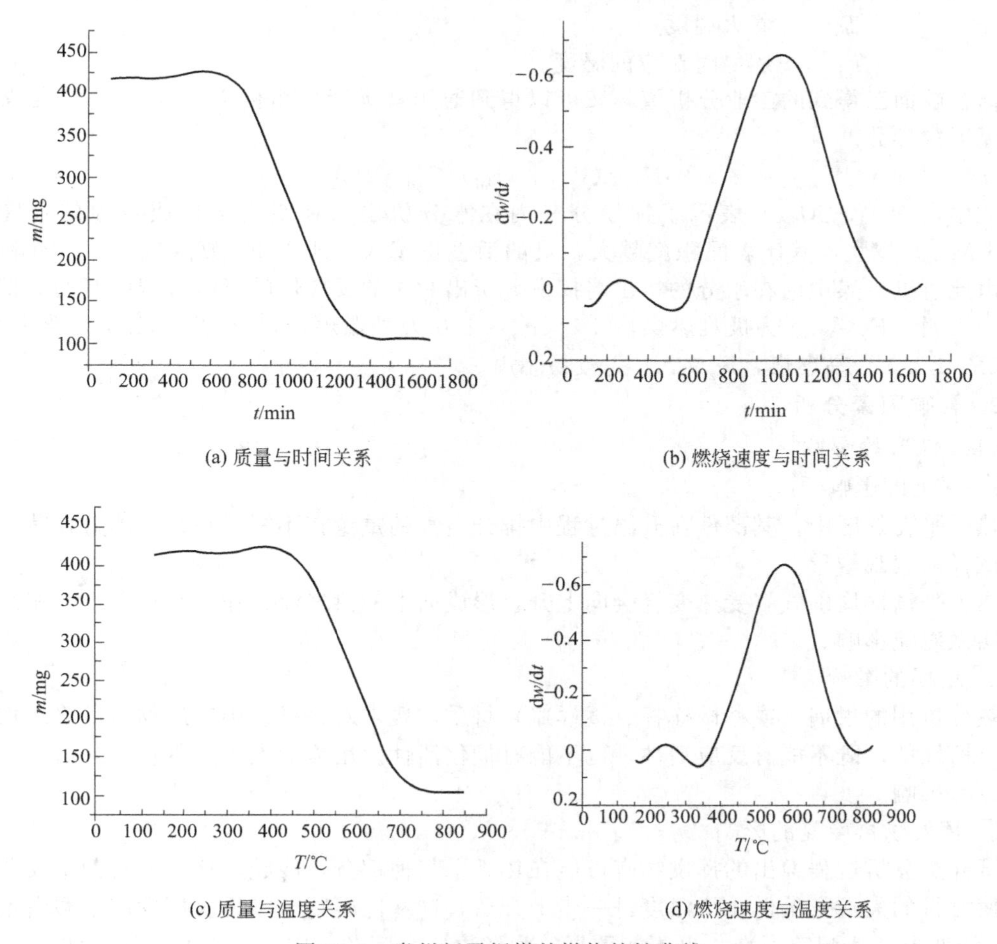

图 13-6 贵州新平坝煤的燃烧特性曲线

着火温度：将试样质量明显变化的时刻所对应的温度定义为着火温度。如图 13-6 所示，在 TG 曲线中，沿着初始质量不变的方向作一条切线，同时作燃烧最快时刻点的斜率线，两条切线的相交点即为着火时刻。

燃尽时间：将试样质量保持不变的时刻定义为燃尽时刻，燃尽时刻与着火时刻之间的差值即为在此温升条件下的燃尽所需时间。

进一步分析煤的燃烧特性曲线，可以得到评价煤燃烧特性的挥发分释放特性指数 D 和燃烧特性指数 S，即：

$$D=\frac{(\mathrm{d}m/\mathrm{d}t)_{\max}^{\mathrm{v}}}{T_{\max}\Delta T_{1/3}} \tag{13-9}$$

$$S=\frac{(\mathrm{d}m/\mathrm{d}t)_{\max}(\mathrm{d}m/\mathrm{d}t)_{\mathrm{mean}}}{T_{\mathrm{i}}^{2}T_{\mathrm{h}}} \tag{13-10}$$

式中 $(\mathrm{d}m/\mathrm{d}t)_{\max}^{\mathrm{v}}$——挥发分最大释放速度；

$T_{\max}$——挥发分最大释放速度对应的温度；

$T_{1/3}$——$(\mathrm{d}m/\mathrm{d}t)^{\mathrm{v}}/(\mathrm{d}m/\mathrm{d}t)_{\max}^{\mathrm{v}}=1/3$ 时对应的温度区间；

$(\mathrm{d}m/\mathrm{d}t)_{\max}$——煤的最大燃烧速度；

$(\mathrm{d}m/\mathrm{d}t)_{\mathrm{mean}}$——平均燃烧速度；

T_{i}——着火温度；

T_{h}——燃尽时对应的温度。

结合前面已得到的工业分析值，又可以得到通用着火特性指标 F_{z}，这是一个与煤种有关的无因次参数。

$$F_{\mathrm{z}}=(V_{\mathrm{ad}}+M_{\mathrm{ad}})^{2}C_{\mathrm{ad}}\times 100 \tag{13-11}$$

式中，$(V_{\mathrm{ad}}+M_{\mathrm{ad}})$ 表示了挥发分和内在水分析出后在炭内部形成空隙的程度。即 $(V_{\mathrm{ad}}+M_{\mathrm{ad}})$ 越大，其比表面积就越大，炭的活性也越大。所以 F_{z} 数值越大，越有利于着火。由此可见，煤中内在水分的析出与挥发分析出对炭的反应性的影响有着同等的效果。研究经验表明，$F_{\mathrm{z}}\leqslant 0.5$ 为极难燃煤，$0.5<F_{\mathrm{z}}\leqslant 1.0$ 为难燃煤，$1.0<F_{\mathrm{z}}\leqslant 1.5$ 为准难燃煤，$1.5<F_{\mathrm{z}}\leqslant 2.0$ 为易燃煤，$F_{\mathrm{z}}>2.0$ 为极易燃煤。

3. 影响因素分析

(1) 仪器的影响

① 浮力的影响

热天平在热区中，其部件在升温过程中排开空气的重量在不断减小，即浮力在减小，也就是试样的表观增重。

热天平试样周围气氛受热变轻会向上升，形成向上的热气流，作用在热天平上相当于减重，叫做对流影响。

② 坩埚的影响

热分析用的坩埚（或称试样杯、试样皿）材质，要求对试样、中间产物、最终产物和气氛都是惰性的，既不能有反应活性，也不能有催化活性。坩埚的大小、重量和几何形状对热分析也有影响。

③ 挥发物再冷凝的影响

试样热分析过程逸出的挥发物有可能在热天平其他部分再冷凝，这不但污染了仪器，而且还使测得的失重量偏低，待温度进一步上升后，这些冷凝物可能再次挥发产生假失重，使 TG 曲线变形，使测定不准，也不能重复。为解决这个问题可向热天平通适量气体。

(2) 操作条件的影响

① 升温速率的影响

这是对 TG 测定影响最大的因素。升温速率越大温度滞后越严重，开始分解温度 T_i 及终止分解温度 T_f 越高，温度区间也越宽。

进行热重法测定不要采用太高的升温速率，一般用 10～20℃/min。

② 气氛的影响

热天平周围气氛的改变对 TG 曲线的影响也非常显著。在流动气氛中进行 TG 测定时，流速大小、气氛纯度、进气温度等是否稳定，对 TG 曲线都有影响。一般情况下，气流速度大，对传热和逸出气体扩散都有利，使热分解温度降低。对于真空和高压热天平，气氛压力对 TG 也有很大影响。

③ 试样用量、粒度和装填情况的影响

试样用量多时，要过较长时间内部才能燃尽，因此有可能导致燃烧不完全、或在 900℃ 以内没有测得燃尽点，致使实验失败。

试样粒度对 TG 曲线的影响与用量的影响相似，粒度越小，反应面积越大，反应更易进行，反应也越快，使 TG 曲线的 T_i 和 T_f 都低，反应区间也窄。

试样装填情况首先要求颗粒均匀，必要时要过筛。

七、煤的发热量测定

1. 实验步骤

① 称样与装埚。精确称取分析试样 0.9～1.1 g，制煤饼。

在金属坩埚底部铺一个石棉纸垫，垫的周边与坩埚密接，以免试样下漏。将预先制备的煤饼试样放在石棉纸垫上。

② 装点火丝和充氧。取一段已知重量的点火丝，将两端分别接于两个电极上。把盛有试样的坩埚放在支架上，用镊子调节下垂的点火丝，使之与煤饼接触（点火丝切勿与坩埚壁接触，以免引起短路）。弹筒中加入 10mL 蒸馏水，拧紧弹筒盖，然后接上氧气导管缓缓充入氧气（充气时间不少于 15s）直至氧弹中压力达到 2.8～3.0 MPa。拆下氧气导管。

③ 内筒加水及氧弹气密性检查。在内筒加入与标定热容量时相同的内筒水量（一般为 3000 g），调整内筒初始水温比外筒水温低 0.5～1.0℃以使实验终期内、外筒保持较小的温度差，减少因温差而引起的热量传递误差。

将充好氧气的氧弹放入内筒的水中，使氧弹除充气阀及电极外其余部分都淹没在水中。仔细观察有无漏气现象，如没有气泡逸出，表明氧弹气密性良好，即可开始以下步骤。

④ 装置测试仪器。接上点火电极插头，装上搅拌器、测量内筒温度的贝克曼温度计和测量外筒温度的外筒温度计。在靠近贝克曼温度计的露出水银柱的部位，另悬一支普通温度计，以测定露出柱的温度。其中贝克曼温度计的插入深度应与热容量标定时贝克曼温度计的插入深度一致，并不得接触内筒和氧弹。盖上外筒盖。

⑤ 初期温度测定。开动搅拌器，5min 后开始计时和读取内筒温度（t_0）并立即通电点火。随后记下外筒筒温（t_g）和露出柱温度（t_e）。内筒温度计借助放大镜，读数精确到 0.001℃，其他温度计只要读数精确到 0.1℃即可。

观察内筒温度。如在 30s 内温度急剧上升，则表明点火成功。点火后 100s 时读取一次内筒温度（t_{100s}），读数精确到 0.01℃即可。

⑥ 终期温度测定。接近终点时（一般热量计由点火到终期的时间为 8～10min），开始按 1min 间隔读取内筒温度，以第一个下降温度作为终点温度（t_n）。试验主要阶段至此结束。

⑦ 收集弹筒洗液。停止搅拌，取出内筒和氧弹，开启放气阀，用导管把废气引入装有适量氢氧化钠标准溶液的三角烧瓶中，放气过程不少于 1min。放气完毕，打开弹筒盖，观察坩埚试样，如有燃烧不完全现象则试验作废，需重新测定。用蒸馏水冲洗弹筒各部分，把

全部洗液都收集在三角烧瓶中。

⑧ 将上述洗液煮沸 1～2min，取下稍冷后，以甲基红为指示剂，用氢氧化钠溶液（0.1mol/L）滴定到中和点。记下 NaOH 溶液的总消耗量 V（mL）。

⑨ 称出残余点火丝的重量。

⑩ 倒掉内筒的水，清洗氧弹，所有仪器归位，经老师检查后离开实验室。

2. 数据记录与处理

（1）记录实验参数

量热系统热容量	$E=$ J/℃	试样质量	$m=$ g
点火丝原重	g	残余点火丝重	g
贝克曼温度计基点温度所对应的标准露出柱温度	$t_s=$	贝克曼温度计基点温度下对应于标准露出柱温度的平均分度值	$H^0=$
初期温度	$t_0=$ ℃ $t_g=$ ℃ $t_e=$ ℃	终期温度	$t_8=$ ℃ $t_9=$ ℃ $t_{10}=$ ℃ $t_{11}=$ ℃ $t_{12}=$ ℃ $t_n=$ ℃
点火期温度	$t_{100s}=$ ℃	贝克曼温度计孔径校正值	$h_0=$ ℃ $h_n=$ ℃
热量计的冷却常数	$K=$ min^{-1}	消耗的 0.1mol/L 的 NaOH 溶液体积	$V=$ mL
热量计的综合常数	$A=$ ℃/min^{-1}		

（2）弹筒发热量计算

$$Q_{b,ad}=\frac{EH[(t_n+h_n)-(t_0+h_0)+c]-(q_1-q_2)}{m}\quad(MJ/kg)\qquad(13\text{-}12)$$

式中 H——贝克曼温度计的平均分度值，$H=H^\circ+0.00016(t_s-t_e)$；

E——量热系统的热容量（仪器常数）；

q_1——点火丝产生热量，J；

q_2——添加物产生热量，J；

c——冷却校正值，℃。

q_1=(点火丝原重－残余点火丝重量)×所用点火丝发热量。

各种点火丝的发热量见下表。

丝的种类	铁丝	铜丝	铂丝	镍铬丝	棉线
发热量/(J/g)	6700	2510	427	1400	17500

$$c=(n-a)v_n+av_0$$

式中 n——由点火到终点的时间；

a——当 $\Delta/\Delta_{100s}\leqslant1.2$ 时，$a=\Delta/\Delta_{100s}-0.10$；当 $\Delta/\Delta_{100s}>1.2$ 时，$a=\Delta/\Delta_{100s}$；

Δ——总温升，$\Delta=t_n-t_0$；

Δ/Δ_{100s}——点火后 100s 时的温升（$\Delta_{100s}=t_{100s}-t_0$）。

初期内筒温度下降速度：

$$v_0=K(t_0-t_g)+A$$

终期内筒温度下降速度：

$$v_n=K(t_n-t_g)+A$$

(3) 恒容高位发热量计算

$$Q_{gr,v,ad}=Q_{b,ad}-(94.1S_{b,ad}+\alpha Q_{b,ad}) \tag{13-13}$$

式中　$S_{b,ad}$——由弹筒洗液测得的煤的含硫量,%，$S_{b,ad}=(cV/m-\alpha Q_{b,ad}/60)\times 1.6$；

c——氢氧化钠溶液的浓度，mol/L ;

V——滴定消耗的氢氧化钠溶液体积，mL；

α——硝酸校正系数。

当 $Q_b\leqslant 16.70$MJ/kg 时，$\alpha=0.001$；

当 16.70MJ/kg$<Q_b\leqslant 25.10$MJ/kg 时，$\alpha=0.0012$；

当 $Q_b>25.10$MJ/kg 时，$\alpha=0.0016$。

(4) 恒容低位发热量计算

$$Q_{net,v,ar}=Q_{gr,v,ad}-24.5M_{ar}-220H_{ad}\times\frac{100-M_{ar}}{100-M_{ad}} \tag{13-14}$$

式中　$Q_{net,v,ar}$——收到基的低位发热量，J/g；

$Q_{gr,v,ad}$—— 恒容高位发热量，J/g；

M_{ar}——收到基全水分,%；

M_{ad}——空气干燥基水分,%；

H_{ad}——空气干燥的氢含量,%。

由弹筒发热量算出的高位发热量和低位发热量都属于恒容状态。在实际工业燃烧中则是恒压状态，严格地讲，工业计算中应使用恒压低位发热量。两者有一定区别，但数值相差不大，可忽略。

八、煤的差热分析

1. 实验步骤

① 按实验 4 中图 4-2 检查装置的连接情况。

② 接通检流计照明电源，调好零位。用手轻轻触摸差热电偶一热端，观察检流计偏转方向。向右偏转定为放热效应，向左偏转为吸热效应。

③ 煤样放在向右偏转的热端对应的样品座内，中性物质（α-Al_2O_3）放在另一个样品座内，样品装填密度应该相同。

④ 将样品座置于加热炉的炉膛中心。

⑤ 根据空白曲线的升温速率（一般大约 10℃/min^{-1}）升温。每隔 10～20℃ 记录电势差和温度，一般加热到 1000℃ 即可停止实验。

2. 数据记录与处理

如图 13-7 所示是典型煤样的 DTA 曲线。从图中可以得到几个特征温度点：水分释放温度，挥发分释放温度，固定碳着火温度，燃烧最大速度对应温度，燃尽对应温度。

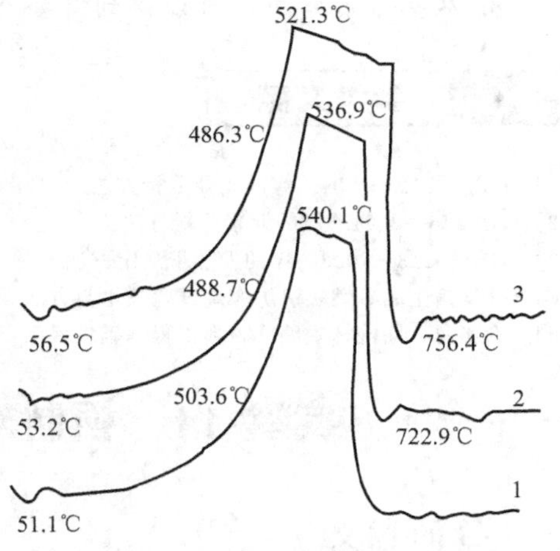

图 13-7　典型煤样的 DTA 曲线

九、实验结果综合分析

从煤的工业分析值可以得到煤的挥发分、灰分、固定碳含量，对煤进行分类同时也可以估算出煤的发热量，将此计算值与氧弹量热仪对比可以发现两者值的差别。

观察煤的燃烧特性曲线，可以看到特征峰的宽窄、高低与煤的挥发分含量和固定碳含量之间有着必然关系，着火温度与挥发分含量关系密切，而燃尽时间与灰分、固定碳含量关系密切。特征峰高而窄，得到的挥发分释放特性指数 D、燃烧特性指数 S 以及着火指数大，预示着煤的燃烧特性好，着火温度低，燃烧速度快，易燃尽；反之，煤着火温度高、不易燃尽。

如有兴趣的学生可以对比不同品质煤之间各测试值及分析值之间的差距，总结规律可以发现烟煤和无烟煤的燃烧特性有较大区别。

同学们还可以发现，测试条件（如升温速率、温度）发生变化，所得各数据的值会发生变化，但所揭示的不同煤质燃烧特性的规律是一致的。

观察分析差热分析曲线，可以发现放热峰的面积与发热量大小有对应关系，而从差热曲线得到的几个特征温度与热失重分析得到的特征温度数值上可能会有差别，但反映出的煤质好坏的结论是一致的。

思考题

1. 准确进行煤的工业分析的关键是什么？
2. 元素分析的碳含量与工业分析的固定碳含量的概念有何区别？
3. 用煤的元素分析法和工业分析法都能计算出煤的发热量吗？哪种方法更准确？为什么？
4. 进行煤发热量测定为什么预先要进行系统热容量标定？在实验时应注意保证哪些条件？
5. 根据各种发热量概念，阐明本实验过程与工业燃烧过程有何区别？
6. 做热重试验时为什么要做空白试验？
7. 对煤样的热重试验，如果炉膛控温在108℃恒温2h，通过数据处理能得到水分吗？
8. 从热重试验中还可以得到哪些有用的数据？

参考文献

[1] GB/T 212—2001. 煤的工业分析方法.
[2] GB 476—2001. 煤的元素分析方法.
[3] GB/T 213—2003. 煤的发热量测定方法.
[4] 孙学信主编．燃煤锅炉燃烧试验技术与方法．北京：中国电力出版社，2001.
[5] 徐德龙，谢峻林主编. 材料工程基础. 武汉：武汉理工大学出版社，2008.

实验14 强制对流平均换热系数的测定

一、目的意义

强制对流换热是在工程实际中最常遇到的传热学问题，有着广泛的应用，并且强制对流换热系数是设备换热效率的重要指标，因此，测定对流换热系数有着重要工程的实际意义。

本实验的目的：

① 测定强制对流时空气横掠圆管的平均换热系数 α；

② 应用相似理论将实验结果整理成准则关系式，并在双对数坐标上绘出 Nu-Re 关系

曲线；

③ 了解实验的基本思想，加深对于应用模型实验方法来解决工程实际中具体问题这一方法的认识。

二、基本原理

“热对流”是指流体中温度不同的各部分相互混合的宏观运动所引起的热量传递现象。根据引起流体宏观运动的原因不同，可以把“热对流”分为自然对流换热和强制对流换热。严格地说，强制对流换热中不能排除自然对流换热的作用，只是因为它的影响远小于前者而不予考虑。对流换热则是因热对流引起的固体壁面与流体之间的热交换现象。

空气横掠圆管时，在管外会形成较为复杂的圆柱绕流流场，圆柱面附近的流速、压强分布与空气的来流情况有很大变化，致使圆管断面上各点的换热系数不同。在本实验中不考虑各局部位置的影响，仅给出圆管的综合换热效果，即平均换热系数 α。

根据牛顿冷却定律，在稳态热流条件下：

$$\alpha=\frac{Q}{(t_w-t_f)A} \tag{14-1}$$

式中 α——平均换热系数，$W/(m^2 \cdot K)$；

Q——单位时间内的放热量，W；

t_w，t_f——壁面温度和气流温度，℃；

A——放热管的放热面积，m^2。

应用相似理论研究强制对流换热问题，在几何相似的圆管中及稳态热流条件下，强制对流换热的规律可表述为：

$$Nu=f(Re,Pr) \tag{14-2}$$

式中 Nu——努谢尔特数 $Nu=\frac{\alpha d}{\lambda}$，由于 Nu 数中含有换热系数 α，故又称无量纲换热系数，表征对流换热的强烈程度；

Re——雷诺数，$Re=\frac{wd}{\nu}$，是强制对流的一个重要的已定相似准则；

Pr——普朗特准数（准则），$Pr=\frac{\nu}{\alpha}$，表征着动量传递与热量传递的相似程度；

d——放热管的外直径，m；

λ——流体在定性温度 t_m 下的热导率，$W/(m \cdot K)$；

ν——流体在定性温度 t_m 下的运动粘度，m^2/s；

α——流体在定性温度 t_m 下导温系数（热扩散系数），m^2/s；

w——流体的速度，m/s；

t_m——流体介质的定性温度，$t_m=\frac{(t_m+t_f)}{2}$，℃。

采用空气作为传热的流体介质时，在温度变化不大的情况下，Pr 数值变化很小，可视作常数（如在室温条件下，$Pr\approx0.7$），于是，准则关系式(14-2) 可简化为：

$$Nu=f(Re)$$

通常，人们把实验结果整理成幂函数的形式：

$$Nu=CRe^m \tag{14-3}$$

式中，C 和 m 的值可以根据实验数据用最小二乘法确定。

三、实验器材

测定装置示意图如图 14-1 所示。

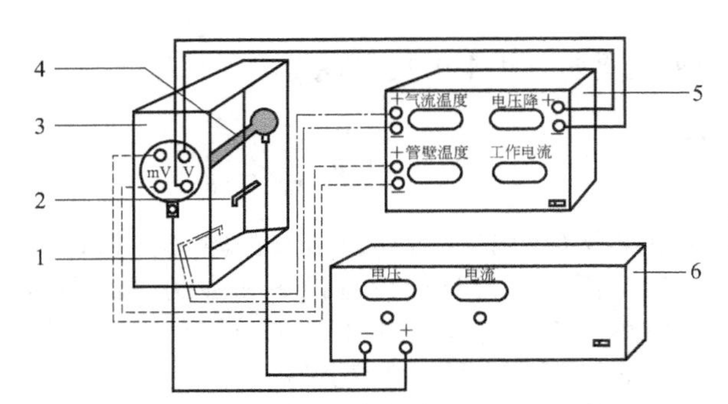

图 14-1 平均换热系数测定实验装置的示意图
1—进风口；2—毕托管；3—实验段；4—试件；5—测量仪；6—直流电源

① 风源：箱式风洞，由风箱、风机、风门及实验段组成。

② 直流电源。

③ 试件：四支外径不同、内部绝热、外覆不锈钢薄片的放热管，内壁焊有热电偶热端（铜-康铜）。

④ 流速测量仪表：毕托管、数字测压计。

⑤ 温度测量仪表：热电偶及其温度显示装置。

四、测试步骤

① 在实验段上安装毕托管，使其开口正迎来流方向，并用胶管与测压计接通。

② 连接电源于实验段极片；将测定电源电压的导线连接于相应的接线柱上。

③ 将试件插入实验段，冷端热电偶（铜-康铜）装在与毕托管相对应的位置。

④ 关闭风门开启风机，打开风门至某挡，然后通电，调节电流至参考值。热稳定后（2～3min）测定并记录气流动压读数 Δp；电压 U、电流 I；管壁温度 t_w 以及气流温度 t_f。

⑤ 调节风门，改变流速，重复步骤④，共测 4 组数据。

⑥ 关闭电源，片刻后关闭风机，更换放热管，重复步骤③～⑤。

⑦ 实验结束，关闭电源片刻后关闭风机及风门，最后仪器仪表归位。

五、实验结果处理

（1）记录实验数据于表 14-1 中。

表 14-1 实验数据记录表

测量项目		第一组				第二组				第三组				第四组			
放热管的尺寸	外径 d/m																
	长度 L/m	0.1				0.1				0.1				0.1			
	面积 F/m^2																
工况编号		1	2	3	4	1	2	3	4	1	2	3	4	1	2	3	4
气流动压 Δp/Pa																	
工作电流	参考值/A																
	实测值/A																
工作电压 U/V																	
气流温度 t_f/℃																	

（2）计算流速、发热量、放热管壁温、温差（$t_w - t_f$）及平均换热系数 α，并将计算结果列于表 14-2 中。

① 流速 w。对于气体流动，根据伯努利方程有：

$$\Delta p = \frac{\rho}{2} w^2$$

$$w=\sqrt{\frac{2}{\rho}\Delta p}$$

式中 ρ——空气密度（温度为 t_f 时），kg/m^3；

Δp——动压读数，Pa。

② 试件工作段发热量 Q。

$$Q=IU \quad (W)$$

式中 I——工作段的电流，A；

U——工作电压，V。

③ 放热管壁温度 t_w，气流温度 t_f，可以直接读数。

④ 平均换热系数 α。

$$\alpha=\frac{Q}{(t_w-t_f)A} \quad [W/(m^2 \cdot ℃)]$$

(3) 用最小二乘法计算 C、m 值，给出准则公式。在双对数坐标纸上绘出 Nu-Re 曲线，并点绘出各实验点。

① 计算雷诺数和努谢尔特数，将计算结果列于表 14-2 中。

表 14-2 计算结果

组别		一				二				三				四			
物理量	单位																
管壁温度	℃																
过余温度	℃																
气流密度	kg/m^3																
流速	m/s																
定性温度	℃																
λ_m	W/(m·℃)																
ν	m^2/s																
发热量	W																
换热系数	$W/(m^2 \cdot ℃)$																
Re																	
Nu																	

② 通常把实验结果整理成幂函数的形式。对式(14-3) 两边取对数：

$$\lg Nu=\lg C+m\lg Re$$

式中，系数 C 和指数 m 应用最小二乘法确定。上式中，令 $\lg Nu=y$，$\lg Re=x$，则有直线关系式

$$y=a+mx$$

根据最小二乘法，常数 a、m 按下列公式计算

$$m=\frac{n\sum xy-\sum x\sum y}{n\sum x^2-(\sum x)^2}$$

$$\alpha=\frac{\sum y-m\sum x}{n}$$

式中 n——实验点数目。

③ 在双对数坐标纸上画出 Nu-Re 曲线，并点绘出各实验点。

思考题

1. 热电偶的测量原理是什么？
2. 如何扩大实验范围？有何设想？

参考文献

孙晋涛. 硅酸盐工业热工过程及设备. 第 2 版：上册. 北京：建筑工业出版社，1985.

实验 15 墙角电热模拟实验

一、目的意义

电热模拟是一种解决传热问题的实验方法。此实验方法是基于导热和导电现象具有类似的数学描述，即它们满足同一数学微分方程，只是物理意义有所不同。当实现边界条件的类似之后，就可以实现类比量之间的比拟。

本实验的目的：

① 测定等温和对流边界条件下，二维墙角的温度分布和换热量；

② 掌握传热学中热阻的概念及导热问题的数值求解方法；

③ 认识类似现象的比拟在工程实践的作用。

二、基本原理

在导热系统中，二维稳定导热微分方程为：

$$\frac{\partial^2 T}{\partial x^2}+\frac{\partial^2 T}{\partial y^2}=0 \tag{15-1}$$

在导电系统中，二维稳定导电微分方程为：

$$\frac{\partial^2 E}{\partial x^2}+\frac{\partial^2 E}{\partial y^2}=0 \tag{15-2}$$

若两系统的边界条件类似，则可用电势 E 来模拟温度 T，称电势 E 和温度 T 为类比量。通过测定电势 E 值，可以换算相应的温度值。

本实验装置为电阻元件构成的电阻网络模型。电阻网络把本来连续的场离散化为许多网络节点，即网络模拟是建立在差分方程基础之上的。当热导率为常数时，对于均匀网络（图 15-1），方程（15-1）的有限差分方程为：

$$t_{i+1,j}+t_{i-1,j}+t_{i,j+1}+t_{i,j-1}-4t_{i,j}=0 \tag{15-3}$$

相应的电阻网络（图 15-2）节点上，根据克希霍夫定律：

$$\Sigma I=0$$

则有：

$$\frac{E_{i,j-1}-E_{i,j}}{R_1}+\frac{E_{i-1,j}-E_{i,j}}{R_2}+\frac{E_{i+1,j}-E_{i,j}}{R_3}+\frac{E_{i,j+1}-E_{i,j}}{R_4}=0 \tag{15-4}$$

显然，只要满足条件，$R_1=R_2=R_3=R_4$，方程（15-3）和方程（15-4）完全类似。

用电阻网络模拟一个具体的导热系统时，还必须使电热系统之间有类似的边界条件。只有当电、热系统之间的边界条件类似时，电阻网络节点测得的电势分布才能模拟热系统中相应的温度分布。

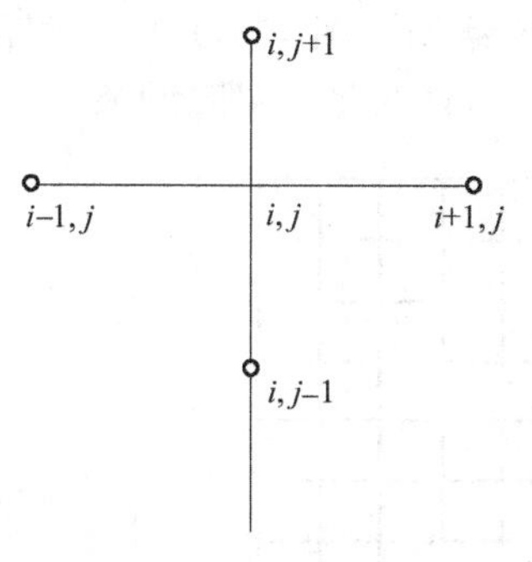

图 15-1 均匀网络

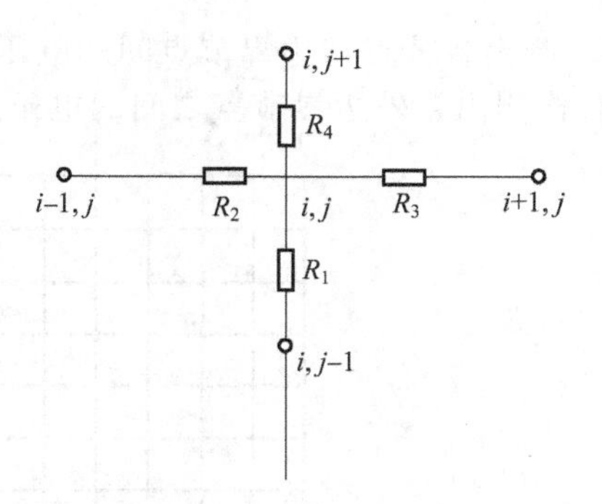

图 15-2 电阻网络

等温边界条件：只要电模型边界节点维持等电势即可。

对流边界条件，取 $R_2=R_3=2R_1$（由于边界节点网格所对应的元面积为内部节点网格元面的一半，故电阻增加一倍）。

同时：

$$R_4=\frac{\lambda}{\alpha h}R_1$$

式中 λ——材料的热导率，W/(m·K)；

α——对流换热系数，W/(m²·K)；

h——步长，m。

由传热学可知，导热热阻和对流换热热阻分别为：

$$R_1=\frac{h}{\lambda A}$$

$$R_4=\frac{1}{\alpha A}$$

式中 A——导热面积。

可以导出：

$$R_4=\frac{\lambda}{\alpha h}R_1$$

三、实验器材

① 电热模拟试验仪。模拟墙角的几何尺寸如图 15-3 所示，为 1/4 墙角。

$l_1=2.2\text{m}$　　$l_2=3.0\text{m}$

$l_3=2.0\text{m}$　　$l_4=1.2\text{m}$

墙体材料的热导率：

$$\lambda=0.53\text{W/(m·K)}$$

对流换热系数见具体的仪表盖内所示。

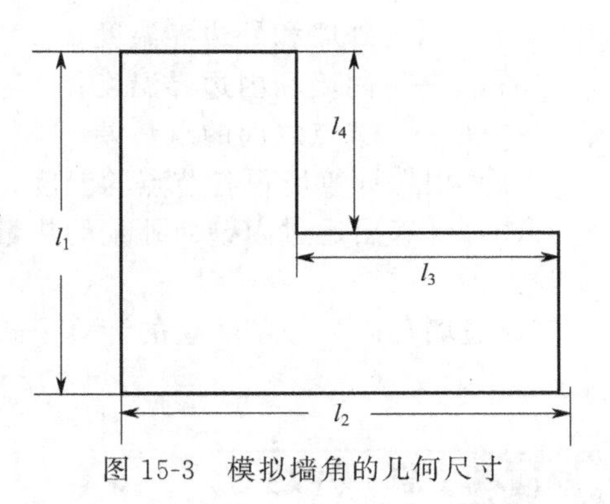

图 15-3 模拟墙角的几何尺寸

② 交流稳压器。

③ 数字显示万用表。

四、测试步骤

① 接通交流稳压电源，根据边界条件的要求，调整内、外边界节点间电压至规定

值 2.0V。

② 测出各节点与边界节点间的电压值，记录在节点网络图（图 15-4）中。测量过程中，应随时检测内、外边界节点之间的电压是否保持规定值，如有变化，及时调整。

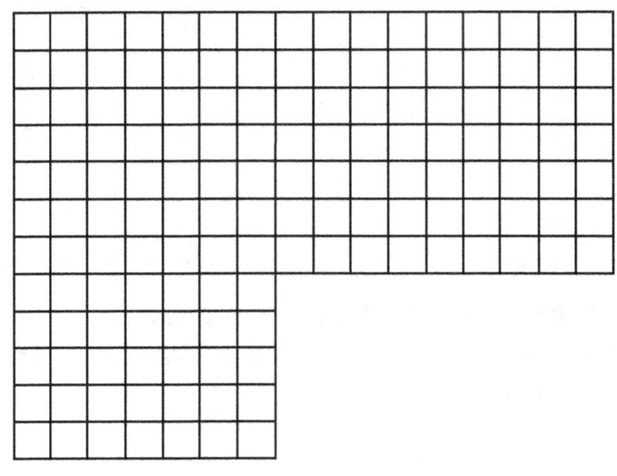

图 15-4　节点网络图

五、测试结果处理

（1）计算各个节点的温度值。

① 等温边界

$$t_1=t_2+\frac{\Delta E}{C_1}$$

② 对流边界

$$t_{1\infty}=t_{2\infty}+\frac{\Delta E}{C_1}$$

式中　C_1——电压-温度比例系数，见仪器常数；

t_1，$t_{1\infty}$——外墙和外边界温度；

t_2，$t_{2\infty}$——内墙和内边界温度；

ΔE——节点之间的电势差。

（2）根据计算所得各节点的温度，在墙体内绘出三条连续、光滑的等温曲线。

（3）计算出通过内壁、外壁的热量。要求内、外壁传热量的偏差不大于 5 %。否则重做实验。

通过墙角内、外壁热量的计算公式为：

$$Q=4\lambda\Sigma\Delta t$$

思考题

1. 本实验是如何处理对流边界条件的？为什么对流边界电热模拟试验仪的节点比等温边界时内、外各多设了一排？

2. 电热模拟实验的设计原理是什么？在解决工程实际问题中的作用如何？

3. 实验 14 所做的测定，也是应用相似理论，采用模拟技术。那么，对流传热模拟和电热模拟是同一类型的模拟吗？为什么？

参考文献

[1] 杨世铭．传热学．北京：高等教育出版社，1987.
[2] 孙晋涛等．硅酸盐工业热工过程及设备．第2版．北京：建筑工业出版社，1985.

实验16 材料孔径分布的测定

一、目的意义

许多无机非金属材料，如陶瓷、水泥制品、天然矿物、胶凝材料、过滤材料以及各种分子筛、催化剂载体等，都不是完全致密的块体材料。气孔对于材料的机械强度、硬度和弹性模量等有着极大的影响。对于结构材料，气孔是不希望的；反之，对于过滤器、催化剂载体和各种吸附剂，获得尽可能多的和符合设计要求的多孔材料却是材料制备的目的。

材料在制备（或自然形成）过程中形成数量和大小各异的气孔，原因是多种多样的，对于这类含有气孔的材料，仅了解材料的表观密度和孔隙率往往是不够的，还需要进一步了解材料中气孔孔径的大小及其分布。这对于分析气孔形成的原因，控制或调整气孔的形成或分布有着重要的意义。

本实验的目的：

① 了解多孔无机非金属材料孔径分布测试的意义；

② 学习多孔材料孔径分布测试的基本原理与方法；

③ 了解影响孔径分布测试准确性的因素。

二、测试原理

压汞仪是一种广泛用于测定多孔材料孔径分布的仪器。压汞仪测定孔径分布的原理是基于毛细管上升现象。要使非润湿液体“爬上”一根狭窄的毛细管，需要加一个额外的压力，如图16-1(a) 所示。

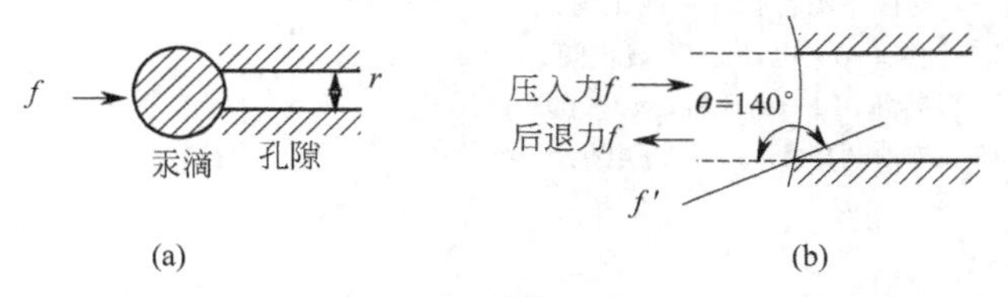

图16-1 汞压入孔隙中的示意图

若毛细管的截面是圆柱形而且其半径不太大，由于孔端面的面积为 πr^2，所以，将汞压入半径为 r 小孔的力 $f=\pi r^2 p$。如图16-1(b) 所示为汞压入孔隙的放大图。加压时汞的表面要扩大，即表面能也要变大，因而汞液产生缩小的趋势，即汞液要往回缩，其方向为 f'。孔隙端面周长为 $2\pi r$，按照表面张力 σ 的定义，$\sigma=f'/(2\pi r)$，所以多孔材料孔隙中汞表面的收缩力 $f'=2\pi r\sigma$。将 f' 力投影为水平方向，则：

$$f=f'\cos 40°=2\pi r\sigma\cos 40°=-2\pi r\sigma\cos 140° \tag{16-1}$$

平衡时，压入力 f 和由表面张力产生的后退力 f 相等，方向如图16-1(b) 所示。

$$\pi r^2 p=-2\pi r\sigma\cos 140° \tag{16-2}$$

或
$$r=\frac{-2\sigma\cos140°}{p}=-\frac{2\times0.480\times(-0.766)}{p}$$
$$=\frac{7350\times10^5}{p}\ (\text{nm}) \tag{16-3}$$

式中 p——外加压力，Pa；

r——孔的半径，nm；

σ——汞的表面张力，通常取汞的 σ=0.480N/m。

图 16-1 中的 θ 为汞与固体表面的润湿角，通常取 140°。

式(16-3) 即所谓 Washburn 方程，是用压汞法测孔分布的基本公式。其意义是：若 $p=1.013\times10^5$Pa(1atm) 时，则 r=7260nm。也就说，对于半径为 7260nm 的孔，须用 0.1013MPa 的压力才能将汞压入；同理，$p=1013\times10^5$Pa (1000 atm) 时，r=7.26nm，表示对于半径为 7.26nm 的孔，须施加 101.3 MPa 的压力才能将汞压入。为了测定纳米级的微孔，本实验所用压汞仪的最高工作压力可达 250 MPa。

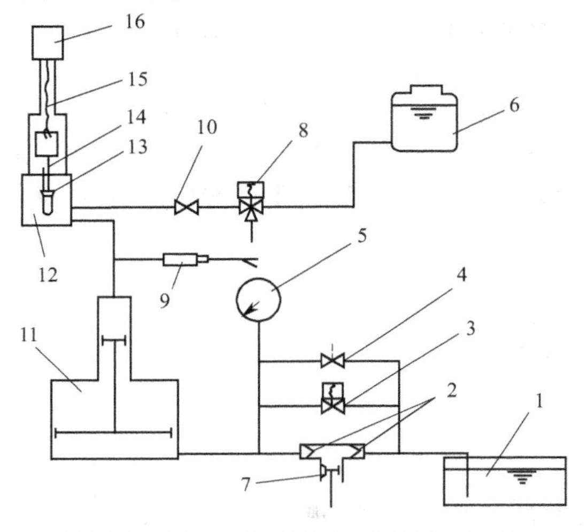

图 16-2　MACROPORES UNIT Mod. 120 型压汞仪的工作原理示意图

1—油箱；2—单向阀；3—电动截止阀；4,10—截止阀；5—压力表；6—乙醇瓶；7—油泵；8—电动卸荷-截止阀；9—压力传感器；11—压力倍增器；12—高压缸；13—膨胀计；14—液面探针；15—传动丝杆；16—步进电机

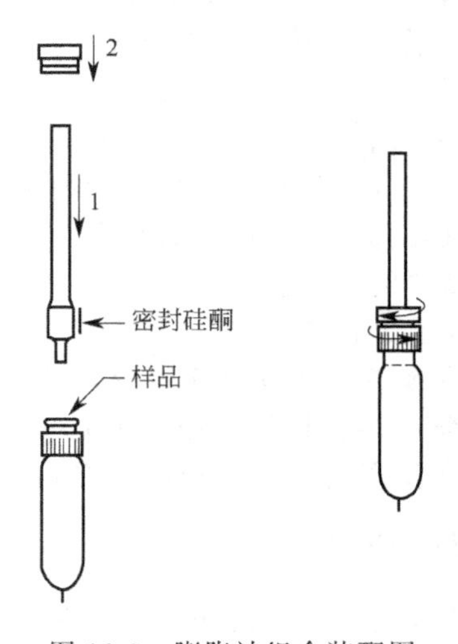

图 16-3　膨胀计组合装配图

1—部件；2—盖

三、实验器材

MACROPORES UNIT Mod. 120 型压汞仪的工作原理图如图 16-2 所示。它包括油泵和压力倍增器组成的加压系统、位移（体积）测量系统、数据处理及输出系统等部分组成。其中，高压加压系统是仪器的核心部分，膨胀计（汞孔度计）是关键器件。

如图 16-3 所示的膨胀计是一个玻璃质的试样瓶，它由两个部件组成：底部封有铂电极的样品瓶——汞液瓶和带有精密内孔套管的瓶盖。两者以磨口锥面配合，构成膨胀计，使用时由弹性螺栓将两者连接在一起。将膨胀计浸没在乙醇液体中，当高压缸内压力增大时，乙醇将压力传递给汞液液面，部分汞液渗入试样的毛细孔中。膨胀计内汞的液位的变化，反映了一定压力下渗入一定孔径的毛细孔内汞的体积量，由此可计算出试样的孔径分布。

四、测定方法

① 将完全干燥的试样称重后装入试样瓶，将部件 1 和盖 2 在汞液瓶上，拧紧瓶塞锁紧

螺栓。

② 将膨胀计放于膨胀计支承内，小心地装于真空注汞仪的注汞台上，抽真空除气。除气所需的时间与所测试的材料有关。对于可承受高温干燥并且表面积较低的材料，真空室的压力可降至 2.667Pa 以下，保压时间一般为 15～30min。对于不能承受高温的高比表面积的材料，有时为了获得可重复的结果，除气时间可能需要 1～2 天。除气完成后，打开注汞阀，注入清洁的汞。

③ 将膨胀计置于压汞仪的高压缸，旋紧缸盖，打开缸底部阀门，向高压缸注入乙醇至溢流，关闭乙醇入口阀及溢流阀。

④ 设定最大实验压力，调整位移探针和位移计数器，连接数据输出打印系统。

⑤ 启动高压油泵，压汞仪自动开始测试。

五、数据处理

① 根据加压过程中压力-探针位移量的关系以及已知的位移量和汞压入量的关系，可以得到压力 p 和单位质量试样汞压入量 V_{Hg}（单位为 cm^3/g）的关系，从而可以作出 V_{Hg}-p 图，当孔径大小分布范围很宽时，可以采用半对数坐标纸。实际测定中，为了便于分析，往往是根据式(16-3) 计算出 $V_{Hg}-r$ 值作为横坐标（图 16-4）。

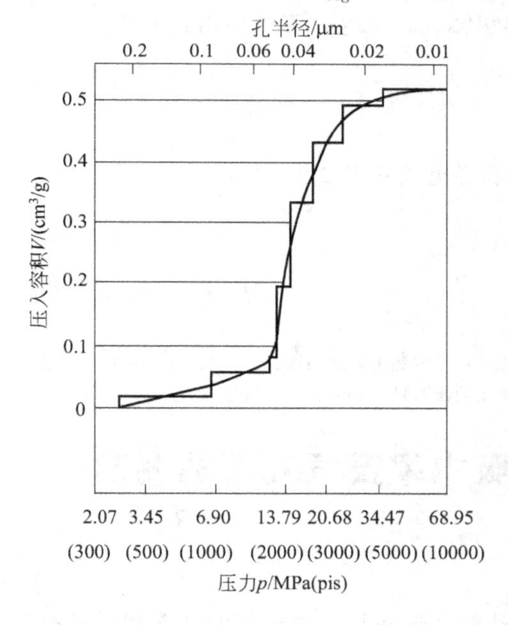

图 16-4 加压曲线

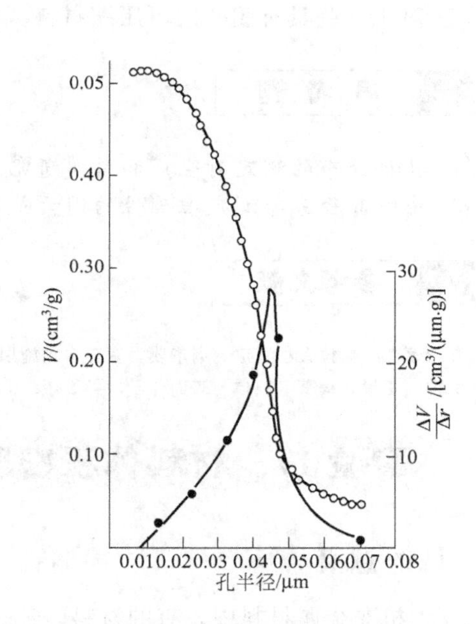

图 16-5 用容积表示的累计和相对孔径分布曲线

为消除试验误差，相对分布曲线是对累计分布曲线微分求得

② 半径介于 r 和 $r+dr$ 之间的孔的重容积为 dV，则以容积表示的相对孔的频率为：

$$D(r)=\frac{dV}{dr} \tag{16-4}$$

由式(16-2) 得：

$$p\,dr+r\,dp=0 \tag{16-5}$$

两式合并得：

$$D(r)=-\frac{p}{r}\times\frac{dV}{dp}=-\frac{1}{r}\times\frac{dV}{d(\ln p)} \qquad (16\text{-}6)$$

由 V_{Hg}-r 图可以作出 dV/dr-r（图 16-5），即通常所说的孔径分布曲线。曲线的最大值表示半径为 r_p 的孔在此试样中所占的比例最大，通常称为最可几孔半径。孔分布曲线下的面积代表微孔总体积，由此可以计算出一定半径范围内的孔体积在总孔体积中所占的百分数。

六、附注

由于以下原因，采用本方法测定孔径分布，其结果有一定的相对性。

① 被测试样通常存在着具有缩颈的所谓“墨水瓶孔”，由 $r=-2\sigma\cos140°/p$ 公式计算所得的孔半径，将不能真实地表示孔半径，从而使毛细管分级半径偏小。

② 通常被测试样的孔的截面不是圆形的。

③ 汞的表面张力和润湿角假定为一个常数。实际上，对于不同的材料汞的表面张力和润角是不同的。

④ 在采用较高的压力测试具有微孔的试样时，汞的可压缩性将不可忽略，同时试样和玻璃膨胀计在高压下也会被压缩，必须加以校正。一般的方法是采用不放试样或用无孔试样进行空白试验。这样做可以减少误差，但其结果仍具相对性。

⑤ 对于一些具有闭孔的可压缩材料，如泡沫塑料、软木等，不能采用此方法。

思 考 题

1. 孔径分布的测定对生产和科学研究活动的指导意义是什么？
2. 影响孔径分布测定准确性的因素是什么？

参考文献

[1] 艾伦著 T. 颗粒大小测定. 喇华璞，童三多，施娟英译. 北京：中国建筑工业出版社，1984：610-626.
[2] 沈钟，王果庭编著. 胶体与表面化学. 第 2 版. 北京：化学工业出版社，1997：229-238.

实验 17　材料体积密度、吸水率及气孔率的测定

一、目的意义

在无机非金属材料中，有的材料内部是有气孔的，这些气孔对材料的性能和质量有重要的影响。

材料的体积密度是材料最基本的属性之一，它是鉴定矿物的重要依据，也是进行其他许多物性测试（如颗粒粒径测试）的基础数据。材料的吸水率、气孔率是材料结构特征的标志。在材料研究中，吸水率、气孔率的测定是对制品质量进行检定的最常用的方法之一。在陶瓷材料、耐火材料、塑料、复合材料等材料的科研和生产中，测定这三个指标对质量控制有重要意义。

本实验的目的：

① 了解体积密度、吸水率、气孔率等概念的物理意义；

② 掌握体积密度、吸水率、气孔率的测定原理和测定方法；

③ 了解体积密度、吸水率、气孔率测试中误差产生的原因及防止方法。

二、基本原理

材料吸水率、气孔率的测定都是基于密度的测定，而密度的测定则基于阿基米德原理。由阿基米德定律可知，浸在液体中的任何物体都要受到浮力（即液体的静压力）的作用，浮力的大小等于该物体排开液体的重量。重量是一种重力的值，但在使用根据杠杆原理设计制造的天平进行衡量时，对物体重量的测定已归结为对其质量的测定。因此，阿基米德定律可用式(17-1）表示：

$$m_1 - m_2 = VD_L \tag{17-1}$$

式中 m_1——在空气中称量物体时所得物体的质量；

m_2——在液体中称量物体时所得物体的质量；

V——物体的体积；

D_L——液体的密度。

这样，物体的体积就可以通过将物体浸于已知密度的液体中，通过测定其质量的方法来求得。由于浸于浸液中的物体受到液体静压力的作用，所以这种方法称之为“液体静力衡量法”。

在工程测量中，往往忽略空气浮力的影响，在此前提下进一步推导可得用称量法测定物体密度时的原理公式：

$$D = \frac{m_1 D_L}{m_1 - m_2} \tag{17-2}$$

这样，只要测出有关量并代入上式，就可计算出待测物体在温度 t℃时的密度。

材料的密度，可以分为真密度、体积密度等。体积密度指不含游离水材料的质量与材料的总体积（包括材料的实体积和全部孔隙所占的体积）之比。当材料的体积是实体积（材料内无气孔）时，则称真密度。

气孔率指材料中气孔体积与材料总体积之比。材料中的气孔有封闭气孔和开口气孔（与大气相通的气孔）两种，因此气孔率有封闭气孔率、开口气孔率和真气孔率之分。封闭气孔率指材料中的所有封闭气孔体积与材料总体积之比。开口气孔率（也称显气孔率）指材料中的所有开口气孔体积与材料总体积之比。真气孔率（也称总气孔率）则指材料中的封闭气孔体积和开口气孔体积与材料总体积之比。

吸水率指材料试样放在蒸馏水中，在规定的温度和时间内吸水质量和试样原质量之比。在科研和生产实际中往往采用吸水率来反映材料的显气孔率。

无机非金属材料难免含有各种类型的气孔。对于如水泥制品、陶瓷制品等块体材料，其内部含有部分大小不同、形状各异的气孔。这些气孔中的一部分浸渍时能被液体填充。

将材料试样浸入可润湿粉体的液体中，抽真空排除气泡，计算材料试样排除液体的体积。便可计算出材料的密度。当材料的闭气孔全部被破坏时，所测密度即为材料的真密度。

为此，对密度、吸水率和气孔率的测定所使用液体的要求是：密度要小于被测的物体，对物体或材料的润湿性好，不与试样发生反应，也不使试样溶解或溶胀。最常用的浸液有水、乙醇和煤油等。

三、实验器材

① 液体比重天平，如图 17-1 所示。

② 抽真空装置，如图 17-2 所示。

③ 烘箱。

④ 烧杯、镊子、小毛巾等。

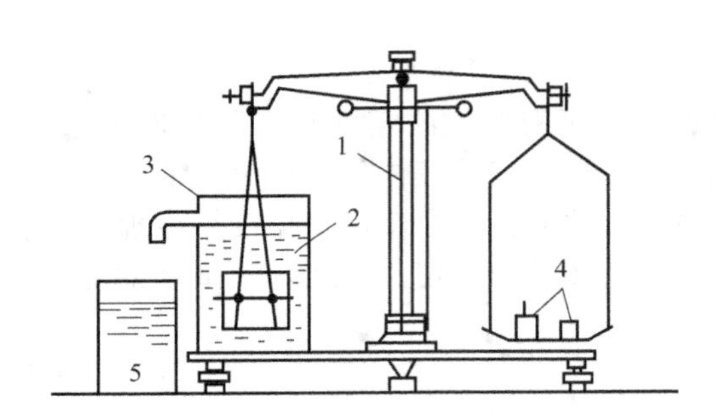

图 17-1 液体比重天平
1—天平；2—试样；
3—有溢流孔的金属（玻璃）容器；
4—砝码；5—接溢流出液体的容器

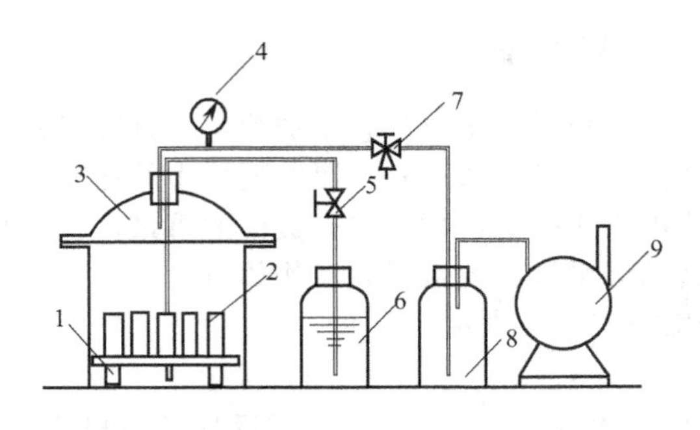

图 17-2 材料密度和气孔率测试的真空系统
1—载物架；2—块状试样；3—真空干燥器；
4—真空计；5—旋塞阀；6—冲液瓶；7—三通旋塞阀；
8—缓冲瓶；9—真空泵

⑤ 蒸馏水。

四、测试步骤

1. 试样制备

① 从待测试样中切取试块，每种试样取 5 块，每块试样 30～60g。

② 用超声波清洗机清洗块状材料表面，在 110℃（或在可允许的更高温度）下烘干至恒重。置于干燥器中冷却至室温。称取试样质量 m_1。试样干燥至最后两次称量之差小于前一次的 0.1% 即为恒重。

③ 将试样置于烧杯或其他清洁容器内，并放于真空干燥器内抽真空至＜20Torr（1Torr＝0.133kPa），保压 5min，然后在 5min 内缓慢注入浸液（本实验用蒸馏水），直至浸没试样。再保持＜20Torr 压力 5min。将试样连同容器取出后，在空气中静置 30min。

2. 饱和试样表观质量的测定

表观质量为饱和浸液的试样在浸液中称得的质量。将饱和试样吊在天平的吊钩上，并浸入有溢流管容器的浸液（本实验用蒸馏水）中，称取饱和试样的表观质量 m_2。

3. 饱和试样质量的测定

用饱和了浸液的毛巾，小心地拭去饱和试样表面流挂的液珠（注意不可将大孔中的浸液吸出），立即称取饱和试样的质量 m_3。

4. 渍用液体积密度的测定

浸渍液体在测试温度下的体积密度，可以采用定体积液体称重法、液体比重天平称重法或液体比重计测量法测定。精确至 0.001g/cm³。本实验用蒸馏水为浸渍液体时，其密度可从表 17-1 中查出。

表 17-1 蒸馏水在常用温度下的密度

温度/℃	密度/(g/cm³)	温度/℃	密度/(g/cm³)	温度/℃	密度/(g/cm³)
0	0.99987	16	0.99897	32	0.99505
2	0.99997	18	0.99862	34	0.99440
4	1.00000	20	0.99823	36	0.99371
6	0.99997	22	0.99780	38	0.99299
8	0.99988	24	0.99732	40	0.99224
10	0.99973	26	0.99681	42	0.99147
12	0.99952	28	0.99626	44	0.99066
14	0.99927	30	0.99567	46	0.98982

五、数据记录与处理

表 17-2 材料吸水率、气孔率、体积密度测定实验记录表

试样名称		测定人			测定日期		
试样号		1	2	3	4	5	
干试样质量 m_1/g							
饱和试样的表观质量 m_2/g							
饱和试样在空气中质量 m_3/g							
吸水率/%							
显气孔率/%							
真气孔率/%							
闭口气孔率/%							
体积密度/(kg/m^3)							

将测试结果结果填入表 17-2 中。材料的吸水率、气孔率、体积密度由下列公式计算：

(1) 吸水率 W_a

$$W_a=\frac{m_3-m_1}{m_1}\times 100\% \tag{17-3}$$

(2) 显气孔率 P_a

$$P_a=\frac{m_3-m_1}{m_3-m_2}\times 100\% \tag{17-4}$$

(3) 体积密度 D_b

$$D_b=\frac{m_1 D_L}{m_3-m_2} \tag{17-5}$$

式中 D_L——测试温度下，浸液的密度，g/cm^3。

(4) 真气孔率 P_t

$$P_t=\frac{D_t-D_b}{D_t}\times 100\% \tag{17-6}$$

式中 D_t——试样的真密度，g/cm^3。

(5) 闭气孔率 P_c

$$P_c=P_t-P_a \tag{17-7}$$

思考题

1. 测定材料真密度的意义是什么？

2. 导致影响真密度测试准确性的因素是什么？

3. 材料真气孔率、开口气孔率、闭口气孔率、吸水率和体积密度的意义与相互关系是什么？

4. 对于含有未知矿物（或混合物比例）的烧结物，怎样利用本实验的方法评价材料的烧结质量？

参考文献

[1] 祝桂洪编著．陶瓷工艺实验．北京：中国建筑工业出版社，1987：48-51，72-75．
[2] GB 2597—89．建筑卫生陶瓷吸水率试验方法．
[3] GB/T 1996—96．多孔陶瓷显气孔率、容重试验方法．
[4] GB 9966.3—88．天然饰面石材试验方法 体积密度、真密度、真气孔率、吸水率试验方法．
[5] GB/T 11970—97．加气混凝土体积密度、含水率和吸水率试验方法．

实验 18　材料显微硬度的测定

一、目的意义

硬度通常定义为材料抵御硬且尖锐的物体所施加的压力而产生永久压痕的能力。材料的硬度是材料重要的力学性能之一。无机非金属材料硬度测试的目的，是为了检验材料抗磨蚀、耐刻划的能力。

材料的硬度与其他的物理性能之间存在着某种关系。例如，硬度和拉力试验基本上都是测量金属抵抗塑性变形的能力。这两种试验在某种程度上都是测量同样的特性，其结果完全可以相比较。硬度试验的优点在于：它是一种简单而又容易进行的试验，尤其突出的是它是一种非破坏性测试。

无机非金属材料的硬度与材料的化学和物相组成以及显微结构等因素有关。非晶态材料的硬度随结构网络外体离子半径的减小和原子价的增加而增加。晶体材料的硬度与键强有关。陶瓷材料的硬度除与主晶相有关外，还受晶粒尺寸、晶界相和气孔及其分布等因素的影响。换句话说，硬度是材料微观结构的宏观表现。在材料研究中，硬度数据的使用频率非常高，硬度测试的目的，并不一定是用来表征所研究材料的使用性能，而是通过硬度试验获得材料微观结构的有关信息。

通过本试验要达到以下目的：

① 了解无机非金属材料显微硬度测试的意义；

② 了解影响无机非金属材料显微硬度的因素；

③ 学习显微硬度测试的原理与方法。

二、基本原理

一般硬度测试的基本原理是：在一定时间间隔里，施加一定比例的负荷，把一定形状的硬质压头压入所测材料表面，然后测量压痕的深度或大小。

习惯上把硬度试验分为两类：宏观硬度和显微硬度。宏观硬度是指采用 9.81 N（1kgf）以上负荷进行的硬度试验。诸如工具、模具等金属材料的硬度试验。显微硬度是指采用 9.81N（1kgf）或小于 9.81N（1kgf）负荷进行的硬度试验，诸如极薄（薄至 0.125mm）的板材，特别小的零件，表面淬火、电镀或涂层材料的表面以及材料的各个组织的硬度。常用的硬度试验有布氏硬度试验、洛氏硬度试验、表面洛氏硬度试验和显微硬度试验等，它们分别有各自不同的适用范围。

无机非金属材料由于材料硬而脆，不能使用过大的测试负荷，一般采用显微硬度测试表示。显微硬度测试是用努氏金刚石角锥压头或维氏金刚石压头来测量材料表面的硬度。

（1）努氏金刚石压头是一个对面角分别为 172°30′和 130°，顶端横刃不大于 1 μm 的菱形四面锥体（图 18-1），在规定的荷重下（一般为 0.981N），在压头接触试样前开始，以

(0.20±0.05) mm/min 的低速压入试样表面，并使压头与试样保持接触 20～50s，卸载后，测量压痕的长对角线长。努氏硬度（KHN）值是所施加的负荷 P 与永久压痕的投影面积 S 之比，即：

$$KHN=P/S=P/CL^2=p/9.81CL^2 \quad (18\text{-}1)$$

式中 P——所施加的负荷，kgf；

p——所施加的负荷，N；

S——永久压痕的面积，mm^2；

L——压痕长对角线的长度，mm；

C—— 1/2 [cot（$\alpha/2$）× tan（$\beta/2$）] =0.07028；

α ——纵向菱边夹角，172°30′±5′；

β——横向菱边夹角，130.0°±0.5°。

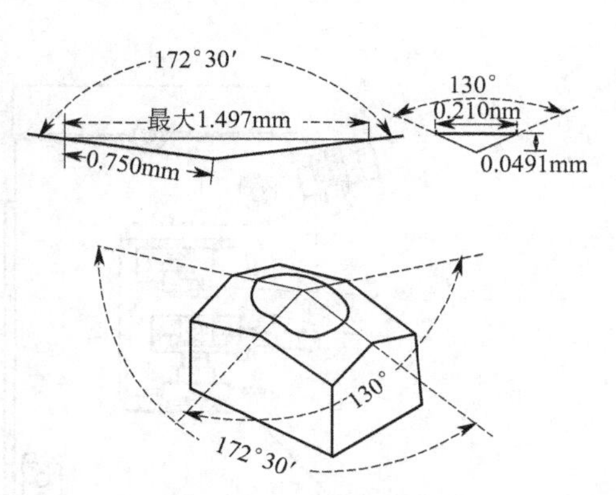

图 18-1 努氏压头的几何尺寸

由于努氏压头具有的特异形状，压痕为一个长短对角线近似为 1∶7 的菱形。根据压头的几何形状可知，使用较轻的负荷就能压印出一个能清晰测量的菱形压痕。因此，不管是硬质材料还是易碎材料的硬度试验，均可采用努氏压头。努氏压头测试材料硬度的压痕深度约为其长对角线长度的 1/30 。

(2) 维氏金刚石压头是将压头磨成正四棱锥体，其相对两面夹角为 136°。维氏显微硬度值是所施加的负荷（kgf）除以压痕的表面积（mm^2）。

采用维氏金刚石压头时，其压痕深度约为对角线长度的 1/7。维氏硬度的计算公式如下：

$$HV=\frac{2P\sin(\theta/2)}{l^2}=\frac{1854P}{l^2}=\frac{1854P}{9.81l^2} \quad (18\text{-}2)$$

式中 l——压痕对角线长的平均值，mm；

θ——金刚石压头相对面的夹角，136°。

为了精确测量努氏和维氏金刚石压痕的对角线长度，压痕必须清晰可见。压痕清晰实际上是衡量试样表面制备质量的一个标准。一般来说，试验负荷越轻，所要求的表面光洁度就越高。当使用 0.981N（100gf）以下负荷试验时，试样应进行金相抛光。同时，要求测量显微镜所测压痕长度的误差应小于 0.0005mm。

三、实验器材

HVS-1000 型数显显微硬度计由试验机主体、工作台、升降丝杠、加载系统、软键显示操作面板、高倍率光学测量系统等部分组成（图 18-2）。通过软键输入，能调节测量光源强弱，预置试验力保持时间，进行维氏和努氏试验方法切换。在软键面板上的 LCD 显示屏上，能显示试验方法、测试力、压痕长度、硬度值、试验力保持时间、测量次数等，并能键入测试时间。试验结果由打印机输出。

四、试样制备

HVS-1000 型数显显微硬度计可测定微小、薄形试件以及表面渗镀层试件的显微硬度和玻璃、陶瓷、玛瑙、宝石等脆性材料的显微硬度。

应选择成分均匀、表面结构细致和平整度好的样品为待测试样。表面粗糙不平或平整度差的试样，由于压痕会或多或少地发生变形，引起测量误差。

用切割工具切割试样（试件最大高度 65mm，试件最大宽度 85mm），擦净测量面待用。

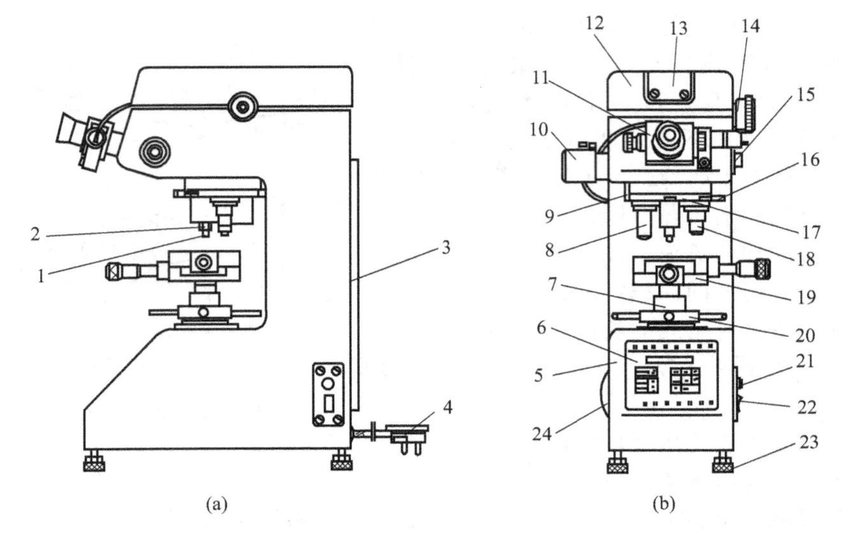

图 18-2 HVS-1000 型数显显微硬度计外观图

1—压头；2—压头螺钉；3—后盖；4—电源插头；5—主体；6—显示操作面板；7—升降丝杆；8—10×物镜；9—定位弹簧；10—测量照明灯座；11—数字式测微目镜；12—上盖；13—照相接口盖；14—试验力变换手轮；15—照相、测量转换拉杆；16—物镜、压头转换手轮；17—转盘；18—40×物镜；19—十字试台；20—旋轮；21—电源指示灯；22—电源开关；23—水平调节螺钉；24—面板式打印机

五、测定步骤

1. 仪器使用前的准备

① 转动试验力变换手轮，选择符合要求的试验力。旋转变换手轮时，应动作缓慢，防止动作过快产生冲击。

② 打开电源开关 22，LCD 屏上显示试验力变换手轮所选择的试验力，同时屏上显示“94 年 8 月 8 日”初始化日期。

③ 光标位于“94 年”下，按下“TIME＋”或“TIME－”键选择年份。按下“SPECI”键，光标移至“8 月”下，按动“TIME＋”或“TIME－”键选择月份。同理，按上述步骤选择日期。完成以上操作，当打印机输出测试结果时，即打出所键入的日期。如不需要打印日期，可连按三次“SPECI”键。

④ 日期键入后，屏上显示 D1、D2、HV、N，仪器进入工作状态。

⑤ 转动 40×物镜 18 以及物镜、压头转换手柄 16，使 40×物镜处于主体前方（光学系统总放大倍率为 400×）。

⑥ 将标准硬度试块（或被测试块）安放在试样台上，转动旋轮 20 使试样台上升，眼睛接近测微目镜观察。当标准试块或试样离物镜下端 2～3mm 时，目镜的视场中央出现明亮的光斑，说明聚焦面即将来到，此时应缓慢微量上升，直至在目镜中观察到试块（样）表面的清晰成像。此时聚焦过程完成。

⑦ 如果目镜中的成像呈模糊状或一半清晰一半模糊，则说明光源偏离系统光路中心，需调节灯泡的位置。视场亮度可通过操作面板上的软键来调节。

⑧ 如果想在目镜中获得较大的视场，可将物镜、压头转换手柄逆时针转至主体前方，将光学系统的放大倍率调为 100×。转换 10×和 40×物镜时，聚焦面发生变化，可调节升降丝杠。聚焦时建议在 40×物镜下进行。

⑨ 将转换手柄逆时针转动，使压头主轴处于主体前方，此时压头顶尖与焦平面间的间

隙为0.4～0.5 mm。当测量不规则的试样时，一定要注意不要使压头碰及试样，以免造成压头损坏。

⑩ 根据试验要求键入需要的试验力延时保荷时间。每键一次为5s，“＋”为加，“－”为减。

⑪ 按下“START”键，此时加试验力，(LOADING) LED指示灯亮。

⑫ 试验力施加完毕，延时 (DWELL) LED亮，LCT屏上T按所选定时间倒计时，延时时间到，试验力卸除，卸力指示 (UNLOADING) LED亮。在LED未灭前，不得转动压头测量转换手柄，否则会影响压痕测量精度，甚至损坏仪器。

⑬ 将转换手柄顺时针转动，使40×物镜处于主体前方，这时可在目镜中测量压痕对角线长度。

⑭ 在测量前，先将测微镜右边的鼓轮顺时针旋转，使目镜内的两刻线边缘相近移动。当两刻线边缘相近时，透光缝隙逐渐减少；当两刻线间处于无光隙的临界状态时，按下“CL”键清零。

⑮ 先转动左侧鼓轮，使左边刻线对准压痕一角，再转动右侧鼓轮，两刻线分离，使右侧刻线对准压痕另一角。当刻线对准压痕对角线无误时，按下测微目镜下方的按钮输入，并在显示屏的D1后显示。

⑯ 转动右侧鼓轮时，LCD屏上D1后的数字闪烁，表示结果还未输入，当结果输入后，光标转入D2。按上述方法再测试另一对角线的长度，此时，LCD屏HV值就同时显示。

在进行努氏硬度测量时，只需测试对角线的长度，HK硬度值就立即显示。

在进行维氏硬度测量时，为了减少误差，应在两条垂直的对角线上测量，取其算术平均值。

⑰ 如对本次测量结果不满意，可重复进行测量或按“SPECI”、“RESET”复位键重新进行试验。

⑱ LCD屏显示测量次数N＞1时，可按“SPECI”、“PRI”输出测试结果。第一次结果(N＝0) 不予打印。

⑲ 当目镜中观察到的压痕太小或太大影响测量时，需转动试验力变换手轮，使试验力符合要求，这时应按下“SPECI”和“RESET”键，LCD屏显示所选试验力。

2. 试样的测定

上述测量正常后，将标准试件取下，将待测试样放在试台上，按上述方法进行测定。

六、注意事项

1. 金刚石压头

① 金刚石压头和压头轴是仪器的精密零件，因此在操作的整个过程中都要十分小心，除施压测试时外，其他时间都不要触及压头。

② 压头应随时保持清洁，有油污或灰尘时，可用软布或脱脂棉蘸酒精或乙醚小心擦洗。

③ 压头安装时，应将压头上的红点对准正前方，此时压痕对角线和红点成一线。

2. 测微目镜

① 由于各人观察目镜中的刻线存在着视差，在更换观测者时，应微量调节焦距，使观察到的视场内的刻线内侧清晰。

② 当测量压痕对角线时，转动目镜90°，要注意测微目镜要紧贴目镜管，不能留有间隙，否则会影响测量的准确性。

3. 显微镜光源

① 光源照明灯的中心位置将直接影响压痕的成像质量。如果像质模糊或光亮不均匀，

可小心调节三个调节螺钉，使灯泡中心位置与光学中心位置一致。

② 光线强弱可通过面板软键 LIGHT＋或 LIGHT－来调节，使视场光线柔和，反差适中。

4. 试样

① 试样表面必须清洁。如表面沾有油污，可用汽油、酒精或乙醚等擦拭。

② 当试样为细丝、薄片或小件时，可分别使用相应的夹持台夹持后，再放在十字试台上进行试验。如试样小到无法夹持，则可将试样镶嵌抛光后再进行试验。

5. 显微摄影仪

① 本仪器配有显微摄影仪，当需要摄影时，卸下照相接口盖 13 的螺钉，取下盖板，将照相机接口旋入目镜座螺纹内。

② 取下照相机标准镜头，将照相机接口对准照相机镜头孔内，使卡簧卡位。

③ 再测微目镜中观察试样表面，当成像清晰后，将主体左边上的照相、测量转换拉杆 15 拉出，此时光路转换到拍摄状态。

④ 在摄影仪的目镜中观察试样表面，如不太清晰，可微调视度调节圈或升降丝杠 7，使成像清晰。按动快门，拍摄成像表面。

6. 环境要求

本仪器应安装在远离灰尘、震动、腐蚀性气体的环境中，室温不应超过 20℃±5℃，相对湿度不大于 65 ％ 的环境中。当光线零件沾有灰尘时，可用电吹风吹去或用软毛笔小心拭去。若沾上污秽物时可用脱脂棉或镜头纸蘸少许酒精轻轻擦拭，但应防止过多酒精从透镜边缘浸入，以防光学零件的粘合剂脱胶。

思考题

1. 材料硬度测试有几种方法？它们的适用对象是什么？
2. 两种显微硬度测试方法的异同是什么？
3. 影响材料硬度测试准确性的因素是什么？

参考文献

[1] 祝桂洪编著．陶瓷工艺实验．北京：中国建筑工业出版社，1987：121-125.

[2] 莱萨特 V E，德贝利斯著 A．硬度试验手册．金文博译．北京：计量出版社，1987：84-108.

[3] GB/T 16534—1996．工程陶瓷维氏硬度试验方法.

[4] GB/T 4342—91．金属显微维氏硬度试验方法.

[5] ASTM E 384．材料显微硬度试验.

[6] ASTM C 730—85（89）．玻璃努氏压痕硬度试验方法.

实验 19 材料弹性模量的测定

一、目的意义

固体在外加负荷作用下发生变形，在去掉负荷后恢复到它本身最初状态的能力称为弹性。塑性物体能超越弹性极限，即失去本身原始的形状。脆性物体一般在未达到弹性极限时即破坏。

在应力作用下材料的行为用模量来描述。根据作用力方向的不同，模量分为几种。材料在剪切应力作用下形成剪切形变，相应的模量 G 称为剪切模量。与之相应的还有压缩模量 K。在拉应力作用下物体伸长，其模量称为拉伸模量或弹性模量。材料的弹性模量越高，其经受变形的能力就越小。对于用作建筑物或其他有关结构的材料，测定弹性模量是十分重要的。

弹性模量的测量主要有共振法和敲击法。本实验采用的是敲击法测定弹性模量，实验目的是：

① 了解无机非金属材料弹性模量测试的意义；

② 学习弹性模量测试的原理与方法；

③ 了解影响材料弹性模量的因素。

二、基本原理

固体材料受到的应力与材料的可恢复的变形量之间的关系，可以用虎克定律描述，即拉伸变形时，应力 σ 与应变 ε 的关系为：

$$\sigma = E\varepsilon \tag{19-1}$$

式中 E——拉伸弹性模量或弹性模量。

材料的弹性模量 E、剪切模量 G、泊松比 μ 以及机械品质因数 Q 是评价固体材料弹性与滞弹性的主要物理参量。它对于研究材料的抗压强度、疲劳强度、蠕变、时效以及结晶材料的微观和亚微观结构都有着十分重要的价值。

无机非金属材料，例如陶瓷，只在极小的范围内表现纯弹性，应力增大则出现脆性断裂。陶瓷材料的弹性变形是外力作用下材料原子间距由平衡位置发生微小位移的结果。一般而言，无机非金属材料这种原子间微小的位移所允许的临界值很小。弹性模量即为引起原子间距微小变化所需外力的大小。

物体受拉应力伸长时，在垂直于拉力方向材料出现横向收缩。相对横向收缩值 $\Delta d/d$ 与相对轴向伸长值 $\Delta L/L$ 之比，称之为泊松比，以 μ 表示。

$$\mu = (\Delta d/d)/(\Delta L/L) \tag{19-2}$$

在材料力学中，固体材料的三种模量有如下关系：

$$E = 2(1+\mu)G = 3(1-2\mu)K \tag{19-3}$$

试件受到外力的作用，如敲击的激发后，会产生瞬态响应受迫振动，当外力消失后，试件贮存的能量逐渐在阻尼或粘滞过程中损耗，试件呈自由阻尼震荡。其 x 方向的运动方程为：

$$m\frac{\mathrm{d}x^2}{\mathrm{d}t} + \eta\frac{\mathrm{d}x}{\mathrm{d}t} + Kx = 0 \tag{19-4}$$

式中，第一项为惯性力；第二项为粘滞阻尼力；第三项为弹性力。

试件受迫发生振动，振动波是由含有多个固有频率（各种主振型）的波所叠加而成的，可以认为各主振型之间是互相独立的。以 i 表示各振型的次数，即 $i=1$ 为基型振动，$i=2$ 为第二主振型，$i=3$ 为第三主振型，其余类推。在敲击法振动试验中，与试件接触长度为 a 的击棒敲击试件轴线的中心部位，敲击点亦即偶次模式振型的节点处，不产生偶次型的振动。各次主振型的能量分布与其次数的倒数的平方成正比，即只有基型振动贮有最大能量。其他高次振型贮存的能量较少，且容易衰减。敲击法弹性模量测试仪的测试就是基于以上原理，在高次振型的能量耗尽时，利用仪器的振动信号识别电路，排除其他高次振型的干扰，从复杂的振动叠加信号中选出基频 f_1，再根据 f_1 与 E、G 的函数关系，计算试件的动态参数。

现在出产的动弹性模量测试仪，均可以通过仪器内相关程序的运算，直接给出 E 和 G 的测试值。

三、实验器材

① JS38-Ⅳ型敲击式数字动弹性模量测试仪。共振频率测试范围 20Hz～30kHz，重复性误差≤0.5%，准确度≤2%，分辨率 2μs 。

② 分析天平：量程 500g ，精度 0.0001g 。

③ 游标卡尺：量程 300mm，精度 0.02mm 。

④ 烘箱：工作温度 200℃ 。

四、试样制备

被测试样应选择质地均匀，无结石、气泡和裂纹的外形规则的试样，必要时需经切、磨加工。常用圆形或矩形棒状试样，尺寸为：圆棒 ϕ（6～12）mm×（150～250）mm，矩形棒宽 8～12mm，长 150～250mm。

五、测定步骤

① 测量试样的直径、厚度、宽度和长度等尺寸，精确至 0.02 mm。每个样测量不少于 5 点，取算术平均值。

② 准确称量样品的质量，精确至 0.0001 g 。

③ 将试样的尺寸和质量值按给定程序输入仪器。

④ 弹性模量的测定。

按图 19-1 所示尺寸，用厚海绵 2 或泡沫塑料支撑试样 1，电容式传感器 3 放在试样中部的下方，离试样下表面 2～3mm。敲击点在试样的中部或端部。

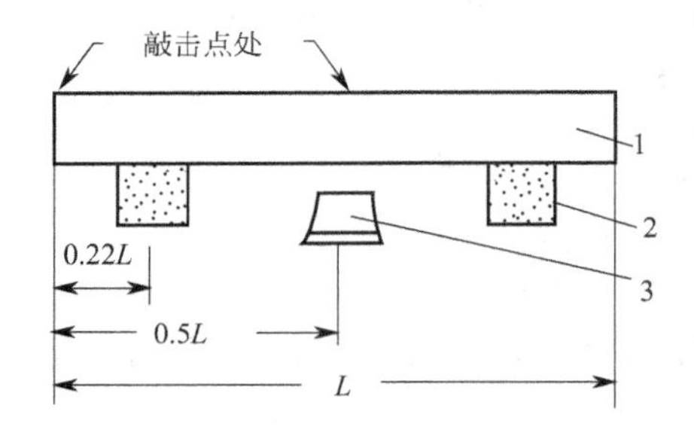

图 19-1 弹性模量测定示意图
1—试样；2—厚海绵；
3—电容式传感器

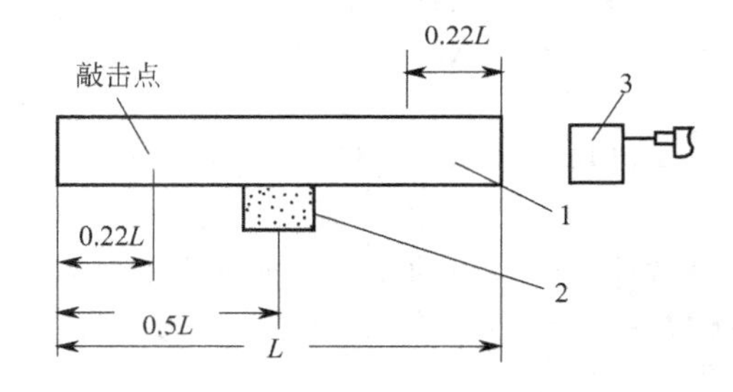

图 19-2 剪切弹性模量测定示意图
1—试样；2—厚海绵；
3—电感探针式传感器

用金属、陶瓷或橡胶棰敲击试样。每敲击一次，仪器便可自动计算出材料的 E 值。E 值显示在面板上，记录下示值后，可以再次敲击。一般每个试样测试十次。测试值中偏差较大的值如是操作不当所致则剔除，最后取平均值。

⑤ 材料剪切弹性模量的测定。

按图 19-2 所示，用厚海绵 2 或泡沫塑料支撑在试样 1 的中部。将电感探针式传感器 3 的探针头放置在试样距端部 0.22L 处的侧面，使传感器的红色标记向上，此时传感器的灵敏度最高。

在试样另一端的 0.22L 处敲击。每敲击一次，仪器显示 G 值一次。记下 10 次敲击的结果，取其算术平均值。

⑥ 泊松比的计算。

被测材料的泊松比 μ 的值，按式 19-3 用 E 和 G 值计算得出。

六、试验结果记录

将每次测试和计算的结果记入表 19-1。

表 19-1　材料弹性模量、剪切模量及泊松比测试记录

试件名称		测试人		日期	
试件形状		尺寸/mm		质量/g	
测试项目	弹性模量(E)		剪切模量(G)	泊松比(μ)	
测试值					

思考题

1. 与金属材料相比较，无机非金属材料的弹性性能有何特点？

2. 影响材料弹性模量的主要因素是什么？

3. 试从试验操作过程总结敲击法测试材料的弹性模量时，异常的 E 和 G 值产生的原因和防止方法。

参考文献

[1]　李为杜编著．混凝土无损检测技术．上海：同济大学出版社，1989：1-23.
[2]　周玉著．陶瓷材料学．哈尔滨：哈尔滨工业大学出版社，1995：315-326.
[3]　南京玻璃纤维研究设计院．玻璃测试技术．北京：中国建筑工业出版社，1987：186-197.
[4]　GB 10700—89．工程陶瓷弹性模量试验方法.
[5]　JC/T 678—1997．玻璃材料弹性模量、剪切模量和泊松比试验方法.
[6]　GBJ 82—85．普通混凝土长期性能及耐久性试验方法（第四章 动弹性模量试验）.

实验 20　材料机械强度的测定

材料抵抗机械作用的能力是材料最重要的性质之一。不论是金属材料、无机非金属材料、有机高分子材料或复合材料，当它们用作机械部件、结构材料等用途时，一般都要测定其力学性能。材料力学性能试验的内容较多，包括拉伸、压缩、弯曲、剪切、冲击、疲劳、摩擦、硬度等。

材料机械强度指材料受外力作用时，其单位面积上所能承受的最大负荷。一般用抗弯（抗折）强度、抗拉（抗张）强度、抗压强度、抗冲击强度等指标来表示。本实验以水泥、混凝土、玻璃、陶瓷材料为对象，选做前三项实验。

Ⅰ. 水泥机械强度的测定

一、目的意义

水泥的强度在使用中具有重要的意义。水泥强度是指水泥试体在单位面积上所承受的外力，它是水泥的主要性能指标。水泥是混凝土的重要胶结材料，水泥强度是水泥胶结能力的

体现，是混凝土强度的主要来源。检验水泥各龄期强度，可以确定其强度等级，根据水泥强度等级又可以设计水泥混凝土的标号。水泥强度检验主要是抗折强度与抗压强度的检验。

本实验的目的：

① 学习水泥胶砂强度的测试方法，以确定水泥强度等级；

② 分析影响水泥胶砂强度测试结果的各种因素。

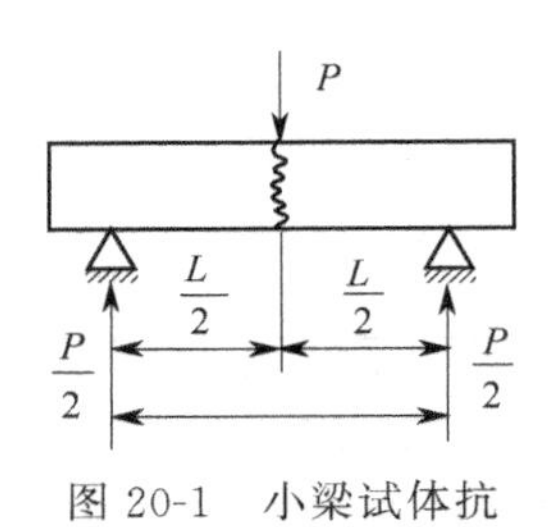

图 20-1 小梁试体抗折受力分析

二、实验原理

1. 抗折强度

材料的抗折强度一般采用简支梁法进行测定。对于均质弹性体，将其试样放在两支点上，然后在两支点间的试样上施加集中载荷时，试样将变形或断裂（图 20-1）。由材料力学简支梁的受力分析可得抗折强度的计算公式：

$$R_f=\frac{M}{W}=\frac{\frac{P}{2}\times\frac{L}{2}}{\frac{bh^2}{6}}=\frac{3PL}{2bh^2} \tag{20-1}$$

式中 R_f——抗折强度，MPa；

M——在破坏荷重 P 处产生的最大弯矩；

W——截面矩量，断面为矩形时 $W=bh^2/6$；

P——作用于试体的破坏荷重，N；

L——抗折夹具两支承圆柱的中心距离，mm；

b——试样宽度，mm；

h——试样高度，mm。

在水泥胶砂试体抗折强度测试中，两支承圆柱的中心距离 $L=100$mm；试样宽度 $b=40$mm；试样高度 $h=40$mm。将这些值代入式(20-1) 得

$$R_f=\frac{3PL}{2bh^2}=2.34P\times10^{-3}$$

应当注意的是，水泥胶砂试体是由晶体、胶体、未完全水化的颗粒、游离水和气孔等组成的不均质结构体。而且在硬化过程的不同龄期，试体内晶体、胶体、未完全水化的颗粒等所占的比率不同，导致试体的强度也不相同。因此，水泥胶砂试体不是均质弹性体，而是“弹-粘-塑性体”，用式(20-1) 计算出的强度不完全代表水泥胶砂试体的真实抗折强度值，但这种近似值已能满足工程测试的要求。

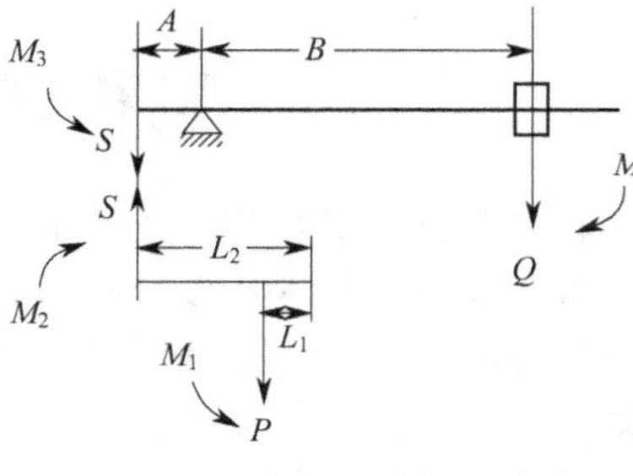

图 20-2 电动抗折试验机测力原理示意图

材料的抗折强度一般采用电动抗折试验机进行测定，其测力原理如图 20-2 所示。在这种情况下，力矩 M 与各量的关系为：

$$M_1=PL_1 \qquad M_2=SL_2$$

$$M_3=SA \qquad M_4=QB$$

平衡状态时：

$$M_1=M_2 \qquad 即\ P=S\frac{L_2}{L_1}$$

$$M_3=M_4 \qquad 即\ S=B\frac{Q}{A}$$

所以

$$P=\frac{L_2}{L_1}\times\frac{Q}{A}\times B$$

由于仪器设定为：力臂 $L_1=1$ 长度单位，$A=1$ 长度单位，$L_2=5$ 长度单位，$B=10$（长度单位），所以：

$$P=\frac{L_2}{L_1}\times\frac{Q}{A}\times B=\frac{5\times10}{1\times1}Q=50Q$$

$$R_f=2.34P\times10^{-3}=2.34\times50Q\times10^{-3}=0.117Q \qquad (20\text{-}2)$$

2. 抗压强度

检验抗压强度一般都采用轴心受压的形式(图 20-3)。按定义，其计算公式为：

$$R_c=\frac{P}{F} \qquad (20\text{-}3)$$

式中 R_c——抗压强度，MPa；

F——受压面积，mm^2；

P——作用于试体的破坏荷重，N。

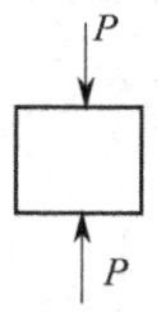

图 20-3 轴心压缩受力分析

在水泥胶砂试体抗压强度测试中，用抗折试验后的两个断块立即进行抗压试验，因此试体的受压面积为：

$$F=40\times40=1600\ (mm^2)$$

三、实验器材

1. 胶砂搅拌机

其结构示意图如图 20-4 所示。

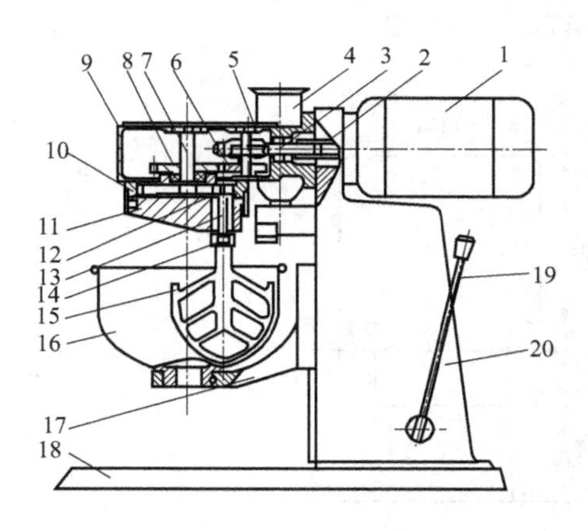

图 20-4 水泥胶砂搅拌机

1—电机；2—联轴套；3—蜗杆；4—砂罐；5—传动箱盖；6—齿轮Ⅰ；7—主轴；8—齿轮Ⅱ；9—传动箱；10—内齿轮；11—偏心座；12—行星齿轮；13—搅拌叶轴；14—调节螺母；15—搅拌叶；16—搅拌锅；17—支座；18—底座；19—手柄；20—立柱

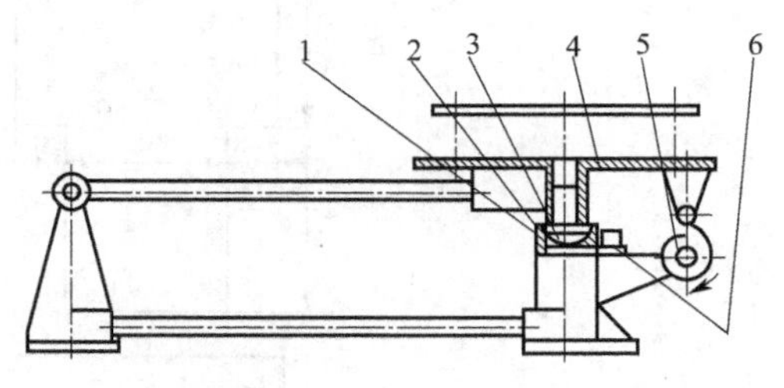

图 20-5 ZS-15 型水泥胶砂振实台

1—定位套；2—止动器；3—凸面；4—台面；5—凸轮；6—红外线计数器

2. 振实台

按 ISO 679—89 (E) 设计的振实台如图 20-5 所示。振实台应安装在高度约为 400mm 的混凝土基座上。需防外部振动影响振动效果时，可在整个混凝土基座上放一层厚约 5mm

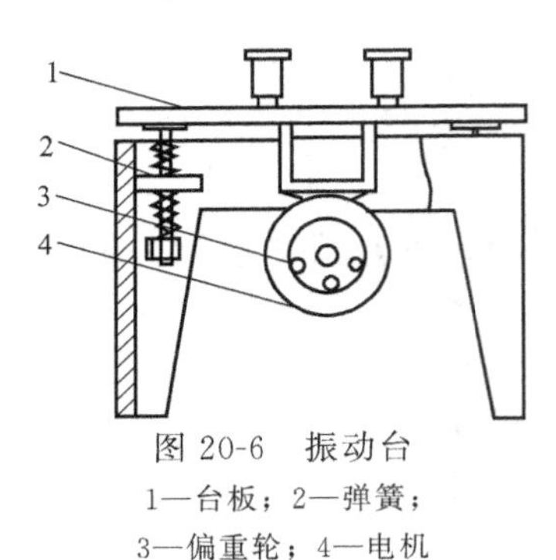

图 20-6 振动台
1—台板；2—弹簧；
3—偏重轮；4—电机

的天然橡胶弹性衬垫。新标准规定，若无振实台，也可以用如图 20-6 所示的振动台代替。

3. 试模

试模由三个水平的模槽组成（图 20-7），可同时成型三条截面为 40mm×40mm×160mm 的棱形试体。

4. 播料器和金属刮平尺

为控制料层厚度和刮平胶砂，应备有如图 20-8 所示的两个播料器和一金属刮平直尺。

5. 抗折强度试验机

抗折强度试验机如图 20-9 所示，抗折夹具的加荷与支撑圆柱直径均为（10.0±0.1）mm，两个支撑圆柱中心距为（100.0±0.2）mm。

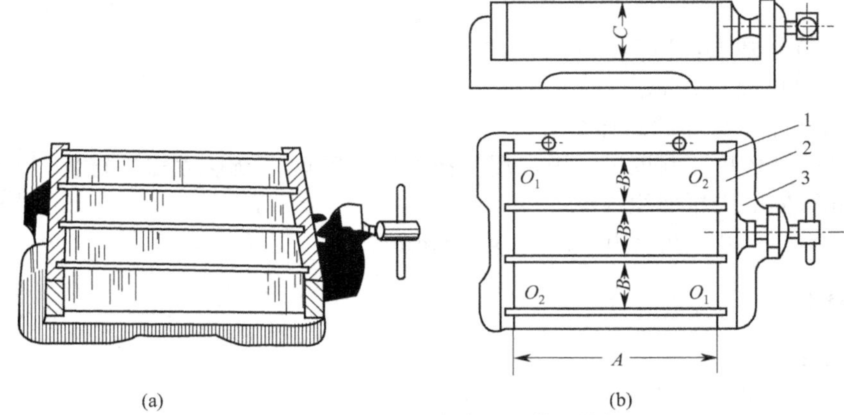

图 20-7 水泥胶砂强度检验试模及其构造
1—隔板；2—端板；3—底板

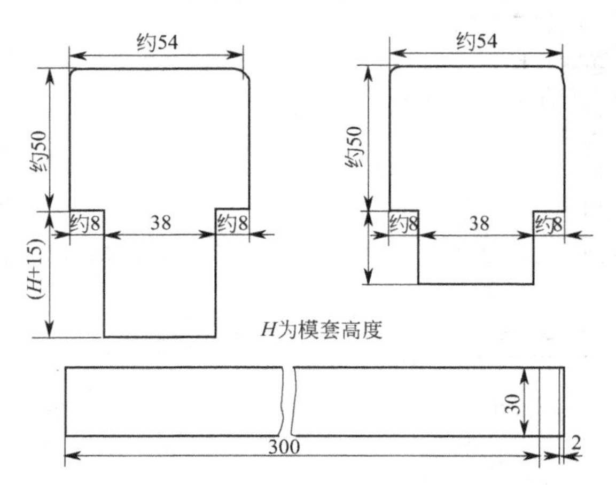

图 20-8 典型的播料器和金属刮平尺

6. 抗压强度试验机

抗压强度试验机如图 20-10 所示。在较大的五分四量程范围内使用时记录的荷载应有±1%精度，并具有按（2400±200）N/s 速率的加荷能力。

7. 抗压夹具

当需要使用夹具（图 20-11）时，应把它放在压力机的上、下压板之间并与压力机处于同一轴线，以便将压力机的荷载传递至胶砂试件表面。夹具受压面积为 40mm×40mm。夹具要保持清洁，球座应能转动以使其上压板能从一开始就适应试体的形状并在试验中保持不变。

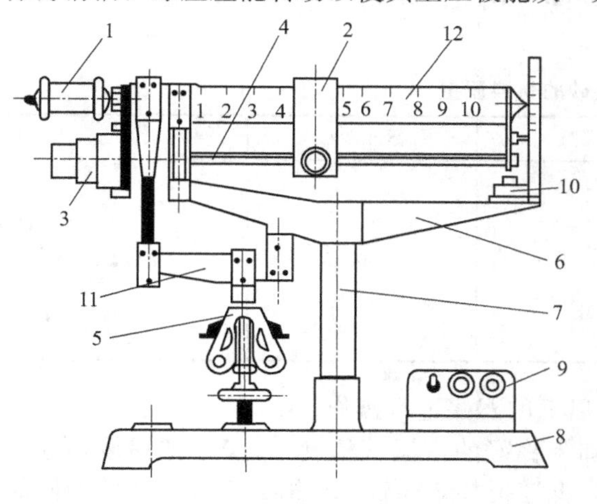

图 20-9 抗折强度试验机

1—平衡轮；2—游动砝码；3—电动机；4—传动丝杆；5—抗折夹具；6—机架；7—立柱；8—底座；9—电机控制箱；10—微动开关；11—下杠杆；12—上杠杆

图 20-10 YE-2000 压机

四、试验条件及对材料的要求

① 实验室温度为 (20±2)℃，相对湿度大于 50%。

② 养护箱温度为 (20±1)℃，相对湿度大于 90%，养护水的温度为 (20±1)℃。

③ ISO 基准砂。ISO 基准砂 (reference sand) 由德国标准砂公司制备的 SiO_2 含量不低于 98%的天然的圆形硅质砂组成，颗粒分布见表 20-1 规定的范围内。

砂的湿含量是在 105～110℃下用代表性砂样烘 2h 的质量损失来测定，以干基的质量百分数表示，应小于 0.2%。

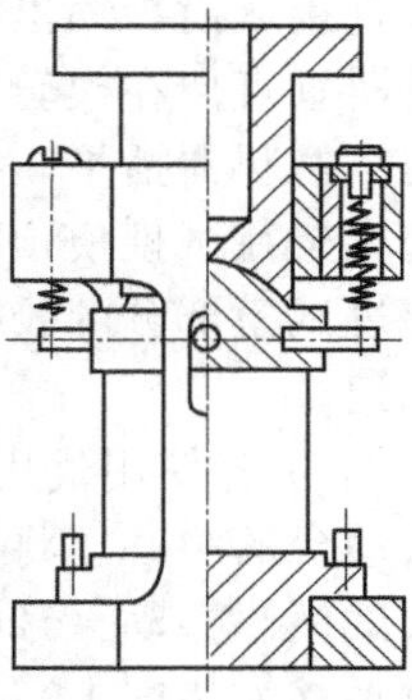

④ 中国 ISO 标准砂。中国 ISO 标准砂完全符合表 20-1 颗粒分布和湿含量的规定。

图 20-11 抗压夹具

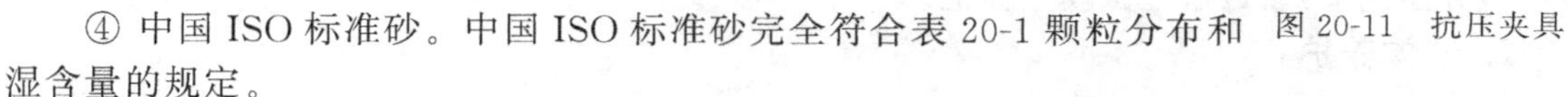

⑤ 水泥。当试验水泥从取样至试验要保持 24 h 以上时，应把它贮存在基本装满和气密的容器里，这个容器应不与水泥起反应。

表 20-1 ISO 基准砂颗粒分布表

方孔边长/mm	累计筛余/%	方孔边长/mm	累计筛余/%
2.0	0	0.5	67±5
1.6	7±5	0.16	87±5
1.0	33±5	0.08	99±1

⑥ 水。试验可用饮用水，仲裁试验或其他重要试验可用蒸馏水。

五、试验步骤

1. 试体成型

① 将试模擦净，四周模板与底板接触面上应涂黄油，紧密装配，防止漏浆。内壁均匀

刷一薄层机油。

② 胶砂的质量配合比应为1份水泥，3份标准砂和0.5份水（水灰比为0.50）。一锅胶砂成3条试体，每锅材料需要量见表20-2。

表20-2 每锅胶砂的材料质量

水泥品种	水泥/g	标准砂/g	水/g
硅酸盐水泥 普通硅酸盐水泥 矿渣硅酸盐水泥 粉煤灰硅酸盐水泥 复合硅酸盐水泥 石灰石硅酸盐水泥	450±2	1350±5	225±1

③ 先使搅拌机处于待工作状态，然后再按以下的程序进行操作。

把量好的水（精确±1mL）加入锅里，再加入称好的水泥（精确±1g），把锅放在固定架上，上升至固定位置。然后立即开动搅拌机，低速搅拌30s后，在第二个30s开始的同时均匀地将砂子加入（当各级砂是分装时，从最粗粒级开始，依次将所需的每级砂量加完）。把机器转至高速再拌30s，停拌90s，在第1个15s内用一个胶皮刮具将叶片和锅壁上的胶砂刮入锅中间，在高速下继续搅拌60s。各个搅拌阶段，时间误差应在±1s以内。

④ 胶砂制备后应立即进行成型。预先将空试模和模套固定在振实台上，用一个适当勺子直接从搅拌锅里将胶砂分两层装入试模，装第一层时，每个槽里约放300 g胶砂，用大播料器垂直架在模套顶部沿每个模槽来回一次将料层播平，再振实60次。再装入第二层胶砂，用小播料器播平，再振实60次。移走模套，从振实台上取下试模，用金属直尺以近似90°的角度架在试模模顶的一端，然后沿试模长度方向以横向锯割动作慢慢向另一端移动，一次将超过试模部分的胶砂刮去，并用直尺以近乎水平的情况下将试体表面抹平。最后在试模上标记。

⑤ 若使用代用设备振动台时，操作如下：在搅拌胶砂的同时将试模和下料漏斗卡紧在振动台的中心。将搅拌好的全部胶砂均匀地装入下料漏斗中，开动振动台，胶砂通过漏斗流入试模。振动（120±5)s停车。振动完毕，取下试模，用刮平尺刮去其高出试模的胶砂并抹平（方法同上）。最后在试模上标记。

2. 试体养护

(1) 脱模前的养护

将试模放入养护箱养护［温度（20±3)℃，相对湿度大于90%］。一直养护到规定的脱模时间时取出脱模。脱模前，用防水墨汁或颜料笔对试体进行编号，对两个龄期以上的试体，在编号时应将同一试模中的三条试体分在两个以上龄期内。

(2) 脱模

对于24h龄期的，应在破型试验前20min内脱模；对于24h以上龄期的，应在成型后20～24h之间脱模。脱模应小心，以免损伤试体。对于已确定作为24 h龄期试验的已脱模试体，应用湿布覆盖至做试验时为止。

(3) 水中养护

将编号的试体立即水平放在（20±1)℃水中养护，放置时刮平面应朝上。试体之间间隔和试体上表面的水深不得小于5mm。

注意：试体放置的篦子不宜用木料制成；每个养护池只养护同类型的水泥试体；不允许在养护期间换水，水量不够时可加水至恒定水位。

3. 强度试验

① 各龄期的试体必须按表 20-3 规定时间内进行强度试验。

表 20-3 各龄期强度测定时间规定

龄 期	时 间	龄 期	时 间
24h	24h±15min	7d	7d±2h
48h	48h±30min	≥28d	28d±8h
72h	72h±45min		

② 试体从水中取出后，在强度试验前应用湿布覆盖。

③ 抗折强度测定：擦去试体表面的附着水分和砂粒，清除夹具上圆柱表面杂物，将试体一个侧面放在抗折仪的支撑圆柱上，通过加荷圆柱以（50 ±10）N/S 的速率均匀的将荷载垂直地加在棱柱体相对侧面上，直至折断。记录抗折强度值（记录至 0.1MPa)。

④ 抗压强度测定：抗折试验后的两个断块应立即进行抗压试验。抗压试验需用抗压夹具进行。半截棱柱体中心与压力机压板受压中心差应在±0.5mm 内，整个加荷过程中应以（2400±200）N/S 的速率均匀地加荷直至破坏。记录抗压强度值（记录至 0.1 MPa)。

六、水泥强度的计算

1. 抗折强度

抗折强度按式(20-2）计算，精确至 0.1 MPa 。

以一组 3 个棱柱体抗折结果的平均值作为试验结果。当 3 个强度值中有超出平均值±10 %时，应剔除后再取平均值作为抗折强度试验结果。

2. 抗压强度

抗压强度按式(20-3）计算，精确至 0.1MPa。

以一组 3 个棱柱体上得到的 6 个抗压强度测定值的算术平均值为试验结果。如 6 个测定值中有 1 个超出 6 个平均值的±10 %，就应剔除这个结果 ，而以剩下 5 个的平均数为结果。如果 5 个测定值中再有超过它们平均值±10 %的，则此组结果作废，应重做这组试验。

Ⅱ. 混凝土机械强度的测定

硬化后的混凝土，其主要性质是应具有足够的耐久性和强度。混凝土的耐久性见实验 43，这里专门讨论混凝土的强度。

一、目的意义

混凝土的强度在使用中具有重要意义。混凝土强度包括抗压、抗拉、抗剪、抗弯以及握裹强度等。其中以抗压强度最大，抗拉强度最小。工程上混凝土主要承受压力，因此，本实验测定混凝土的抗压强度，检验混凝土强度等级，确定、校核配合比，并为控制施工质量提供依据。

本实验的目的：

① 学习混凝土强度的测试方法，以确定混凝土的等级；

② 分析影响混凝土强度测试结果的各种因素。

二、实验原理

混凝土受力破坏的过程，实际上是混凝土裂缝的发生及发展的过程，也就是混凝土内部结构从连续到不连续的演变过程。

混凝土是由水泥石及粗、细骨料所组成的复合材料，它的力学性质取决于水泥石的性能、粗细骨料的性能、水泥石与骨料界面的粘结力以及水泥与骨料在混凝土内的相对体积含量。

混凝土在浇筑时，由于泌水作用，形成泌水通道和水囊，在混凝土干硬后会形成界面裂纹及空隙。

混凝土浇筑且硬化之后，由于水泥水化造成的化学收缩及物理收缩，引起水泥石体积变化，使骨料与水泥石界面产生分布不均匀的拉应力，当拉应力超过界面上的抗拉强度，在骨料与水泥石之间就会出现许多细微的裂纹。因此，硬化后的混凝土在未受外力作用之前，内部就存在初始应力和微细裂纹。

当混凝土承受单向应力荷载时，由于骨料（石子）的强度和弹性模量都大于水泥砂浆，因此在粗骨料的上、下端产生压应力，侧面产生拉应力。此外，水泥石的抗拉强度远低于抗压强度，所以在较低的压应力作用下，当其受拉区的应力超过界面抗拉强度时，就使界面裂缝逐渐扩展，最后导致试件破坏。

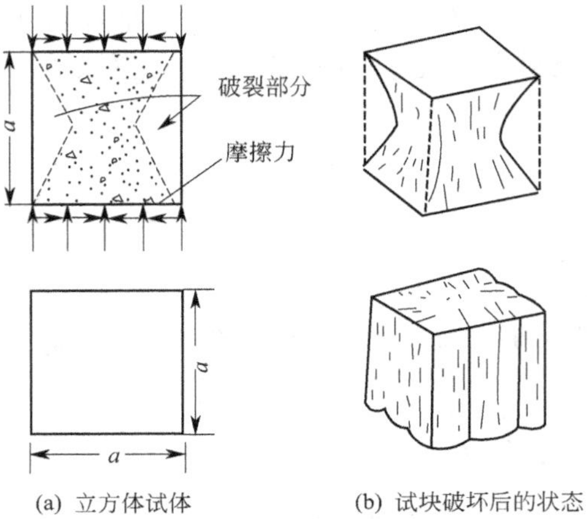

(a) 立方体试体　(b) 试块破坏后的状态

图 20-12　混凝土试件的破坏状态

对相同质量的混凝土立方体试件来说，试件的尺寸越小，测得的强度越高，反之亦然。这是由于混凝土立方试块在压力机上受压时，沿荷载方向产生纵向变形的同时，将发生横向变形。随着荷载逐渐加大，在试块上、下表面与压力机压板的接触面上产生制止横向扩展的摩擦力 [图 20-12(a) 的上部]。由于这种力的存在，对试块横向变形起到约束作用，从而提高试体的抗压强度值。越接近试块的顶面，这种约束作用越大，在距离大约 $3/2a$（a 为试样的宽度）的范围以外约束作用消失。试块破坏之后，其破坏特征如图 20-12(b) 上图所示，上下部分各有一个较为完整的锥体，这是由于约束作用的结果。通常称这种作用为“环箍效应”。对于大的试样，环箍效应作用较小。所以测得试样的抗压强度值较低。因此，我国国家标准规定采用 150mm×150mm×150mm 的立方体试件作为标准试件。

若试验时，在试块承压面和试验机压板间涂润滑剂（如石蜡），则其间的摩擦力减小，横向力消失，环箍效应将大大减小，使试块的强度值减低，试块将产生横向裂缝而破坏，如图 20-12(b) 下图所示。

三、实验器材

① 试验机。混凝土立方体抗压强度试验所采用试验机的精确至少应为±2%，其量程应为能使试件的预期破坏荷载值不小于全量程的 20%，也不大于全量程的 80%。

试验机上、下压板及试件之间可各垫一块钢垫板，钢垫板的两面承压面均应机械加工。与试件接触的压板或垫板的尺寸应大于试件的承压面，其不平度应为每 100mm 不超过 0.02mm 。

② 试模：由铸铁或钢制成，应具有足够的刚度，并且拆装方便（图 20-13）。

图 20-13　试模

③ 振动台、捣棒等。

四、试件制作

1. 一般规定

① 混凝土试件的尺寸应根据混凝土中集料的最大粒径按表 20-4 选定。

表 20-4 混凝土立方试件尺寸选用表

试件尺寸/mm	集料最大粒径/mm
100×100×100	30
150×150×150	40
200×200×200	60

② 混凝土力学性能试验应以三个试件为一组。

③ 每组试件所用拌和物取样、用以检验现浇混凝土工程或预制构件质量的试件取样以及成型试件时，其材料的称量精确均与混凝土拌和物坍落度相同。

④ 所有试件应在取样后立即制作，确定混凝土设计特征值、强度等级或进行材料性能研究时，试件成型方法应根据混凝土稠度而定。坍落度不大于 70mm 的混凝土，宜用振动台振实；大于 70mm 的宜用捣棒人工捣实。检验现浇混凝土工程和预制构件质量的混凝土，试件成型方法应与实际施工采用的方法相同。

2. 试件制作步骤

① 制作试件前应将试模擦净并在内壁涂上一层机油或其他脱模剂。

② 试件成型。

a. 采用振动台成型　当采用振动台成型时，应先将混凝土拌和物一次装入试模，装料时应用抹刀沿试模内壁略加插捣并使混凝土拌和物高出试模上口。振动时应防止试模在振动台上自由跳动。振动应持续到混凝土表面出浆为止，刮除多余的混凝土，并用抹刀抹平。

b. 采用人工插捣成型　当采用人工插捣时，混凝土拌和物应分两层装入试模，每层装料厚度大致相等。插捣应按螺旋方向从边缘向中心均匀进行，插捣底层时，捣棒应达到试模表面，插捣上层时，捣棒应穿入下层深度为 20～30mm，插捣时捣棒应保持垂直，不得倾斜。同时，还应用抹刀沿试模内壁插入数次。每层的插捣次数应根据试件的截面而定，一般每 $100cm^2$ 截面积不应少于 12 次，插捣完后，刮除多余的混凝土，并用抹刀抹平。

3. 试件养护

（1）养护方法

根据试验目的不同，试件可用标准养护或与构件同条件养护。

① 确定混凝土特征值、强度等级或进行材料性能研究时应采用标准养护；检验现浇混凝土工程或预制构件中混凝土强度时，试件应采用同条件养护。

② 试件一般养护龄期为 28d（由成型时算起）进行试验。但也可以按要求（如需确定拆模、起吊、施加预应力或承受施工荷载等时的力学性能）养护到所需的龄期。

（2）养护条件

① 标准养护的试件　采用标准养护的试件成型后应覆盖表面，以防止水分蒸发，并应在温度为（20±5）℃情况下静置一昼夜，然后编号拆模。

拆模后的试件应立即放在温度为（20±3）℃、湿度为 90%以上的标准养护室中养护。在标准养护室内将试件放在架上，彼此间隔为 10～20mm，并应避免用水直接冲淋试件［当无标准养护室时，混凝土试件可在温度为（20±3）℃的不流动水中养护。水的 pH 值不应小于 7］。

② 同条件养护的试体　采用同条件养护的试体成型后应覆盖表面。试件的拆模时间可与实际构件的拆模时间相同，拆模后，试件仍需保持同条件养护。

五、试验步骤

试件从养护地点取出后，应尽快进行试验，以免试件内部的温湿度发生显著变化。试验步骤如下。

① 先将试件擦拭干净，测量尺寸，并检查其外观。试件尺寸测量精确至1mm，并据此计算试件的承压面积。

② 将试件安放在试验机的下压板上，试件的承压面与成型时的顶面垂直。试件的中心应与试验机下压板中心对准。开动试验机，当上压板与试件接近时，调整球座，使接触均衡。

混凝土试件的试验应连续而均匀地加荷，混凝土强度等级低于C30时，其加荷速度为0.3～0.5MPa/s；若混凝土强度等级高于或等于C30时，则为0.5～0.8MPa/s。当试件接近破坏而开始迅速变形时，停止调整试验机油门，直至试件破坏，然后记录破坏荷载。

六、结果处理与评定

混凝土立方体试件的轴心抗压强度按（20-4）式计算，精确至0.1MPa。

$$R=\frac{F}{A} \tag{20-4}$$

式中　R——混凝土立方体试件抗压强度，MPa；

F——破坏荷载，N；

A——试件承压面积，mm^2。

以三个试件测值的算术平均值作为该组试件的抗压强度值。三个测值中的最大值或最小值中如有一个与中间值的差值超过中间值的15%时，则把最大及最小值一并舍除，取中间值作为该组试件的抗压强度值。如有两个测值与中间值的差均超过中间值的15%，则该组试件的试验结果无效。

取150mm×150mm×150mm试件的抗压强度为标准值，用其他尺寸试件测得的强度值均应乘以尺寸换算系数，200mm×200mm×200mm试件，其换算系数为1.05；100mm×100mm×100mm试件换算系数为0.95。

Ⅲ．玻璃机械强度的测定

一、目的意义

玻璃是一种脆性材料，测定其能承受多大的外力而不破裂，可以预测玻璃的某种性能，分析玻璃内部存在缺陷的程度，为改进、提高玻璃制品的质量，开发玻璃新品种提供依据。在实际使用玻璃材料时，玻璃机械强度的测定数据十分重要，在应用设计时应考虑外部作用力远小于机械强度的测定值，以确保人的安全或财物的安全。

测定玻璃强度的负荷形式，一般用弯曲、拉伸或压缩。

本实验的目的：

① 学习玻璃强度的弯曲、压缩测试方法；

② 分析影响玻璃强度测试结果的各种因素。

二、实验器材

① 材料试验机，如“实验40”中的图40-7所示。要求荷载50～100kN，本试验采用

WE-100 型液压式万能试验机，最大试验力 100kN。

② 玻璃研磨机。

③ 玻璃切割工具、尺寸测量工具等。

三、玻璃抗弯强度的测定

1. 实验原理

在测定玻璃强度的方法中，最容易进行分析的是两种方法，即将试样的张力负荷或压力负荷不断增加至试样断裂。将断裂时的负荷除以试样的横截面积就可得出抗张强度或抗压强度。但是，在做张力试验时，试样的两端不易夹紧，所以常常用抗弯（抗折）强度测定来代替。

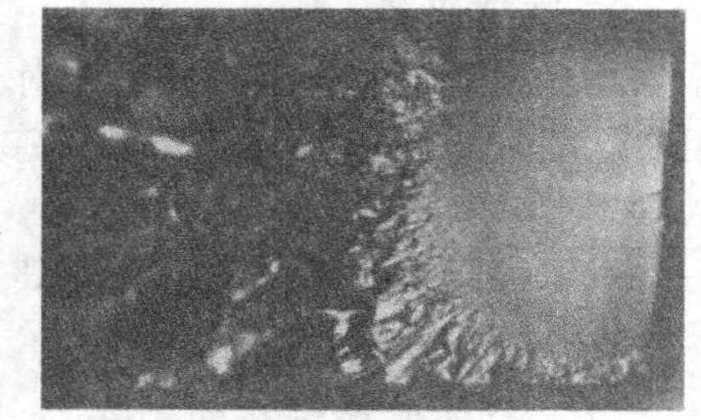

图 20-14 平板玻璃断面上光滑面、细纹、粗纹及断裂交叉面区

普通无机玻璃具有由共价键构成的三维网状结构，所以玻璃在常温下是比较稳定、具有较高硬度的材料。然而，玻璃中还有一部分离子键，离子键与共价键的结合使玻璃呈现脆性。此外，在玻璃制造过程中，难免与固体接触而在表面产生微裂纹。在外部张应力的作用下，应力会在这些微裂纹的前端集中，使微裂纹成长、扩展而使玻璃断裂。所以，在大的张应力作用下，玻璃几乎不出现塑性变形，而是呈现脆性的特征。因此，玻璃的抗张强度较低。玻璃的面积或直径越大，微裂纹存在的概率就越大，玻璃的强度就越低。玻璃断裂之后，在玻璃的断面可以看到一个光滑面（镜面），这是玻璃断裂的起点。当断裂面以较大的速度扩大时，表面就变得粗糙，如图 20-14 所示。研究玻璃的断裂面，可以解释玻璃的断裂机理、推断玻璃的断裂状况。

玻璃的抗弯强度可采用简支梁法进行测定。按照定义，材料的抗弯强度应指纯弯曲下的强度。但是，如果使用“三点式”对厚度较小的平板玻璃试样进行测量［图 20-15(a)］，就会存在剪应力而影响试验结果。为了解决这个问题，可采用“四点式”（图 20-15）进行测量。用这种方法测定时，试样受力的中间部分为纯弯曲，无剪力的影响。

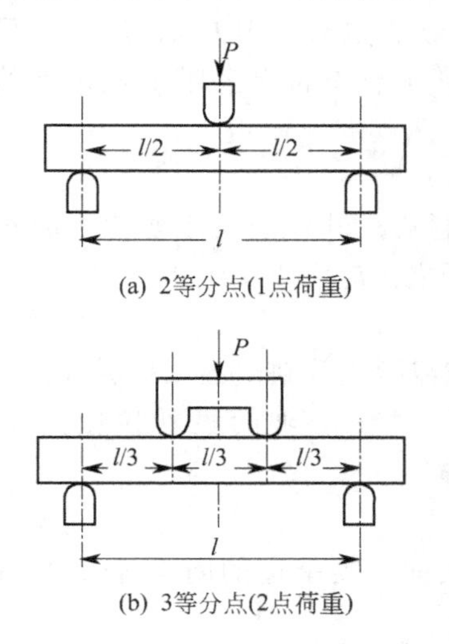

图 20-15 抗弯强度实验受力分析

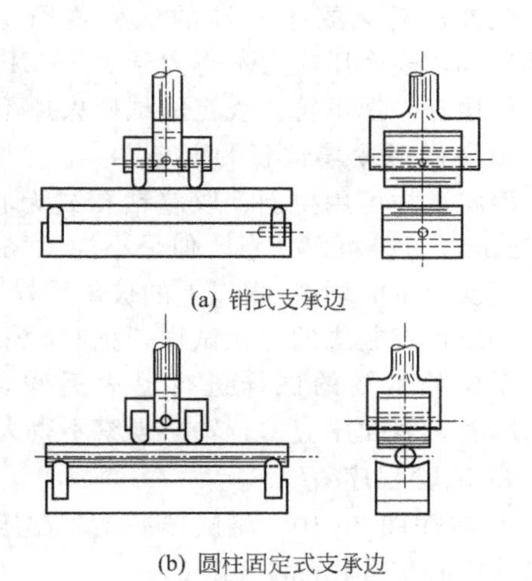

图 20-16 试样夹具

采用“四点式”时，将平板试样放在两支点上，以“两点载荷”的方式在两支点间的试样上施加集中载荷，使试样变形直至破裂。在这种情况下，玻璃的抗弯强度按式(20-5)

计算：

$$S_{\mathrm{p}}=\frac{LP}{bh^{2}} \tag{20-5}$$

式中 S_{p}——平板玻璃试样的弯曲强度，MPa；

L——力矩臂或相邻支点和负荷边缘之间的距离，mm；

P——作用于试体的破坏荷重，N；

b——试样宽度，mm；

h——试样厚度（高度），mm；

2. 试样夹具

试样夹具是一个辅助压具。对于矩形断面的试样，活动半径约 3 mm 的圆柱形的支承边用来承载试样和施加负载，如图 20-16(a) 所示，它由钢材制造，并淬火到足以防止负荷过量时变形。

对于圆形或椭圆形的试验，其支承边示意于图 20-16(b) 之中。

3. 试样的制备

(1) 平板玻璃试样的制备

① 试样尺寸　试样长约 250mm，宽（38.1±3.2）mm，其宽度或厚度的尺寸变化不应超过本身的 25％ 。

② 试样数量　一次测试需要 30 块以上的玻璃试样。

③ 试样切裁　用玻璃切割工具，先按板材的纵向，将两条原边切去，弃之不用。

然后，以试样长度为宽，按板材的纵向切取两长条，再按试样宽度的要求，从长条上切取玻璃试块。

在切取两长条后余下待测的试验板材上，以与上述试样垂直的方向切取试样，其数量与上相同。

④ 试样质量的检查　仔细检查切下的试样，把有砂子、结石、气泡或切割裂纹等缺陷的试样丢弃。

此外，至少要对 30％ 的试样进行退火后残余应力的检查。其中心拉应力不得大于 1.38MPa，表面压应力不得大于 2.76MPa；如这批试样中有不符合要求的，余下的试样也要进行检查，把不符合规定的试样去掉不用。

(2) 棒形玻璃试样的制备

棒状试样可用拉制、取芯钻孔或无心研磨等方法制成。试样的长度要比支距至少长出 12.7mm，直径可以任意，但最小为 4.8mm。长与直径之比应大于 10∶1。

一次测试需要 30 根以上的玻璃试样。

仔细检查制成的棒状试样，把有砂子、结石、气泡或裂纹等缺陷的试样丢弃。

至少对 30％ 的试样进行退火后残余应力的检查。其中心轴的表观拉应力不得大于 0.92MPa，表面压应力，轴向观察不得大于 2.76MPa。

4. 试验程序

① 参照图 20-10，将试样夹具放在压机的下压缩表面。支承边的间隔为 200mm，与负载边的中心位置相隔 100mm。

② 抽出一批试样中的 6 个，将玻璃试体仔细地放到试样夹具中。先估算一个断裂强度，试样的初负荷产生的最大应力不得大于断裂强度的 25％。并以估算断裂强度值的（1.1±0.2）倍（单位为 MPa/s）算出加荷速度。为防止碎片飞溅，可用塑料或其他低弹性模量的胶布覆盖在试样的加压面上。然后开动压机，以此为恒速度对试样加荷载直至试样断裂。取

其平均结果用来校正估计值。

③ 以求出的平均断裂强度及加荷速度，对每块试样进行测定。将试验结果记入表 20-5 中，以便计算。

表 20-5 数据记录

试样号	试样尺寸		力矩臂	断裂负荷	载荷时间	负荷的增加速度	备注
	宽度 b /mm	厚度 d /mm	a /mm	L /MPa	t /s	$\Delta L/\Delta t$ /(MPa/s)	
1							
2							
3							
…							

5. 结果计算

(1) 矩形断面试样的计算

矩形断面试样的弯曲强度按式(20-5) 进行计算。每个试样的测量结果算出之后，求出平均值及标准偏差。

(2) 圆形断面试样的计算

圆形断面试样的弯曲强度由式(20-6) 进行计算：

$$S_y=\frac{5.09La}{bd^2} \tag{20-6}$$

式中 S_y——圆形断面的弯曲强度，MPa；

L——力矩臂或相邻支点和负荷边缘之间的距离，mm；

a——作用于试体的破坏荷重，N；

b——试样宽度，mm；

d——试样的直径，mm。

每个试样的测量结果算出之后，求出平均值及标准偏差。

6. 测试报告

在试验报告中要说明试样的制备方法、试样的形状与尺寸、是否经特殊处理、检验方法、检验环境、试样最大应力增加速度、一组试样的弯曲强度平均值及标准差等。

四、玻璃抗压强度的测定

1. 实验原理

玻璃的抗压强度一般都采用轴心受压的形式。普通无机玻璃在玻璃制造的过程中难免与固体接触而在表面产生的微裂纹。在外部压应力的作用下，应力会使这些微裂纹收缩（闭合）。所以，玻璃的抗压强度比抗张强度高得多。

2. 辅助压具

抗压试验用的辅助压具如图 20-17 所示，它用一个球形的托柱 1 可使玻璃试样 2 对准压机的压缩表面，以保证压机的压力均匀、垂直地作用于玻璃试样的表面。

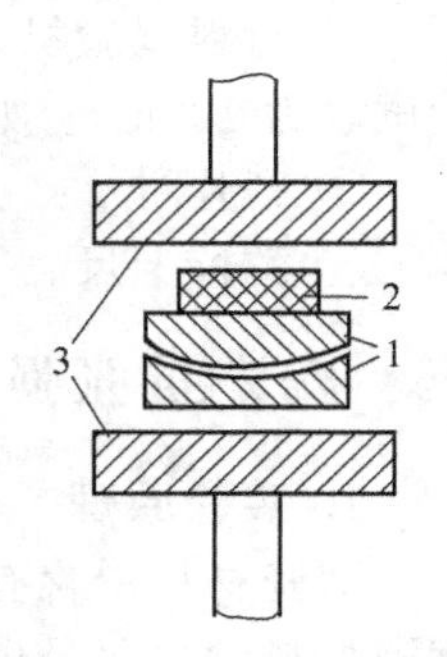

图 20-17 辅助压具

1—托柱；2—玻璃试样；3—压机压头

3. 试样的制备

① 挑选无缺陷的玻璃为待测试样，将其切成 4～5mm 的立方体。

有时也采用高与直径为 5mm 的圆柱体；或厚 2～3mm、每边长为 4 mm 的正方形薄片做试体。

② 试样要很好地退火，并精细磨光，使之具有严格平行的表面。

③ 同类试样不应少于 10 个。

4. 试验程序

① 将辅助压具放在压机的下压缩表面，将玻璃试体放在辅助压具上，仔细调整水平，使玻璃试样的上表面与压机的上压缩表面良好接触。

② 开动压机，对玻璃试样匀速加荷，应力速度在 0.98～2.94MPa/s 的范围内。

5. 结果计算

抗压强度的计算公式如下：

$$p=\frac{0.01F}{S} \tag{20-7}$$

式中 p——抗压强度，MPa；

F——破坏荷载，N；

S——试体的横截断面积，cm^2。

抗压强度的测定结果误差较大，如在 15%的范围之内，则可认为结果是合格的。

6. 测试报告

在试验报告中要说明试样制备方法、试样形状与尺寸、试体的横截面积、断裂负荷、一组试样的抗压强度、相对误差等。

Ⅳ. 陶瓷机械强度的测定

一、目的意义

陶瓷是一种脆性材料，在检选、加工、搬运和使用的过程中容易破损。因此，测定陶瓷的机械强度对陶瓷材料的科学研究、生产质量控制及使用都有重要的意义。测定陶瓷强度的负荷形式，一般用弯曲、拉伸或压缩。

本实验的目的：

① 了解影响陶瓷材料机械强度的各种因素；

② 掌握陶瓷强度的测试原理与测试方法。

二、实验器材

① 材料试验机，要求荷载 50～100kN，本试验采用 WE-100 型液压式万能试验机，最大试验力 100kN。如“实验 40”中的图 40-7 所示。

② 磨片机

③ 游标卡尺。

三、陶瓷抗张强度的测定

1. 实验原理

陶瓷材料中含有结晶颗粒、玻璃相及气孔，这使陶瓷结构中存在许多缺陷。特别是组成陶瓷材料的主要晶体和玻璃相多是脆性的，因此，陶瓷在室温下呈现脆性，在外力的作用下会突然断裂。

测定陶瓷材料抗张强度有弯曲法、直接法和径向压缩法等多种方法。弯曲法利用杆件试样做弯曲实验，可以求得抗张强度值，但这种方法有缺陷，常因施加的应力分布不均匀，使测定值偏高；直接法将试验制成“8”字形或“哑铃”形，对试样直接施加拉伸负荷。但是，陶瓷是脆性材料，应变小，只要试样的负荷中心线有偏差，就会受到剪应力和弯应力的影响，使测定结果偏低。径向压缩法则是比较先进和科学的方法（图20-18）。

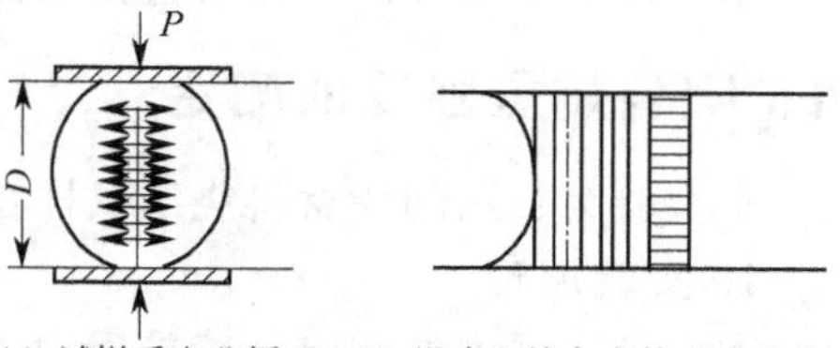

(a) 试样受力分析　(b) 沿中心线各点的应力状态

图 20-18　径向压缩试验法原理

根据弹性理论，如在陶瓷圆柱体试样的径向平面沿着试样长度 L 施加两个方向相反、均匀分布的集中载荷 P，在承受载荷的径向平面上，将产生与该平面相垂直的、左右分离的均匀拉伸应力。当这种应力逐渐增加到一定程度时，试样就沿径向平面劈裂破坏。这是径向压缩引起拉伸的基本原理。用这种方法测定时，试样的抗张强度按式(20-8) 计算：

$$\sigma_t = 2P/\pi DL \tag{20-8}$$

式中　σ_t——试样的抗张强度，Pa；

P——试样破坏时的压力值，N；

D——圆柱体试样的直径，m；

L——圆柱体试样的长度，m。

2. 试样夹具

试样夹具是一个辅助压具，由两个相互平行的板组成，它由钢材制造，并淬火到足以防止负荷过量时变形。

3. 试样的制备

① 按生产工艺条件制备直径（D）为（20±2）mm、长度（L）为（20±2）mm 的规整圆柱体试样 10～15 件。试样不允许有轴向变形。

② 将试样清洗干净，剔除有明显缺陷和有圆度误差的试样，干燥后待用。

4. 测试步骤

① 按试验机的操作规程，选择量程，调校仪器。将两压板效验平行。如加压板出现不平整时，应加工使之平整。

② 将试样横放在加压板正中，两中心线与加压板之间垫衬厚为 1 mm 的马粪纸。

③ 以 4×10^2 N/s 的速度均匀加载，准确读取并记录试验破坏时的压力值。

5. 结果记录与计算

（1）测定记录

将有关的测试数据记入表 20-6 中。

表 20-6　陶瓷材料抗张强度测定记录表

试样名称		测定人		测定日期	
试样处理					
试样编号	DL /cm×cm	最大压力测值 /N	σ /Pa	舍弃情况	最终测定结果
1					
2					
3					
…					

（2）结果计算

试样的抗张强度按式(20-7) 进行计算。在计算中，各种数据按修约规则处理。舍弃异常数据。以 5 个试样的平均值为抗张强度的最终结果。

四、陶瓷抗压强度的测定

本实验为日用陶瓷材料烧结试样在常温下抗压强度的测定。

1. 实验原理

陶瓷抗压强度的测定一般采用轴心受压的形式。陶瓷材料的破裂往往从表面开始，因此试样大小和形状对测量结果有较大的影响。试样的尺寸增大，存在缺陷的概率也增大，测得的抗压强度值偏低。因此，试样的尺寸应当小一点，以降低缺陷的概率，减少“环箍效应”对测试结果的影响。

试验证明，圆柱体试样的抗压强度略高于立方体的试样的抗压强度。这是因为在制取试样时，圆柱体试样的一致性优于立方体。圆柱体的内部应力较立方体均匀。在对试样施加压力时，圆柱体受压方向确定；而立方体受压方向难于统一确定，不同方向的抗压强度有差异。

此外，试样的高度与抗压强度有关，抗压强度随试样高度的降低而提高。因此，采用径高比为 1∶1 的圆柱体试样比较合适。

2. 试样夹具

试样夹具是一个辅助压具，由两个相互平行的板，它由钢材制造，并淬火到足以防止负荷过量时变形。

3. 试样的制备

① 按生产工艺条件制备直径（D）为（20±2）mm、高度（H）为（20±2）mm 的规整样 10 件。试样上下两面在磨片机上用 $100^{\#}$ 金刚砂磨料磨平整，试样上下两面的不平行度小于 0.010mm/cm，试样中心线与底面的不垂直读小于 0.020mm/cm。

② 将试样清洗干净，剔除有可见缺陷的试样，干燥后待用。

4. 测试步骤

① 按试验机的操作规程，选择量程，调校仪器。将两块加压板效验平整。如加压板出现不平整时，应加工使之平整。

② 将试样放在加压板正中，上下两面垫衬厚为 1 mm 的马粪纸。

③ 以 2×10^{2} N/s 的速度均匀加载，准确读取试样一次性破坏（即压力计指针均匀连续移动，不因试样出现中间破裂而停顿）时的压力值，否则不予记录。

5. 结果记录与计算

(1) 测定记录

将有关的测试数据记入表 20-7 中。

表 20-7 陶瓷材料抗压强度测定记录表

试样名称				测定人		测定日期	
试样处理							
试样编号	试样尺寸 ϕL /mm×mm	受压面积 /cm^2	最大压力值 /N	抗压强度 /Pa	舍弃情况	最终测定结果	备注
1							
2							
3							

续表

试样名称			测定人		测定日期		
试样处理							
试样编号	试样尺寸 ϕL /mm×mm	受压面积 /cm^2	最大压力值 /N	抗压强度 /Pa	舍弃情况	最终测定结果	备注
4							
5							
…							

（2）结果计算

$$\sigma_t = \frac{P}{A} \tag{20-9}$$

式中　σ_t——试样的抗压张强度，Pa；

P——试样破坏时的压力值，N；

A——试样受压面积，m^2。

在计算中，各种数据按修约规则处理。舍弃异常数据。以5个试样的平均值为抗压张强度的最终结果。

思考题

1. 影响水泥胶砂强度的因素有哪些？如何提高水泥的胶砂强度？
2. 在水泥胶砂强度试验过程中，下列情况对测试结果有何影响？
①试体尺寸偏大　②试体尺寸偏小　③加荷速率偏大　④加荷速率偏小　⑤试模涂油不均　⑥在试体成型过程中，搅拌叶片和锅没有用湿布擦湿　⑦标准砂粒度偏大
3. 影响混凝土强度的主要因素有哪些？可采取哪些措施提高混凝土的强度？
4. 玻璃的抗张强度比金属材料、高分子材料小，为什么？
5. 玻璃受力破裂时，为什么会形成镜面？
6. 测定陶瓷抗折强度有何实际意义？
7. 影响陶瓷抗张强度和抗折强度测定结果的因素（从结构和工艺方面分析）是什么？
8. 为什么陶瓷的张力直接测定结果总是偏低？
9. 影响陶瓷抗压强度测定的因素是什么？
10. 从陶瓷抗压强度极限的测定中得到什么启示？

参考文献

[1]　李业兰编．建筑材料．北京：中国建筑工业出版社，1995.
[2]　高琼英主编．建筑材料．第2版．武汉：武汉工业大学出版社，1992.
[3]　GB/T 17671—1999．水泥胶砂强度检验方法（ISO法）.
[4]　JC/T 681—1997．行星式水泥胶砂搅拌机.
[5]　JC/T 682—1997．水泥胶砂试体成型振实台.
[6]　姜玉英．水泥工艺实验．武汉：武汉工业大学出版社，1992.
[7]　GBJ 81—85．普通混凝土力学性能试验方法.
[8]　GBJ 107—87．混凝土强度检验评定标准.
[9]　南京玻璃纤维研究设计院．玻璃测试技术．北京：中国建筑工业出版社，1987：170-185.

[10] 巴甫鲁什金 H M. 玻璃工艺实验. 张厚尘译. 北京：中国工业出版社，1963：135-142.
[11] 祝桂洪. 陶瓷工艺实验. 北京：中国建材出版社，1997：75-78.
[12] JC/T 676—1997. 玻璃材料弯曲强度试验方法.
[13] JC/T 738—1996. 水泥强度快速检验方法.
[14] GB 6569—86. 工程陶瓷弯曲强度试验方法.
[15] GB 8489—87. 工程陶瓷压缩强度试验方法.
[16] GB 9966.2—88. 天然饰面石材试验方法 弯曲强度试验方法.
[17] GB/T 263—93. 铸石制品性能试验方法 弯曲强度试验.
[18] GB/T 262—93. 铸石制品性能试验方法 压缩强度试验方法.

实验 21 材料线膨胀系数的测定

一、目的意义

物体的体积或长度随温度的升高而增大的现象称为热膨胀。热膨胀系数是材料的主要物理性质之一，它是衡量材料的热稳定性好坏的一个重要指标。

在实际应用中，当两种不同的材料彼此焊接或熔接时，选择材料的热膨胀系数显得尤为重要，如玻璃仪器、陶瓷制品的焊接加工，都要求两种材料具备相近的热膨胀系数。在电真空工业和仪器制造工业中广泛地将非金属材料（玻璃、陶瓷）与各种金属焊接，也要求两者有相适应的热膨胀系数；如果选择材料的热膨胀系数相差比较大，焊接时由于膨胀的速度不同，在焊接处产生应力，降低了材料的机械强度和气密性，严重时会导致焊接处脱落、炸裂、漏气或漏油。如果层状物由两种材料叠置连接而成，则温度变化时，由于两种材料膨胀值不同，若仍连接在一起，体系中要采用一个中间膨胀值，从而使一种材料中产生压应力而另一种材料中产生大小相等的张应力，恰当地利用这个特性，可以增加制品的强度。因此，测定材料的热膨胀系数具有重要的意义。

目前，测定材料线膨胀系数的方法很多，有示差法（或称“石英膨胀计法”）、双线法、光干涉法、重量温度计法等。在所有这些测试方法中，以示差法具有广泛的实用意义。国内外示差法所采用的测试仪器很多，有立式膨胀仪和卧式膨胀仪两种。有工厂的定型产品，也有自制的石英膨胀计。此外，双线法在生产中也是一种快速测量法。本实验采用示差法进行测试。

本实验的目的：

① 了解测定材料的膨胀曲线对生产的指导意义；

② 掌握示差法测定热膨胀系数的原理、方法和测试要点；

③ 对于玻璃材料，可在热膨胀曲线上确定玻璃的特征温度。

二、基本原理

一般的普通材料，通常所说的膨胀系数是指线膨胀系数，其意义是温度升高 1℃时单位长度上所增加的长度，单位为 K^{-1}。

假设物理原来的长度为 L_0，温度升高后长度的增加量为 ΔL，实验指出它们之间存在如下关系：

$$\frac{\Delta L}{L_0}=\alpha_1 \Delta t \tag{21-1}$$

式中 α_1——线膨胀系数，也就是温度每升高 1℃时，物体的相对伸长量。

当物体的温度从 T_1 上升到 T_2 时，其体积也从 V_1 变化为 V_2，则该物体在 $T_1 \sim T_2$ 的温度范围内，温度每上升一个单位，单位体积物体的平均增长量为：

$$\beta=(V_1-V_2)/V_1(T_2-T_1) \tag{21-2}$$

式中 β——平均体膨胀系数。

从测试技术来说，测体膨胀系数较为复杂。因此，在讨论材料的热膨胀系数时，常常采用线膨胀系数

$$\alpha=(L_1-L_2)/L_1(T_2-T_1) \tag{21-3}$$

式中 α——玻璃的平均线膨胀系数，K^{-1}；

L_1——在温度为 T_1 时试样的长度，m；

L_2——在温度为 T_2 时试样的长度，m。

β 与 α 的关系是：

$$\beta=3\alpha+3\alpha^2\Delta T^2+\alpha^3\Delta T^3 \tag{21-4}$$

方程（21-4）中的第二项和第三项非常小，在实际中一般略去不计，而取 $\beta\approx3\alpha$。

必须指出，由于膨胀系数实际上并不是一个恒定的值，而是随温度变化而变化的，所以上述膨胀系数都是具有在一定温度范围 ΔT 内的平均值的概念，因此使用时要注意它适用的温度范围。一些材料的线膨胀系数见表 21-1。

表 21-1 一些材料的线膨胀系数

材料名称	线膨胀系数（0～1000℃）/×10^{6}K^{-1}	材料名称	线膨胀系数（0～1000℃）/×10^{6}K^{-1}	材料名称	线膨胀系数（0～1000℃）/×10^{6}K^{-1}
Al_2O_3	8.8	ZrO_2(稳定化)	10	硼硅玻璃	3
BeO	9.0	TiC	7.4	粘土耐火材	5.5
MgO	13.5	B_4C	4.5	刚玉瓷	5～5.5
莫来石	5.3	SiC	4.7	硬质瓷	6
尖晶石	7.6	石英玻璃	0.5	滑石瓷	7～9
氧化锆	4.2	钠钙硅玻璃	9.0	钛酸钡瓷	10

示差法是基于采用热稳定性良好的材料石英玻璃（棒和管）在较高温度下，其线膨胀系数随温度而改变的性质很小，当温度升高时，石英玻璃与其中的待测试样和石英玻璃棒都会发生膨胀，但是待测试样的膨胀比石英玻璃管上同样长度部分的膨胀要大。因而使得与待测试样相接触的石英玻璃棒发生移动，这个移动是石英玻璃管、石英玻璃棒和待测试样三者的同时伸长和部分抵消后在千分表上所显示的 ΔL 值，它包括试样与石英玻璃管和石英玻璃棒的热膨胀的差值，测定出这个系统的伸长的差值及加热前后温度的差数，并根据已知石英玻璃的线膨胀系数，便可算出待测试样的线膨胀系数。

如图 21-1 所示是石英膨胀仪的工作原理分析图，从图中可见，膨胀仪上千分表上的读数为

$$\Delta L=\Delta L_1-\Delta L_2$$

由此得：

$$\Delta L_1=\Delta L+\Delta L_2$$

根据定义，待测试样的线膨胀系数为：

$$\alpha=\frac{\Delta L+\Delta L_2}{L}\times\Delta T=\frac{\Delta L}{L}\times\Delta T+\frac{\Delta L_2}{L}\times\Delta T \tag{21-5}$$

其中

$$\frac{\Delta L_2}{L}\times\Delta T=\alpha_{石}$$

所以

$$\alpha=\alpha_{石}+\frac{\Delta L}{L}\times\Delta T$$

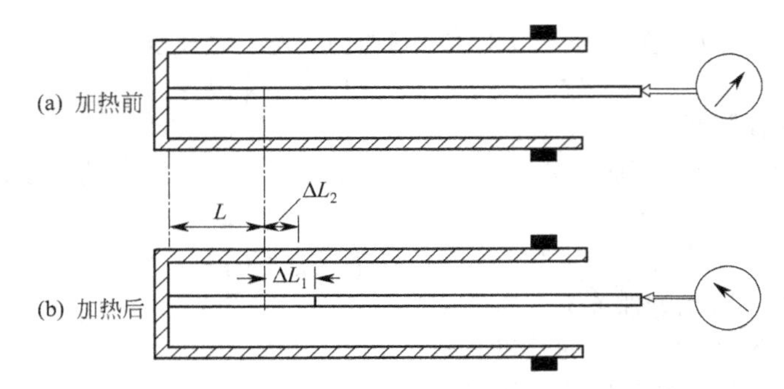

图 21-1 石英膨胀仪内部结构热膨胀分析图

若温度差为 T_2-T_1，则待测试样的平均线膨胀系数 α 可按式(21-6) 计算：

$$\alpha=\alpha_{石}+\frac{\Delta L}{L}\times(T_2-T_1) \tag{21-6}$$

式中 $\alpha_{石}$——石英玻璃的平均线膨胀系数（按下列温度范围取值）；

$5.7\times10^{-7}K^{-1}$ (0～300℃)

$5.9\times10^{-7}K^{-1}$ (0～400℃)

$5.8\times10^{-7}K^{-1}$ (0～1000℃)

$5.97\times10^{-7}K^{-1}$ (200～700℃)

T_1——开始测定时的温度,℃；

T_2——测定结束时的温度（一般定为 300℃，若需要，也可定为其他温度),℃；

ΔL——试样的伸长值，即对应于温度 T_2 与 T_1 时千分表读数之差值，mm；

L——试样的原始长度，mm。

这样，将实验数据在直角坐标系上作出热膨胀曲线（图 21-2)，就可确定试样的线膨胀系数，对于玻璃材料还可以得出其特征温度 T_g 与 T_f。

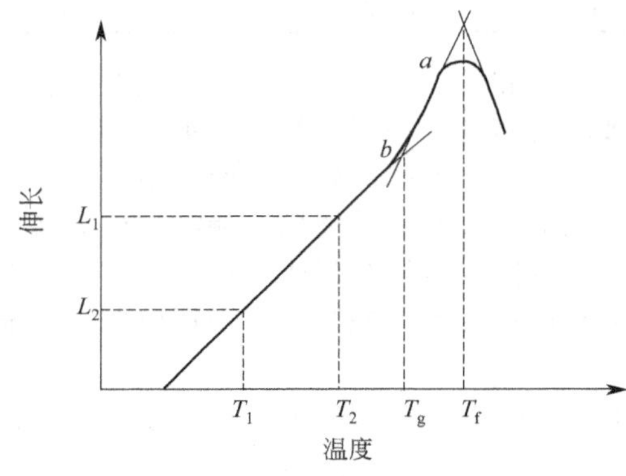

图 21-2 玻璃材料的热膨胀曲线

三、实验器材

① 待测试样（玻璃、陶瓷等)；

② 小砂轮片（磨平试样端面用)；

③ 卡尺（量试样长度用)；

④ 秒表（计时用)；

⑤ 石英膨胀仪（包括管式电炉、特制石英玻璃管、石英玻璃棒、千分表、热电偶、温度控制器等)；

⑥ 仪器装置如图 21-3 所示。

四、测试程序

1. 试样的准备

① 必须选取无缺陷（对于玻璃，应当无砂子、波筋、条纹、气泡）材料作为测定膨胀系数的试样。

② 试样尺寸依不同仪器的要求而定。例如，一般石英膨胀仪要求试样直径为 5～6mm、长为（60.0±0.1）mm 的待测棒。

③ 把试棒两端磨平，用千分卡尺精确量出长度。

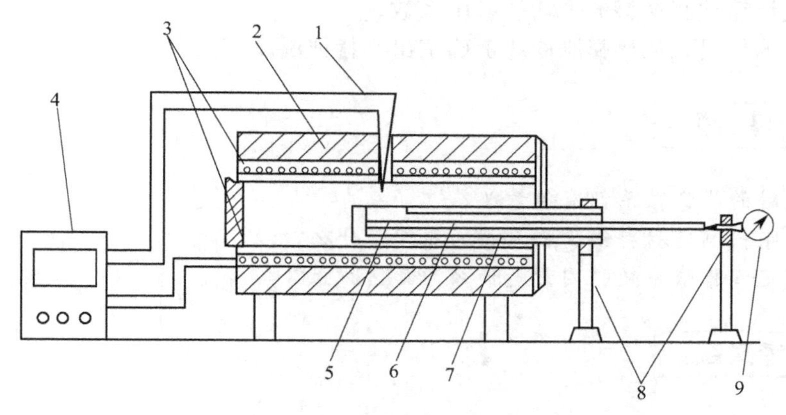

图 21-3 石英膨胀仪结构示意图

1—测温热电偶；2—膨胀仪炉体；3—电热丝；4—温度控制器；5—待测试样；
6—石英玻璃棒；7—石英玻璃管；8—支承架；9—千分表

2. 测试操作要点

① 被测试样和石英玻璃棒、千分表顶杆三者应先在炉外调整成平直相接，并保持在石英玻璃管的中心轴区，以消除摩擦与偏斜影响造成误差。

② 试样与石英玻璃棒要紧紧接触，使试样的膨胀增量及时传递给千分表，在加热测定前要使千分表顶杆紧至指针转动 2～3 圈，确定一个初读数。

③ 升温速度不宜过快，以控制 2～3℃/min 为宜，并维持整个测试过程的均匀升温。

④ 热电偶的热端尽量靠近试样中部，但不应与试样接触。测试过程中不要触动仪器，也不要振动实验台桌。

3. 测试步骤

① 先接好路线，再检查一遍接好的电路。

② 把石英玻璃管夹在支架上。

③ 先把准备好的待测试样小心地装入石英玻璃管内，然后装进石英玻璃棒，使石英玻璃棒紧贴试样，在支架的另一端装上千分表，使千分表的顶杆轻轻顶压在石英玻璃棒的末端，把千分表转到零位。

④ 将卧式电炉沿滑轨移动，将管式电炉的炉芯套上石英玻璃管，使试样位于电炉中心位置（即热电偶端位置）。

⑤ 接通电源，以 3℃/min 的速度升温，每隔 2min 记一次千分表的读数和温度的读数，直到千分表上的读数向后退为止。将所测数据记入表 21-2。

表 21-2 测试结果记录表

试样编号	试样长度 L/mm	试样温度 T/℃	千分表读数	试样伸长值 ΔL/mm	线膨胀系数 α/K^{-1}
1					
2					
3					

五、数据处理

① 根据原始数据绘出待测材料的热膨胀曲线。

② 按公式计算被测材料的平均线膨胀系数。

③ 对于玻璃材料，从热膨胀曲线上确定出其特征温度 T_g、T_f。

思考题

1. 测定材料的线膨胀系数有何意义？
2. 石英膨胀仪测定材料线膨胀系数的原理是什么？
3. 影响测定线膨胀系数的因素是什么？如何防止？

参考文献

[1] 南京玻璃纤维研究设计院．玻璃测试技术．北京：中国建筑工业出版社，1987.

[2] JC/T 679—1997. 玻璃平均线性热膨胀系数试验方法.

[3] JC/T 16535—1996. 工程陶瓷线膨胀系数试验方法.

实验 22　材料热导率的测定

材料都具有一定的功能性。为了保护生态环境，节约能源，需要大量具有隔热、保温等功能的材料，这些材料具有一系列的热物理特性。为了合理地使用与选择有关的功能材料，需要用其热物理特性进行测量和计算。因此，了解和测定材料的热物理特性是十分重要的。

材料的热物理参数有热导率、热扩散系数、比热容等。测定方法有稳定热流法和非稳定热流法两大类，每一类中又有多种测定方法。本实验用稳定热流法中的球体法，非稳定热流法中的平板法进行测定。

Ⅰ. 稳态球壁导热测定法

一、目的意义

在现代工程中，测定材料热导率的稳定态热流方法以其原理简单、计算方便而被广泛应用。球壁导热仪即为其中的方法之一。主要用于测定粉状、颗粒状、纤维状干燥材料在不同填充密度下的热导率。

本实验的目的：

① 加深对稳定导热过程基本理论的理解，建立维度与坐标选择的关系；

② 掌握用球壁导热仪测定绝热材料热导率的方法——圆球法；

③ 确定材料热导率与温度的关系；

④ 学会根据材料的热导率判断其导热能力并进行导热计算。

二、基本原理

不同材料的热导率相差很大，一般情况下，金属的热导率在 2.3～417.6W/(m·K) 范围内，建筑材料的热导率 在 0.16～2.2W/(m·K) 之间，液体的热导率波动于 0.093～0.7W/(m·K)，而气体的热导率则最小，在 0.0058～0.58W/(m·K) 范围内。即使是同一种材料，其热导率还随温度、压强、湿度、物质结构和密度等因素而变化。各种材料的热导率数据均可从有关资料或手册中查到，但由于具体条件如温度、结构、湿度和压强等条件的不同，这些数据往往与实际使用情况有出入，需进行修正。热导率低于 0.22W/(m·K)

的一些固体材料称为绝热材料，由于它们具有多孔性结构，传热过程是固体和孔隙的复杂传热过程，其机理复杂。为了工程计算的方便，常常把整个过程当作单纯的导热过程处理。

圆球法测定绝热材料的热导率是以同心球壁稳定导热规律作为基础。在球坐标中，考虑到温度仅随半径 r 而变，故是一维稳定温度场导热。实验时，在直径为 d_1 和 d_2 的两个同心圆球的圆壳之间均匀地填充被测材料（可为粉状、粒状或纤维状），在内球中则装有球形电炉加热器。当加热时间足够长时，球壁导热仪将达到热稳定状态，内外壁面温度分别恒为 T_1 和 T_2。根据这种状态，可以推导出热导率 k 的计算公式。

根据傅里叶定理，经过物体的热流量有如下的关系：

$$Q=-kA\frac{\mathrm{d}T}{\mathrm{d}r}=-4\pi kr^2\frac{\mathrm{d}T}{\mathrm{d}r} \tag{22-1}$$

式中 Q——单位时间内通过球面的热流量，W；

k——绝热材料的热导率，W/(m・K)；

$\mathrm{d}T/\mathrm{d}r$——温度梯度，K/m；

A——球面面积，$A=4\pi r^2$，m^2。

对式(22-1) 进行分离变量，并根据上述条件取定积分得

$$Q\int_{r_1}^{r_2}\frac{1}{r^2}d\mathrm{r}=-4\pi k\int_{T_1}^{T_2}\mathrm{d}T \tag{22-2}$$

式中 r_1，r_2——内球外半径和外球内半径。

积分得：

$$k=\frac{Q(d_2-d_1)}{2\pi(T_1-T_2)d_1d_2} \tag{22-3}$$

其中，Q 为球形电炉提供的热量。只要测出该热量，即可计算出所测隔热材料的热导率 k。

事实上，由于计算式中的热导率 k 是隔热材料在平均温度 $T_m=(T_1+T_2)/2$ 时的热导率 。因此，在实验中只要保持温度场稳定，测出球径 d_1 和 d_2、热流量 Q 以及内外球面温度即可计算出平均温度 T_m 下隔热材料的热导率。改变 T_1 和 T_2，则可得到热导率与温度关系的曲线。

三、实验器材

1. 球壁导热仪

实验装置图如 22-1 所示。主要部件是两个铜制同心球壳 1、2 ，球壳之间均匀填充被测隔热材料，内壳中装有电热丝绕成的球形电加热器 3 。

2. 热电偶测温系统

铜-康铜热电偶两支（测外壳壁温度），镍铬-镍铝热电偶两支（测内壳壁温度）；均焊接在壳壁上。通过转换开关将热电偶信号传递到电位差计，由电位差计检测出内外壁温度。

3. 电加热系统

外界电源通过稳压器后输出稳压电源，经调压器供给球形电炉加热器一个恒定的功率。用电流表和电压表分别测量通过加热器的电流和电压。

四、测试步骤

① 将被测绝热材料放置在烘箱中干燥，然后均匀地装入球壳的夹层之中。

② 按图 22-1 安装仪器仪表并连接导线，注意确保球体严格同心。检查连线无误后通电，使测试仪温度达到稳定状态（3～4h）。

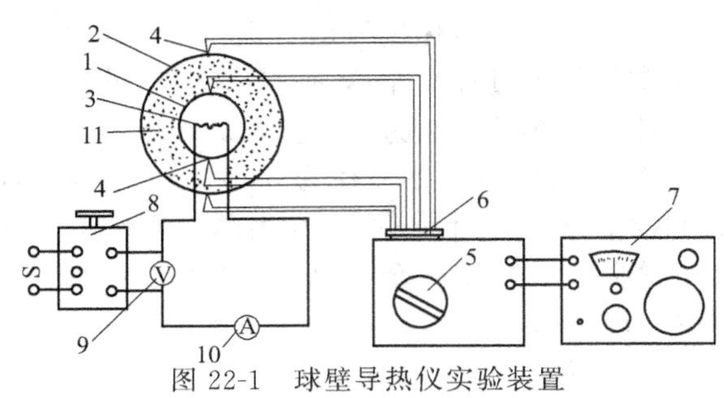

图 22-1 球壁导热仪实验装置

1—内球壳；2—外球壳；3—电加热器；4—热电偶热端；5—转换开关；6—热电偶冷端；7—电位差计；8—调压器；9—电压表；10—电流表；11—绝热材料

③ 用温度计测出热电偶冷端的温度 T_0。

④ 每间隔 5～10min 测定一组温度数据（内上、内下、外上、外下）。读数应保证各相应点的温度不随时间变化（实验中以电位差计显示变化小于 0.02mV 为准），温度达到稳定状态时再记录。共测试 3 组，取其平均值。

⑤ 测定并绘制材料的热导率和温度之间的关系。

⑥ 关闭电源，结束实验。

五、数据处理

1. 测定数据记录

将有关原始数据和测定结果记入表 22-1 中。

表 22-1 测定数据记录

测定项目		1	2	3	平均值
电流 I/A					
电压 U/V					
内球表面热电偶的热电势/mV	上				
	下				
外球表面热电偶的热电势/mV	上				
	下				
材料名称			材料填充密度	ρ= kg/m^3	
内球壳外径	d_1= cm		外球壳内径	d_2= cm	
冷端温度	T_0= ℃				

2. 绝热材料热导率的计算

(1) 平均温度的校正

根据冷端 T_0 及测点平均温度 T 可查得冷端电势 $E(T_0, 0)$，结合原始数据中各测点的平均电势 $E(T, T_0)$，即可由下式求得 $E(T, 0)$：

$$E(T,0)=E(T,T_0)+E(T_0,0)$$

式中 T——测点平均温度，℃；

T_0——冷端温度，℃；

E——热电势，mV。

再由 $E(T, 0)$ 值可查得测点温度 T_1、T_2。

(2) 电加热器发热量计算

$$Q=UI$$

式中 Q——单位时间内发热量，W；

U——电加热器电压，V；

I——电加热器电流，A。

(3) 绝热材料的热导率计算

用式(22-3) 计算材料的热导率 。

3. 确定被测材料热导率和温度的关系，并绘制出 *k*-*T* 曲线

由于此实验达到热稳定所需时间较长，无法在一个单元时间内进行不同温度下的多组测量，现将实验室中在不同温度下的实测结果列于表 22-2，按计算公式完成计算，并将结果列入表中，画出 k-T 曲线 。

在球壁导热仪的夹层中均匀地装入已烘干的玻璃纤维，内球外径 $d_1=105$mm，外球内径 $d_2=151$mm。实测数据见表 22-2。

表 22-2 绝热材料热导率测定数据

测量序号	内球壁的平均热电势/mV	外球壁的平均热电势/mV	室温/℃	内球壁温/℃	外球壁温/℃	电流/A	电压/V	平均温度/℃	热导率 k/[W/(m·K)]
1	3.99	1.158	24.8			0.78	15.8		
2	4.23	1.082	23.5			0.81	16.05		
3	4.23	1.083	25.0			0.82	16.05		
4	4.57	1.181	25.0			0.85	17.1		
5	5.45	1.159	22.0			0.94	18.5		
6	6.01	1.622	19.0			1.04	20.2		
7	6.43	1.554	23.5			1.11	21.5		
8	7.17	1.881	23.5			1.18	23.0		
9	7.66	2.010	23.5			1.22	24.1		
10	7.76	2.122	23.5			1.23	24.4		
11	8.00	2.227	23.5			1.30	25.3		
12	8.97	2.381	23.5			1.37	27.5		

注：内球热电偶为镍铬-镍铝热电偶；外球热电偶为铜-康铜热电偶。

Ⅱ. 非稳态平壁导热测定法

一、目的意义

稳态热导率的测定方法需要较长的稳定加热时间，所以只能测定干燥材料的热导率 。对于工程上实际应用的、含有一定水分材料的热导率则无法测定。基于不稳定态原理的准稳态热导率测定方法，由于测定所需时间短（10～20min），可以弥补上述稳态方法的不足且可同时测出材料的热导率、热扩散系数、比热容，所以在材料热物性测定中得到广泛的应用。

本实验的目的：

① 加深对非稳定态导热过程基本理论的理解；

② 学习非稳态法快速测量隔热材料的热导率 、热扩散系数和比热容的方法；

③ 掌握使用热电偶测量温差的方法。

二、基本原理

不稳定导热的过程实质上就是加热或冷却的过程。非稳态法测定隔热材料的热导率是建立在不稳定导热理论基础上的。与稳态法相比，这些方法具有对热源的选择上要求较低、所需的测定时间短（不需要热稳定时间），并可降低对试样的保温要求等优点。不足之处在于很难保证实验中的边界条件与理论分析中给定的边界条件相一致，且难以精确获得所要求的温度变化规律。由于非稳态法的实用价值，已广泛地应用于工程材料的测试上，特别是在高温、低温或伴随内部物质传递过程时的材料热物性测试中具有显著的优势。

本实验采用热脉冲法。在实验中对试样进行短时间加热，使实验材料的温度发生变化，根据其变化的特点，通过解导热微分方程，就可求出试验材料的热导率、热扩散系数和比热容。

根据非稳态导热原理，对于无限大的物体，其一维非稳定导热微分方程如下。

$$\frac{\partial T}{\partial \tau}=\frac{\partial^2 T}{\partial x^2}$$

假定初始时间 $\tau=0$ 时，温度 $T=T_0=$常数。引入过余温度 θ 之后，上式可改写为：

$$\frac{\partial \theta}{\partial \tau}=\frac{\partial^2 \theta}{\partial x^2} \tag{22-4}$$

可以验证一维不稳定导热微分方程的一个特解为：

$$\theta(x,\tau)=\frac{q\Delta\tau}{2c\rho\sqrt{\pi\alpha\tau}}e^{-\frac{x^2}{4\alpha\tau}} \tag{22-5}$$

式中 q——热流密度，W/m^2；

α——物体的热扩散系数，m^2/s；

x——离开热源距离，m；

c——物体的比热容，$kJ/(m^3 \cdot ℃)$；

ρ——物体的密度，kg/m^3；

$\Delta\tau$——热脉冲加热时间，s。

在热脉冲加热时间 $0\sim\tau$ 之间的任一时刻 τ'，实验材料的温度升高为

$$\theta'(x,\tau')=\int_0^{\tau'}\frac{q}{2c\rho\sqrt{\pi\alpha\tau}}e^{-\frac{x^2}{4\alpha\tau}}d\tau \tag{22-6}$$

$$=\frac{q\sqrt{\alpha\tau'}}{k\sqrt{\pi}}\left[e^{-\frac{x^2}{4\alpha\tau}}-\frac{\sqrt{\pi}x}{2\sqrt{\alpha\tau'}}erfc\left(\frac{x}{2\sqrt{\alpha\tau'}}\right)\right]$$

令 $$B(y)=e^{-\frac{x^2}{4\alpha\tau'}}-\frac{\sqrt{\pi}x}{2\sqrt{\alpha\tau'}}\times erfc\left(\frac{x}{2\sqrt{\alpha\tau'}}\right)=e^{-y^2}-\sqrt{\pi}y\times erfc(y)$$

式中 $erfc(y)$——高斯误差补函数，$erfc(y)=\frac{2}{\sqrt{\pi}}\int_y^{\infty}e^{-y^2}dy$。

得 $$\theta'(x,\tau')=\frac{q\sqrt{\alpha\tau'}}{k\sqrt{\pi}}B(y) \tag{22-7}$$

其中 $$y=\frac{x}{2\sqrt{\alpha\tau'}} \tag{22-8}$$

在加热停止后的某一时刻 τ_2，在热源面（$x=0$）上的温度升高为：

$$\theta_2(0,\tau_2)=\int_0^{\tau_2}\frac{q}{2c\rho\sqrt{\pi\alpha\tau}}d\tau-\int_0^{\tau_2-\tau_1}\frac{q}{2c\rho\sqrt{\pi\alpha\tau}}d\tau \tag{22-9}$$

$$=\frac{q\sqrt{\alpha}\ (\sqrt{\tau_2}-\sqrt{\tau_2-\tau_1})}{k\sqrt{\pi}}$$

由此得到热导率：

$$k=\frac{q\sqrt{\alpha}\,(\sqrt{\tau_2}-\sqrt{\tau_2-\tau_1})}{\theta_2(0,\tau_2)\sqrt{\pi}} \tag{22-10}$$

式(22-10)是热脉冲法测物体热导率的计算公式，式中热流密度 $q=I^2R/A$。

将式(22-10)代入式(22-7)得：

$$B(y)=\frac{\theta'(x,\tau')(\sqrt{\tau_2}-\sqrt{\tau_2-\tau_1})}{\theta_2(0,\tau_2)\sqrt{\tau'}} \tag{22-11}$$

式中的各项均能在试验过程中测量出来，因此可以计算出 $B(y)$ 函数的值。根据该函数的值可从表 22-3 中查出自变量 y^2 的值。

表 22-3 函数 $B(y)$ 表

y^2	0	1	2	3	4	5	6	7	8	9
0	0.0000	0.8327	0.7693	0.7229	0.6852	0.6533	0.6523	0.6002	0.5777	0.5570
0.1	0.5379	0.5203	0.5037	0.4881	0.4736	0.4599	0.4469	0.4346	0.4229	0.4117
0.2	0.4010	0.3908	0.3810	0.3761	0.3625	0.3539	0.3455	0.3375	0.3298	0.3223
0.3	0.3151	0.3081	0.3014	0.2948	0.2885	0.2824	0.2764	0.2707	0.2651	0.2596
0.4	0.2543	0.2492	0.2442	0.2394	0.2347	0.2301	0.2256	0.2213	0.2170	0.2129
0.5	0.2089	0.2049	0.2010	0.1973	0.1937	0.1902	0.1867	0.1833	0.1800	0.1767
0.6	0.1735	0.1704	0.1674	0.1645	0.1616	0.1588	0.1561	0.1534	0.1507	0.1481
0.7	0.1456	0.1431	0.1407	0.1383	0.1360	0.1337	0.1315	0.1293	0.1271	0.1250
0.8	0.1230	0.1210	0.1190	0.1170	0.1151	0.1132	0.1114	0.1096	0.1078	0.1061
0.9	0.1044	0.1027	0.1011	0.09949	0.09791	0.09645	0.09491	0.09340	0.09129	0.09048
1.0	0.08908	0.08770	0.08634	0.08501	0.08370	0.08241	0.08115	0.07991	0.07869	0.07749
1.1	0.07631	0.07516	0.07403	0.07292	0.07181	0.07073	0.06967	0.06863	0.06761	0.06660
1.2	0.06562	0.06464	0.06368	0.06274	0.06181	0.06090	0.06000	0.05912	0.05826	0.05741
1.3	0.05657	0.05575	0.05494	0.05414	0.05335	0.05258	0.05182	0.05107	0.05033	0.04961
1.4	0.04890	0.04820	0.04751	0.04684	0.04617	0.04552	0.04487	0.04423	0.04360	0.04298
1.5	0.04238	0.04179	0.04120	0.04062	0.04004	0.03948	0.03893	0.03839	0.03785	0.03732
1.6	0.03680	0.03629	0.03578	0.03528	0.03479	0.03431	0.03384	0.03337	0.03291	0.03246
1.7	0.03201	0.03157	0.03114	0.03072	0.03030	0.02988	0.02947	0.02907	0.02867	0.02828
1.8	0.02790	0.02752	0.02715	0.02678	0.02642	0.02606	0.02570	0.02535	0.02501	0.02468
1.9	0.02435	0.02402	0.02370	0.02338	0.02307	0.02276	0.02246	0.02216	0.02186	0.02157
2.0	0.02128									

由于 $y^2=\frac{x^2}{4\alpha\tau'}$，因此，热扩散系数的计算公式是：

$$\alpha=\frac{x^2}{4\tau_1 y^2} \tag{22-12}$$

比热容的计算公式是：

$$c=\frac{k}{\rho\alpha} \tag{22-13}$$

三、实验器材

平板导热仪主要由放置试件的夹具及试件台、加热系统和温度测量系统三部分组成，如

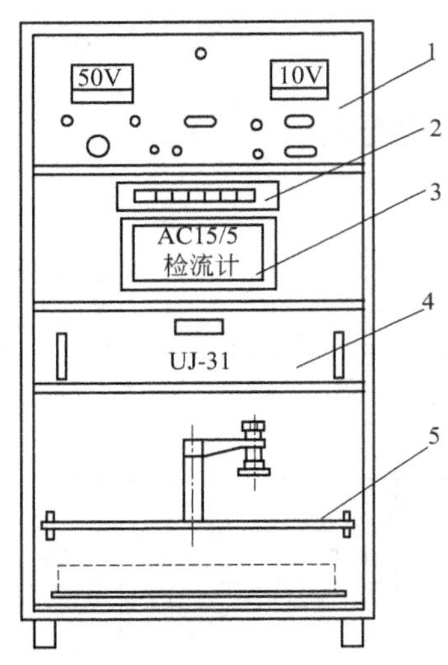

图 22-2 DRM-1 热导率测定仪

1—WYJ-45A 电源；2—热电偶开关；3—检流计；4—电位差计；5—试件台

图 22-2 所示。

四、测定步骤

1. 试样制备

(1) 试样要求

① 试件为板状，以 3 块为一组，其中两块厚板［尺寸为 20cm×20cm×(1.5～3) cm］和一块薄板［尺寸为 20cm×20cm×(6～10) cm］。

② 一组试件必须为同一配比，其密度差小于 5%。

③ 试件厚度应均匀，两表面应平行。各试件的接触面应平整且结合紧密，这样可以避免形成孔隙而受空气的影响。

④ 粉状材料用围框的办法，并按上述要求处理。

⑤ 考虑材料的不均匀性，每种材料应取样 3～5 组。

(2) 试样尺寸的测定与计算

① 用游标卡尺测量试样的长、宽和高，精确到 0.1mm。

② 测定试件质量。

③ 试件密度的计算：

$$\rho=\frac{G}{V}$$

式中 G——试样的质量，kg；

V——试件的体积，m^3。

2. 测试前的准备工作

① 接通电源，调节加热电压至规定值，打开仪器 6V 电源开关，预热 20min。

② 光点检流计零位校正。

③ 根据室温校正 UJ31 型电位差计的标准工作电压。

由于标准电池的电压随温度变化，室温校正按下式进行计算：

$$E_t=E_0-[39.94(T-20)+0.929(T-20)^2]\times10^{-6}$$

式中，$E_0=1.0186$V。

④ 电位差计转换开关放在标准位置，进行电位差计的零位校正。

3. 测量步骤

① 按实验要求把试样放在试件台上。在薄试件的下部放置加热板及下部热电偶；在薄试件的上部放置上部热电偶（图 22-3）。注意热电偶一定要放在试件的中心位置。热电偶的冷端放在冰瓶内。

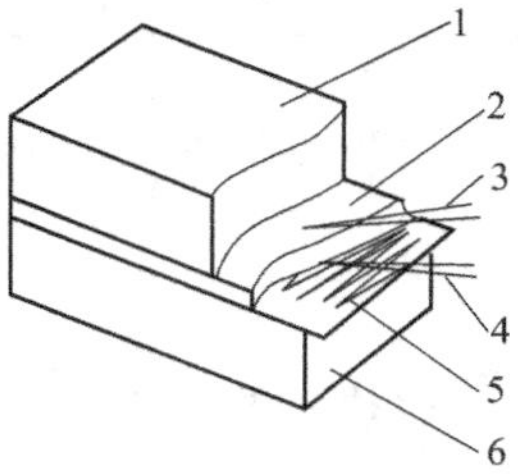

图 22-3 试样放置方法

1—厚试件；2—薄试件；3—冷面热电偶；4—热面热电偶；5—加热板；6—厚试件

② 电位差计转换开关放在未知 1 上，测出试件的上、下部的初始温度，要求温差小于 0.004mV (0.1℃) 时实验方可继续进行。

③ 上部热电偶的初始热电势预先加 0.08mV，打开加热开关开始加热，同时用秒表计时。当光点检流计的光点回到零位时，关闭加热电源，得到上部的过余温度及加热时间。

④ 过 4～5min 后测出下部热电偶的热电势，得到下部的过余温度及时间。

⑤ 电位差计转换开关放在未知 2 上，打开加热开关测出标准电

压，因此计算出加热电流。

⑥ 实验结束，关闭电源，整理仪器设备。

五、实验结果及数据处理

记录实验数据于下表中。

材料名称：									
试件编号	试件尺寸/m			试件质量/kg	试件密度/(kg/m^3)	加热板面积A/m^2		加热板电阻R/Ω	
	长	宽	高						
室温	冷端T/℃	e_0/mV	e'/mV	E'/mV	E/mV	τ_1	τ_2	U_0/mV	I/A

根据测量结果，用式(22-11)计算出$B(y)$的值，从表22-3中查出y^2的值。

$q=\frac{I^2R}{A}$	$\theta_1=T(0,\tau_1)-T_1$	$\theta_2=T(0,\tau_2)-T_2$	τ_1/h	τ_2/h

$\sqrt{\tau_1}$	$\sqrt{\tau_2}$	$\sqrt{\tau_2-\tau_1}$	$\sqrt{\tau_2}-\sqrt{\tau_2-\tau_1}$	$B(y)=\frac{\theta_1(\sqrt{\tau_2}-\sqrt{\tau_2-\tau_1})}{\theta_2\sqrt{\tau_1}}$	y^2

用式(22-10)计算热导率k，然后用式(22-12)计算热扩散系数α，用式(22-13)计算比热容c。

$\alpha=\frac{x^2}{4\tau_1 y^2}m^2/h$	$\sqrt{\alpha}$	$k=\frac{q\sqrt{\alpha}(\sqrt{\tau_2}-\sqrt{\tau_2-\tau_1})}{1.772\theta_2}$	$c=\frac{k}{\alpha\rho}$

思考题

1. 简述金属、非金属建筑材料、气体导热性能差异大的原因。
2. 用圆球法测定材料的热导率是对什么温度而言的？
3. 实验中能用外球的外壁温度代替外球的内壁温度吗？若已知外球壁材料为铜，壁厚为2mm，热导率为384W/(m·K)，试计算由此引起的相对误差。
4. 什么是第一、二、三类边界条件？
5. 怎样理解热扩散系数α的物理意义？
6. 在热脉冲法测物体热导率的原理中，要求试样是无限大的，而制作的试样是有限的。用有限大的试样进行测试，能满足无限厚物体导热方程解的要求吗？
7. 与稳态法相比，热脉冲法有什么优点？

参考文献

[1] 朱明．硅酸盐工业热工基础实验．武汉：武汉工业大学出版社，1996.
[2] 沈韫元等．建筑材料热物理性能．北京：中国建筑工业出版社，1981.

[3] 南京玻璃纤维研究设计院．玻璃测试技术．北京：中国建筑工业出版社，1987.
[4] JC/T 675—1997．玻璃导热系数试验方法.
[5] GB 11833—89．绝热材料稳态传热性质的测定 圆球法.
[6] GB 10297—88．非金属固体材料导热系数的测定方法 热线法.
[7] JC/T 275—96．加气混凝土导热系数试验方法.

实验 23 材料热稳定性的测定

材料经受剧烈的温度变化而不破坏的性能称为材料热稳定性（或称耐急冷急热性）。由于无机非金属材料的种类不同，其热稳定性的测试方法亦有区别，本实验主要进行玻璃与陶瓷的热稳定性测试。关于水泥和建筑材料的测试请查看相关的实验内容。

Ⅰ．玻璃热稳定性的测试

一、目的意义

普通玻璃是传热的不良导体，在迅速加热或冷却时会因产生过大的应力而炸裂。日常使用的保温瓶、水杯等玻璃制品经常受到沸水的热冲击，如果玻璃的热稳定性不好就会炸裂。罐头瓶、医用玻璃器皿等也需要有较好的热稳定性，否则在高温灭菌过程中可能破损。因此，测定这些玻璃制品的热稳定性对生产或使用都十分重要。

本实验的目的：

① 掌握急冷急热法测定玻璃热稳定性的原理及实验方法；

② 了解测定各种玻璃材料热稳定性的实际意义。

二、基本原理

玻璃材料热稳定性是一系列物理性质的综合表现。例如：热膨胀系数 α，弹性模量 E、热导率 λ、抗张强度 R 等。因此，热稳定性是玻璃的一种物理性质，也是一种复杂的工艺性质。温克尔曼和肖特对无限长的厚玻璃板在突然冷却时表面所产生的应力进行分析，导出玻璃热稳定性的表达式如下：

$$K=\frac{R}{\alpha E}\times\sqrt{\frac{\lambda}{cd}}=\beta(T_2-T_1)=\beta\Delta T \tag{23-1}$$

式中 K——玻璃的热稳定系数；

R——玻璃的抗张强度极限；

E——玻璃的弹性系数；

α——玻璃的热膨胀系数；

λ——玻璃的热导率；

c——玻璃的比热容；

d——玻璃的密度；

β——常数；

ΔT——引起碎裂时的温差，$\beta=2b\Delta T$；

$2b$——玻璃厚度。

在玻璃材料中，R 与 E 常以同位数改变，故 R/E 值改变不大，$\lambda/(cd)$ 一项改变也不大。所以，玻璃的热稳定性首要和基本的变化取决于玻璃的热膨胀系数 α，而 α 值随玻璃组成的改变有很大的差别。比如，石英玻璃具有很小的热膨胀系数（$\alpha=5.2\times10^{-7}\sim6.2\times10^{-7}K^{-1}$），热稳定性极好，把它加热到赤热状态后投入冷水中也不会破裂。但对于那些结构松弛和热膨胀系数大的玻璃，具有很低的耐热性。由此说明，膨胀系数大的玻璃，热稳定性差；膨胀系数小的玻璃，热稳定性好。其次，由于在玻璃中存在着不均匀性的内应力或有某些夹杂物，热稳定性能也差。另外由于玻璃表面出现不同程度的擦伤或裂纹以及各种缺陷，都能使其热稳定性降低。

本实验将一定数量的玻璃试样加热，使样品内外的温度均匀，然后使之骤冷，观察试样不破裂时所能承受的最大温差。对相同组成的各块样品，最大温差并不是固定不变的，所以测定一种玻璃的热稳定性，必须取多个样品，并进行平行试验，用下述公式计算玻璃热稳定性平均温度差值（ΔT）：

$$\Delta T_{\mathrm{cp}}=\frac{\Delta T_1N_1+\Delta T_2N_2+\Delta T_3N_3+\cdots+\Delta T_iN_i}{N_1+N_2+N_3+\cdots+N_i} \tag{23-2}$$

式中 ΔT_1，ΔT_2，ΔT_3，…，ΔT_i——每次淬冷时加热温度与冷水温度的差值；

N_1，N_2，N_3，…，N_i——在相应温度下碎裂的块数。

三、测定装置

简单的仪器装置图如23-1所示。装置包括如下组件。

① 炉体　立式管状电炉，它装配有在加热时供安置试样，并在加热之后把试体掷入水杯的夹具，这种夹具是由三个彼此用环连起的杆组成，试样筐固定在杆的下端。

② 温度控制器　调压器（2kV·A）一台。

③ 测量温度　用水银温度计或铜-康铜热电偶。

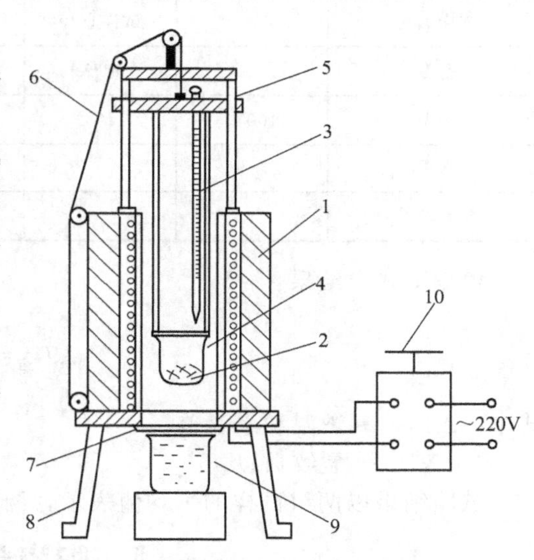

图 23-1　测定玻璃热稳定性仪器装置图

1—立式管状电炉；2—试样；3—水银温度计或铜-康铜热电偶；4—盛放试样的装置；5—垂直导轨；6—滑线；7—炉底门；8—炉支架；9—烧杯；10—调压器

四、实验器材

① 双目放大镜一台；

② 水银温度计（250℃）一支；

③ 酒精灯一个；

④ 盛水烧杯400mL一个；

⑤ 镊子一把。

五、试样的要求与制备

① 用来测定热稳定性的玻璃试样首先经过良好的退火消除应力，有条件的应在偏光仪上检查应力。

② 试样经放大镜检查，应当是无任何缺陷（如气泡、砂点、条纹等）。

③ 将试样两端面棱边烧圆。

④ 每组试样10条，每条直径5mm，长20mm，共两组。

六、试验步骤

① 将10个合格的试样放入样品筐内，并置于炉膛中，与水银温度计相接近，炉底和盛水器相距不大于50mm。

② 接好线路并检查一遍，接通电源以 2℃/min 的速度升温。

③ 当温度达到测量温度时（本实验 100℃ 为起点），保温 10min（使试样内外温度一致），拨动手柄，使样品筐迅速坠入冰水中。如没有冰水，试样坠入冷水中。每坠入一次试样，就要更换一次水，目的使水温保持不变。

④ 从水中取出试样，擦干净，用双目放大镜观察，选出有裂纹的试样，记下炸裂的条数和拨动手柄时的炉膛温度。

⑤ 将未炸裂的试样，重新放入筐内，将炉膛温度升到比前次高 10℃，以后每次都比前一次升高 10℃，继续试验直至试样全部裂为止，记下每次炸裂的条数和温度。

再将第二组 10 条重新按实验操作步骤③～⑤试验。

七、测试记录及数据处理

将实验结果记入表 23-1 中，然后进行统计分析。

表 23-1　实验数据记录及处理

试样名称		试样直径		试样长度		
室温		电压		升温速度		
炉温	100℃	110℃	120℃	130℃	150℃	160℃
水温						
炸裂块数						

根据下式求结果：

$$\Delta T_{cp}=\frac{\sum \Delta T_i N_i}{\sum N_i}$$

式中　ΔT_i——炉温和水温差；

N_i——裂纹数。

试验结果以两组试样的平均值表示，两组平行误差不大于 2℃。

Ⅱ. 陶瓷热稳定性测试

一、目的意义

普通陶瓷材料由多种晶体和玻璃相组成，因此在室温下具有脆性，在外应力作用下会突然断裂。当温度急剧变化时，陶瓷材料也会出现裂纹或损坏。测定陶瓷的热稳定性可以控制产品的质量，为合理应用提供依据。

本实验的目的：

① 了解测定陶瓷材料热稳定性的实际意义；

② 了解影响热稳定性的因素及提高热稳定性的措施；

③ 掌握陶瓷材料热稳定性的测定原理及方法。

二、基本原理

陶瓷的热稳定性取决于坯釉料的化学成分、矿物组成、相组成、显微结构、制备方法、成型条件及烧成制度等因素以及外界环境。由于陶瓷内外层受热不均匀，坯釉的热膨胀系数差异而引起陶瓷内部产生应力，导致机械强度降低，甚至发生开裂现象。

一般陶瓷的热稳定性与抗张强度成正比，与弹性模量、热膨胀系数成反比。而热导率、热容、密度也在不同程度上影响热稳定性。

釉的热稳定性在较大程度上取决于釉的热膨胀系数。要提高陶瓷的热稳定性首先要提高釉的热稳定性。陶坯的热稳定性则取决于玻璃相、莫来石、石英及气孔的相对含量、粒径大小及其分布状况等。

陶瓷制品的热稳定性在很大程度上取决于坯釉的适应性，所以它也是带釉陶瓷抗后期龟裂性的一种反映。

陶瓷热稳定性测定方法一般是把试样加热到一定的温度，接着放入适当温度的水中，判定方法为：

① 根据试样出现裂纹或损坏到一定程度时，所经受的热变换次数；

② 用经过一定次数的热冷变换后机械强度降低的程度来决定热稳定性；

③ 用试样出现裂纹时经受的热冷最大温差来表示试样的热稳定性，温差愈大，热稳定性愈好。

本实验采用试样出现裂纹时平均经受的热冷最大温差来表示试样的热稳定性。

三、测定装置

陶瓷定性测定仪如图 23-2 所示，其主要技术参数如下。

① 炉体最高温度：400℃。

② 均温区大小及温差：350mm×350mm×350mm，±5℃。

③ 水槽控温范围：10～50℃。

④ 加热最大功率：6kW。

⑤ 定时器范围：0～120min。

⑥ 炉温控制及指示由 XMT-102 仪表完成。

⑦ 水温指示及控制由 XMT-122 仪表完成。

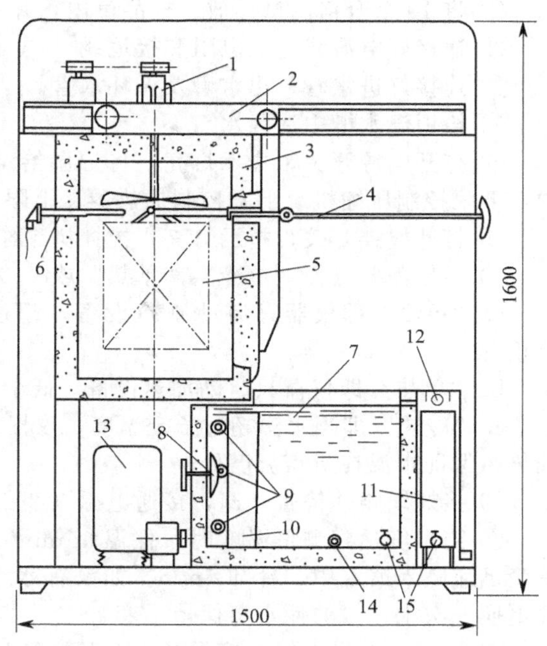

图 23-2 测定热稳定性仪器装置图

1—搅拌风扇；2—炉门小车；3—加热炉；4—拉杆、挂杆；5—料筐；6—铂电阻；7—水槽；8—搅拌水轮；9—管状加热器；10,11—换热器；12—出水筐；13—压缩机；14—水温传感器；15—进水阀

四、实验器材

① 烘箱一台；

② 铁夹子一把；

③ 搪瓷盘一个；

④ 测试样品若干；

⑤ 品红及酒精溶液。

五、试样的要求与制备

① 取经真空练泥机挤制成的无分层、无气孔、圆柱形试样，阴干发白时送烘箱干燥。

② 干燥后的试样经检查无缺陷合格的样品，在砂纸上将两端修平，用细纱布将整个试样修光滑，不得有裂痕等缺陷。

③ 上釉的试样（在一端平面上涂蜡，不必上釉），采用浸釉方法施釉，不得有堆釉的现象。干燥后装入电炉中，按要求的温度进行焙烧。

④ 烧成后，试样规格为 ϕ20mm×(25±1) mm。每种选出没有损坏、无扎制等缺陷的试样 10 个供实验用。

六、测试步骤

① 将 10 个合格的试样放入样品筐内，并置于炉膛中。

② 连接好电源线、热电阻和接地线。

③ 连接好进水管、出水管及循环水管。

④ 给恒温水槽中注入水。

⑤ 打开电源开关，指示灯亮，将炉温给定值及水温给定值调至需要位置（在水温控制中，下限控制压缩机、上限控制加热器，上限设定温度≤下限设定温度）。

⑥ 打开搅拌开关，指示灯亮，搅拌机工作。

⑦ 根据需要选择“单冷”、“单热”或“冷热”。

a. “单冷”即仪器只启动制冷设备，超过给定温度时，自动制冷至给定温度后自动停止。

b. “单热”即仪器只启动加热设备，低于给定温度时自动加热至给定温度后自动停止。

c. “冷热”即当水温超过给定温度，仪器自动制冷，当水温低于给定温度时，仪器自动加热，保证水温在所需温度处。

⑧ 接好线路并检查一遍，接通电源以 2℃/min 的速度升温。

⑨ 当温度达到测量温度时，保温 15min（使试样内外温度一致）后，拨动手柄，使样品筐迅速坠入冰水中，冷却 5min。如没有冰水，将试样坠入冷水中。每坠入一次试样，就要更换一次水，目的使水温保持不变。

⑩ 从水中取出试样，擦干净，不上釉和上白釉试样放在品红及酒精溶液中，检查裂纹。上棕色釉试样放在薄薄一层氧化铝细粉的盘内，来回滚动几次或手拿着试样在氧化铝粉上擦几次，检查是否开裂（如开裂，表面有一条白色裂纹），并详细记录。将没有开裂的试样放入炉内，加热到下次规定的温度（每次间隔 20℃），重复试验至 10 个试样全部开裂为止。

⑪ 在实验过程中，注意室内温度和水温的变化，做好记录。

七、测定记录与计算

1. 实验记录

将测定结果填入表 23-2 中。

表 23-2 热稳定性测试记录表

试样名称			测试人			测定日期			
试样处理									
编号	测定次数	测定时		试样开裂温度(B)/℃	试样开裂个数 G/个	平均开裂温度/℃	开裂温差($C=B-A$)/℃	平均开裂温差/℃	开裂温度范围/℃
		室温/℃	水温(A)/℃						

2. 计算

平均开裂温度计算公式：

$$平均开裂温差度数=\frac{C_1G_1+C_2G_2+\cdots}{Y}$$

式中 C_1，C_2——试样开裂温度差，℃；

G_1，G_2——在该温度差下试样开裂个数；

Y——每组试样个数。

八、注意事项

① 试样应光滑，无缺陷、堆釉现象。

② 炉内温度差应严格控制在±2℃。

③ 每次重复做时，应将试样表面的其他杂质清洗干净。

思考题

1. 影响测定材料热稳定性的因素及防止措施有哪些？
2. 测定各种玻璃陶瓷热稳定性的实际意义是什么？
3. 影响玻璃、陶瓷材料热稳定性的因素有哪些？
4. 材料热稳定性的测定原理是什么？

参考文献

[1] 南京玻璃纤维研究设计院．玻璃测试技术．北京：中国建筑工业出版社，1987.

[2] 武汉建材学院．玻璃工艺原理．北京：中国建筑工业出版社，1981.

[3] 祝桂洪．陶瓷工艺实验．北京：中国建材出版社，1997：125-127.

[4] GB /T 16636—1996．工程陶瓷抗热震性能试验方法.

[5] GB/T 2581—93．陶瓷砖耐急冷急热试验方法.

[6] GB 10701—89．石英玻璃热稳定性检验方法.

[7] JC/T 261—93．铸石制品性能试验方法　耐急冷急热性能试验.

实验 24　材料表面热发射率的测定

一、目的意义

热辐射是传热三种基本形式之一。物体表面的发射率与物体本身性质有关，不同的物体具有不同的热辐射能力。测定物质的热辐射能力参数，可以确定物体表面状况对热发射率的影响。

本实验的目的：

① 加强对材料表面热发射率概念的理解，了解物体表面状况对物体表面热发射率的影响；

② 进一步了解黑体模型及实际应用意义；

③ 学习在实验室中测量各种材料（金属、非金属、建材等）表面在一定温度下（高于环境温度）的热发射率 ε 的方法。

二、基本原理

物体表面的热发射率 ε 是物体的辐射力 E 与同一温度下绝对黑体的辐射能力 E_b 的比值，又称黑度，它表征物体表面的热辐射能力。

$$\varepsilon=\frac{E}{E_b} \tag{24-1}$$

绝对黑体是一种理想化的物体，它能够完全吸收入射到其表面的所有辐射能，吸收率 $\alpha_b=1$，发射率 $\varepsilon=1$ 。在同一温度下，与其他物体比较，黑体的辐射能力是所有物体中最大的。

当热射线投射到实际物体表面时，遵循可见光规律，部分被物体吸收，部分被反射，其余则透过物体。用 α、ρ 和 τ 分别表示物体的吸收率、反射率和透射率，则有：

$$\alpha+\rho+\tau=1 \tag{24-2}$$

显然，实际物体的热发射率 $\varepsilon<1$，发射率与物体本身性质有关。迄今理论计算结果还不能完全反映出物体的真实发射率，由实验测定物体的热发射率更为准确可靠。

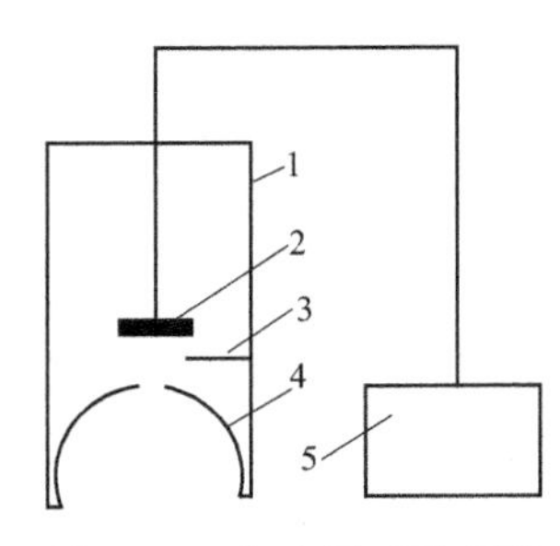

图 24-1　实验原理示意图
1—测量头主体筒；2—感湿元件；3—调制片；4—检测罩；5—显示装置

本实验采用辐射计法进行测定。实验原理如图 24-1 所示。其主要结构如下。

① 测量头主体筒。

② 感温元件（热敏电阻），将接收辐射热信号变为交流的电信号，经选频放大、滤波整流后用微安表显示出来。

③ 调制片。

④ 检测罩，为两个半球形金属罩，顶部开一个孔径 5mm 的小孔。其中一个内壁为镀金的光洁面，作为反射罩；另一个内壁为涂铂黑的粗糙面，作为吸收罩。两罩可放入和翻出主体筒。

⑤ 显示装置，如图 24-2 所示。

假设被测物体的表面温度为绝对温度 T，热发射率为 ε。当反射罩放入主体筒内并对着被测物体表面时，反射罩内表面与被测物体表面构成一个封闭腔体。由被测物体表面发射出的辐射能被反射罩内表面不断地反射，而被测物体表面则不断地吸收由反射罩内表面反射回来的辐射能，最终几乎全部被吸收。由此可见，反射罩内表面与被测物体表面形成的封闭腔体为一个黑体腔，热敏电阻接收到从小孔来的辐射为黑体辐射。设 I_b 为温度 T 时黑体的辐射强度，被测物体表面对检测罩小孔的辐射角系数为 ϕ_{12}，则由小孔通过的辐射能为：

$$E_b=\phi_{12}I_b \tag{24-3}$$

当反射罩换成吸收罩时，吸收罩内表面与被测物体表面构成一个封闭腔体，被测物体表面辐射到吸收罩内表面的辐射能被全部吸收，通过小孔的被测物体表面辐射能为：

$$E_s=\phi_{12}\varepsilon I_b \tag{24-4}$$

由式(24-3) 和式(24-4) 可知，物体表面的法向热发射率为：

$$\varepsilon=\frac{E_s}{E_b} \tag{24-5}$$

由式(24-5) 可知，通过测量物体的辐射能 E_s 与同一温度下黑体的辐射能 E_b 即可确定物体表面的热发射率。由被测物体表面发射出的辐射能通过小孔入射到热敏电阻表面并被吸收，使热敏电阻温度发生变化，其电阻值也随之变化，变化值 ΔR 与热敏电阻接收到的辐射能强度成正比。将电阻值的变化转换为电流信号，经放大后即可显示出来。

测定时，仪表显示的是由温度变化而引起的电流信号的变化值。在计算时，应扣除无辐射时仪表的显示值，即室温下仪表的显示值。因此，需测出吸收罩、反射罩分别与被测物体表面构成的封闭腔在室温下仪表的显示值 A_1 和 B_1，以及被测物体表面温度为 T 时封闭腔的仪表显示值 A_2 和 B_2，则被测物体表面在温度 T（高于室温）时的热发射率为：

$$\varepsilon=\frac{A_2-A_1}{B_2-B_1} \tag{24-6}$$

三、实验器材

① 物体表面发射率测定仪，如图 24-2 所示。

② 待测试样。

四、测试步骤

① 开启电源，指示灯亮，并听见振子（调制片）发出“咔哒、咔哒”的振动声，说明驱动系统工作正常。

② 接通工作开关，约 15s 后，再按下测量开关。测量开关Ⅰ、Ⅱ的选择由被测表面温度和发射率来估计。具体做法是，先按下测量开关Ⅰ，将反射罩翻入主体筒内，测量被测热表面，若微安表指示值大于 100μA，则应选用测量开关Ⅱ。即测量开关Ⅰ用于较小的信号，测量开关Ⅱ用于较大的信号。

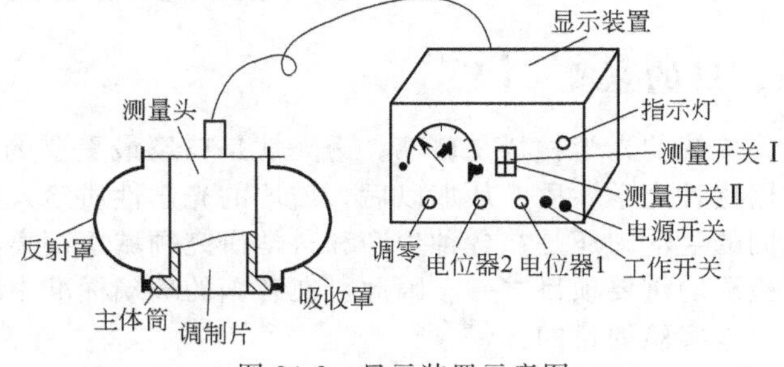

图 24-2 显示装置示意图

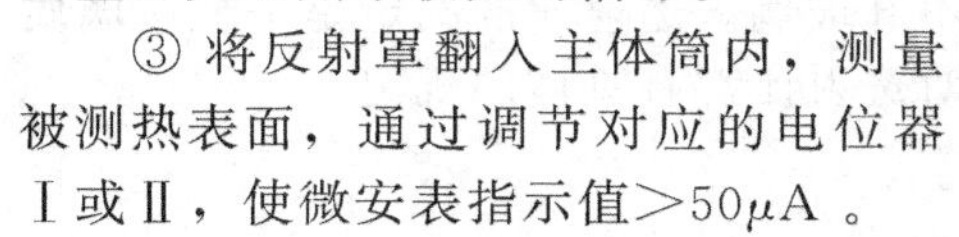

③ 将反射罩翻入主体筒内，测量被测热表面，通过调节对应的电位器Ⅰ或Ⅱ，使微安表指示值>50μA 。

④ 将反射罩从主体筒内翻出，吸收罩翻入主体筒内，并将其放在常温下的固体表面（例如桌面）上，记下微安表指示值 A_1，然后用测量头测量被测热表面，记下微安表指示值 A_2。

⑤ 将吸收罩从主体筒内翻出，反射罩翻入主体筒内，仍放在同一常温下的固体表面上，记下微安表指示值 B_1，然后用测量头测量同一被测热表面，记下微安表指示值 B_2。

⑥ 测量完毕，断开测量开关，断开工作开关，并关闭电源。

应当注意，用检测罩测量被测表面时，热表面温度要保持恒定，且测量时间不得超过 3～5s，以免造成测量误差。

五、结果处量

由测量数据 A_1、A_2 和 B_1、B_2，应用式(24-6) 可以算出材料表面的热发射率 ε。

例如：某窑体表面在温度为 60℃（即 T=330K）时，测得：

$$A_1=42.6\mu A \quad A_2=51.3\mu A \quad B_1=46.4\mu A \quad B_2=58.4\mu A$$

则

$$\varepsilon=\frac{51.3-42.6}{58.4-46.4}=0.725$$

思考题

1. 测定材料表面热发射率的实际意义何在？

2. 试分析此测试方法的优点和缺点有哪些?
3. 如何在实验室进行新材料热辐射率的测定?

参考文献

[1] 孙晋涛等. 硅酸盐工业热工基础. 武汉：武汉理工大学出版社，2003.
[2] GB/T 17050—1997. 热辐射术语.
[3] 徐德龙，谢峻林编. 材料工程基础. 武汉：武汉理工大学出版社，2008.

实验 25 材料透光性能的测定

在材料中，玻璃、陶瓷、塑料等是透明或半透明材料。透光性是指材料透过光线的能力，它是一个综合性的指标，与材料对光线的吸收和反射性质有关。通常用透射比或雾度（浑浊度）来表征[1]。本实验分“玻璃总透射比的测定”和“材料半球透射比与半球雾度的测定”两部分。

Ⅰ. 玻璃总透射比的测定

一、目的意义

传统的光学材料是玻璃。透光性是玻璃最重要的性质之一，早在15世纪，人们就开始应用这种光学性质。从那以后，玻璃的光学性质给人类带来了文明和繁荣。现在，无论是在人们的生活中还是在各种生产和科学研究领域里都离不开玻璃。透射比的测定是平板玻璃质量检测的重要项目之一。因此，在各国的玻璃标准中对透射比都有具体的规定。

本实验的目的：

① 明确总透射比的基本概念；

② 了解玻璃透射比测定仪的基本测量原理及使用方法；

③ 掌握材料透射比的测定技术。

二、基本原理

1. 总透射比的定义

透射比是衡量一种物体透射光通量的尺度。1933年，国际照明委员会（CIE）对透射比做了明确的定义：透射比是透过物体的光通量和射到物体的光通量之比，即：

$$T=\frac{\Phi}{\Phi_0}=\frac{\int_0^{\infty} I_\lambda V_\lambda \tau_\lambda d_\lambda}{\int_0^{\infty} I_\lambda V_\lambda d_\lambda} \tag{25-1}$$

式中 T——总透射比，光通量之比；

Φ_0——射到物体上的光能量，1m（流明）；

Φ——透过物体的光能量；

I_λ——A光源的分谱辐射强度，W/sr［瓦（特）每球面度］；

---

[1] 在国家标准GB 2680—81《平板玻璃总透过率测定方法》颁布前后，我国许多手册、书籍使用的是“透过率”或“透光度”的称谓。因此，仪器设备上有“透过率测定仪”、“透光度计”和“透光率/雾度测定仪”等名称。在新标准GB 2680—94颁布之后，已改称为“透射比”。

V_λ——明视觉相对光谱灵敏度（或视见函数）；

τ_λ——单色光透射比；

d_λ——波长间隔，nm。

这样，只要用分光光度计测出物体的一系列单色光的透射比，就可以累计计算物体在一定光波段内的总透射比。不过，手工计算十分麻烦，将算法编成程序，用计算机自动计算则方便得多，限于篇幅，在此不做介绍，感兴趣的读者可参阅文献［3］。

2. 玻璃总透射比的测试原理

平板玻璃的可见光总透射比是指光源 A 发出的一束平行可见光束（380～780nm）垂直照射平板玻璃时，透过它的光通量 Φ_2 占入射光通量 Φ_1 的百分数，以 T（%）表示，即：

$$T=\frac{\Phi_2}{\Phi_1}\times 100\% \tag{25-2}$$

由秦皇岛玻璃研究院设计，无锡建筑材料仪器机械厂生产的“BT-1 型玻璃透光率测定仪”，是国家标准 GB 2680—81 指定的测试仪器，其结构如图 25-1 所示。

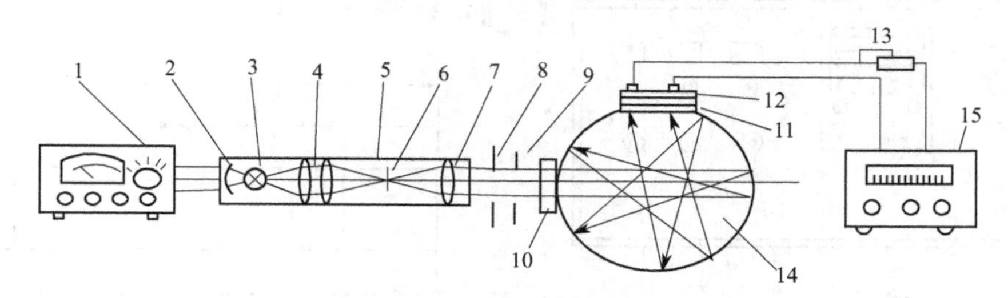

图 25-1 BT-1 型平板玻璃透光率仪的测试原理图

1—直流稳压电源；2—圆弧反光镜；3—灯泡；4—聚光镜；
5—平行光管；6—固定光栅；7—物镜；8—可调光栅；9—快门；
10—试件；11—滤光片；12—硒光电池；13—微调电位器；
14—积分球；15—检流计

由灯泡 3 发出的光经过聚光镜 4 与物镜 7 变成一束平行光，该束光通过试件 10 后进入积分球 14，经球内壁反射层多次反射后成为柔和的漫射光，使球壁表面各处的光照度相等。固定在积分球上的硒光电池 12 将球内的光照吸收后转换成光电流，并由检流计 15 指示反映出来。

当光路中没有试样时，设光通量为 Φ_1 的平行光束进入积分球内之后，此光束被硒光电池吸收所转换成的光电流是 I_1，此时打开快门 9，光电流使检流计 15 的光亮点偏转 100 格；而将试件 10 推入光路后，平行光束经试件反射，吸收后进入积分球内腔的光通量为 Φ_2，被硒光电池吸收转换成的光电流为 I_2，检流计光亮点偏转的格数为 a，则试样的透射比为：

$$T=\frac{\Phi_2}{\Phi_1}=\frac{I_2}{I_1}=\frac{a}{100}\times 100\%=a(\%) \tag{25-3}$$

这样，从检流计光亮点偏转的格数就可以直接读出被测试样的透光率值。

三、仪器结构

BT-1 型平板玻璃透光率测定仪主要由直流稳压电源、平行光管、光接收器、检测计四部分组成。

1. 直流稳压电源

直流稳压电源（图 25-1）的作用是将 220V 交流电源变为透光仪所需的 12V 直流电源。透光率仪采用的是天津市无线电元件三厂生产的 WYJ-15A 型晶体管稳压电源。

2. 平行光管

平行光管（图 25-1）是光路系统的主要部件，由圆弧反光镜、灯泡、聚光镜、固定光栅和物镜组成。其作用是将灯泡发出的光变成较强的平行光，光束的大小由可调光栅 8 进行调节，用快门 9 截断光源，校对检流计的零点。

3. 光接收器

光接收器（图 25-1）由积分球、硒光电池、滤光片组成，其作用是接收射入积分球内的光，并转换成光电流。

4. 检流计

检流计用来显示光电流的大小，检流计的标尺长 130mm，等分为 130 分度，每分度 1mm。标度为 60-0-60，测量时可从标尺上直接读出试样透光率的值。

透光率测定仪的外形简图如图 25-2 所示。

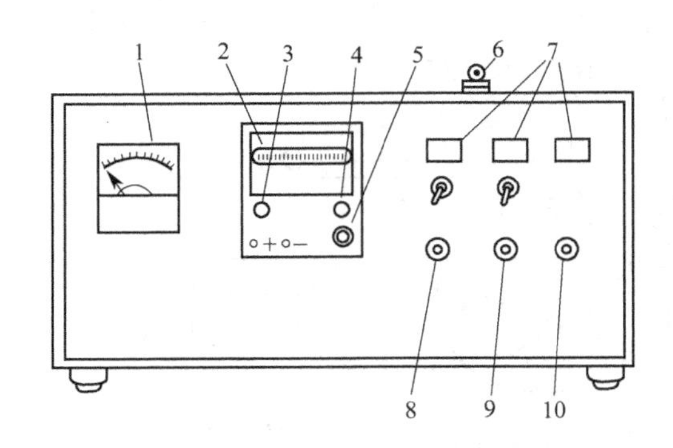

图 25-2 透光率测定仪的外形简图

1—电流表；2—检流计；3—分流器；4—电源开关；5—零点调节器；6—试件夹；7—指示灯；8—零点快门；9—满度细调；10—短路零点

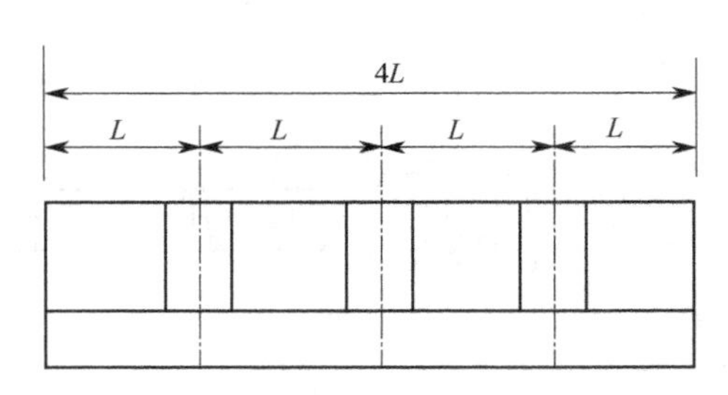

图 25-3 从平板玻璃原片上取样的示意图

四、实验器材

① BT-1 型平板玻璃透光率测定仪。

② 玻璃切割工具。

③ 脱脂棉（或软布条）。

④ 无水乙醇（或乙醚）。

五、试样制备

1. 取样方法

对于平板玻璃原板，国家标准 GB 2680—81 规定取三块样，即在与玻璃拉引方向相垂直的方向大约相等的距离的三个地方，用玻璃切割工具分别取一块样品，如图 25-3 所示。每片尺寸为 40mm×60mm。

对于其他板材玻璃，如果不便于按上述方法取样时，可用玻璃切割工具直接切成 40mm×60mm 大小的试样进行测试。

应当注意，所取试样不应有明显可见的划伤、疙瘩、不易清洗的附着物及直径大于 1mm 的气泡。

2. 试样处理

用浸有无水乙醇（或乙醚）的脱脂棉（或软布条）将符合要求的待测试样擦干净、晾干待用。

六、测试步骤

1. 仪器测定前的准备

（1）稳压电源

① 电源开前在关的位置（向下）。

② 电压选择开关在“断”的位置。

③ “粗调”、“细调”旋钮在最小位置（向左转）。

④ 取样开关在“内”一侧。

（2）透光率仪

① 电源开关、光源开关和测量开关都在关的位置（向下）。

② 零点快门旋钮置于“零”，满度细调旋钮置于最小位置（向左方旋转）。

③ 检流计各开关的位置

分流器旋钮置于“短路”位置，电源开关置于220V伏的一侧；零点调节器旋钮置于适当位置（约在中间位置）。

2. 预热及调试

（1）插上电源插头（220V），开启稳压器“电源开关”，指示灯亮，旋转“电压选择”旋钮至12V处，预热10min 。

（2）打开透光率仪“电源开关”，指示灯亮；打开“光源开关”，指示灯亮；打开“测量开关”硒光电池开始工作。

（3）将检流计面板“分流器”旋钮置于X_1的位置。

（4）调节稳压器上的“粗调”、“细调”旋钮，使透光仪上电流表指针调到色温电流规定值（该灯泡为4.26A）。

（5）拨动检流计“零点开关”，使光点移至标尺左边“50”刻度线上，该线称为零点。

（6）将“零点快门”旋钮缓慢转向“满”位，指示灯亮，光路开通，稍停3～5min ，光亮点转向标尺右边“50”刻度附近。

（7）调节“满度细调”旋钮，使检流计光点对准右边刻线“50”，此时称为“满度”。

3. 测试步骤

（1）将试样装入试件夹。插入仪器，推出光路位置。

（2）将试件夹向后拉入光路，此时检流计光点向左偏移，停止对准“××”刻线，即可按“××”刻度线数值直接读出试件透光率值。透光率值的计算方法是：

$$T=(\text{光亮点的偏移格数}+50)\%$$

例如，光亮点偏移至右边“40”刻度线上，则试样的透光率值直接读为90％ 。

（3）检流计光亮点“满度”和“零”点的校对方法如下。

① 读出透光率值之后，将被测试样推出光路，若光亮点回移至“满度”线，则此测量值有效；若光亮点偏离“满度”线，则此值无效，应重新调正“满度”和“零点”，再一次进行测量。

② 另一方面，若被测试样推出光路，光亮点虽然回到“满度”线位置，但当“零点快门”旋钮转向“零”位时，光亮点没有回移至“零点”线，则此值仍然无效，应重新调正“零点”和“满度”，再进行测量。

（4）测量完毕，将“零点快门”旋至“零”，将检流计的“分流器”旋至“短路”位置，关上“测量开关”和“光源开关”；最后将稳压电源的“电压选择”开关旋至“断”，将“电源开关”关上，拔掉电源插头。用布罩盖好仪器，以防尘染。

4. 测试注意事项

① 在测量中，当检流计指示器摇晃不停时，可按下“短路点”按钮，使检流计受到阻尼，在改变电路、使用结束和搬动仪器时，均应将检流计的分流器旋钮置于“短路”位置。

② 如在检流计标尺上找不到光点，可将检流器的分流器置于“直接”处，并将检流计轻微摆动，如有光点影像扫掠，则可调节零点调节器，将光点调至标度盘上。如仍无光点影像扫掠，则应查灯泡是否烧坏。

③ 透光率仪的光源灯泡寿命大约只有100h，因此，仪器连续使用时间不得过长，不用时应立即关闭光源。

七、测定结果处理

① 对每片试样测定三次，取算术平均值作为该片试样的透射比值。

② 将三片试样的透射比值取算术平均值，作为该批试样的测定结果。测定结果可按下列格式记录。

试样编号	试样厚度/mm	测定值/%			每块试样的透射比/%	平均透射比/%	备　注
		1	2	3			
1							
2							
3							
…							

③ 透射比的测定报告还应包括：取样日期、测定日期等。

Ⅱ. 材料半球透射比与半球雾度的测定

一、目的意义

对于陶瓷材料，透明的Al_2O_3、MgO、Y_2O_3等氧化物陶瓷也有较高的透明度，其透光性是这些材料的质量指标。好瓷器的一种特殊性质是高度的透光性。一些重要的工艺瓷，例如骨灰瓷和硬瓷，其半透明性是主要的鉴定指标之一。单相氧化物陶瓷的半透明性是它的质量标志。半透明性也是乳白玻璃的一个重要光学性质。

此外，有机玻璃、透明或半透明塑料薄膜也以透光性作为其质量鉴定和老化后性能变化程度的评定指标。因此，测定半透明瓷器的半透明性和乳白玻璃对科研与生产都是十分重要的。

本实验的目的：

① 明确透射比、雾度的基本概念；

② 了解透射比/雾度测定仪的基本测量原理及使用方法；

③ 掌握材料透射比、雾度的测定技术。

二、基本原理

1. 雾度的定义

光线射到一种透明或半透明物体上时，部分产生定向反射，部分产生漫反射，如图

25-4 中的左半球所示。光线进入样品后部分被吸收，部分被透过。在出射样品的光中，主透射部分按折射定律前进；其余部分产生半球透射，其前进方向是散乱的，因此称为漫透射，如图 25-4 中的右半球所示。

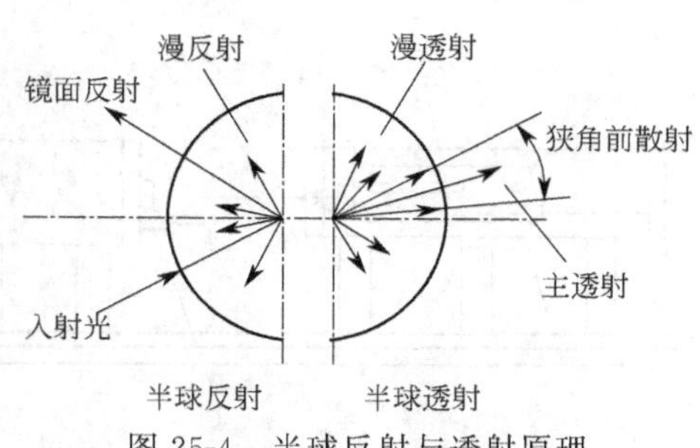

图 25-4 半球反射与透射原理

按 GB 2410—80 及 ASTM D 1003-61（1997），以半球透射来考核的透射比，称为“半球透射比”。

透过试样而偏离入射方向的散射光通量与透射光通量之比称为“雾度”。同样，在 GB 2410—80 及 ASTM D 1003—61（1997）中所定义的雾度是指样品的“半球雾度”。

2. 雾度的测量原理

雾度测定仪采用平行照射、半球散射和积分球光电接收的方式，其测量原理如图 25-5 所示。由光源 1（卤钨灯）发出的光经过聚光镜 2，通过光栏 3，经遮光式调制器 4 射到物镜 5 上。物镜 5 射出一束平行光束，其光线偏离角不大于 3°，并将光栏 3 成像在出射窗口 10 上。出射窗对入射窗口中心的张角为 8°，光斑边缘与出射窗形成 1.3°的环带。积分球 7 内装有一可摆动的标准发射器 9，当测定透射比及总透射比时，标准发射器被控在位，挡住出射窗；当测散射光时，从出射窗处让开。固定在积分球上的硒光电池 8 将球内的光照吸收后转换成光电流，经检波放大 A/D 转换，计算机处理后，显示透射比和雾度的测定值，需要时还可打印输出。

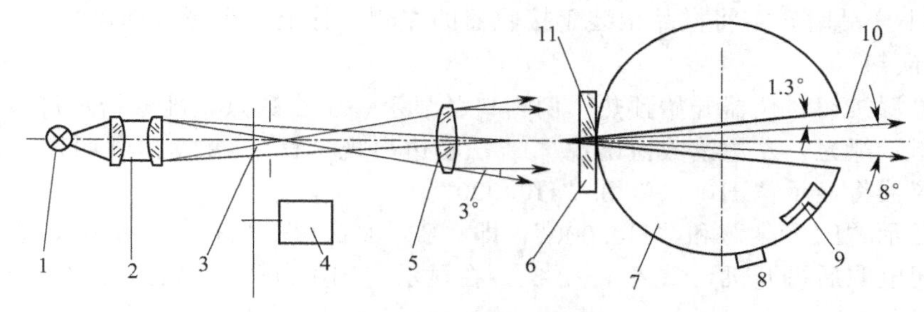

图 25-5 透光率/雾度测定仪的测量原理图

1—光源；2—聚光镜；3—光栅；4—调制器；5—物镜；6—试样；7—积分球；8—硒光电池；9—标准发射器；10—出射窗口；11—入射窗口

三、仪器结构

透射比/雾度测定仪的外形如图 25-6 所示。仪器分为发射系统（左侧）和接收系统（右侧）两部分，中间是开启式的样品室。由于调制器的采用，仪器不受环境光的影响，不必采用暗室。开启式的样品窗几乎不受样品尺寸的限制，保证了大件样品操作者的安全，可以测量平板玻璃、塑料板材和片材、塑料薄膜等透明及半透明的平行平面样品的透射比、雾度。仪器采用计算机自动操作系统及数据处理系统，无旋钮操作，使用方便。

四、实验器材

① WGT-S 透射比/雾度测定仪。

② 玻璃切割工具。

③ 脱脂棉（或软布条）。

④ 无水乙醇（或乙醚）。

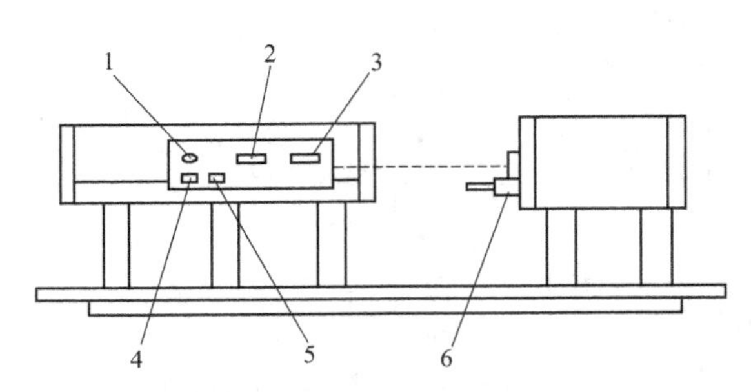

图 25-6　透射比/雾度测定仪的外形结构图
1—测试准备指示灯；2—透光率显示窗雾度测试窗；
3—雾度显示窗；4—电源开关；
5—测试开关；6—样品架

五、试样的制备

1. 试样切割尺寸

对于量少的材料，可切成小样，尺寸为50mm×50mm。

对于面积和厚度大的材料，可切成大样，宽度可达 380mm，厚度可达 130mm，长度不受限制。

2. 试样的处理

试样不应有明显可见的划伤、疙瘩、不易清洗的附着物等。被测试样表面应清洁，因此试样选好后，要用滤纸或洁净的纱布擦干净，必要时要用浸有无水乙醇（或乙醚）的脱脂棉（或软布条）将待测试样擦干净，晾干后才能进行测试。

六、测定步骤

1. 准备工作

① 将仪器电源插头插入插座（三眼），将打印机接上电源。

② 将仪器的 3 个保护盖旋下。

③ 在测小样品时，需将样品架装于接收器的左侧（拧上 2 个螺钉即可）。

2. 仪器预热

按一下电源按钮，仪器开始预热。两窗口各显示一个小数点，准备指示灯指示黄光。不久，指示灯指示绿光，左边读数窗出现“P”，右边出现“H”，并发出呼叫声。此时，按下测试开关，仪器将显示“P100.0”和“H0.000”。

如果不显示“P100.0”和“H0.000”，即“P< 100.0”，“H > 0.000”，说明光源预热不够。可关闭电源后再开机，重复 1～2 次，在显示“P100.0”和“H0.00”，稳定数分钟后即可结束预热。

3. 空白的测试

按下测试开关，仪器中的计算机采集仪器自身的数据后，再度显示“P”和“H”，并呼叫，即可进行测量。

4. 块状样品的测量方法

① 将待测样品装在样品架上，按测试钮，指示灯转为红光，不久就在显示屏显示出透射比和雾度的数值。前者显示单位为 0.1%，后者为 0.01%。此时，指示灯转为绿光。

② 需要进行复测时，可不拿下样品，重按测试钮即可。最后取其算术平均值作测量结果，以提高测量准确度。仪器将自动显示透射比/雾度的多次测量平均值。

③ 更换样品，重复按测试按钮，即可连续测得同一批样品的测试结果。

5. 更换样品批号的测量方法

更换样品批号时，应先按测试按钮测空白（一般每测完一组样品应测空白 1 次），仪器显示“P100.0”和“H0.000”后，再按测试钮，待准备灯发绿光，仪器发出呼叫后，再测下一组样品。

6. 薄膜试样的测量

对于塑料等薄膜样品，只要将待测薄膜夹于仪器附带的磁性夹具之间，稍加拉平即可。

将夹具装在样品架上（注意将薄膜一面紧贴积分球），按上述操作即可得出结果。

7. 结果打印

① 在打印机已联机并接通电源的情况下，开机后测第 1 个数据时，打印机将打 1 字头，和第 1 组数据。以后每重复测定一次，或同一批号中取多个样品测试（都要按测试钮）时，打印机将逐一打出复测号或样品号及其测量结果。

② 更换批号时，需要更换报告单，所以要测一次空白，再按一下测试按钮，当仪器呼叫后，即可装上第 2 组样品。这样，就可得到第 2 张报告单的字头及数据。

③ 按此法每换一次批号，报告单上的批号将自动递增。

思考题

1. 光源的分谱辐射强度和明视觉光谱灵敏度的物理意义是什么？
2. 总透射比、雾度是如何定义的？
3. 试述单色光透射比和总透射比的异同点，并说明它们之间有无关系。
4. 看了图 25-1 之后，能说明透光仪的光路系统为什么要这样设计吗？
5. 用两种仪器测出的透射比有没有差别？为什么？
6. 用透射比/雾度测定仪可以测量液体的浊度，试拟订一个测试方法与测试程序。
7. 试样厚度对透射比值有无影响？为什么？

参考文献

[1] GB 5698—85. 颜色术语.
[2] GB 3977—83. 颜色的表示方法.
[3] 伍洪标，毛豫兰. 玻璃单色光透过率的测定与总透过率的计算. 中国玻璃，1994，(5).
[4] GB/T 2680—94. 建筑玻璃可见光透射比、太阳光直接透射比、太阳能总透射比、紫外线透射比及有关玻璃参数的测定.
[5] 关振铎等. 无机材料物理性能. 北京：清华大学出版社，1992.
[6] 欧阳国恩等. 复合材料试验技术. 武汉：武汉工业大学出版社，1993：165.

实验 26　材料折射率的测定

在无机非金属材料和有机高分子材料中，有许多材料是透明或半透明的，折射率是这些物质光学性质中最基本的性质。当把这些固体材料作为光学材料使用时，固体的折射率是进行光学系统计算时的基本量，因此固体物质的折射率是使用上最重要的性质。

传统的光学材料是玻璃。长期以来，人们为了满足各种光学仪器设备的需要，研制和生产了各种各样的光学玻璃，这些玻璃都有各自固定的折射率。所以，在光学玻璃的研制和生产中，都要对玻璃的折射率进行比较精确的测定。此外，随着科学技术的发展，用于各种特殊用途的玻璃新品种不断出现，有的产品对折射率的要求越来越高。例如，目前高折射率的玻璃微珠，其折射率已在 1.9～2.1 之间，超高折射率的玻璃微珠已达 2.2～2.3 或者更高。因此，对测量这些玻璃的折射率的方法和仪器的研究已成为人们关注的问题。

由于有机透明材料的一些特点与玻璃相同，而质量比玻璃轻，在一些场合中已作为玻璃的代用品使用。因此，测定有机透明材料的折射率也是十分重要的。

此外，折射率不但标志着液体的纯度和浓度，也标志着化学反应过程的正常进行与质量情况，因此化学工业、制药工业、油脂工业、食品工业、制糖工业、地质勘察等也涉及液体折射率的测定。

介质折射率的测试方法有许多种，例如：测角法、浸液法、干涉法等。

测角法直接利用光的折射定律，以测出光束通过待测试样后的偏转角度来确定折射率。这种方法的测量精度较高，可达小数第四位至第五位，在研究玻璃的光学常数与其化学成分之间的关系时通常采用这类方法。这类测试方法又可分为最小偏向角法、自准直法、全反射法等。主要测试仪器有测角仪、阿贝折射仪、V 棱镜折射仪等。

浸液法是以已知折射率的液体为参考介质来测定介质的折射率。这种方法简单容易，但准确度较差，大约为$\pm 2\times 10^{-3}$。

干涉法是利用折射率和光程差之间的关系，以干涉条纹的变化来进行折射率测量的方法。这类方法可分为干涉光谱法、全息干涉法和 F-P 干涉法等。

在选择测试方法与测试仪器时，首先应考虑测量范围和测试精度的要求，其次是实验室的测试条件与设备。本实验用阿贝折射仪法和浸液法。

Ⅰ. 阿贝折射仪法

一、目的意义

折射仪又名折光仪，是测量物质折射率的一种仪器，常用的折射仪有阿贝折射仪、棱镜折射仪（最小偏折角法）等。

阿贝折射仪是一种能测透明或半透明液体或固体的折射率和平均色散 N_F-N_C 的仪器，若仪器接上恒温器，可以测量 10～70℃内的折射率 n_D，测量范围为 1.300～1.700，测量精度为 0.002，这对于 n_D=1.52 左右的普通窗用玻璃以及 n_D=1.50～1.65 的一般光学玻璃来说是能满足要求的。

阿贝折射仪是低精度折射率测量仪器，但它有不需要单色光源、设备简单、价格低廉、操作方便容易等优点，因此常被用作光学玻璃牌号的鉴别和普通低精度的测量。

本实验的目的：

① 重温介质折射率的概念和定义；

② 了解介质折射率的主要测试方法；

③ 熟悉阿贝折射仪的结构、性能和工作原理；

④ 学会用阿贝折射仪测定有机玻璃、无机玻璃或其他透明材料的折射率。

二、介质的折射率

由物理学知道，光在真空中的传播速度是 c_0。但是，当光线 A 以入射角 α 从真空进入另一种介质时，由于介质中的各种离子或粒子对光线的作用，在两种介质的界面处，不仅光的传播速度将降低到 c，其传播方向也将发生变化，光线将以折射角 β 在介质内传播，这种现象称为折射，如图 26-1 所示。

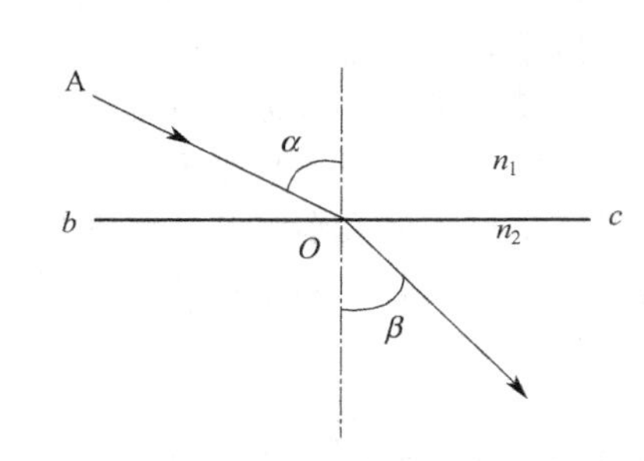

图 26-1　光在介质中的折射

介质的折射率一般用 n 表示，其关系式为：

$$n=\frac{c_0}{c} \tag{26-1}$$

式中　n——介质的绝对折射率；

c_0——光束在真空中的传播速度；

c——光束在介质中的传播速度。

如果图 26-1 中 bc 面以上是空气，bc 面以下是玻璃，则：

$$n=\frac{n_2}{n_1}=\frac{c_1}{c_2} \tag{26-2}$$

式中 n——玻璃对于空气的相对折射率；

n_1——空气的绝对折射率；

n_2——玻璃的绝对折射率；

c_1——光束在空气中的传播速度；

c_2——光束在玻璃中的传播速度。

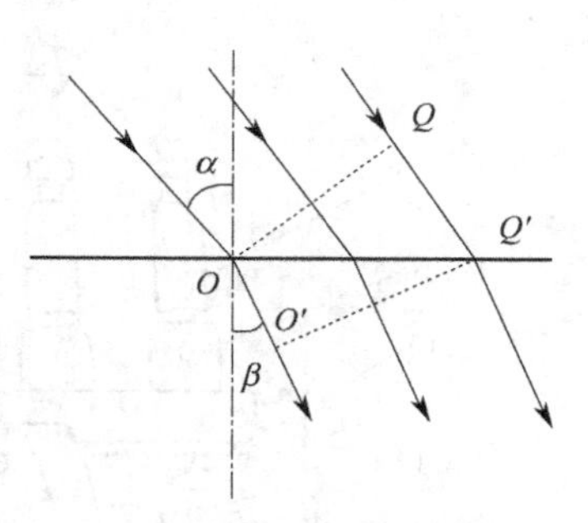

图 26-2 平行光的折射

按物理学中振动和波中所讲述的惠更斯原理，入射面 OQ 上的各点都可以看做是新的次波源。当 Q 点发出的次波在空气中经时刻 t 传到 Q'点时，O 点发出的次波在相同的时刻 t 内在玻璃中传到 O'点，如图 26-2 所示，$O'Q'$就是折射波面。由图可知：

$$QQ'=c_1t$$

$$OO'=c_2t$$

$$\sin\alpha=\frac{QQ'}{OQ'}$$

$$\sin\beta=\frac{OO'}{OQ'}$$

上两式相除得：

$$\frac{\sin\alpha}{\sin\beta}=\frac{QQ'}{OO'}=\frac{c_1t}{c_2t}=\frac{c_1}{c_2} \tag{26-3}$$

将式(26-3) 代入式(26-2) 得：

$$n_1\sin\alpha=n_2\sin\beta \tag{26-4}$$

这就是光折射定律的表达公式。

介质的折射率是波长的函数，许多国家用光谱中的 D 线的折射率表示介质的折射率。我国以钠光谱 n_D 作为主折射率。

三、阿贝折射仪的工作原理

1. 阿贝折射仪的外形与结构

阿贝折射仪有投影式和非投影式两类，而每类的型号又有几种。2W 型（WZSI 型）的外形如图 26-3 所示。

底座 1 是仪器的支承座，也是轴承座。连接两镜筒的支架与外轴相连，支架上装有圆盘组 3，此支架能绕主轴 17 旋转，以便工作者选择适当的工作位置。圆盘组 3 内有扇形齿轮板，玻璃度盘就固定在齿轮板上。主轴 17 联结棱镜组 14 与齿轮板，当旋转棱镜转动手轮 2 时扇形板带动主轴，而主轴带动棱镜组 14 同时旋转，使明暗分界线位于视场中央。

棱镜组内有恒温水槽，因测量时的温度对折射率有影响，为了保证测定精度，在必要时可加恒温器。

2. 光路系统

光学系统由望远系统与读数系统两部分组成，如图 26-4 所示。

在望远系统中，光线由反光镜 1 进入进光棱镜 2 及折射棱镜 3（在测液体时，被测液体放在 2、3 之间)，经阿米西棱镜 4 抵消由于折射棱镜及被测物体所产生的色散，由物镜 5 将明暗分界线成像于场镜 6 的平面上，经目镜 7 扩大后成像于观察者的眼中。

在读数系统中，光线由小反光镜 13 经过毛玻璃 12、照明度盘 11，经转向棱镜 10 及物镜 9 将刻度成像于场镜 8 的平面上，经场镜 8 和目镜 7 放大后成像于观察者的眼中。

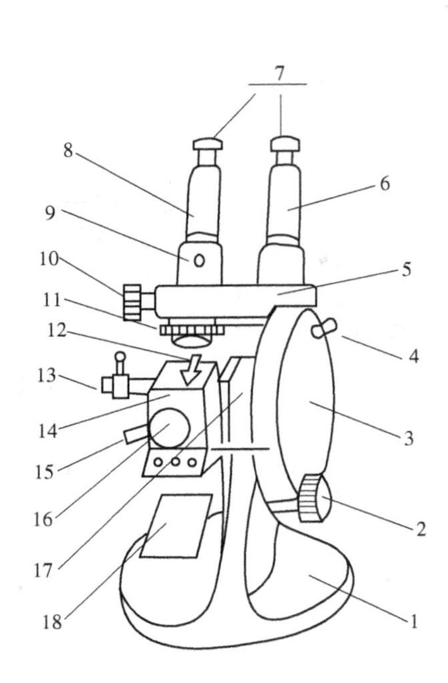

图 26-3 阿贝折射仪外形图

1—底座；2—棱镜转动手轮；3—圆盘组（内有刻度板）；4—小反光镜；5—主轴；6—读数镜筒；7—目镜；8—望远镜筒；9—示值调节螺钉；10—阿米西棱镜手轮；11—色散值刻度盘；12—棱镜锁紧扳手；13—温度计座；14—棱镜组；15—恒温器接头；16—保护罩；17—主轴；18—反光镜

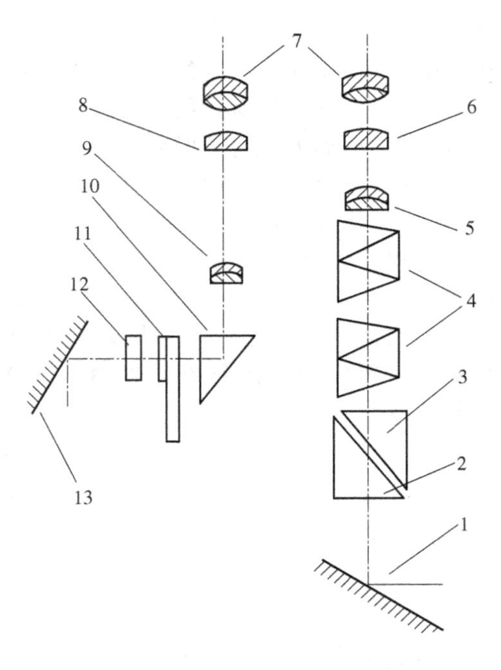

图 26-4 光学系统

1—反光镜；2—进光棱镜；3—折射棱镜；4—阿米西棱镜；5,9—物镜；6,8—场镜；7—目镜；10—转向棱镜；11—照明度盘；12—毛玻璃；13—反光镜

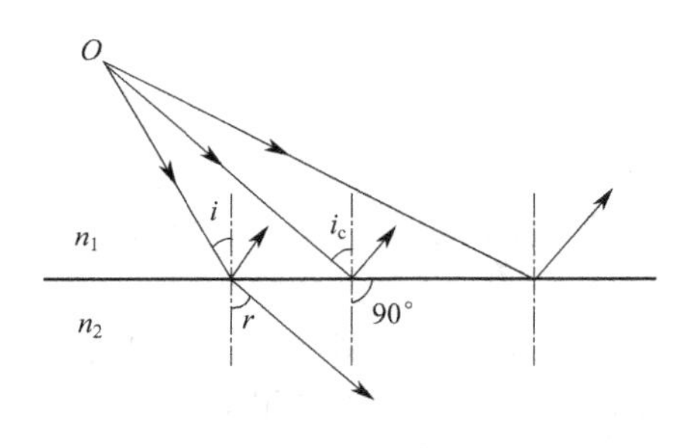

图 26-5 光的全反射

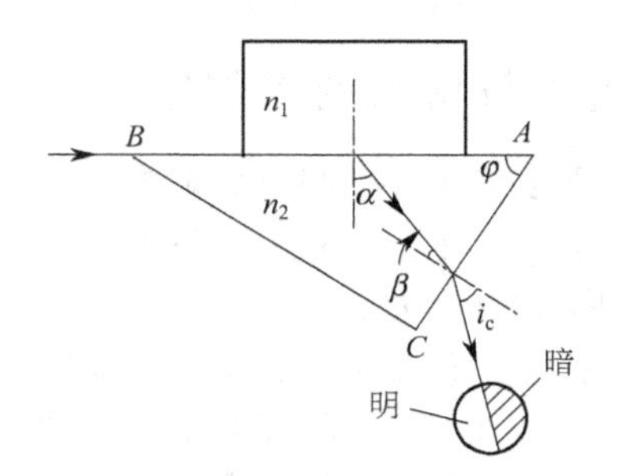

图 26-6 阿贝折射仪测量原理图

3. 测量原理

当一束光线从光密介质进入光疏介质时（$n_1>n_2$），入射角 i 将小于折射角 r。如果改变入射角 i，就可以使折射角 r 达到 90°，这时的入射角称为“临界角”（i_c）。若入射角大于 i_c，就不再有折射光线，入射光全部反射回第一种介质，这种现象叫全反射，如图 26-5 所示。阿贝折射仪就是根据这个原理来测定介质的折射率的。

图 26-6 所示是折射棱镜与试样组合时的情况。AB 面以上为待测试样，共折射率为 n_1；AB 面以下为折射棱镜，其折射率为 n_2。当光线以不同的角度入射 AB 面时，其折射角都大于 i_c，如果用望远镜在 AC 方向观察时，就可看到一半为明一半为暗的视场，如图 26-7 所

示，明暗分界处即为临界角光线在 BC 面上的出射方向。

对于图 26-6 的情况，可由折射定律得：

$$n_1\sin 90°=n_2\sin\alpha \tag{26-5}$$

$$n_2\sin\beta=\sin i \tag{26-6}$$

由于 $\varphi=\alpha+\beta$，所以：

$$\alpha=\varphi-\beta \tag{26-7}$$

将式(26-7) 代入式(26-5) 得：

$$n_1=n_2(\sin\varphi\operatorname{con}\beta-\operatorname{con}\varphi\sin\beta) \tag{26-8}$$

由式(26-6) 得

$$n_2^2-\sin^2\beta=\sin^2 i$$

$$\operatorname{con}\beta=\frac{\sqrt{n_2^2-\sin^2 i}}{n_2} \tag{26-9}$$

将式(26-9) 代入式(26-8) 得：

$$n_1=\sin\varphi\sqrt{n_2^2-\sin^2 i}-\operatorname{con}\varphi\sin i \tag{26-10}$$

由式(26-10) 可见，当 φ 角及 n_2 为已知时，测得 i 角，就可计算出被测物体的折射率 n_1。

在设计与制造阿贝折射仪时，已按公式(26-10) 进行刻度盘的刻制，所以测量的读数就是被测物体的折射率，使用时是很方便的。

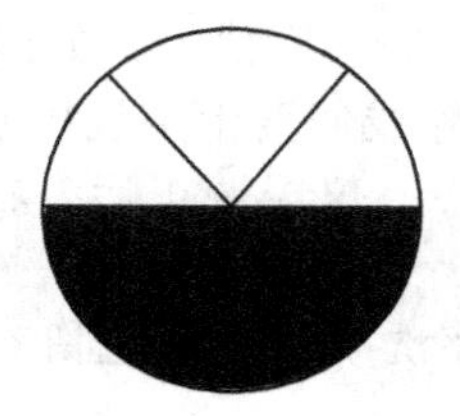

图 26-7　望远镜视域的明暗视场

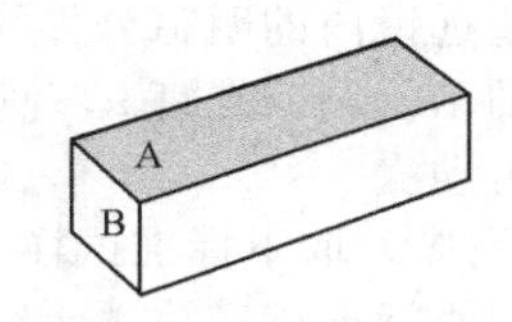

图 26-8　试样的切割抛光

四、实验器材

① 阿贝折射仪（2W 型）1 台；

② α-溴代萘（介质的折射率 $n<1.66$ 时用）；

③ 二碘甲烷（$n>1.66$ 时用）；

④ 无水酒精加乙醚混合液；

⑤ 纱布、脱脂棉；

⑥ 镊子 1 把；

⑦ 无机玻璃或有机玻璃试样多块。

五、测定步骤

1. 试样制备

选取无缺陷、均匀的无机玻璃块或有机玻璃块为待测试样，切取约 1cm 宽、2～3cm 长、2～3mm 厚的试块。将试块的一个大面和一个端面磨成两个互成垂直的 A、B 面，并进行抛光（图 26-8），清洗干净，晾干待用。

2. 校对仪器

① 将仪器置于明亮处，从目镜中观察视场是否明亮均匀，若不明亮均匀则以室内灯光

来补充自然光。

② 在开始测定前，先用随仪器附件所带的标准试样校对仪器的读数。

首先，打开进光棱镜，用无水酒精和乙醚（1∶1 的混合）将标准试块和折射棱镜的表面擦洗干净。为了使标准试样与折射棱镜的 AB 面完全接触，先在标准试样的大抛光面上加 1 滴 α-溴代萘，然后将标准试样贴在折射棱镜的抛光面上。粘贴时应注意，标准试样的抛光端面应向上，以便接受入射光线，如图 26-9 所示。

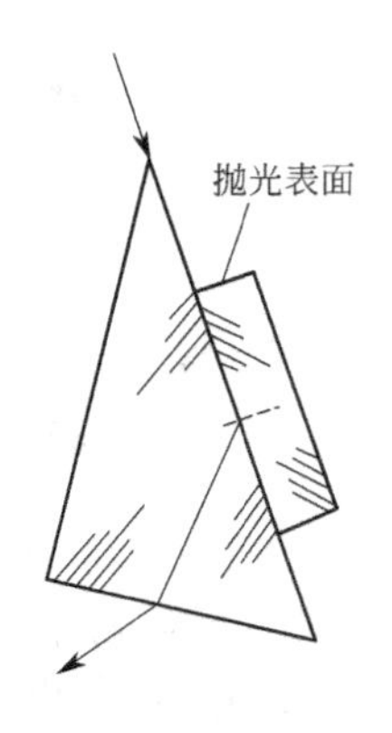

图 26-9 试样与折射棱镜粘贴示意图

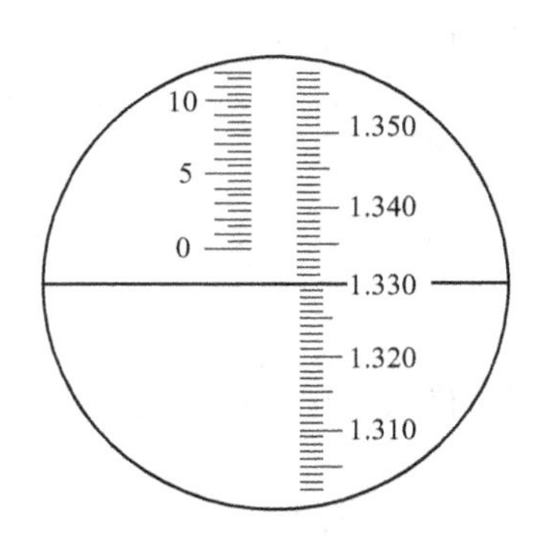

图 26-10 读数镜视场示例图

接着，调节棱镜转动手轮 2，使读数镜内指示在标准试样的刻度值上，如图 26-10 所示。此后，观察望远镜内的明暗分界线是否在十字线中心。若分界线偏离十字线中心，可用附件校正扳手转动示值调节螺钉 9，使明暗分界线调至十字线中心。仪器调正后，在测试过程中不允许随意再动。

③ 校正完毕，取下标准试样，将折射棱镜和进光棱镜擦洗干净，以免留有其他物质影响测定精度。将标准试样擦洗干净，保存待下次使用。

3. 试样测定

① 在已洗净晾干的待测试样的抛光面上滴 1 滴 α-溴代萘（若试样的折射率大于 1.66，则应改用二碘甲烷），把试样贴在折射棱镜上，并使抛光端面朝上，如图 26-9 所示。

② 旋转棱镜转动手轮 2，使棱镜组 14 转动，在望远镜中观察明暗分界线，调节明暗分界线在十字中心处；同时旋转阿米西棱镜手轮 10，使视场中除黑白色外无其他颜色。当视场中无其他颜色且明暗分界线在十字线中心时，读数镜视场右边所指示的刻度值即为待测试样的折射率（n_D）值。

Ⅱ. 浸 液 法

一、目的意义

浸液法是以已知折射率的浸液为参考介质来测定物质折射率的方法。这种方法的最大优点是不要尺寸较大的待测试样，只要有细颗粒（或粉末）试样就可测定，当待测试料不多或制造大块试样比较困难的情况下，用这种方法就显得特别方便。此外，这种方法的测量范围不像阿贝折射仪和 V 棱镜折射仪法那样受到玻璃棱镜本身折射率的限制，对于 n_D 大于 1.9 的高折射率或超高折射率试样也能测量。

本实验的目的：

① 了解浸液法的特点和测试原理；

② 学会用浸液法测定介质的折射率。

二、测试原理

用浸液法测定介质的折射率时，一般采用贝克法。

将粉末试样浸入液体中，当光线照射试样和液体这两种相邻的物质时，试样边缘对光线的作用就像棱镜一样，使出射光总是折向折射率高的物质的一边，这样就在折射率较高的物质边缘上形成一道细的亮带，这道亮带被称为贝克线，如图 26-11 所示。如果用显微镜来观察这种液体和试样，当光线从显微镜的下部向上照射时，如果两者的折射率不同，就会形成贝克线，就可以看见液体中的试样。如果试样与液体的折射率相同，光线照射时没有贝克线生成，换言之，在试样周边没有亮带，在显微镜下就看不见试样。这就是浸液法测量介质折射率的基本原理。

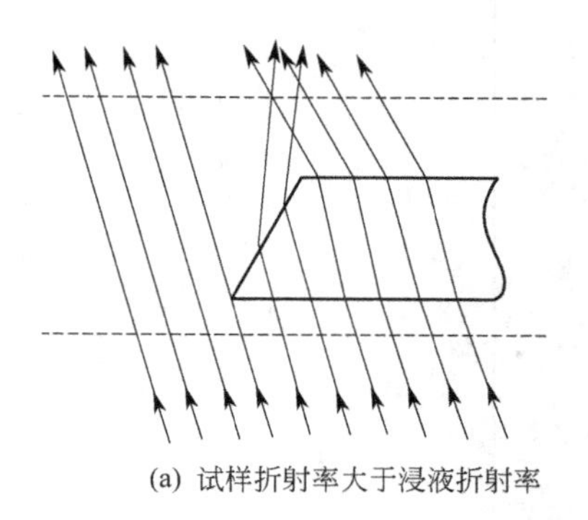

(a) 试样折射率大于浸液折射率

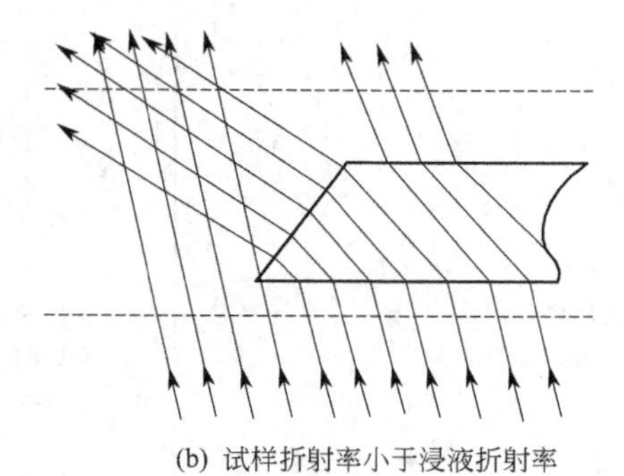

(b) 试样折射率小于浸液折射率

图 26-11 贝克线形成示意图

因为贝克线是由试样和浸液这两种相邻介质的折射率不同，光在接触处发生折射和全反射而产生的，所以无论这两种介质如何接触，在单偏光镜下观察时，贝克线的移动规律总是不变的。当提升显微镜的镜筒时，贝克线向折射率大的方向移动；当下降镜筒时，贝克线向折射率小的方向移动。根据贝克线的这种移动规律，就可以判断哪种介质的折射率大，哪种介质折射率小。把已知折射率的一系列浸液依次与待测玻璃试样进行比较，当贝克线不清楚或消除时，所用浸液的折射率就是试样的折射率。

三、实验器材

① 偏光显微镜或普通显微镜一台；
② 镊子 1 把；
③ 载玻片和盖玻片；
④ 酒精 1 瓶；
⑤ 不同折射率的浸液 1 套；
⑥ 磨口玻璃小瓶（10mL，塞上有拉长的针状棒）。

四、测定步骤

1. 浸液配制

首先估计待测玻璃的折射率，然后按每种浸液的折射率相隔 0.002 的数据选择或配制 1 套浸液。常用浸液的折射率见表 26-1 所示。

为了得到一套符合要求的浸液，可采用一种比试样的折射率大，一种比试样的折射率小的两种浸液混合来制备。

设要配制的浸液体积为 V 毫升；要求的折射率为 n_i；第一种溶液折射率为 n_1，需要量

为 x 毫升；第二种溶液折射率为 n_2，需要量为 y 毫升，则：

$$x+y=V \tag{26-11}$$

$$Vn_i=xn_1+yn_2 \tag{26-12}$$

表 26-1 常用浸液的折射率

浸液名称	折射率 n_D(20℃)	折射率温度系数(dn/dT)
水	1.333	极小
丙酮	1.57	
乙醇	1.362	0.00040
戊醇	1.409	0.00042
煤油	1.448	0.00035
石蜡油	1.49	0.00040
雪松油	1.502	
氯苯	1.524	0.00055
氯化萘	1.638	
α-溴代萘	1.658	0.00048
二碘甲烷	1.74	0.00070
二碘甲烷+S	1.778	
胡椒碱+碘化物	1.68～2.10	
$AsBr_3+S+As_2S_3$	1.81～2.00	0.0006
S+Se	2.0～2.7	
卤化铊	2.4～2.8	
$Se+As_2Se_3$	2.72～3.50	

解这个方程组就可求出每种液体的需要量。

为了提高测量精度，按计算结果配制的浸液还必须用阿贝折射仪在恒温条件下校检一次，然后贴上标签待用。

2. 试样制备

① 选取无缺陷的玻璃块，敲碎成直径约 0.05mm 的小块，用 100 目和 120 目筛子去掉大颗粒和细粉，收集保存等用。

② 用脱脂棉蘸无水酒精将载玻片和盖玻片擦洗干净。挑出制好的粉末数十粒放在载玻片上，并使颗粒作均匀且单层分布，然后盖上盖玻片，由盖玻片与载玻片侧缝中加入浸液，使试样淹没在浸液中。

3. 试样测定

① 将偏光显微镜置于光线充足、高度合适的工作台上，取下检偏镜。

② 将制好的玻片放在显微镜的载物台上，调节焦距和光圈，使显微镜视场中出现明显的贝克线。

③ 如果浸液中的玻璃颗粒明显可见，即分界面突出特别明显，则说明浸液和试样的折射率相差很大。此时，提高镜筒，若贝克线向试样一侧移动，则表明试样的折射率大于浸液的折射率，可更换折射率高一档的浸液重新观察。如果提高镜筒时贝克线向浸液一侧移动，则表明试样的折射率低于浸液的折射率，可更换折射率低一档的浸液重新观察。

如此反复进行，直至显微镜视场中突起和贝克线不明显或消失为止。这时，可选择一种比试样的折射率略低，另一种比试样的折射率略高的浸液，两者都使贝克线不明显或消失的情况，此时，可以认为玻璃的折射率是这两种浸液折射率的平均值。

例如：大于试样折射率的一种浸液的折射率为 1.553，小于试样折射率的浸液折射率为 1.556，则玻璃的折射率为：

$$n_D=\frac{1.553+1.556}{2}=1.5550\pm0.0015$$

五．影响因素讨论

1. 环境温度的影响

表 26-1 中给出的浸液的折射率是 20℃时标定的。所以，如果测试环境温度不是这个温度时，应当根据折射率的温度系数对折射率值进行校正，把玻璃的折射率换算成标准状态下的折射率。

2. 浸液存放时间的影响

浸液最好现配现用。如果浸液配制之后存放的时间过长，浸液中的某些组分可能挥发而影响折射率的值，此时，应当用阿贝折射仪重新校检一次。

思考题

1. 通常所说的介质的折射率指的是何种折射率？
2. 为什么在测定折射率时必须使用特定的波长？
3. 玻璃的折射率为什么与组成有关？
4. 玻璃的折射率为什么与温度有关？
5. 什么叫临界角？对于普通玻璃（$n_D=1.52$），其临界角等于多少度？
6. 在测量平板玻璃的折射率时，为什么要使用接触液（α-溴代萘或二碘甲烷）？为什么接触液的折射率一定要大于样品的折射率？
7. 在阿贝折射仪上能测定不透明物体的折射率吗？为什么？
8. 对于折射率很高的光学玻璃和玻璃微珠，测试方法应当做何种调整？
9. 为什么被测试样的直角面要制成 $90°\pm1'$这样的精度？
10. 试按折射定律推导出 n_D的表达式。
11. 为什么阿贝折射仪不用单色光？
12. 为什么当显微镜的镜筒向上提升时，贝克线向折射率大的介质方向移动，而镜筒下降时，贝克线向折射率小的介质方向移动？
13. 如果玻璃试样不是粉末而是 1mm 左右的碎块，能否用浸液法测其折射率？
14. 影响本实验的因素有哪些？

参考文献

[1] 郭永康．光学教程．成都：四川大学出版社，1989．
[2] 李允中．基础光学实验．天津：南开大学出版社，1987.
[3] 南京玻璃纤维研究设计院．玻璃测试技术．北京：中国建筑工业出版社，1987.
[4] 干福熹等．光学玻璃．北京：科学出版社，1982.

实验 27 材料色度的测定

一、目的意义

人们的生存空间是一个多姿多彩的世界，在人们生活的周围环境中几乎每时每刻都能见到大自然物体的各种颜色。在科学技术不断发展的今天，人工制造物体的颜色也随处可见。因此，色度指标值的测量和检验，已成为全世界各行各业生产中质量控制和产品检验的关键。在无机非金属材料中，彩色水泥、彩色玻璃制品、彩色陶瓷制品、搪瓷用彩色珐琅等，都要涉及颜色的测量。此外，纺织、印染、造纸、化工、家用电器、食品等行业也需要对颜色进行测定。

本实验的目的：

① 了解物体颜色的基本概念及表示方法；

② 了解物体色的测量方法；

③ 掌握用色彩色差计测量反射物体、透射物体色度值的测量技术。

二、基本原理

1. 物体的颜色

物质的颜色与光密切相关。按物理学的观点，太阳辐射是一种电磁波，太阳光只是其中的一部分，它是由不同波长的光所组成的。除可见光外，还有紫外光和红外光。通常，物质的颜色是物质对太阳可见光（白光）选择性反射或透过的物理现象（物质本身的自发光也使物质产生颜色，限于篇幅，这里不做介绍）。可见光被物体反射或透射后的颜色，称为物体色。不透明物体表面的颜色，称为表面色。

根据三原色学说，任何一种颜色的光，都可看成是由蓝、绿、红三种颜色的光按一定比例组合起来的。"颜色视觉"是由于外界物质的辐射能刺激于人们眼睛内视网膜敏感的视觉神经中心末梢而引起的。光进入眼睛后，三种颜色的光分别作用于视网膜上的三种细胞上，产生激励，在视神经中，这些分别产生的激励又混合起来，产生彩色光的感觉。

物体的颜色与照射的光源与人眼对颜色的感觉有关。由于人的生理上的差别，各人对颜色的灵敏性也大不相同，因此，人对颜色的判断带有很大的主观性。人类视觉的这些缺点是难以正确测定颜色的原因。

2. 颜色的表示方法

为了准确地描述和表示物体的颜色，新兴了一门科学——色度学。色度学是研究人的颜色视觉规律，颜色测量的理论与技术的科学。在这门科学里，物体的颜色一般用色调、色彩度和明度这三种尺度来表示。色调表示红、黄、绿、蓝、紫等颜色特性。色彩度是用等明度无彩点的视知觉特性来表示物体表面颜色的浓淡，并给予分度。明度表示物体表面相对明暗的特性，是在相同的照明条件下，以白板为基准，对物体表面的视知觉特性给予的分度。此外，还用色差来表示物体颜色知觉的定量差异。

(1) CIE$X_{10}Y_{10}Z_{10}$ 色度系统

使用规定的符号，按一系列规定和定义表示颜色的系统称为色度系统（亦称表色系统）。为了科学地表征颜色特征，国际照明委员会（International Commission on Illumination，CIE）创立了 CIE 系统。

人眼的视网膜有红、绿、蓝三种不同的感色细胞，它们具有不同的光谱敏感特性。每个人的感色细胞多少是有差异的。国际照明委员会对许多观察者的颜色视觉做了实验，得到人眼的平均颜色视觉特性，规定为标准观察者光谱三刺激值。

由 CIE 1931 年规定的光谱三刺激值为 $\overline{x}(\lambda)$、$\overline{y}(\lambda)$、$\overline{z}(\lambda)$ 表示的色度系统，称为 CIE 1931 色度系统，有时称为 2°视场 XYZ 色度系统。由 CIE 1964 年规定的光谱三刺激值为 $\overline{x}_{10}(\lambda)$、$\overline{y}_{10}(\lambda)$、$\overline{z}_{10}(\lambda)$ 表示的色度系统，称为 CIE 1964 色度系统，有时称为 10°视场 $X_{10}Y_{10}Z_{10}$ 色度系统。

用色调和色彩度来表示颜色的特性，称为色品（度），用色品坐标来规定。在 $X_{10}Y_{10}Z_{10}$ 色度系统中，色品（度）坐标 x_{10}、y_{10}、z_{10} 按下式计算：

$$x_{10}=\frac{X_{10}}{X_{10}+Y_{10}+Z_{10}} \tag{27-1}$$

$$y_{10}=\frac{Y_{10}}{X_{10}+Y_{10}+Z_{10}} \tag{27-2}$$

$$z_{10}=\frac{Z_{10}}{X_{10}+Y_{10}+Z_{10}} \tag{27-3}$$

式中，X_{10}、Y_{10}、Z_{10} 是仪器测得试样的三刺激值。如果两种颜色完全一致，则限定这两种颜色的三刺激值必须相同。其中，Y_{10} 还表示颜色的明亮程度。

表示色品坐标的平面图称为色品（度）图。在 $X_{10}Y_{10}Z_{10}$ 色度系统中，以色品坐标 x_{10} 为横坐标，y_{10} 为纵坐标。图中有波长分度的曲线，是把各单色光刺激点连接起来形成的光谱轨迹，把光谱轨迹两端连接的直线是紫轨迹，如图 27-1 所示。从 x_{10}、y_{10} 色品图中可见，可见光颜色分布在一个色品三角形中，物体的色品值可以在色品三角形中用唯一的点来确定。但要精确地表示一个物品的颜色，必须用一个色品坐标和一个明度因子来确定。

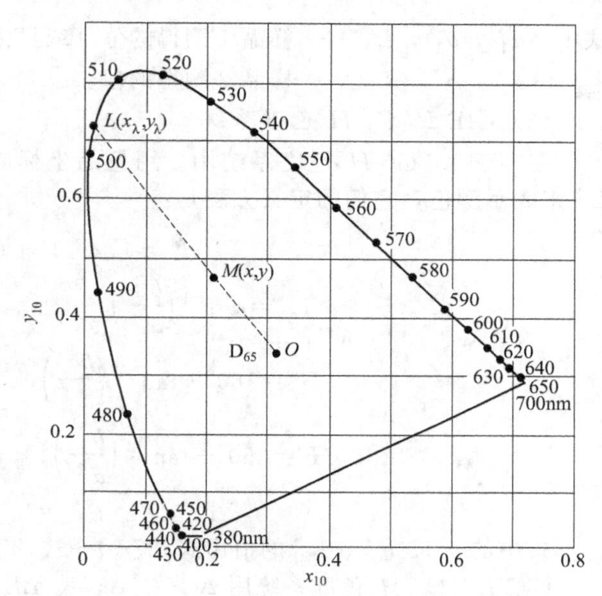

图 27-1 $X_{10}Y_{10}Z_{10}$ 色度系统的色品图

在 $X_{10}Y_{10}Z_{10}$ 色度系统中，两种样品（或待测样品与目标样品）之间的色差可由下式进行计算：

$$\Delta Y=(Y_{10})_2-(Y_{10})_1 \tag{27-4}$$

$$\Delta x=(x_{10})_2-(x_{10})_1 \tag{27-5}$$

$$\Delta y=(y_{10})_2-(y_{10})_1 \tag{27-6}$$

式中 $(Y_{10})_1$，$(x_{10})_1$，$(y_{10})_1$——样品 1 测得的值（或目标色品值）；

$(Y_{10})_2$，$(x_{10})_2$，$(y_{10})_2$——样品 2 测得的值。

(2) CIE $L^*a^*b^*$ 色度系统

表示颜色的三维空间称为色空间。CIE 1976 $L^*a^*b^*$ 色空间是三维直角坐标系统。CIE $L^*a^*b^*$ 色度系统用色品坐标 a^*、b^* 和明亮度 L^* 来表示颜色，由试样测得的三刺激值 X_{10}、Y_{10}、Z_{10} 进行计算：

$$a^*=500\left[\left(\frac{X_{10}}{X_n}\right)^{\frac{1}{3}}-\left(\frac{Y_{10}}{Y_n}\right)^{\frac{1}{3}}\right] \tag{27-7}$$

$$b^*=200\left[\left(\frac{Y_{10}}{Y_n}\right)^{\frac{1}{3}}-\left(\frac{Z_{10}}{Z_n}\right)^{\frac{1}{3}}\right] \tag{27-8}$$

$$L^*=116\left(\frac{Y_{10}}{Y_n}\right)^{\frac{1}{3}}-16 \tag{27-9}$$

式中 X_n，Y_n，Z_n——标准光源的三刺激值。

以上三个公式只适用于 X_{10}/X_n、Y_{10}/Y_n 和 $Z_{10}/Z_n>0.008856$ 的情况。当 X_{10}/X_n、Y_{10}/Y_n 和 Z_{10}/Z_n 小于 0.008856 时，以上三个公式要进行修正。

两个试样之间的总色差可由式(27-10) 进行计算：

$$\Delta E^* = [(\Delta a^*)^2 + (\Delta b^*)^2 + (\Delta L^*)^2]^{\frac{1}{2}} \tag{27-10}$$

式中 Δa^*，Δb^*，ΔL^*——两试样的坐标 a^*、b^*、L^* 值之差。

$$\Delta a^* = a_2^* - a_1^* \tag{27-11}$$

$$\Delta b^* = b_2^* - b_1^* \tag{27-12}$$

$$\Delta L^* = L_2^* - L_1^* \tag{27-13}$$

式中 a_1^*，b_1^*，L_1^*——样品 1 测得的值（或目标色度值）；

a_2^*，b_2^*，L_2^*——样品 2 测得的值。

(3) CIE $L^*C^*H°$色度系统

在 CIE $L^*C^*H°$色度系统中，用色品坐标 C^*（色饱和度）、$H°$（色调角），明亮度 L^* 来表示颜色，它们的定义方程是：

$$C^* = [(a^*)^2 + (b^*)^2]^{\frac{1}{2}} \tag{27-14}$$

$$H° = \tan^{-1}\left(\frac{b^*}{a^*}\right) \qquad \text{当 } a^*>0 \text{ 和 } b^* \geqslant 0 \text{ 时}$$

$$H° = 180° + \tan^{-1}\left(\frac{b^*}{a^*}\right) \qquad \text{当 } a^*<0 \text{ 时}$$

$$H° = 360° + \tan^{-1}\left(\frac{b^*}{a^*}\right) \qquad \text{当 } a^*>0 \text{ 和 } b^*<0 \text{ 时} \tag{27-15}$$

$$L^* = L^* \tag{27-16}$$

式中的 a^*、b^*、L^* 的值由式(27-7)～式(27-9)计算得出。

CIE L^* C^* $H°$色度系统用 ΔC^*、Δh^*、ΔL^* 来表示色差。两个样品（或待测样品与目标样品）之间的色差值由下式进行计算：

$$\Delta C^* = C_2^* - C_1^* \tag{27-17}$$

$$\Delta h^* = H_2° - H_1° \tag{27-18}$$

$$\Delta L^* = L_2^* - L_1^* \tag{27-19}$$

式中 C_1^*，$H_1°$，L_1^*——样品 1 测得的值（或目标色值）；

C_2^*，$H_2°$，L_2^*——样品 2 测得的值。

色调差用符号 ΔH 表示，其计算公式为：

$$\Delta H = [(\Delta E^*)^2 + (\Delta L^*)^2 + (\Delta C^*)^2]^{\frac{1}{2}} \tag{27-20}$$

式中的 ΔE^* 由式(27-10) 进行计算，其他符号意义同前。

由以上介绍可见，当仪器测得试样的三刺激值 X_{10}、Y_{10}、Z_{10} 之后，就可计算出所需的各种指标值。

3. 物体色测量方法的分类

颜色测量方法一般分为光谱光度测色法和刺激值直读法两大类。

(1) 光谱光度测色法

光谱光度测色法用光谱光度计（带积分球的分光光度计）进行测定，测量波长的范围一般为 380～780nm，不能小于 400～700nm。试样测量结果是单色光与透过率或反射率的对应数据，需按公式经复杂的计算才能得出三刺激值和色品坐标值。

（2）刺激值直读法

刺激值直读法用光电类测色仪器进行测定，这类仪器利用具有特定光谱灵敏度的光电积分元件，能直接测量物体的三刺激值或色品坐标，因而称之为光电积分仪器。光电积分仪器包括光电色度计和色差计等。

① 光电色度计　光电色度计是一种测量光源色和由仪器外部照明的物体色的光电积分测色仪器，用光电池、光电管或光电倍增管作探测器，每台仪器由 3 个或 4 个探测器将光信号变为电信号进行输出，得出待测色的三刺激值或色度坐标。

② 色差计　色差计是利用仪器内部的标准光源照明来测量透射色或反射色的光电积分测色仪器，一般由照明光源、探测器、放大调节、仪表读数或数字显示、数据运算处理等部分组成。通常用 3 个探测器将光信号转变为电信号进行输出，得出待测色的三刺激值或色度坐标；还可以通过模拟计算电路或连机的电子计算机给出两个物体色的色差值。因此，这是一种操作简便的实用测色仪器。

三、测试装置

国内生产测色度仪器的单位有许多个，例如，北京康光仪器有限公司 SC-80 色彩色差计、上海光学仪器厂 WSC-S 测色色差计等，其工作原理基本相同，功能大同小异。

本实验采用北京康光仪器有限公司 SC-80 轻便色彩色差计进行测定。仪器结构如图 27-2 所示。仪器测试条件及数据见表 27-1。该仪器是带有微电脑的光电积分型颜色测量仪器，由照明光源、探测器、数字显示、数据运算处理等部分组成。可以直接得出被测样品的三刺激值、色度坐标及色差值等 9 组 47 个数据。

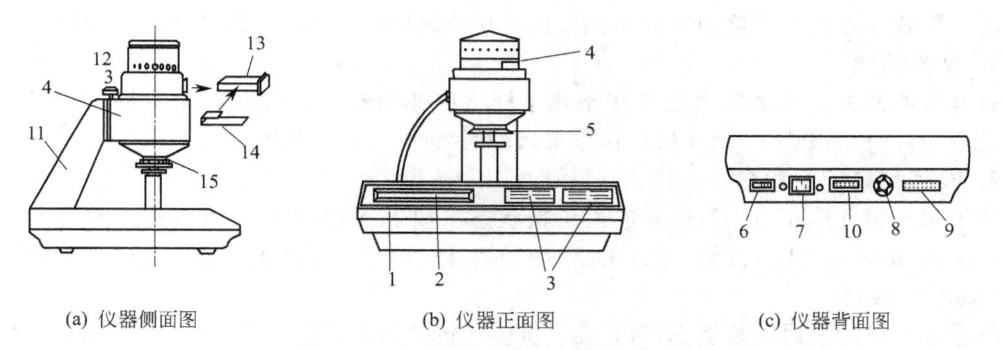

(a) 仪器侧面图　(b) 仪器正面图　(c) 仪器背面图

图 27-2　SC-80 色彩色差计的仪器结构

1—主机；2—液晶显示器；3—操作键盘；4—光学测试头；5—可升降的测试台；6—电源开关；7—电源线插座；8—保险管；9—打印机插座；10—连接电缆插座；11—支架；12—锁紧钉；13—样品架；14—挡光板；15—光栅

表 27-1　SC-80 轻便色彩色差计的测试条件及有关数据

照明及测试条件	测量方式	标准照明体	标准观察者	测试孔口径
0/d	透/反射	D_{65}	10°视场	ϕ12/22mm

四、实验器材

① 微型打印机。

② 恒压粉状样品压样器。

③ 成型制品制样工具（玻璃刀、陶瓷样品切割器等）。

④ 标准白板。

五、试样要求与制备

待测试样可以是陶瓷墙地砖、平板玻璃等成型制品，也可以是水泥等粉末状制品。

1. 块状样品的制备

对于成型制品，每批取样一般不少于三块（件）。

（1）试样切割

对于陶瓷墙地砖，用切割机将其切成6.5cm×6.5cm的小块做试样。对于玻璃，用玻璃刀将其切成6.5cm×6.5cm的小块做试样。试样切割之后，擦净备用。

（2）试样处理

在一般情况下不必烘样。如果试样受潮影响其测量结果时，应将其置于105～110℃的干燥箱中烘1h。取出后置于干燥器中冷却到室温备用。

2. 粉状试样板的制备

采用恒压粉体压样器，将待测粉体试样压制成粉体试样板。试样板的表面应平整、无纹理、无疵点和无污点。每批待测试样（产品）须压制三块试样板。

六、测试步骤

测试前，将仪器放置在水平工作台上，把电源线连插在仪器和交流电源的插座上。将打印机右侧的两个开关S1、S2都拨向左侧位置。

（一）反射样品的测量

对于陶瓷墙地砖、不透明的玻璃试样块及粉体试样板，按以下程序进行测量操作。

1. 仪器预热

打开电源开关，显示器出现正在预热字样（Preheating），仪器开始预热，并有一个时钟在进行逆计时，预热10 min后，仪器发出蜂鸣音响。预热结束。

2. 设定测量控制命令

按下编辑键（EDIT），使仪器进入编辑状态。按下NEXT键，使模式为测量方式的模式(Measure modo)。按下INC键或DEC键，使显示器里闪烁的的字改变为“选择反射式测量”(Reflective)。

测量方式设定完后，按下NEXT键，将模式转换为比较色差模式(Color-diffe)。在该模式中有两种比较色差方式，Sample为两个被测样品之间的比较色差，Target是目标样品与测量样品值之间的比较色差。这里选用Sample。

3. 输入标准白板的数据

随机附带的标准白板的数据，厂家已输入仪器中，可按下NEXT键，检查其数据是否正确。若数值正确，则跳过此步；若被修改，需重输入或改正。

例如：使用的标准白板的数据是$X=84.5$、$Y=88.6$、$Z=81.5$，修改方法如下。

首先修改X的值。开始，X的十位值在闪烁，按下INC键或DEC键，使数值加1或减1，直至8为止。然后再设定下一位数，这时按下“→”键，使闪烁的位置向右移一位，再按下INC键或DEC键，使数值加1或减1，直至4为止。如此继续操作，修改小数点后的两位数字。

依上述方法，修改Y和Z的值。数据修改完毕，核对无误后，按下编辑键，使新设定的测量控制命令、标准白板值都记入仪器内，并使仪器返回（转向）到准备测试状态。

4. 调零操作

当仪器的显示器上出现“调零”字样（Adjust zero）时，调零指示灯亮，把调零用的黑筒放在测试台上，对准光孔压住，按下执行键（ENTER），仪器开始调零。当仪器发出蜂鸣声时，调零结束。

5. 校对标准（调白）操作

当仪器的显示器上出现“标准”字样（Standard）时，调白指示灯亮，把调零用的黑筒取下，放上标准白板，对准光孔压住，按下执行键（ENTER），仪器开始调白。当仪器发出蜂鸣声时，调白结束。

6. 样品测量

当仪器的显示器上出现“样品”字样（Sample）时，测量指示灯亮，把标准白板取出，将准备好的样品（块状试样或粉体试样板）放到测试台上，对准光孔压住，按下执行键（ENTER），仪器开始测量。并显示出数字“1”，此时显示器显示“Sample 1”，表明仪器在进行第1次测量。当仪器发出蜂鸣声时，测量结束。

如果再次按下执行键，仪器再次进行测试，显示的测量次数加1，此时显示器显示“Sample 2”，其测试的结果将与上（几）次的测试结果作算术平均值运算。直到按下显示键（DISPLAY）或打印键（PRINT）为止。

7. 显示测量结果

当测试结束后，按一下显示键，显示器就显示出一组数据，同时显示指示灯亮。再按一下显示键，显示器又显示出下一组数据。连续按键则显示其他各组数据，直到循环显示至第一组数据。如此反复，可根据需要任意选看数据结果。

8. 结果打印

如果需要，可按下打印键，即可打印测试结果。打印结束后，将打印机左侧的开关拨向右侧（离开ON）的位置，按一下打印机台面上的红色按钮，即可撕下已打印数据的打印纸。

（二）透射样品的测量

对于透明玻璃或其他透明体，按以下程序进行测量。

1. 仪器预热

与反射样品测量的叙述相同。若已预热过，则不用再预热。

2. 测量控制命令的设定

（1）复位

按下复位（RESET）键，使仪器面板上的显示器出现调零提示“Adjust zero”。

（2）透射测量模式的选择

按下编辑键（EDIT），仪器进入编辑状态。按下NEXT键，使模式为测量模式。按下INC键或DEC键，选择透射式测量（Transmission）。

（3）标准值的设定

标准值为标准光源的三刺激值，本仪器的光源标志是$D_{65}/10°$，其设定值为：$X=94.81$；$Y=100.00$；$Z=107.32$，方法如下。

按下编辑键，仪器进入编辑状态。按下NEXT键，使仪器显示已记入的标准白板的三刺激值。

首先设定X的值。开始，X的十位值在闪烁，按下INC键或DEC键，使数值加1或减1，直至9为止。然后再设定下一位数，这时按下“→”键，使闪烁的位向右移一位，再按下INC键或DEC键，使数值加1或减1，直至4为止。如此继续操作，修改小数点后的两位数字。

依上述方法，修改Y和Z的值。数据修改完毕，核对无误后，按下编辑键，使新设定的标准白板值记入仪器内，仪器返回到准备测试状态。

3. 调零操作

当仪器的显示器上出现“调零”字样时，调零指示灯亮。从测量头身上将透射用样品架水平拉出，从其侧向放入挡光板，推入测量头中。按下执行键，仪器开始调零。当仪器发出蜂鸣声时，调零结束。

4. 校对标准（调白）操作

当仪器的显示器上出现“标准”字样时，调白指示灯亮。水平拉出样品架，把挡光板取下后，重新推入测量头内（即以空气为标准）。按下执行键，仪器开始调白。当仪器发出蜂鸣声时，调白结束。

5. 样品测量

当仪器的显示器上出现“样品”字样时，测量指示灯亮，将样品架拉出，将准备好的样品（透明块状试样）放到样品架上，推入测量头内。按下执行键，仪器开始测量。并显示“Sample 1”，表示仪器在进行第 1 次测量。当仪器发出蜂鸣声时，测量结束。

如果再次按下执行键，仪器再次进行测试，显示的测量次数加 1（此时，仪器的显示器显示 Sample 2），其测试的结果将与上（几）次的测试结果相加，取算术平均值。

6. 显示测量结果

与测量反射样品相同。

7. 结果打印

与测量反射样品相同。

（三）物体色差的测量

测量反射物体或透射物体的色差有两种方法：一是测量两个样品之间的色差；二是测量样品和已记入仪器内部的目标样品值之间的色差。

在上面的反射物体或透射物体的测试中，选的是测量两个样品之间的色差（Sample），下面介绍多个样品之间色差的测量。

1. 两个样品之间的色差测量

（1）测量模式的检查与设定

首先，通过编辑键（EDIT）和 NEXT 键，检查仪器内部是否已设定为“待测样品色差方式”。若不是，按下 NEXT 键，将模式转换为比较色差模式。按下 INC 键或 DEC 键，选择“两个样品间比较色差”（Sample）的模式。

（2）测量

在测量提示状态下，首先测量第 1 个样品。测试完成后，按下显示键（DISPLAY）或打印键（PRINT），得到第 1 个样品的数据。

换上第 2 个样品，按下测试键（SAMPLE），再按执行键（ENTER），进行测试。也可以按下复位键（RESET），再按下执行键进行测量。

第 2 个样品测试完毕后，按下显示键或打印键，即可得到第 2 个样品的测试数据，同时也可得到第 1 个与第 2 个样品之间的色差数据。

如此重复操作，测定其他样品。最后得到多个样品色差数据的平均值。

2. 被测样品与目标样品之间的色差测量

（1）测量模式的检查与设定

首先，通过编辑键（EDIT）和 NEXT 键，检查仪器内部是否已设定为“待测样品色差方式”。若不是，按下 NEXT 键，将模式转换为比较色差模式。按下 INC 键或 DEC 键，选择“目标样品与被测样品间比较色差”（Target）的模式。

然后，按下编辑键，仪器进入编辑状态。按下 NEXT 键，使仪器显示已记入的标准白板三刺激值。再按下列顺序，输入目标样品的参数值。

首先输入 X 的值。开始，X 的十位值在闪烁，按下 INC 键或 DEC 键，使数值加 1 或减 1，直至目标样品的参数值为止。然后再设定下一位数，这时按下“→”键，使闪烁的位向右移一位，再按下 INC 键或 DEC 键，使数值加 1 或减 1，直至目标样品的参数值为止。如此继续操作，修改小数点后的两位数字。

依上述方法，输入 Y 和 Z 的值。数据输入完毕，核对无误后，按下编辑键（EDIT），使新输入的目标样品的参数值记入仪器内，仪器返回到准备测试状态。

（2）测量

在测量提示状态下，将待测量的样品进行测试。测试完成后，按下显示键或打印键，即可得到待测样品的测试数据，同时也可得到待测样品与目标样品之间的色差数据。

七、数据记录与数据处理

国家标准 GB 11942—89 指出：“本标准采用国际照明委员会（CIE）1964 和 1931 标准色度系统的三刺激值和色品坐标表示结果。也可以用 CIE 1976 L^*、a^*、b^* 色度空间或主波长（补色波长）和兴奋纯度表示结果”。因此，测定记录与数据处理应包括这些内容。

1. 测定结果的记录和形式

测定结果可由打印机打出，但打印结果不直观，而且是每个样品打印一次，可按表 27-2 的形式将几个样品的数据进行整理记录。

表 27-2 测试原始数据记录表

项目		试样编号				
		1	2	3	4	5
三刺激值	X_{10}					
	Y_{10}					
	Z_{10}					
色品坐标	x_{10}					
	y_{10}					
	a^*					
	b^*					
	C^*					
	H°					
明亮度	Y					
	L^*					
色差值	ΔY					
	Δx					
	Δy					
	ΔE^*					
	ΔL^*					
	Δa^*					
	Δb^*					
	ΔC^*					
	Δh^*					
	ΔH(要计算)					
备注						

2. 主波长 λ_D（或补色波长 λ_C）的确定

主波长是把单色光和特定的白光以适当的比例相加时，能够达到与试验色刺激相匹配时的单色光刺激的波长。颜色的主波长大致相当于日常生活中观察到的颜色的色调。利用仪器测得的样品的色度坐标和光源的色度坐标，就可以通过两种方法确定样品的主波长。

（1）作图法

在色品图（图 27-1）上将试样的色品坐标值 x_{10}、y_{10} 标在图上，这个点称为试样色品点（如图中的 M）。经标准照明体色品点 O 和试样色品点 M 作一直线，并使之与光谱轨迹相交（如图中的 L），则该点在光谱轨迹上的波长就是主波长。

应当注意，不是所有的试样都有主波长，在色品图上光谱两端与照明体色品点所形成的三角区域（紫红区）内就没有主波长。出现这种情况时，可通过这一试样的色品点和标准照明体色品点作一直线，直线的一端与紫红区轨迹直线相交，无法确定其主波长，需将该直线向另一侧延长与光谱轨迹相交，其交点在光谱轨迹上的波长就是补色波长 λ_c。可用负数表示，以示与主波长 λ_D 的区别。

作图法比较简单，但求出的结果不太精确。

（2）计算法

主波长可以用手工计算。根据色度图上连接光源点和样品点的直线的斜率，查表读出直线与光谱轨迹的交点就可以定出主波长。这种方法的计算精度可达 1nm，但所要查的表很长，这里不引用，也不要求做这种计算。感兴趣的读者可查阅文献［4］。

此外，主波长也可以通过编写计算程序后由计算机计算求出。由于篇幅的限制，这里不做介绍，感兴趣的读者可参阅文献［8］。

3. 兴奋纯度 P_e 的计算

在特定的无彩刺激和某单色光刺激相加后，与某试验色刺激达到颜色匹配时，无彩刺激和单色刺激的混合比率称为纯度（purrity）。纯度包括兴奋度 P_e（excitation purrity）和色度纯度 P_c（colorimetric purrity）等。

在 CIE x、y 色品图（图 27-1）上，从白点 O 到试样色品点 M 的距离，与从白点到试样主波长点的距离之比称为兴奋纯度。在使用补色波长的情况下，兴奋纯度就是从白点 O 到试样色品点 M 的距离与从白点通过试样点到紫红轨迹上的交点距离之比。

$$P_e=\frac{x-x_0}{x_d-x_0}=\frac{OM}{OL} \quad 或 \quad P_e=\frac{y-y_0}{y_d-y_0}=\frac{OM}{OL} \tag{27-21}$$

式中 x_0，y_0——特定白点的色品坐标（标准照明体 10° D_{65}，$x_0=0.3138$，$y_0=0.3310$）；

x，y——试样色刺激的色品坐标；

x_d，y_d——相当于主波长的光谱轨迹上的点的坐标，或相当于补色波长的紫、红轨迹上的色品坐标。

在理论上，用式(27-21）的两个方程计算兴奋纯度应得到相同的结果。但是，如果主波长（或补色波长）的线趋向平行于色度图 x 轴时，也就是 y、y_d 和 y_0 值接近时，y 式的误差较大。当 y、y_d 和 y_0 值相同时，y 式便失效，在这种情况下要用 x 式；反之亦然，如果主波长（或补色波长）的线趋向平行于色度图 y 轴时，要用 y 式。在这两种情况下，光源点的兴奋纯度都是 0，而光谱色的兴奋纯度是 100%。

4. 测量报告

根据 GB/T 11942—89 彩色建筑材料色度测定方法的规定，测量报告至少应包括下列内容：

① 试样的名称、标志、编号、厂家或送样单位；
② 仪器的型号、标准照明体类型、照明观测几何条件及测孔面积；
③ 按要求报告颜色测量结果，并说明表色系统。

思考题

1. 用分光光度计能测量物体的色度吗？为什么？
2. 在反射样品的测量之前，为什么要用标准白板校准仪器？
3. 在透射样品的测量之前，为什么要设定 X、Y、Z 的值？
4. 在透射样品的测量之前，为什么要以空气为标准校准仪器？
5. 测量色差有两种方法，各自的特点是什么？有何实用意义？
6. 本实验测量色度所用仪器的几何光学条件是什么？

参考文献

[1] GB 3977—83. 颜色的表示方法.
[2] GB 3979—83. 物体色的测量方法.
[3] GB 5698—85. 颜色术语.
[4] GB/T 11942—89. 彩色建筑材料色度测定方法.
[5] 关振铎等．无机材料物理性能．北京：清华大学出版社，1992.
[6] 荆其诚．色度学．北京，科学出版社，1991.
[7] 伍洪标，韩建军．彩色平板玻璃的色度计算．武汉工业大学学报，1997，19（4）：82-84.
[8] JC/T 539—94. 混凝土和砂浆用颜料及其试验方法.

实验 28　材料光泽度的测定

一、目的意义

对于无机非金属材料，如陶瓷、天然花岗岩和大理石、人造花岗岩（微晶玻璃）、水磨石等建筑装饰板材，均有一定的光泽度要求。通过测定光泽度，可对无机非金属材料的压制、磨光、抛光及表面喷涂等生产过程进行控制，对最终产品的质量进行评定；对于有机材料，如合成装饰材料（仿人造大理石等）、发光薄膜、塑料制品等，对光泽度要求各有侧重，有的要求表面半光或无光，有的要求表面强烈反光或发亮。此外，塑料长期使用后因老化而使表面光泽度明显下降，通过光泽度的变化可以反映材料的耐老化性能；对于家具、家电及其他包装装潢行业，有的也要求进行光泽度的测试，以鉴定是否达到预期的特定效果。因此，研究材料的光泽度及其测试方法具有重要的意义。

本实验的目的：
① 了解光泽度的定义及测定意义；
② 掌握用光泽度计测量光泽度的原理和测试技术；
③ 了解各种材料的测试要求和测量结果的处理方法。

二、基本原理

1. 光泽度的定义

光泽是物体表面定向选择反射的性质，表现于在表面上呈现不同的亮斑或形成重叠于表面的物体的像。光泽度（用数字表示物体表面的光泽大小）是指物体受光照射时表面反射光的能力，通常以试样在镜面（正反射）方向的反射率与标准表面的反射率之比来表示。

$$G=\frac{100R}{R_0} \tag{28-1}$$

式中 R——试样表面的反射率，%；

R_0——标准板的反射率。

以抛光完善的黑玻璃作为参照标准板，其钠 D 射线的折射率为 1.567，对于每一个几何光学条件的镜向光泽度定标为 100 光泽度单位。

2. 测试原理

光泽度计的新、老型号很多，但测量原理基本相同。其中，新型数显光泽度计的工作原理如图 28-1 所示。光源发射的光经过一组透镜后成为符合一定要求的入射光束，此入射光束到达被测物表面后，被测面将光反射到另一个透镜，透镜将光束会聚成锥体后投射到位于光栅处的光电池，光电池进行光电转换后将电信号送往处理电路进行处理，然后在仪器上显示测量结果。

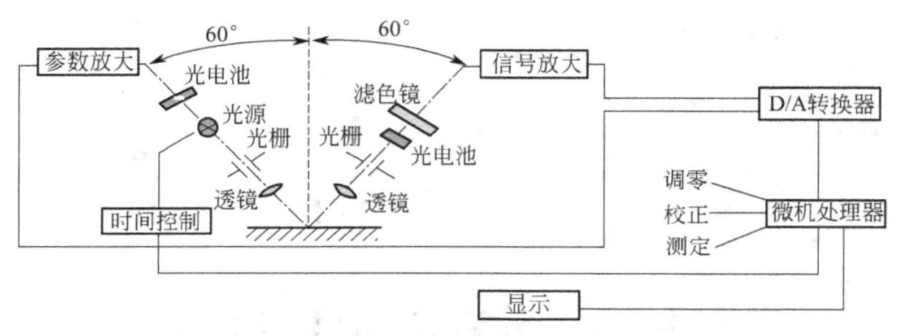

图 28-1 光泽度计的测量原理图

由光泽度的定义可知：只需将光泽度仪的（附件）黑色标准板的数值设定为默认值，再将黑色标准板“校标”，就可对待测试样进行测定。

三、实验器材

① 光泽度计。国产光泽度计有许多种。本实验采用 WGG-60 型光泽度计，仪器外形如图 28-2 所示。

② 镜纸、脱脂棉或软布条。

③ 无水乙醇（或乙醚）。

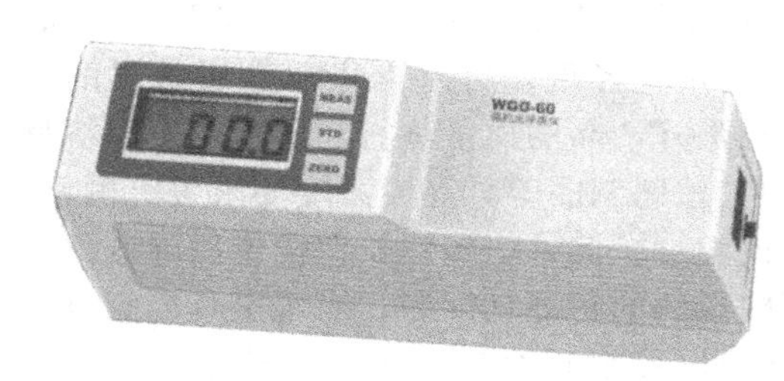

图 28-2 WGG-60 型光泽度计

四、试样要求与制备

① 试样表面应平整、光滑，无翘曲、波纹、突起、弯曲、砂眼等外观缺陷。

② 试样规格及数量。根据 GB/T 13891—92 的规定，不同材料（制品）的试样规格、数量，每块试样的测量点见表 28-1。

③ 将选择出的待测试样洗净、烘干备用。

五、测试步骤

① 开机。打开光泽度仪的电源开关，置于“ON”的位置，此时液晶显示屏显示小数点“.”。

表 28-1 试样要求与测量点布置

试样	规格(长×宽)/mm	数量/块	测量点的数量与位置
大理石板材、花岗岩板材、水磨石板材	300×300	5	5 个测量点(板材的中心与四角)
墙地砖	150×150 150×175	5	1 个测量点(墙地转的中心)
塑料地板	300×300	3	10 个测量点(板材中心与四角的 5 个点测量后,将测量头旋转 90°,再测一次)
玻璃纤维增强塑料板材	150×150	3	10 个测量点(与塑料地板相同)

② 设定校标值（将光泽度仪的黑色标准板数值设定为校标默认值）。按一次“设定”钮，显示×××，再次按下“设定”钮，十位数数值由 $X+1$ 递增，不断按下“设定”钮，得到需要的十位数数值。按下“校标”钮，重复上面步骤，设定好个位数数值。按下“校标”钮，重复上面步骤，设定好小数点后一位数值。最后按下“校标”钮，完成设定。

③ 按“测量”钮，仪器即进入待机状态，此时显示“0.0”。

④ 将仪器测量窗口置于黑色标准板上，按一次“校标”按钮后放开，仪器将显示黑色标准板的数值，表示校正功能已完成。

⑤ 试样测定。将仪器测量窗口置于被测试样上，按一次“测量”按钮后放开，仪器将显示试样的光泽度测量值，记下这个数值。

如果按规定，每块试样有多个测点，则再按此方法测定其他的测定点。

⑥ 换另一块试样，按上述方法测量其光泽度值。

⑦ 所有试样测量完毕后，将仪器电源开关置于“OFF”的位置，关闭仪器。

六、数据记录及数据处理

1. 测量数据记录

应记录的原始数据包括以下几个方面：

① 材料名称、试样牌号、试样品种、试样来源、试样编号等；

② 光泽度计的型号、几何光学条件与生产厂名；

③ 每块试样的测量点及其测量数值。

2. 数据处理

① 对于墙地砖，每个试样中心的光泽度值即为该试样的光泽度值；

② 对于要求多测量点的材料（制品），每个试样的光泽度值要用多点测量值的算术平均值表示，计算精确至 0.1 光泽度单位。其中，如果最高值或最低值超过平均值的 10%，应在其后的括号内注明；

③ 以 3 块或 5 块试样测定值的平均值作为被测建筑饰面材料镜向光泽度值。小数点后的余数采用数值修约规则修约，结果取整数。

思考题

1. 镜向反射和漫反射有什么不同？

2. 相对反射率的含义是什么？在测材料（制品）的光泽度之前，为什么要用标准板对仪器的表头进行校正？

3. 在陶瓷或搪瓷的生产中，为了提高制品表面的光泽度，应采取什么措施？而在玻璃制品的深加工中，为了降低玻璃表面的光泽度，应采取什么措施？

4. 国标 GB 13891 指出，各种建筑饰面材料测定镜向光泽的发射角均采用 60°，当测定光泽度大于 70 光泽单位时，为提高其分辨程度，入射角可采用 20°，当测定光泽度小于 30 光泽单位时，为提高其分辨程度，入射角可采用 85°，为什么？

参考文献

[1] GB 5698—85. 颜色术语.
[2] GB/T 13891—92. 建筑饰面材料镜向光泽度测定方法.
[3] 欧阳国恩，欧阳荣主编. 复合材料测试技术. 武汉：武汉工业大学出版社，1993：166-167.
[4] GB 1743—82.
[5] 关振铎等. 无机材料物理性能. 北京：清华大学出版社，1992：192.
[6] 作花济夫. 玻璃手册. 北京：中国建筑工业出版社，1985.
[7] 霍洛威 D C. 玻璃的物理性质. 北京：轻工业出版社，1985：123.
[8] GB 9966.5—88. 天然饰面石材试验方法. 镜面光泽度试验方法.

实验 29 材料导电性能的测定

材料的导电性质（导电性能的大小）在科学技术上具有极为重要的意义。随着现代科技的不断发展，利用材料的导电性能已制成电阻、电容、导电材料、半导体材料、绝缘材料以及其他电子材料器件，应用范围日益广泛。例如，导电橡胶、导电塑料、导电胶等以聚合物与导电性物质复合而成的新型导电材料，一方面它们具有较好的弹性、耐磨性或气密性；另一方面又具有优良的导电性，因此在许多特殊场合中得到应用。再如，绝缘材料主要是用来使电气元件相互之间绝缘以及元件与地面绝缘。如果绝缘构件的绝缘电阻太小，不仅浪费电能，还会因局部过热导致仪器不能正常工作，甚至损害整个仪器。电介质的绝缘电阻是评价电介质材料性能的重要参数。因此，研究和测量材料的导电性能在实际工作中是十分重要的。

Ⅰ. 绝缘电阻的测定

一、目的意义

通常，无机非金属材料属于绝缘材料，在电工、电子设备中有许多应用。因此，测定该种材料的绝缘电阻具有很重要的意义。

本实验的目的：

① 了解绝缘材料的导电机理；

② 弄懂高阻计测量材料电阻率的基本原理；

③ 掌握常温下用高阻计三电极系统测量材料绝缘电阻的方法。

二、基本原理

1. 材料的绝缘电阻

物体之所以导电是由于内部存在的各种载流子在电场作用下沿电场方向移动的结果。固体介质的电导分为两种类型：即离子电导和电子电导。对于一般材料，特别是用作绝缘材料的固体介质，正常条件下的主要作用是离子电导，而当温度和电场强度增加时，电子电导的作用会增大。衡量材料导电难易程度的物理量为电阻率（ρ）或电导率（γ）。一般电阻率小于 $10^2\Omega\cdot m$ 的固体材料称为导体；电阻率大于 $10^{12}\Omega\cdot m$ 的固体材料称为绝缘体；电阻率介于两者之间的材料称为半导体。

（1）绝缘电阻

绝缘电阻是表示绝缘材料阻止电流通过能力的物理量，它等于施加在样品上直流电压与流经电极间的稳态电流之比，即 $R=U/I$。

由图 29-1 可知，稳态电流包括流经试样体内电流 I_v 与试样表面电流 I_s 两项，即 $I=I_v+I_s$，代入上式得：

$$\frac{1}{R}=\frac{1}{R_v}+\frac{1}{R_s}=\frac{I_v}{U}+\frac{I_s}{U} \tag{29-1}$$

式中 R_v——试样体积电阻；

R_s——试样的表面电阻。

式(29-1) 表明绝缘电阻实际上是体积电阻与表面电阻的并联。

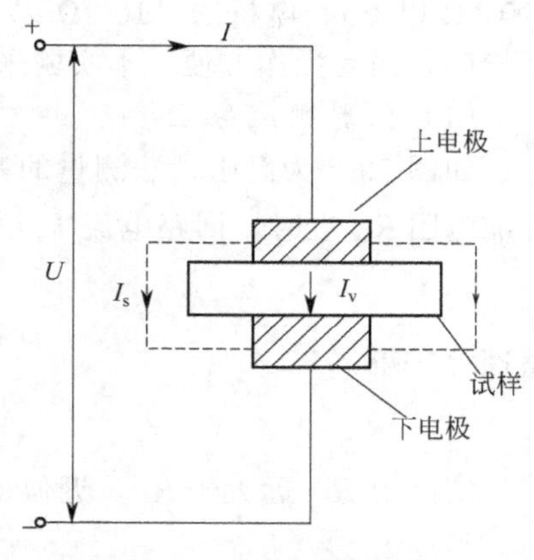

图 29-1 绝缘电阻与体电阻、表面电阻的关系

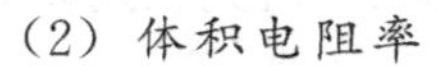
（2）体积电阻率

体积电阻率的定义是沿体积电流方向的直流电场强度与稳态体积电流密度之比，即$\rho_v=\frac{E_v}{j_v}$。对于图 29-2 的电路则可写成：

$$\rho_v=R_v\frac{S}{t}$$

式中 S——电极的有效面积；

t——两电极间的距离。

（3）表面电阻率

表面电阻率的定义是沿表面电流方向的直流电场强度与稳态下单位宽度的电流密度之比，即 $\rho_s=\frac{E_s}{j_s}$。表面电阻率是衡量材料漏电性能的物理量。它与材料的表面状态及周围环境条件（特别是湿度）有很大的关系。对如图 29-2 所示的电路，可写成：$\rho_s=\frac{E_s}{j_s}=\frac{b}{a}R_s$。式中，$b$ 为电极的周长；a 为两电极间的距离。

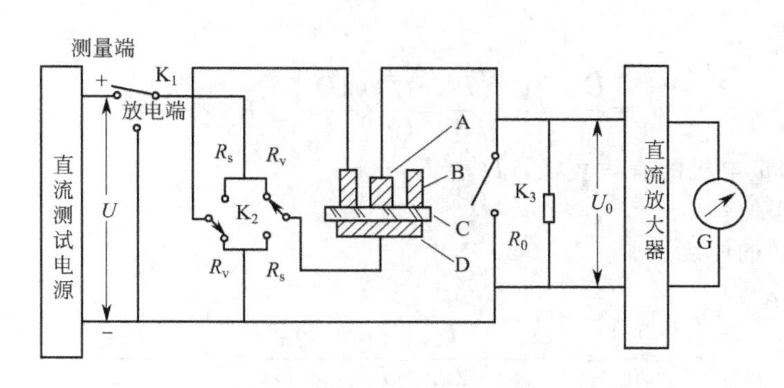

图 29-2 高阻计法测量的基本电路示意图

K_1—测量与放电开关；K_2—R_vR_s 转换开关；K_3—输入短路开关；R_0—标准电阻；A—测量电极；B—保护电极；C—试样 R_x；D—底电极

2. 测试原理及仪器电路结构

测定绝缘电阻的方法主要有电压表-电流表法（测量 $10^9\Omega$ 以下的绝缘电阻）、检流计法（$10^{12}\Omega$ 以下）、电桥法（$10^{15}\Omega$ 以下）以及高阻计法。其中高阻计测量的阻值较高，测量范围较广，而且操作方便。本实验采用高阻计测量绝缘电阻。

（1）仪器测试原理

如图 29-2 为高阻计法测量的基本电路，由图可见：当测试直流电压 U 加在试样 R_x 和标准电阻 R_0 上时，回路电流 I_x 为：

$$I_x=\frac{U}{R_x+R_0}=\frac{U_0}{R_0}$$

整理上式得：

$$R_x=\frac{U}{U_0}R_0-R_0 \tag{29-2}$$

实际上 R_x 远大于 R_0，近似得：

$$R_x=\frac{U}{U_0}R_0 \tag{29-3}$$

由式(29-3) 可见，R_x 与 U_0 成反比。如果将不同 U_0 值所对应的 R_x 值刻在高阻计的表头上，便可直接读出被测试样的阻值。

（2）电极系统

如图 29-3 所示是通常采用的平板试样三电极系统。采用这种三电极系统测量体电阻时，表面漏电流由保护电极旁路接地。而测量表面电阻时，体积漏电流会由保护电极旁路接地。这样便将试样体积电流和表面电流分离，从而可以分别测出体积电阻率和表面电阻率。在测试过程中，三电极系统和试样都必须置于屏蔽箱内。

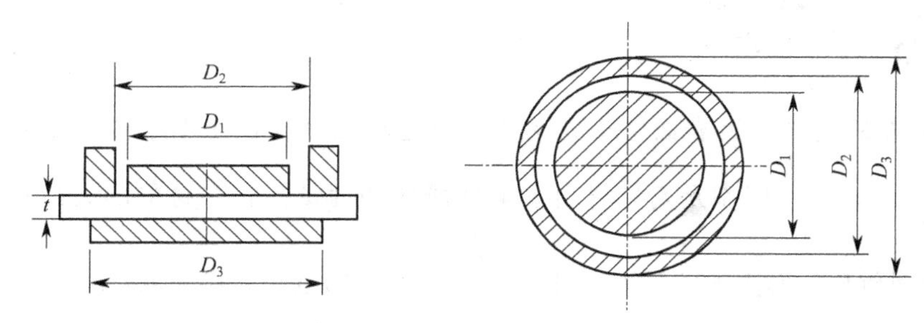

图 29-3 平板试样三电极系统

体积电阻率 ρ_v：

$$\rho_v=\frac{E_v}{j_v}=\frac{V}{t}\div\frac{I_s}{S}=\frac{U}{I_v}\times\frac{\pi D'^2_1}{4t}=R_v\times\frac{\pi D'^2_1}{4t} \tag{29-4}$$

式中 D'_1——测量电极的有效直径，$D'_1=D_1+g$；

g——修正值；

t——试样的厚度。

表面电阻率 ρ_s：

$$\rho_s=\frac{E_s}{j_s}=\frac{U}{r\ln\frac{r_2}{r_1}}\div\frac{I_s}{2\pi r}=\frac{U}{I_s}\times\frac{2\pi}{\ln\frac{D_2}{D_1}}=R_s\times\frac{2\pi}{\ln\frac{D_2}{D_1}} \tag{29-5}$$

式中，D_1，D_2 如图 29-3 所示。

在实验测量中还要注意电极材料的选择。电极材料应选取能与试样紧密接触的材料，而且不会因施加外电极引进杂质而造成测量误差，还要保证测量使用的方便、安全等。常用的电极材料有退火铝箔、喷镀金属层、导电粉末、烧银、导电橡胶、黄铜和水银电极等。本实验采用接触性良好的退火铝箔制作接触电极，黄铜电极作为辅助电极。

三、实验器材

① ZC-36 型 $10^{17}\Omega$ 超高电阻 10^{-14}A 微电流测试仪（包括附件一套），或 CGZ-17 型超高阻绝缘电阻测试仪（包括附件一套）；

② 恒温恒湿箱一台，干燥器一个；

③ 千分卡尺、干燥温度计、镊子、特种铅笔、退火铝箔（厚度小于 0.02mm）、烧杯、软布条等；

④ 医用凡士林、无水乙醇等。

四、测试操作步骤

1. 试样制备

① 选取平整、均匀、无裂纹、无机械杂质等缺陷的试样原片。绝缘电阻试样切成边长为 (100±2)mm 的方形试样，厚度为 2～4mm。试样的数量不少于 3 个，并用软布条蘸无水乙醇将试样擦干净。

表 29-1　预处理条件

试　　样	温度/℃	相对湿度/%	时间/h
A	20±5	65±5	≥24
B	70±2	<40	4
C	105±2	<40	1

② 由于环境温度和湿度对电阻率有明显的影响，为了减小误差，并使结果具有重复性与可比性，绝缘电阻试样在测量前应进行预处理，条件见表 29-1。预处理结束后，将试样置于干燥器中冷却至室温待用。

2. 测试环境要求

我国国家标准所规定常温为 (20±5)℃，相对湿度为 (65±5)%。实验环境条件最好能符合标准，至少不与所需条件相差太大。

3. 仪器的准备

下面仅介绍“ZC-36 型 $10^{17}\Omega$ 超高电阻 10^{-14}A 微电流测试仪”的准备。

(1) 线路的连接

① 将电缆线的一端接在高阻计面板上的“R_x”输入插座中，另一端接至电极箱一侧的“测量端”插座中，并旋紧固定套。

② 将测试电源线的一端接至高阻计面板上的“R_x”测试电压接线柱（红色）上，另一端接至电极箱的“高压端”测试电压接线柱（红色）上。

③ 将接地线的一端接至高阻计面板的“R_x”接地端钮上，另一端接至电极箱另一侧的“接地端”上并一起接地。

④ 将电极箱内“测量端”插座上的连接线接至测量电极的接线柱上，再将转换开关上的连线接至环电极的接线柱上。

(2) 通电前仪器面板上各开关的位置

① 电源开关旋钮置于“关”的位置上。

②“放电-测试”开关 (K_1) 应置于“放电”位置上。

③“测试电压”开关置于低挡（10V）。

④“倍率”开关置于最低量程上。

⑤ 输入端短路按钮（K_3）应放在短路位置上，使放大器输入短路。

⑥ 电表指针在机械零点处。

⑦ 电表极性开关置于中间的“0”处。

⑧ 接通电源、打开电源开关，开机预热15min，以驱散机内的潮气。若指示灯不亮，应立即切断电源，待查明原因后再开机。

4. 测试步骤

① 从干燥器中取出试样块，迅速用千分卡尺测量试样块的厚度：方形试样每边测量3次，取算术平均值，厚度测量误差不大于1%。试样厚度的测量也可在测出电阻后进行。

② 用凡士林将铝箔粘贴在试样的两对面上，做成接触电极。所涂的凡士林的厚度应小于2.5μm，粘贴好铝箔后要用干净的软布条抹平，以便将铝箔下的空气赶走，并将多余的粘合剂挤出去。

③ 将待测试样安放在电极箱内，安放时应注意以下几点。

a. 三个电极应保持同心，间隙距离必须均匀。

b. 电极与试样应保持良好接触，环电极的光洁度一面应吻合接触试样，切勿倒置。

c. 试样放好后，盖上电极箱盖。

④ 电表极性开关置于“+”的一边上。

⑤ 调整调零旋钮，使指针指在“0”点（对电阻则为∞大）。

⑥ 先测表面电阻，将“R_s-R_v”转换开关（K_2）置于R_s处，电压选择开关选500V。

⑦ 将“放电-测试”开关拨向“测试”位置，对试样充电15s，然后打开短路开关。若此时指针没有读数，可逐挡升高倍率，直至能清晰地读数为止，待输出短路开关打开1min后，立即读出表头的数值。

$$被测电阻=表头读数\times倍率\times测试电压系数\times10^6(\Omega)$$

⑧ 读数以后，关上输入短路开关。将“测试-放电”开关置于“放电”位置，使试样放电1min。

⑨ 然后测体积电阻。先将“R_s-R_v”转换开关（K_2）置于R_v处，测试电压为1000V，按⑧和⑨条进行测试。读数完毕后使试样放电1min，取出样品。

⑩ 换另一个样品，按①～⑩条进行测试。

应当注意，当试验环境达不到规定的条件时，每块试样从干燥器中取出到测试完毕所需的时间应尽量短。一般要求在几分钟内测试完毕。为此，可以先测样品的绝缘电阻，再测量样品的厚度。

五、数据记录与处理

1. 实验数据记录

计算公式中所需的电极系统尺寸见表29-2。实验记录应包括表29-3中所列的内容。

表 29-2 电极系统尺寸

试样形状	电极尺寸/mm			测量电极与环电极的间隙/(g/mm)
	测量电极(D_1)	环电极(D_2)	下电极(D_3)	
板状	直径 50.0±0.1	内径 54.0±0.1	直径 >74	2.0±0.2

表 29-3　实验数据记录表

预处理条件		温度/℃				测试条件	温度/℃		
		相对湿度/%					相对湿度/%		
		时间/h					施加电压/V		
试样编号	试样厚度/m	表面电阻率				体积电阻率			
		电压系数	倍率	读数/$\times10^6\Omega$	电阻率/$\Omega\cdot m$	电压系数	倍率	读数/$\times10^6\Omega$	电阻率/$\Omega\cdot m$
1									
2									
3									
4									
5									
6									
平均电阻率		$\rho_s=$　　Ω				$\rho_v=$　　$\Omega\cdot m$			

2. 数据处理

体积电阻率和表面电阻率分别用式(29-4) 和式(29-5) 计算。实验结果以各次试验数值的算术平均值计算，并以带小数的个位数乘以 10 的几次方来表示，取两位有效数字。

Ⅱ. 阻-温曲线的测绘

一、目的意义

导电材料，尤其是半导体陶瓷材料其电导率与温度之间有很强的依赖关系，常常可以利用这种变化关系，把这类材料应用在不同的领域。因此，弄清材料电导率随温度的变化规律，可为材料的实际应用提供了理论基础。

本实验的目的：

① 弄清材料导电率随温度变化的机理；

② 掌握材料阻-温曲线的测绘方法。

二、基本原理

1. 阻-温曲线原理

电阻-温度特性常简称为阻温曲线，指在规定的电压下，电阻器的零功率电阻值与电阻体温度之间的关系。

零功率电阻值是在某一规定的温度下测量电阻器的电阻值，测量时应保证该电阻的功耗引起的电阻值的变化达到可以忽略的程度。

电阻器的阻温特性曲线一般画在单对数坐标纸上，线性横坐标表示温度，对数纵坐标表示电阻值，如图 29-4 所示。

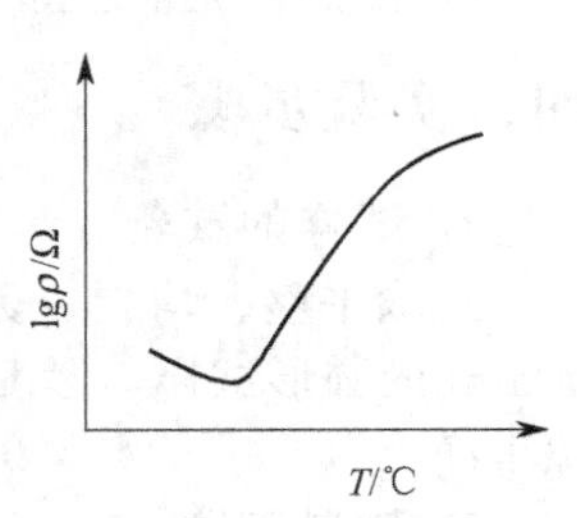

图 29-4　阻-温特性曲线示意图

从电阻器的阻温曲线可获得所测温度区域、电阻器的最大电阻值、最小电阻值以及电阻温度系数。若是 PTC 或 NTC 半导体材料还可得知电阻值产生突变的温度点，即居里温度点。

2. 测量原理

采用 WRT 电阻温度特性测定仪可以测量材料的阻温曲线，其测量原理电路如图 29-5 所示。

温度 T 时电阻变化的百分率可用下式表示：

$$\delta_T = \frac{\Delta R_T}{R_0} \times 100\%$$

$$\Delta R_T = R_T - R_0 \tag{29-6}$$

式中 R_0——室温时的电阻值，Ω；

R_T——室温 T 时的电阻值，Ω。

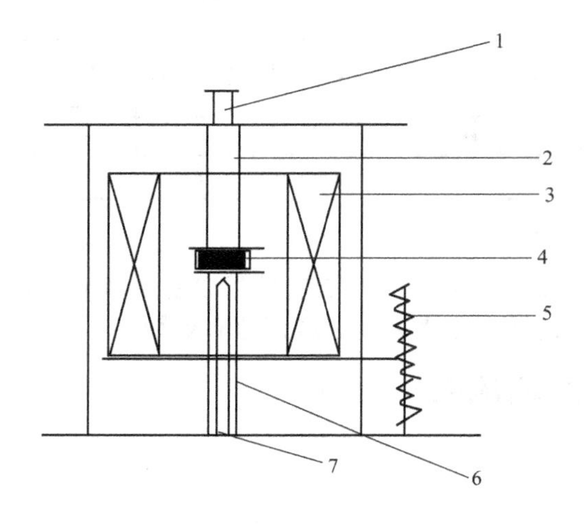

图 29-5 阻温特性测量电路示意图

1—调压手轮；2—上电极；3—加热炉；4—被测试样；5—升降机构；6—下电极；7—热电偶

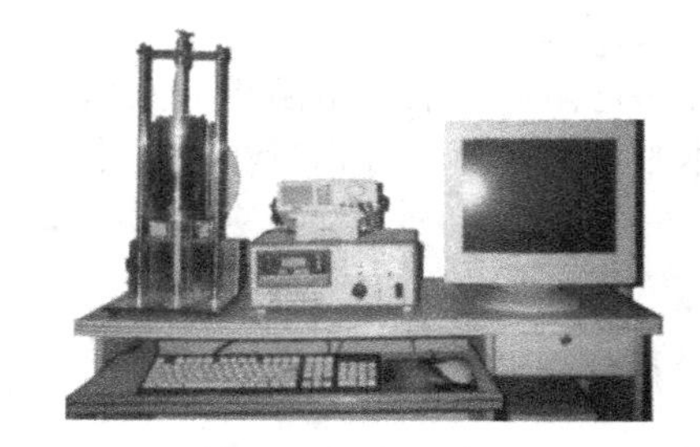

图 29-6 WRT 电阻温度特性测定仪

温度 T 时电阻变化的平均百分率可用下式表示：

$$\delta_1 = \frac{\delta_T}{T} \tag{29-7}$$

三、实验器材

① WRT 电阻温度特性测定仪（图 29-6）。

② 镊子、烧杯、软布条等。

③ 试剂：无水乙醇。

四、实验步骤

1. 试样的准备

选取平整、均匀、无裂纹、无机械杂质等缺陷的试样原片，测量试样切成直径 10～16mm 的圆形试样，厚度 2～3mm，试样的数量不少于 3 个，并用软布条蘸无水乙醇将试样擦干净。

2. 测量环境

我国国家标准所规定常温为 (20±5)℃，相对湿度为 (65±5)%。实验环境条件最好能符合标准，至少不与所需条件相差太大。

3. 实验仪器的准备

将本仪器放置在坚固的工作台上，插好电源。

4. 操作步骤

① 手摇升降机构下降电炉，暴露上、下电极。

② 松开调压手轮，向上推动上电极杆，将样品放入上、下电极之间，尽量正中平贴，旋动调压手轮给定适合压力。

③ 手摇升降机构上升电炉约 10cm，使样品处于电炉中部温区。

④ 开始测试，先接通仪器电源，手动调节电压约 50V（电压大小与升温速率有关），调节数字万用表在电阻挡（选择合适挡位），然后逐点记录温度和电阻值。

⑤ 测试结束，关断仪器电源，需待炉温降至室温后卸下试样。

五、处理结果

1. 电阻变化率的计算

按式(29-6) 和式(29-7) 计算温度 T 时电阻变化的百分率和温度 T 时电阻变化的平均百分率。

2. 绘制阻-温曲线

根据所得数据在坐标纸上绘出“阻-温曲线”，并分析试样的最大电阻、最小电阻以及电阻-温度变化的规律。

思 考 题

1. 测量阻-温曲线有何实际意义？
2. 测试环境对电阻率的测定有无影响？为什么？
3. 在绝缘电阻的测试中，为何要先测量表面电阻？后测量体积电阻？
4. 在绝缘电阻测试时的读数时间为什么一般定为 1min？
5. 若要用高阻计一次测出试样的总电阻，应如何进行操作？

参考文献

[1] 周东祥，龚树萍著．PTC 材料及其应用．武汉：华中理工大学出版社，1989.
[2] GB 1410—78. 固体电工绝缘材料绝缘电阻、体积电阻系数和表面电阻系数测试方法.
[3] GB 2692—81. 电子设备用固定电阻器试验方法.
[4] 刘耀南，邱昌容编．电气绝缘测试技术．北京：机械工业出版社，1981.
[5] 郑家翔，陆玉新编．电子测量原理．北京：国防工业出版社，1980.
[6] 电子工业技术词典编辑委员会编. 电子工业技术词典（电阻、电容与电感），北京：国防工业出版社，1977.

实验 30 材料介电性能的测定

一、目的意义

介电特性是电介质材料极其重要的性质。在实际应用中，电介质材料的介电系数和介电损耗是非常重要的参数。例如，制造电容器的材料要求介电系数尽量大而介电损耗尽量小。相反地，制造仪表绝缘机构和其他绝缘器件的材料则要求介电系数和介电损耗都尽量小。而在某些特殊情况下，则要求材料的介质损耗较大。所以，研究材料的介电性质具有重要的实际意义。

本实验的目的：

① 探讨介质极化与介电系数、介电损耗的关系；

② 了解高频 Q 表的工作原理；

③ 掌握室温下用高频 Q 表测定材料的介电系数和介电损耗角正切值的方法。

二、基本原理

1. 材料的介电系数

按照物质电结构的观点，任何物质都是由不同性的电荷构成，而在电介质中存在原子、分子和离子等。当固体电介质置于电场中后，固有偶极子和感应偶极子会沿电场方向排列，结果使电介质表面产生等量异号的电荷，即整个介质显示出一定的极性，这个过程称为极化。极化过程可分为位移极化、转向极化、空间电荷极化以及热离子极化。对于不同的材料、温度和频率，各种极化过程的影响不同。

（1）材料的相对介电系数 ε

介电系数是电介质的一个重要性能指标。在绝缘技术中，特别是选择绝缘材料或介质贮能材料时，都需要考查电介质的介电系数。此外，由于介电系数取决于极化，而极化又取决于电介质的分子结构和分子运动的形式。所以，通过介电常数随电场强度、频率和温度变化规律的研究还可以推断绝缘材料的分子结构。

介电系数的一般定义为：电容器两极板间充满均匀绝缘介质后的电容量，与不存在介质时（即真空）的电容量相比所增加的倍数。其数学表达式为：

$$C_x = \varepsilon C_{ao} \tag{30-1}$$

式中 C_x——两极板充满介质时的电容量；

C_{ao}——两极板为真空时的电容量；

ε——电容量增加的倍数，即相对介电常数。

从电容等于极板间提高单位电压所需的电量这一概念出发，相对介电常数可理解为表征电容器贮能能力程度的物理量。从极化的观点来看，相对介电常数也是表征介质在外电场作用下极化程度的物理量。

一般情况下，电介质的介电常数不是定值，而是随物质的温度、湿度、外电源频率和电场强度的变化而变化。

（2）材料的介质损耗

介质损耗是电介质材料的基本物理性质之一。介质损耗是指电介质材料在外电场作用下发热而损耗的那部分能量。在直流电场作用下，介质没有周期性损耗，基本上是稳态电流造成的损耗；在交流电场作用下，介质损耗除了稳态电流损耗外，还有各种交流损耗。由于电场的频繁转向，电介质中的损耗要比直流电场作用时大许多（有时达到几千倍），因此介质损耗通常是指交流损耗。

从电介质极化机理来看，介质损耗包括以下几种：①由交变电场换向而产生的电导损耗；②由结构松弛而造成的松弛损耗；③由网络结构变形而造成的结构损耗；④由共振吸收而造成的共振损耗。

在工程中，常将介质损耗用介质损耗角正切（$\tan\delta$）来表示。现在讨论介质损耗角正切的表达式。

如图 30-1 所示，由于介质电容器存在损耗，因此通过介质电容器的电流向量 $\vec{I}$，并不

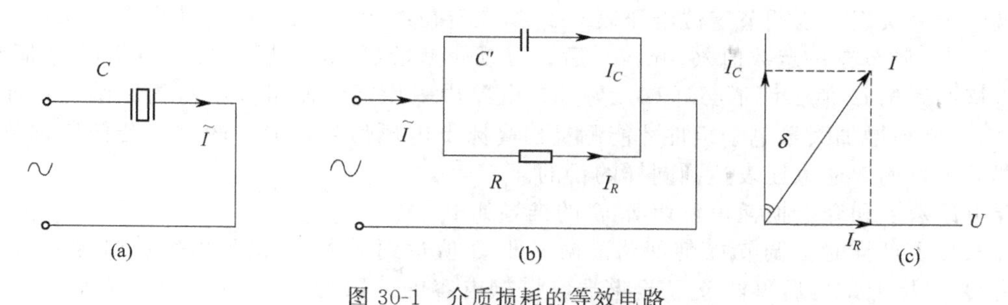

图 30-1 介质损耗的等效电路

超前电压向量$\overrightarrow{U}$的$\frac{\pi}{2}$角度，而是（$\frac{\pi}{2}-\delta$）角度。其中，δ称为介质损耗角。如果把具有损耗的介质电容器等效为电容器与损耗电阻的并联电路，如图 30-1(b) 所示，则可得：

$$\tan\delta=\frac{I_R}{I_C}=\frac{1}{\omega RC} \tag{30-2}$$

式中 ω——电源角频率；

R——并联等效交流电阻；

C——并联等效交流电容。

通常称 $\tan\delta$ 为介质损耗角正切，它表示材料在一周期内热功率损耗与贮存之比，是衡量材料损耗程度的物理量。

2. 测量线路

通常测量材料介电系数和介电损耗角正切的方法有两种：交流电桥法和 Q 表测量法。其中 Q 表测量法在测量时由于操作与计算比较简便而广泛采用。本实验介绍这种测量方法。

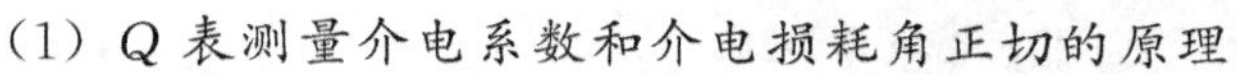

（1）Q 表测量介电系数和介电损耗角正切的原理

Q 表的测量回路是一个简单的 R-L-C 回路，如图 30-2 所示。当回路两端加上电压U后，电容器C的两端电压为U_C，调节电容器C使回路谐振后，回路的品质因数Q就可用式(30-3) 表示：

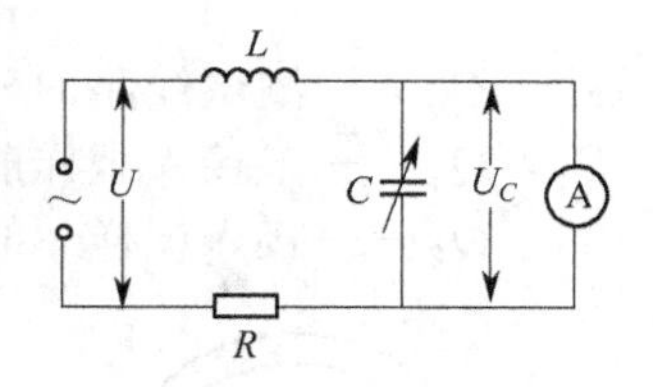

图 30-2 Q 表测量原理图

$$Q=\frac{U_C}{U}=\frac{wL}{R}=\frac{1}{wRC} \tag{30-3}$$

式中 R——回路电阻；

L——回路电感；

C——回路电容。

由式(30-3) 可知，当输入电压U不变时，则Q与U_C成正比。因此在一定输入电压下，U_C值可直接标示为Q值。Q表即根据这一原理来制造。

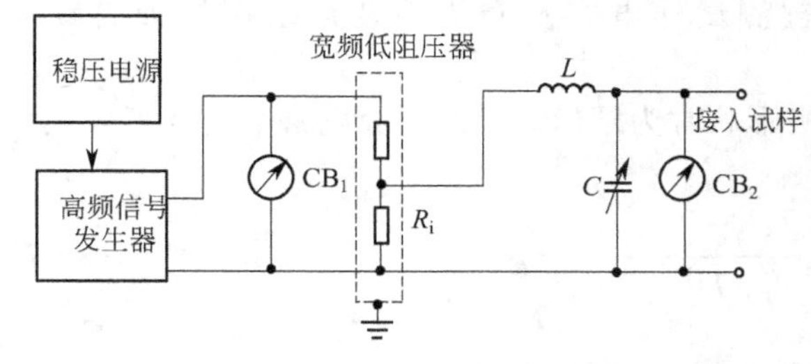

图 30-3 WY-2851 型高频 Q 表测量电路图

WY-2851 型高频Q表的电路如图 30-3 所示。它由稳压电源、高频信号发生器、定位电压表 CB_1、Q 值电压表 CB_2、宽频低阻分压器以及标准可调电容器等组成。工作原理简述如下：高频信号发生器（采用哈脱莱电路）的输出信号，通过低阻抗耦合线圈将信号馈送至宽频低阻抗分压器。输出信号幅度的调节是通过控制振荡器的帘栅极电压来实现。当调节定位电压表 CB_1 指在定位线上时，R_i 两端得到约 10mV 的电压（U_i）。当 U_i 调节在一定数值（10mV）后，可以使测量 U_C 的电压表 CB_2 直接以 Q 值刻度，即可直接的读出 Q 值，而不必计算。另外，电路中采用宽频低阻分压器的原因是：如果直接测量 U_i 必须增加大量电子组件才能测量出高频低电压信号，成本较高。若使用宽频低阻分压器后则可用普通电压表达到同样的目的。

介电系数 ε 和介电损耗角正切 $\tan\delta$ 的推导如下。

设未接入试样时，调节 C 使回路谐振（即 Q 值达到最大），谐振电容读数为 C_1，Q 表读数为 Q_1。接上试样后再调节 C 至谐振，谐振电容的读数为 C_2，Q 表读数为 Q_2。由于两次谐振 L、f 不变，所以两次谐振时的电容应相同，即：

$$C_0+C_1=C_0+C_2+C_x \tag{30-4}$$

式中　C_0——测试线路的分布电容和杂散电容。

式(30-4) 代入式(30-1) 可得：

$$\varepsilon=\frac{C_1-C_2}{C_{ao}} \tag{30-5}$$

式中　C_{ao}——电容器的真空电容量，可根据实际的电极形状来计算。

同样可以讨论 $\tan\delta$ 的计算，得出以下结果：

$$\tan\delta=\frac{C_0+C_1}{C_1-C_2}\times\frac{Q_1-Q_2}{Q_1Q_2} \tag{30-6}$$

式中　C_0——测试线路的分布电容和杂散电容之和；

C_1，Q_1——未接入试样前的电容值、Q 值；

C_2，Q_2——接入试样后的电容值、Q 值。

(2) 电极系统

在测量材料的相对介电系数和介电损耗角正切时，电极系统的选择很重要，通常分为两电极系统和三电极系统，一般来说，在低频情况下，表面漏电流对介电损耗角正切的影响较大，必须采用三电极系统，而在高频情况下，一方面表面漏电流的影响较小；另一方面高频测量一般采用谐振法，该方法只能提供两个测试端，因此只能用两电极系统。

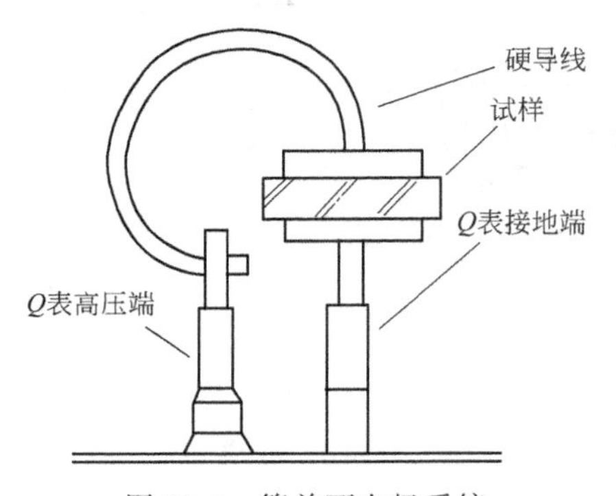

图 30-4　简单两电极系统

常用的两电极系统如图 30-4 所示。测量时把已粘贴或涂覆电极的试样放在比试样小得多的接地金属支柱上，上电极用一根短而粗的裸线接到仪器的高压端。这种连接装置的目的是使引线对被测试样电容及介质损耗角正切的影响减至最小。

当采用两电极系统时，其平板试样与电极形状常为圆形。因此，介电常数的计算公式可具体写成：

$$\varepsilon=0.144\ \frac{(C_1-C_2)t}{D^2} \tag{30-7}$$

式中　t——试样的厚度，m；

D——测量电极的直径，m。

在测量前，为了使试样与电极有良好的接触，试样上必须粘贴金属箔或喷涂金属层等电极材料。本实验中，采用导电性良好的烧银电极作为接触电极。辅助电极可用普通的黄铜电极。试样与电极的尺寸见表 30-1（t 代表试样厚度）。

表 30-1 两电极与试样尺寸

试 样	试样尺寸/mm	电极尺寸/mm		频率范围
		测量电极	接地电极	
板状	直径≥$(50+4t)$	直径 50.0±0.1	直径 50.0±0.1 直径≥$(50.0\pm4t)$	音频 高频
	直径 50	直径 50.0±0.1	直径 50.0±0.1	

三、实验器材

本实验需要以下设备、工具及试剂。

① WY-2851 型高频 Q 表 1 台（图 30-5），包括电感箱及夹具。

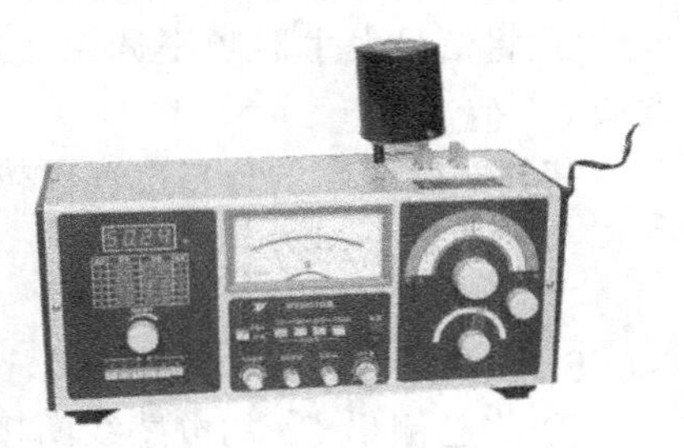

图 30-5 WY-2851 型高频 Q 表

② 恒温恒湿箱，1 台；马弗炉，1 台。

③ 干湿温度度计，1 支；干燥器，1 个；烧杯；千分卡尺；镊子；特种铅笔；软布条（或脱脂棉）、砂纸。

④ 银浆，无水乙醇。

四、测试步骤

1. 试样的制备

① 选取平整、无砂眼、条纹、气泡等缺陷，厚度为 3～4mm 无应力的试样块，切成直径 $\phi=D+4t$ 的圆片 3～5 块，用特种铅笔将试块编上号，然后用卡尺沿直径方向测量三点厚度，取平均值作为试样的厚度尺寸。试样要求两面尽量平行，试样在电极下的任何一点的厚度不应超过平均厚度的±3%。

② 用软布条（或脱脂棉）蘸无水乙醇将试样擦拭干净。用毛笔在两平面上涂上银浆并置于马弗炉中升温至 460～500℃，保温 10min，然后慢慢冷却至室温。这样制成的烧银电极要求表面银层紧密、均匀、导电良好。最后在砂纸上磨去边缘的银层，再用无水乙醇擦拭干净。

③ 由于环境温度和湿度对材料的介电系数和介质损耗角正切有较大的影响。为了减少试样因放置条件不同而产生的影响，使实验结果具有较好的重复性和可比性，被测试样在测试前要进行预处理。处理条件见表 30-2。

表 30-2 试样的预处理条件

温度/℃	相对湿度/%	时间/h
20±5	65±5	≥24
70±2	<40	4
105±2	<40	1

预处理结束后，将试样置于干燥器中冷却至测量环境待用。

2. 测量环境要求

我国的国家标准规定的常态试验条件为（20±5）℃，相对湿度为（65±5）%。实验条件最好是符合标准，至少不与所需条件相差太大。

3. 仪器准备

① 将仪器安放在水平实验平台上。

② 接通电源，校正电压表和 Q 值电压表的机械零点。

③ 将“Q 预置”旋钮向减小方向旋到底；“ΔQ 调节”、“ΔQ 细调”向左旋到底；主调和微调电容器调到零位。

④ 接通电源（指示灯亮）后，预热 20min 分钟以上，待仪器稳定后，就可进行测试。

4. 高频线圈分布电容量 C_0 的测量（两倍频率法）

① 取一电感量适量的线圈接在仪器顶端标有“L_x”的两接线柱上。

② 选择合适的 Q 值量程（注意：Q 值量程范围实际上是一组衰减器，所以当选择 30 挡以上时要同时按下前几挡。例如：选择 300 时，应将 100 和 300 同时按下）。

③ 将主调电容器调节至某一适当的电容值（C_1^1）上，通常 C_1^1 在 200pF 较适宜。

④ 调节信号发生器频率至谐振点（Q 值为最大处），记下此时的频率（f_1）。

⑤ 将信号发生器频率调至 $f_2=2f_1$ 处，调节主调电容器到谐振点（Q 值为最大处）。读取 C_2^1 值。

高频电感线圈的分布电容可按式(30-8）计算：

$$C_0=\frac{C_1^1-4C_2^1}{3} \tag{30-8}$$

5. 试样 ε 和 $\tan\delta$ 的测量

① 将已测出 C_0 的电感线圈接在仪器的“L_x”两接线柱上。

② 将信号发生器频率调节至 1MHz。

③ 调节主调电容器至谐振点（Q 值为最大处）。读得 Q 值为 Q_1、电容值为 C_1（主调和微调电容器两度盘之和）。

④ 将两电极系统的上、下电极接线接在“C_1”的两接线柱上，从干燥器中取出试样，安放在两电极之间，安放时应注意：上、下电极以及试样要同心，否则会影响实验结果。

⑤ 调节主调电容器至谐振点（Q 值为最大处），读得 Q 值为 Q_2，C 值为 C_2 后即完成一个试样的测量。

必须注意，当没有适宜的测试条件时，试样从干燥器中取出至测试完毕不得超过 5min。

⑥ 更换另一块试样，按③～⑤进行测试。

五、结果处理

1. 实验数据记录

实验条件及测定数据应包括表 30-3 所示的内容。

表 30-3 测定数据记录表

试样			预处理条件			测试条件				
形状	尺寸/mm	数量/个	温度/℃	相对湿度/%	时间/h	仪器型号	环境温度/℃	相对湿度/%	电感分布电容/pF	测量电极直径/m

序号	试样厚度/m	测量数据				计算结果		
		C_1	Q_1	C_2	Q_2	ε	$\tan\delta\times10^4$	平均值
1								$\varepsilon=$ $\tan\delta=$
2								
3								
4								
5								

2. 数据处理

材料的相对介电常数 ε 和介质损耗角正切 $\tan\delta$ 分别用式(30-7) 和式(30-6) 来计算，C_0 是电感线圈的分布电容。实验结果以各项试验的算术平均值来表示，取两位有效数字。$\tan\delta$ 的相对误差要求不大于 0.0001。

思考题

1. ε_0、ε_x 和 ε 三者有何差别，它们的物理含义是什么？
2. 测试环境对材料的介电系数和介质损耗角正切有何影响？为什么？
3. 试样厚度对 ε 的测量有何影响？为什么？
4. 电场频率对极化、介电系数和介质损耗有何影响？为什么？

参考文献

[1] GB 1409—78. 固体电工绝缘材料在工频、音频、高频下的相对介电系数和介质损耗角正切试验方法.
[2] GB 2693—81. 电子设备用固定电容器试验方法.
[3] 刘耀南，邱昌容编．电气绝缘测量技术．北京：机械工业出版社，1983.
[4] 倪尔瑚著．电介质测量．北京：科学出版社，1981.
[5] Jones R N 著．集总参数阻抗测量——计量指南．张关汉译．北京：计量出版社，1983.

实验 31 材料压电系数的测量

一、目的意义

压电效应是指在没有外部电场作用下，由机械应力使材料极化并产生表面电荷的现象，具有该效应的材料称为压电材料。近几十年来，随着科学技术的发展，压电材料在国民经济中日益得到广泛的应用。例如，用于导航的压电陀螺、压电加速计；用于计算机、雷达的压电陶瓷变压器、压电表面波器件；用于精密设备的压电超声马达、压电流量计；还有压电超声换能器、压电滤波器等。所以，要进行压电材料的研究必须要掌握精确、可靠、便捷的压电材料参数测量技术。

本实验的目的：

① 掌握材料压电参数的测量方法；

② 测量压电陶瓷的谐振频率 f_γ 和反谐振频率 f_a，并计算出机电耦合系数 K_p、K_{31}；

③ 测量谐振阻抗 $|Z_m|$、机械品质因素 Q_m 和频率常数 N。

二、基本原理

压电材料目前主要分为压电单晶材料和压电陶瓷材料。压电陶瓷材料一般利用其谐振特性来制作压电器件。因此，本实验通过研究压电振子的谐振特性来研究压电陶瓷材料的性能。

1. 压电振子的等效电路和谐振特性

将经过极化工艺处理过的压电振子接入到图 31-1 的电路中，当改变信号频率使之由低到高变化时，发现通过压电陶瓷振子的电流 I 随着输入信号的频率变化而变化。当频率调至某一数值时，输出电流最大，此时振子的阻抗最小，用 f_m 表示最小阻抗（或最大导纳）频率；当频率继续增大到另一频率时输出电流最小，振子的阻抗最大，用 f_n 表示最大阻抗（或最小导纳）频率。其阻抗特性曲线如图 31-2 所示。

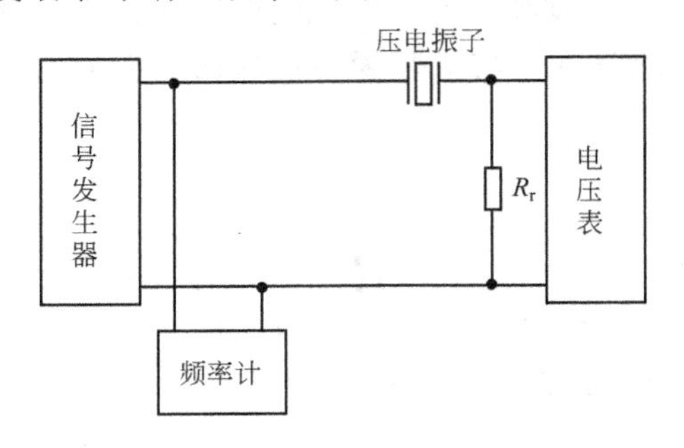

图 31-1　压电振子测量电路示意图

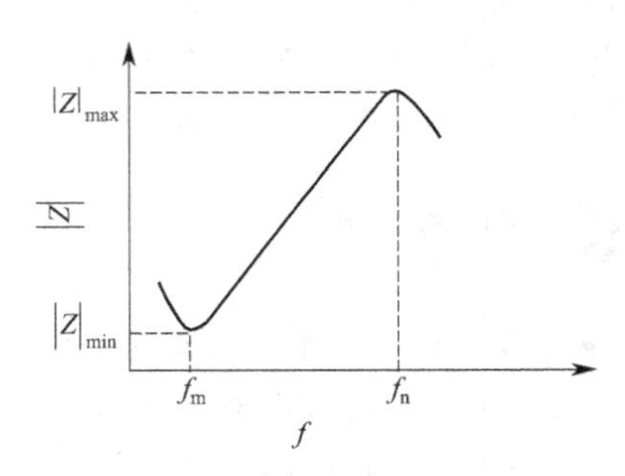

图 31-2　阻抗特性曲线

为了进一步研究压电振子的谐振特性，可用二端网络的三元件电路表示，如图 31-3 所示。图中 L_1 为压电振子的动态电感（或等效电感）；C_1 为压电振子的动态电容（或等效电容）；R_1 为压电振子的动态电阻（或损耗电阻）；C_0 为压电振子的并联电容（或静态电容）。分析该等效电路，由交流电路理论可知，当信号频率 $f_s=\frac{1}{2\pi}\sqrt{L_1C_1}$ 时，L_1C_1 电路出现串联谐振现象，f_s 则称为串联谐振频率；当信号频率为 $f_p=\frac{1}{2\pi}\sqrt{L\frac{C_0C_1}{C_0+C_1}}$ 时，整个等效电路出现并联谐振现象，f_p 称为并联谐振频率。考察以下两种情况。

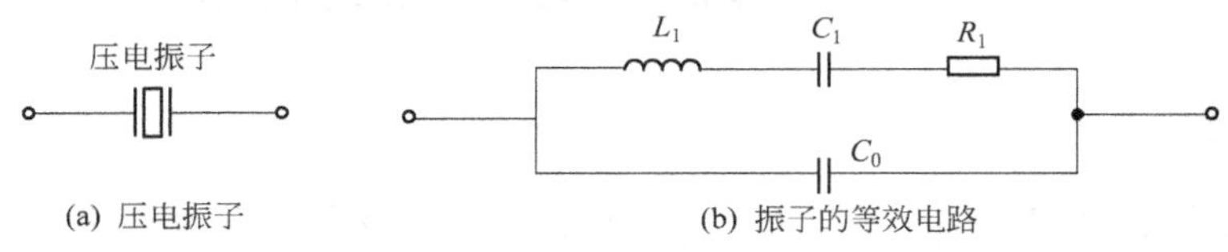

(a) 压电振子　　(b) 振子的等效电路

图 31-3　压电振子的等效电路

（1）压电振子机械损耗等于零（$R_1=0$）

分析等效电路可得：

$$|Z|=\left|\frac{1}{\omega C_0-\frac{1}{\omega L_1-\frac{1}{\omega C_1}}}\right|=\left|\frac{\omega^2L_1C_1-1}{\omega(\omega^2L_1C_1C_0-C_0-C_1)}\right| \tag{31-1}$$

当（$\omega^2L_1C_1-1$）为零时，阻抗最小，其值为零，此时最小阻抗频率为：

$$\omega^2=\frac{1}{L_1C_1}=\omega_m^2=(2\pi f_m)^2$$

得 $f_m=\frac{1}{2\pi}\sqrt{L_1C_1}$，它等于串联谐振频率 f_s 或谐振频率 f_γ。

当（$\omega^2L_1C_1C_0-C_0-C_1$）$=0$ 时，阻抗为无穷大，此时最大阻抗频率为

$$\omega^2=\frac{C_0+C_1}{L_1C_1C_0}=\omega_n^2$$

得 $f_n=\frac{1}{2\pi}\sqrt{L\frac{C_0C_1}{C_0+C_1}}$，它等于并联谐振频率 f_p 或反谐振频率 f_a。

因此，当机械损耗 $R_1=0$ 时，有 $f_m=f_s=f_\gamma$；$f_n=f_p=f_a$。

(2) 压电振子存在机械损耗 ($R_1 \neq 0$)

当压电振子存在机械损耗时，通过阻抗变换或由导纳圆图可得出以下结果：

$$f_m \approx f_s\left(1-\frac{1}{2M^2\gamma}\right) \tag{31-2}$$

$$f_n \approx f_p\left(1+\frac{1}{2M^2\gamma}\right) \tag{31-3}$$

$$f_\gamma \approx f_s\left(1+\frac{1}{2M^2\gamma}\right) \tag{31-4}$$

$$f_a \approx f_p\left(1-\frac{1}{2M^2\gamma}\right) \tag{31-5}$$

式中 f_s——串联谐振频率；

f_p——并联谐振频率；

M——$M=Q_m/\gamma$，且 Q_m 为机械品质因数；

γ——电容比，$\gamma=C/C_1$。

因此有 $f_m \neq f_s \neq f_\gamma$；$f_n \neq f_p \neq f_a$。但是一般情况下压电陶瓷的 Q_m 较大，则可近似认为 $f_m=f_s=f_\gamma$，$f_n=f_p=f_a$，其偏差在1%以下。而对低 Q_m 或 R_1 较大的情况下，则必须考虑机械损耗的影响，不能用上式近似。

2. 测量原理

测量材料压电振子参数的主要方法有传输线路法、π型网络零相位法和导纳电桥法。其中传输线路法由于测量迅速简便，并且接近实际工作状态，是最常用的测量方法。而另两种方法尽管测量精度高，但复杂烦琐。IEC及IRE标准均采用传输线路法。本实验采用π型网络传输线路法来测量，其原理如图31-4所示。

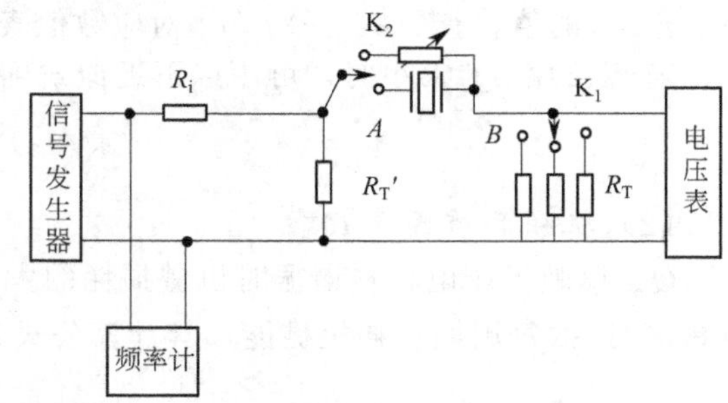

图31-4 π型网络传输线路法测量示意图

为了提高测量的精确度，克服不利因素的影响，一般选择：$R_i \geqslant 10R'_T$，$R'_T \approx R_T$，$R_T < R_1$。原因解释如下。

R_i 和 R'_T 是为了减少振子阻抗变化对信号源输出电压的影响，而 $R_i \geqslant 10R'_T$，则是考虑到：

① 当较小的 R'_T 与振子并联时，尽管振子阻抗随频率变化较大，但并联后相对信号发生器的负载变化不大；

② 若选择 (R_i+R_T) 等于信号发生器输出阻抗，则与其匹配，减少谐波分量；

③ 选择较小的 R_T 可隔离信号发生器的输出阻抗与频率计的输入阻抗对振子的影响，提高 f_m、f_n 精确度。

R_T 的选择对测量精确度影响较大。一方面，选择较小的 R_T 可使谐振曲线尖锐，灵敏度提高，减小实验误差。同时，为了保证被测振子两端信号电压在测试过程中保持不变，也需 $R_T < R_1$。另一方面，电压表测量的是 R_T 两端压降，为了灵敏起见，R_T 又需适当大一些。另外，在测量反谐振频率时，振子阻抗为最大值，为了提高测量精度，应适当选择大的 R_T。实际上可选择一组 R_T 来满足各种测试要求。为了减小传输网络中杂散电容以及电磁干扰，传输线路应良好屏蔽。

(1) 最大阻抗频率 f_n 和最小阻抗频率 f_m 的测量

测量方法与简单传输测量相同，不再重述。

（2）等效电阻 R_1（串联谐振阻抗 $|Z_m|$）的测量

通常采用代替法。当输出信号频率等于振子的串联谐振频率时，L_1C_1 串联分路阻抗等于等效电阻 R_1。因此，通过开关转换，用一个可变电阻箱来代替振子，调节可变电阻箱的电阻，使电压表上的读数与振子谐振时的读数相同，此时电阻箱的电阻值即为振子的等效电阻 R_1。

3. 压电材料主要参数的确定

压电材料的主要参数除了介电常数、损耗角及密度外，其余参数均可通过传输线路法来确定。

（1）机电耦合系数 K

机电耦合系数 K 是衡量压电材料的机械能与电能之间相互耦合以及转换能力的参数，是表征材料压电性能好坏的重要物理量。根据振动方式不同有平面机电耦合系数 K_p、横向机电耦合系数 K_{31}、厚度机电耦合系数 K_t 等。

① 平面机电耦合系数 K_p 的确定　只要测出薄圆片径向振动的串联谐振频率 f_s 和并联谐振频率 f_p，然后按泊松比 σ 与 $(f_p-f_s)/f_s$的值，查寻 K_p-$\Delta f/f_s$ 对应数值表，可直接得到 K_p 值。

若薄圆片的 Δf 较小，可用以下近似式确定：

$$\delta=0.27\text{ 时，}K_p^2\approx 2.51\frac{\Delta f}{f_s} \tag{31-6}$$

$$\delta=0.30\text{ 时，}K_p^2\approx 2.53\frac{\Delta f}{f_s} \tag{31-7}$$

$$\delta=0.36\text{ 时，}K_p^2\approx 2.55\frac{\Delta f}{f_s} \tag{31-8}$$

② 横向机电耦合系数 K_{31} 的确定　测出薄长片横向长度伸缩振动模式的 f_s、f_p，然后按 $\Delta f/f_s$ 的值，查寻 K_{31}-$\Delta f/f_s$ 对应数值表，即可得到 K_{31} 值。

若薄长片 Δf 很小时，可用以下近似式确定：

$$K_{31}^2\approx\frac{\pi^2}{4}\times\frac{\Delta f}{f_s} \tag{31-9}$$

（2）机械品质因素 Q_m

Q_m 反映了压电材料谐振时机械损耗的大小，其定义式为：$Q_m=2\pi$ 谐振时压电体贮存机械能/谐振每周期损耗机械能，其计算公式为：

$$Q_m=\frac{1}{4\pi C_T|Z_m|\Delta f} \tag{31-10}$$

式中　Δf——压电振子并联谐振频率 f_p 与串联谐振频率 f_s 之差；

$|Z_m|$——串联谐振阻抗，用代替法测得；

C_T——低频电容，$C_T\approx C_0+C_1$，用低频电容电桥测得。

（3）频率常数 N

频率常数 N 也是表征材料特性的重要物理量。其定义为压电体谐振频率 f_γ 与振子主振动方向长度的乘积，单位为 Hz·m。对于薄圆片振子径向伸缩振动的频率常数为：

$$N_d=f_\gamma d \tag{31-11}$$

对于薄长片长度伸缩振动的频率常数为：

$$N_l=f_\gamma l \tag{31-12}$$

三、实验器材

① 压电系数测定仪。

本实验所采用“压电系数测定仪”的测量线路图如图 31-4 所示。其中：$R_i=75\Omega$；$R'_T=5.1\Omega$；$R_T=1\Omega$、5.1Ω、$1k\Omega$。

K_1、K_2 为标准开关。

其他组件为：标准变阻箱、Tcc- b -甲标准高频信号发生器、WFG-IA 高频微伏计、高频数字频率计。

② 高温电炉（1000℃）。

③ 烧杯、脱脂棉、毛刷、水磨砂纸等。

④ 银浆。

⑤ 丙酮、硅油等。

四、测试步骤

1. 试样制备

① 选择烧结均匀、表面平整，无砂眼、弯曲、裂纹的正圆形 PZT 压电陶瓷片，其直径为 10mm，厚度 0.9mm。用水磨砂纸将两面磨平，注意厚薄一致。

② 用脱脂棉蘸丙酮将试样清洗干净，然后用细毛刷在两面均匀涂覆银浆，置于高温电炉中升温至 800℃，断电随炉自然冷却。由于银浆的有机成分必须充分挥发，烧银过程前期需微敞炉门。

③ 用细砂纸磨去边缘的银层（注意保证正圆形），用丙酮清洗干净，然后置于硅油中，极化温度 120℃，用 3～4kV/mm 直流电场极化 10min。

④ 将极化后的陶瓷片静置 24h 以上，以消除剩余应力，保证样品的性能稳定。

2. 仪器准备

仪器准备过程为：

① 将实验线路图接好，仪器安放在水平的平台上；

② 校正电压表的机械零点，信号发生器输出电位器调至最小处；

③ 接通电源，观察过载指示灯，若灯亮表示输出过载，应减小输出幅度，若一直灯亮应停机检查线路；

④ 预热 20min 以上，仪器稳定工作后即可开始测量。

3. 试样测定步骤

① 将压电振子接入测试线路 A、B 处（图 31-4）。波段开关 K_1 接 1Ω 或 5.1Ω；K_2 接样品挡。

② 调节信号发生器输出频率，使高频电压计指示最大，此时数字频率计的读数，即为谐振频率 f_γ。

③ 波段开关 K_1 接 $1k\Omega$，继续增大信号发生器频率，使高频电压计指示最小，此时数字频率计的读数，即为反谐振频率 f_a。

④ 将波段开关 K_2 拨至电阻箱挡，用无感电阻来替代压电振子，K_1 接至 1Ω 或 5.1Ω。

⑤ 调节信号发生器输出频率到谐振频率 f_γ 处，调节变阻箱阻值，使电压表指示与替代前接压电振子时完全相同，此时电阻箱的阻值，即为串联谐振阻抗 $|Z_m|$。

⑥ 用电容电桥（低频条件下）测出样品的 C_T。

⑦ 更换样品重复以上步骤进行测定。

五、结果处理

1. 实验数据记录

将测定结果记入表 31-1 中。

表 31-1　实验数据记录表

样品	直径/m	测试数据				计算结果		
		f_γ	f_a	$\|Z_m\|$	C_T	K_p	Q_m	N_d 或 N_l
1								
2								
3								
4								
5								

2. 数据处理

平面机电耦合系数 K_p 用式(31-6)～式(31-8)计算，机械品质因素 Q_m 和频率常数 N 分别用式(31-10)与式(31-11)和式(31-12)计算（泊松比 σ 实验前给出）。

思考题

1. 本试验中影响测量精确度的因素有哪些?
2. Q_m 对测量 f_γ、f_a、K_p、K_{31} 有何影响?
3. π 型网络传输法相对简单传输法的优点有哪些?
4. 分析振子夹具的操作对测量结果造成的影响?

参考文献

[1] GB 2414—81. 压电陶瓷材料性能测试方法.
[2] 山东大学压电铁电教研组编. 压电陶瓷及其应用. 济南：山东大学出版社，1974.
[3] 张沛霖，张仲渊编. 压电测量. 北京：国防工业出版社，1983.
[4] 李远等编著. 压电与铁电材料的测量. 北京：科学出版社，1984.
[5] 李能贵编. 电子材料与元器件测试技术. 上海：上海科学技术出版社，1987.
[6] 孙慷，张福学. 压电学：上册. 北京：国防工业出版社，1984.
[7] 刘梅东，许毓春编. 压电铁电材料与器件. 武汉：华中理工大学出版社，1991.

实验 32　材料磁学性能的测量

磁性材料分为金属磁性材料和非金属磁性材料两类。纯铁（99.9% Fe）、硅铁合金（Fe-Si，又称硅钢）和铁镍合金（Fe-Ni，又称坡莫合金）是最常见的金属磁性材料。非金属磁性材料主要指铁氧体磁性材料，是金属氧化物烧结的磁性体。此外，通过蒸发、溅射或超急冷方法可以将过渡金属和稀土族合金制成非晶态磁性薄膜。在工农业生产和科学研究中，磁性材料（特别是铁磁材料）占有重要的地位。因此，了解和掌握材料磁性的测量，对于材料磁性的研究和应用是十分重要的。

Ⅰ. 磁化曲线和磁滞回线

一、目的意义

铁磁材料可分为软磁材料、硬磁材料和半硬磁材料几类。硬磁材料（如铸钢）的磁滞回线宽、剩磁和矫顽力较大（120～20000A·m），磁化后的磁感应强度能长期保持，因此适于制作永久磁铁。软磁材料（如硅钢片）的磁滞回线窄，矫顽力较小（小于120A·m），容易磁化和退磁，适于制作电机、变压器和电磁铁。所以，掌握材料磁性参数（磁化曲线和磁滞回线等）的测量方法，对于研制电磁仪表、磁性器件具有重要的意义。

本实验的目的：

① 了解铁磁体的一般特性。

② 用数字式特斯拉计测量磁性样品中剩磁的磁感应强度 B 和位置 x 的关系，测量沿 x 方向磁感应强度的均匀范围。

③ 学习待测磁性样品的退磁，测量样品的起始磁化曲线。

④ 在待测样品达到磁饱和时，进行磁锻炼，测量材料的磁滞回线。

⑤ 学习安培回路定律在磁测量中的应用。

二、基本原理

1. 铁磁体的特性

由于磁铁材料中各离子的磁矩为强耦合作用，在物质中存在某些电子自旋平行排列的区域，即磁畴。磁畴区域呈现较强的磁矩，在无外界磁场的情况下，由于磁畴基本按某一方向排列，因此在宏观上铁磁材料便呈现较强的磁性。

磁介质被磁化后，其磁感应强度 B 和磁场强度 H 关系为：

$$B=\mu H \tag{32-1}$$

式中　μ——磁导率。

铁磁体的磁导率很大。不仅如此，铁磁体还具有以下特征：

① 磁导率不是常量，它随着所处磁场强度 H 的变化而变化；

② 外磁场撤除后，磁介质仍能保留部分磁性。

（1）起始磁化曲线与磁滞回线

取一块未磁化的铁磁材料，如外面密绕线圈的钢圈样品。若流经线圈的磁化电流从零逐渐增大，则钢圆环的磁感应强度 B 随着磁场强度 H 的变化如图 32-1 中 Oa 段所示，这条曲线称为起始磁化曲线。

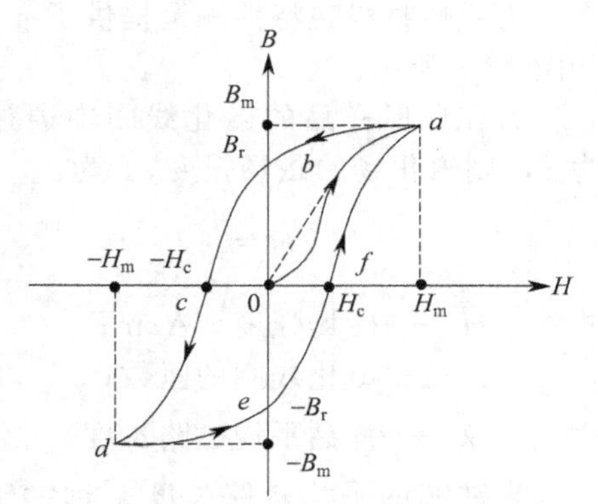

图 32-1　起始磁化曲线与磁滞回线

若继续增大磁化电流，即增加磁场强度 H 时，磁感应强度 B 值的上升很缓慢。若 H 逐渐减小，则 B 也相应减小，但并不沿 aO 段下降，而是沿另一条曲线 ab 下降。B 随着 H 变化的全过程如下：当 H 按 $0\to H_m\to 0\to -H_c\to -H_m\to 0\to H_c\to H_m$ 的顺序变化时，B 相应沿 $0\to B_m\to B_r\to 0\to -B_m\to -B_r\to 0\to B_m$ 的顺序变化。将上述各个变化过程连接起来就可得到一条封闭曲线 $abcdef$，这条曲线称为磁滞回线。分析磁滞回线可得出以下结论。

① $H=0$ 时，B 不为零。即铁磁体保留一定的磁感应强度 B_r。B_r 称为铁磁材料的剩磁。

② 若消除剩磁，则必须加上一个反方向磁场 H_c。H_c 称为铁磁材料的矫顽磁力。

③ H 上升至某一值或下降至某一值时，铁磁材料的 B 值并不相同，即磁化过程与铁磁材料的磁化经历有关。

(2) 基本磁化曲线

对于开始不带磁性的铁磁材料，依次选取磁化电流为 I_1、I_2、$I_3 \cdots I_M (I_1 < I_2 < I_3 \cdots I_M)$，则相应磁场强度为 H_1、H_2、$H_3 \cdots H_M$。如果对每一个选取的磁场强度值，均作出相应的磁滞回线，则可得到一组逐渐增大的磁滞回线图。若将原点 O 与各个磁滞回线的顶点相连接，则所得到的曲线 a_1、a_2、$a_3 \cdots a_M$，该曲线即为铁磁材料的基本磁化曲线，如图 32-2 所示。可以看出，铁磁材料的 B 与 H 的关系并不为直线，即表明铁磁材料的磁导率 $\mu = B/H$ 不是常数。

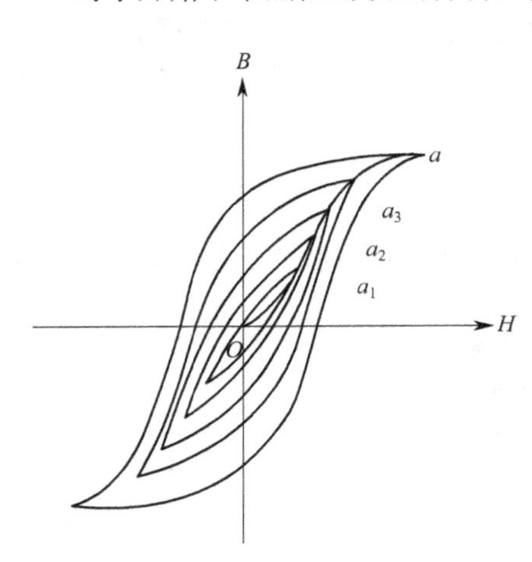

图 32-2 铁磁材料的基本磁化曲线

由于铁磁材料磁化过程的不可逆性及具有剩磁的特点，因此在测量磁化曲线与磁滞回线时，必须先将铁磁材料退磁（即保证当外磁场 $H=0$ 时，$B=0$）。退磁的原理实际上是根据基本磁化曲线而得。具体为：首先使铁磁材料磁化至磁饱和，此后不断改变磁化电流的方向，并逐渐减小磁化电流，最终到零。结果材料的磁化过程将会是一连串连续的逐渐缩小的并最终趋向原点的磁滞回线。当 H 减小至零时，B 亦同时为零，这样便达到了退磁的目的。

2. 铁磁体磁场强度 *H* 和磁感应强度 *B* 的测定

传统测量材料磁性参数的方法有两种：冲击电流法，示波器法。前一种方法的准确度较高，但测量过程复杂。后一种方法较方便直观，但准确度较低，常用于工厂的快速检测。

随着传感器技术和数字电路技术的发展，一种以霍耳元件为传感器直接测量材料磁路中微小间隙中的磁感应强度 B 的高精度数字式磁感应强度测定仪（数字式特斯拉计）大量生产，为磁性材料磁特性测量提供了准确度高、稳定可靠、操作简便的测量手段。其测量原理如图 32-3 所示。

若在环形样品的磁化线圈中通过的电流为 I，则磁化场的磁场强度 H 为：

$$H = \frac{N}{\bar{\lambda}} I \tag{32-2}$$

式中 H——磁场强度，A/m；

N——磁化线圈的匝数；

$\bar{\lambda}$——样品平均磁路长度。

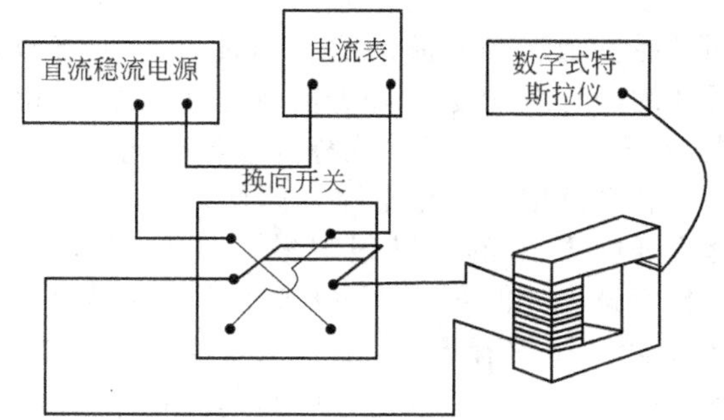

图 32-3 磁滞回线和磁化曲线测量原理

当铁芯的平均磁路长度 $\bar{\lambda}$ 远大于间隙宽度 λ_g 时，从间隙中间部位测到的磁感应强度 B 的值，代表样品中磁场在中间部位实际值。

若铁芯磁路中有 1 个小平行间隙 $\bar{\lambda}_g$，铁芯中平均磁路长度为 $\bar{\lambda}$，而铁芯线圈匝数为 N，通过电流为 I，那么由安培回路定律：

$$H\bar{\lambda} + H_g \lambda_g = NI \tag{32-3}$$

式中 H_g——间隙中的磁场强度。

一般来说，铁芯中的磁感应强度不同于缝隙中的磁感应强度。但是在缝很窄的情况下，即正方形铁芯截面的长和宽$\gg\lambda_g$，且铁芯中平均磁路长度$\lambda\gg\lambda_g$情况，此时：

$$B_g S_g = BS \tag{32-4}$$

式中 S_g——缝隙中磁路截面；

S——铁芯中磁路截面。

在上述条件下，$S_g \approx S$，所以$B=B_g$。即霍耳传感器在间隙中间部位测出的磁感应强度B_g，就是铁芯中间部位磁感应强度B。又在缝隙中：

$$B_g = \mu_0 \mu_r H_g \tag{32-5}$$

式中 μ_0——真空磁导率；

μ_r——相对磁导率，在间隙中，$\mu_r=1$。

所以$H_g=B/\mu_0$，这样，铁芯中磁场强度H与铁芯中磁感应强度B及线圈安培匝数NI满足：

$$H\bar{\lambda} + \frac{1}{\mu_0} B\lambda_g = NI$$

整理得：

$$H = \frac{NI}{\bar{\lambda}} - \frac{B}{\mu_0} \times \frac{\lambda_g}{\bar{\lambda}} \tag{32-6}$$

这是磁场强度H的计算公式。

三、实验器材

本实验采用FD-BH-I型磁性材料磁滞回线和磁化曲线测定仪，如图32-4所示。仪器组成和技术指标如下。

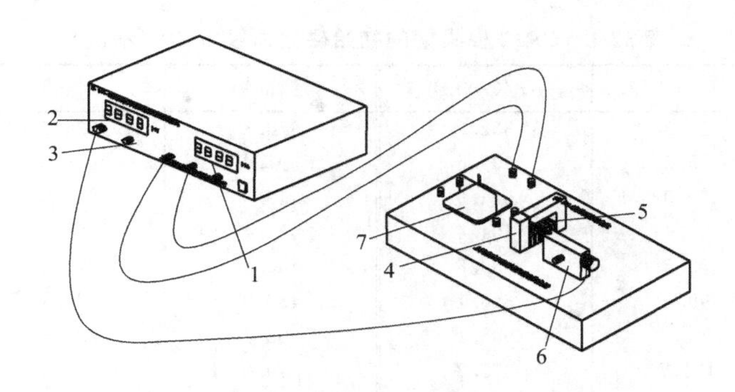

图32-4 FD-BH-I型磁性材料磁滞回线和磁化曲线测定仪

1—恒流源（电流调节）；2—数字式特斯拉计；3—调零旋钮；4—待测磁性材料样品；5—磁化线圈；6—霍耳探头及移动架；7—双刀双掷开关（换向开关）

① 数字式特斯拉计：四位半LED显示，量程2.000T；分辨率0.1mT；带霍耳探头。

② 恒流源：四位半LED显示，可调恒定电流0～600.0mA。

③ 磁性材料样品（3种样品）：条状矩形结构，截面长2.00cm；宽2.00cm；隔隙2.00mm；平均磁路长度$\bar{\lambda}=0.240$cm（样品与固定螺丝为同种材料）。

④ 磁化线圈总匝数$N=2000$。

⑤ 双刀双掷开关；霍耳探头移动架；双叉头连接线。

⑥ 实验平台（箱式）。

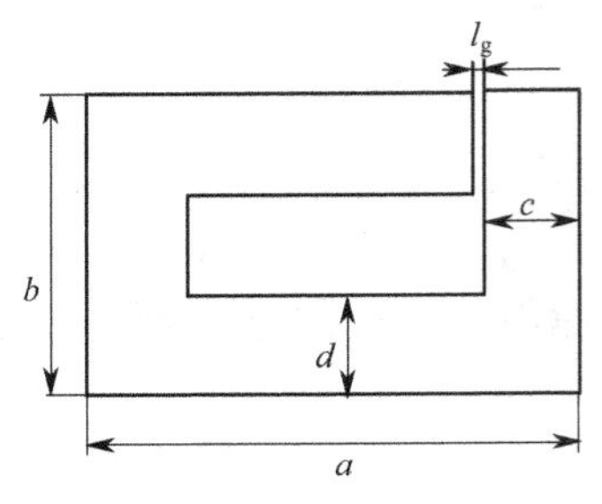

图 32-5 CR12 模具待测样品的结构图

$a=10.00$cm；$b=6.00$cm；$c=d=2.00$cm；$\bar{\lambda}=10.00\times2+6.00\times2-2.00\times4-0.20=23.8$ (cm)；$\lambda_g=0.20$cm；$\bar{\lambda}$ 为样品平均长度；λ_g 为平行间隙长度

四、试样制备

若不使用仪器附带的（3 种不同磁性磁材料）样品进行实验，而是使用自制的或其他材料，则待测材料应制成如图 32-5 所示的形状尺寸。

五、测定步骤

① 接通仪器电源，预热 10min。

② 按图 32-4 所示，将数字式特斯拉计的同轴电缆插座与霍耳探头的同轴电缆插头接通。即将插头缺口对准插座的突出口，手拿住插头的圆柱体往插座方向推入。卸下时则按住有条纹的外圈套往外拉。

③ 数字式特斯拉计的调零。将霍耳探头移至远离磁性材料样品，若样品已消磁或磁性很弱，可调节特斯拉计的调零电位器，调至读数为零。

④ 磁性材料样品退磁。正式测量前需对样品进行退磁处理。

为此，将霍耳探头调到样品气隙中间位置，向上闭合换向开关，调大电流至 600mA，然后逐渐调小至零；再向下闭合换向开关，逐渐调大电流使输出电流为 550mA，再逐渐调至零。以后电流不断反向，逐渐减小线圈电流的绝对值，不断重复上述过程，最终使剩磁降至零，数字式特斯拉计示值也随之趋于零，即完成对样品的退磁。

⑤ 测量样品的起始磁化曲线（B-H 关系曲线）。

调大电流至 50mA，记下 B 值（mT），然后逐渐增大电流（每次增加约 50 mA），记下的对应的 B 值（mT），见表 32-1。

表 32-1 CR12 模具钢的初始磁化曲线 B-H（示例）

I/mA	B/mT	H/(A/m)	I/mA	B/mT	H/(A/m)
50.2	13.3	332.9	370.3	236.2	1532.3
100.3	35.2	607.5	391.0	248.3	1625.3
120.1	50.0	674.9	410.0	258.6	1716
130.3	58.4	704.4	431.7	269.1	1828
150.1	75.0	759.8	450.5	277.4	1931
180.1	99.8	846.1	480.0	289.4	2098
200.3	115.9	908.1	502.1	297.5	2230
220.5	131.7	972.2	520.0	303.6	2340
251.3	154.4	1079.3	540.8	310.2	2470
280.3	174.9	1185.9	560.2	315.9	2595
299.1	188.0	1256.3	581.6	321.8	2735
329.9	209.7	1370.0	600.8	326.7	2866
350.9	223.9	1451.5	620.0	331.4	2994

⑥ 磁锻炼。测量模具钢的磁滞回线前要进行磁锻炼。由初始磁化曲线可以得到 B 增加得十分缓慢时磁化线圈通过的电流值 I_m。然后保持此电流 I_m 不变，把双刀换向开关来回拨动 50～100 次，进行磁锻炼（开关拉动时，应使触点从接触到断开的时间长些）。

⑦ 测量样品的起始磁化曲线（B-H 关系曲线）。测量模具钢的磁滞回线时，通过磁化线圈的电流从饱和电流 I_m 开始逐步减小到 0，然后双刀换向开关将电流换向，电流又从 0

增加到$-I_m$。

重复上述过程，即$(H_m,B_m)\to(-H_m,-B_m)$，再从$(-H_m,-B_m)\to(H_m,B_m)$。每隔50mA测一组（I_i，B_i）值。记下各组测定值，见表32-2。

表32-2 CR12模具钢的磁滞回线 *B-H* 测量值（示例）

I/mA	B/mT	H/(A/m)	I/mA	B/mT	H/(A/m)
619.7	337.1	2953	−520.6	−320.5	−2232
519.9	326.3	2187	−420.3	−307.0	−1479
419.9	312.3	1440	−319.9	−287.3	−767
320.1	291.7	739	−220.2	−254.3	−150
220.0	257.2	129	−119.1	−197.2	318
117.1	196.7	−331	−20.1	−117.1	614
20.2	116.6	−610	0	−98.4	658
0	97.7	−653	21.2	−78.6	704
−20.9	77.7	−695	102.6	0	862
−120.4	−18.7	−887	120.3	16.9	898
−220.6	−114.1	−1091	220.0	112.7	1095
−320.9	−199.6	−1362	321.5	199.8	1366
−421.2	−263.8	−1775	419.7	263.1	1767
−520.2	−304.2	−2337	521.0	305.2	2337
−620.3	−331.3	−2997	620.8	332.5	2993

附：使用注意事项

① 霍耳探头请勿用力拉动，以免损坏。

② 霍耳探头的位置可借助移动架上指示的标尺读数记录。

③ 绝大多数情况仪器均能退磁到零（0mT），但个别学生因种种原因只能退磁到2mT以下，可以认为"基本退磁"。

④ 磁锻炼时，线圈通以600mA电流。此时拉动双刀双掷开关动作需慢些，既延长开关的使用寿命，又可避免火花产生。

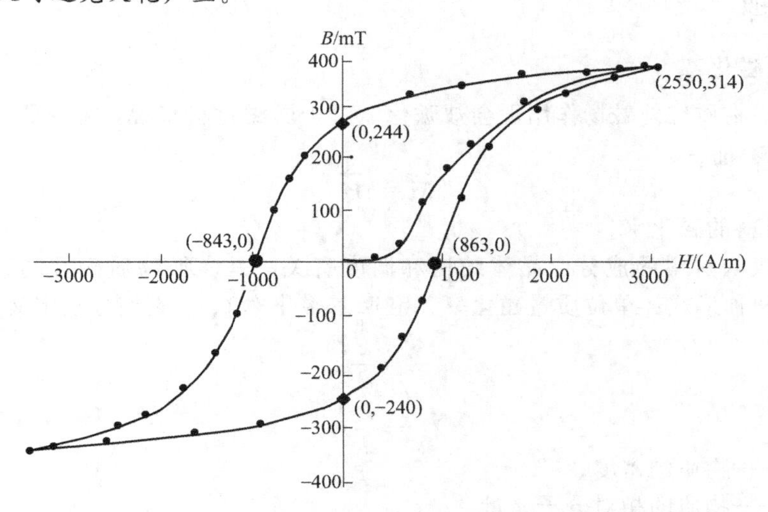

图32-6 CR12模具钢磁滞回线与磁化曲线（示例）

⑤ 霍耳元件是在探头离笔尖 3mm 左右处，而不是在笔尖。标志线指示零值时，霍耳元件正好在间隙中间位置。

六、结果处理

① 由公式(32-2) 求出 H_i 值，整理记录，见表 32-1 和表 32-2。

② 用作图纸作模具钢材料的起始磁化曲线和磁滞回线，记录模具钢的饱和磁感应强度 B_m 和矫顽力 H_c，如图 32-6 所示。

③ 测量模具钢的样品平均磁路长度 $\bar{\lambda}$ 和间隙宽度 λ_g，用公式(32-6) 对 H_c 和 H_m 值进行修正。得到准确的矫顽力 H_c 和材料饱和时磁场强度 H_m 值。

Ⅱ. 材料磁化率的测定

一、目的意义

在无机非金属材料中，一些以氧化铁为主要成分的陶瓷材料属于磁性化合物，具有较强的磁性。普通玻璃一般只具有微弱的磁性，经过玻璃的磁通与真空相比有所衰减，因此玻璃略受磁场推斥。含有大量过渡金属氧化物和稀土元素氧化物的玻璃具有顺磁性。一些特种成分的玻璃则可用作制取铁磁性微晶玻璃的原料。

物质的磁性来自与电子自旋相联系的磁矩，因此物质一般都具有磁性，但强弱不同。磁化率表征物质在单位磁场作用下被磁化的（难易）程度。因此，测定非金属磁性材料的磁化率可为这些材料的研究与应用提供理论依据。

此外，根据帕斯卡（Pascal）的发现，每一化学键都有其确定的磁化率数值，把有机化合物所包含的各化学键的磁化率加和起来，就是该有机化合物的磁化率。因此，通过测定磁化率可以研究某些电子或离子的组态，判断络合物分子的配键类型，推断合成新化合物的分子结构等。

本实验的目的：

① 了解某些材料的磁化率，掌握测量磁化率的实验原理；

② 学会用古埃法测定材料的磁化率，并算出其顺磁性原子（离子）的未配对电子数。

二、基本原理

1. 材料的磁化率

人们知道，物质在外磁场作用下会被磁化。对于弱磁材料来说，磁化强度 $\vec{M}$ 与外磁场强度 $\vec{H}$ 成正比，即：

$$\vec{M}=k\vec{H} \tag{32-7}$$

式中　k——材料的磁化率。

磁化率 k 仅与材料的成分、晶体结构和温度有关，是表征物质磁性的重要本征参数。磁化率一般有两种形式：单位质量磁化率 χ 和摩尔磁化率 χ_M。它们分别定义为：

$$\chi=\frac{k}{d} \tag{32-8}$$

$$\chi_M=\frac{k}{d}M \tag{32-9}$$

式中　d——物质的密度；

　　　M——物质的相对分子质量。

根据材料磁化率的不同，一般分为顺磁体、反（抗）磁体、铁磁体三种。

(1) 顺磁性

顺磁性是指物质磁化方向与外磁场方向相同所产生的效应。产生的原因主要是物质（原子、离子、分子）的固有磁矩随着外磁场方向而转动。摩尔顺磁磁化率 χ_P 可表示为：

$$\chi_P = \frac{N_A \mu_m^2}{3kT} \tag{32-10}$$

式中 μ_m——分子磁矩；

N_A——阿佛加德罗常数，$N_A = 6.02 \times 10^{23} \text{mol}^{-1}$；

k——玻耳兹曼常数，$k = 1.3806 \times 10^{-23}$ J/K；

T——绝对温度。

顺磁体的磁化率 $\chi_P > 0$，其数量级一般为 $10^{-4} \sim 10^{-3}$。

(2) 反磁性

反磁性是指物质磁化方向和外磁场方向相反而产生的磁效应。产生反磁性的原因是：电子的拉摩运动产生了一个与外磁场方向相反的诱导磁矩。反磁性是普遍存在的，摩尔反磁磁化率可表示为：

$$\chi_D = -\frac{N_A e^2}{6\overline{m}c^2} \sum_i r_i^2 \tag{32-11}$$

式中 e——电子电荷；

$\overline{m}$——电子质量；

c——光速；

r_i——电子离核的距离。

反磁体的磁化率 $\chi_D < 0$，χ 的数量级在 $10^{-6} \sim 10^{-3}$。

(3) 铁磁性

铁磁性是指物质在外磁场作用下达到了饱和磁化以后，撤掉外磁场，铁磁体的磁性并不消失的效应。产生铁磁性的根本原因是铁磁体中存在着磁畴。

一般来说，弱磁材料的摩尔磁化率 χ_M 实际上是顺磁磁化率 χ_P 与反磁磁化率 χ_D 之和，即：

$$\chi_M = \chi_P + \chi_D \tag{32-12}$$

由于 $|\chi_P| \gg |\chi_D|$，因此可作近似处理：

$$\chi_M \approx \chi_P \tag{32-13}$$

结合式(32-9) 可得：

$$\chi_M = \frac{N_A \mu_m^2}{3kT} \tag{32-14}$$

式(32-4) 表明了材料的摩尔磁化率与分子的磁矩、温度之间的关系。

另一方面，从原子结构的观点来看，分子的磁矩取决于电子的轨道运动和自旋运动状况，即：

$$\mu_m = g\sqrt{J(J+1)}\mu_B \tag{32-15}$$

式中 J——总内量子数；

g——朗德因子；

μ_B——玻尔磁子，$\mu_B = 9.274 \times 10^{-24}$ J/T。

由于基态分子中电子的轨道角动量相互抵消，即 $J = S$，其中 S 为总自旋量子数；朗德因子 $g = 2$，因而式(32-14) 可写为：

$$\mu_m = 2\sqrt{S(S+1)}\mu_B \tag{32-16}$$

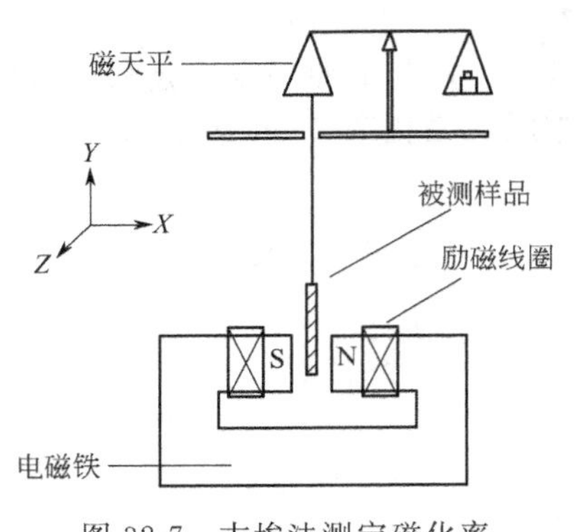

图 32-7 古埃法测定磁化率的实验原理图

如果有个 n 未配对的电子，其总自旋量子数 $S=n/2$，代入式(32-16) 便可求出分子的磁矩和未配对电子数。从而可了解有关简单分子的电子结构、络合物键型等信息。

2. 磁化率测定原理

测量磁化率的方法有许多，常用的有磁称法、振动样品法、SQUID 磁强计法等。本实验采用磁称法中的古埃法来测定磁化率，即通过测量样品在非均匀磁场中所受的力来确定磁矩，从而求出磁化率的方法。实验装置如图 32-7 所示。

将样品装于圆形样品管中并悬于两磁极的中间，其一端位于磁极间磁场强度 H 的最大处，另一端位于磁极间磁场强度很弱的区域 H_0 内，这样样品在沿样品管方向所受的力可表示为：

$$F=\chi mH\frac{\partial H}{\partial Z} \tag{32-17}$$

式中 χ——质量磁化率；

m——样品质量；

H——磁场强度；

$\frac{\partial H}{\partial Z}$——沿样品管方向的磁场梯度。

若样品管的高度为 l，则整个样品所受的力可积分为：

$$F=\frac{\chi m(H^2-H_0^2)}{2l} \tag{32-18}$$

若 H_0 忽略不计，则上式可简化为：

$$F=\frac{\chi mH^2}{2l} \tag{32-19}$$

用磁天平测出样品加入磁场前后的质量变化 ΔW，显然有：

$$F=\Delta Wg=\frac{\chi mH^2}{2l} \tag{32-20}$$

式中 g——重力加速度，$g=9.806\text{m/s}^2$。

整理后得：

$$\chi=\frac{2\Delta Wgl}{mH^2} \tag{32-21}$$

$$\chi_M=\frac{2\Delta Wgl}{mH^2}\times M \tag{32-22}$$

由于等式的右边各项均可由实验直接测量出，因此可求出材料的摩尔磁化率。

在实际测量中，由于磁场梯度难以测量，因此在测量技术中往往采用相对测量法，一般用已知磁化率的标准物质来标定外磁场强度。常用的标准物质有 $CuSO_4 \cdot 5H_2O$、NaCl、$(NH_4)_2SO_4 \cdot FeSO_4 \cdot 6H_2O$、$HgCo(SCN)_4$、苯等。本实验即采用莫尔盐来标定外磁场强度，测出样品的磁化率，从而求出样品金属离子的磁矩与未配对电子数目。

当用莫尔盐作标准物质时，其质量磁化率（m^3/kg）和摩尔磁化率（m^3/mol）与热力学温度 T 的关系分别是

$$\chi=\frac{9500}{T+1}\times 4\pi\times 10^{-9} \tag{32-23}$$

$$\chi_M=\frac{9500}{T+1}\times 4\pi\times M\times 10^{-9} \quad (32\text{-}24)$$

式中 M——莫尔盐的摩尔质量，kg/mol。

三、实验器材

① FD-MT-A 型古埃磁天平（包括电磁铁、电光分析天平、励磁电源）。

② 软质玻璃样品管 1 支。

③ 样品工具（角匙、小漏斗、玻璃棒、研钵）1 套。

④ 标准磁化率物质：分析纯莫尔盐 $(NH_4)_2SO_4 \cdot FeSO_4 \cdot 6H_2O$。

四、试样

本实验可选用以下几种被测样品。

① 五水硫酸铜（$CuSO_4 \cdot 5H_2O$），分析纯。

② 七水硫酸亚铁（$FeSO_4 \cdot 7H_2O$），分析纯。

③ 亚铁氰化钾 $\{K_4[Fe(CN)_6] \cdot 3H_2O\}$。

④ 弱磁性陶瓷材料粉末。

⑤ 弱磁性玻璃材料粉末。

五、测定步骤

1. 仪器的准备

① 先将电流调节器调至最小，特斯拉计置于“关”挡，然后打开电源开关。

② 校准特斯拉计并调零。

③ 将测磁用的片状霍尔变换探头置于磁极的工作区域内，并使探头处于垂直位置。

④ 若实验中出现异常，应先将电流调节器调至零，再关闭电源。

2. 标定某一固定励磁电流下的磁场强度 *H*

① 用细铜丝将空样品管悬于磁极的中心位置，测定其在励磁电流加入前后的质量。求出空样品管在磁场加入前后的质量差 $\Delta W_{管}$，重复测 3 次，最后取平均值。

② 将研细的莫尔氏盐通过小漏斗装入样品管中，高度约为 15cm（样品的另一端应位于磁场强度为 0 处)，用直尺准确测量出样品的高度 l（注意装样品时要均匀和防止杂质混入)。

③ 用细铜丝将装入莫尔盐的样品管悬于磁极的中心位置，测定其在加励磁电流前后的质量。求出磁场加入前后的质量差 $\Delta W_{样品+管}$，重复测 3 次，最后取平均值。

3. 测定样品的摩尔磁化率

① 将待测样品（弱磁性陶瓷材料粉末、弱磁性玻璃材料粉末等）装入样品管中，要求高度约为 15cm，并用直尺准确测量出样品的高度 l。

② 按照测定莫尔氏盐的步骤分别测出样品在励磁电流加入前后的质量。求出样品在磁场加入前后的质量差，重复测 3 次，最后取平均值。

六、结果处理

1. 计算出某一固定励磁电流下的磁场强度 *H*

① 将试样测量时的室温数据代入式(32-24）计算标准物质——莫尔盐的摩尔磁化率。

② 将莫尔盐的摩尔磁化率计算值、莫尔盐在磁场加入前后的质量差 $\Delta W_{样品}=\Delta W_{样品+管}-\Delta W_{管}$、莫尔盐的质量 m、样品高度 l 等数据代入式(32-22）中，求出某一固定励磁电流下的磁场强度 H。

2. 摩尔磁化率的计算

根据样品的测定数据，进行下列计算：

① 由式(32-22) 求出样品的摩尔磁化率 χ_M；

② 由式(32-14) 求出样品的磁矩 μ_m；

③ 由式(32-16) 推算出样品的金属离子的未配对电子数 n。

思考题

1. 测定铁磁材料的基本磁化曲线与磁滞回线各有什么实际意义？
2. 什么是磁化过程的不可逆性？测量时要注意哪几个关键问题？
3. 进行磁锻炼中，在开关拉动时，应使触点从接触到断开的时间长些，这是为什么？磁锻炼的作用是什么？
4. 测量磁滞回线时，如果测量磁滞回线过程中一旦操作顺序发生错误，应该怎样操作才能继续测量？
5. 试根据退磁原理设计出其他退磁方法，并比较它们的优缺点？
6. 怎样使样品完全退磁，使初始状态在 $H=0$，$B=0$ 的点上？
7. 在什么条件下，环形铁磁材料的间隙中测得的磁感应强度能代表磁路中的磁感应强度？
8. 根据实验得到的基本磁化曲线（B-H 曲线），利用 $B=\mu H$ 关系式，绘出 μ-H 的关系曲线，并分析其实际意义？
9. 为什么在测量前，先要对空管进行测定？这对实验结果有何影响？
10. 在本实验中，为何样品的装填高度要求在 15cm 左右？
11. 在本实验中，玻璃样品管的质量是否变化？试解释这种现象。
12. 分析用古埃法测量磁化率时所需注意的几个问题？它们对实验结果有何影响？
13. 根据古埃法的基本原理，试设计用非均匀磁场测量材料磁化率的其他方法。

参考文献

[1] 周文生编著. 磁性测量原理. 北京：电子工业出版社，1988.
[2] 丁慎训，张孔时编. 物理实验教程. 北京：清华大学出版社，1992.
[3] 贾玉润，王公治，凌佩玲. 大学物理实验. 北京：复旦大学出版社，1998.
[4] 查述传主编. 物理实验. 北京：北京理工大学出版社，1988.
[5] 赵青生等编. 大学物理实验. 北京：中国科技大学出版社，1993.
[6] 迈纳斯 H F 等编. 普通物理实验. 恽瑛等译. 北京：科学出版社，1987.
[7] 张欣，陆申龙. 用数字式毫特仪测量铁磁材料的磁滞回线和磁化曲线. 实验室研究与探索，2001，20 (5)：48-51.
[8] 贾起民，郑永令. 电磁学：下册. 上海：复旦大学出版社，1978.

实验 33　气硬性胶凝材料性能的测定

胶凝材料是在物理、化学作用下，能从浆体变成坚固的石状体，并能胶结其他物料，制成有一定机械强度的复合固体的物质。和水成浆后能在空气中硬化，但不能在水中硬化的胶凝材料称为气硬性胶凝材料（非水硬性胶凝材料）；和水成浆后既能在空气中硬化，又能在水中硬化的胶凝材料称为水硬性胶凝材料。

石灰、石膏、菱苦土是建筑材料工业常用的一种气硬性胶凝材料。这些材料在煅烧过程中，由于多种因素造成温度不均匀，使这些材料的活性降低，质量下降。通过一系列的性能实验，可以确定其质量的等级，便于更好地合理利用。

Ⅰ. 石灰性能的测试

石灰可分为生石灰和消石灰，建筑上一般使用生石灰粉和消石粉，而生石灰粉按氧化镁含量的大小，可分为钙质和镁质生石灰粉。当生石灰粉中氧化镁含量小于或等于5%时，称为钙质生石灰粉，当生石灰粉中氧化镁含量大于5%时，称为镁质生石灰粉。其技术指标见表33-1和表33-2。

表 33-1 建筑生石灰粉的技术指标

项目			钙质生石灰粉			镁质生石灰粉		
			优等品	一等品	合格品	优等品	一等品	合格品
(CaO+MgO)含量/%		≥	85	80	75	80	75	70
CO_2含量/%		≤	7	9	11	8	10	12
细度	0.90mm 筛的筛余/%	≤	0.2	0.5	1.5	0.2	0.5	1.5
	0.125mm 筛的筛余/%	≤	7.0	12.0	18.0	7.0	12.0	18.0

表 33-2 建筑消石灰粉的技术指标

项目		钙质消石灰粉			镁质消石灰粉			白云石消石灰粉		
		优等品	一等品	合格品	优等品	一等品	合格品	优等品	一等品	合格品
(CaO+MgO)含量/% ≥		70	65	60	65	60	55	65	60	55
游离水/%		0.4～2								
体积安定性		合格	合格	—	合格	合格	—	合格	合格	—
细度	0.90mm 筛筛余/% ≤	0	0	0.5	0	0	0.5	0	0	0.5
	0.125mm 筛筛余/% ≤	3	10	15	3	10	15	3	10	15

石灰性能的测试项目有细度、消化速度、体积安定性、生石灰产浆量和未消化残渣含量等几项。现分别介绍如下。

一、细度

采用干筛法，其方法与实验8（或见文献［6］）中的干筛法基本相同，所不同的是选用0.90mm和0.125mm的方孔筛。

二、消化速度

1. 实验器材

① 保温瓶：容量200mL，口内径28mm，瓶身直径61mm，瓶胆全长162mm，上盖用白色橡胶塞，在塞中心钻孔插温度计。

② 温度计：量程150℃。

③ 秒表：一块。

④ 天平：称量100g，分度值0.1g。

⑤ 量筒：50mL。

2. 试样制备

取生石灰试样300g，全部粉碎通过5mm圆孔筛，用四分法缩取50g，在瓷钵内研细，全部通过0.90mm方孔筛，混匀装入磨口瓶内备用。若试样为生石灰粉，直接从混匀的试样中取50g，装入磨口瓶内备用。

3. 试验步骤

检查保温瓶上盖及温度计装置，温度计下端应保证能插入试样中间。检查之后，在保温瓶中加入（20±1)℃蒸馏水20mL。称取试样10g，倒入保温瓶的水中，立即开动秒表，同时盖上盖，轻轻摇动保温瓶数次，自试样倒入水中时算起，每隔30s读一次温度，记录达到最高温度及温度开始下降的时间，以达到最高温度所需的时间为消化速度（以min计）。

4. 结果处理

以两次测定结果的算术平均值为结果，计算结果保留小数点后两位。

三、体积安定性

1. 实验器材

① 天平：称量200g，分度值0.2g。
② 量筒：250mL。
③ 牛角勺一把。
④ 蒸发皿：300mL。
⑤ 石棉网板：外径125mm，石棉含量72%。
⑥ 烘箱：最高温度200℃。

2. 试验步骤

称取试样100g，倒入300mL蒸发皿内，加入（20±2)℃清洁淡水约120mL，在3min内拌成稠浆。一次性浇注于两块石棉网板上，其饼块直径50～70mm，中心高8～10mm，成饼后在室温下放置5min后，将饼块移至另两块干燥的石棉网板上，然后放入烘箱中加热到100～105℃烘干4h取出。

3. 结果及评定

烘干后饼块用肉眼检查，若无溃散、裂纹、鼓包称为体积安定性合格。若出现三种现象中之一者，表示体积安定性不合格。

四、生石灰产浆量和未消化残渣含量

1. 实验器材

① 圆孔筛：孔径5mm，20mm。
② 量筒：500mL。
③ 天平：称量1000g，分度值1g。
④ 烘箱：最高温度200℃。
⑤ 生石灰浆渣测定仪。

2. 试样制备

将4kg试样破碎全部通过20mm圆孔筛，其中小于5mm以下粒度的试样量不大于30%，混匀备用。若试样为生石灰粉，混匀即可。

3. 试验步骤

① 化灰：称取已制备好的生石灰试样1kg倒入装有2500mL[(20±5)℃]清水的筛筒内，筛筒置于外筒内，盖上盖，静置消化20min，用圆木棒连续搅动2min，继续静置消化40min，再搅动2min。

② 过滤：提起筛筒用清水冲洗筛筒内残渣，至水流不浑浊。冲洗用清水仍倒入筛筒内，

水总体积控制在 3000mL。

③ 烘渣：将洗净的残渣放在搪瓷盘中，在 100 ～105℃烘箱中烘干至恒重，冷却至室温。

④ 称渣：用 5mm 圆孔筛将残渣进行筛分，称量筛余物。

4. 结果计算

① 产浆量：浆体静置 24h 后，用钢板尺量出浆体高度（外筒内总高度减去筒口至浆面的高度），根据式(33-1) 计算（精确至 0.01）：

$$X_1=\frac{R^2\pi H}{10^6} \tag{33-1}$$

式中 X_1——产浆量，L/kg；

π——取 3.14；

H——浆体高度，mm；

R——浆筒半径，mm。

② 未消化残渣百分含量按式(33-2) 计算（精确至 0.01）：

$$X_2=\frac{m_3}{m}\times 100\% \tag{33-2}$$

式中 X_2——未消化残渣含量，%；

m_3——未消化残渣质量，g；

m——样品质量，g。

Ⅱ. 石膏性能的测试

石膏性能的测试项目有细度、标准稠度用水量、凝结时间、抗折强度、抗压强度等几项，分别介绍如下。

一、细度

采用干筛法，其方法与实验 8（或见文献［6］）中的干筛法基本相同，选用 0.20mm 的方孔筛。

二、标准稠度用水量的测定

1. 实验器材

① 天平：称量 1000g，分度值 1g。

② 搅拌用具（图 33-1）及秒表。

③ 稠度仪：由内径（50.0±0.1）mm、高（100.0±0.1）mm 不锈钢筒体（图 33-2）和 240mm×240mm 玻璃板以及筒体提升机组成。筒体上升速度为 150mm/s，并能下降复位。

2. 试验步骤

试验前，将稠度仪的筒体内部及玻璃板擦净，并保持湿润。将筒体复位，垂直地放置于玻璃板上。

将估计的标准稠度用水量，倒入搅拌碗中。然后，将事先称好的 300g 试样在 5s 内倒入水中，用拌和棒搅拌 30s，得到均匀的石膏浆体，边搅拌边迅速注入稠度仪筒体中，用刮刀刮去溢浆，使其与筒体上端平齐。从试样与水接触开始至总时间为 50s 时，开动仪器提升按钮。待筒体提去后，测定料浆扩展成的试饼两垂直方向上的直径，计算其平均值。

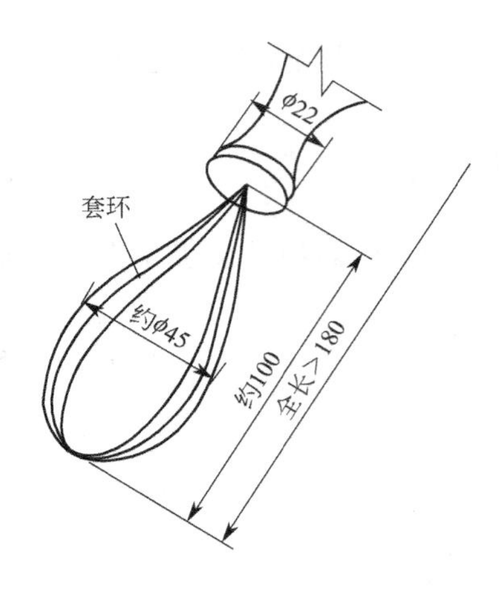

图 33-1 拌和棒

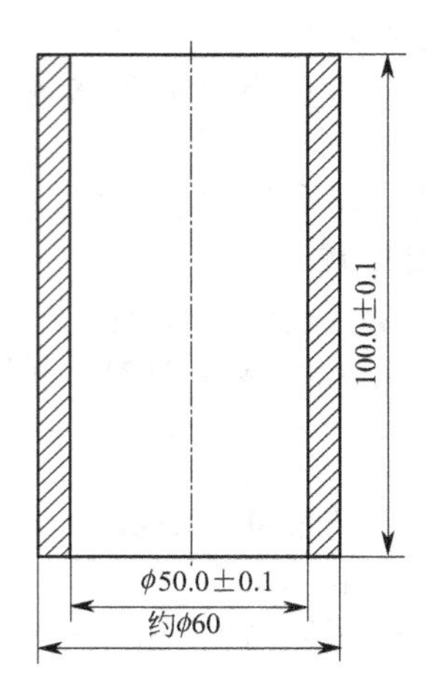

图 33-2 稠度仪的筒体

3. 结果及评定

连续两次料浆扩展直径等于（180±5）mm 时的加水量，该水量与试样的质量比（以百分数表示，精确至 1%），即为标准稠度用水量。

三、凝结时间的测定

根据上面所测定的标准稠度用水量，将石膏拌和成浆体，采用凝结时间测定仪测定，其方法与水硬性胶凝材料的凝结时间测定方法相同。但测试间隔时间为 30s，且初凝时间为试样与水接触开始，至试针第一次碰不到玻璃底板所经历的时间。终凝时间为试样与水接触开始至试针第一次插入料浆的深度不大于 1mm 所经历的时间。

四、抗折强度的测定

1. 实验器材

① 天平：称量 1000g，分度值 1g。

② 搅拌用具和秒表。

③ 抗折试验机，如图 33-3 所示。

④ 试模：尺寸为 40mm×40mm×160mm（图 33-4）。

图 33-3 抗折试验机图

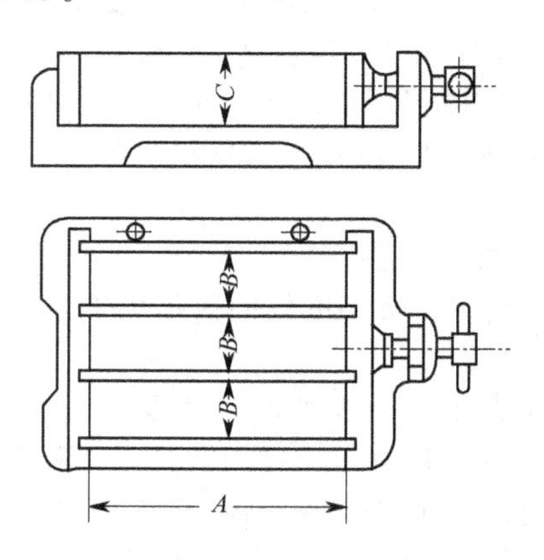

图 33-4 40mm×40mm×160mm 试模

2. 试验步骤

（1）备模

将试模内涂上一层均匀的机油，试模接缝处涂黄油或凡士林以防漏浆。

（2）试件制备

一次调和制备的建筑石膏量，应能填满制作三个试件的试模，并将损耗计算在内，所需料浆的体积为950mL，采用标准稠度用水量，用式(33-3) 和式(33-4) 计算出建筑石膏用量和加水量。

$$m_g=\frac{950}{0.4+\frac{W}{P}} \tag{33-3}$$

式中 m_g——建筑石膏质量，g；

W/P——标准稠度用水量，应符合 GB/T 17669.4 的规定，%。

$$m_w=m_g\times\frac{W}{P} \tag{33-4}$$

式中 m_w——加水量，g。

在成型时试模内侧薄薄地涂上一层矿物油，并使连接缝封闭，以防料浆流失。先把所需加水量的水倒入搅拌容器中，再把已称量的建筑石膏倒入其中，静置 1min，然后用拌和棒在 30s 内搅拌 30 圈。接着，以 3r/min 的速度搅拌，使料浆保持悬浮状态，然后用勺子搅拌至料浆开始稠化（即当料浆从勺子上慢慢落到浆体表面刚能形成一个圆锥为止）。一边慢慢搅拌、一边把料浆舀入试模中。将试模的前端抬起约 10mm，再使之落下，如此重复五次以排除气泡。

当从溢出的料浆判断已经初凝时，用刮平刀刮去溢浆，但不必反复刮抹表面。终凝后，在试件表面作上标记，并拆模。脱模后存放在试验室环境中。加水后 2h 即作抗折和抗压强度试验。

需要在其他水化龄期后作强度试验的试件，脱模后立即存放于封闭处。在整个水化期间，封闭处空气的温度为（20±2)℃、相对湿度为（90±5)%。每一类建筑石膏试件都应规定试件龄期。

到达规定龄期后，用于测定湿强度的试件应立即进行强度测定。用于测定干强度的试件先在（40±4)℃的烘箱中干燥至恒重，然后迅速进行强度测定。

每一类存放龄期的试件至少应保存三条，用于抗折强度的测定。做完抗折强度测定后得到的不同试件上的六块半截试件用作抗压强度测定。

3. 结果计算及评定

记录 3 个试件的抗折强度 R_f(MPa)，并计算其平均值，精确至 0.05MPa。如果测得的 3 个值与它们平均值的差不大于 15%，则用该平均值作为抗折强度；如果有一个与平均值的差大于 15%，应将此值舍去，以其余 2 个值计算平均值；如果有 1 个以上的值与平均值之差大于 15%，应重做试验。

五、抗压强度的测定

1. 实验器材

压力试验机，如实验 20 中的图 20-10 所示。

2. 试验步骤

用做完抗折试验后得到的 6 个半块试件进行抗压强度的测定。试验时将试件放在夹具内，试件的成型面应与受压面垂直。将抗压夹具连同试件置于抗压试验机上、下夹板之间，下夹板球轴应通过试件受压中心。开动机器，使试件在加荷开始后 20～40s 内破坏。记录每个试件的破坏荷载 P，抗压强度 R_c 按式(33-5) 计算：

$$R_c=\frac{P}{A}=\frac{P}{1600} \tag{33-5}$$

式中 R_c——抗压强度，MPa；

P——破坏荷载，N；

A——受压面积，mm^2。

3. 结果计算及评定

计算 6 个试件抗压强度平均值。如果测得的六个值与它们平均值的差不大于 10%，则用该平均值作为抗压强度。如果有某个值与平均值之差大于 10%，应将此值舍去，以其余的值计算平均值；如果有两个以上的值与平均值之差大于 10%，应重做试验。

六、石膏结晶水含量的测定

1. 实验器材

① 容器：可用带盖称量瓶，也可用抗热震性好的坩埚。坩埚应配有盖子或配有封闭坩埚的容器；

② 烘箱或高温炉，温度能控制在 (230±5)℃。

③ 干燥器：盛有干燥后的硅胶。

④ 分析天平：分度值为 0.0001g。

2. 试验步骤

(1) 试样制备

从保存在密闭容器中的试验室样品中称取 100g 石膏，试样必须充分混匀，细度须全部通过孔径为 0.2mm 的方孔筛，然后放在一个封闭的容器中，铺成最大厚度为 10mm 的均匀层，静置 18～24h，容器中的温度为 (20±2)℃，相对湿度为 (65±5)%。

试样在 (40±4)℃的烘箱内加热 1h，取出，放入干燥器中冷至室温，称量。如此反复加热、冷却、称量，直至恒重。每次称重之前在干燥器中冷却至室温。冷却后立即用于测定结晶水的含量。把剩余的试样保存在密封的瓶子中。

(2) 测定程序

准确称取 2g 试样，放入已干燥至恒重的带有磨口塞的称量瓶中，在 (230±5)℃的烘箱或高温炉内加热 45min (加热过程中称量瓶应敞开盖)，用坩埚钳将称量瓶取出，盖上磨口塞 (但不应盖得太紧)，放入干燥器中于室温下冷却 15min，将磨口塞紧密盖好，称量，再将称量瓶敞开盖放入烘箱内于同样的温度下加热 30min，取出，放入干燥器中于室温下冷却 15min。如此反复加热、冷却、称量，直至恒重。再重复测定一次，两次测定结果之差不应大于 0.15%。

3. 结果计算及评定

结晶水的百分含量按式(33-6) 计算：

$$W=\frac{m-m_1}{m}\times100\% \tag{33-6}$$

式中 W——结晶水，%；

m——于 (230±5)℃下加热前石膏试样质量，g；

m_1——于 (230±5)℃下加热后石膏试样质量，g。

思考题

1. 在建筑工程中石灰有哪些用途？保管中应注意哪些问题？
2. 建筑石膏的主要成分是什么？建筑石膏有哪些特性及用途？
3. 对气硬性胶凝材料成型养护的环境条件有哪些要求？

参考文献

[1] JC/T 479—92. 建筑生石灰.
[2] JC/T 480—92. 建筑生石灰粉.
[3] JC/T 481—92. 建筑消石灰粉.
[4] JC/T 478.1—92. 建筑石灰试验方法物理试验方法.
[5] GB/T 17669.4—1999. 建筑石膏. 净浆物理性能的测定.
[6] GB/T 17669.5—1999. 建筑石膏. 粉料物理性能的测定.
[7] GB/T 17669.3—1999. 建筑石膏. 力学性能的测定.
[8] GB/T 9776—2008. 建筑石膏.
[9] GB/T 17669.2—1999. 建筑石膏. 结晶水含量的测定.
[10] GB/T 5484—2000. 石膏化学分析方法.

实验 34　水硬性胶凝材料标准稠度用水量、凝结时间和安定性的测定

胶凝材料是在物理、化学作用下，能从浆体变成坚固的石状体，并能胶结其他物料，制成有一定机械强度的复合固体物质。和水成浆后既能在空气中硬化，又能在水中硬化的胶凝材料称为水硬性胶凝材料。这类材料通称为水泥，如硅酸盐水泥、铝酸盐水泥、硫铝酸盐水泥等。

水泥加水拌和后可形成塑性浆体。拌和时的用水量对浆体的凝结时间及硬化后体积变化的稳定性有较大的影响。测定水泥的标准稠度用水量、凝结时间、体积安定性对工程施工过程及施工质量有重要意义。

Ⅰ. 水泥标准稠度用水量的测定

一、目的意义

水泥净浆标准稠度是为使水泥凝结时间、体积安定性等的测定具有准确的可比性而规定的，在一定测试方法下达到统一规定的稠度。达到这种稠度时的用水量为标准稠度用水量。通过本实验测定水泥净浆达到标准稠度时的用水量，作为水泥的凝结时间、安定性试验用水量的标准。

本实验的目的：

① 进一步了解标准稠度、标准稠度用水量的概念；

② 测定水泥净浆达到标准稠度时的用水量；

③ 分析标准稠度用水量对水泥凝结时间、体积安定性等的影响。

二、基本原理

水泥标准稠度净浆对标准试杆（或试锥）的沉入具有一定阻力。通过试验不同含水量水

泥净浆的穿透性，以确定水泥标准稠度净浆中所需加入的水量。水泥标准稠度用水量的测定有标准法和代用法两种方法。目前通用方法为标准法。

三、实验器材

1. 水泥标准稠度与凝结时间测定仪

采用标准法时，测定水泥标准稠度和凝结时间的维卡仪如图 34-1 所示。其中的试杆和试针如图 34-2 所示。标准稠度的试杆有效长度为（50±1）mm，直径为 ϕ(10.00±0.05)mm [图 34-2(a)]。测定凝结时间时取下试杆，用试针代替试杆。试针由钢制成，如图 34-2(b)、(c) 所示，其有效长度初凝针为（50±1)mm，终凝针为（30±1)mm，直径为 ϕ(1.13±0.05) mm 的圆柱体。滑动部分的总质量为（300±1)g。与试杆、试针联结的滑动杆表面应光滑，能靠重力自由下落，不得有紧涩和晃动现象。采用代用法时，维卡仪则应符合 JC/T 727 要求。

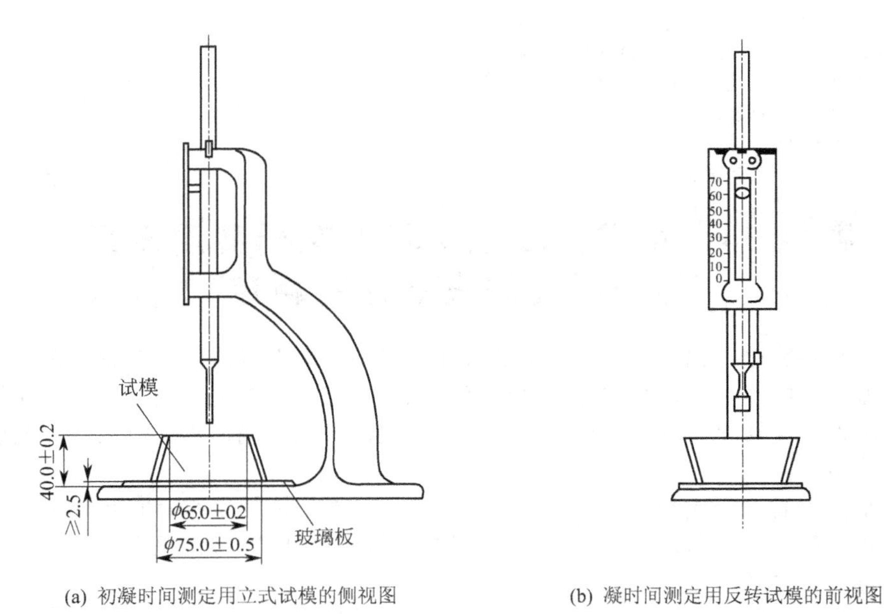

(a) 初凝时间测定用立式试模的侧视图

(b) 凝时间测定用反转试模的前视图

图 34-1　测定水泥标准稠度与凝结时间的维卡仪

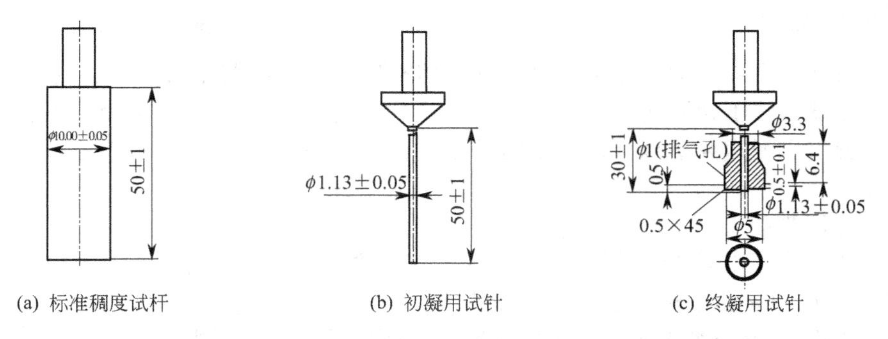

(a) 标准稠度试杆

(b) 初凝用试针

(c) 终凝用试针

图 34-2　测定水泥标准稠度与凝结时间的试杆与试针

盛水泥净浆试模的底内径为（75.0±0.5）mm，顶内径为（65.0±0.2)mm，高（40.0±0.2)mm。每个试模应配备一个大于试模，厚度≥2.5mm 的平板玻璃底板。

2. 水泥净浆搅拌机

ISO 国际通用型净浆搅拌机如图 34-3 所示。主要由搅拌锅、搅拌叶片、传动机构和控制系统组成（图 34-4）。搅拌叶片在搅拌锅内作旋转方向相反的公转和自转，并可在竖直方向调节。搅拌锅可以升降，传动结构保证搅拌叶片按规定的方向和速度运转，控制系统具有按程序自动控制与手动控制两种功能［自动控制程序为：慢速 (120±3)s，停拌 (15±1)s，快速 (120±3)s］。搅拌叶片转速见表 34-1。搅拌时叶片与锅底，锅壁的最小间隙为 (2±1)mm。

图 34-3 净浆搅拌机

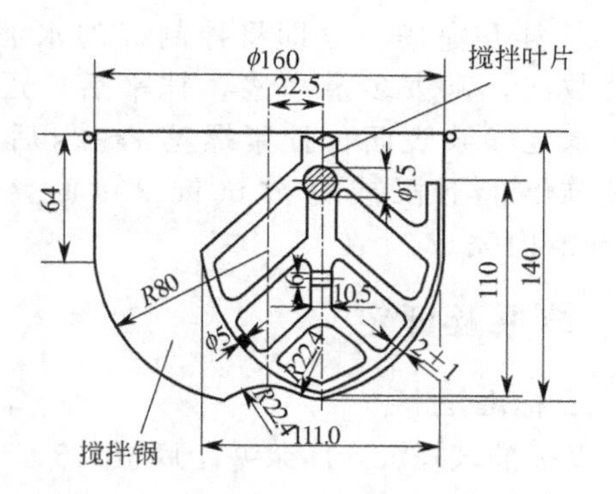

图 34-4 搅拌锅、搅拌叶片示意图

表 34-1 搅拌叶片转速

搅拌速度	搅拌叶片	
	公转速度/(r/min)	自转速度/(r/min)
慢速	62±5	140±5
快速	125±10	285±10

四、试验步骤

1. 标准法测定水泥标准稠度用水量

① 试验前必须检查仪器金属杆应能自由滑动，试杆至试模顶面位置时，指针应对准标尺零点；搅拌机应运转正常等。且实验室温度为 (20±2)℃，相对湿度不低于 50%。水泥试杆、拌和水、仪器和用具的温度与实验室一致。

② 搅拌锅和搅拌叶片先用湿布擦过，首先将拌和水倒入搅拌锅内，然后将称好的 500g 水泥试样置于搅拌锅内。拌和时，先将锅放到搅拌机锅座上，升至搅拌位置，开动机器，慢速搅拌 120s，停拌 15s，接着快速搅拌 120s 后停机。

③ 拌和完毕，立即将水泥净浆一次装入已置于玻璃底板的试模中，用小刀插捣，并振动数次，刮去多余净浆，抹平后，迅速将试模和底板移动到维卡仪上，并将其中心定在试杆下。将试杆降至与水泥净浆表面接触，拧紧螺丝 1～2s 后，然后突然放松，让试杆垂直自由沉入水泥净浆中。到试杆停止下沉或释放试杆 30s 时，记录试杆距底板之间的距离，升起试杆后，立即擦净。整个操作应在搅拌后 1.5min 内完成。以标准试杆沉入净浆并距底板 (6±1)mm 时的水泥净浆为标准稠度净浆。其拌和水量即为该水泥的标准稠度用水量 (P)，按水泥质量百分比计。

④ 如下沉深度超出范围，需另称试样，调整水量，重做实验，直至达到标准试杆沉入净浆距底板 (6±1)mm 时为止。

2. 代用法测定水泥标准稠度用水量

① 试验前必须检查仪器金属棒应能自由滑动，调整试锥接触试模顶面时指针应能对准标尺零点；搅拌机应运转正常等。

② 水泥净浆制备同标准法。

③ 采用代用法测定水泥标准稠度用水量时有调整水量和固定水量两种方法，如有争议时以调整水量法为准。采用调整水量法时拌和水量按经验找水，采用固定水量法时拌和水量为 142.5mL。

④ 拌和完毕，立即将拌制好的水泥净浆一次性装入锥形试模中，用小刀插捣，并振动数次，刮去多余净浆，抹平后，迅速将试模放到试锥下面的固定位置上。将试锥降至水泥净浆表面，拧紧螺丝 1～2s 后，突然放松，让试锥垂直自由沉入水泥净浆中。到试锥停止下沉或释放试锥 30s 时，记录试锥下沉的深度。整个操作应在搅拌后 1.5min 内完成。

五、结果及评定

1. 标准法

以标准试杆沉入净浆并距底板（6±1）mm 时的净浆为标准稠度净浆，其拌和水量为该水泥的标准稠度用水量（P），以水泥质量百分数计。

$$P=\frac{\text{拌和用水量}}{\text{水泥质量}}\times 100\% \tag{34-1}$$

2. 代用法

采用调整水量测定方法时，当试锥下沉深度达到规定值 S 时 [$S=(28\pm2)$mm]，净浆的稠度即为标准稠度。其拌和水量为该水泥的标准稠度用水量（P），以水泥质量百分数计。如下沉深度超出范围，需另称试样，调整水量，重做实验，直至达到（28±2）mm 时为止。

采用固定水量方法测定时，根据测得的试锥下沉深度 S(mm)，可按式(34-2) 计算标准稠度用水量 P(%)。

$$P=33.4-0.185S \tag{34-2}$$

当试杆下沉深度 S 小于 13mm 时，应改用调整水量方法测定。

当采用两种方法所测得的标准稠度用水量发生争议时，以调整水量法为准。

Ⅱ. 水泥净浆凝结时间的测定

一、目的意义

水泥从加水到开始失去流动性所需的时间称为凝结时间。凝结时间快慢直接影响到混凝土的浇筑和施工进度。测定水泥达到初凝和终凝所需的时间可以评定水泥的可施工性，为现场施工提供参数。

本实验的目的：

① 进一步了解水泥初凝和终凝的概念；

② 测定水泥凝结所需的时间；

③ 分析凝结时间对施工质量的影响。

二、基本原理

水泥凝结时间用净浆标准稠度与凝结时间测定仪测定。当试针在不同凝结程度的净浆中自由沉落时，试针下沉的深度随凝结程度的提高而减小。根据试针下沉的深度就可判断水泥的初凝和终凝状态，从而确定初凝时间和终凝时间。

三、实验器材

① 标准稠度与凝结时间测定仪（见图 34-1）。

② 试模：采用的试模如图 34-1(a) 所示。

③ 试针：如图 34-2(b)、(c) 所示。

④ 湿气养护箱：应能使温度控制在 (20±1)℃，相对湿度不低于 90%。

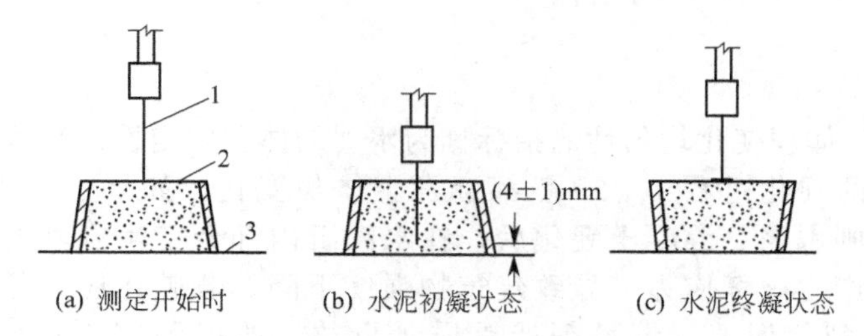

图 34-5 水泥凝结时间示意图

1—试针；2—净浆面；3—玻璃板

四、试验步骤

① 将试模内侧稍涂上一层油，放在玻璃板上，调整凝结时间测定仪的试针接触玻璃板时指针应对准标尺零点。

② 水泥净浆的拌制。搅拌锅和搅拌叶片先用湿布擦过，首先将按标准稠度用水量量取的水倒入搅拌锅内，然后将称好的 500g 水泥试样加入搅拌锅内。当水泥全部加入水中的同时记下时间，该时间作为凝结时间的起始时间。然后进行拌和制成标准稠度净浆（慢速搅拌 120s，停拌 15s，再快速搅拌 120s 后停机）。之后，将标准稠度净浆立即一次装入试模，用小刀插捣，振动数次，刮平，立即放入湿气养护箱内。

③ 对通用水泥，试件在湿气养护箱中养护至加水后 30min 时进行第一次测定。对特种水泥，则应根据经验确定第一次测定时间间隔。

④ 测定时，从养护箱中取出试模放到试针下，降低试针与净浆面接触［图 34-5(a)］，拧紧螺丝 1～2s 后突然放松，使试针垂直自由地沉入净浆，观察试针停止下沉或释放试针 30s 时指针的读数。当试针沉入净浆中距底板 (4±1)mm 时，即为水泥达到初凝状态。

最初测定时应轻轻扶持金属杆，使试针徐徐下降，以防撞弯，但结果以自由下落为准；在整个测试过程中试针贯入的位置至少要距试模内壁 10mm。临近初凝时，每隔 5min 测定一次。每次测试完毕应将试针擦净并将试模放回湿气养护箱内，测定全过程中要防止试模受到振动。

⑤ 在完成初凝时间测定后，立即将试模连同浆体以平移的方式从玻璃板上取下，翻转 180°，直径大端向上、小端向下放在玻璃板上，再放入湿气养护箱中继续养护。临近终凝时，每隔 15min 测定一次。为了准确观测试针沉入状况，在终凝针上安装一个环形

附件。当试针沉入 0.5mm 时，即环形附件开始不能在试体上留下痕迹时，为水泥达到终凝状态。

到达初凝或终凝状态时应立即重复测一次，当两次结论相同时才能定为达到初凝或终凝状态。

五、结果与评定

① 由水泥全部加入水中至试针沉入净浆中距底板（4±1）mm 时，所需时间为水泥的初凝时间［图 34-5(b)］，用“min”表示。

② 由水泥全部加入水中至终凝状态时所需的时间为水泥的终凝时间［图 34-5(c)］，用“min”表示。

Ⅲ. 水泥安定性的测定

一、目的意义

反映水泥硬化后体积变化均匀性的指标称为水泥的体积安定性。简称水泥安定性。

在水泥和水后的硬化过程中，一般都会发生体积变化。如果这是因为水泥中的某些有害成分的作用，则水泥、混凝土硬化后，在水泥石内部会产生剧烈的不均匀体积变化，使建筑物混凝土内产生破坏应力，导致建筑物强度下降。若破坏应力超过建筑物的强度，就会引起建筑物开裂、崩溃、倒塌等严重质量事故。所以测定水泥的安定性是十分重要的。

安定性的测定有雷氏夹法（标准法）和试饼法（代用法）两种方法。试饼法是通过观察水泥净浆试饼沸煮后的外形变化来检验水泥的体积安定性。雷氏夹法是测定水泥净浆在雷氏夹中沸煮后的膨胀值来检验水泥的体积安定性。如有争议时以雷氏夹法为准。

本实验的目的：

① 进一步了解水泥体积安定性的概念；

② 学习水泥体积安定性的测试方法；

③ 分析影响水泥体积安定性的因素。

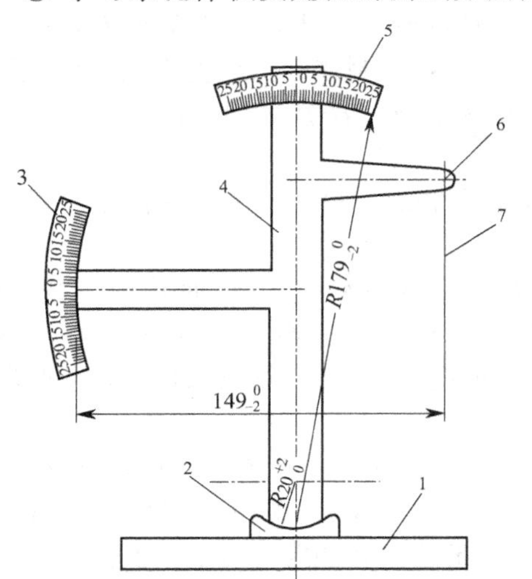

图 34-6 雷氏夹膨胀值测量仪

1—底座；2—模子座；3—测量弹性标尺；4—立柱；5—测膨胀值标尺；6—悬臂；7—悬丝

二、基本原理

无论是试饼法还是雷氏夹法，其实质都是通过观察水泥净浆试体沸煮后的外形变化来检验水泥的体积安定性，基本原理是一样的。

水泥中游离氧化钙在常温下水化速度缓慢，随着温度的升高，水化速度加快。预养后的水泥净浆试件经 3h 煮沸后，绝大部分游离氧化钙已经水化。由于游离氧化钙水化产生体积膨胀，因此对水泥的安定性产生影响。根据煮沸后试饼变形情况或试件膨胀值即可判断水泥安定性是否合格。

三、实验器材

1. 雷氏夹膨胀值测量仪

雷氏夹膨胀值测量仪由支架、标尺、底座等零件组成，如图 34-6 所示。

雷氏夹由铜质材料制成，其结构如图 34-7 所示。

2. 煮沸箱

主要由箱盖、内外箱体、箱篦、保温层、管状加热器、管接头、铜热水嘴、水封槽、罩壳、电器箱等组成。FZ-31 型煮沸箱如图 34-8 所示。

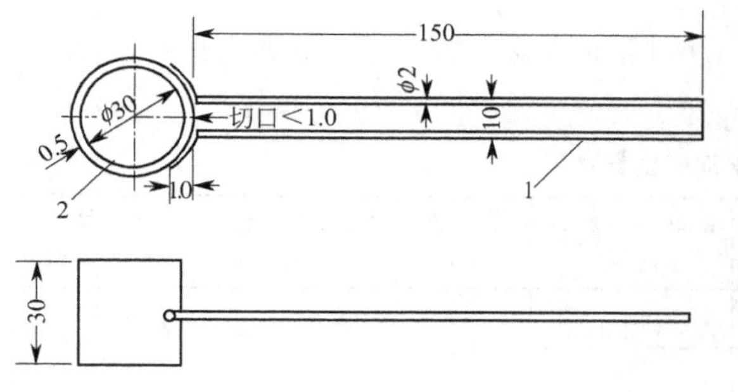

图 34-7 雷氏夹的结构

1—指针；2—环模

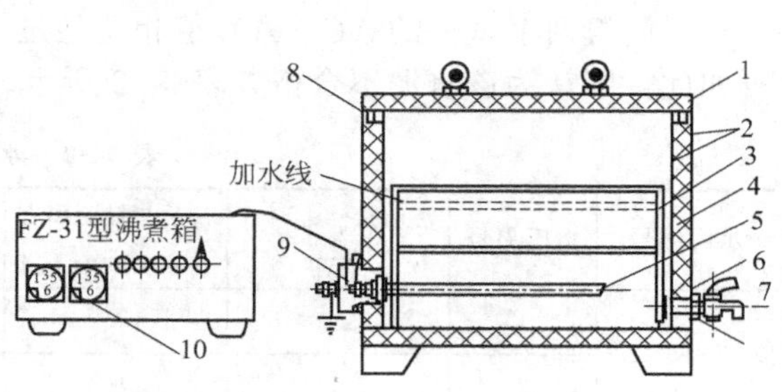

图 34-8 沸煮箱的构造

1—箱盖；2—内外箱体；3—箱篦；4—保温层；5—管状加热器；6—管接头；7—铜热水嘴；8—水封槽；9—罩壳；10—电器箱

四、试验步骤

安定性的测定有试饼法和雷氏夹法两种方法，其试验步骤分述如下。

(一) 雷氏夹法（标准法）

1. 测定前的准备工作

测试前需对雷氏夹进行检验。将其一根指针的根部先悬挂在一根金属丝或尼龙丝上，另一根指针的根部再挂上 300g 的砝码，两根指针针尖的距离增加应在（17.5±2.5）mm 范围内，且当去掉砝码后针尖的距离能恢复至挂砝码前的状态。否则雷氏夹不合格，不可用于安定性测试。每个雷氏夹需配备质量为 75～85g 的玻璃两块，每个试样需成型两个试件。凡与水泥净浆接触的玻璃板和雷氏夹表面都要稍稍涂上一层油。

2. 水泥标准稠度净浆的制备

用标准稠度用水量加水，按水泥净浆拌制规定操作方法制成标准稠度净浆。

3. 试件的准备方法

将预先准备好的雷氏夹放在已稍稍涂上一层油的玻璃板上，并立即将已制备好的标准稠度净浆装满试模。装模时一支手轻轻扶持试模，向下压住雷氏夹的两根指针的焊接点处；另一支手用宽约 10mm 的小刀均匀地插捣数次，然后抹平，盖上稍稍涂油的玻璃板，接着立即将试模移至湿气养护箱内，养护（24±2)h。

4. 沸煮

① 沸煮前，事先调整好沸煮箱内的水位，使能保证在整个沸煮过程中都没过试件，不要中途添补试验用水，同时有保证能在（30±5)min 内升温至沸腾。

② 脱去玻璃板，取下试件。先测量试件雷氏夹的指针尖端间的距离（A），将带试件的雷氏夹放在膨胀值测量仪的垫块上，指针朝上。放平后在指针尖端标尺读数，精确到 0.5mm。

③ 接着将试件放入水中篦板上，雷氏夹的指针朝上，试件之间互不交叉，然后在(30±5)min 内升温至沸开，并恒沸（180±5)min。

5. 结果判别

沸煮结束，即放掉沸煮箱中的水，打开水箱盖，待箱体冷却到室温，取出试样，测量雷氏夹指针尖端间的距离（C），记录至小数点后一位，然后计算膨胀值。

当两个试件沸煮后所增加的距离（$C-A$）的平均值不大于 5.0mm 时，即认为该水泥安定性合格。

当同组两个试件的（$C-A$）值相差超过 4.0mm 时，应用同一样品立即重做一次试验。再如此，则认为该水泥不合格，表 34-2 所示。

表 34-2 水泥判别标准

水泥编号	雷氏夹号	沸前指针距离 A /mm	沸后指针距离 C /mm	增加距离($C-A$) /mm	平均值 /mm	两个结果差值($C-A$) /mm	结果判别
A	1	12.0	15.0	3.0	3.2	0.5	合格
	2	11.0	14.5	3.5			
B	1	11.0	14.0	3.0	4.8	3.5	合格
	2	11.5	18.0	6.5			
C	1	12.0	14.0	2.0	4.5	5.0	重做
	2	12.0	19.0	7.0			
D	1	12.5	18.0	5.5	5.8	—	不合格
	2	11.0	17.0	6.0			

（二）试饼法（代用法）

1. 测定前的准备工作

每个试样需准备两块尺寸（长×宽）为 100mm×100mm 的玻璃板。每个试样需成型两个试件。与水泥净浆接触的玻璃板表面要稍稍涂上一层油。

2. 水泥标准稠度净浆的制备

按标准稠度用水量加水，按水泥净浆拌制规定操作方法制成标准稠度净浆。

3. 试件的准备方法

即将已制备好的标准稠度净浆取出一部分，分成两等份，用刀具抹成球形，放在预先准备好的玻璃板上，并用湿布擦过的小刀由边缘向中央抹动，做成直径 70～80mm、中心厚约 10mm、边缘渐薄、表面光滑的试样，接着将试样饼放入湿气养护箱内，养护(24±2)h。

4. 沸煮

① 沸煮前，事先调整好沸煮箱内的水位，使能保证在整个沸煮过程中都没过试件，不要中途添补试验用水，同时保证能在（30±5)min 内升温至沸腾。

② 脱去玻璃板，取下试样。

③ 首先检查试饼是否完整，如试饼有弯曲、崩溃、裂纹（开裂、翘曲）现象时，要查明原因，如确证无其他原因时，该试饼已属于不合格，则不必沸煮。在经检查过的试饼没发现任何缺陷的情况下，方可将试饼放在沸煮箱的水中篦板上，然后在（30±5)min 内升温至沸开，并恒沸（180±5)min。

5. 结果判别

沸煮结束，即放掉沸煮箱中的水，打开水箱盖，待箱体冷却到室温，取出试样，如目测未发现裂纹，用直尺检查也没有弯曲，则此试饼为安定性合格；反之为不合格。当两个试饼判别有矛盾时，则该水泥的安定性为不合格。

思考题

1. 在测定水泥的标准稠度用水量中应注意哪些事项？

2. 如果所测的硅酸盐水泥初凝时间小于45min或者终凝时间大于6.5h，应如何调整水泥生产的配料？

参考文献

[1] GB 175—2007. 通用硅酸盐水泥.
[2] GB/T 1346—2001. 水泥标准稠度用水量、凝结时间、安定性检验方法.
[3] JC/T 727—2005. 水泥净浆标准稠度与凝结时间测定仪.
[4] GB/T 17671—1999. 水泥胶砂强度检验方法（ISO法）.
[5] JC/T 955—2005. 水泥安定性试验用沸煮箱.

实验35 水泥熟料中游离氧化钙的测定

一、目的意义

在水泥熟料的煅烧过程中，绝大部分CaO均能与酸性氧化物合成C_2S、C_3S、C_3A、C_4AF等矿物，但由于原料成分、生料细度、生料均匀性及煅烧温度等因素的影响，仍有少量的CaO呈游离状态存在。游离状态的CaO会直接影响水泥的安定性。因此，测定熟料中游离氧化钙含量以控制水泥的生产，确保水泥的质量要求是十分重要的。

水泥熟料中的游离氧化钙可用化学分析方法、显微分析方法和电导法进行分析。工厂常用甘油-乙醇法和电导法。

本实验的目的：

① 了解甘油-乙醇法测定水泥熟料中游离氧化钙的基本原理；

② 测定水泥熟料中游离氧化钙含量。

二、基本原理

甘油-乙醇法是化学分析方法之一。这种方法准确、可靠，但需进行沸煮回流，费时较长。

熟料试样与甘油-乙醇溶液混合后，在加热搅拌下，通过硝酸锶的催化作用，熟料中的游离氧化钙与甘油化合（MgO不与甘油发生反应），生成弱碱性的甘油酸钙，并溶于溶液中，酚酞指示剂使溶液呈现红色。用苯甲酸（弱酸）-乙醇溶液滴定生成的甘油酸钙至微红色消失。由苯甲酸的消耗量可求出游离氧化钙含量。反应式如下：

$$CaO + \underset{\text{甘油}}{\begin{matrix} H_2COH \\ | \\ HCOH \\ | \\ H_2COH \end{matrix}} \xrightarrow{Sr(NO_3)_2\ \text{催化}} \begin{matrix} H_2CO \\ | \\ HCOH \\ | \\ H_2CO \end{matrix}\!\!>\!Ca + H_2O$$

$$\begin{array}{l}H_2CO \\ HCOH\,Ca \\ H_2CO\end{array} + 2C_6H_5COOH \xrightarrow{\text{酚酞指示}} \begin{array}{l}H_2COH \\ HCOH \\ H_2COH\end{array} + Ca(C_6H_5COO)_2$$

甘油酸钙　　苯甲酸　　甘油　　苯甲酸钙

三、实验器材

1. 仪器设备

① 测定游离氧化钙的主要装置如图 35-1 所示。

图 35-1　测定游离氧化钙的装置

② 玛瑙研钵、0.080mm 方孔筛、磁铁、干燥器、石棉网。

③ 盘式电炉。

④ 玻璃容量器皿：滴定管、容量瓶、移液管等。

⑤ 分析天平：不低于四级。

2. 试剂

① 无水乙醇，体积分数不低于 99.5%。

② 0.01mol/L 的氢氧化钠无水乙醇溶液。

③ 甘油-无水乙醇溶液。

④ 0.1mol/L 苯甲酸-无水乙醇标准溶液。

⑤ 酚酞指示剂溶液

四、试剂制备

① 氢氧化钠无水乙醇溶液（0.01mol/L）的制备将 0.4g 氢氧化钠溶于 1000mL 无水乙醇中。

② 10g/L 酚酞指示剂溶液的配制将 1g 酚酞溶于 100mL 95.5%乙醇中。

③ 甘油无水乙醇溶液的配制。

将 500mL 丙三醇与 1000mL 无水乙醇混合，加 0.1g 酚酞，混匀，以 0.01mol/L 氢氧化钠无水乙醇溶液中和至微红色。存于干燥密封瓶中，防止吸潮。

④ 苯甲酸无水乙醇标准溶液（0.1mol/L）配制。

将苯甲酸（C_6H_5COOH）置于硅胶干燥器中干燥 24h 后，称取 12.2g 溶于 1L 无水乙醇中，贮存在带胶塞（装有硅胶干燥器）的玻璃瓶内。

苯甲酸无水乙醇标准溶液对氧化钙滴定度的标定：取一定量碳酸钙（$CaCO_3$，基准试剂）置于铂（或瓷）坩埚中，在（950±25）℃下灼烧至恒量。从中称取 0.04g 氧化钙，精确至 0.0001g，置于 250mL 干燥的锥形瓶中，加入 30mL 甘油-无水乙醇溶液，加入约 1g 硝酸锶，放入一根搅拌子，装上冷凝管，以适当的速度搅拌溶液，同时在有石棉网的电炉上搅拌加热煮沸 10min，至溶液呈深红色后取下锥形瓶，立即以 0.1mol/L 的苯甲酸-无水乙醇标准溶液滴定至微红色消失。再将冷凝器装上，继续加热煮沸至红色出现，再取下滴定。如此反复操作，直至在加热 10min 后不出现红色为止。

苯甲酸无水乙醇标准溶液对氧化钙的滴定度按式(35-1) 计算：

$$T_{CaO}=\frac{G\times 1000}{V} \tag{35-1}$$

式中　T_{CaO}——苯甲酸-无水乙醇标准滴定溶液对氧化钙的滴定度，mg/mL；

G——氧化钙的质量，g；

V——滴定时消耗 0.1mol/L 苯甲酸无水乙醇标准溶液的总体积，mL。

五、分析步骤

① 试样制备。

熟料磨细后，用磁铁吸除样品中的铁屑，然后装入带有磨口塞的广口玻璃瓶中，瓶口应密封。试样质量不得少于 200g。

分析前，将试样混合均匀，以四分法缩减至 25g，然后取出 5g 左右放在玛瑙研钵中研磨至全部通过 0.080mm 方孔筛，再将样品混合均匀。贮存在带有磨口塞的小广口瓶中，放在干燥器内保存备用。

② 测定。

准确称取约 0.5g 试样，精确至 0.0001g，置于 250mL 干燥的锥形瓶中，加入 30mL 甘油-无水乙醇溶液，加入约 1g 硝酸锶，放入一根搅拌子，装上冷凝管，置于游离氧化钙测定仪上，以适当的速度搅拌溶液，同时在有石棉网的小电炉上升温并加热煮沸，在搅拌下微沸 10min 后，立即以 0.1mol/L 的苯甲酸-无水乙醇标准溶液滴定至微红色消失。

再装上冷凝管，继续在搅拌下煮沸至红色出现，再取下滴定。如此反复操作，直至在加热 10min 后不出现红色为止。

③ 结果计算。

游离氧化钙的含量按式(35-2) 计算：

$$w_{\mathrm{fCaO}}=\frac{T_{\mathrm{CaO}}V}{1000\times G}\times 100=\frac{T_{\mathrm{CaO}}V\times 0.1}{G} \tag{35-2}$$

式中 w_{fCaO}——游离氧化钙含量，%；

T_{CaO}——苯甲酸-无水乙醇标准滴定溶液对氧化钙的滴定度，mg/mL；

V——滴定时消耗苯甲酸-无水乙醇标准滴定溶液的总体积，mL；

G——试样的质量，g。

④ 每个试样应分别进行两次测定，测试结果取其平均值。两次分析结果应符合重复性允许差规定。当游离氧化钙含量小于 2% 时，两次结果的绝对误差应在 0.10%以内，当游离氧化钙含量大于 2% 时，两次结果的绝对误差应在 0.20%以内，如超出以上范围，须进行第三次测定，所得测定结果与前两次或任一次测定结果的差值符合上述规定时，则取其平均值作为测定结果。否则应查找原因，重新按上述规定再进行测定。

⑤ 在进行游离氧化钙测定的同时，必须进行空白试验，并对游离氧化钙测定结果加以校正。

六、影响因素与注意事项

① 试验所用容器必须干燥，试剂必须是无水的，保存期间应注意密封，水分与 C_3S 等反应将生成 $Ca(OH)_2$，会使分析结果偏高。

② 分析游离氧化钙的试样必须充分磨细至全部通过 0.080mm 方孔筛。熟料中游离氧化钙除分布于中间体外，尚有部分游离氧化钙以矿物的包裹体存在，被包裹在 A 矿等矿物晶粒内部。若试样较粗，这部分游离氧化钙将难以与甘油反应，测定时间拉长，测定结果偏低。此外，煅烧温度较低的欠烧熟料，游离氧化钙含量较高，但却较易磨细。因此，制备试

样时，应把试样全部磨细过筛并混匀，不能只取其中容易磨细的试样进行分析，而把难磨的试样抛去。

③ 甘油无水乙醇溶液必须用 0.01mol/L 的 NaOH 溶液中和至微红色（酚酞指示），使溶液呈弱碱性，以稳定甘油酸钙。若试剂存放一定时间，吸收了空气中的 CO_2 等使微红色褪去时，必须再用 NaOH 溶液中和至微红色。

④ 甘油与游离氧化钙反应较慢，在甘油无水乙醇溶液中加入适量的无水硝酸锶可起催化作用。无水氯化钡、无水氯化锶也是有效的催化剂。甘油-无水乙醇溶液中的乙醇是助溶剂，促进游离氧化钙和甘油溶解。

⑤ 沸煮目的是加速反应，加热温度不宜太高，微沸即可，以防试液飞溅。在锥瓶中放入搅拌子，可减少试液的飞溅。

⑥ 甘油吸水能力强，沸煮后要抓紧时间进行滴定，防止试剂吸水。沸煮尽可能充分些，尽量减少滴定次数。

⑦ 在工厂的常规控制中，为简化计算，将试样称量固定（如每次称量 0.5000g），而每次配制的苯甲酸-无水乙醇标准溶液对氧化钙滴定度 T_{CaO} 是已知值。此时，游离氧化钙含量的计算公式便可简化为：

$$w_{CaO}=\frac{T_{CaO}V}{1000G}\times 100=KV \tag{35-3}$$

式中　K——常数。

在新鲜熟料中，游离氧化钙以纯氧化钙（CaO）状态存在。但在水泥中，部分 CaO 在粉磨过程或贮存过程中吸收水汽变成氢氧化钙［$Ca(OH)_2$］。用甘油-乙醇法测得的石灰量，实际上是氧化钙与氢氧化钙的总量。

思考题

1. 用甘油-乙醇法所用的试样、试剂、器皿为什么要求无水？
2. 试验过程中，为什么要求加热，并且要求处于微沸状态？

参考文献

[1] 鲁法增编．水泥生产过程中的质量检验．北京：中国建材工业出版社，1996.
[2] 中国建筑材料科学研究总院，水泥科学与新型建筑材料研究所编．水泥化学分析手册．北京：中国建筑工业出版社，2007.
[3] GB/T 176—2008．水泥化学分析方法．

实验 36　水泥中三氧化硫含量的测定

熟料中的三氧化硫（SO_3）以 $CaSO_4$ 形态存在，它主要由煤带入。而水泥中 SO_3 除熟料带入外，主要由作为缓凝剂的石膏带入。适量的 SO_3 可调节水泥的凝结时间，并可增加水泥的强度，制造膨胀水泥时，石膏还是一种膨胀组分，赋予水泥膨胀性能。但石膏量过多，却会导致水泥安定性不良。因此，水泥中三氧化硫含量是水泥重要的质量指标，在生产过程中必须予以严格控制。

由于水泥中石膏的存在形态及其性质不同，测定水泥中三氧化硫的方法有很多种，如经典的硫酸钡重量法及其改进方法、离子交换法、磷酸溶样-氯化亚锡还原-碘量滴定法、燃烧法（与全硫的测定相同）、分光光度法、离子交换分离-EDTA配位滴定法等。

其中，磷酸溶样-氯化亚锡还原-碘量滴定法亦属快速方法。根据水泥中的硫主要以硫酸盐硫和硫化物的形式存在，分别测定试样的全硫量和硫化物硫量，两者之差则看作硫酸盐硫量。此法不仅适用于掺二水石膏的水泥，对掺硬石膏、混合石膏及工业副产品石膏的水泥适应性也较好。

目前多采用硫酸钡重量法、离子交换法、磷酸溶样-氯化亚锡还原-碘量滴定法（还原-碘量法）、硫酸钡-铬酸钡分光光度法进行测定。这里用第一、第二种方法。

Ⅰ．硫酸钡重量法

一、目的意义

硫酸钡重量法不仅在准确性方面，而且在适应性和测量范围方面都优于其他方法，但其最大缺点是手续烦琐，费时很长，不宜作为生产控制例行分析方法。其改进方法虽然简化了离子分离手续，但是过滤、沉淀、洗涤……直至恒重等一系列手续，仍使这种方法有所逊色。

本实验的目的：

① 了解硫酸钡重量法测定 SO_3 的原理及方法；

② 测定水泥中 SO_3 的含量。

二、基本原理

硫酸钡重量法是通过氯化钡使硫酸根结合成难溶的硫酸钡沉淀，以硫酸钡的重量折算水泥中的三氧化硫含量。

由于在磨制水泥中，需加入一定量石膏，加入量的多少主要反映在水泥中 SO_4^{2-} 的数量上。所以可采用 $BaCl_2$ 作沉淀剂沉淀 SO_4^{2-}，生成 $BaSO_4$ 沉淀。$BaSO_4$ 的溶解度很小（其 $K_{sp}=1.1\times10^{-10}$），其化学性质非常稳定，灼烧后的组分与分子式符合。反应式为：

$$Ba^{2+}+SO_4^{2-} \longrightarrow BaSO_4\downarrow(白色) \quad (36\text{-}1)$$

三、实验器材

1. 仪器与材料

① 分析天平，不低于四级。

② 磁力搅拌器 200～300r/min。

③ 盘式电炉。

④ 高温炉（800℃）。

⑤ 其他：坩埚、烧杯、量筒、干燥器、快速定性滤纸、过滤漏斗等。

2. 试剂

① 盐酸（1+1）。

② 氯化钡溶液（100g/L）：将 100g 氯化钡（$BaCl_2\cdot2H_2O$）溶于水中，加水稀释至 1L。

③ 硝酸银溶液（5g/L）：将 0.5g 硝酸银（$AgNO_3$）溶于水中，加入 1mL 硝酸，加水稀释至 100mL，贮存于棕色瓶中。

四、分析步骤

① 试样制备。熟料磨细后，用磁铁吸除样品中的铁屑，然后装入带有磨口塞的广口玻

璃瓶中，瓶口应密封。试样质量不得少于200g。

分析前，将试样混合均匀，以四分法缩减至25g，然后取出5g左右放在玛瑙研钵中研磨至全部通过0.080mm方孔筛，再将样品混合均匀。贮存在带有磨口塞的小广口瓶中，放在干燥器内保存备用。

② 准确称取0.5g水泥试样，精确至0.0001g，置于200mL烧杯中，加入约40mL水，搅拌使试样完全分散，在搅拌下加入10mL盐酸（1+1），用平头玻璃棒压碎块状物，加热煮沸并保持微沸（5.0±0.5）min。用中速滤纸过滤，用热水洗涤10～12次，滤液及洗液收集于400mL烧杯中。加水稀释至约250mL，玻璃棒底部压一小片定量滤纸，盖上表面皿，加热煮沸，在微沸下从杯口缓慢逐滴加入10mL热的氯化钡溶液（100g/L），继续微沸3min以上使沉淀良好地形成，然后在常温下静止12～24h或温热处静置4h（仲裁分析应在常温下静置12～24h），此时溶液体积应保持在约200mL。用慢速定量滤纸过滤，以温水洗涤，直至检验无氯离子为止（用硝酸银溶液检验）。将沉淀及滤纸一并移入已灼烧恒量的瓷坩埚中，灰化完全后，放入800～950℃的高温炉内灼烧30min。取出坩埚，置于干燥器中冷却至室温，称量。如此反复灼烧，直至恒量。

每个试样应分别进行两次测定。同时，必须进行空白试验。

五、结果计算

首先，用空白试验数值对三氧化硫测定结果加以校正。

三氧化硫的百分含量按下式计算：

$$w_{SO_3}=\frac{m_1\times 0.343\times 100}{m} \tag{36-2}$$

式中 w_{SO_3}——三氧化硫的质量分数，%；

m_1——灼烧后沉淀的质量，g；

m——试样质量，g；

0.343——硫酸钡对SO_3的换算系数。

两次结果的绝对误差应在0.15%以内。如果超出此范围时，须进行第三次测定，所得结果与前两次或任一次测定结果之差符合以上规定时，则取其平均值作为测定结果。否则应查找原因，重新按上述规定进行分析。

Ⅱ. 二次静态离子交换法

一、目的意义

离子交换法是采用强酸性阳离子交换的树脂与硫酸钙进行离子交换，生成硫酸，用氢氧化钠标准溶液滴定生成的硫酸，从而推算出三氧化硫的含量。按操作方法不同，又可分为静态离子交换法和动态离子交换法。将过量的离子交换树脂放在交换溶液中搅拌，待交换反应达平衡后，滤出树脂，这种交换方法称为静态离子交换法。使交换溶液不断流往交换柱内的离子交换树脂，在流动过程中进行离子交换，此法称为动态离子交换法。离子交换法属快速方法。二次静态离子交换法被列为GB 176—2008《水泥化学分析方法》中测定三氧化硫的代用方法之一。该方法对掺加天然二水石膏的水泥是适用的。然而不少工厂使用硬石膏、混合石膏（二水石膏与硬石膏的混合物）作缓凝剂，由于硬石膏溶解速度较慢，静态离子交换往往不够完全，使分析结果偏低。用动态法虽能提高离子交换率，但分离手续将增加，时间也较长。此外，使用含氟、氯、磷的石膏（如工业副产石膏、盐用石膏等）或含有其他可被交换盐类的石膏作缓凝剂，以及使用萤石和石膏作复合矿化剂时，水泥中将含氟、氯、磷等离子，它们将与回滴生成硫酸的 NaOH 作用，使三氧化硫分析结果偏高。因此，离子交换法适应性还较差。

本实验的目的：

① 了解离子交换法测定 SO_3 的原理及方法；

② 测定水泥中 SO_3 的含量。

二、基本原理

水泥中的三氧化硫主要来自石膏，在强酸性阳离子交换树脂 $R—SO_3 \cdot H$ 的作用下，石膏在水中迅速溶解，离解成 Ca^{2+} 和 SO_4^{2-}。Ca^{2+} 迅速与树脂酸性基团的 H^+ 进行交换，析出 H^+，它与石膏中 SO_4^{2-} 作用生成 H_2SO_4（硫酸），直至石膏全部溶解，其离子交换反应式为：

$$\begin{array}{c} CaSO_4(\text{固体}) \rightleftharpoons Ca^{2+} + SO_4^{2-} \\ + \\ 2(R—SO_3 \cdot H) \\ \Big\Updownarrow \\ (R—SO_3)_2 \cdot Ca + 2H^+ \end{array}$$

或

$$CaSO_4 + 2(R—SO_3 \cdot H) \rightleftharpoons (R—SO_3)_2 \cdot Ca + H_2SO_4$$

在石膏与树脂发生离子交换的同时，水泥中的 C_3S 等矿物将水解，生成氢氧化钙与硅酸：

$$CaO \cdot SiO_2 + nH_2O \longrightarrow Ca(OH)_2 + SiO_2 \cdot mH_2O$$

所得 $Ca(OH)_2$，一部分与树脂发生离子交换，另一部分与 H_2SO_4 作用，生成 $CaSO_4$，再与树脂交换，反应式为：

$$Ca(OH)_2 + 2(R—SO_3 \cdot H) \rightleftharpoons (R—SO_3)_2 \cdot Ca + 2H_2O$$

$$Ca(OH)_2 + H_2SO_4 \rightleftharpoons CaSO_4 + 2H_2O \quad (36\text{-}3)$$

$$CaSO_4 + 2(R—SO_3 \cdot H) \rightleftharpoons (R—SO_3)_2 \cdot Ca + H_2SO_4 \quad (36\text{-}4)$$

熟料矿物水解后的水解产物参与离子交换达到平衡时，并不影响石膏与树脂进行交换生成的 H_2SO_4 量，但使树脂消耗量增加，同时溶液中硅酸含量的增多，使溶液 pH 值减小，用 NaOH 滴定滤液时，所用指示剂必须与进入溶液的硅酸量相适应。

当石膏全部溶解后，树脂及残渣滤除所得滤液，由于 C_3S 等水解的影响，其中尚含 $Ca(OH)_2$ 和 $CaSO_4$。为使存在于滤液中的 $Ca(OH)_2$ 中和，并使滤液中尚未转化的 $CaSO_4$ 全部转化成等当量的 H_2SO_4，必须在滤除树脂和残渣后的滤液中再加入树脂进行第二次交换，其反应按式(36-3)、式(36-4) 进行。然后滤除树脂，用已知浓度的氢氧化钠标准溶液滴定生成的硫酸，根据消耗氢氧化钠标准溶液的体积（mL），计算试样中三氧化硫百分含量：

$$2NaOH + H_2SO_4 \longrightarrow Na_2SO_4 + 2H_2O$$

在强酸性阳离子交换树脂中，若含钠型树脂时，它提供交换的阳离子为 Na^+，与石膏交换的结果将生成 Na_2SO_4，使交换产物 H_2SO_4 量减少，由 NaOH 溶液滴定计算的 SO_3 含量偏低。强酸性阳离子交换树脂出厂时一般为钠型，所以在使用时需预先用酸处理成氢型。用过的树脂（主要是钙型），也需用酸进行再生，使其重新转变成氢型以便继续使用。

三、实验器材

1. 仪器与材料

① 分析天平不低于四级。

② 磁力搅拌器 200～300r/min。

③ 离子交换柱长约 700mm，直径 50mm。

④ 其他：烧杯、量筒、快速定性滤纸、过滤漏斗等。

2. 试剂

① 氢氧化钠标准溶液（0.06mol/L）。

② 酚酞指示剂溶液（10g/L）。

③ H 型 732 苯乙烯强酸性阳离子交换树脂（1×12）或类似性能的树脂。

④ 硝酸银溶液（5g/L）。

四、试样和试剂的制备

1. 水泥试样的制备

制备方法详见“实验 35”。即：熟料磨细后，用磁铁吸除样品中的铁屑，然后装入带有磨口塞的广口玻璃瓶中，瓶口应密封。试样质量不得少于 200g。

分析前，将试样混合均匀，以四分法缩减至 25g，然后取出 5g 左右放在玛瑙研钵中研磨至全部通过 0.080mm 方孔筛，再将样品混合均匀。贮存在带有磨口塞的小广口瓶中，放在干燥器内保存备用。

2. 树脂的处理

将 250g 732 苯乙烯强酸性阳离子交换树脂（1×12）用 250mL 95%的乙醇浸泡过夜，然后倾出乙醇，再用水浸泡 6～8h。将树脂装入离子交换柱（直径约 5cm，长约 70cm）中，用 1500mL（1+3）盐酸溶液以每分钟 5mL 的流速进行淋洗，然后用蒸馏水逆洗交换柱中的树脂，直至流出液中的氯离子反应消失为止（用 5g/L 硝酸银溶液校验）。树脂倒出，用布氏漏斗以抽气泵或抽气管抽滤，然后贮存于广口瓶中备用。树脂在放置过程中将析出游离酸，会使测定结果偏高。故使用时应再用水倾洗数次。

树脂的再生处理：将用过的带有水泥残渣的树脂放入烧杯中，用水倾泻数次以除去水泥残渣。将树脂浸泡在稀盐酸中。当积至一定数量后，倾出其中夹带的残渣，再按钠型树脂转变为 H 型树脂的方法进行再生。

5g/L 硝酸银溶液的配制及 Cl^- 检验：将 5g 硝酸银（$AgNO_3$）溶于水中，加 10mL 硝酸（HNO_3），用水稀释至 1L。配制好的硝酸银溶液加入到流出液中，观察容器中溶液是否浑浊。如果浑浊，继续洗涤并定期检查，直至用硝酸银检验不在浑浊为止。

3. 氢氧化钠标准溶液（0.06mol/L）的配制

将 12g 氢氧化钠溶于 5L 水中，充分摇匀后，贮存于塑料瓶或带胶塞（装有钠石灰干燥管）的硬质玻璃瓶内。

标定方法：准确称取约 0.3g（精确至 0.0001g）苯二甲酸氢钾置于 300mL 烧杯中，加入约 200mL 新煮沸过并冷却后用氢氧化钠溶液中和至酚酞呈微红色的冷水，搅拌使其溶解，加入 6～7 滴 1%的酚酞指示剂溶液，用配好的氢氧化钠标准滴定溶液滴定至微红色。

氢氧化钠标准溶液对三氧化硫的滴定度按式(36-5) 计算：

$$T_{SO_3}=\frac{G\times 40.03\times 1000}{V\times 204.2} \tag{36-5}$$

式中 T_{SO_3}——氢氧化钠标准滴定溶液对三氧化硫的滴定度，mg/mL；
G——苯二甲酸氢钾的质量，g；
V——滴定时消耗氢氧化钠标准滴定溶液的体积，mL；
204.2——苯二甲酸氢钾的摩尔质量，g/mol；
40.03——（$1/2SO_3$）的摩尔质量，g/mol。

4. 酚酞指示剂溶液（10g/L）**的配制**

将1g酚酞溶于100mL 95.5%的乙醇中。

五、分析步骤

① 准确称取约0.2g试样，精确至0.0001g，置于150mL烧杯中（预先放入5g树脂、10mL热水及一根封闭的磁力搅拌子）。摇动烧杯使试样分散，加入40mL沸水，立即置于磁力搅拌器上搅拌10min。取下，以快速定性滤纸过滤。用热水洗涤烧杯和滤纸上的树脂4～5次（每次洗涤用水不超过15mL）。滤液及洗液收集于预先放置2g树脂及一根封闭的磁力搅拌子的150mL烧杯中。保存滤纸上的树脂，以备再生。

② 将烧杯再置于磁力搅拌器上搅拌3min，取下，以快速定性滤纸将溶液过滤于300mL烧杯中，用热水洗涤烧杯和滤纸上的树脂5～6次（尽量不把树脂倾出）。保存树脂，供下次分析时第一次交换用。

③ 向溶液中加入5～6滴1%的酚酞指示剂溶液，用0.6mol/L氢氧化钠标准溶液滴定至微红色。

④ 结果计算。三氧化硫的百分含量按式(36-6)计算：

$$w_{SO_3}=\frac{T_{SO_3}V}{G\times 1000}\times 100=\frac{T_{SO_3}V\times 0.1}{G} \tag{36-6}$$

式中 w_{SO_3}——三氧化硫的质量分数，%；
T_{SO_3}——氢氧化钠标准滴定溶液对三氧化硫的滴定度，mg/mL；
V——滴定时消耗氢氧化钠标准溶液的体积，mL；
G——试样的质量，g。

六、影响因素与注意事项

① 应注意所用氢型树脂一定要确保其中不含有其他的盐型树脂（如Na型），否则在交换过程中产生下述交换反应：

$$CaSO_4+2R—SO_3Na \rightleftharpoons (R—SO_3)_2Ca+Na_2SO_4$$

生成的硫酸钠为中性盐，滴定时不与氢氧化钠反应，从而导致结果偏低。为此，在处理树脂时，不应使用静态交换法，而必须使用动态交换法，这样才能确保获得纯的氢型树脂。

② 已处理好的氢型树脂在放置的过程中，往往会逐渐析出游离酸。因此，在使用之前应将所用的树脂以水洗净，不然会由此而给分析结果造成可观的偏高误差。

③ 用离子交换法测定水泥中的三氧化硫，重要的前提是必须把试样中的硫酸钙完全提取到溶液中。当水泥中的石膏是硬石膏或混合石膏（二水石膏和硬石膏）时，由于硬石膏溶解速度相对较慢，用本方法测定时因离子交换时间较短，在此期间石膏往往不能完全提取到溶液中去，使测定结果偏低。遇此情况，可将试样再磨细一些，并将试样的质量由0.5g减为0.2g，必要时也可将树脂是由原来的2g增至5g。第二次交换的条件仍不变。这样上述问题得以解决，但进入溶液中的硅酸量也相应增大。

④ 由于试样中磷、氟、氯等酸性物质将与 NaOH 反应，使滴定结果偏高，故本方法对含有 F^- 、Cl^- 、PO_4^{3-} 等的工业副产石膏及氟铝酸盐的水泥是不适用的。但可以将离子交换后的溶液用硫酸钡重量法测定三氧化硫，也可用静态离子交换-返滴定法测定三氧化硫(见水泥及其原材料化学分析)。

思考题

1. 用重量法测定水泥中的 SO_3 含量时，为什么要加热和陈化处理？

2. 用静态离子交换法测定测定水泥中的 SO_3 含量时，为什么要在滤除残渣所得的滤液中第二次加入树脂进行交换？

3. 为什么本法不适于含 F^- 、Cl^- 、PO_4^{3-} 等工业副产品石膏及氟铝酸盐矿物的水泥中的 SO_3 含量的测定？

参考文献

[1] GB/T 176—2008. 水泥化学分析方法.
[2] 中国建筑材料科学研究院水泥所．水泥及其原材料化学分析．北京：中国建材工业出版社，1994.
[3] 姜玉英编．水泥工艺实验．武汉：武汉工业大学出版社，1992.
[4] 中国建筑材料科学研究总院，水泥科学与新型建筑材料研究所编．水泥化学分析手册. 北京：中国建筑工业出版社，2007.

实验 37 水泥水化热的测定

水泥和水后发生一系列物理与化学变化，并在与水反应中放出大量热，称为水化热，以焦/克(J/g) 表示。

水泥的水化热和放热速度都直接关系到混凝土工程质量。由于混凝土的热传导率低，水泥的水化热较易积聚，从而引起大体积混凝土工程内外有几十摄氏度的温差和巨大温度应力。致使混凝土开裂，腐蚀加速。为了保证大体积混凝土工程质量，必须将所用水泥的水化热控制在一定范围内。因此水泥的水化热测试对水泥生产、使用、理论研究都是非常重要的，尤其是对大坝水泥，水化热的控制更是必不可少的。

测试水泥水化热的方法较多，常用的有溶解热法（基准法）和直接法（代用法）。如果测定的结果有争议时以基准法为准。

Ⅰ. 直 接 法

一、目的意义

在实际应用中，通常更重要的是直接知道水泥在一定水化龄期下所放出的热量。该测量方法也称蓄热法。

本实验的目的：

① 了解用直接法测定水泥水化热的基本原理；

② 掌握直接法测定水泥水化热的方法。

二、基本原理

水泥胶砂加水后，即发生水化反应，放出水化热。本方法是依据热量计在恒定的温度环境中，直接测定热量计内水泥胶砂（因水泥水化产生）的温度变化，通过计算热量计内积蓄的和散失的热量总和，从而求得水泥水化7d内的水化热。

三、实验器材

测水泥水化热所用的仪器及装置如图37-1所示。

1. 热量计

① 广口保温瓶：可用备有软木塞的广口保温瓶，内深约22cm，内径为8.5cm。容积约为1.5L，散热常数测定值不大于167.00J/(h·℃)。

② 带盖截锥形圆筒：容积约为530mL，用聚苯乙烯塑料制成。

③ 长尾温度计：量程0～50℃，刻度精确至0.1℃。示值误差≤±0.2℃。

④ 软木塞：由天然软木制成。使用前中心打一个与温度计直径紧密配合的小孔，然后插入长尾温度计，深度距软木塞底面约120mm，然后用热蜡密封底面。

⑤ 铜套管：由铜质材料组成。

⑥ 衬筒：由聚酯塑料制成，密封不透水。

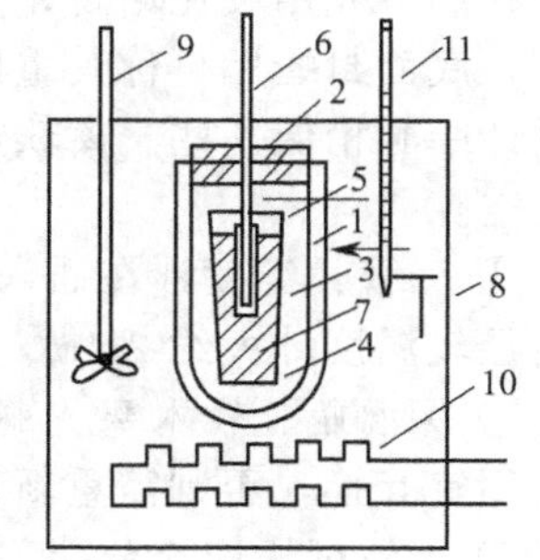

图37-1 直接法水化热装置示意图

1—保温瓶；2—软木塞；3—玻璃套管；4—锥形圆筒；5—塑料薄膜；6—温度计；7—水泥胶砂；8—恒温水槽；9—搅拌器；10—电热丝；11—水槽温度计

2. 恒温水槽

水槽容积可根据安放热量计的数量及温度易于控制的原则而定，水槽内水的温度应准确控制在（20.0±0.1）℃。水槽应装有下列附件：

① 水循环系统；

② 温度自动控制系统；

③ 指示温度计，分度值为0.1℃；

④ 固定热量计用的支架与夹具。

3. 胶砂搅拌机

符合JC/T 681的要求

4. 天平

最大量程不小于1500g，分度值为0.1g。

5. 捣棒

长约400mm，直径约11mm，由不锈钢材料制成。

6. 其他

漏斗、量筒、秒表、料勺等。

四、试验条件

① 成型实验室温度应保持在（20±2）℃，相对湿度不低于50%。

② 试验期间水槽的水温应保持在（20.0±0.1）℃。

③ 恒温用水为纯净的饮用水。

五、准备工作

① 温度计：须在15℃、20℃、25℃、30℃、35℃及40℃范围内，用标准温度计进行校核。

② 软木塞盖：为防止热量计的软木塞渗水或吸水，其上、下表面及周围应用蜡涂封。较大孔洞可先用胶泥堵封，然后再涂蜡。封蜡前先将软木塞中心钻一个插温度计用的小孔并称重，底面封蜡后再称其重以求得蜡重，然后在小孔中插入温度计。温度计插入的深度应比热量计中心稍低一些。离软木塞底面约 12cm，最后再用蜡封软木塞上表面以及其与温度计间的空隙。

③ 套管：温度计在插入水泥胶砂中时，必须先插入一端封口的薄玻璃套管或铜套管，其内径较温度计大约 2mm，长约 12cm，以免温度计与水泥胶砂直接接触。

④ 保温瓶、软木塞、铜套管、截锥形圆筒、温度计等均需编号并称重，每个热量计的部件不宜互换，否则需重新计算热量的平均热容量。

⑤ 水泥试样应充分拌匀，通过 0.9mm 方孔筛。标准砂应符合国标要求。试验用水必须是洁净的淡水。

注：热量计各部件除衬筒外，都应编号成套使用。

六、热量计热容量的计算

热量计的平均热容量 c，按下式计算：

$$c=0.84\times\frac{g}{2}+1.88\times\frac{g_1}{2}+0.40g_2+1.78g_3+2.04g_4+1.02g_5+3.30g_6+1.92V \quad (37\text{-}1)$$

式中　c——不装水泥胶砂时热量计的热容量，J/℃；

g——保温瓶质量，g；

g_1——软木塞质量，g；

g_2——铜套管质量，g；

g_3——塑料截锥形圆筒质量，g；

g_4——塑料截锥形圆筒盖质量，g；

g_5——衬筒质量，g；

g_6——软木塞底面的蜡质量，g；

V——温度计伸入热量计的体积，cm^3；

1.92——玻璃的体积比热容，J/(cm^3·℃)。

式中其他各系数分别为所用材料的比热容，J/(g·℃)。

七、热量计散热常数 K 的测定

① 试验前热量计各部件和试验用品应预先在 (20±2)℃下恒温 24h，首先在截锥形圆筒内放入塑料衬筒和铜套筒，然后盖上中心有孔的盖子，移入保温瓶中。

② 测定前 24h 开起恒温水箱，使水温恒定在 (20±0.1)℃范围内。

③ 用漏斗向圆筒内注入 (500±10)g 温度 (45.0±0.2)℃的温水，准确记录用水质量 (w) 和加水时间 (精确到 min) 然后用配套的插有温度计的软木塞盖紧。

④ 在保温瓶与软木塞之间用胶泥或蜡密封防止渗水，然后将热量计垂直固定于恒温水槽内进行试验。

⑤ 恒温水槽内的水温应始终保持 (20.0±0.1)℃，试验开始经 6h 测定第一次温度 T_1 (一般为 34℃左右)，经 44h 后测定第二次温度 T_2 (一般为 21.5℃以上)。

⑥ 试验结束后立即拆开热量计，再称量热量计内所有水的质量，应略少于加入水质量，如等于或多于加入水质量，说明试验漏水，应重新测定。

⑦ 热量计散热常数的计算。热量计散热常数 K 按下式计算，计算结果保留至 0.01J/(h·℃)：

$$K=(c+w\times 4.1816)\frac{\lg(T_1-20)-\lg(T_2-20)}{0.434\Delta t} \quad (37\text{-}2)$$

式中 K——散热常数，J/(h·℃)；

w——加水质量，g；

c——热量计的平均热容量，J/℃；

T_1——试验开始 6h 后读取热量计的温度,℃；

T_2——试验经过 44h 后读取热量计的温度,℃；

Δt——$T_1 \sim T_2$ 时所经过的时间，38h。

热量计散热常数应测定两次，取其平均值。两次相差应小于 4.18J/(h·℃)；热量计散热常数 K 应小于 167J/(h·℃)；热量计散热常数每年应重新测定；已经标定好的热量计如更换任意部件应重新测定。

八、水泥胶砂水化热的测定

① 测定前 24h 开启恒温水箱，使水温恒定在 (20.0±0.1)℃范围内。

② 试验前热量计各部件和试验用品应预先在 (20±2)℃下恒温 24h，截锥形圆筒内放入塑料衬筒。

③ 测出每个样品的标准稠度用水量，并记录。

④ 试验胶砂配比。每个样品称标准砂 1350g，水泥 450g，加水量按式(37-3) 计算，计算结果保留至 1mL：

$$M=(P+5\%)\times 450 \quad (37\text{-}3)$$

式中 M——试验用水量，mL；

P——标准稠度用水量,%；

5%——加水系数。

⑤ 首先用潮湿布擦拭搅拌锅和搅拌叶，然后依次把称好的水和水泥加入到搅拌锅中，把锅固定在机座上，开动搅拌机慢速搅拌 30s 后，在第二个 30s 开始的同时均匀地将砂子加入。当各级砂是分装时，从最粗料级开始，依次将所需的每级砂量加完。把机器转至高速再搅拌 30s。停拌 90s，在第 1 个 15s 内用一胶皮刮具将叶片和锅壁上的胶砂刮入锅中间。在高速下继续搅拌 60s。

⑥ 搅拌完毕后迅速取下搅拌锅并用勺子搅拌几次，然后用天平称取 2 份质量为 (800±1)g 的胶砂，分别装入已准备好的 2 个截锥形圆筒内，盖上盖子，在圆筒内胶砂中心部位用捣棒捣一个洞，分别移入到对应保温瓶中，放入套管，盖好带有温度计的软木塞，用胶泥和蜡密封，以防漏水。

⑦ 从加水时间算起第 7min 读第一次温度，即初始温度 T_0。

⑧ 读完温度后移入到恒温水槽内固定，根据温度变化情况确定读取温度时间，一般在温度上升阶段每隔 1h 读一次，下降阶段每隔 2h、4h、8h、12h 读一次。

⑨ 从开始记录第一次温度算起到 168h 时记录最后一次温度，末温 T_{168}，试验测定结束。

⑩ 全部试验过程热量计应整体浸在水中，养护水面至少高于热量计表面 10mm，每次记录温度时都要监测恒温水槽是否在 (20.0±0.1)℃范围内。

⑪ 拆开密封胶泥和蜡，取下软木塞，取出截锥形圆筒，打开盖子，取出套管，观察套管中、保温瓶中是否有水，如有水此试瓶试验作废。

九、试验结果计算

1. 曲线面积的计算

根据所记录时间与水泥胶砂的对应温度，以时间为横坐标（1cm 代表 5h），温度为纵坐标（1cm 代表 1℃）在坐标纸上作图，并画出 20℃水槽温度恒温线。

恒温线与胶砂温度曲线间总面积（恒温线以上的面积为正面积，恒温线以下的面积为负面积）$\sum F_{0\sim x}$(h·℃）可按下列计算方法求得。

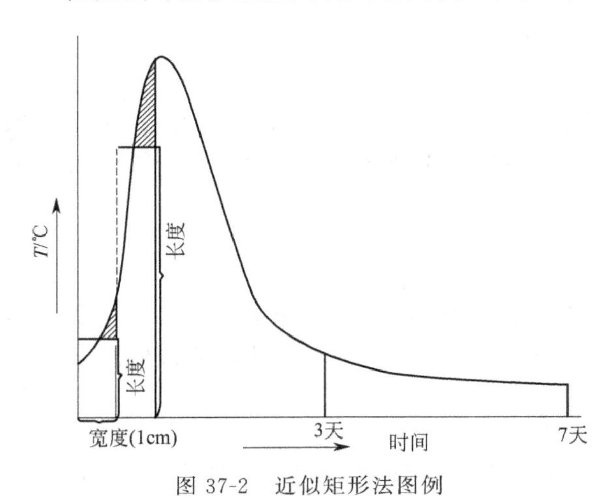

图 37-2 近似矩形法图例

① 用求积仪求得。

② 把恒温线与胶砂温度曲线间的面积按几何形状划分为较小的三角形、抛物线、梯形面积 F_1、F_2、F_3……(h·℃)。分别计算，然后将其相加，因为 $1cm^2$ 等于 5h·℃，所以总面积乘 5 即得$\sum F_{0\sim x}$(h·℃)。

③ 近似矩形法。参照图 37-2，以每 5h（1cm）作为一个计算单位，并作为矩形的宽度。矩形的长度（温度值）是通过面积补偿确定的。如图 37-2 所示，在补偿的面积中间选一点，这一点如能使一个计算单位内阴影面积与曲线外的空白面积相等，那么这一点的高度便可作为矩形的长度，然后与宽度相乘即得矩形面积。将每一个矩形面积相加，再乘以 5 即得$\sum F_{0\sim x}$(h·℃)。

④ 用电子仪器自动记录和计算。

⑤ 其他方法。

2. 水泥质量的计算

水化热计算时，试验用水泥质量（G）按式(37-4）计算，计算结果保留至 1g。

$$G=\frac{800}{4+(P+5\%)} \tag{37-4}$$

式中 G——试验用水泥质量，g；

P——水泥净浆标准稠度，%；

800——试验用水泥胶砂总质量，g；

5%——加水系数。

3. 用水量的计算

试验中用水量（M_1）按式(37-5）计算，计算结果保留至 1mL。

$$M_1=G(P+5\%) \tag{37-5}$$

式中 M_1——试验中用水量，mL；

G——试验用水泥质量，g；

P——水泥净浆标准稠度，%。

4. 总热容量的计算 c_p

根据水泥与砂子重量、水量及热量计平均热容量 c，按式(37-6）计算装水泥胶砂后热量计的热容量 c_p(J/℃)，计算结果保留至 0.1J/℃。

$$c_p=[0.84\times(800-M_1)]+4.1816M_1+c \tag{37-6}$$

式中 c_p——装入水泥胶砂后的热量计的总热容量，J/℃；

M_1——试验中用水量，mL；

c——热量计的热容量，J/℃。

5. 总热量的计算 Q_x

在一定龄期 x 时，水泥水化放出的总热量为热量计中积蓄热量和散失热量的总和 Q_x，按式(37-7) 计算，计算结果保留至 0.1J：

$$Q_x = c_p(T_x - T_0) + K\sum F_{0\sim x} \tag{37-7}$$

式中　Q_x——某个龄期时水泥水化放出的总热量，J；

c_p——装水泥胶砂后热量计的总热容量，J/℃；

T_x——龄期为 x 小时的水泥胶砂温度，℃；

T_0——水泥胶砂的初始温度，℃；

K——热量计的散热常数，J/(h·℃)；

$\sum F_{0\sim x}$——在 0～x 小时水槽温度恒温线与胶砂温度曲线间的面积，h·℃。

6. 水泥水化热的计算 q_x

在一定龄期 x 小时水泥的水化热 q_x(J/g)，按式(37-8) 计算，计算结果保留至 1J/g：

$$q_x = \frac{Q_x}{G} \tag{37-8}$$

式中　q_x——水泥某一龄期的水化热，J/g；

Q_x——水泥某一龄期放出的总热量，J；

G——试验用水泥质量，g。

7. 其他

每个水泥样品水化热试验用两套热量计平行试验，两次试验结果相差小于 12J/g，取平均值作为此水泥样品的水化热结果；两次试验结果相差大于 12J/g 时，应重新做实验。

十、影响因素与注意事项

① 热量计散热常数 K 是从大约 35℃降温至 21℃，始末温差约 14℃的条件下测得的，根据式(37-3)，K 值随始末温度不同而异。为使 K 值能符合热量计在实测水化热过程中的散热情况，应保证胶砂最高温度值达 30～38℃，使胶砂最高温度与恒温水槽水温 20℃相差 (14±4)℃。

② 自胶砂拌水起至第 7min 时的胶砂初始温度 T_0 应严格控制。初始温度太低，胶砂最高温度可能达不到 30℃；初始温度太高，胶砂最高温度又可能超过 38℃，容易造成试验返工。胶砂初始温度 T_0 主要受试验材料及热量计温度的影响。因此，试验前，水泥、标准砂、拌和水及热量计各部件均应预先在 (20±2)℃下恒温，使胶砂初始温度 T_0 尽量接近恒温水槽温度。

胶砂初始温度 T_0 规定为自加水时起 7min 时读取，而且应该使温度计能正确地表示出水泥胶砂的温度。这一点在试验操作中往往容易被忽视，常在温度计刚插入就读取初始温度 T_0，使 T_0 读数不能正确表示当时胶砂的温度。如果 T_0 读数相差 0.5～1℃（这在一般情况下很容易产生），按式(37-6) 和式(37-7) 计算所得的水化热就可能相差 4.18J/g 左右。

③ 恒温水槽温度必须严格控制在 (20.0±0.1)℃内，若水槽温度控制不严，会带来较大的误差。水化热是根据式(37-6) 和式(37-7) 计算出来的，式(37-6) 中的 $F_{0\sim x}$ 是代表 0～x 小时内胶砂温度曲线与恒温水槽温度线之间的总面积。计算实验结果时，恒温水槽温度线以 20℃画出。若恒温水槽实际温度比 20.0℃高 0.1℃，则画出的 $F_{0\sim x}$ 要比实际的胶砂温度曲线与水槽温度线之间的面积大 $0.1\times\frac{x}{5}(\mathrm{cm}^2)$，即相当于增大 $0.1\times\frac{x}{5}\times5=0.1x$(h·℃)，按式(37-6) 和式(37-7) 算出的水泥 7d 水化热要比实际水化热偏高 8.4J/g 左右；反之，

若恒温水槽实际温度为19.9℃时，算出的7d水化热要比实际水化热偏低8.4J/g左右。据此，若恒温水槽水温经常为（20.0±0.2)℃，则算得的7d水化热值的误差就可高达16.8J/g。

④ 热量计及恒温水槽所使用的温度计都需经过校正，尤其需要确定两者之间的相对关系。如果热量计的温度计与水槽温度计存在0.1℃误差时，和上述情况一样，将使7d的$F_{0\sim168}$值相差168×0.1h·℃，计算的7d水化热将相差8.4J/g左右。

⑤ $F_{0\sim x}$面积的计算应很细致。若用划分小方块方法计算$F_{0\sim x}$时，小块面积越小，计算结果越正确。为了避免计算上的误差，可以通过坐标方格的计数以校核计算的面积是否正确。如果计算面积相差1～2cm^2，则$F_{0\sim x}$值会相差5～10h·℃，计算的水化热将相差4.2J/g左右。

⑥ 依式(37-6)，热量计散热常数K测定正确与否，将直接影响到水泥水化热计算结果。如果测得的K值与实际相差4.2J/(h·℃)，算得7d水化热就可能相差8.4J/g左右。因此，热量计散热常数务必严格按照GB 2022—80的有关规定准确测定。

⑦ 试验操作中必须注意将水泥胶砂搅拌均匀，并保证热量计严密封口，以防漏水。

本标准适用于测定水泥水化热。

本标准是在热量计周围温度不变条件下，直接测定热量计内水泥胶砂温度的变化，计算热量计内积蓄和散失热量的总和，从而求得水泥水化7d内的水化热（单位是J/g)。

Ⅱ. 溶 解 法

一、目的意义

溶解热法也称间接法。溶解热法在国际上具有较大的通用性和可比性。它与直接法相比，具有明显的优越性，尤其适用于测定水泥长龄期水化热。

本实验的目的：

① 了解溶解热法测定水泥水化热的基本原理；

② 掌握溶解热法测定水泥水化热的方法。

二、测定原理

溶解热法是根据热化学的盖斯定律，即化学反应的热效应只与体系的初态和终态有关而与反应的途径无关提出的。它是在热量计周围温度一定的条件下，用未水化的水泥与水化一定龄期的水泥分别在一定浓度的标准酸溶液中溶解，测得溶解热之差，即为该水泥在规定龄期内所放出的水化热。

三、实验器材

1. 仪器设备

（1）溶解热测定仪

由恒温水槽、内筒、广口保温瓶、贝克曼差示温度计、搅拌装置等主要部件组成。另配一个曲颈玻璃漏斗和一个直颈加酸漏斗。有单筒和双筒两种形式，双筒形式如图37-3所示。

① 恒温水槽　水槽内外壳之间装有隔热层，内壳横断面为椭圆形的金属筒，横断面长轴750mm，短轴450mm，深310mm，容积约75L。并装有控制水位的溢流管。溢流管高度距底部约270mm，水槽上装有两个搅拌器，分别用于搅拌水槽中的水和保温瓶中的酸液。水槽上装有两个放置试验内筒的筒座，进排水管、加热管与循环水泵等部件。

② 内筒　筒口为带法兰的不锈钢圆筒，内径150mm，深210mm，筒内衬有软木层或泡

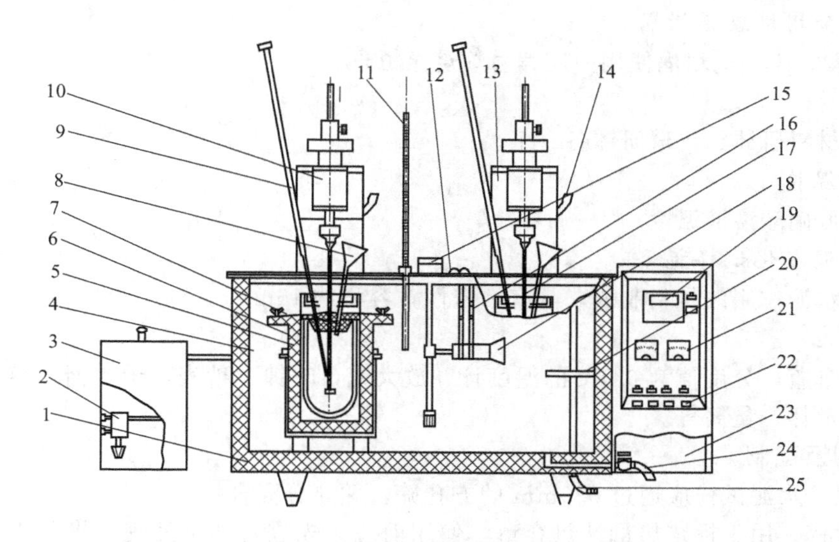

图 37-3 水泥水化热（溶解热法）热量计示意图

1—水槽壳体；2—电机冷却水泵；3—电机冷却水箱；4—恒温水槽；5—试验内筒；6—广口保温瓶；7—筒盖；8—加料漏斗；9—贝氏温度计或量热温度计；10—轴承；11—标准温度计；12—电机冷却水管；13—电机横梁；14—锁紧手柄；15—循环水泵；16—支架；17—酸液搅拌棒；18—加热管；19—控温仪；20—温度传感器；21—控制箱面板；22—自锁按钮开关；23—电气控制箱；24—水槽进排水管；25—水槽溢流管

沫塑料。筒盖内镶嵌有橡胶圈以防漏水，盖上有 3 个孔，中孔安装酸液搅拌棒，两侧的孔分别安装加料漏斗和贝克曼差示温度计。

③ 广口保温瓶　配有耐酸塑料筒，容积约为 600mL，当盛满比室温高约 5℃的水，静置 30min 时，其冷却速率不得超过 0.001℃/min。

④ 贝克曼差示温度计（以下简称贝氏温度计）　分度值为 0.01℃，最大差示温度为 5.2℃，插入酸液部分必须涂以石蜡或其他耐氢氟酸的涂料。试验前应用量热温度计将贝氏温度计零点调整到 14.500℃。

⑤ 量热温度计　分度值为 0.01℃，量程为 14～20℃，插入酸液部分必须涂以石蜡或其他耐氢氟酸的涂料。

⑥ 搅拌装置　酸液搅拌棒直径为 6.0～6.5mm，总长约 280mm，下端装有两片略带轴向推进作用的叶片，插入酸液部分必须涂以石蜡或其他耐氢氟酸涂料。水槽搅拌装置使用循环水泵。

⑦ 曲颈玻璃加料漏斗　漏斗口与漏斗管的中轴线夹角约为 30°，口径约 70mm，深 100mm，漏斗管外径 7.5mm，长 95mm，供装试样用。加料漏斗配有胶塞。

⑧ 直颈装酸漏斗　由耐氢氟酸塑料制成，上口直径约 70 mm，管长 120 mm，外径 7.5 mm。

(2) 天平

称量 200g，分度值 0.001g 和称量 600g、分度值为 0.1g 天平各一台。

(3) 高温炉

使用温度 900～950℃，并带有恒温控制装置。

(4) 试验筛

0.15mm 和 0.60mm 方孔筛各一个。

(5) 铂金坩埚或瓷坩埚

容量约 30mL。瓷坩埚使用前应编号灼烧至恒重。

(6) 研钵

钢或铜材料研钵、玛瑙研钵各一个。

(7) 低温箱

用于降低硝酸溶液温度。

(8) 水泥水化试样瓶

由不与水泥作用的材料制成，具有水密性，容积约 15mL。

(9) 其他

磨口称量瓶，分度值为 0.1℃的温度计，放大镜，时钟，秒表，干燥器，容量瓶，吸液管，石蜡、量杯、量筒等。

2. 试剂及配制

① 水泥　水泥试样应通过 0.9mm 的方孔筛，并充分混合均匀。

② 氧化锌　用于标定热量计热容量，使用前应预先进行如下处理：将氧化锌放入坩埚内，在 900～950℃高温下灼烧 1h，取出，置于干燥器中冷却后，用玛瑙研钵研磨至全部通过 0.15mm 筛，贮存于干燥器中备用。在进行热容量标定前，将上述制取的氧化锌约 50g 在 900～950℃下灼烧 5min，并在干燥器中冷却至室温。

③ 氢氟酸　质量分数为 40%或密度为 1.15～1.18g/cm^3。

④ 硝酸　一次应配制大量浓度为 $c(HNO_3)=(2.00\pm0.02)$mol/L 的硝酸溶液。配制时量取质量分数为 65%～68%或密度为 1.39～1.41g/cm^3 (20℃) 的浓硝酸 138mL，加蒸馏水稀释至 1L。

硝酸溶液的标定：用移液管吸取 25mL 上述已配制好的硝酸溶液，移入 250mL 的容量瓶中，用蒸馏水稀释至标线，摇匀。接着用已知浓度（约 0.2mol/L）的氢氧化钠标准溶液标定容量瓶中硝酸溶液的浓度，该浓度乘以 10 即为上述已配制好的硝酸溶液的浓度。

四、实验室条件

① 恒温室：温度应能控制在 (20±1)℃，相对湿度不低于 50%。室内应有通风设备。

② 试验期间恒温水槽内的水温应保持在 (20.0±0.1)℃。

③ 恒温水槽用水为纯净的饮用水。

五、实验步骤

1. 热量计热容量的标定

① 贝氏温度计或量热温度计、保温瓶及塑料内衬、搅拌棒等应编号配套使用。使用贝氏温度计试验前应用量热温度计检查贝氏温度计零点。如果使用量热温度计，不需调整零点，可直接测定。

② 在标定热量计热容量前 24 h 应将保温瓶放入内筒中，酸液搅拌棒放入保温瓶内，盖紧内筒盖，再将内筒放入恒温水槽内。调整酸液搅拌棒悬臂梁使夹头对准内筒中心孔，并将酸液搅拌棒夹紧。在恒温水槽内加水使水面高出内筒盖（由溢流管控制高度），打开循环水泵等，使恒温水槽内的水温调到 (20.0±0.1)℃，然后关闭循环水泵备用。

③ 试验前打开循环水泵，观察恒温水槽温度使其保持在 (20.0±0.1)℃，从安放贝氏温度计孔插入直颈加酸漏斗，用 500mL 耐酸的塑料杯称取 (13.5±0.5)℃的 (2.00±0.02) mol/L 硝酸溶液 410g，量取 8mL 40%的氢氟酸加入耐酸塑料量杯内，再加入少量剩余的硝

酸溶液，使两种混合溶液总质量达到（425.0±0.1)g，用直颈加酸漏斗加入到保温瓶内，然后取出加酸漏斗，插入贝氏温度计或量热温度计，中途不应拔出避免温度散失。

④ 开启保温瓶中的酸液搅拌棒，连续搅拌 20min 后，在贝氏温度计或量热温度计上读出酸液温度，此后每隔 5min 读一次酸液温度，直至连续 15min，每 5min 上升的温度差值相等时为止（或三次温度差值在 0.002℃内)。记录最后一次酸液温度，此温度值即为初读数 θ_0，初测期结束。

⑤ 初测期结束后，立即将事先称量好的（7.000±0.001)g 氧化锌通过加料漏斗徐徐加入保温瓶酸液中（酸液搅拌棒继续搅拌)，加料过程必须在 2min 内完成，然后用小毛刷把粘在称量瓶和漏斗上的氧化锌全部扫入酸混合物中。加料完毕盖上胶塞，避免试验中温度散失。

⑥ 从读出初测读数 θ_0 起分别测读 20min、40min、60min、80min、90min、120min 时贝氏温度计的读数，这一过程为溶解期。

⑦ 热量计在各时间区间内的热容量按式(37-9）计算，计算结果保留至 0.1J/℃：

$$c=\frac{G_0[1072.0+0.4(30-T_a)+0.5(T-T_a)]}{R_0} \tag{37-9}$$

式中 c——热量计热容量，J/℃；

1072.0——氧化锌在 30℃时的溶解热，J/g；

G_0——氧化锌的质量，g；

T——氧化锌加入热量计时的室温，℃；

0.4——溶解热负温比热容，J/(g·℃)；

0.5——氧化锌比热容，J/(g·℃)；

T_a——未水化水泥试样溶解期第一次测读数 θ_a 加贝氏温度计 0℃时相应的摄氏温度（如果使用量热温度计时，T_a 的数值等于 θ_a 的读数)，℃；

R_0——经校正的温度上升值，℃。

R_0 值按式(37-10）计算，计算结果保留至 0.001℃：

$$R_0=(\theta_a-\theta_0)-\frac{a}{b-a}(\theta_b-\theta_a) \tag{37-10}$$

式中 θ_0——初测期结束时（即开始加氧化锌时）的贝氏温度计或量热温度计读数，℃；

θ_a——溶解期第一次测读的贝氏温度计或量热温度计读数，℃；

θ_b——溶解期结束时测读的贝氏温度计或量热温度计读数，℃；

a，b——分别为测读 θ_a 或 θ_b 时距离测初读数 θ_0 时所经过的时间，min。

为了保证试验结果的精度，热量计热容量对应 θ_a、θ_b 的测读时间 a、b 应分别与不同品种水泥所需要的溶解期测读时间对应。不同水泥的具体溶解期测读时间按表 37-1 中规定选取。

⑧ 热量计热容量应标定两次，以两次标定值的平均值作为标定结果。如两次标定值相差大于 5J/℃时，必须重新标定。

⑨ 在下列情况下，热容量需重新标定：

a. 重新调整贝氏温度计时；

b. 当温度计、保温瓶、搅拌器重新更换或涂覆耐酸涂料时；

c. 当新配制的酸液与标定量热计热容量的酸液浓度变化大于±0.02mol/L 时；

d. 对试验结果有疑问时。

2. 未水化水泥溶解热的测定

① 按 1. 中标定热量计的热容量①～⑥条进行准备工作和初测期试验，并记录初测温度

θ_0'。

② 读出初测温度 θ_0' 后，立即将预先称好的四份（3.000±0.001）g 未水化泥试样中的一份在 2min 内通过加料漏斗徐徐加入酸液中，漏斗、称量瓶及毛刷上均不得残留试样，加料完毕盖上胶塞。然后按表 37-1 规定的各品种水泥测读温度的时间，准时读记贝氏温度计数读数 θ_a' 和 θ_b'。第二份试样重复第一份的操作。

表 37-1 各品种水泥测读温度的时间

水泥品种	距初测期温度 θ_0 的相隔时间/min		水泥品种	距初测期温度 θ_0 的相隔时间/min	
	a	b		a	b
硅酸盐水泥 中热硅酸盐水泥 低热硅酸盐水泥 普通硅酸盐水泥	20	40	矿渣硅酸盐水泥 低热矿渣硅酸盐水泥	40	60
			火山灰硅酸盐水泥	60	90
			粉煤灰硅酸盐水泥	80	120

注：在普通水泥、矿渣水泥、低热矿渣水泥中掺有 10%（质量分数）的火山灰质或粉煤灰时，可按火山灰水泥或粉煤灰水泥规定的测读期。

③ 余下的两份试样置于 900～950℃下灼烧 90min，灼烧后立即将盛有试样的坩埚置于干燥器中冷却至室温，并快速称量其质量 G_1。灼烧质量 G_1 以两份试样灼烧后的质量平均值确定，如两份试样的灼烧质量相差大于 0.003g 时，应重新补做。

④ 未水化水泥的溶解热按式(37-11) 计算，计算结果保留至 0.1J/g：

$$q_1=\frac{R_1c}{G_1}-0.8(T'-T_a') \tag{37-11}$$

式中 q_1——未水化水泥试样的溶解热，J/g；

c——对应测读时间的热量计热容量，J/℃；

G_1——未水化水泥试样灼烧后的质量，g；

T'——未水化水泥试样装入热量计时的室温，℃；

T_a'——未水化水泥试样溶解期第一次测读数 θ_a' 加贝氏温度计 0℃时相应的摄氏温度（如使用量热温度计时，T_a' 的数值等于 θ_a' 的读数），℃；

R_1——经校正的温度上升值，℃；

0.8——未水化水泥的比热容，J/(g·℃)。

R_1 值按式(37-12) 计算：

$$R_1=(\theta_a'-\theta_0')-\frac{a'(\theta_b'-\theta_a')}{b'-a'} \tag{37-12}$$

式中 θ_0'，θ_a'，θ_b'——未水化水泥试样初测期结束时的贝氏温度计读数、溶解期第一次和第二次测读时的贝氏温度计读数，℃；

a'，b'——未水化水泥试样溶解期第一次测读时 θ_a' 与第二次测读时 θ_b' 距初读数 θ_0' 的时间，min。

⑤ 未水化水泥试样的溶解热以两次测定值的平均值作为试样测定结果。如两次测定值相差小于 10.0J/g 时，取其平均值作为测定结果，否则必须重做试验。

3. 部分水化水泥溶解热的测定

① 在测定未水化水泥试样溶解热的同时，制备部分水化水泥试样。测定两个龄期水化热时，称 100g 水泥加 40mL 蒸馏水，充分搅拌 3min 后，取近似相等的浆体二份或多份，分别装入符合要求的水泥水化试样瓶中，置于（20±1)℃的水中养护至规定的龄期。

② 按 1. 中的①～⑥条进行准备工作和初测期试验，并记录初测温度 θ_0''。

③ 从养护水中取出一份达到试验龄期的试样瓶，取出水化水泥试样，迅速用金属研钵将水泥试样捣碎，并用玛瑙研钵研磨至全部通过 0.60mm 方孔筛，混合均匀放入磨口称量瓶中，并称出（4.200±0.050）g 试样四份，然后存放在湿度大于 50%的密闭容器中，称好的样品应在 20min 内进行试验。两份供作热解热测定，另两份放在坩埚内置于 900～950℃下灼烧 90min，在干燥器中冷却至室温后称其质量，求出灼烧量 G_2。从开始捣碎至放入称量瓶中的全部时间不得超过 10min。

④ 读出初测期结束时贝氏温度计读数 θ''_0 后，并立即将称量好的一份试样在 2min 内由加料漏斗徐徐加入酸液中，漏斗、称量瓶、毛刷上均不得残留试样，加料完毕后按表 37-1 规定不同水泥品种的测读时间，准时读记贝氏温度计或量热温度计读数 θ''_a 和 θ''_b。第二份试样重复第一份的操作。

⑤ 经水化某一龄期后水泥的溶解热按式(37-13) 计算，精确到 0.1J/g：

$$q_2=\frac{R_2 c}{G_2}-1.7(T''-T''_a)+1.3(T''_a-T'_a) \tag{37-13}$$

式中 q_2——经水化某一龄期后水化水泥试样的溶解热，J/g；

c——对应测读时间的热量计热容量，J/℃；

G_2——某一龄期水化水泥试样灼烧后的质量，g；

T''——水化水泥试样装入热量计时的室温，℃；

T''_a——水化水泥试样溶解期的第一次测读数 θ''_a 加贝氏温度计 0℃时相应的摄氏温度，℃；

T'_a——未水化水泥试样溶解期第一次测读数 θ'_a 加贝氏温度计 0℃时相应的摄氏温度，℃；

R_2——经校正的温度上升值，℃；

1.7——水化水泥试样的比热容，J/(g・℃)；

1.3——温度校正比热容，J/(g・℃)。

R_2 值按式(37-14) 计算，计算结果保留至 0.001℃。

$$R_2=(\theta''_a-\theta''_0)-\frac{a''}{b''-a''}(\theta''_b-\theta''_a) \tag{37-14}$$

式中，θ''_0、θ''_a、θ''_b、a''、b''与前述相同，但在这里是代表水化水泥试样。

⑥ 部分水化水泥试样的溶解热以两次测定值的平均值作为试样测定结果。如两次测定值相差小于 10.0J/g 时，取其平均值作为测定结果，否则必须重做试验。

⑦ 每次试验结束后，将保温瓶中的耐酸塑料筒取出，倒出筒内废液，用清水将保温瓶内筒、搅拌棒、贝氏温度计或量热温度计冲洗干净，并用干净纱布擦干，供下次试验用。涂蜡部分如有损伤，松裂或脱落应重新处理。

⑧ 部分水化水泥试样溶解热测定应在规定龄期的±2 h 内进行，以试样加入酸液时间为准。

4. 水泥水化热结果计算

水泥在某一水化龄期前放出的水化热按式(37-15) 计算，精确到 1J/g；

$$q=q_1-q_2+0.4\times(20-T'_a) \tag{37-15}$$

式中 q——水泥在某一水化龄期前放出的水化热，J/g；

q_1——未水化水泥试样的溶解热，J/g；

q_2——水化水泥试样在某一水化龄期的溶解热，J/g；

T'_a——未水化水泥试样溶解期第一次测读数 θ'_a 加贝氏温度计 0℃时相应的摄氏温度，℃；

0.4——溶解热的负温比热容，J/(g・℃)。

20——要求实验的温度，℃。

六、影响因素与注意事项

1. CO_2 与水化水泥作用的影响

本试验造成误差最大的因素是在于水化的水泥样品处理过程中吸收了 CO_2，使部分水化的水泥试样溶解热降低，导致水化热结果偏高。其主要原因是碳酸钙的溶解热比氢氧化钙的溶解热小，一般水化的水泥试样在碾碎时很有可能吸收 0.1%的 CO_2，水化的水泥试样的溶解热约减少 2.0J/g，干水泥粉几乎不受 CO_2 的影响，所以试验中要注意防止水化的水泥试样在空气中吸收 CO_2 的作用，以减少误差。

2. 试样灼烧后重量（烧失量）的影响

溶解热计算是以灼烧后的质量为基准的，进行灼烧测重的试样与测定溶解热的试样必须一致，在试验过程中，由于两者试样的称量，试验有先有后，要特别注意这一点。另外从试验中发现有个别水化水泥在 900℃温度下灼烧时，与瓷坩埚起作用，使一部分试样粘在坩埚上，影响结果的准确性，如灼存量差 2‰，所测溶解热约差 2.0J/g。

3. 仪器热容量的影响

热量计的热容量是用来校正用的，必须正确测定，方法中规定热量计的条件如有改变，热容量必须另行测定。例如重新涂蜡配制新的酸液或更换贝氏温度计等都必须重新标定热容量，否则会影响溶解热结果，热容量相差 1J/g，则溶解热要差 1J/g，在测定热容量时，必须采用同一种氧化锌。

4. 测读温度数的误差

贝氏温度计精度 0.01℃，配有放大镜可读至 0.001℃，如在测读温度过程中，人为读数相差 0.005℃，溶解热相差约 2.0J/g。

5. 称水化试样的影响

水化试样与空气接触时间越长，水分也易蒸发，致使称样偏多，称样若带进 0.1g 的误差，溶解热差 4J/g 左右。

6. 室温的影响

溶解热法要求试验在恒温室 (20±1)℃中进行，因为室温的变化能影响上升温度校正值。

7. 水灰比的影响

方法规定在制备水泥浆体时，采用 0.4 的水灰比，这是比较大的，在搅拌 3min 后，水泥颗粒即开始往下沉，以致在倒入不同玻璃瓶内时会发生浓稀不匀现象，由于水化热是随着水灰比的增加而增加，因此应注意尽量使水泥浆均匀一致。

思考题

1. 水泥水化热测定为什么利用胶砂进行？胶砂配比应按什么来确定？为什么？
2. 用直接法测定水泥水化热时，如何确定胶砂加水量？
3. 为什么恒温水槽温度要严格控制在 (20.0±0.1)℃内？如何保证？
4. 用溶解法测定水泥水化热时，有哪些因素影响测试的准确性？
5. 试比较溶解法与直接法的优越性。

参考文献

[1] 中国建材研究院水泥所编．水泥性能及其检验．北京：中国建材工业出版社，1994.
[2] GB/T 12959—2008. 水泥水化热测定方法.

实验 38 水泥胀缩性实验

水泥浆在硬化过程中会产生体积变化，水泥砂浆和混凝土在水化硬化和使用中也会因各种物理的和化学的原因产生体积变化。除了浆体自身收缩外，热胀冷缩、碳化收缩、湿胀干缩等作用也是体积变化的原因。为了减少水泥的体积变化而产生的危害，提高工程质量，合理地利用水泥膨胀性能，测定水泥试体在各种条件下的体积变化是十分重要的。

水泥胀缩性用胶砂试体和净浆试体进行实验。本实验以水泥胶砂干缩实验和水泥净浆膨胀实验为典型，进行水泥胀缩性的实验。

为了使水泥与水泥胶砂的物理性能测试有可比性，在做水泥膨胀性实验时需测定水泥的稠度（这部分内容见实验 34），以确定水泥净浆的用水量。在做水泥胶砂干缩性实验时，需测定水泥胶砂流动度，以确定胶砂的用水量。因此，本节主要介绍水泥胶砂流动度的测定、水泥干缩性实验和水泥膨胀性实验。

Ⅰ. 水泥胶砂流动度的测定

一、目的意义

水泥胶砂流动度是通过测量一定配比的水泥胶砂在规定振动状态下的扩展范围来衡量其流动性。不同的水泥配制的胶砂要达到相同的流动度，调拌的胶砂所需的用水量则不同，通过本试验可知，不同的水泥其需水性不同。当用胶砂达到规定流动度所需的水量（用水灰比表示）来控制胶砂加水量时，能使所测试的胶砂物理性能具有可比性。

本实验的目的：

① 测定水泥胶砂流动度，比较水泥的需水性。

② 用水泥胶砂达规定流动度时的需水量来确定其他品种水泥胶砂强度成型的加水量和水泥胶砂干缩性试验胶砂的加水量。

二、基本原理

水泥胶砂流动度是水泥胶砂可塑性的反映。水泥胶砂流动度用跳桌法测定，胶砂流动度以胶砂在跳桌上按规定进行跳动实验后，底部扩散直径的大小（mm）表示。扩散直径越大，表示胶砂流动性越好。胶砂达到规定流动度所需的水量较大时，则认为该水泥需水性较大；反之，需水性较小。

三、实验器材

① 搅拌机。符合 JC/T 681 要求的水泥胶砂搅拌机，如图 38-1 所示。

② 水泥胶砂流动度测定仪（简称跳桌）如图 38-2 所示。

跳桌有手动轮和电动轮（自动控制跳桌转动）两种。其转动轴与转速为 60r/min，无外带减速装置的电机或手动轮连接，其转动机构能保证跳桌在（30±1）s 内完成 30 次跳动。

③ 试模：用金属材料制成，由截锥圆模和模套组成，配合使用。截锥圆模内壁应光滑，尺寸为：高度（60.0±0.5）mm；上口内径（70.0±0.5）mm；下口内径（100.0±0.5）mm；下口外径 120mm。

④ 捣棒：用金属材料制成，直径为（20.0±0.5）mm，长度约 200mm。捣棒底面与侧面成直角，其下部光滑，上部手柄滚花。

⑤ 卡尺：量程为200mm，分度值不大于0.5mm。

⑥ 小刀：刀口平直，长度大于80mm。

⑦ 天平：量程不小于1000g，分度值不大于1g。

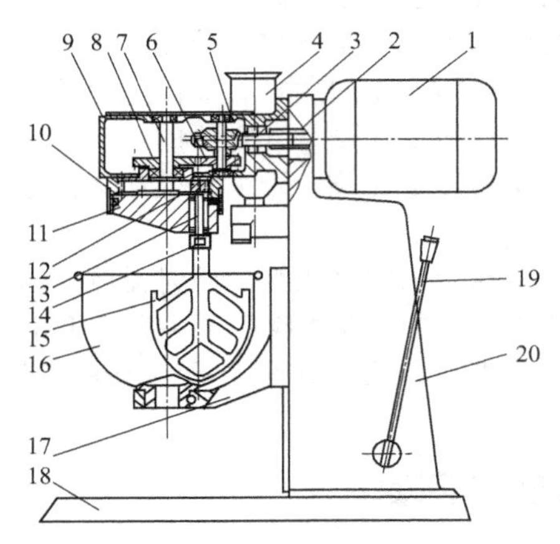

图 38-1 JJ-5 型水泥胶砂搅拌机

1—电机；2—联轴套；3—蜗杆；4—砂罐；5—传动箱盖；6—齿轮Ⅰ；7—主轴；8—齿轮Ⅱ；9—传动箱；10—内齿轮；11—偏心座；12—行星齿轮；13—搅拌叶轴；14—调节螺母；15—搅拌叶；16—搅拌锅；17—支座；18—底座；19—手柄；20—立柱

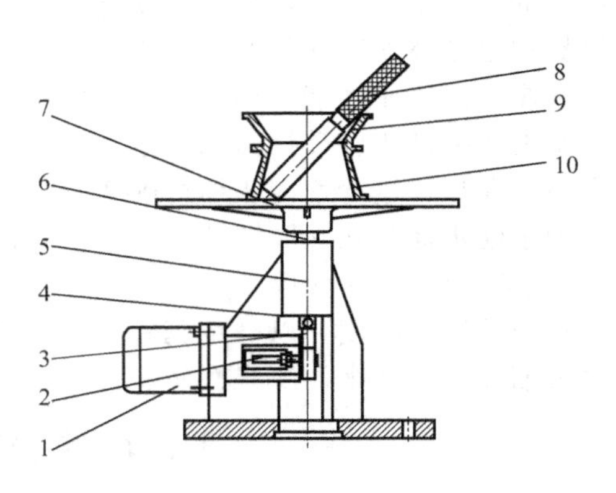

图 38-2 跳桌

1—电机；2—接近开关；3—凸轮；4—滑轮；5—机架；6—推杆；7—圆盘桌面；8—捣棒；9—模套；10—截锥圆模

四、实验材料及条件

① 水泥试样、标准砂和实验用水与本实验Ⅱ中“四、实验材料”相同。

② 实验室温度17～25℃，相对湿度＞50％；实验材料、仪器的温度与实验室的温度相同。

五、流动度的测定

① 跳桌在24h内未被使用，在试验前先进行空跳一个周期（25次），以检验各部位是否正常。

② 胶砂制备。胶砂材料用量按相应标准要求或试验设计确定。在制备胶砂的同时，用潮湿棉布擦拭跳桌台面、试模内壁、捣棒以及与胶砂接触的用具，将试模放在跳桌台面中央并用潮湿棉布覆盖。

③ 依GB/T 17671—1999的规定制备胶砂。首先将称量好的拌和水倒入砂浆搅拌锅内，再加入水泥，把锅放到搅拌机固定架上，升至固定位置。然后开动机器，低速搅拌30s后，在第二个30s开始的同时均匀地将砂子加入，接着高速搅拌30s。之后停拌90s，在停拌期间，第1个15s内用胶皮刮具将叶片和锅壁上的胶砂刮入锅中间。在高速下继续搅拌60s。

④ 将拌好的胶砂分两层迅速装入流动试模，第一层装至截锥圆模高度约2/3处，用小刀在相互垂直的两个方向各划5次，用捣棒由边缘至中心均匀捣压15次，捣压深度为胶砂高度的1/2，如图38-3所示。随后，装第二层胶砂，装至高出截锥圆模约20mm，用小刀划5次再用捣棒由边缘至中心均匀捣压10次，如图38-4所示。第二层捣压深度不超过第一层表面。捣压力量应恰好足以使胶砂充满截锥圆模。装胶砂和捣压时，用手扶稳试模，不要使

其移动。

⑤ 捣压完毕，取下模套，用小刀由中间向边缘分两次将高出截锥圆模的胶砂刮去并抹平，擦去落在桌面上的胶砂。将截锥圆模垂直向上轻轻提起。立刻开动跳桌，约每秒钟1次，在(25±1)s内完成25次跳动。

⑥ 跳动完毕，用卡尺测量胶砂底面最大扩散直径与其垂直的直径，计算平均值，取整数，用mm为单位表示，即为该水量的水泥胶砂流动度。

流动度试验，从胶砂拌和开始到测量扩散直径结束，应在6min内完成。

⑦ 电动跳桌与手动跳桌测定的试验结果发生争议时，以电动跳桌为准。

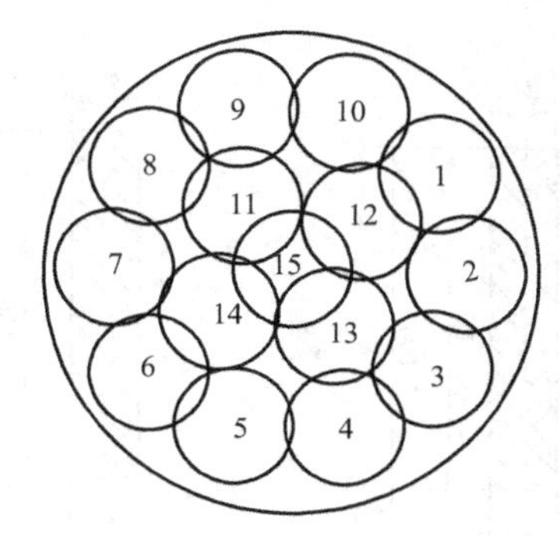

图 38-3 捣压 15 次

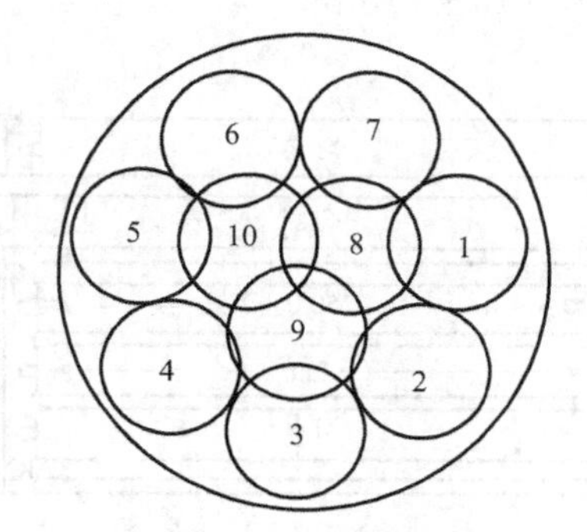

图 38-4 捣压 10 次

六、影响因素与注意事项

① 跳桌质量必须符合 GB/T 2419—94 的有关规定。跳桌要经常保持清洁。滑动部分阻力要小。跳桌必须用地脚螺丝固定在实心工作台上，安放要水平。工作台与跳桌底座之间不能垫橡胶等材料。

② 胶砂搅拌结束后应立即进行流动测定。装模、压捣等制样工作应在2min内完成。若不及时进行检测，流动度将随时间延长而减小。

③ 压捣时用力要均匀，力量大小要适当，捣棒应垂直。

Ⅱ. 水泥干缩性实验

一、目的意义

水泥加水会发生水化，其水化水泥与水系统绝对体积一般是减缩的，减缩程度与水泥矿物组成、水灰比、养护制度、环境条件有关。混凝土除上述影响因素外，还与水泥用量有关。因水泥干缩性能直接影响水泥混凝土的使用质量，因此本试验通过测定水泥胶砂收缩率来评定水泥干缩性能。

本试验的目的：

① 测定水泥胶砂干缩率，评定水泥干收缩性能；

② 测定水泥胶砂干缩率，为工程质量控制提供参数。

二、基本原理

本方法是将一定长度、一定胶砂组成的试件，在规定温度、规定湿度的空气中养护，通过测量规定龄期的试体长度变化率来确定水泥胶砂的干缩性能。

三、实验器材

① 胶砂搅拌机（与本实验图 38-1 相同）。

② 流动度试验用跳桌（图 38-2）、截锥圆模、模套、圆柱捣棒、游标卡尺等。

③ 试模。试模为三联模，由互相垂直的隔板、端板、底座以及定位用螺丝组成，结构如图 38-5 所示。各组件可以拆卸，组装后每联内壁尺寸为 25mm×25mm×280mm。端板有 3 个安置测量钉头的小孔，其位置应保证成型后试体的测量钉头在试体的轴线上。

a. 测量钉头用不锈钢或铜制成，规格如图 38-6 所示。成型试体时测量钉头伸入试模板的深度为 (10±1)mm。

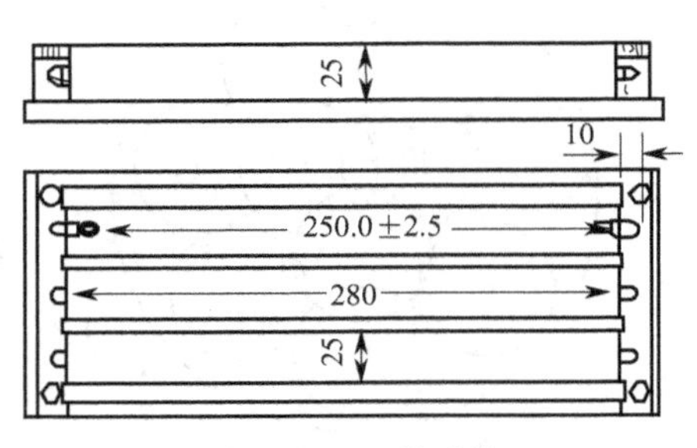

图 38-5　三联试模

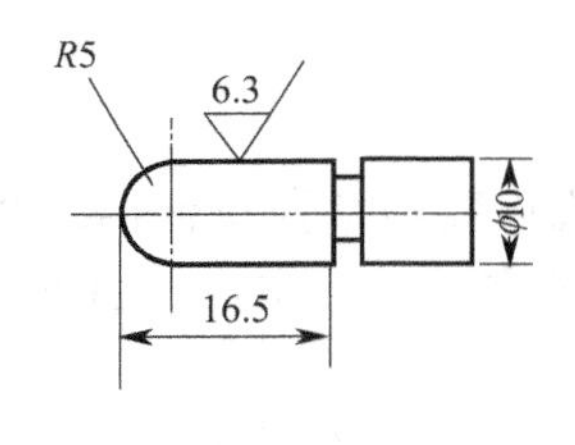

图 38-6　钉头

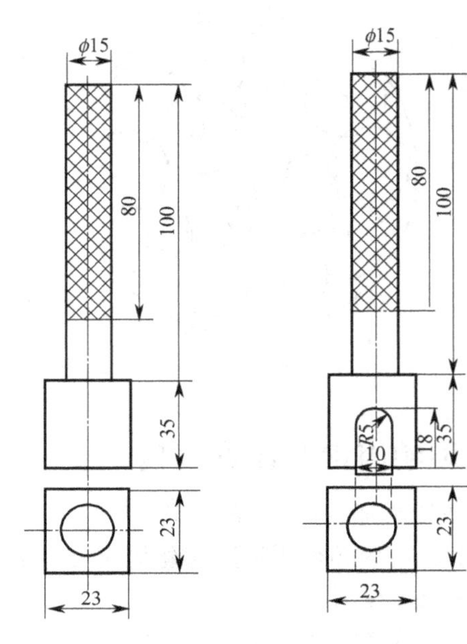

图 38-7　捣棒图

b. 隔板和端板用 $45^{\#}$ 钢制成，表面粗糙度不大于 6.3μm。

c. 底座用 HT20-40 灰口铸铁加工，底座上表面粗糙度不大于 6.3μm，底座非加工面经涂漆无流痕。

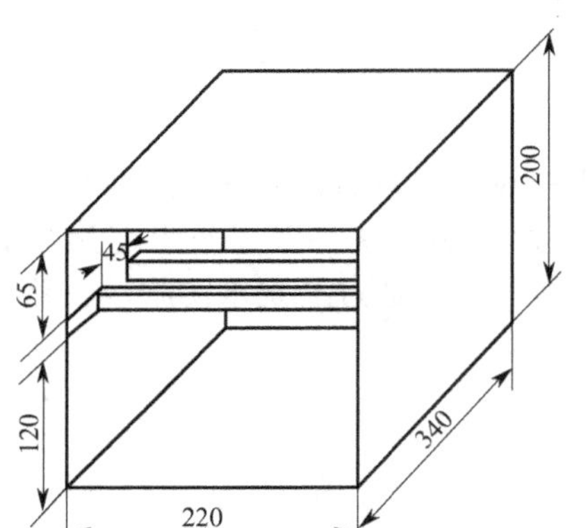

图 38-8　干缩养护箱单元示意图

④ 捣棒。捣棒包括方掏棒和缺口捣棒两种，规模如图 38-7 所示，均由金属材料制成。方捣棒受压面积为 23mm×23mm。缺口捣棒用于捣固测量钉头两侧的胶砂。

⑤ 跳桌及其附件（见胶砂流动度的测定）。

⑥ 三棱刮刀。截面为边长 28mm 的正三角形，钢制，有效长度为 26mm。

⑦ 水泥胶砂干缩养护湿度控制箱。用不易被药品腐蚀的塑料制成，其最小单元能养护 6 条试体并自成密封系统，最小单元的结构如图 38-8 所示。有效容积 340mm×220mm×200mm，有 5 根放置试体的蓖条，分为上、下两部分，蓖条宽 10mm，高 15mm，相互间隔 45mm，蓖条上部放置试体的空间高为 65mm，蓖条下部用于放置控制单元湿度用的药品盘，药品盘由塑料制成，大小应能从单元下部自由进出，容积约 2.5L。

⑧ 比长仪。由百分表、支架及校正杆组成，百分表分度值为0.01mm，最大基长不小于300mm，量程为10mm，校正杆中部用于接触部分应套上绝热层。

注：允许用其他形式的测长仪，但精度必须符合上述要求，在仲裁检验时，应以比长仪为准。

⑨ 天平。最大称量不小于2000g，分度值不大于2g。

四、实验材料

① 水泥试样应事先通过0.9mm方孔筛，记录筛余物，并充分拌匀。

② 标准砂（应符合国标的规定）。

③ 实验用水应是洁净的淡水。

五、实验室温度和湿度

① 试体成型室温度应保持在（20±2）℃，相对湿度大于50%。

② 水泥试样、拌和水、标准砂、仪器和用具的温度应与实验室一致。

③ 试体干缩养护温度（20±3）℃，相对湿度（50±4）%。

六、胶砂组成

1. 灰砂比

水泥胶砂的干缩试验需成型一组三条25mm×25mm×280mm试体。胶砂中水泥与标准砂比例为1∶2（质量比）。成型一组三条试体宜称取水泥试样500g，标准砂1000g。

2. 胶砂用水量

胶砂的用水量，按制成胶砂流动度达到130～140mm来确定（采用本实验Ⅰ中胶砂流动度实验来确定胶砂的用水量）。

七、试体成型

1. 试模的准备

成型前将试模擦净，四周的模板与底座的接触面上应涂黄干油，紧密装配，防止漏浆，内壁均匀刷一薄层机油。然后将钉头擦净，在钉头的圆头端沾上少许黄干油，将钉头嵌入试模孔中，并在孔内左右转动，使钉头与孔准确配合。

2. 胶砂的制备

将称量好的砂倒入搅拌机的加砂装置中，同砂浆流动度试验一样依GB/T 17671—1999规定制备胶砂。在停拌的90s的第一个15s内将搅拌锅放下，用刮具将粘附在搅拌机叶片上的胶砂刮到锅中。搅拌结束后，再用料勺混匀砂浆，特别是锅底砂浆。

3. 试体的成型

将已制备好的胶砂，分两层装入两端已装有钉头的试模内。第一层胶砂装入试模后，先用小刀来回划实，尤其是钉头两侧，必要时可多划几次，然后用23mm×23mm方捣棒从钉头内侧开始，从一端向另一端顺序地捣10次，返回捣10次，共捣压20次，再用缺口捣棒在钉头两侧各捣压2次，然后将余下胶砂装入模内，同样用小刀划匀，刀划的深度应透过第一层胶砂表面，再用23mm×23mm捣棒从一端开始顺序地捣压12次，往返捣压24次（每次捣压时，先将捣棒接触胶砂表面再用力捣压。捣压应均匀稳定，不得冲压）。捣压完毕，用小刀将试模边缘的胶砂拨回试模内并用三棱刮刀将高于试模部分的胶砂断成几部分，沿试模长度方向将超出试模部分的胶砂刮去（刮平时不要松动已捣实的试体，必要时可以多刮几次），刮平表面后编号，放入温度为（20±1）℃、相对湿度不低于90%的养护箱或雾室内养护。

八、试体养护、存放和测量

① 试体自加水时算起，养护（24±2）h后脱模。然后将试体放入温度为（20±1）℃的水中养护。如脱模有困难时，可延长脱模时间。所延长的时间应在试验报告中注明，并从水养时间中扣除。

② 试体在水中养护2d后，由水中取出，用湿布擦去表面水分和钉头上的污垢，用比长仪测定初始读数 L_0。比长仪使用前应用校正杆进行校准，确认其零点无误情况下才能用于试体测量（零点是一个基准数，不一定是零）。测完初始读数后应用校正杆重新检查零点，如零点变动超过±0.01mm，则整批试体应重新测定。接着将试体移入干缩养护箱的蓖条上养护，试体之间应留有间隙，同一批出水试体可以放在一个养护单元里，最多可以放置两组同时出水的试体，药品盘上按每组0.5kg放置控制相对湿度的药品。药品一般可使用硫氰酸钾固体，也可使用其他能控制规定相对湿度的盐，但不能用对人体与环境有害的物质。关紧单元门闩使其密闭与外部隔绝

干缩试体也可放在能满足规定相对湿度和温度的条件下养护，但应在试验报告中作特别说明，在结果有矛盾时以干缩养护箱中养护的结果为准。

③ 从试体放入箱中时算起在放置4d、11d、18d、25d时（即从成型时算起为7d、14d、21d、28d时），分别取出测量长度。

注：测量龄期可以根据不同品种水泥干缩率随龄期变化的曲线图作必要的增减和变动。

④ 试体长度测量应在（20±2）℃的实验室里进行，比长仪应在实验室温度下恒温后才能使用。

⑤ 测量时试体在比长仪中的上、下位置，所有龄期都应相同。读数时应左右旋转试体，使试体钉头和比长仪正确接触，指针摆动不得大于0.02mm。读数应记录至0.001mm。

测量结束后，应用校正杆校准零点，当零点变动超过±0.01mm，整批试体应重新测量。

九、结果计算及处理

① 水泥胶砂试体各龄期干缩率 S_t（%）按式(38-1）计算，计算精确至0.001%。

$$S_t=\frac{L_0-L_t}{250}\times 100\% \tag{38-1}$$

式中 S_t——水泥胶砂试体各龄期干缩率，%

L_0——初始测量读数，mm；

L_t——某龄期的测量读数，mm；

250——试体有效长度，mm。

② 结果处理。以三条试体的干缩率的平均值作为试样的干缩结果，如有一条干缩率超过中间值15%时取中间值作为试样的干缩结果；如有两条试体超过中间值15%时应重新做实验。

十、影响因素与注意事项

① 胶砂试体的干缩率与水泥石水分蒸发直接有关。干空气的相对湿度与温度直接影响水分蒸发速度与蒸发量。因此，养护箱温度（20±3）℃及相对湿度（50±4）%应予以保证，以减少实验误差。

② 钉头装入试模应防止染上机油，以免钉头与水泥粘结不牢而松动脱落，影响长度的

测量结果。

③ 每次测长前，应校正比长仪表针的零点位置。测长时，试体装入比长仪的上、下位置每次均应固定，使钉头与比长仪接触状况每次都相同，以免因钉头加工精度不同带来的测量误差。每次测量时要左右旋转试体，使钉头与比长仪正确接触。由于钉头的圆度关系，旋转试体时表针可能跳动。此时应取跳动范围内的平均值。测量完毕，也必须用标准杆校对比长仪零位读数。如有变动、应重新测量。

④ 本方法适用于比较不同水泥的干缩性能。

Ⅲ. 水泥膨胀性实验

一、目的意义

水泥和水后，在水化硬化中产生一定的膨胀，这种水泥为膨胀水泥。根据膨胀值和用途的不同，膨胀水泥可用于收缩补偿膨胀和产生自应力。前者膨胀能较低，限制膨胀时所产生的压应力能大致抵消干缩所引起的拉应力。主要用以减小或防止混凝土的干缩裂缝。而后者所具有的膨胀性能较高，足以使干缩后的混凝土仍有较大的自应力，用于配制各种自应力钢筋混凝土。因此，了解水泥的膨胀性能，对于指导水泥的生产与使用有着重要的意义。

本试验目的是检测水泥的膨胀率。

二、基本原理

膨胀水泥调水后即进行水化反应。在常温水中或潮湿空气中养护时，因水泥浆体中逐渐形成钙矾石、石膏晶体，$Ca(OH)_2$、$Mg(OH)_2$、$Fe(OH)_3$ 晶体，以及其他可以使水泥硬化浆体膨胀的化学反应等，使水泥试件体积膨胀。用比长仪测量两端装有球形钉头的 25mm×25mm×280mm 水泥净浆试体不同龄期的长度变化，求得各龄期的线膨胀率，以此评价膨胀水泥的膨胀性能。

三、实验器材

① 双转叶片式胶砂搅拌机（搅拌净浆用）。

② 25mm×25mm×280mm 三联试模及钉头。

③ 比长仪（图 39-3）。

以上各仪器与“水泥胶砂干缩试验”用的相同。

四、实验材料及条件

水泥试样、实验用水、实验室温度、湿度与水泥力学性能实验要求相同（见实验 42）。

五、水泥净浆标准稠度与凝结时间的测定

按 GB 1346—2001 进行。见本书的实验 34。

六、试体成型

① 成型前将试模擦净并装配好，内壁均匀涂一薄层机油，然后将钉头插入试模端板上的小孔中。钉头插入小孔的深度不小于 10mm，松紧要适宜。

② 水泥膨胀试体需制作两组，每组 3 条。一组在水中养护，一组在湿空气中或采用联合养护（即水中养护 3d 后再放入湿气养护箱中养护）。每组试体成型时，称取水泥 1000g，置于搅拌锅内，加入标准稠度用水量，开动搅拌机，搅拌 3min，用餐刀刮下粘在叶片上的

水泥浆后，取下搅拌锅。

③ 将搅拌好的水泥浆全部均匀装入试模内，用餐刀在钉头两侧插实3～5次，然后用餐刀以45°角由试模的一端向另一端压实水泥浆10～15次，这一操作反复进行2～3遍后将水泥浆抹平，用手将试模一端向上提起30～50mm，使其自由落下，振动10次，用同一操作将试模另一端振动10次，立即将试体刮平并编号。从加水时起10min内完成成型工作。

七、试体养护与初始长度测量

① 编号后，将试模放入养护箱养护。脱模时间详见表38-1。脱模后将钉头擦净，立即测量试体的初始长度 L_1。

表38-1 各种膨胀水泥试体脱模时间

水泥名称	脱模时间	水泥名称	脱模时间
石膏矾土膨胀水泥	终凝后1h	明矾石膨胀水泥	终凝后1.5～2h
硅酸盐膨胀水泥	终凝后2h	快凝膨胀水泥	终凝0.5h

对于凝结硬化较慢的水泥，可以适当延长在养护箱的养护时间，但延长时间不应过长，以脱模时试体完整无损为限。延长时间应记录。

② 初始长度测量完后，将试体分别放入水中和湿气中养护，至下次测量时取出。各种膨胀水泥的养护要求见表38-2。

表38-2 膨胀水泥试体养护要求

水泥名称	养护要求	水泥名称	养护要求
石膏矾土膨胀水泥	水中养护和联合养护	明矾石膨胀水泥	水中养护
硅酸盐膨胀水泥	水中养护和湿气养护，水中养护时，试体测量初始长度1h后下水	快凝膨胀水泥	水中养护

③ 试体养护龄期为1d、3d、7d、14d、28d。测量时间是从测量初始长度时算起。快凝膨胀水泥还增加6h龄期。

测量龄期可以根据需要作必要的增减。

④ 试体测量完毕后即放入水槽（湿气养护时则放入养护箱）中养护。试体之间应留有间隙，水面至少高出试体20mm。养护水每两周更换一次。

八、测长与计算

① 每次测量前，比长仪必须放平并校正表针零点位置。

② 测量时，应将试体和钉头擦净。试体放入比长仪的上、下位置应固定（将试体记编号的一端向上）。

③ 测量读数时应旋转试体，使试体钉头与比长仪正确接触。如表针跳动时，可取跳动范围内的平均值。测量应精确至0.01mm。

④ 试体各龄期的膨胀率 E_x（%）按式(38-2)计算：

$$E_x=\frac{L_2-L_1}{L}\times 100\% \tag{38-2}$$

式中 E_x——试体各龄期的膨胀率，%；

L_1——试体初始长度读数，mm；

L_2——试体各龄期长度读数，mm；

L——试体有效长度，250mm。

⑤ 从3条试体膨胀值中，取大的两个数值的平均值，作为膨胀率测定结果，计算应精

确至 0.01%。

九、影响因素与注意事项

① 膨胀水泥的膨胀与钙矾石的生成速度和数量密切相关。钙矾石的形成必须有水分，当养护环境过于干燥时，将影响钙矾石的形成，直接影响膨胀率。因此，试体养护必须在水中或相对湿度大于 90%的养护箱中进行。

② 钉头装入试模时不应染上机油，以免水泥与钉头粘结不牢而影响测长。测长的操作注意事项与“水泥胶砂干缩实验”相同。

③ 本方法适用于石膏矾土膨胀水泥、硅酸盐膨胀水泥、明矾石膨胀水泥、快凝膨胀水泥以及指定采用本方法的其他品种水泥。

思考题

1. 测定水泥胶砂流动度时，装模、压捣等制样工作要求在多长时间内完成？为什么？

2. 测水泥胶砂流动度有何意义？水泥干缩试验用加水量应以什么为基准？

3. 水泥胶砂试验中对试体养护条件有何要求？

4. 水泥胶砂干缩试验中，试体测量应注意些什么事项？

5. 膨胀水泥试体脱模时间应如何考虑？

6. 膨胀率如何确定？

参考文献

[1] 中国建材研究院水泥所编著. 水泥性能及其检验. 北京：中国建材工业出版社，1994.
[2] JC 313—82. 膨胀水泥膨胀率试验方法.
[3] GB/T 2419—2005. 水泥胶砂流动度测定方法.
[4] JC/T 958—2005. 水泥胶砂流动度测定仪（跳桌）.
[5] JC/T 603—2004. 水泥胶砂干缩试验方法.

实验 39 水泥压蒸安定性实验

一、目的意义

氧化镁是水泥安定性的影响因素之一。当水泥中含有较多的方镁石时，其水化后产生的体积变化将降低水泥石或混凝土的质量，轻则导致建筑物强度下降，重则造成建筑物开裂和崩溃。这种造成水泥石或混凝土内部产生的不均匀体积变化称为水泥安定性不良。测定水泥的安定性对建筑工程质量具有重要的实际意义。

本实验的目的：

① 分析氧化镁影响水泥安定性的原因；

② 了解水泥压蒸安定性试验原理和方法；

③ 测定水泥压蒸安定性。

二、基本原理

水泥熟料中的 MgO 经高温死烧后，大多数形成结构致密的方镁石。方镁石在已硬化水泥中水化极慢，其水化反应式为：

$$MgO + H_2O \xlongequal{} Mg(OH)_2 \tag{39-1}$$

方镁石水化生成 $Mg(OH)_2$ 时，固相体积约增大到 2.48 倍，使已经硬化的水泥石内产生很大的破坏应力，造成水泥石或混凝土体积安定性不良。

由于熟料中方镁石比游离氧化钙更难水化，用试饼 100℃沸煮 3h 不能使熟料中 MgO 大量水化，而高温、高压的条件能加速熟料中方镁石的水化。为了控制水泥质量和保证混凝土工程经久耐用，对含 MgO 较高的水泥必须用压蒸法检测水泥熟料中 MgO 对水泥安定性的影响。

压蒸是指在温度大于 100℃的饱和水蒸气条件下的处理工艺。为了使水泥中的方镁石在短时间里水化，在饱和水蒸气条件下提高温度（用 215.7℃）和压力（为 2.0MPa），使水泥中的方镁石在较短的时间（3h）内绝大部分水化，然后根据试件的形变来判断水泥浆体积安定性。

三、实验器材

① 水泥净浆搅拌机（见实验 34 的图 34-3 和图 34-4）。

② 试模（图 39-1）、钉头（图 39-2）、捣棒。

③ 比长仪，如图 39-3 所示。

④ 沸煮箱，符合 GB 1346 中 3.3 条要求，如试验 34 中图 34-8 所示。

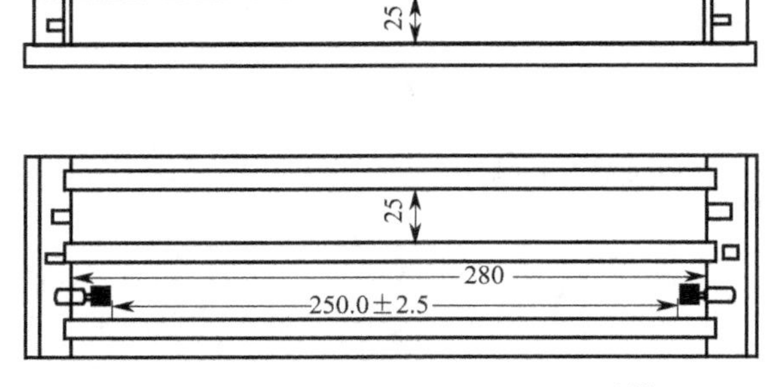

图 39-1　25mm×25mm×280mm 试模

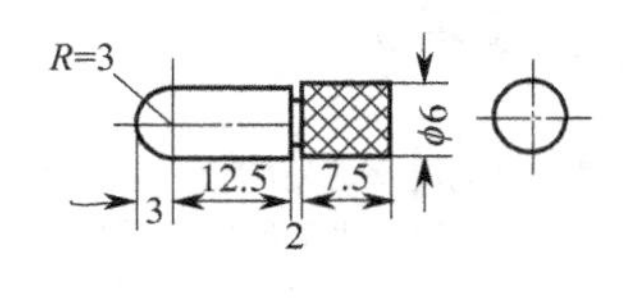

图 39-2　测量钉头

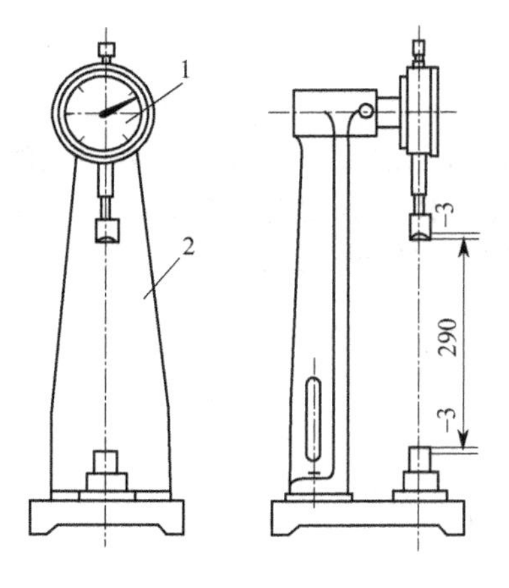

图 39-3　比长仪

1—百分表；2—支架；3—校正杆

⑤ 压蒸釜。为高压水蒸气容器，装有压力自动控制装置、压力表、安全阀、放汽阀和电热器。电热器应能在最大试验荷载条件下，45～75min 内使锅内蒸汽压升至表压 2.0MPa，恒压时要尽量不使蒸汽排出。压力自动控制器应能使锅内压力控制在（2.00±0.05）MPa [相当于（215.7±1.3）℃] 范围内，并保持 3h 以上。压蒸釜在停止加热后 90min 内能使压力从 2.0MPa 降至 0.1MPa 以下。放汽阀用于加热初期排除锅内空气和在冷却期终放出锅内剩余水汽。压力表的最大量程为 4.0MPa，最小分度值不得大于 0.05MPa。压蒸釜盖上还应备有温度测量孔，插入温度计后能测出釜内的温度。

四、试样

① 试样应通过 0.9mm 的方孔筛。

② 试样的沸煮安全性必须合格。为减少 f-CaO 对压蒸结果的影响，允许试样摊开在空气中存放不超过一周再进行压蒸试件的成型。

五、试验条件

成型试验室温度：17～25℃；相对湿度大于 50%；养护水 (20±2)℃；湿气养护箱 (20±3)℃，相对湿度大于 90%；成型试件前试样的温度应在 17～25℃范围内。压蒸试验室应不与其他试验共用，并备有通风设备和自来水源。

试件长度测量应在成型试验室或温度恒定的试验室里进行，比长仪和校正杆都应与试验室的温度一致。

六、试件的成型

1. 试模的准备

试验前在试模内涂上一薄层机油，并将钉头装入模槽两端的圆孔内，注意钉头外露部分不要沾染机油。

2. 水泥标准稠度净浆的制备

每个水泥样应成型两条试件，需称取水泥 800g，用标准稠度用水量拌制，拌和时，将水和 800g 水泥放入用湿布擦过的净浆搅拌锅内，将锅放到搅拌机锅座上，升至搅拌位置，开动机器，慢速搅拌 120s，停拌 15s，接着快速搅拌 120s 后停机，取下搅拌锅。

3. 试体的成型

将已拌和均匀的水泥浆体，分两层装入已准备好的试模内。第一层浆体装入高度约为试模高度的 3/5，先以小刀划实，尤其钉头两侧应多插几次，然后用 23mm×23mm 捣棒由钉头内侧开始，即在两钉头尾部之间，从一端向另一端顺序地捣压 10 次，往返共捣压 20 次，再用缺口捣棒在钉头两侧各捣压 2 次，然后再装入第二层浆体，浆体装满试模后，用刀划匀，刀划的深度应透过第一层胶砂表面，再用捣棒在浆体上顺序地捣压 12 次，往返共捣压 24 次。每次捣压时，应先将捣棒接触浆体表面，再用力捣压。捣压必须均匀，不得打击。捣压完毕将剩余浆体装到模上，用刀抹平，放入湿气养护箱中养护 3～5h 后，将模上多余浆体刮去，使浆体面与模型边平齐。然后记上编号，放入湿气养护箱中养护至成型后 24h 脱模。

七、试件的沸煮

1. 初长的测量

试件脱模后即测其初长 (L_0)。测量前要用校正杆校正比长仪百分表零读数，测量完毕也要核对零读数，如有变动，试件应重新测量。

试件在测长前应将钉头擦干净，为减少误差，试件在比长仪中的上下位置在每次测量时应保持一致，读数前应左右旋转，待百分表指针稳定时读数 (L_0)，结果记录至 0.001mm。

2. 沸煮实验

将测初长后的试件放入已调整好水位的沸煮箱的试架上，沸煮 3h±5min。沸煮箱中水量必须保证整个沸煮过程中都没过试件，不需中途添补实验用水，同时保证能在 (30±5)min 内升至沸腾。沸煮结束后，放掉箱中热水，打开箱盖，待箱体冷至室温，取出试件。如果需要，沸煮后的试件也可进行测长 (L_1)。

八、试件的压蒸

① 沸煮后的试件应在 4d 内完成压蒸。试件在沸煮后压蒸前这段时间里应放在 (20±2)℃

的水中养护。

压蒸前将试件在室温下放在试件支架上。试件间应留有间隙。为了保证压蒸时压蒸釜内始终保持饱和水蒸气压，必须加入足量的蒸馏水，加入量一般为锅容积的7%～10%，但试件应不接触水面。

② 在加热初期应打开放汽阀，让釜内空气排出直至看见有蒸汽放出后关闭，接着提高釜内温度，使其从加热开始经45～75min达到表压（2.00±0.05）MPa，在该压力下保持3h后切断电源，让压蒸釜在90min内冷却至釜内压力低于0.1MPa。然后微开放汽阀排出釜内剩余蒸汽。

压蒸釜的操作应严格按有关规程进行，操作前仔细阅读附录中的安全注意事项。

③ 打开压蒸釜，取出试件立即置于90℃以上的热水中，然后在热水中均匀地注入冷水，在15min内使水温降至室温，注入水时不要直接冲向试件表面。再经15min取出试件擦净，测量试件的长度L_2。如发现试件弯曲、过长、龟裂等应作记录。

九、结果计算与评定

1. 结果计算

水泥净浆试件的膨胀率以百分数表示，取两条试件的平均值，当试件的膨胀率与平均值相差超过±10%时应重做。

试件压蒸膨胀率按下式计算：

$$L_{沸}=\frac{L_1-L_0}{L}\times 100\% \tag{39-2}$$

$$L_{压}=\frac{L_2-L_0}{L}\times 100\% \tag{39-3}$$

式中 $L_{沸}$——试件沸煮膨胀率，%；

$L_{压}$——试件压蒸膨胀率，%；

L——试件有效长度，250mm；

L_0——试件脱模后初长读数，mm；

L_1——试件沸煮后长度读数，mm；

L_2——试件压蒸后长度读数，mm。

结果精确至0.01%。

2. 结果评定

当普通硅酸盐水泥、矿渣硅酸盐水泥、火山灰质硅酸盐水泥、粉煤灰硅酸盐水泥的压蒸膨胀率不大于0.50%，硅酸盐水泥压蒸膨胀率不大于0.80%时，为体积安定性合格，反之为不合格。

水泥净浆试体的沸煮膨胀率，用以观察游离氧化钙对安定性的影响，沸煮膨胀率数值仅供参考。

附录：安全注意事项

压蒸釜属于高压设备，使用时应特别注意以下几点。

① 在压蒸试验过程中温度计与压力表应同时使用，因为温度和饱和蒸汽压力具有一定的关系，同时使用就可及时发现压力表发生的故障，以及试验过程中由于压蒸釜内水分损失而造成的不正常的情况。

② 安全阀应调节至高于压蒸试验工作压力的10%，即约为2.2MPa，此时安全阀应立即被顶开。注意安全阀放汽方向应背向操作者。

③ 在实际操作中，有可能同时发生以下故障：自动控制器失灵；安全阀不灵敏；压力

指针骤然指示为零，实际上已超过最大刻度从反方向返至零点，如发现这些情况，不管釜内压力有多大，应立即切断电源，并采取安全措施。

④ 当压蒸试验结束放汽时，操作者应站在背离放汽阀的方向，打开釜盖时，应戴上石棉手套，以免烫伤。

⑤ 在使用中的压蒸釜，有可能发生压力表表针折回试验的初始位置或开始点，此时未必表示压力为零，釜内可能仍然保持有一定的压力，应找出原因采取措施。

思考题

1. 为什么要做水泥压蒸安定性实验？
2. 在压蒸试验过程中，为什么要求将温度计和压力表同时使用？
3. 试模准备有哪些要求？为什么？

参考文献

[1] 中国建材研究院水泥所．水泥性能及其检验．北京：中国建材工业出版社，1994.
[2] GB/T 750—92．水泥压蒸安定性试验方法.
[3] GB 1346—2001．水泥标准稠度用水量、凝结时间、安定性检验方法.
[4] JC 720—1996．蒸压釜.
[5] JC/T 955—2005．水泥安定性试验用沸煮箱.

实验 40 集料性质测试

砂、石材料是制造混凝土的原材料，称为集料或骨料。集料价格便宜，来源丰富，可以提高混凝土的体积稳定性和耐久性，用量约占混凝土总体积的 3/4，对混凝土有技术和经济的作用。因此，国家标准对砂、石材料均有严格的质量要求及测试方法。

Ⅰ．砂的质量测试

砂的质量对混凝土的质量有很大的影响。通过测试，掌握砂的颗粒级配、表观密度、堆积密度和紧密度、含水率、含泥量等数据，可分析其对混凝土拌和物的和易性及硬化后混凝土的物理力学性质的影响，并确定其在混凝土中的最佳用量。

一、砂的筛分析实验

1. 目的意义

测定砂的颗粒级配及粗细程度，为混凝土配合比设计提供依据。

本实验的目的：

① 掌握砂的筛分析方法；

② 掌握砂的质量评定方法。

2. 基本原理

在实验 8 中已介绍过筛析法的基本原理，这里用的是同一原理。让待测砂样通过一系列不同筛孔的标准筛，将其分离成若干个粒级，分别称重，求得以质量百分数表示的粒度分布。

3. 实验器材

① 试验筛：筛框为 300mm 或者 200mm，孔径为 9.5mm 方孔筛一个，孔径为 4.75mm、

(a) 标准筛(砂、石)

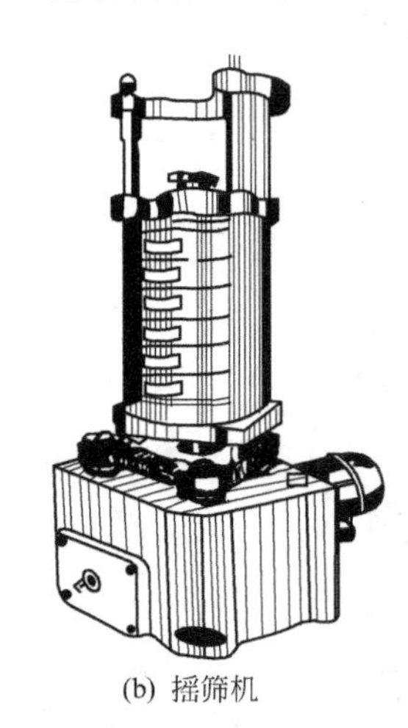

(b) 摇筛机

图 40-1 摇筛机及标准筛

2.36mm、1.28mm、0.600mm、0.300mm、0.150mm 的方孔筛一套，以及筛的底盘和盖各一个，如图 40-1(a) 所示。

② 摇筛机一台［图 40-1(b)］。

③ 天平：要求称量 1000g，感量为 1g。

④ 烘箱：能使温度控制在（105±5)℃。

⑤ 浅盘和硬、软毛刷等。

4. 试样制备

取样要有代表性。在料堆上取样时，取样部位应均匀分布，取样前先将取样部位的表层铲除，然后由不同的 8 个部位各采取等量试样，混拌均匀；再采用分料器或人工四分法缩分试样，并将试样通过 10mm 筛，算出筛余百分率；最后称取每份不小少于 550g 的试样两份，分别倒入两个浅盘中，在（105±5)℃的温度下烘干到恒重，冷却至室温备用。

5. 实验步骤

① 准确称取烘干试样 500g，精确至 1g，置于按筛孔大小（大孔在上，小孔在下）顺序排列的套筛的最上一个筛（即 4.75mm 筛孔筛）上；将套筛装入摇筛机内固紧，筛分时间为 10min 左右；然后取出套筛，再按筛孔大小顺序，在清洁的浅盘上逐个进行手筛，直至每分钟的筛出量不超过试样总量的 0.1%时为止，通过的颗粒并入下一个筛，并和下一个筛中试样一起过筛，按这样顺序进行，直至每个筛全部筛完为止。

② 若砂样特细或含泥量大于 5%时，应进行特殊处理：特细砂在筛分时应增加 0.075mm 的方孔筛一个；含泥量大时，应先水洗，烘干后再筛分。

③ 称取各筛筛余试样的质量（精确至 1g)，所有各筛的分计筛余量和底盘中剩余量的总和与筛分前的试样总量相比，其相差不得超过 1%。

6. 结果处理与评定

首先计算分计筛余百分率（各筛上的筛余量除以试样总量的百分率)，精确至 0.1%；然后根据分计筛余百分率计算累计筛余百分率（该筛上的分计筛余百分率与大于该筛的各筛上的分计筛余百分率的总和)，精确至 0.1%；最后按式(40-1) 计算砂的细度模数 μ_f（精确至 0.01)：

$$\mu_f=\frac{(\beta_2+\beta_3+\beta_4+\beta_5+\beta_6)-5\beta_1}{100-\beta_1} \tag{40-1}$$

式中 β_1，β_2，β_3，β_4，β_5，β_6——4.75mm、2.36mm、1.18mm、0.600mm、0.300mm、0.50mm 各筛上的累计筛余百分率。

筛分试验应采用两个试样平行试验。细度模数以两次试验结果的算术平均值为测定值（精确至 0.1)。如两次试验所得的细度模数之差大于 0.20 时，应重新取试样进行试验。

实验结果应符合表 40-1 中任一级配区，允许 5.00mm 和 0.63mm 筛的累计筛余稍有超出，但总超出和不得大于 5%（最好在坐标纸上绘制标准曲线和筛分曲线，可一目了然)，否则砂的级配为不合格。并根据细度模数确定砂的种类：粗砂为 3.7～3.1；中砂为 3.0～2.3；细砂为 2.2～1.6；特细砂为 1.5～0.7。

表 40-1 天然砂的颗粒级配区

筛孔尺寸/mm	级配区		
	1区	2区	3区
	累计筛余/%		
9.50	0	0	0
4.75	10～0	10～0	10～0
2.36	35～5	25～0	15～0
1.18	65～35	50～10	25～0
0.600	85～71	70～41	40～16
0.300	95～80	92～70	85～55
0.150	100～90	100～90	100～90

二、砂的表观密度实验（标准方法）

1. 目的意义

测定砂的单位体积（包括内部封闭孔隙）的质量，为计算砂的孔隙率和混凝土配合比设计提供依据。

本实验的目的：

① 掌握砂的表观密度实验方法；

② 掌握砂的质量评定方法。

2. 测试原理

在实验 9 中已介绍过比重瓶法的基本原理，这里用的也是“阿基米德原理”。将待测砂浸入冷开水中，求出粉末试样从已知容量的容器中排出已知密度的水，就可得出所测粉末的表观密度。

3. 实验器材

① 天平：称量 1000g，感量 1g。

② 容量瓶：500mL。

③ 烘箱：能使温度控制在（105±5）℃。

④ 烧杯：500mL。

⑤ 干燥器、浅盘、铝制料勺、温度计等。

4. 试样制备

将缩分至 650g 左右的试样在温度为（105±5）℃的烘箱中烘干至恒重，并在干燥器内冷却至室温。

5. 实验步骤

① 称取烘干的试样 300g（m_0），精确至 1g，装入盛有半瓶冷开水的容量瓶中。

② 摇转容量瓶，使试样在水中充分搅动以排除气泡，塞紧瓶塞，静置 24h 左右。然后用滴管加水，使水面与瓶颈刻度线平齐，再塞紧瓶塞，擦干瓶外水分，称其质量（m_1）；

③ 倒出瓶中的水和试样，将瓶的内外表面洗净，再向瓶内注入与步骤②水温相差不超过 2℃的冷开水至瓶颈刻度线。塞紧瓶塞，擦干瓶外水分，称其质量（m_2）。

注意：在整个试验过程中，应严格控制水的温度，允许在 15～25℃的温度范围内进行试验，从试样加水静置的最后 2h 起至试验结束，其温度相差不应超过 2℃。

6. 结果处理与评定

表观密度 ρ 按式(40-2) 计算（精确至 $10kg/m^3$）：

$$\rho=\left(\frac{m_0}{m_0+m_2-m_1}-\alpha_t\right)\times 1000 \tag{40-2}$$

式中 m_0——试样烘干时的质量，g；

m_1——试样、水及容量瓶的总质量，g；

m_2——水及容量瓶总质量，g；

α_t——考虑称量时的水温对水相对密度影响的修正系数，见表40-2。

以两次实验结果的算术平均值作为测定值，如果两次结果之差大于20kg/m^{3}时，应重新取样进行实验。

表40-2 不同水温下砂的表观密度温度修正系数

水温/℃	15	16	17	18	19	20	21	22	23	24	25
α_t	0.002	0.003	0.003	0.004	0.004	0.005	0.005	0.006	0.006	0.007	0.008

三、砂的表观密度实验（简易方法）

1. 目的意义

测定砂的单位体积（包括内部封闭孔隙）的质量，为计算砂的孔隙率和混凝土配合比设计提供依据。

本实验的目的：

① 掌握砂的表观密度实验方法；

② 掌握砂的质量评定方法。

2. 测试原理

在实验9中已介绍过比重瓶法的基本原理，这里用的也是“阿基米德原理”。将待测砂浸入冷开水中，求出粉末试样从已知容量的容器中排出已知密度的水，就可得出所测粉末的表观密度。

3. 实验器材

① 天平：称量1000g，感量0.1g。

② 李氏瓶：容量500mL。

③ 干燥器、浅盘、温度计等。

4. 试样制备

将缩分至120g左右的试样在温度为（105±5）℃的烘箱中烘干至恒重，并在干燥器中冷却至室温，分成大致相等的两份备用。

5. 实验步骤

① 向李氏瓶中注入冷开水至一定刻度处，擦干瓶颈内部附着水，记下水的体积（V_1）。

② 称取烘干试样300g（m_0），徐徐装入盛水的李氏瓶中。

③ 试样全部装入瓶中后，用瓶内的水将粘附在瓶颈和瓶壁的试样洗入水中，摇转李氏瓶以排除气泡，静置约24h后，记录瓶中水面升高后的体积（V_2）。

在整个试验过程中，应严格控制水的温度，允许在15～25℃的温度范围内进行体积测定，但两次体积测定（指V_1和V_2）的温差不得大于2℃，从试样加水静置的最后2h起，直至记录完瓶中水面升高时止，其温度相差不应起过2℃。

6. 结果处理与评定

表观密度ρ按式(40-3)计算（精确至10kg/m^3）：

$$\rho=\left(\frac{m_0}{V_2-V_1}-\alpha_t\right)\times1000 \tag{40-3}$$

式中 m_0——试样烘干时的质量，g；

V_1——水的原有体积，mL；

V_2——倒入试样后水和试样的体积，mL；

α_t——考虑称量时的水温对水相对密度影响的修正系数，参见表 40-2。

以两次实验结果的算术平均值作为测定值，如两次结果之差大于 $20kg/m^3$ 时，应重新取样进行试验。

四、砂的堆积密度和紧密密度实验

1. 目的意义

测定砂的堆积密度和紧密密度，为计算砂的孔隙率和混凝土配合比设计提供依据。

本实验的目的：

① 掌握砂的堆积密度和紧密密度的实验方法；

② 掌握砂的质量评定方法。

2. 测试原理

根据密度的定义，采用定容积法砂的堆积密度和紧密密度。

3. 实验器材

① 案秤：称量 5000g，感量 5g。

② 容量筒：金属制、圆柱形，内径 108mm，净高 109mm，筒壁厚 2mm，容积约为 1L，筒底厚为 5mm。

③ 漏斗（图 40-2）。

④ 烘箱：能使温度控制在（105±5)℃。

⑤ 铝制料勺、直尺、浅盘等。

⑥ 方孔筛 1 个，孔径为 4.75mm。

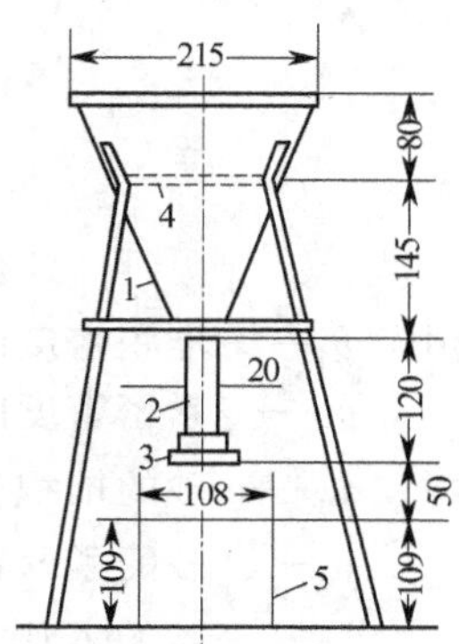

图 40-2 标准漏斗（单位：mm）

1—漏斗；2—ϕ20 管子；3—活动门；4—筛子；5—容量筒

4. 试样制备

用浅盘装试样约 3L，在温度为（105±5)℃烘箱中烘干至恒重，取出并冷却至室温，再用 4.75mm 孔径的筛子过筛，分成大致相等的两份备用。试样烘干后如有结块，应在试验前先预捏碎。

5. 堆积密度和紧密密度实验步骤

（1）堆积密度

取试样一份，用铝制料勺将试样徐徐装入漏斗（漏斗出料口距容量筒筒口不应超过 50mm)，直至试样装满并超出容量筒筒口，然后用直尺将多余的试样沿筒口中心线向两个相反方向刮平，称其质量（m_2)。

（2）紧密密度

取试样一份，分两层装入容量筒。装完一层后，在筒底垫放一根直径为 10mm 的钢筋，将筒按住，左右交替颠击地面各 25 下，然后再装入第二层；第二层装满后用同样方法颠实（筒底所垫钢筋的方向与第一层放置方向垂直)；两层装完并颠实后，加料直至试样超出容量筒筒口，然后用直尺将多余的试样沿筒口中心线向两个相反方向刮平，称其质量（m_2)。

6. 结果处理与评定

① 堆积密度（ρ_1）及紧密密度（ρ_c）按式(40-4) 计算（精确至 $10kg/m^3$)：

$$\rho_1(\rho_c)=\frac{m_2-m_1}{V}\times 1000 \tag{40-4}$$

式中 m_1——容量筒的质量，kg；

m_2——容量筒和砂的总质量，kg；

V——容量筒容积，L。

以两次试验结果的算术平均值作为测定值。

② 容量筒容积的校正方法。以温度为（20±2)℃的饮用水装满容量筒，用玻璃板沿筒口滑移，使其紧贴水面。擦干筒外壁水分，然后称重。根据式(40-5）计算筒的容积：

$$V=m_2'-m_1' \tag{40-5}$$

式中 m_2'——容量筒、玻璃板和水的总质量，kg；

m_1'——容量筒和玻璃板的质量，kg。

③ 空隙率按式(40-6）计算（精确至1%)：

$$\upsilon_1=\left(1-\frac{\rho_1}{\rho}\right)\times 100\% \tag{40-6}$$

$$\upsilon_c=\left(1-\frac{\rho_c}{\rho}\right)\times 100\%$$

式中 υ_1——堆积密度的空隙率，%；

υ_c——紧密密度的空隙率，%；

ρ_1——砂的堆积密度，kg/m^3；

ρ_c——砂的紧密密度，kg/m^3；

ρ——砂的表观密度，kg/m^3。

五、砂的含水率（标准方法）

1. 目的意义

测定砂的含水率，为计算混凝土施工配合比用。

本实验的目的：

① 掌握砂的含水率实验方法；

② 掌握砂的质量评定方法。

2. 基本原理

将湿砂干燥，测量其在干燥前后的质量，即可求出含水率。

3. 实验器材

① 烘箱：能使温度控制在（105±5)℃。

② 天平：称量2000g，感量2g。

③ 浅盘、毛刷等。

4. 实验步骤

由样品中取各重约500g的试样两份，分别放入已知质量的干燥容器（m_1）中称重，记下每盘试样与容器的总重（m_2)。将容器连同试样放入温度为（105±5)℃的烘箱中烘干至恒重，称量烘干后的试样与容器的总重（m_3)。

5. 结果处理与评定

砂的含水率 ω_{wc} 按式(40-7）计算（精确至0.1%)：

$$\omega_{wc}=\frac{m_2-m_3}{m_3-m_1}\times 100\% \qquad (40\text{-}7)$$

式中 m_1——容器的质量，g；

m_2——未烘干的试样与容器的质量，g；

m_3——烘干后的试样与容器的质量，g。

以两次试验结果的算术平均值作为测定值。

六、砂的含泥量实验（标准方法）

1. 目的意义

测定砂的含泥量，为计算混凝土施工配合比用。

本实验的目的：

① 掌握砂的含泥量的实验方法；

② 掌握砂的质量评定方法。

2. 基本原理

通过淘洗、干燥，测量待测砂在干燥前后的质量，即可求出。

3. 仪器设备

① 天平：称量 1000g，感量 1g。

② 烘箱：能使温度控制在（105±5)℃。

③ 筛子：孔径为 0.080mm 及 1.25mm 的筛子各一个。

④ 洗砂用的容器及烘干用的浅盘等。

4. 试样制备

将样品在潮湿状态下用四分法缩分至约 1100g，置于温度为（105±5)℃的烘箱中烘干至恒重，冷却至室温后，称取 400g（m_0）的试样 2 份备用。

5. 实验步骤

① 取烘干的试样 1 份置于容器中，并注入饮用水，使水面高出砂面约 150mm，充分拌混均匀。然后，用手在水中淘洗试样，使尘屑、淤泥和粘土与砂粒分离，并使之悬浮或溶于水中。缓慢地将浑浊液倒入 1.25mm 及 0.080mm 的套筛（1.25mm 筛放置在上面）上滤去小于 0.080mm 的颗粒。试验前筛子的两面应先用水润湿，在整个试验过程中应注意避免砂粒丢失。

② 再次加水于容器中，重复上述过程，直到洗出的水清澈为止。

③ 水冲洗剩留在筛上的细粒，并将 0.080mm 筛放在水中（使水面略高出筛中砂粒的表面）来回摇动，以充分洗除小于 0.080mm 的颗粒。然后将两个筛上剩留的颗粒及容器中已经洗净的试样一并装入浅盘，置于温度为（105±5)℃的烘箱中烘干至恒重。取出来冷却至室温后，称试样的质量（m_1）。

6. 结果处理与评定

砂的含泥量 ω_c 应按式(40-8）计算（精确至 0.1%）：

$$\omega_c=\frac{m_0-m_1}{m_0}\times 100\% \qquad (40\text{-}8)$$

式中 m_0——实验前烘干试样的质量，g；

m_1——实验后烘干试样的质量，g。

以两个试样试验结果的算术平均值作为测定值。两次结果的差值超过 0.5%时，应重新取样进行试验。

注意：用于30MPa和30MPa以上的混凝土，含泥量不应超过3%；用于30MPa以下的混凝土，含泥量不应超过5%；若有抗冻性和抗渗性要求的混凝土，其含泥量均不得超过3%；低于10MPa的混凝土，含泥量可适当放宽。否则，要对砂进行去泥淘洗。

砂的有关实验还有很多，如砂中有机物含量实验、砂中云母含量实验、砂中轻物质含量实验、砂中硫酸盐和硫化物含量实验、砂中氯离子含量实验、砂的坚固性实验等，由于篇幅所限，不再列举。

Ⅱ．石的质量测试

与砂类似，石子的质量同样对混凝土的质量有很大的影响。通过测试，掌握石子的颗粒级配、最大粒径、表观密度、堆积密度和紧密度、含水率、碎石或卵石中针状和片状颗粒的总含量、压碎指标等数据，可分析其对混凝土拌和物的和易性及硬化后混凝土的物理力学性质的影响，并确定其在混凝土中的最佳用量。

一、碎石或卵石的筛分析试验

1. 目的意义

掌握石子的颗粒级配、最大粒径、表观特征、含泥量、坚固性等性质对混凝土拌和物的和易性及硬化后的混凝土物理力学性质的影响。

本实验的目的：

① 掌握石子的表观密度、堆积密度、紧密度、含水率的测定方法；

② 掌握石子质量的评定方法。

2. 基本原理

与砂的筛分析方法相同。

3. 实验器材

① 试验筛：孔径为90mm、75.0mm、63.0mm、53.0mm、37.5mm、31.5mm、26.5mm、19.0mm、16.0mm、9.5mm、4.75mm和2.36mm的圆孔筛，以及筛的底盘和盖各一个。

② 天平或台秤：精确至试样量的0.1%左右。

③ 烘箱：能使温度控制在（105±5)℃。

④ 浅盘、毛刷等。

4. 试样制备

用四分法将样品缩分至略重于表40-3所规定的试样所需量，烘干或风干后备用。

表40-3　筛分析所需试样的最小质量

最大公称粒径/mm	9.5	16.0	19.0	26.5	31.5	37.5	63.0	75.0
试样质量/kg　≥	1.9	3.2	3.8	5.0	6.3	8.0	12.6	16.0

5. 实验步骤

① 根据石子的最大粒径，按表40-3中称取试样。

② 将试样按筛孔大小顺序过筛，当每号筛上筛余层的厚度大于试样的最大粒径值时，应将该号筛上的筛余分成两份，再次进行筛分，直至各筛每分钟的通过量不超过试样总量的0.1%。对于颗粒粒径大于20mm的石子，在筛分过程中，允许用手指拨动颗粒。

③ 筛余的质量，精确至试样总质量的0.1%。在筛上的所有分计筛余量和筛底剩余的总和与筛分前测定的试样总量相比，其相差不得超过1%。

6. 结果处理与评定

根据各筛的累计筛余百分率，评定该试样的颗粒级配。以两次筛分平均值在坐标纸上以筛孔尺寸为横坐标，以累计筛余百分率为纵坐标，绘制标准级配曲线（以表 40-4 级配为准）和测试筛分曲线，若测试筛分曲线完全落在标准曲线内，则该批石子级配合格，否则不合格。对不合格者，提出改进意见。

表 40-4 碎石或卵石的颗粒级配范围

级配	公称粒级/mm	筛孔尺寸(圆孔筛)/mm											
		2.36	4.75	9.5	16	19	26.5	31.5	37.5	53	63	75	90
		累计筛余/%											
连续级配	5～10	95～100	80～100	0～15	0								
	5～16	95～100	90～100	30～60	0～10	0							
	5～20	95～100	90～100	40～70			0						
	5～25	95～100	90～100		30～70	0～10	0～5	0					
	5～31.5	95～100	90～100	70～90		15～45		0～5	0				
	5～40		95～100	75～90		30～60			0～5	0			
单粒级	10～20		95～100	85～100		0～15	0						
	16～31.5		95～100		85～100			0～10	0				
	20～40			95～100		80～100			0～10	0			
	31.5～63				95～100			75～100	45～75		0～10	0	
	40～80					95～100			70～100		30～60	0～10	0

二、碎石或卵石的表观密度实验（标准方法）

1. 目的意义

测定碎石或卵石单位体积（包括内部封闭孔隙）的烘干质量，为混凝土配合比设计提供依据。

本实验的目的：

① 掌握碎石或卵石的表观密度试验方法；

② 掌握碎石或卵石的质量评定方法。

2. 基本原理

与砂的表观密度试验方法相同。

3. 实验器材

① 天平：称量 5kg，感量度 5g，其型号及尺寸应允许在臂上挂盛试样的吊篮，并在水中称重，如图 40-3 所示。

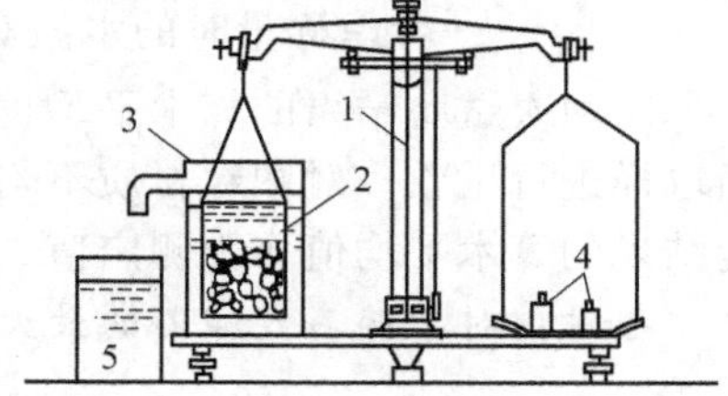

图 40-3 液体天平

1—5kg 天平；2—吊篮；3—带有溢流孔的金属容器；4—砝码；5—容器

② 吊篮：直径和高度均为 150mm，由孔径为 1～2mm 的筛网或钻有 2～3mm 孔洞的耐锈蚀金属板制成。

③ 盛水容器：有溢流孔。

④ 烘箱：能使温度控制在（105±5)℃。

⑤ 试验筛：孔径为 4.75mm 的圆孔筛。

⑥ 温度计：0～100℃。

⑦ 带盖容器、浅盘、刷子和毛巾等。

4. 试样制备

将样品筛去 4.75mm 以下的颗粒，并缩分至略重于表 40-5 所规定的质量，刷洗干净后分成两份备用。

表 40-5 表观密度试验所需的试样最少质量

最大粒径/mm	9.5	16.0	19.0	31.5	37.5	63.0	80.0
试样质量/kg ≥	2	2	2	3	4	6	6

5. 试验步骤

① 根据石子的最大粒径，按表 40-5 称取规定试样；取 1 份装入吊篮，并浸入盛水的容器中，水面至少高出试样 50mm。

② 浸水 24h 后，移放到称量用的盛水容器中，并用上下升降吊篮的方法排除气泡（试验时不得露出水面）。吊篮每升降一次约为 1s，升降高度为 30～50mm。

③ 测定水温后（此时吊篮应全浸在水中），用天平称取吊篮及试样在水中的质量（m_2）。称量时盛水容器中水面的高度由容器的溢流孔控制。

④ 起吊篮，将试样置于浅盘中，放入（105±5)℃的烘箱中烘干至恒重，取出来放在带盖的容器中冷却至室温后，称重（m_0）。

⑤ 称取吊篮在同样温度的水中质量（m_1），称量时盛水容器的水面高度仍应由溢流口控制。试验的各项称量可以在 15～25℃的温度范围内进行，但从试样加水静置的最后 2h 起直至试验结束，其温度相差不应超过 2℃。

6. 结果处理与评定

表观密度应按式(40-9) 计算（精确至 10kg/m³）：

$$\rho=\left(\frac{m_0}{m_0+m_1-m_2}-\alpha_t\right)\times 1000 \tag{40-9}$$

式中 m_0——试样烘干的质量，g；

m_1——吊篮在水中的质量，g；

m_2——吊篮及试样在水中的质量，g；

α_t——考虑称量时的水温对表观密度影响的修正系数，参见表 40-2。

以两次试验结果的算术平均值作为测定值。如两次结果之差值大于 20kg/m³ 时，应重新取样进行试验。对颗粒材质不均匀的试样，如两次试验结果之差超过规定时，可取四次测定结果的算术平均值作为测定值。

备注：对于碎石或卵石的最大粒径不超过 40mm 的试样，可采用广口瓶简易方法测试。

三、碎石或卵石的含水率实验

1. 目的意义

测定碎石或卵石的含水率，为计算混凝土施工配合比提供依据。

本实验的目的：

① 掌握碎石或卵石的含水率实验方法；

② 掌握碎石或卵石的质量评定方法。

2. 基本原理

与砂的含水率试验方法相同。

3. 实验器材

① 烘箱：能使温度控制在（105±5)℃；

② 天平：称量 5kg，感量 5g；

③ 容器：浅盘、毛刷等。

4. 试样制备

将样品用缩分方法缩分至略重于表 40-5 规定的质量，分成 2 份备用。

5. 实验步骤

① 将试样置于干净的容器中，称取试样和容器的共重（m_1），并在（105±5)℃的烘箱中烘干至恒重。

② 取出试样，冷却后称取试样与容器的共同称重（m_2）。

6. 结果处理与评定

含水率 ω 应按式(40-10）计算（精确至 0.1%）：

$$\omega=\frac{m_1-m_2}{m_2-m_3}\times 100\% \qquad (40\text{-}10)$$

式中 m_1——烘干前试样与容器的质量，g；

m_2——烘干后试样与容器的质量，g；

m_3——容器的质量，g。

以两次试验结果的算术平均值作为测定值。

注：碎石或卵石含水率也可以采用“炒干法”简易测定。

四、碎石或卵石的堆积密度和紧密密度实验

1. 目的意义

测定碎石或卵石的堆积密度和紧密密度，为混凝土配合比设计提供依据。

本实验的目的：

① 掌握碎石或卵石的堆积密度和紧密密度的试验方法；

② 掌握碎石或卵石的质量评定方法。

2. 基本原理

与砂的堆积密度和紧密密度试验方法相同。

3. 实验器材

① 案秤：称量 50kg、感量 50g 以及称量 10kg、感量 10g 各 1 台。

② 容量筒：金属制，其规格见表 40-6。

③ 平头铁锹一把。

④ 烘箱：能使温度控制在（105±5)℃。

4. 试样制备

用缩分法将试样缩分至略重于表 40-7 规定的质量，在（105±5)℃的烘箱中烘干，也可以摊在清洁的地面上风干，拌匀后分成两份备用。

表 40-6 金属容量筒的规格

碎石或卵石的最大粒径/mm	容量筒容积/L	容量筒规格/mm		筒壁厚度/mm
		内径	净高	
10.0,16.0,20.0,25.0	10	208	294	2
31.5,40.0	20	294	294	3
63.0,80.0	30	360	294	4

表 40-7 堆积密度和紧密密度试验所需碎石或卵石的最少取样量

最大粒径/mm	9.5	16.0	19.0	26.05	31.5	37.5	63.0	80.0
试样质量/kg ≥	40	40	40	40	80	80	120	120

5. 试验步骤

（1）堆积密度

取试样1份，置于平整干净的地板（或铁板）上，用平头铁锹铲起试样，使石子自由落入容量筒内，此时，从铁锹的齐口至容量筒上口的距离应保持为50mm左右，装满容量筒并除去凸出筒口表面的颗粒，并以合适的颗粒填入凹陷空隙，使表面稍凸起部分和凹陷部分的体积大致相等，称取试样和容量筒总质量（m_2）。

（2）紧密密度

取试样1份，分3层装入容量筒。装完一层后，在筒底垫放一根直径为25mm的钢筋，将筒按住并左右交替颠击地面各25下，然后装入第二层。第二层装满后，用同样方法颠实（但筒底所垫钢筋的方向应与第一层放置方向垂直），然后再装入第三层，如法颠实。待三层试样填完后，加料直到试样超出容量筒筒口，用钢筋沿筒口边缘滚转，刮下高出筒口的颗粒，用合适的颗粒填平凹处，使表面稍凸起部分和凹陷部分的体积大致相等。称取试样和容量筒共重（m_2）。

6. 结果处理与评定

① 堆积密度（ρ_1）或紧密密度（ρ_c）按式(40-11)计算（精确至于$10kg/m^3$）：

$$\rho_1(\rho_c)=\frac{m_2-m_1}{V}\times 1000 \tag{40-11}$$

式中 m_1——容量筒的质量，kg；

m_2——容量筒和试样的质量，kg；

V——容量筒的容积，L。

以两次试验结果的算术平均值作为测定值。

② 空隙率（υ_1、υ_c）按式(40-12)计算（精确至1%）：

$$\upsilon_1=\left(1-\frac{\rho_1}{\rho}\right)\times 100\% \tag{40-12}$$

$$\upsilon_c=\left(1-\frac{\rho_c}{\rho}\right)\times 100\%$$

式中 ρ_1——碎石或卵石的堆积密度，kg/m^3；

ρ_c——碎石或卵石的紧密密度，kg/m^3；

ρ——碎石或卵石的表观密度，kg/m^3。

备注：容量筒容积的校正应以（20±5)℃的饮用水装满容量筒，用玻璃板沿筒口滑移，使其紧贴水面，擦干筒外壁水分后称重，用下式计算筒的容积（V）：

$$V=m_2'-m_1'$$

式中 m_1'——容量筒和玻璃板质量，kg；

m_2'——容量筒、玻璃板和水的总质量，kg。

五、碎石或卵石中针状和片状颗粒的总含量实验

1. 目的意义

测定碎石或卵石中针状和片状颗粒的总含量，为计算混凝土施工配合比提供依据。

本实验的目的：

① 掌握碎石或卵石针状和片状颗粒的总含量的实验方法；

② 掌握碎石或卵石的质量评定方法。

2. 基本原理

用标准工具对待测试样进行鉴定，挑出针状和片状颗粒，测其质量，就可求出其总

含量。

3. 实验器材

① 针、片状规准仪（图 40-4 和图 40-5）。

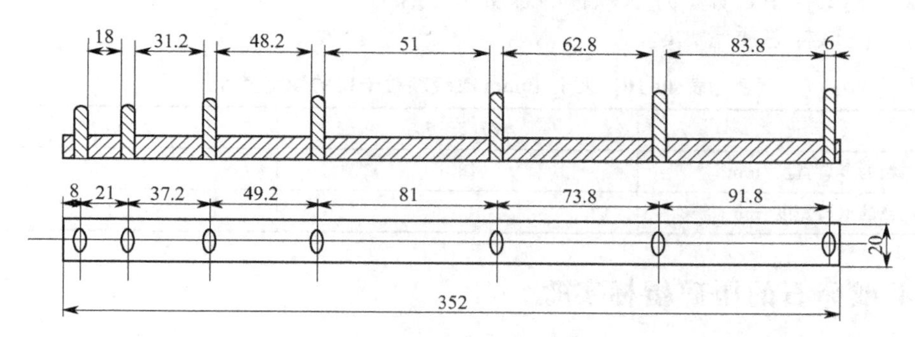

图 40-4 针状规准仪

② 天平：称量 2kg，感量 2g。

③ 案秤：称量 10kg，感量 1g。

④ 试验筛：孔径为 4.75mm、9.5mm、16.0mm、19.0mm、26.5mm、31.5mm、37.5mm 的圆孔筛，根据需要选用。

⑤ 卡尺。

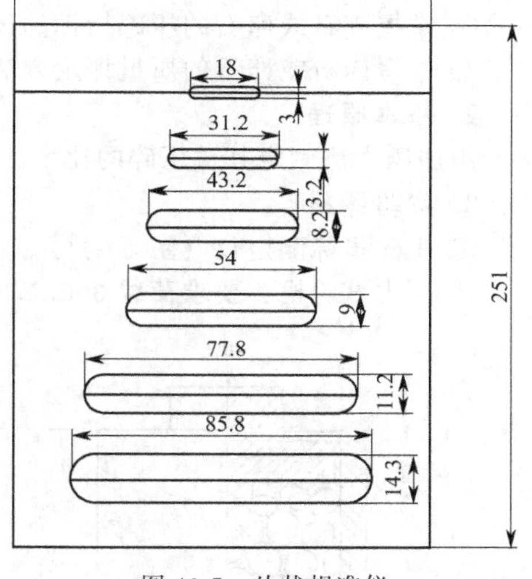

图 40-5 片状规准仪

4. 试样制备

将试样在室内风干至表面干燥，并用四分法缩分至表 40-8 规定的质量，称量（m_0），然后筛分成表 40-9 所规定的粒级备用。

5. 实验步骤

① 按表 40-9 所规定的粒级用规准仪逐粒对试样进行鉴定，凡颗粒长度大于针状规准仪上相对应间距者，为针状颗粒。厚度小于片状规准仪上相应孔宽者，为片状颗粒。

② 对粒径大于 37.5mm 的碎石或卵石可用卡尺鉴定其针片状颗粒，卡尺卡口的设定宽度应符合表 40-10 的规定。

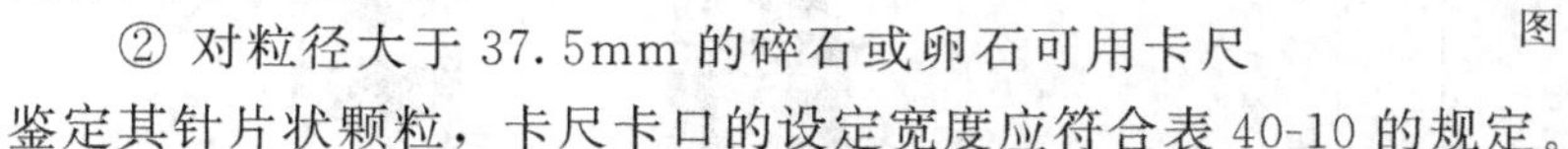

③ 称量由各粒级挑出的针状和片状颗粒的总质量（m_1）。

表 40-8 针、片状试验所需的试样最少质量

最大粒径/mm	9.5	16.0	19.0	26.5	31.5	37.5 以上
试样质量/kg ≥	0.3	1	2	3	5	10

表 40-9 针、片状试验的粒级划分及其相应的规准仪孔宽或间距

粒级/mm	4.75～9.5	9.5～16	16～19	19～26.5	26.5～31.5	31.5～40
片状规准仪上相对应的孔宽/mm	3	5.2	7.2	9	11.3	14.3
针状规准仪上相对应的间距/mm	17.1	30.6	42.0	54.6	69.6	82.8

6. 结果处理与评定

碎石或卵石中针、片状颗粒含量 ω_p 应按式(40-13) 计算（精确至 0.1%）：

$$\omega_p=\frac{m_1}{m_0}\times 100\% \tag{40-13}$$

式中 m_1——试样中含针、片状颗粒的总质量，g；

m_0——试样总质量，g。

表 40-10 大于 40mm 粒级颗粒卡口的设定宽度

粒级/mm	37.5～63	63～75
鉴定片状颗粒的卡口宽度/mm	18.1	23.2
鉴定针状颗粒的卡口宽度/mm	108.6	139.2

六、碎石或卵石的压碎指标实验

1. 目的意义

测定碎石或卵石的压碎指标，为计算混凝土施工配合比提供依据。

本实验的目的：

① 掌握碎石或卵石的压碎指标的试验方法；

② 掌握碎石或卵石的质量评定方法。

2. 基本原理

用加压力法测定其被压碎的比率。

3. 实验器材

① 压碎指标测定仪（图 40-6）。

② 压力试验机：要求荷载 300kN（最大试验力 300kN）的压机，如图 40-7 所示。

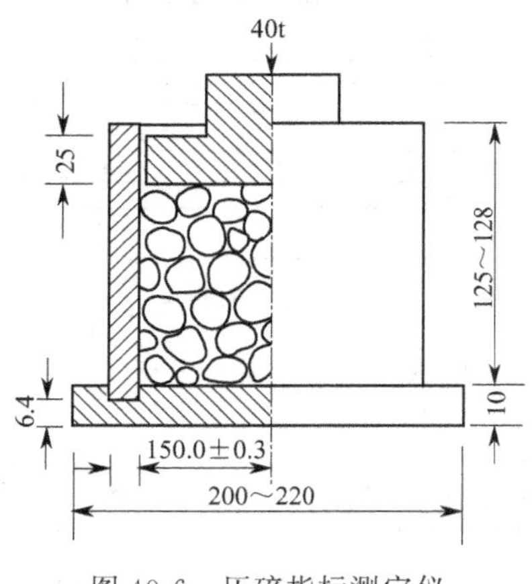

图 40-6 压碎指标测定仪

图 40-7 WE-300 型液压式万能试验机

4. 试样制备

先将试样筛除 9.5mm 以下及 19mm 以上的颗粒，再用针状和片状规准仪剔除其针状和片状颗粒，然后称取每份 3kg 的试样，精确至 1g（气干状态），共称 3 份备用。

5. 试验步骤

① 圆筒于底盘上，取试样一份，分两层装入筒内，每装完一层试样后，在底盘下面垫放一个直径为 10mm 的圆钢筋，将筒按住，左右交替颠击地面各 25 下。第二层颠实后，试样表面距盘底和高度应控制为 100mm 左右。

② 整平筒内试样表面，把加压头装好，使加压头保持平正，放到试验机上试验机上以

1kN/s 的速度均匀地加荷至 200kN，稳定 5s，然后卸荷，取出测定筒。倒出筒中的试样并称其质量（m_0），用孔径为 2.5mm 的筛筛除被压碎的细粒，称量剩留在筛上的试样的质量（m_1）。

6. 结果处理与评定

碎石或卵石的压碎指标按式(40-14) 计算（精确至 0.1%）：

$$\delta=\frac{m_0-m_1}{m_0}\times 100\% \tag{40-14}$$

式中　m_0——试样的质量，g；

m_1——压碎试验后筛余的试样质量，g。

以 3 次试验结果的算术平均值作为压碎指标测定值。

思 考 题

1. 进行砂的筛分析试验时，对于小于 0.160mm 的颗粒含量是否要考虑？若不考虑，是否会影响细度模数？

2. 在进行砂的表观密度试验时，某同学改用 1000mL 的容量瓶进行试验，是否试样的量也要加倍？若称取的试样仍为 300g，对试验结果有何影响？

3. 在进行碎石或卵石压碎指标试验时，压力机加荷速度过大或过小对测试结果有何影响？

4. 测定石子的最大粒径有何意义？在配制混凝土时，根据什么原则选定石子的最大粒径？

5. 砂子的颗粒级配与粗细程度有何区别？如何评定？有何实际意义？

参考文献

[1] 李业兰编. 建筑材料. 北京：中国建筑工业出版社，1995.
[2] JGJ 52—2006. 普通混凝土用砂、石质量及检验方法标准.
[3] 严家伋编. 道路建筑材料. 北京：人民交通出版社，1996.
[4] 关金松编. 常用建筑材料性能测试. 武汉：武汉工业大学出版社，1990.

实验 41　普通混凝土拌和物性能测试

经搅拌后尚未凝结硬化的混凝土称为混凝土拌和物。普通混凝土拌和物的性能包括坍落度或维勃稠度、粘聚性和保水性、容重等。通过对试拌混凝土拌和物工作性的测试，可以了解该混凝土拌和物的工作性是否满足需要，为改进混凝土的配合比设计提供依据。

Ⅰ. 坍落度测定

一、目的意义

混凝土拌和物因自重而向下坍落，所坍落的尺寸（mm）称为坍落度。根据坍落度值的不同，可将混凝土分为：干性混凝土（坍落度值 $s<10$mm）、低流动性混凝土（$s=10\sim30$mm）、塑性混凝土（$s=30\sim80$mm）、流动性混凝土（$s=80\sim150$mm）和流态混凝土（$s>150$mm）。测定试拌混凝土拌和物的坍落度，即检验其稠度，可评定其工作性是否符合设计要求。

本实验的目的：

① 熟练掌握测试混凝土拌和物工作性的坍落度方法；

② 熟练掌握测试混凝土拌和粘聚性和保水性的判断标准。

二、基本原理

根据混凝土拌和物在自重作用下的沉陷、坍落情况，并观察其粘聚性、保水性，以此综合评定其工作性是否符合要求。该方法适用于坍落度值大于10mm，集料最大粒径不大于40mm的混凝土（集料粒径大于40mm的混凝土，允许用加大坍落筒，但应予以说明）。该法的最大优点是简便易行，指标明确；缺点是受操作技术影响大，观察粘聚性、保水性受主观影响。

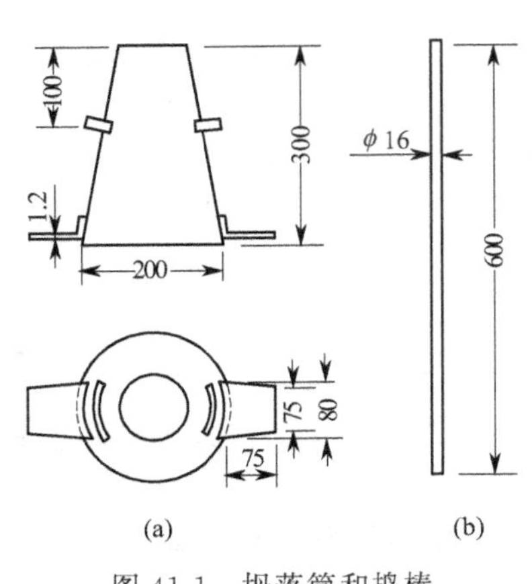

图 41-1 坍落筒和捣棒

三、实验器材

① 坍落筒：如图41-1(a) 所示。底部直径为 (200±2)mm，顶部直径为（100±2)mm，高为（300±2)mm，筒壁厚度不应小于1.5mm。

② 捣棒：如图41-1(b) 所示，直径16mm，长600mm，端部磨圆。

③ 小铲、钢尺等。

四、试验方法

1. 混凝土拌和物的拌制

（1） 人工拌制

先用湿布将铁板铁铲润湿，再将称好的砂和水泥在铁板上拌匀，加入石子，再一起拌和均匀。然后将此拌和物堆成长堆，中心扒成长槽，将称好的水倒入约一半，将其与拌和物仔细拌匀，再将材料堆成长堆，扒成长槽，倒入剩余的水，继续进行拌和，来回翻拌至少6遍。从加水完毕时起，拌和时间不超过表41-1中的规定。

表 41-1 拌和时间表

混凝土拌和物体积/L	拌和时间/min
少于30	4～5
31～50	5～9
51～75	9～12

（2） 机械拌制

在使用搅拌机前，应先用少量砂浆进行涮膛，再刮出涮膛砂浆，以避免正式拌和混凝土时水泥砂浆粘附筒壁的损失。涮膛砂浆的水灰比及砂灰比与正式的混凝土配合比相同。然后，根据混凝土配合比设计的计算，称好各种原料，往搅拌机内顺序加入石子、砂、水泥。开动搅拌机，将材料拌和均匀，在拌和过程中将水徐徐加入，全部加料时间不宜超过2min。水全部加入后，继续拌和约2min，而后将拌和物倾出在铁板上，再经人工翻拌1～2min，务必使拌和物均匀一致。

2. 实验步骤

① 湿润坍落筒，并把它放在一块刚性的、平坦的、湿润且不吸水的底板上，然后用脚踩两个脚踏板，使坍落筒在装料时固定位置。把按要求取得的混凝土试样分三层装入筒内，每层捣实后的高度大致为坍落筒高的1/3。

② 每层用捣棒插捣25次，各次插捣应在每层截面上均匀分布。插捣底层时，捣棒需稍稍倾斜并贯穿整个深度。插捣第二层和顶层时捣棒应插透本层，并使之刚刚插入下面一层。各层插捣时均应把约一半的插捣次数呈螺旋形由外向中心进行。

插捣顶层前，应将混凝土灌满到高出坍落筒，如果插捣使混凝土沉落到低于筒口，则应随时添加混凝土，使它自始至终都保持高出坍落筒顶。顶层插捣完后，用捣棒把混凝土表面搓平。

③ 刮清底板，并小心地垂直提起坍落筒。坍落筒的提离过程应在5～10s内完成，应平稳地向上提起，并注意混凝土试体不受碰撞或震动。试验时从开始装料到提起坍落筒的整个过程应不间断地进行，并应在不大于150s内完成。

④ 提起坍落筒后，立即测量筒高与坍落后混凝土试体最高点之间的高度差，以得到其坍落度值，如图41-2所示。

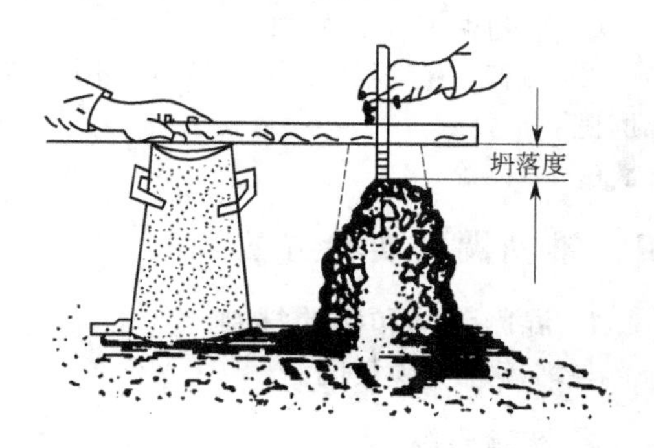

图41-2　坍落度试验示意图

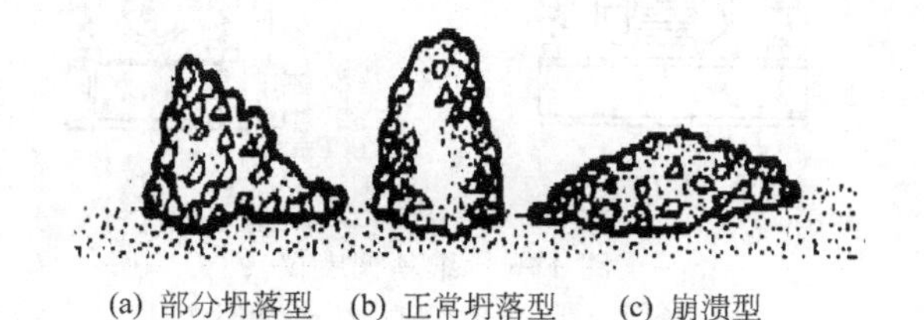

图41-3　坍落度试验合格与不合格示意图

3. 粘聚性及保水性的检查方法

（1）粘聚性的检查方法

用捣棒在已坍落的混凝土锥体一侧轻打，如果轻打后锥体渐渐下沉，表示粘聚性良好，如图41-3(b) 所示。如果锥体突然倒塌 [图41-3(c)]，部分崩裂或发生石子离析的现象 [图41-3(a)]，即表示粘聚性不好。

（2）保水性的检查方法

坍落筒提起后，如有较多稀浆从底部析出，而混凝土试体则因失浆而骨料外露，则表示此类混凝土拌和物的保水性能不好。如坍落筒提起后无稀浆或仅有少量稀浆自底部析出，而锥体部分混凝土试体含浆饱满，则表示此混凝土拌和物保水性良好。

五、结果处理与评定

混凝土拌和物坍落度值以mm表示，精确至5mm。在记录坍落度值的同时，应记录混凝土拌和物的粘聚性和保水性情况。

如果所测的混凝土拌和物坍落度值小于10mm，则该拌和物的稠度过干，宜改用维勃稠度测定。

Ⅱ. 维勃稠度测定

一、目的意义

检验坍落度值小于10mm的试拌混凝土拌和物的稠度，评定其工作性是否符合要求。

本实验的目的：

① 熟练掌握测试混凝土拌和物工作性的维勃稠度方法；

② 熟练掌握测试混凝土拌和粘聚性和保水性的判断标准。

二、基本原理

对于干硬性混凝土拌和物而言，由于存在自重作用，沉陷坍落较小或坍落度为0。通过将混凝土拌和物在减振器上振动后，利用拌和物分泌出水泥浆布满整个透明圆盘的时间长短

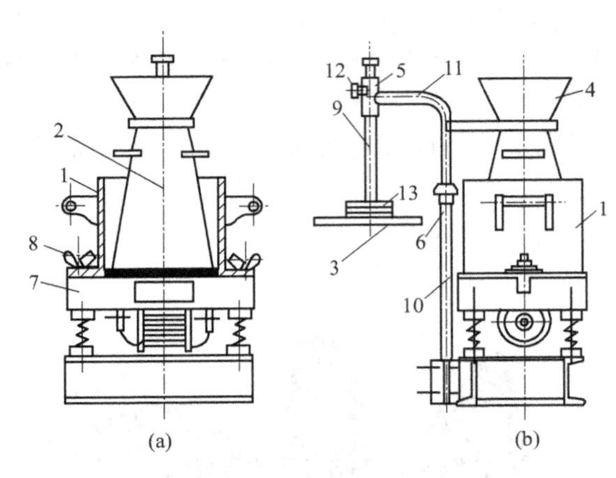

图 41-4　维勃稠度仪
1—容器；2—坍落度筒；3—透明圆盘；
4—喂料斗；5—套管；6—定位螺钉；7—振动台；
8—固定螺钉；9—测杆；10—支柱；11—旋转架；
12—荷重块；13—测杆螺丝

来判断拌和物的稠度。该方法适用于集料最大粒径不超过 40mm、维勃稠度在 5～30s 之间的混凝土拌和物。

三、实验器材

① 维勃稠度仪：如图 41-4 所示。

② 捣棒：直径 16mm，长 600mm，端部磨圆；

③ 小铲等。

四、维勃稠度实验方法

1. 混凝土拌和物的拌制

与坍落度实验相同。

2. 实验步骤

① 把维勃稠度仪水平放置在坚实的基面上。

② 用湿布把容器、坍落筒及喂料斗内壁湿润。

③ 将喂料斗转到坍落筒上方扣紧，校正容器位置，使其中心与喂料斗中心重合，然后拧紧螺丝。

④ 装料及插捣方法与坍落度测试相同。

⑤ 使圆盘、喂料斗都转离坍落筒，小心并垂直地提起坍落筒，并注意不使混凝土试体受到碰撞或震动。

⑥ 把透明圆盘转到混凝土锥体顶面，放松螺丝，使圆盘轻轻落到混凝土顶面，此时应防止坍落的混凝土倒下与容器内壁相碰。

⑦ 开动振动台，当透明圆盘的底面被水泥浆所布满的瞬间，关闭振动台，这时显示器上就显示出一定的时间，读数精确到 1s。

五、结果处理与评定

时间显示器上所显示的时间即为试验混凝土拌和物的维勃稠度值。如果维勃稠度值小于 5s 或大于 30s，则此种混凝土所具有的稠度已超出本仪器的适用范围。

Ⅲ. 容 重 测 定

一、目的意义

测定混凝土拌和物捣实后的单位体积的质量，计算每立方米混凝土的实际用料量。

本实验的目的：

① 熟练掌握测试混凝土拌和物容重的方法；

② 掌握混凝土的实际用料量。

二、基本原理

用固定体积的容重筒盛装混凝土拌和物，用磅秤称量混凝土拌和物的重量，即可计算混凝土拌和物的容重。

三、实验器材

① 磅秤：称量100kg，感量50g。

② 容重筒：由金属制成的圆筒，两旁装有把手。当骨料最大粒径不大于40mm时，采用5L容重筒，其内径与高均为（180±2)mm。

③ 捣棒：与坍落度测试要求相同。

④ 振动台：频率（3000±200）次/min，负载振幅为0.35mm。

四、试验方法

1. 混凝土拌和物的拌制

可用测坍落度或维勃稠度多余的拌和物。

2. 实验步骤

（1） 称容重筒重

用湿布擦干净后称重（G_1），精确50g。

（2） 装料

视拌和物的稠度而定：当坍落度大于70mm时，宜用捣棒捣实，用5L容重筒，分两层装料，每层捣25下，然后把捣棒垫在筒底下，按住筒左右交替颠击地面各15次。

当坍落度不大于70mm时，宜采用振动台振实，此时应一次将拌和物灌到高出容重筒口，放在振动台上振实。振动过程中应随时添加料，振动至表面出浆为止。

（3） 称重

用刮刀齐筒口刮去多余拌和物，抹平，擦净筒外壁，称量筒及拌和物共重（G_h）。

五、结果处理与评定

用下式计算混凝土拌和物容重，计算精确至$10kg/m^3$：

$$\gamma_h=\frac{G_h-G_1}{V}\times 1000$$

式中 G_h——容重筒与混凝土拌和物共重，kg；

G_1——容量筒的质量，kg；

V——空容量筒的容积，L。

思考题

1. 配制混凝土时，根据什么原则选定石子的最大粒径？
2. 影响混凝土和易性的因素有哪些？在施工中可采取哪些措施来改善混凝土和易性？
3. 在配制混凝土时，为什么要选取最佳砂率？它对混凝土的性能有何影响？

参考文献

[1] 李业兰编. 建筑材料. 北京：中国建筑工业出版社，1995.
[2] 高琼英. 建筑材料. 武汉：武汉工业大学出版社，1992.
[3] GBJ 50010—2002. 混凝土结构设计规范 拌和物.
[4] GBJ 55—2000. 普通混凝土配合比设计规范.

[5] GBJ 80—85. 普通混凝土拌和物性能试验方法.
[6] 严家伋编. 道路建筑材料. 北京：人民交通出版社，1996.

实验 42 材料抗渗性实验

材料抵抗水的压力与水的渗透作用的性能叫抗渗性，亦称不透水性。水泥净浆与砂浆及混凝土抵抗水的压力与水的渗透作用是水工用水泥的一个重要性能。该性能与水泥净浆与砂浆及混凝土的耐久性有密切关系，因此水泥砂浆与混凝土用于经受水压作用的构筑物时，作水泥抗渗性试验是十分必要的。

测定水泥抗渗性，可以采用砂浆试件、净浆试件和混凝土试件进行试验。测试水泥胶砂或混凝土抗渗性的方法有多种，但表示抗渗性的方法通常有两种：一种是以试件开始透水时压力来表示；另一种是以一定压力和一定时间内透过试件的水量来表示。我国目前习惯的逐级加压抗渗性试验法属于第一种。

Ⅰ. 砂浆试件法

一、目的意义

为了选择水泥和比较水泥的抗渗性，采用混凝土试件作抗渗性试验，往往影响混凝土抗渗性的因素较多而不易得到正确的结果。因此，为了减少这些影响因素，在相同条件下用水泥净浆和水泥砂浆试件进行抗渗性试验较为合适。

本实验的目的：

① 了解水泥胶砂抗渗性的测定原理和方法；

② 用测定结果来评定水泥的质量。

二、基本原理

水泥抗渗性是指水泥硬化体抵抗渗透作用的性能，一般以试件在一定水压作用下经过一定时间后是否透水来表示，亦可用在一定压力和一定时间内透过试件的水量或一定压力下试件开始透水的时间来表示。

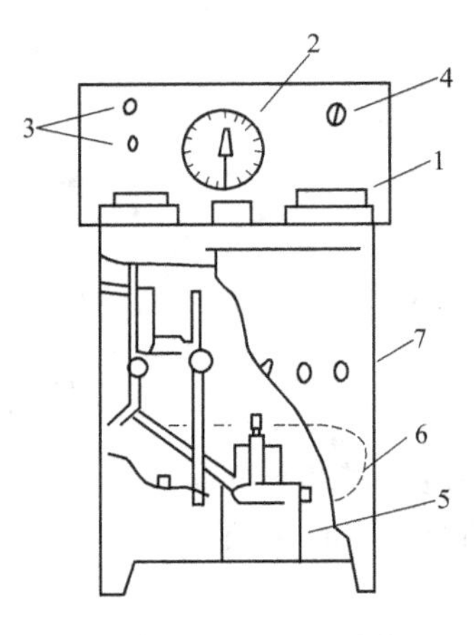

图 42-1 SS-15 型砂浆渗透仪示意图
1—试模底盘和托盘；2—压力表；3—指示灯；4—开关；5—水泵；6—贮水罐；7—截门与分离器部分

三、实验器材与条件

① 砂浆渗透仪：以国产 SS-15 型砂浆渗透仪为例，如图 42-1 所示。

② 金属试模：上口直径 70mm，下口直径 80mm，高 30mm 的圆锥试模。

③ 搅拌机、振动台、削平刀。

④ 密封材料。

⑤ 在实验室制备砂浆试样时，所用材料应提前 24h 运入室内。拌和时，试验室的温度应保持在 (20±5)℃。当需要模拟施工条件下所用砂浆时，所用原材料的温度宜与施工现场保持一致。试验所用原材料应与现场使用材料一致，砂应通过 4.75mm 方孔筛，水泥应充分拌匀，用 0.9mm 方孔筛过筛，筛余团块不得使用。试验用水为洁净淡水。

⑥ 试验室温度 (20±5)℃。标准养护室温度为 (20±3)℃，

相对湿度为90%以上。

四、试体的成型养护

① 在试验室拌制备砂浆时，按设计配合比计算材料用量。水泥、外加剂、掺和料等的称量精度应为±0.5%，细骨料的称量精度应为±1%。砂浆采用机械搅拌，搅拌机为试验用砂浆搅拌机，搅拌的用量宜为搅拌机容量的30%～70%，搅拌时间不应少于120s。掺有掺和料和外加剂的砂浆，其搅拌时间不应小于180s。

② 将拌和好的砂浆一次分装于6个预先擦净并装配好的试模内（模底稍涂机油，模底螺纹部位涂以黄干油），并用抹灰刀均匀插捣15次，再颠实5次，当填充砂浆略高于试模边缘时，应用抹刀以45°角一次性将试模表面多余的砂浆刮去，然后再用抹刀以较平的角度在试模表面反方向将砂浆刮平。应成型6个试件。

③ 试件成型后，应在室温（20±5)℃的环境下，静置（24±2)h后脱模。试件脱模后放入温度（20±2)℃，湿度90%以上的养护室养护至规定龄期，试件取出待表面干燥后，采用密封材料密封装入砂浆渗透仪中进行抗渗试验。

五、抗渗性试验

① 抗渗试验前检查仪器是否松动，待一切正常后，拧下注水嘴上的螺帽，同时开放所有截门向蓄水罐内注水至满为止，再密封妥当。

② 开动抗渗仪使试模底盘充满水后，将金属试模旋紧在试模底盘上。

③ 抗渗试验时，应从0.2MPa开始加压，恒压2h后增至0.3MPa，以后每隔1h增加0.1MPa。当6个试件中有3个试件表面出现渗水现象时，应停止试验，记下当时水压。在试验过程中，当发现水从试件周边渗出时，应停止实验，重新密封后在继续实验。

六、评价

砂浆抗渗压力值应以每组6个试件中4个试件未出现渗水时的最大压力计，并应按式(42-1)计算，精确至0.1MPa：

$$P=H-0.1 \tag{42-1}$$

式中 P——砂浆抗渗压力值，MPa；

H——6个试件中3个试件出现渗水时的水压力，MPa。

Ⅱ. 混凝土试件法

一、目的意义

抗渗等级是衡量工程设计混凝土抗渗性能的重要指标。混凝土的抗渗性主要与它的密实性有关。影响混凝土密实性的因素很多，如所用集料的致密程度、集料的级配、水泥中掺入混合材料的性能、水泥用量、水灰比以及混凝土浇筑的捣实方法等。为了结合实际使用条件，抗渗试验最好采用混凝土进行试验。

测定混凝土试件抗水渗透试验是根据《普通混凝土长期性能和耐久性能试验方法标准》进行，可用抗渗等级或用硬化后混凝土在恒定水压力和恒定时间下的平均渗水高度及相对渗透系数来表示混凝土的抗水渗透性能。因而有两种评价混凝土抗水渗透性能的方法：

① 逐级加压法；

② 渗水高度法。

本实验的目的：

① 了解检测水泥混凝土硬化后的防水性能的测定原理和方法。

② 用测定结果来划分混凝土的抗渗等级。

二、基本原理

混凝土的抗水渗透实验，是指混凝土抵抗水在压力作用下渗透的能力。混凝土试件经受一定压力的水作用一定时间后，将发生渗水现象。据此，测出在一定条件下混凝土试件所能承受的最大抗渗压力，并以它来划分混凝土的抗渗等级。抗渗等级越高，抗渗性越好。

三、实验器材

① 圆台体试模：由金属制成，顶面内直径175mm，底面内直径185mm，高150mm（根据抗渗仪要求，亦可用内直径和高度均为150mm的圆柱体试模）。

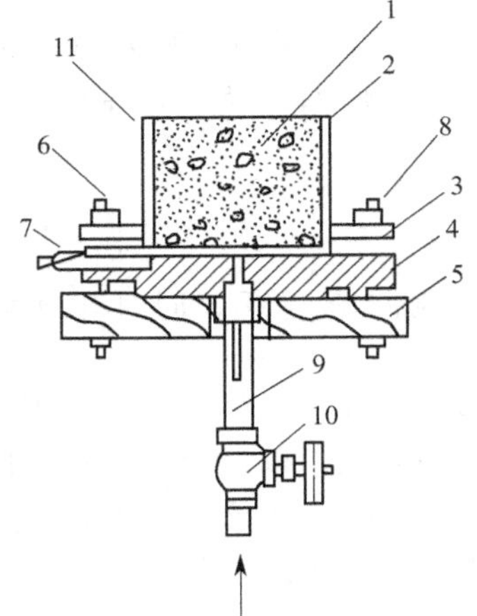

图42-2 混凝土渗透仪装置图
1—试件；2—套模；3—上法兰；4—固定法兰；5—底板；6—固定螺栓；7—排气阀；8—橡皮垫圈；9—分压水管；10—进水阀门；11—密封膏

② 混凝土渗透仪：如图42-2所示。水压式，能使水压按规定制度稳定地作用在试件上。可同时装6个试件。

③ 螺旋式或其他形式的手动加压装置。

④ 磅秤：称量50kg，感量50g。

⑤ 搅拌机、振动台、捣棒等。

a. 搅拌机　容量75～1000L；转速18～22r/min。

b. 振动台（振动成型用）　振动频率（5±3)Hz［相当于(3000±180）次/min］，空载振幅约0.5mm。

c. 捣棒（人工捣用）　长600mm，直径16mm，端部呈半球形。

⑥ 梯形板：画有十条等间距垂直于上、下端的直线。也可采用尺寸约为200mm×200mm的玻璃或者其他透明材料，将十条等间距线画在上面。

⑦ 密封材料：石蜡加松香或水泥加黄油等。

⑧ 其他：抹刀、钢丝刷、电炉、电炉、浅盘、铁锅、钢尺、钟表等。

四、实验材料与条件

① 实验用的水泥、砂、石等材料应符合技术要求，并与施工实际用料相同。在拌和前，材料的温度应与室温相同。水泥如有结块现象，应用0.9mm方孔筛过筛，筛余团块不得使用。

② 拌制混凝土的材料用量以质量分数计算，称量精度：集料为±1%；水泥、水和外加剂均为±0.5%。

③ 砂、石集料用量以干燥状态为基准。干燥状态指含水率小于0.5%的细集料和含水率小于0.2%的粗集料。计算用水量时应扣除粗、细集料的含水量。

④ 需备有石蜡、沥青等密封材料。

⑤ 实验室温度（20±5)℃。标准养护室温度为（20±3)℃，相对湿度为90%以上。

五、试件制作

① 抗渗试件以6个圆台试件为一组。实验前将试模擦净，装好，在试模内表面涂上一薄层机油。

② 按配比称取水泥、砂、石试样，分别装于盛具中。

③ 在正式拌和前预拌一次，先用少量砂浆在搅拌机中刷膛，倒出并刮去多余砂浆，使一薄层砂浆粘附于搅拌机筒壁，以免正式拌和时影响混合物的配合比。涮膛砂浆的水灰比及砂灰比应与正式的混凝土配合比相同。拌制混凝土所用各种用具，如铁板、铁铲、抹刀，应预先用水润湿，使用完后清洗干净。

④ 开动搅拌机，向搅拌机内依次加入石子、砂和水泥、干拌均匀，再将水徐徐加入，全部加料时间不超过 2min，水全部加入后，继续拌和 2min。

⑤ 将混合物自搅拌机卸出，倾倒在拌板上，再经人工拌和 1～2min，即可作坍落度测定或试件成型。

⑥ 根据混凝土坍落度选择成型方法。一般来说，坍落度不大于 70mm 的混凝土，用振动台振实；坍落度大于 70mm 时，用捣棒人工捣实。

采用振动台成型时，将混凝土拌和物一次装入试模，装料时应用抹刀沿试模内壁略加插捣，并使拌和物略有富余。将试模用固定装置固定在振动台上。开动振动台，持续振动至拌和物表面呈现水泥浆为止。振动结束后，用抹刀沿试模边缘将多余的拌和物刮去，并随即用抹刀将表面抹平。

采用捣棒人工捣实时，将混凝土拌和物分两层装入试模，每层装料厚度大致相等。插捣按螺旋方向从边缘向中心均匀进行。插捣底层时，捣棒应达到试模底面。插捣上层时，捣棒应穿入下层深度 20～30mm 深处。插捣时捣棒保持垂直，不得倾斜，并用抹刀沿模壁插入数次，以防止试件产生麻面。每层的插捣次数视试件截面而定，一般每 $100cm^2$ 应不少于 12 下。上层插捣完毕，刮去多余的拌和物，并用抹刀抹平。

六、试件的养护

试件成型完毕，用湿布覆盖表面，以防水分蒸发。在室温为 (20±5)℃情况下至少静置 1 昼夜（但不得超过 2 昼夜），然后编号、拆模。用钢丝刷刷去试件两端面上的水泥浆膜。试件侧面若用空洞，则用水泥浆填补找平。然后送入温度（20±3)℃、相对湿度大于 90% 的标准养护室内养护。试件应置于试件架上，彼此间隔 10～20mm，并避免用水直接冲淋试件。在缺乏标准养护室时，混凝土试件允许在温度（20±3)℃的不流动水中养护。试块养护龄期不少于 28d，不超过 90d。

七、抗渗试验

1. 渗水高度法

① 在到达试验龄期（一般为 28d）前一天，从养护室取出试件，擦拭干净，用钢丝刷刷净两端面水泥浆膜。待表面晾干后，进行试件密封。用石蜡密封时，在试件侧面滚涂一层熔化的石蜡（内加少量松香）。然后用螺旋加压器将试件压入经过烘箱或电炉预热过的试模中，使试件与试模底平齐，试模变冷后才可解除压力。试模预热温度，以石蜡接触试模，即缓慢熔化，但不流淌为宜。用水泥加黄油密封时，其质量比为（2.5～3）：1。试件表面晾干后，用三角刀将密封材料均匀地刮涂在试件侧面上，厚 1～2mm。套上试模压入，使试件与试模底齐平，也可以采用其他更可靠的密封方式。

② 启动抗渗仪，开通 6 个试位下的阀门，使水从 6 个孔中渗出，充满试位坑。然后关闭抗渗仪，将密封好的试件安装在抗渗仪上。

③ 试验时，水压恒定控制应为（1.20±0.05)MPa/24h。加压过程不应大于 5min，以达到稳定压力的时间作为试验记录起始时间（精确至 1min)。稳压过程中应随时注意观察试件端面的渗水情况，当有某一个试件端面出现渗水时（此时该试件的渗水高度为试件高度），

则停止该试件的实验并记录时间。对于试件端面未出现渗水情况，则试验 24h 后停止试验，取出试件。

④ 在试验过程中，如发现水从试件周边渗出，表明密封不好，则拆出该件及套模，重新密封，然后继续试验。

⑤ 将试件放在压力机上，在试件上下两端面直径处各放一根直径为 6mm 的钢垫条，并保证它们在同一竖直平面内，开动压力机，将试件沿纵断面劈裂为两半。描出水痕，即为渗水轮廓，笔迹不宜太粗。

⑥ 将梯形板放在试件劈裂面上，用尺沿水痕等间距量测 10 点渗水高度值，读数精确至 0.1mm。

2. 逐级加压法

① 按前述渗水高度法的①、②步骤进行试件的密封和安装操作。

② 试验时，水压从 0.1MPa 开始，以后每隔 8h 增加 0.1MPa 水压，并随时注意观察试件端面情况。当 6 个试件中有 3 个试件表面出现渗水时，或加至规定压力（设计抗渗等级），在 8h 内 6 个试件中表面渗水试件少于 3 个时，即可停止试验，并记下此时的水压力。

八、结果计算

1. 渗水高度法

（1）平均渗水高度

以 10 个测点处渗水高度的算术平均值作为该试件的渗水高度。然后计算 6 个试件的渗水高度的算术平均值，作为该组试件的平均渗水高度。平均渗水高度应按照式(42-2) 进行计算。

$$\bar{h}_{ij}=\frac{\sum_{i=1}^{6}\left[\left(\sum_{j=1}^{10}h_{ij}\right)/10\right]}{6} \tag{42-2}$$

式中 $\bar{h}_{ij}$——6 个试件的平均渗水高度，mm；

h_{ij}——第 i 个试件第 j 个测点的渗水高度，mm。

（2）相对渗透系数

$$K_{\mathrm{h}}=\frac{\alpha\bar{h}_{ij}}{2TH} \tag{42-3}$$

式中 K_{h}——相对渗透系数，mm/h；

$\bar{h}_{ij}$——6 个试件的平均渗水高度，mm；

H——水压力，以水柱高度表示（1MPa 水压力，以水柱高度表示为 102000mm），mm；

T——恒压经过时间，h；

α——混凝土吸水率，%，应通过试验确定，无试验条件时可取 0.03，即 3%。

以一组六个试件渗透系数的算术平均值作为渗透系数的试验结果。6 个试件渗透系数中最大值和最小值不大于 6 个试件渗透系数平均值的 30%时，取 6 个试件的平均渗透系数为试验结果，否则去掉渗透系数中最大值和最小值各一个，取中间四个的平均渗透系数为试验结果。

2. 逐级加压法

混凝土的抗渗等级，以每组 6 个试件中 2 个出现渗水时的最大水压力表示。抗渗等级应按式(42-4) 计算：

$$S=10H-1 \tag{42-4}$$

式中 S——混凝土抗渗等级；

H——6个试件中有3个试件渗水时的水压力，MPa。

若水压力加至规定数值或者设计指标，在8h内，6个试件中表面渗水的试件少于2个，则试件的抗渗等级大于规定值或者满足设计要求。

九、影响因素与注意事项

① 混凝土的密实度直接影响抗渗性。在配合比、水灰比等条件相对固定时，混凝土密实度与试件成型操作有关，成型时应按规定精心操作，减少人为误差。

② 试件脱模后，要用钢丝刷将试件端面的水泥浆膜刷去；密封试件与套模之间的间隙时，切忌将石蜡或沥青等密封材料涂到试件端面上。这是因为试件端面为受水压作用的受压面，在端面上存在水泥浆膜或涂上密封材料，无异于在试件上面加上防护层，阻止水的渗透，使测得结果偏高。

③ 当试件端面出现水珠或大面积潮印时，则可认为已出现渗水现象。若端面仅出现小面积潮印，此时还不算渗水。

思考题

1. 混凝土抗渗标号如何确定？
2. 影响混凝土抗渗实验结果的影响因素有哪些？
3. 水泥砂浆抗渗性是如何确定的？

参考文献

[1] 中国建材研究院水泥所. 水泥性能及其检验. 北京：中国建材工业出版社，1994.
[2] JCJ/T 70—2009. 建筑砂浆基本性能试验方法标准.
[3] JCG E30—2005. 公路工程水泥及水泥混凝土试验规程.

实验43 混凝土耐久性能测试

硬化后的混凝土，其主要性质是应具有足够的强度和耐久性。混凝土耐久性能包括抗冻融、收缩、碳化、钢筋锈蚀、抗渗、抗风化、徐变、疲劳强度、碱-集料反应等九项性能。由于混凝土耐久性能涉及范围较广，本身又随着仪器设备的改进和测试技术的提高而不断发展，因此，本实验只做前四种性能的测试。

Ⅰ. 混凝土抗冻融性能测试（慢冻法）

一、目的意义

混凝土在天然条件下会经常受干湿、冷热、冻融等交替物理作用而破坏。抗冻融性能可以理解为其抵抗正负温度多次变化的性能，是混凝土长期耐久性中的一个重要指标。通过测试混凝土立方体试体所承受冻融循环次数，可以确定其抗冻标号。

本实验的目的：

① 了解抗冻性的概念；

② 掌握冻融循环的实验方法；

③ 根据实验结果确定混凝土的抗冻标号。

二、实验原理

混凝土在冻融交替下产生崩裂的机理至今还不很清楚，一般认为是毛细管中的水结冰使体积膨胀而产生压力形成的。

目前，我国根据被冻融试体的抗压强度损失率、质量损失率和冻融循环次数来确定混凝土抗冻标号。但这种方法的缺点是需要较多的试样，工作量大，由于试体的不均匀性易造成较大的误差。

表 43-1 试件尺寸选用表

试件尺寸/mm	骨料最大粒径/mm
100×100×100	30
150×150×150	40
200×200×200	60

三、实验器材

① 冷冻箱　箱内温度能保持－15～－20℃范围。

② 融解水槽　装试件后水温能保持在15～20℃。

③ 框篮　用钢筋焊成，其尺寸应与所装的试件相适应；试件的尺寸应根据混凝土中骨料的最大粒径按表43-1选定。

每次试验所需的试件组数应符合表43-2规定，每组试件应为3块。

表 43-2 试验所需的试件组数

项　目	设计抗冻标号						
	D25	D50	D100	D150	D200	D250	D300
检查强度时的冻融循环次数/次	25	50	50 及 100	100 及 150	150 及 200	200 及 250	250 及 300
鉴定 28d 强度所需试件组数/组	1	1	1	1	1	1	1
冻融试件组数/组	1	1	2	2	2	2	2
对比试件组数/组	1	1	2	2	2	2	2
总计试件组数/组	3	3	5	5	5	5	5

④ 台称　称量10kg，感量为5g。

⑤ 压力试验机　精度至少为±2%，其量程应能使试件的预期破坏荷载值不小于全量程的20%，也不大于全量程的80%。

四、实验步骤

① 如无特殊要求，试件应在28d龄期时进行冻融实验。实验前4d应把冻融试件从养护地点取出，进行外观检查，随后放在15～20℃水中浸泡，浸泡时水面至少应高出试件顶面20mm，冻融试件浸泡4d后进行冻融试验。对比试件则应保留在标准养护室内，直到完成冻融循环后，与抗冻试件同时试压。

② 浸泡完毕后，取出试件，用湿布擦除表面水分，称重、按编号置入框篮后即可放入冷冻箱开始冻融试验。在箱内，框篮应架空，试件与框篮接触处应垫以垫条，并保证至少留有20mm的空隙，框篮中各试件之间至少保持50mm的空隙。

③ 抗冻试验冻结时温度应保持在－15～－20℃。试件在箱内温度达到－20℃时放入，装完试件后如温度有较大升高，则以温度重新降至－15℃时起算冻结时间。每次从装完试件至重新降至－15℃所需的时间不应超过2h。冷冻箱内温度均以其中心处温度为准。

④ 每次循环中试件的冻结时间按其尺寸而定，对100mm×100mm×100mm及150mm×150mm×150mm试件的冻结时间不应小于4h，对200mm×200mm×200mm试件不应小于6h。

如果在冷冻箱内同时进行不同规格尺寸试件的冻结试验，其冻结时间应按最大尺寸试件计。

⑤ 冻结到规定时间，应立即取出试件，并放入温度保持在15～20℃水中融解，水面应高出试件20mm以上，试件融化时间不应小于4h。融化完毕即该次冻融循环结束。取出试件进行下一次冻融循环检验。

在进行冻融循环检验时，应经常注意试件外观，如发现破坏严重应称重，若试件平均失重率大于5%，应停止冻融循环。

⑥ 混凝土试件达到表43-2规定的冻融循环次数后，即应进行抗压强度实验。

如果试件表面破损严重，则应用石膏找平后再进行试压。

五、结果处理与评定

混凝土冻融实验后应按式(43-1) 计算其强度损失率：

$$\Delta f_c=\frac{f_{c_0}-f_{c_n}}{f_{c_0}}\times 100\% \tag{43-1}$$

式中 Δf_c——n 次冻融环后的混凝土强度损失率，以3个试件的平均值计算，%；

f_{c_0}——对比试件的抗压强度平均值，MPa；

f_{c_n}——经 n 次冻融循环后的三个试件抗压强度平均值，MPa。

混凝土试件冻融后的质量损失率可按式(43-2) 计算：

$$\Delta W_n=\frac{G_0-G_n}{G_0}\times 100\% \tag{43-2}$$

式中 ΔW_n——n 次冻融循环后的质量损失率，以3个试件的平均值计算，%；

G_0——冻融循环试验前的试件质量，kg；

G_n——n 次冻融循环后的试件质量，kg。

混凝土的抗冻标号，以同时满足强度损失率不超过25%，质量损失不超过5%时的最大循环次数来表示。

Ⅱ. 混凝土收缩性能测试

一、目的意义

测定混凝土在规定温度、湿度条件下，不受外力作用引起的长度变化。

二、实验原理

混凝土浇筑且硬化之后，由于水泥水化造成的化学收缩及物理收缩，引起水泥石体积变化，使混凝土的体积发生变化。用具有一定精度的测量仪器即可测出变化值。

本实验的目的：

① 混凝土化学收缩及物理收缩的特点；

② 掌握混凝土收缩性能测试方法。

三、实验器材

(1) 变形测量装置

应具有用钢或石英玻璃制作的标准杆，以便在测试前及测试中校正仪器读数。变形测量装置有以下两种形式。

① 混凝土收缩仪 测量标距为540mm，装有精度为0.01mm的百分表或测微器。

② 其他形式的变形测量仪表　其测量标距不应小于100mm或骨料最大粒径的3倍，并至少能达到相对变形为20×10^{-6}的测量精度。

(2) 恒湿室

能使室温保持在(20±2)℃，相对湿度保持在(60±5)%。

四、试件制作

① 测定混凝土收缩时以100mm×100mm×515mm的棱柱体试件为标准试件，它适用于骨料最大粒径不超过30mm的混凝土。当骨料最大粒径大于30mm时可采用截面为150mm×150mm（骨料最大粒径不超过40mm）或截面为200mm×200mm（骨料最大粒径不超过60mm）的棱柱体试件。

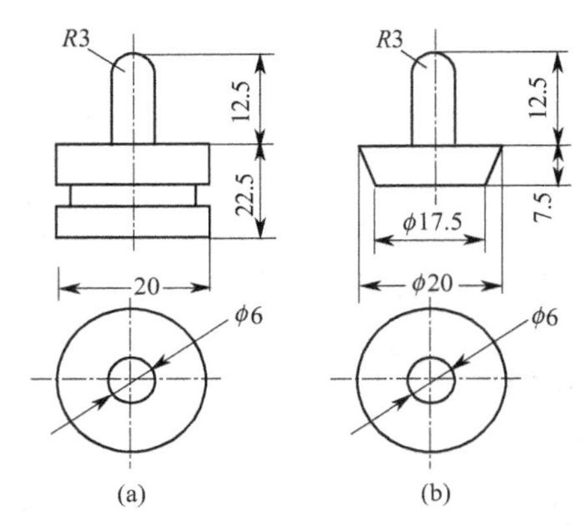

图43-1　收缩测头

② 采用混凝土收缩仪时应用外形为100mm×100mm×515mm的棱柱体标准试件。试件两端应预埋设测头的凹槽。测头应由不锈钢或其他不锈的材料制成，并具有如图43-1所示的外形。

③ 非标准试件采用接触式引伸仪时，所用试件的长度应至少比仪器的测量标距长出一个截面边长。测钉应粘在试件两侧面的轴线上。

试件成型用的脱模剂粘度不应过大，以免阻碍试件湿度交换而影响测定值。

通常试件带模养护1～2d（视混凝土实际强度决定），拆模后应立即粘贴或埋设测头（或钉），放入标准养护室养护。

五、试验步骤

① 测定代表某一混凝土收缩性能的特征值时，试件应在3d龄期（从搅拌混凝土加水时算起）从标准养护室取出并立即移入恒温恒湿室测定其初始长度，此后至少应按以下规定的时间间隔测量其变形读数：1d、3d、7d、14d、28d、45d、60d、90d、120d、150d、180d（从移入恒温恒湿室内算起）。

测定混凝土在某一具体条件下的相对收缩值时（包括在徐变试验时的混凝土收缩变形测定）应按要求的条件安排试验，对非标准养护试件如需移入恒温恒湿室进行试验，应先在该室内预置4h，再测其初始值，以使它们具有同样的温度基准。测量时并应记下试件的初始干湿状态。

② 测量前应先用标准杆校正仪表的零点，并应在半天的测定过程中至少再复核1～2次（其中一次在全部试件测读完后）。如复核时发现零点与原值的偏差超过±0.01mm，调零后应重新测定。

③ 试件每次在收缩仪上放置的位置、方向均应保持一致。为此，试件上应标明相应的记号。试件在放置及取出时应轻、稳、仔细，勿碰撞表架及表杆，如发生碰撞，则应取下试件，重新以标准杆复核零点。

用接触式引伸仪测定时，也应注意使每次测量时试件与仪表保持同样的方向性。每次读数应重复3次。

④ 试件在恒温恒湿室内应放置在不吸水的搁架上，底面架空，其总支承面积不应大于100乘试件截面边长（mm），每个试件之间应至少留有30mm的间隙。

⑤ 需要测定混凝土自缩值的试件，在3d龄期时从标准养护室取出后应立即密封处理，

密封处理可采用金属套或蜡封，采用金属套时试件装入后应盖严焊死，不得留有任何能使内外湿度交换的缝隙。外露测头的周围也应用石蜡反复封堵严实。采用蜡封时至少应涂蜡三次，每次涂蜡前应用浸蜡的纱布或蜡纸包缠严实，蜡封完毕后应套以塑料袋加以保护。

自缩试验期间，试件应无重量变化，如在 180d 试验间隔期内重量变化超过 10g，该试件的试验结果无效。

六、结果与评定

混凝土收缩值应按式(43-3) 计算：

$$\varepsilon_{st}=\frac{L_0-L_t}{L_b} \tag{43-3}$$

式中 ε_{st}——试验期为 t 天的混凝土收缩值，t 从测定初始长度时算起；

L_b——试件的测量标距，用混凝土收缩仪测定时应等于两头内侧的距离，即等于混凝土试件的长度（不计测头凸出部分）减去 2 倍测头埋入深度，mm；

L_0——试件长度的初始读数，mm；

L_t——试件在试验期为 t 时测得的长度读数，mm。

作为相互比较的混凝土收缩值为不密封试件于 3d 龄期自标准养护室中放置 180d 所测得的收缩值。

取 3 个试件值的算术平均值作为该混凝土的收缩值，计算精确到 10×10^{-6}。

Ⅲ. 混凝土碳化性能测试

一、目的意义

测定混凝土在一定浓度的二氧化碳气体介质中的碳化程度，以评定混凝土的抗碳化能力及对钢筋的保护能力。

本实验的目的：

① 混凝土的碳化机理与特点；

② 掌握混凝土碳化性能测试方法。

二、实验原理

混凝土中的 $Ca(OH)_2$ 和其他的含钙水化产物在一定的条件下会与 CO_2 发生碳化作用，生成碳酸钙等产物。将 CO_2 连续通入装有混凝土试样的碳化装置中，使试件碳化。达到龄期后，将试件取出折断，在断面滴加酚酞溶液。断面中未碳化的部分将显红色，混凝土碳化部分则因 $Ca(OH)_2$ 消失而不显示红色。测量试体的碳化深度，就可比较不同混凝土的抗碳化能力。

三、实验器材

① 碳化箱 带盖的密封箱或容积不少于预测试件体积的 2 倍。箱内应有架空试件的铁架、二氧化碳引入口、分析取样用的气体引出口、箱内气体对流循环装置、温湿度测量以及为保持箱内恒温恒湿所需的设施。必要时，可设玻璃观察口以对箱内的温湿度进行读数。

② 气体分析仪 能分析箱内气体中的二氧化碳浓度，精确到 1%。

③ 二氧化碳供气装置 包括气瓶、压力表及流量计。

四、试件制作

碳化试验采用棱柱体混凝土试件，以 3 块为一组，试件的最小边长应符合表 43-3 的要

表 43-3 碳化试验试件尺寸选用表

试件最小边长/mm	骨料最大粒径/mm
100	30
150	40
200	60

求。棱柱体的高宽比应不小于 3。

无棱柱体试件时，也可用立方体试件代替，但其数量应相应增加。试件一般应在 28d 龄期进行碳化，采用掺和料的混凝土可根据其特性决定碳化前的养护龄期。碳化试验的试件宜采用标准养护。但应在实验前 2d 从标准养护室取出。然后在 60℃下烘 48h。

经烘干处理后的试件，除留下一个或相对的两个侧面外，其余表面应用加热的石蜡予以密封。在侧面上顺长度方向用铅笔以 10mm 间距画出平行线，以预定碳化深度的测量点。

五、试验步骤

① 将经过处理的试件放入碳化箱内的铁架上，各试件受碳化的表面之间的间距至少应不小于 50mm。

② 将碳化箱盖严格密封。密封可采用机械办法或油封，但不得采用水封以免影响箱内的湿度调节。开动箱内气体对流装置，徐徐充入二氧化碳，并测定箱内的二氧化碳浓度，逐步调节二氧化碳的流量，使箱内的二氧化碳含量保持为（20±3）%。在整个实验期间可用去湿装置或放入硅胶，使箱内的相对湿度控制在（70±5）%的范围内。碳化实验应在（20±5）℃的温度下进行。

③ 每隔一定时间对箱内的二氧化碳浓度、温度及湿度做一次测定。一般在第一、二天每隔 2h 测定一次，以后每隔 4h 测定一次。并根据所测得的二氧化碳浓度随时调节其流量。去湿用的硅胶应经常更换。

④ 碳化到了 3d、7d、14d 及 28d 时，各取出试件，破型以测定其碳化深度。棱柱体试件在压力试验机上用劈裂法从一端开始破型。每次切除的厚度约为试件宽度的一半，用石蜡将破型后试件的切断面封好，再放入箱内继续碳化，直到下一个试验期。如采用立方体试件，则在试件中部劈开。立方体试件只作一次检验，劈开后不再放回碳化箱重复使用。

⑤ 将切除所得的试件部分刮去断面上残存的粉末，随即喷上（或滴上）含量为 1%的酚酞-酒精溶液（含 20%的蒸馏水）。经 30s 后，按原先标划的每 10mm 一个测量点用钢板尺分别测出两侧面各点的碳化深度。如果测点处的碳化分界线上刚好嵌有粗骨料颗粒，则可取该颗粒两侧处碳化深度的平均值作为该点的深度值。碳化深度测量精确至 1mm。

六、结果与评定

混凝土在各试验龄期时的平均碳化深度应按式(43-4）计算，精确到 0.1mm。

$$d_t=\frac{\sum_{i=1}^{n}d_i}{n} \tag{43-4}$$

式中 d_t——试件碳化 t 天后的平均碳化深度，mm；

d_i——两个侧面上各测点的碳化深度，mm；

n——两个侧面上的测点总数。

以在标准条件下［即二氧化碳含量为（20±3)%，温度为（20±5)℃，湿度为（70±5)%］的 3 个试件碳化 28d 的碳化深度平均值作为相互对比用的混凝土碳化值，以此值来对比各种混凝土的抗碳化能力及对钢筋的保护作用。

以各龄期计算所得的碳化深度的关系曲线来表示在该条件下的混凝土碳化发展规律。

Ⅳ. 钢筋锈蚀快速试验法

一、目的意义

钢筋锈蚀对钢筋混凝土结构及预应力钢筋混凝土结构的耐久性有极大的影响。据日本资料介绍，大约有21.4%的钢筋混凝土结构损坏实例是因钢筋锈蚀引起的，若加上混凝土碳化引起的损坏，则所占的比例更高。钢筋锈蚀常引起一些建（构）筑物的倒塌事故，其维修费用已超过原造价。所以研究解决钢筋锈蚀与防锈问题是非常重要的。

影响混凝土中钢筋锈蚀的原因很多，有内在因素，也有外在因素。测量各种条件下钢筋的锈蚀情况，对于建（构）筑物的设计与施工、提出其耐久性措施是很有实际意义的。

混凝土对钢筋锈蚀性能的影响可用"新拌砂浆法"和"硬化砂浆法"等进行快速测定。本实验用第二种方法（适用于终凝时间在48h以内的砂浆）。

本实验的目的：

① 了解钢筋锈蚀的概念；

② 了解PS-8型钢筋腐蚀仪的工作原理和实验方法；

③ 通过测量钢筋在水泥净浆或硬化砂浆中的阳极极化过程，研究外加剂、混合材、水泥品种对混凝土中钢筋锈蚀阳极过程的影响。

二、基本原理

混凝土中的钢筋锈蚀是一种电化学腐蚀。它起因于钢筋中有不同的金属元素存在或钢筋本身的不均匀性，以及混凝土内部的结构状态、混凝土的液相组成（pH值及Cl^-含量等）、周围介质的腐蚀性、周期性的冷热交替作用及冻融循环作用等。换言之，钢筋锈蚀是由其周围混凝土所形成的物理或化学环境的不均匀而引起的，这些不均匀性在某种特定的条件下能产生显著的电位差而导致锈蚀。但传统的看法认为在正常情况下，当有水汽、氧和水泥石液相中为高碱性的条件下，这种腐蚀作用会被钢筋表面上迅速形成的氧化铁膜（钝化膜）所阻止。在有水和氧的情况下，当混凝土碱性物质被水浸出或混凝土被碳化使碱度降低时会引起钢筋锈蚀，产生铁锈的部分成为阴极，而产生畸变的部分成为阳极。结果，发生了以下电化学腐蚀循环：在阳极部分，电子留在极上，而铁离子则进入溶液；此时电子将从钢筋的阳极区流向阴极区。

$$Fe \longrightarrow Fe^{2+} + 2e^- \tag{43-5}$$

在阴极上，水的氢离子得到来自阳极上的电子，变成氢分子和溶解在水中的氧化合成水，结果在阴极上生成OH^-：

$$2OH^- + 2H^+ + 2e^- + \frac{1}{2}O_2 \longrightarrow 2OH^- + H_2O \tag{43-6}$$

当OH^-移向阳极时，便与溶液中的Fe^{2+}结合成氢氧化亚铁：

$$Fe^{2+} + 2OH^- \longrightarrow Fe(OH)_2 \tag{43-7}$$

氢氧化亚铁又与水中的氧作用生成氢氧化铁。

$$4Fe(OH)_2 + O_2 + 2H_2O \longrightarrow 4Fe(OH)_3\text{(红锈)} \tag{43-8}$$

与此同时：

$$3Fe^{2+} + 8OH^- \longrightarrow Fe_3O_4\text{(黑锈)} + 8e^- + 4H_2O \tag{43-9}$$

这些反应将循环进行，导致钢筋上生成红锈和黑锈而被腐蚀。钢筋表面一旦生成了$Fe(OH)_3$，它对下面的铁就成为阴极，进一步助长了锈蚀。

若水泥混凝土孔隙的液相中呈强碱性，H^+的浓度很小，式(43-6)的反应不易发生，同时，$Fe(OH)_2$ 在强碱性溶液中不溶解，在钢筋表面形成稳定的保护层，钢筋则不致锈蚀。

若混凝土被碳化，其碱度将下降。另一方面 CO_2 溶解在水中增加了 H^+ 数量：

$$CO_2 + H_2O \rightleftharpoons H_2CO_3 \rightleftharpoons H^+ + HCO_3^-$$

这也使钢筋锈蚀。

“新拌砂浆法”和“硬化砂浆法”是电化学试验法，都是模拟钢筋锈蚀的阳极过程。当将埋在砂浆中的钢筋施以外加电压时，接直流电源正极的钢筋表面就发生锈蚀的阳极过程。通过测量通电后阳极钢筋的电位变化就可定性地判断钢筋在砂浆中钝化膜的好坏，从而比较不同外加剂、混合材和水泥对钢筋受锈蚀的阳极过程的影响。

三、实验器材

① PS-8 型钢筋腐蚀测量仪，仪器的前面板如图 43-2 所示。

② 试模：30mm × 30mm × 95mm；模板两端中心带有固定钢筋的凹孔，孔径为 7.5mm；深 2～3mm。

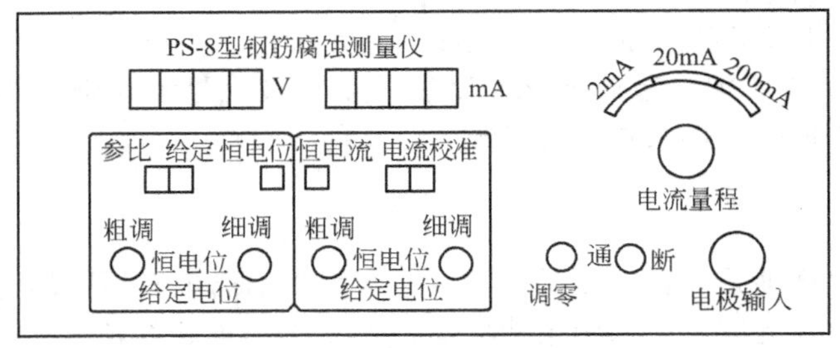

图 43-2 硬化砂浆极化电位测试装置图

③ 绝缘涂料（石蜡∶松香＝9∶1）。

④ 不锈钢片电极（辅助电极），150mm 长。

⑤ 甘汞电极（232 型或 222 型）。

⑥ 搅拌锅、搅拌铲。

⑦ 电线（铜芯塑料线）。

⑧ 电热鼓风烘箱。

⑨ 饱和氢氧化钙溶液等。

四、测试步骤

1. 制备砂浆电极

（1） 制备钢筋

采用Ⅰ级钢筋经加工成直径 7mm、长 100mm、粗糙度 $R_a 1.60\mu m$ 的试件，使用乙醇、汽油、丙酮依次浸擦除去油脂（或用 1∶1 的盐酸溶液酸洗去脂，用钢丝刷刷光），经检查无锈痕后，放入干燥器中备用，每组 3 根。

（2） 成型埋有钢筋的砂浆电极

将钢筋插入试模两端的预留凹孔中，位于正中，按配比拌制砂浆，灰砂比为 1∶2.5，采用基准水泥，标准砂，蒸馏水（用水量按砂浆稠度 5～7cm 时的加水量而定），外加剂采用推荐掺量，将称好的材料放入搅拌锅内干拌 1min，湿拌 3min，将拌匀的砂浆灌入预先安放好钢筋的试模内，置于砂浆振动台上振动 5～10s，然后抹平。

（3） 砂浆电极的养护及处理

试件成型之后盖上玻璃盖板，移入标准养护室内养护，24h 后脱模，用水泥净浆将外露的钢筋两头覆盖，继续标准养护 2d，取出试件，除去端部的封闭水泥净浆，仔细擦净外露钢筋头的锈斑，在钢筋的一端焊上长 130～150mm 的导线，用乙醇擦去焊油，并在试件两端浸涂石蜡松香绝缘，使试件中间暴露长度为 80mm，如图 43-3 所示。

2. 测试前的准备工作

① 将处理好的硬化砂浆电极置于饱和氢氧化钙溶液中，浸泡 2～4h（浸泡时间以浸透试件所需的时间为准，并注意不同类型或不同掺量外加剂的试件不得放置在同一容器内浸泡，以防互相干扰）。

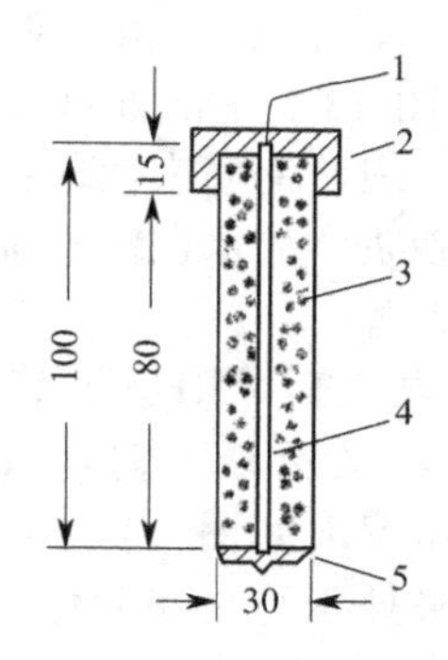

图 43-3 钢筋砂浆电极

1—导线；2,5—石蜡；3—砂浆；4—钢筋

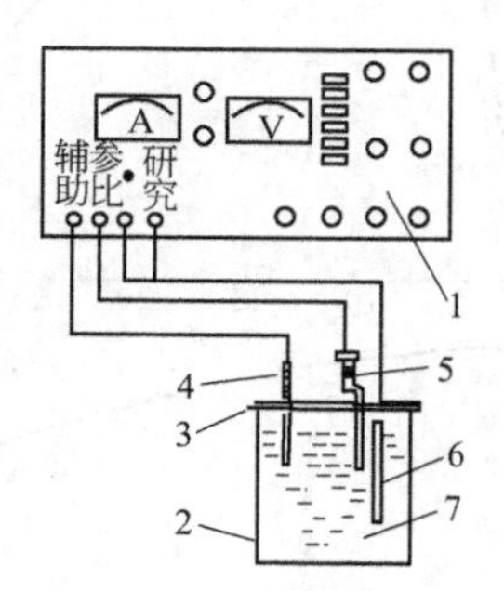

图 43-4 硬化砂浆极化电位测试装置图

1—恒电位仪；2—烧杯（1000mL）；3—有机玻璃盖；4—不锈钢片；5—甘汞电极；6—硬化砂浆电极（阳极）；7—饱和氢氧化钙溶液

② 接通仪器电源，预热 15min，并校准。

③ 将“恒电流”键按下，“参比”键按下，“电流”键按下，电流量程置于 2mA 挡，以上各键位检查无误后，将辅助电极与研究电极短接，调节电流，使电流值调至计算值（此处为＋880μA），然后将辅助电极与研究电极断开。

④ 将 PS-6 型钢筋腐蚀测量仪的三个电极连线按图 43-4 分别接入电解池中的对应电极。

3. 测试

① 把一个浸泡后的砂浆电极移入盛有饱和氢氧化钙溶液的玻璃容器中，使砂浆电极浸入溶液的深度为 8cm，以它作为阳极，以不锈钢片作为阴极（即辅助电极），以甘汞电极作为参比电极，按图 43-4 接好试验线路。

② 未接通外加电流前，先读出阳极（埋有钢筋的砂浆电极）的自然电位 U。

③ 接通外加电流，并按电流密度 50μA/cm 调整微安表至需要值。同时，开始计算时间，依次按 2min、4min、6min、8min、10min、15min、20min、25min、30min，分别记录埋有钢筋的砂浆电极阳极化电位值。

五、数据处理

1. 实验记录

按表 43-4 的形式，将实验结果记入表中。

表 43-4 实验数据记录

时间/min		0	2	4	6	8	10	15	20	25	30
电位/mV	实测值										
	作图值(反号)										

2. 实验结果处理

（1）取一组（3 个）砂浆电极极化电位的测量结果的平均值作为测定值，以极化电位为纵坐标，时间为横坐标，绘制阳极极化电位-时间曲线，如图 43-5 所示。

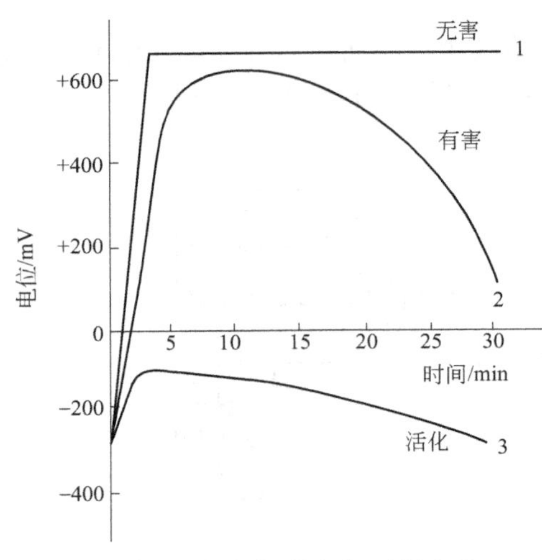

图 43-5　阳极极化电位-时间曲线

（2）根据电位-时间曲线判断砂浆中的水泥，外加剂或混合材对钢筋的影响。

① 若电极通电之后，阳极钢筋电位 U 迅速向正方向上升，并在 1～5min 内达到析氧电位值，经 30min 测试，电位 U 值无明显下降（不超过 50mV），如图 43-5 中的曲线 1 所示，则该曲线属钝化曲线，表明钢筋表面的钝化膜完好无损，可判定试验砂浆中的水泥、外加剂或混合材本身对钢筋锈蚀无害。

② 若电极通电之后，阳极钢筋电位 U 先向正方向上升，随着又逐渐下降，15min 后电位 U_{15} 下降超过 50mV，如图 43-5 中的曲线 2 所示，则认为此电极处于钝化和活化之间，其钢筋的钝化膜已被损坏，损坏程度可用 U_2～U_{15} 段曲线斜率来表示，即电位向负方向移动的斜率越大，钝化膜损坏越严重。

③ 若电极通电之后，阳极电位不能向正方向移动，或虽能向正方向移动但又很快有大幅度下降，如图 43-5 中的曲线 3 所示，则此种电极为活化电极，说明钢筋表面的钝化膜已严重破坏。

④ 无论是活化或介于活化与钝化之间的电极，均可认为此砂浆中所用的水泥、外加剂或混合材对钢筋锈蚀的阳极过程是有害的，其有害作用的大小，可从钢筋钝化膜的破坏程度定性地相对比较。

思 考 题

1. 影响混凝土耐久性的因素有哪些？采取哪些措施可提高混凝土的耐久性？

2. 为了提高混凝土的耐久性，请从外加剂及粉煤灰的应用角度出发，考虑可采取哪些技术方案？并简要分析其机理。

3. 硬化砂浆阳极极化法适用于何种钢筋混凝土的钢筋锈蚀情况测定？

4. 如何利用 PS-8 型钢筋腐蚀仪测量的钢筋混凝土的阳极化电位-时间曲线图来分析钢筋锈蚀情况？

参考文献

[1] 李业兰编. 建筑材料. 北京：中国建筑工业出版社，1995.
[2] 严家伋编. 道路建筑材料. 北京：人民交通出版社，1996.
[3] GB/T 50082—2009. 普通混凝土长期性能及耐久性试验方法.
[4] GB/T 11973—1997. 加气混凝土抗冻试验方法.
[5] JC 475—2004. 混凝土防冻剂.
[6] GB/T 11972—1997. 加气混凝土干燥收缩试验方法.
[7] GB/T 11974—1997. 加气混凝土碳化试验方法.

[8] 岩崎训明著. 混凝土的性质. 北京：中国建筑工业出版社，1980.

实验44 材料的高温制备

无机非金属材料的高温制备，是指通过一定的高温过程，最终制得具有一定性能的原料或产品。在无机非金属材料的生产和科学研究中，通过材料的高温制备研究，可寻找最佳的配方设计，掌握各种因素的变化对材料制备的影响，制订合理的和工艺制，是进行生产质量控制、新产品开发和材料研究的重要方法。

材料高温制备中的物理过程主要有原料吸附水的蒸发、某些组分的挥发、晶型转变以及某些组分的熔化等。化学过程主要有某些组分加热后排除结晶水，盐类的分解，各组分之间的化学反应及硅酸盐的形成。物理化学过程主要指一些物料间的固相反应，共熔体的产生，各组分间的互熔，物料、玻璃液相与炉内气体以及耐火材料之间的相互作用等。其中有些过程如共熔体的产生、互熔等，要在很高的温度下（如玻璃熔制过程中）才显著发生。

无机非金属材料是多种多样的，其中的水泥、玻璃和陶瓷这三种材料都是人工制造的材料，都需要通过一定的高温过程来达到材料（原料或制品）的合成和制备。

水泥、玻璃、陶瓷虽然本质上同属于硅酸盐材料，但是其高温制备的过程和最终目标仍然有很大的区别。本实验通过这三种材料的高温制备，使读者了解其中的相同点与不同点。

Ⅰ. 玻璃的高温熔制

一、目的意义

在实际生产中，玻璃熔制是关键环节。在玻璃配方合理和成形条件固定的前提下，如果熔制好，就能做到优质高产；熔制不好，工厂的废玻璃就会堆积如山。

玻璃的熔制实验是一项很重要的实验。在教学、科研和生产中，往往需要设计、研究和制造玻璃的新品种，或者对传统的玻璃生产工艺进行某种改革。在这些情况下，为了寻找合理的玻璃成分、了解玻璃熔制过程中各种因素所产生的影响、摸索合理的熔制工艺制度、提出各种数据以指导生产实践等，一般都要先做熔制实验，制取玻璃样品，再对样品进行各种性能测定，判断各种性能指标是否达到预期的要求。如此反复进行，直至找到玻璃的最佳配方，满足各种性能要求为止。

本实验的目的：

① 在实验室条件下进行玻璃成分的设计、原料的选择、配料计算、配合料的制备、用小型坩埚进行玻璃的熔制、玻璃试样的成形等，完成一整套玻璃材料制备过程的基本训练；

② 了解熔制玻璃的设备及其测试仪器，掌握其使用方法；

③ 观察熔制温度、保温时间和助熔剂含量对熔化过程的影响；

④ 根据实验结果分析玻璃成分、熔制制度是否合理。

二、实验原理

玻璃的熔制过程是一个相当复杂的过程，它包括一系列物理的、化学的、物理化学的现象和反应。

物理过程：指配合料加热时水分的排除、某些组成的挥发、多晶转变以及单组分的熔化过程。

化学过程：指各种盐类被加热后结晶水的排除、盐类的分解、各组分间的互相反应以及硅酸盐的形成等过程。

物理化学过程：包括物料的固相反应、共熔体的产生、各组分生成物的互熔以及玻璃液与炉气之间、玻璃液与耐火材料之间的相互作用等过程。

由于有了这些反应和现象，由各种原料通过机械混合而成的配合料才能变成复杂的、具有一定物理化学性质的熔融玻璃液。

应当指出，这些反应和现象在熔制过程中常常不是严格按照某些预定的顺序进行的，而是彼此之间有着相互密切的关系。例如，在硅酸盐形成阶段中伴随着玻璃形成过程，在澄清阶段中同样包含有玻璃液的均化。为便于学习和研究，常可根据熔制过程中的不同实质而分为硅酸盐的形成、玻璃的形成、玻璃液的澄清、玻璃液的均化、玻璃液的冷却五个阶段。

纵观玻璃熔制的全过程，就是把合格的配合料加热熔化使之成为合乎成型要求的玻璃液。其实质就是把配合料熔制成玻璃液，把不均质的玻璃液进一步改善成均质的玻璃液，并使之冷却到成型所需要的粘度。因此，也可把玻璃熔制的全过程划分为两个阶段，即配合料的熔融阶段和玻璃液的精炼阶段。

三、实验器材

① 高温电炉 1 台及温度控制器 1 台，如图 44-1 所示。

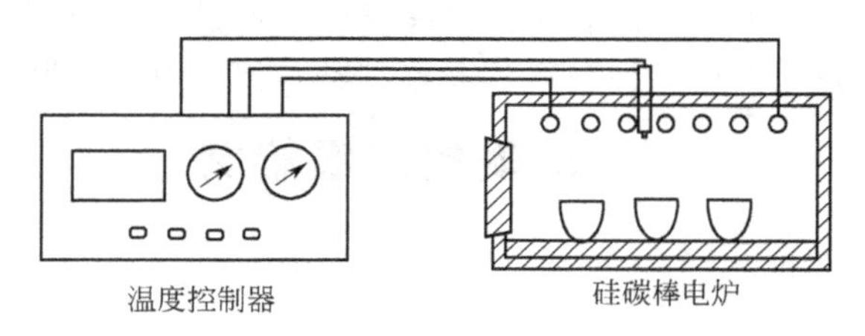

图 44-1 熔制玻璃的设备系统示意图

② 高铝坩埚（100mL 或 150mL）。

③ 研钵 1 个；料勺若干（每种原料 1 把）。

④ 百分之一天平（也可用千分之一天平），1 台。

⑤ 坩埚钳，石棉手套。

⑥ 浇注玻璃样品的模具。

⑦ 退火用马弗炉（附控温仪表）。

⑧ 化工原料：石英砂（SiO_2）、纯碱（Na_2CO_3）、碳酸钙（$CaCO_3$）、碳酸镁（$MgCO_3$）、氢氧化铝［$Al(OH)_3$］等。

四、实验步骤

1. 玻璃成分的设计

首先，要确定玻璃的物理化学性质及工艺性能，并依此选择能形成玻璃的氧化物系统，确定决定玻璃主要性质的氧化物，然后确定各氧化物的含量。玻璃系统一般为三组分或四组分，其主要氧化物的总量往往要达到 90%（质量分数）。此外，为了改善玻璃某些性能还要适当加入一些既不使玻璃的主要性质变坏而同时使玻璃具有其他必要性质的氧化物。因此，大部分工业玻璃都是五六种组分以上。

相图和玻璃形成区域图可作为确定玻璃成分的依据或参考。在应用相图时，如果查阅三元相图，为使玻璃有较小的析晶倾向，或使玻璃的熔制温度降低，成分上就应当趋向于取多组分，应选取的成分应尽量接近相图的共熔点或相界线。在应用玻璃形成区域图时，应当选择离开析晶区与玻璃形成区分界线较远的组成点，使成分具有较低的析晶倾向。

为使设计的玻璃成分能在工艺实践中实施，即能进行熔制、成型等工序，必须要加入一定量的促进熔制，调整料性的氧化物。这些氧化物用量不多，但工艺上却不可少。同时还要考虑选用适当的澄清剂。在制造有色玻璃时，还必须考虑基础玻璃对着色的影响。

以上各点是相互联系的，设计时要综合考虑。当然，要确定一种优良配方不是一件简单的工作，实际上，为成功地设计一种具有实用意义、符合预定物化性质和工艺性能的玻璃成分，必须经过多次熔制实践和性能测定，对成分进行多次校正。

表 44-1 给出两种易熔的 Na_2O-CaO-SiO_2 系统玻璃配方，读者可根据自己的要求进行修改。

表 44-1 易熔玻璃的成分示例

配方编号	SiO_2	CaO	MgO	Al_2O_3	Na_2O	备 注
1	71.5	5.5	1	3	19	氧化物质量百分比
2	69.5	9.5	3	3	15	

2. 熔制温度的估计

玻璃成分确定后，为了选择合适的高温炉和便于观察熔制现象，应当估计一下熔制温度。

对于玻璃形成到砂粒消失这一阶段的熔制温度，可按 M. Volf 提出的熔化速度常数公式进行估算，即：

$$\tau=\frac{SiO_2+Al_2O_3}{Na_2O+K_2O+(1/2B_2O_3)+(1/3PbO)}$$

根据 τ 与熔化温度的关系（表 44-2），可大致确定该玻璃的熔制温度。

表 44-2 熔化速度常数 τ 与熔化温度的关系

τ	6.0	5.5	4.3	4.2
T/℃	1450～1460	1420	1380～1400	1320～1340

3. 玻璃原料的选择

在玻璃生产中选择原料是一件重要的工作，不同玻璃制品对原料的要求不尽相同，但有些共同原则。

① 质量应符合技术要求，原料的品位高、化学成分稳定、水分稳定、颗粒组成均匀、着色矿物（主要是 Fe_2O_3）和难熔矿物（主要是铬铁矿物）要少，便于调整玻璃成分。

② 适于熔化和澄清。

③ 对耐火材料的侵蚀小。

玻璃熔制实验所需的原料一般分为工业矿物原料和化工原料。在研制一种新玻璃品种时，为了排除原料中的杂质对玻璃成分波动的影响，尽快找到合适的配方，一般都采用化工原料（化学纯或分析纯，也有用光谱纯）来做实验。本实验选用化工原料。

当实验室研究完成，用化工原料熔制出的新型玻璃已满足各种性能要求时，就要考虑进入中试和工业性实验。为了适应工业性生产的需要，需采用工业矿物原料进行熔制实验，以观察带入杂质以后对玻璃有何影响，为正式投产提供第一手资料。

4. 配料计算

根据玻璃成分和所用原料的化学成分（表 44-3 为示例）就可以进行配合料的计算。在计算时，应认为原料中的气体物质在加热过程中全部分解逸出，而其分解后的氧化物全部转入玻璃成分中。此外，还必须考虑各种因素对玻璃成分的影响，如某些氧化物的挥发、飞损等。

由于计算每批原料量时，要根据坩埚大小或欲制得玻璃的量（考虑各性能测试所需数量）来确定，本实验以制得 100g 玻璃液来计算各种原料的用量，在计算每种原料的用量时，要求计算到小数点后两位。

表 44-3 原料（假设成分）成分表

原料名称	氧化物名称及质量/%				
	SiO_2	$CaCO_3$	$MgCO_3$	$Al(OH)_3$	Na_2CO_3
石英砂	99.78				
碳酸钙		99			
碳酸镁			99.5		
氢氧化铝				99.5	
纯碱					98.8

【例】 欲熔制得100g玻璃液所需碳酸镁的净用料量，根据表44-1、表44-3的数据：

$$MgCO_3 \longrightarrow MgO+CO_2\uparrow$$

$$84.32 \qquad 40.32$$

$$x^1 \qquad 1$$

$$x^1=84.32\times1\div40.32=2.09\ (g)$$

实际用量

$$x=2.09\div99.5\%=2.1\ (g)$$

用类似方法可算出其他原料的用量，然后按表44-4的格式列出配料单。

表 44-4 配料清单

原料名称	石英砂	碳酸钙	碳酸镁	氢氧化铝	纯 碱	合 计
配合料1						
配合料2						

5. 配合料的制备

① 为保证配料的准确性，首先将实验用原料干燥或预先测定含水量。

② 根据配料单称取各种原料（精确到0.01g）。

③ 将粉状原料充分混合成均匀的配合料是保证熔融玻璃液质量的先决条件。为了使混合容易、均匀及防止配合料分层和飞料，先将配合料中难熔原料如石英砂等先置入研钵中（配料量大时使用球磨罐），建议先加入4%的水分喷湿砂子，然后加助熔的纯碱等，预混合10～15min，再将其他原料加入混合均匀。如能将配合料粒化后再熔化，效果更好。

由于本实验为小型实验，配合料量甚小，只能在研钵中研磨混合，所以不考虑加水混合。

6. 熔制操作

① 检查电源线路。

② 把每种配合料分别装入3个高铝坩埚中。为防止坩埚意外破裂造成电炉损坏，可在浅的耐火匣钵底部中垫以 Al_2O_3 粉，再将坩埚放入匣钵中，然后推入电炉的炉膛。给电炉通电，以4～6℃/min的升温速度升温到900℃，这种加料方法称为“常温加料法”。

③ 在科研和生产中，玻璃熔制一般多采用“高温加料法”。即先将空坩埚放入电炉内，给电炉通电，以4～6℃/min的升温速度升温到加料温度（即900℃）后，再将配合料装入坩埚，保温0.5h。

为了得到较多的玻璃料（样品），必须在此温度下多次加料，以充分利用坩埚的容积或减少配合料中低熔点物料的挥发。

④ 最后一次加料并保温1h后，从炉中取出两种配合料的坩埚各1个，放入已经加热到500～600℃的马弗炉中退火。

⑤ 以 3℃/min 升温速度，继续升温到 1200℃，保温 1h，从炉中取出两种配料的坩埚各一个放入马弗炉中退火。

⑥ 以 3℃/min 升温速度，继续升温到 1300℃，保温 2h。

玻璃保温温度和保温时间因玻璃配方不同而异，本实验的熔制温度在 1300～1450℃之间，保温 2～3h，使玻璃液完成均化和澄清过程。对于硼酸酐等类含有高温下产气物质的配合料，则升温速度要降低，以防物料溢出。

对于未知熔制温度的新配方玻璃的熔制，可以根据有关文献初步确定玻璃的熔制温度，实验中可在此温度上下约 100℃的范围内，每隔 20～30℃各取出 1 个坩埚，据此确定玻璃的熔制温度和保温时间。

⑦ 保温结束后，从炉中取出最后两种配合料的坩埚各一个，放入退火炉中退火，关上退火炉门，保温 10min，断电，让其自然冷却。

在实验室中，玻璃的成型一般采用“模型浇注法”或“破埚法”。在完成上述的熔制后，连同坩埚一起冷却并退火，冷却后再除去坩埚，得到所需要的试样是“破埚法”。将完成熔制的高温玻璃液，倾注入经预热过的金属或耐火材料模具中，然后立即置入预热至 500～600℃的马弗炉中，按一定的温度制度缓慢降温则是“模型浇注法”。浇注成一定形状的玻璃可以作理化性能和工艺性能测试用的样品。

⑧ 将最后的坩埚从硅碳棒电炉中取出之后，将电炉的通电电流调至最小，关闭控制器电源，再拉闸停电，让电炉自然降温。

五、结果分析

待装有玻璃的坩埚冷却到室温后，用小铁锤尖端敲打坩埚底和内壁，使之裂成两半。研究所得的一半，观察坩埚中心、表面、底和周壁的硅酸盐形成、玻璃形成、熔透和澄清情况(气泡多少，未熔透颗粒数量)，玻璃液表面有否泡沫、颜色、透明度及玻璃液的其他特征。此外，应仔细研究坩埚壁特别是玻璃液面上的侵蚀特征。

表 44-5　玻璃高温制备实验情况记录分析表

项　目		最高熔制温度					
		900℃		1200℃		1300℃	
		1 号料	2 号料	1 号料	2 号料	1 号料	2 号料
保温时间/min							
玻璃熔制情况分析	熔透程度						
	澄清情况						
	透明度及颜色						
	其他特征						
	坩埚侵蚀情况						
研究结论							

实验结果可按表 44-5 玻璃高温制备实验情况记录分析表的格式填写记录。

Ⅱ. 陶瓷的高温烧成

一、目的意义

陶瓷的高温制备过程称为“烧成”。通过实验测定坯体的烧结温度和烧结温度范围，可以了解在烧成时的安全程度，可为选择窑炉和确定窑炉的温度要求和拟订合理的烧成温度曲线提供依据。因此，测定坯体的烧结温度和烧结温度范围对陶瓷材料科研和生产具有重要的意义。

测定坯体的烧结温度和烧结温度范围的方法有将试样置于不同温度下进行焙烧法、高温透射投影法和高温显微镜法等几种。本实验采用第一种。第二种将在实验 53 中介绍。

本实验的目的：

① 按照确定的材料配方和所用原料的化学成分进行坯料计算和制备坯料；

② 进一步了解陶瓷烧成温度和温度制度对材料性能的影响；

③ 掌握实验室常用高温实验仪器、设备的使用方法；

④ 通过实验学会分析材料的烧成缺陷，制订材料合理的烧成温度制度。

二、基本原理

陶瓷材料在烧成过程中，随着温度的升高，将发生一系列的物理化学变化。例如，原料的脱水和分解，原料之间新化合物的生成，易熔物的熔融等。随着温度的逐步升高，新生成的化合物量不断变化，液相的组成、数量及粘度也不断变化，坯体的气孔率逐渐降低，坯体逐渐致密，直至密度达到最大值，此种状态称为“烧结”。坯体在烧结时的温度称为“烧结温度”。

陶瓷材料的烧结过程将成型后的可密实化的粉末，转化为一种通过晶界相互联系的致密晶体结构。陶瓷生坯经过烧结后，其烧结物往往就是最终产品。陶瓷材料的质量与其原料、配方以及成型工艺、陶瓷制品的性能、烧结过程等有很大关系。因此，一般建筑卫生瓷的烧结除了要通过控制烧结条件，以形成所需要的物相和防止晶粒异常长大外，还要严格控制高温下生成的液相量。液相量过少，制品难以密实；液相量过多，则易引起制品变形，甚至产生废品。

烧结后若继续加热，温度升高，坯体会逐渐软化（烧成工艺上称为过烧），甚至局部熔融，这时的温度称为“软化温度”。烧结温度和软化温度之间的温度范围称为“烧结温度范围”。

三、实验器材

① 天平（感量 0.001g）。

② 坩埚钳，石棉手套、护目镜。

③ 高温电阻炉（最高温度≈1350℃）。

④ 垫砂（煅烧 SiO_2 或 Al_2O_3 粉）。

⑤ 抽真空装置。

⑥ 其他：干燥器，烧杯，金属丝网，煤油，纱布等。

四、实验步骤

① 试样制备。试样制备的方法有注浆成型、可塑成型、半干压成型、干压成型等。本实验是将制备好的粉料加入 5%～7%的水，以 20～30MPa 的压力压制成 ϕ30mm×(6～8)mm 或 50mm×50mm×8mm 的生坯。将试样编号后自然干燥一天，阴干发白后放在 105～110℃的烘箱内烘干至恒重，然后放置干燥器中冷却至室温。

② 分别称取生坯试样干燥后的质量。

③ 分别称取试样饱和煤油后在煤油和空气中的质量。

④ 将称好质量的试样置入 105～110℃的烘箱内排尽煤油。

⑤ 按编号将试样置入高温炉内。装炉时，试样与炉底间以煅烧过的石英粉或 Al_2O_3 粉隔离。试样之间的距离为 10mm。

⑥ 检查电炉正常后，开始按设定的升温曲线加热，按预定的温度保温后取样。

升温速率为：室温～1100℃　　100～150℃/h；
　　　　　　1100～烧结完成　　50～60℃/h。

取样温度为：300～900℃，每间隔 100℃取样 3 个；
　　　　　　900～1200℃，每间隔 50℃取样 3 个；
　　　　　　1200℃～烧结完成，每间隔 10～20℃取样 3 个。

⑦ 取样前，在每个取样温度点保温 15～20min。试样取出后迅速埋于预热后的 Al_2O_3 粉中或预先预热的马弗炉内，试样冷却后刷去表面的粘砂，然后置于 105～110℃烘箱中烘至恒重，放入干燥器中冷却至室温。

⑧ 以 900℃以下烧结的试样为第一组，按编号分别测定试样在饱吸煤油后在水、煤油中和空气中的质量。

⑨ 以 900℃以上的试样为第二组，分别测定试样在饱吸水后在水中和在空气中的质量。

五、实验记录与数据处理

1. 实验记录

按表 44-6 填入记录的试验数据。

表 44-6　陶瓷烧结实验记录表

试样名称		测试人		实验日期	
试样处理方式					

试验编号	取样温度/℃	试样重 G_1/g	饱吸水后		体积 V/cm³	收缩率/%	体积密度 γ/(g/cm³)	吸水率/%	气孔率/%	失重/%
			水中重 G_2/g	空气中重 G_3/g						
1										
2										
…										

2. 数据处理

按下列公式进行各参数的计算。

$$V_0=\frac{G_2-G_1}{\gamma_{油}}$$

$$V=\frac{G_5-G_4}{\gamma_{水}}$$

$$干燥气孔率=\frac{G_2-G_0}{G_2-G_1}\times 100\%$$

$$干燥气孔率=\frac{G_2-G_0}{G_2-G_1}\times 100\%$$

$$燃后气孔率=\frac{G_5-G_3}{G_5-G_4}\times 100\%$$

$$燃后体积密度=\frac{G_3}{(G_5-G_4)/\gamma_{水}}\times 100\%$$

$$烧后体积收缩率=\frac{V_0-V}{V_0}\times100\%$$

$$烧后吸水率=\frac{G_5-G_3}{G_3}\times100\%$$

$$烧后失重=\frac{G_0-G_3}{G_0}\times100\%$$

式中 G_0——干燥试样在空气中的质量，g；

G_1——干燥试样饱吸煤油后在煤油中的质量，g；

G_2——干燥试样饱吸煤油后在空气中的质量，g；

G_3——烧后试样在空气中的质量，g；

G_4——烧后试样饱吸煤油（水）后在煤油（水）中的质量，g；

G_5——烧后试样饱吸煤油后在空气中的质量，g；

$\gamma_{水}$——测试温度下水的密度，g/cm^3；

$\gamma_{油}$——测试温度下煤油的密度，g/cm^3；

V_0——干燥试样的体积，cm^3；

V——烧结后试样的体积，cm^3。

3. 作图求解

在坐标纸上以温度为横坐标，画出体积密度、气孔率和收缩率曲线，从曲线上确定烧结温度和烧结温度范围。

4. 注意事项

制备试验用的泥料不能有气孔等缺陷。从电炉中取出试样必须保证不炸裂。

一般以体积密度、体积收缩率和吸水率来确定烧结温度和烧结温度范围，必要时要采用显微结构观察和力学性能测试的方法来确定烧结温度和烧结温度范围。

本测试方法也可用来测定粘土的烧结温度范围。

Ⅲ. 水泥熟料的高温烧成

一、目的意义

水泥主要是由水泥熟料和部分混合材、少量石膏一起粉磨而成的。因此水泥的质量主要取决于水泥熟料的质量，而熟料的质量除水泥生料的质量（原料的配料、均匀性）的影响外，主要取决于煅烧设备和熟料的煅烧质量。因此，在水泥研究与生产中往往通过实验来了解和研究熟料的煅烧过程，为优质、高产、低消耗提供依据。

本实验的目的：

① 掌握实验室常用高温实验设备、仪器的使用方法；

② 按照确定的配方和所用原料的化学成分进行配料计算；

③ 掌握水泥烧成实验方法，了解水泥熟料烧成过程；

④ 通过本实验，了解升温速率、保温时间、冷却制度对不同配料熟料煅烧的影响；

⑤ 通过本实验，进一步理解 KH、IM、SM 对水泥熟料煅烧及性能的影响，提高分析问题和解决问题的能力。

二、基本原理

硅酸盐水泥高温制备的实质，是使以一定化学组成经磨细、混合均匀的水泥生料在从常温到高温的煅烧过程中，随着温度的升高，经过原料水分蒸发、粘土矿物脱水、碳酸盐分解、固相反应等过程。当到达最低共熔温度（约 1300℃）后，物料开始出现（主要由铝酸钙和铁铝酸钙等组成的）液相，进入熟料烧成阶段。随着温度继续升高，液相量增加，粘度降低，物料经过一系列物理、化学、物理化学的变化后，最终生成以硅酸盐矿物（C_3S、C_2S）为主的熟料。

在煅烧过程中出现液相后，贝里特（β-C_2S）和游离石灰都开始溶于液相中，并以 Ca^{2+} 与 SiO_4^{4-} 的状态进行扩散。通过离子扩散与碰撞，一部分 Ca^{2+} 与 SiO_4^{4-} 参入贝里特的再结晶，另一部分 Ca^{2+} 与 SiO_4^{4-} 则参与贝里特吸收游离石灰形成阿里特：

$$C_2S(液)+CaO(液) \longrightarrow C_3S(固)$$

在 1300～1450℃的升温过程中，阿里特晶核形成、晶体长大，并伴随熟料结粒。阿里特的形成受游离石灰的溶解过程所控制。

在 1450～1300℃的冷却过程中，阿里特晶体还将继续长大和完善。随着温度的降低，熟料相继进行液相的凝结与矿物的相变。因此，在冷却过程中要根据熟料的组成与性能的关系决定熟料的冷却制度。为了保证熟料的质量，多采用稳定剂和适当快冷的办法来防止阿里特的分解和 β-C_2S 向 γ-C_2S 的转变。

三、实验器材

① 天平（感量 0.001g）；
② 高温电阻炉（最高温度≥1500℃）；
③ 球磨罐（或研钵）；
④ 成型模具；
⑤ 高铝匣钵、垫砂（刚玉砂）；
⑥ 坩埚钳、石棉手套、长钳、护目镜等。

四、实验步骤

1. 试样制备

① 可采纯化学试剂，也可用已知化学成分的工业原料配料。

② 确定水泥的品种、熟料的组成和选用的原料。

③ 进行配料计算。求熟料的石灰饱和系数 KH、硅率 SM、铝氧率 IM、计算原料配合比、液相量，液相量 P，确定煅烧最高温度。

④ 将已配合的原料在研钵研磨，或置入球磨罐中充分混磨，直至全部通过 0.080mm 的方孔筛。

⑤ 配方称好的粉料加入 5%～7%的水，放入成型模具中，置于压力机机座上以 30～35MPa 的压力压制成块，压块厚度一般不大于 25mm。

⑥ 块试样在 105～110℃下缓慢烘干。

2. 水泥烧成实验

① 检查高温炉是否正常，并在高温炉中垫隔离垫料（刚玉砂等）。

② 将干燥试样置入高温匣钵中，试样与匣钵间以混合均匀的生料粉或煅烧过的 Al_2O_3 粉隔离。

③ 将匣钵放入高温炉中，以 350～400℃/h 的速度升温至 1450℃左右，保温 1～4h 后停止供电。

水泥烧成温度和保温时间与水泥生料的组分、率值有关。一般工业原料配置的生料在 1450℃左右时需保温 1h 左右。

④ 保温结束后，戴上石棉手套和护目镜，用坩埚钳从电炉中拖出匣钵，稍冷后取出试样，立即用风扇吹风冷却（气温较低时在空气中冷却）；防止 C_3S 的分解、β-C_2S 向 γ-C_2S 的转变，并观察熟料的色泽等。

⑤ 将冷却至室温的熟料试块砸碎磨细，装在编号的样品袋中，置于干燥器内。

3. 重烧

取一部分样品，用甘油-乙醇法测定游离氧化钙，以分析水泥熟料的煅烧程度。若游离氧化钙较高，需将熟料磨细后重烧。

在实验室研究中，为了使矿物充分合成，也需将第一次合成的产物磨细后，在按上述步骤进行第二次合成。

五、实验记录与数据处理

1. 实验记录

将实验数据和观察情况记入表 44-7 中。

2. 矿物合成分析

取一部分样品，用 X 射线衍射法或光学显微镜物相分析等方法测定矿物的合成情况。

表 44-7 水泥烧成实验记录表

试样名称		测试人		实验日期	
加料方式			保温时间/h		
升温阶段/℃	0～600	600～900	900～1200	1200 以上	
升温速率/(℃/h)					
冷却制度					
熟料观察	色泽	熔融态	密实性		
产率及液相量	KH	SM	ZM	P	KH^{-1}
分析					

思考题

1. 在本次实验中，有何因素影响了玻璃的熔制？为什么会影响？应当如何防止？

2. 玻璃熔制中，有高温加料和常温加料两种，何者优越？

3. 本实验拟定 900℃、1200℃和 1300℃拿出熔制玻璃的坩埚，这有什么意义？用玻璃熔制的实验结果说明。

4. 在实际生产中如何制定玻璃的熔制制度？

5. 玻璃最高熔制温度和均化澄清时间确定的原则是什么？

6. 陶瓷最高烧成温度确定的原则是什么？

7. 如何判定陶瓷制品的烧成质量？

8. 水泥的 KH、IM、SM 及液相量 P 对熟料煅烧质量有何影响？

9. 如何判定水泥烧成质量？

10. 水泥烧成制度对水泥烧成有何影响？

11. 如何使用、维修高温炉？

参考文献

[1] 扬东生编．水泥工艺实验．北京：中国建筑工业出版社，1986.
[2] 祝桂洪编著．陶瓷工艺实验．北京：中国建筑工业出版社，1987.
[3] 萨尔满 H，舒尔兹 H 著，陶瓷学．黄照柏译．北京：中国轻工业出版社，1998.
[4] JC/T 735—96．水泥生料易烧性试验方法.

实验 45　玻璃析晶性能的测定

一、目的意义

玻璃态物质转变为结晶物质的过程称为结晶过程，在玻璃工业中称之为析晶或失透。

析晶性能是玻璃的重要性质之一，它与玻璃的成分、生产过程（熔制、成型、热处理等）有着极为密切的关系，对玻璃的产量和质量有较大的影响。在透明玻璃生产中，玻璃的析晶是绝不允许的，因为析晶会造成玻璃制品外观和内部的缺陷，在晶体周围会产生用退火方法无法消除的应力而降低玻璃的力学性能和热稳定性。透明玻璃制品中有晶体存在时会引起光散射，降低玻璃的透光度和光学均匀性。在乳浊玻璃和微晶玻璃等的生产中，却要使玻璃体内部结晶，而且要控制晶体的生成，使晶体数量和晶体颗粒的大小达到一定的要求才能满足制品质量的要求。此外，在陶瓷的生产中，若在陶瓷制品的表面覆盖结晶釉，会产生富丽堂皇、光彩夺目的效果。

因此，对于所生产的玻璃，都必须了解其析晶性能，并根据析晶性能制订合理的生产工艺制度。测定玻璃的析晶性能，对研究满足新用途的玻璃或陶瓷新产品也具有重要的意义。

本实验的目的：

① 梯温法测定某组成玻璃的析晶性能；

② 掌握梯温法测定玻璃析晶温度的原理和测试技术；

③ 了解玻璃析晶上限温度与下限温度在玻璃熔制过程中的意义。

二、基本原理

一般从玻璃态中出现析晶，是在粘度为 $10\sim10^5$ Pa·s（$10^2\sim10^6$ P）的温度范围（该玻璃系统液相线温度以下）内进行的。根据塔曼（Tamman）理论，析晶主要决定于晶核形成速率（K_v）、晶核成长速度（K_g）以及熔体的粘度（η），同时与玻璃液在该温度下的保温时间有关。晶核形成速率是指在一定温度下在单位时间内单位容积中所形成的晶核数目（个/min）。晶体成长速度是指在单位时间内晶体增长的直线长度（μm/min）。晶核形成的最大速率（$K_{v,max}$）和长大的最大速度（$K_{g,max}$）分别在两个不同的温度范围内出现，只有在两者都较大的温度下最易析晶，如图 45-1 所示。

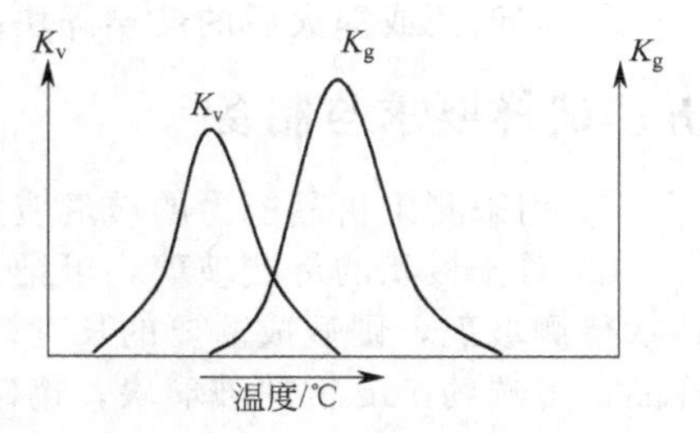

图 45-1　玻璃的晶核生成速率和晶体生长速度曲线

应当指出，塔曼是用有机玻璃研究得出这种曲线的。对于高粘度的无机玻璃，测定晶核形成速率（K_v）、晶核成长速度（K_g）是很困难的。但是，生产上测定析晶性能的目的，常常只需要知道玻璃的析晶温度区域和在不同温度下玻璃的析晶强度（程度）即可。因此，可以用简便的方法来测定玻璃的析晶性能。

测定玻璃析晶的方法除梯温法外还有几种，如淬冷法、热分析法等。淬冷法已在实验 3 淬冷法研究相平衡中已做过介绍。热分析法包括差热分析仪法和高温显微镜法两种。差热法已在实验 4 差热分析中已做过介绍。限于篇幅，高温显微镜法不在这里做详细介绍，读者可参阅有关的专著。

本实验利用梯温炉来测定玻璃的析晶温度。在梯温炉中，由于炉中心部分的温度最高，两边的温度有规律地降低，因此总有一个温度范围是玻璃的结晶化温度。当试样在炉内恒温一定时间后，晶相和玻璃相之间就可能建立热平衡而出现析晶，这时将试样取出并迅速冷却。用眼睛或在显微镜下观察析晶程度，就可确定玻璃表面出现结晶化合物的临界温度，即析晶上、下限温度。根据所测玻璃析晶温度范围，可制订合理的成型与热加工制度，就可以避免产生析晶，得到透明理想的玻璃。或者通过控制结晶，得到符合要求的微晶玻璃。

三、析晶测定装置

析晶测定装置由梯温电炉、自动控温仪等组成，如图 45-2 所示。

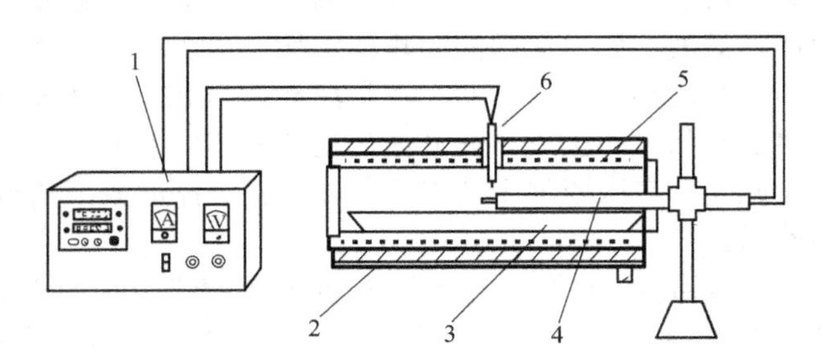

图 45-2　测定玻璃析晶性能的装置图

1—自动控温仪；2—梯温电炉；3—瓷舟；4—测温热电偶；5—电热丝；6—温控热电偶

四、实验器材

① 析晶测定仪，1 台；
② 金相显微镜或偏光显微镜，1 台；
③ 铂铑热电偶；
④ 瓷舟（或白金舟），若干；
⑤ 玻璃条或淬火后的玻璃碎块。

五、试样要求与制备

① 用来测定析晶能力的玻璃应无缺陷（如气泡、砂子等）。

② 对于板状的待测玻璃，可把试样切成长 190mm、宽 5mm 的条。对于直径约 5mm 的棒状待测玻璃，则截成需要的长度。若试样为球状，可淬火后敲成小块。若为无规则的块状样品，可选约 70g 重的玻璃块，捣碎、除铁、洗净、烘干，放进带盖的玻璃瓶中待用。

③ 把瓷舟（或白金舟）内表面刷净、烘干。将试样均匀地放在瓷舟（或白金舟）中。试样不能装太多，大约为瓷舟（或白金舟）容积的 3/4 即可。

六、测试步骤

① 先接好线路，再检查一遍接好的线路，通电升温，待炉管最高温度达到 (1150±2)℃，

保持稳定。

② 然后把装有试样的瓷舟（或白金舟）慢慢地从炉口推入炉膛。

③ 同时在炉管中心放入长度为 50cm 的铂铑-铂热电偶，使热端放在炉膛最高温度处，等温度稳定时，先测出炉管的最高点的温度，然后将热电偶向外移动 1cm，停留一定时间等温度稳定后读数，再每隔 1cm 测温一次。测得炉管各点的温度后，将测得的各点温度值在直角坐标纸上（比例为 1：1）画出"温度-炉长"曲线，即梯温曲线，如图 45-3 所示。

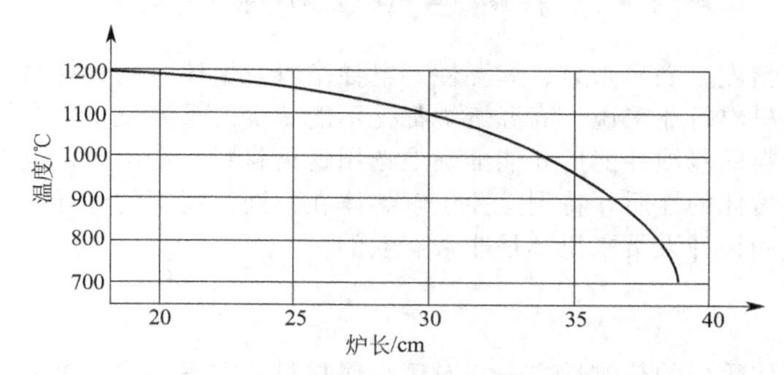

图 45-3 "温度-炉长"曲线及确定玻璃析晶上、下限的方法

④ 使试样在炉中保温一定时间。美国 ASTM 规定，对于大多数玻璃，保温 24h 已足够。对于平板玻璃、E 玻璃、中碱 5# 玻璃，一般为 2h。保温结束后，将瓷舟（或白金舟）迅速取出，当瓷舟（或白金舟）内的玻璃表面呈微红色时，迅速观察瓷舟中心玻璃表面的结晶情况。在高温段，晶体消失处为析晶上限；在低温段，晶体不生长处为析晶下限。观察时，用铅笔在瓷舟（或白金舟）周边做出析晶上、下限的标记。或者将瓷舟（或白金舟）冷却至室温，在金相显微镜或偏光显微镜下观察玻璃表面的结晶情况。

⑤ 将瓷舟（或白金舟）与梯温曲线相对照，根据在瓷舟（或白金舟）周边做出的析晶上、下限标记的位置，查出所对应的温度值，即为玻璃的析晶上、下限温度。

七、数据记录及数据处理

1. 数据记录

① 试样牌号、试样成分、试样来源、取样日期等。

② 梯温炉中心的温度、保温时间、测定日期和时间、操作者姓名等。

2. 数据处理

① 根据炉中温度分布情况绘制梯温曲线。

② 定出析晶上、下限温度。

③ 在同一炉中，用同一种玻璃试样重复试验的两次析晶温度测试值，要求相差准确度在 10℃以内。否则再取一组试样重做。最后，由两次或两次以上的测试值算出平均析晶温度。

思考题

1. 玻璃体为什么会析晶？
2. 梯温炉法测定玻璃析晶温度的原理是什么？
3. 影响玻璃析晶温度测定结果的因素是什么？如何防止？
4. 根据图 45-1，如何制造微晶玻璃？

参考文献

[1] JC/T 750—(82) 96. 石英玻璃析晶性能试验方法.
[3] 南京玻璃纤维研究设计院. 玻璃测试技术. 北京：中国建筑工业出版社，1987.
[4] 巴甫鲁什金 H M 等著. 玻璃工艺学实验. 张厚尘译. 北京：中国工业出版社，1963.

实验 46 高温熔体粘度的测定

熔体的性质有粘度、表面张力、润湿性、电导率以及熔体对耐火材料的侵蚀性等。对于冶金和无机非金属材料行业来说，高温熔炉都是不能缺少的重要设备。在设计熔炉时，必须熟悉熔体对耐火材料的侵蚀性能后才能准确地选用耐火材料。在电熔、电辅助加热的工艺设计中，也必须了解熔体的性质，特别是要了解熔体在不同温度下的电导率。因此，了解熔体性质对生产、研究和设计人员来说都是非常有益的。

一、目的意义

粘度是高温熔体重要的热物性之一。对于金属材料，在高温冶金过程中，冶金熔体（常指熔渣、熔盐和液态金属）对耐火材料的侵蚀速率、金属和熔渣间的化学反应、渣铁能否很好地分离、炉渣能否顺利地流出炉外等，都与熔体的粘度有关。对于无机非金属材料，特别是在玻璃的生产过程中，玻璃熔体的性质，特别是粘度对玻璃的熔化质量有很大的影响，对玻璃的成形、退火、热加工等都有密切的关系。此外，除了陶瓷釉之外，陶瓷材料和水泥中的玻璃相在高温时也是熔体，它们的粘性流动对该产品的产量和质量也有影响。

熔体粘度是由其结构决定的，所以通过粘度的测定研究，也是揭示熔体结构的重要手段。

熔体粘度的测定方法有：拉球法和落球法、旋转法、扭摆法等。一般根据熔体的粘度值来确定测试方法。前三种方法的测量范围是 $10\sim10^{8}$dPa·s，可用于冶金熔渣、玻璃熔体的测定，常用旋转法；熔盐和液态金属的粘度较小（一般 <0.01dPa·s），常用扭摆法测定。本实验选用旋转法。

本实验的目的：

① 了解旋转法测定熔体粘度的测试原理和方法；

② 熟悉本实验所用设备的使用方法和操作技术；

③ 测定玻璃或熔渣的粘度随温度变化的规律；

④ 分析实验误差的来源。

二、基本原理

粘度是指面积为 S 的两平行液层以一定的速度梯度 $\frac{dv}{dx}$ 移动时所产生的摩擦力 F：

$$F=\eta S\frac{dv}{dx} \tag{46-1}$$

式中 η——熔体的粘度或动力粘度系数。

当 $S=1$，$\frac{dv}{dx}=1$ 时，粘度 η 值相当于两平行液层间的内摩擦力。在国际单位制中，粘度的单位是帕斯卡·秒（Pa·s）。这个单位有时用分帕斯卡秒表示，它们的关系是：

$$1\text{Pa·s}=10\text{dPa·s}$$

根据粘度的定义，将熔体（测试样品）置于旋转体与坩埚之间，当使旋转体不同的角速

度 ω 旋转时，旋转体因被测熔体的粘滞阻力而产生扭力矩 M。通过测量这种扭力矩就可获知熔体的粘度。

$$\eta = K\frac{M}{\omega} \tag{46-2}$$

式中　K——仪器常数，由坩埚、旋转体的形状及其设定位置所来确定。

三、旋转粘度计

旋转粘度计有两种类型。Couette 型的被测熔体角速度为零，坩埚回转。Searle 型坩埚的角速度为零，被测熔体旋转。在一般情况下，后一种粘度计的调整过程简单得多，因此应用较多。

Searle 型旋转粘度计由高温电炉及控制设备、测温设备、铂铑合金坩埚、铂铑合金旋转体的转动设备、扭力矩的测定设备等组成。如图 46-1 所示是该装置的示意图。

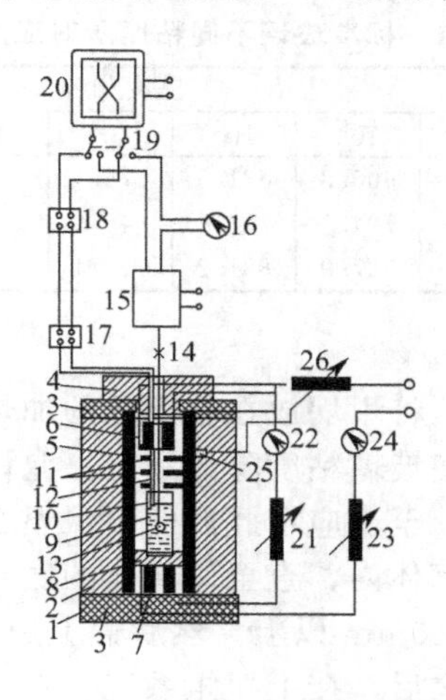

图 46-1　Searle 型旋转粘度计的示意图

1—炉外壳；2—保温层；3—导热性差的陶瓷（承重的）；4—陶瓷盖；5—加热元件和加热原件载体；6—顶部加热器；7—底部加热器；8—坩埚插座；9—坩埚；10—熔体表面；11—对流隔片；12—装在保护管中的热电偶；13—测量体；14—测量体自动调整的方向接头；15—粘度计传动系统连同转矩接收器；16—粘度计测量指针；17—热电偶连接点 17～18 的平衡导线；18—热电偶对比点；19—记录装置的转换开关；20—温度和粘度测量指针偏转记录器；21—至炉加热器的可变并联电路，用它可以改变顶部加热器 6 和底部加热 7 与加热元件和加热元件载体 5 的效用；22—并联电路用的电流计；23—全部加热装置用的微调节器；24—全部加热装置用的电流计；25—功率调节器的敏感元件；26—功率调节器

四、实验器材

① Searle 型旋转粘度计；
② 坩埚钳，应装铂套；
③ 石棉手套；
④ 试样粉碎装置；
⑤ 护目装置，其防护等级要与测量温度相适应。

五、试样要求与制备

对于无机非金属材料，具有代表性的高温熔体是玻璃熔体，所以本实验选用玻璃（也可用陶瓷釉料熔块）做试样。待测试样应是均匀体，不含结晶、气泡等杂质。将大玻璃块粉碎，选择大于 3mm 的小块作试样。

玻璃试样量由坩埚形状与大小来确定。一般以玻璃液达坩埚高度的 2/3 为准，玻璃试样量为 75～100g。

六、测试步骤

1. 校准

在测定前，应用标准试样对仪器进行校准，求出仪器常数 K。通常用美国国家标准局的标准玻璃 N0710、N0711、N0717 为标准试样。这些试样的粘度-温度数据见表 46-1。用该仪器测得扭矩 M，根据公式(46-2) 求出 K 值。

表 46-1 标准玻璃不同粘度所对应的温度 单位：℃

玻璃	粘度/dPa·s										
No	10^2	10^3	10^4	10^5	10^6	10^7	10^8	10^9	10^{10}	10^{11}	10^{12}
710	1434.3	1181.7	1019.0	905.3	821.5	575.1	706.1	664.7	630.4	601.5	576.9
711	1327.1	1072.8	909.0	794.7	710.4	645.6	594.3	552.7	518.2	489.2	464.5
717	1545.1	1248.8	1059.4	927.9	831.2	757.1	698.6	651.1	611.9	579.0	550.9

2. 测量准备

把称量好的玻璃装入坩埚中，将坩埚放在粘度计的加热炉中，加热到一定的温度。此温度应低于玻璃熔制时的温度，即使玻璃粘度降低到足以允许内部的气泡被释放，又避免产生二次气泡。如果发现有二次气泡，至少应在此温度下保温 20min 后再测试。

将旋转体缓慢地插入熔融玻璃体内，直至旋转体的底到坩埚底之间的距离达到给定的高度为止，一般此距离为 10mm 或 10mm 以上。然后盖上炉盖。

经过几分钟，熔融玻璃稳定之后，接上扭矩系统。

3. 测量

开始转动旋转体，待稳定之后，测量并记录扭矩，同时记录在测量扭矩时的温度。

调节电炉的加热功率，使温度到达下一个测点温度，经足够的时间（约 30min），使温度恒定之后，再重复上述操作进行测定。

一般要测量 5 个温度点以上的“扭矩-温度”数据。

七、数据计算与结果处理

1. 计算法

将各组数据代入式(46-2)，计算出各温度测定点下的粘度值。

2. 图示法

用温度为横坐标，粘度值的对数为纵坐标作图，就可得“温度-粘度”关系曲线。这种方法需要较多的测量点。例如，在从 10^2～10^8dPa·s 的粘度范围内，至少要有 6 个测量点。

为了对玻璃的粘度-温度特性进行快速定量分析，应从图中找出下列 3 个温度值：

T_1——$\eta=10^4$dPa·s 时的温度；

T_2——$\eta=10^{7.6}$dPa·s 时的温度；

T_3——$\eta=10^{13}$dPa·s 时的温度。

3. 公式表示法

在一般情况下，玻璃从澄清到凝固范围内的粘度-温度特性，可由 Vogel-Fulcher-Tamman 表示。

$$x=A+\frac{B}{T-C} \tag{46-3}$$

式中　x——粘度值的十进制对数表示，$x=\ln\eta$；

T——温度，℃；

A，B，C——常数，根据 x_i 和 T_i 的 3 个数据对（$i=1$、2、3），利用下三式进行计算：

$$C=\frac{(T_2-T_1)(T_3-T_1)(x_3-x_2)}{(T_2-T_1)(x_3-x_1)-(T_3-T_1)(x_2-x_1)} \tag{46-4}$$

$$A=\frac{x_2(T_2-C)-x_1(T_1-C)}{T_2-T_1} \tag{46-5}$$

$$B=(T_1-C)(x_1-A) \tag{46-6}$$

如果可供选择的数据对多于 3 个，则可选用 3 个可靠的，相距较远的数据对进行计算。用这种方法，可以计算玻璃从澄清到凝固范围内的任一温度点所对应的粘度值。

思考题

1. 对于 NaCl 熔体，应选用什么方法测定其粘度值？
2. 对于玻璃的低温粘度，应当采用什么方法进行测定？
3. 在多数情况下，测量误差产生的主要原因是什么？

参考文献

[1] DIN 52312 (1)—73. 玻璃粘度的测定　概论.
[2] DIN 52312 (2)—75. 玻璃粘度的测定　旋转式粘度计测定法.
[3] DIN 52312 (3)—78. 玻璃粘度的测定　拉丝法.
[4] 南京玻璃纤维研究设计院. 玻璃测试技术. 北京：中国建筑工业出版社，1987.
[5] 关振铎等. 无机材料物理性能. 北京：清华大学出版社，1992.
[6] 巴甫鲁什金 H M. 玻璃工艺实验. 张厚尘译. 北京：中国工业出版社，1963.

实验 47　玻璃软化点温度的测定

一、目的意义

许多材料在使用时要考虑它的软化温度。在无机非金属材料中，耐火材料的高温荷重变形温度（荷重软化点）是其重要的质量指标。在有机材料中，塑料与玻璃相似，无明显的熔点，只有范围较宽的软化温度；沥青的软化点温度是决定沥青牌号的主要依据之一。

在无机非金属材料的研究与生产中，测定玻璃的软化点温度在生产工艺上有重要意义。对于玻璃制品的退火和增强处理等，热温度都不应达到、更不能超过软化点温度，否则制品将变形成为废品。所以，本实验以玻璃为测试对象。其他材料的软化点测定方法不再赘述，感兴趣的读者可查阅有关专著。

本实验的目的：

① 懂得测定玻璃软化点在生产中的重要意义；

② 掌握玻璃丝伸长法测定软化点温度的基本原理和测量方法。

二、基本原理

玻璃的软化点温度有几种说法。例如：在“实验 21”中已经提到，当用膨胀计测定玻

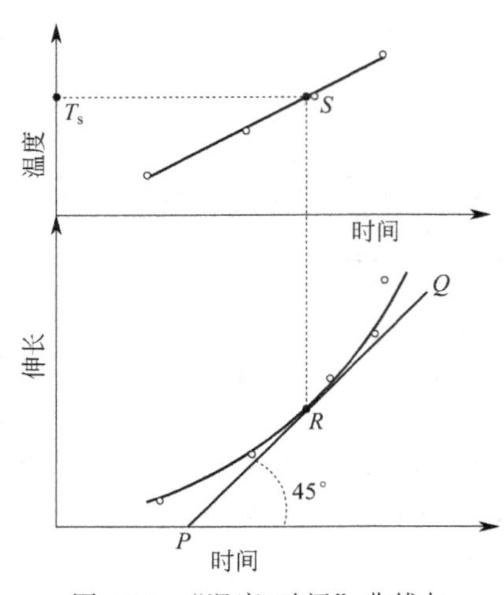

图 47-1 “温度-时间”曲线与“伸长-时间”曲线

璃线膨胀系数时，热膨胀曲线达到最大值的温度也称为软化温度。本实验所要测定的软化点温度，是指规定尺寸［长（235±1）mm；平均直径（0.65±0.10）mm］的玻璃丝，悬挂在特定的炉中，以（5±1）℃/min 的速度升温加热时，玻璃丝在自身重力作用下每分钟伸长 1mm 时的温度。为了避免误解，这个软化点温度通常称为李特列登（Littleton）点。对于许多玻璃，这一温度所对应的粘度大约是 $10^{6.6}$Pa·s。

根据以上定义，可用图解法确定玻璃的软化点温度。由于要求均匀升温，因此“温度-时间”曲线在直角坐标系中是一条直线。而随着加热过程的进行，玻璃丝的“伸长-时间”关系却是非线性关系，如图 47-1 所示。图中横坐标轴表示时间，纵坐标轴表示温度和玻璃的伸长数。在曲线上划出与横坐标轴 45°角的切线 PQ，然后由切点 R 引垂直线与温度-时间直线相交于 S 点，S 点对应纵坐标上的温度，即为所测的“软化点”温度 T_s。

三、测定装置

以前各单位大多用自制的立式炉来测定玻璃的软化点温度。近年来，许多单位都购置了我国几个工厂生产的仪器，例如：原轻工业部玻璃搪瓷工业科学研究所设计、无锡光学仪器制造厂制造的“DNY 型吊丝法玻璃定点粘度点测试仪”，汉光电工厂生产的“BLR 型玻璃软化点测试仪”等。

国内外测定玻璃软化点温度的装置如图 47-2 所示。玻璃丝的伸长数通过读数显微镜读

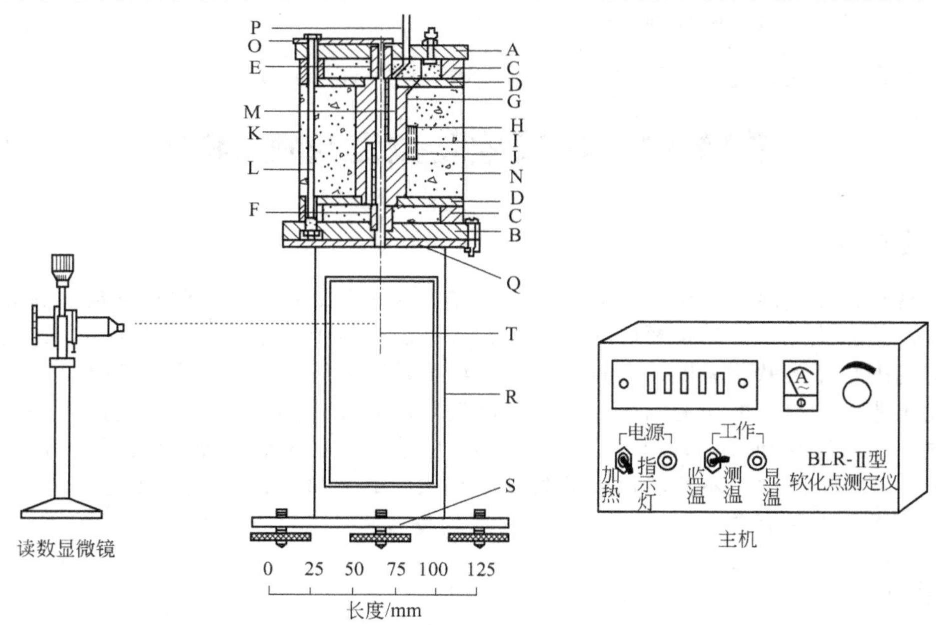

图 47-2 测定玻璃软化点的装置图

A—炉顶；B—炉底；C—间隔圈；D—复板；E—圆柱体；F—圆柱体；G—炉芯；H—炉芯包装材料；I—线圈；J—高铝水泥面层；K—炉壳；L—拉杆；M—双内径瓷管；N—绝热层；O—纤维支架；P—热电偶；Q—垫板；R—下腔；S—底板；T—玻璃试样

得。炉温是用一支插在炉芯里的镍铬-镍铝热电偶测定的，用电位差计读出电压（mV）后查表即得温度值。多数设备有温度显示器，可以直接读出温度值。

四、实验器材

① 软化点测定仪（BLR 型）1 台（或 DNY 型吊丝法玻璃粘度测定仪 1 台）；
② 读数显微镜 1 台；
③ 电位差计（UJ-36 型）1 台；
④ 测微器（读数显微镜 0～25mm）1 个；
⑤ 秒表 1 块；
⑥ 酒精灯 1 个。

五、试样要求与制备

① 用来测定软化点的玻璃丝要求直而不弯，粗细均匀，平均直径应为（0.65±0.10)mm，在玻璃丝的全长上，最大直径与最小直径的差不得大于 0.02mm。

② 玻璃丝表面光滑、丝内无气泡、砂粒、结石及其他杂质。

③ 将玻璃丝的一端在酒精灯上烧一个小球，取小球以下（235±1)mm 长的玻璃丝作为待测试样。

④ 把上述制作好的玻璃丝穿在一块有一小孔的云母片上，玻璃丝应在悬挂时不往下掉。按同样方法制备 3 个试样。

六、测试步骤

目前，测定玻璃软化点温度的国产设备有 BLR 型玻璃软化点测定仪和 DNY 型吊丝法玻璃粘度测定仪。本实验主要用第一种，第二种只做简单介绍。

1. “BLR 型玻璃软化点测定仪”测定方法

此仪器是国营汉光电工厂生产的产品。有Ⅰ型和Ⅱ型两种。它们的区别是，Ⅰ型的测量温度必须由电位差计读出；Ⅱ型的温度可由仪器的数显表上直接读出。除此之外，其他测量操作相同。

① 先接好设备的连接线路，再检查一遍接好的线路，通电升温，实验开始的电流可调到 3A，预热 10min。

② 将电流调到 3.5A 左右，使电炉升温。当电炉温度升到超越被测试样软化点温度约 30℃时，把电流降到 3A 以下，使电炉炉体冷却。当温度降到低于被测试样软化点温度约 20℃时，打开炉盖，把试样放入炉中。

③ 用小镜子从炉子底部看炉子中悬挂的玻璃丝是否粘在电炉壁上。

④ 调节读数显微镜的焦距，并使玻璃丝下端位于目镜的十字线的交点上。同时记下显微镜上的读数和热电偶所示的温度。

⑤ 将电流调到 3A 以上，调节升温速度（要严格控制在 5℃ · min^{-1}），边加热边观察玻璃丝是否伸长。

⑥ 当玻璃丝开始以约 0.1mm · min^{-1} 的速度伸长时，开始记录玻璃丝的长度，精确到 0.02mm。每分钟末记录一次长度读数，每半分钟记录一次温度读数，直至伸长速度达 1.2mm · min^{-1} 以上时即可停止实验。

⑦ 重复以上②～⑥的步骤，做其他试样的测试。

⑧ 在需要进行较精确测量时，该仪器应用美国国家标准局制造的标准玻璃（表 47-1）进行校正。校准时，应选择软化点接近待测玻璃软化点的标准玻璃做标样。

若用该仪器测定标准玻璃所得的软化点温度与表 47-1 所示的软化点温度之间的差值大于 1℃以上，则应把该差值作为校正系数从待测玻璃测定所得得软化点温度中加上或减去。

表 47-1 标准玻璃的软化点

玻璃 No	709	710	711	712	713	714	715	716	717
软化点/℃	384	725	602	528	738	908	961	794	720

2. “DNY 型吊丝法玻璃粘度测定仪”测定方法

此仪器是原轻工业部玻璃搪瓷工业科学研究所设计、无锡光学仪器制造厂制造的测试仪器，可以测定玻璃的退火点、应变点和软化点的温度。测定软化点时的操作方法如下：

① 检查仪器各部件状态和线路连接情况；

② 接通控制器电源前应使电炉电源开关处于“关”；

③ 预热 10min 后进行“调零”和“校准”；

④ 将转换开关置于“自动”、“软化”，电流调节开关逆时针方向旋至最小；

⑤ 打开电炉电源开关调节加热电流，使电流在 3A 以内；

⑥ 低于软化点约 50℃时，升温速度控制在 (5±1)℃·min^{-1}；待温度升到约高于软化点 30℃左右，关闭加热电源开关；

⑦ 待炉温自然冷却至约低于软化点 20℃时，把被测玻璃丝（长度 235mm，直径 0.65mm）插入电炉内；

⑧ 打开灯源开关调节亮度，找到玻璃丝在标尺上的投影，调节至最清楚；

⑨ 打开电炉电源开关，以 (5±1)℃·min^{-1} 的速度升温，每隔 15s 记录温度值和投影格值，直至两次读数格差值超过 25 为止；

⑩ 关闭电炉电源开关，切断控制器电源。

七、记录及数据处理

1. 玻璃软化点测定记录

① 试样名称、试样来源、试样编号、采样或收样日期等；

② 试样直径、试样长度、测试日期、操作者姓名等；

③ 控制升温电压、时间（s）、电压（mV）、温度、玻璃丝伸长数等。可参考表 47-2 记录：

表 47-2 数据记录

时间/s	电压/mV	温度/℃	玻璃丝伸长数/mm
30	××××	×××.×	
60			××.××
90	××××	×××.×	
120			××.××
150	××××	×××.×	
…			…
…	…	…	

2. 图解法求结果

求软化点的作图方法有两种，下面分别介绍。

(1) 直角坐标系法

将所测数据在直角坐标系上描点，即以时间为横坐标，以温度与伸长数为纵坐标（坐标要取等量级），作“温度-时间”和“伸长数-时间”两曲线图，再在“伸长数-时间”曲线上作45°的切线，与该曲线相切，相切的点所对应的在“温度-时间”曲线上所示的温度即为该样品的软化点或软化温度，如图47-1所示。

(2) 半对数坐标法

在纵坐标轴上，取单位时间伸长读数差值的对数值；在横坐标轴上，取温度读数或电位差读数值，把测试数据标在图上。然后根据作图规则，用一条直线近似连接各点，再作一个平行于温度坐标轴且通过1.0mm/min的对数坐标点的直线（每30s交替读一次数，即温度和伸长读数间隔都为1min），则两条直线交点所对应的温度即为该试样软化点温度，如图47-3所示。

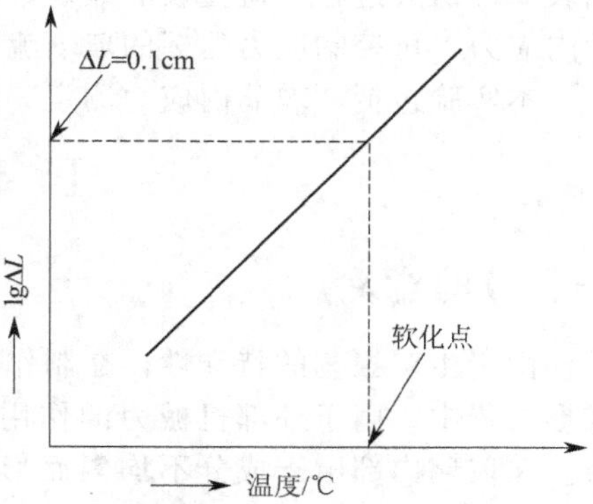

图47-3 半对数坐标作图法

3. 计算机算法求测试结果

作图法的精度较差，用线性拟和法可以提高精度，但手工计算十分麻烦。用计算机进行拟和计算则十分迅速。限于篇幅，这里不作介绍，感兴趣的读者可参阅文献[6]。

4. 精密度和偏差

一般来说，本方法重复测试软化点温度的偏差在1℃以内。如果偏差过大，应另取3个试样重作。

思考题

1. 玻璃的化学组成对软化点温度有何影响？
2. 影响本实验精确度的因素是什么？如何防止？
3. 用直角坐标系图解法确定玻璃的软化点时，在什么情况下才能在“伸长数-时间”曲线上作横坐标为45°的切线？
4. 测定耐火材料的荷重软化点有何意义？如何测定？
5. 为什么说有机材料中的塑料与玻璃相似，无明显的熔点，只有范围较宽的软化温度？
6. 为什么说沥青的软化点温度是决定沥青牌号的主要依据之一？

参考文献

[1] ASTM C 338—73 (88). 玻璃软化点标准检验方法.
[2] NF B30-102—68. 玻璃软化点温度的测定.
[3] JIS R 3104—70. 玻璃软化点试验方法.
[4] GB JC/T. 石英玻璃软化点试验方法.
[5] 南京玻璃纤维研究设计院. 玻璃测试技术. 北京：中国建筑工业出版社，1987
[6] 伍洪标. 玻璃软化点温度的计算方法. 玻璃，1988，(1).
[7] 巴甫鲁什金 H M 等著. 玻璃工艺实验. 张厚尘译. 北京：中国工业出版社，1963.

实验48 玻璃内应力和退火温度测定

玻璃是脆性材料。在玻璃生产过程中，如果工艺参数控制不好，玻璃在生产线上就会炸裂，严重影响产量和质量。如果质量不够好的产品投放市场，用户在使用过程中也可能产生炸裂，造成财产损失或人身安全事故。因此，在生产中要测定玻璃的退火温度范围，以便控制玻璃的退火过程，避免玻璃炸裂，提高产量和质量。在玻璃出厂前的质量检验时测定玻璃的内应力，可控制应力超标的玻璃流入市场。

本实验包括“玻璃内应力测定”和“玻璃退火温度的测定”两个测试项目。

Ⅰ．玻璃内应力的测定

一、目的意义

由于生产工艺的特殊性，在制作完成后的玻璃制品中还或多或少地存在内应力。在玻璃成形过程中，由于外部机械力的作用或冷却时热不均匀所产生的应力称为热应力或宏观应力。在玻璃内部由于成分不均匀而形成的微不均匀区所造成的应力称为结构应力或微观应力。在玻璃内相当于晶胞大小的体积范围内所存在的应力称为超微观应力。由于玻璃的结构特性，其中的微观与超微观应力极小，对玻璃的机械强度影响不大。影响最大的是玻璃中的热应力，因为这种应力通常是极不均匀的，严重时会降低玻璃制品的机械强度和热稳定性，影响制品的安全使用，甚至会发生自裂现象。因此，为了保证使用时的安全，对各种玻璃制品都规定其残余的内应力不能超过某一规定值。对于光学玻璃，较大应力的存在将严重影响光透过和成像质量。因此，测量玻璃的内应力是控制质量的一种手段，特别是质量要求较高的、贵重的或精密的产品尤其重要。

本实验的目的：

① 进一步了解玻璃内应力产生的原因；

② 掌握测定玻璃内应力的原理和方法。

二、基本原理

1. 玻璃中的内应力与光程差

包括玻璃与塑料在内的许多透明材料通常是一种均质体，具有各向同性的性质，当单色光通过其中时，光速与其传播方向与光波的偏振面无关，不会发生双折射现象。但是，由于外部的机械作用或者玻璃成形后在软化点以上的不均匀冷却，或者玻璃与玻璃封接处由于膨胀失配而使玻璃具有残余应力时，各向同性的玻璃在光学上就成为各向异性体，单色光通过玻璃时就会分离为两束光，如图48-1所示。O光在玻璃内的光速及其传播方向、光波的偏振面都不变，所以仍沿原来的入射方向前进，到达第二个表面时所需的时间较少，所经过的路程较短；E光在玻璃内的光速及其传播方向、光波的偏振面都发生变化，因此偏离原来的

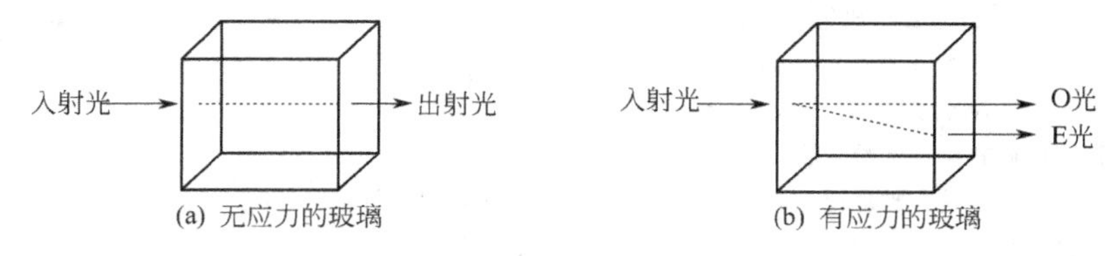

图48-1 光线通过有应力玻璃时的双折射现象

入射方向，到达第二个表面时所需的时间较多，所经过的路程较长。O 光和 E 光的这种路程之差称为光程差。测出这种光程差的大小，就可计算玻璃的内应力。

布儒斯特（Brewster）等研究得出，玻璃的双折射程度与玻璃内应力强度成正比，即：

$$R=B\sigma d\times 10^{-5} \qquad (48\text{-}1)$$

式中 R——光程差，nm；

B——布儒斯特常数（应力光学常数），布，1 布$=10^{-12}\text{Pa}^{-1}$；

σ——单向应力，Pa；

d——光在玻璃中的行程长度，cm。

2. 光程差的测量原理

光程差的测量方法有偏光仪观测法、干涉色法和补偿器测定法等几种。第一种方法可以粗略地估计光程差的大小，不便于定量测定。第二种方法能进行定量测定，但精度不高。只有第三种方法能进行比较精密的测量，本实验采用这种方法。

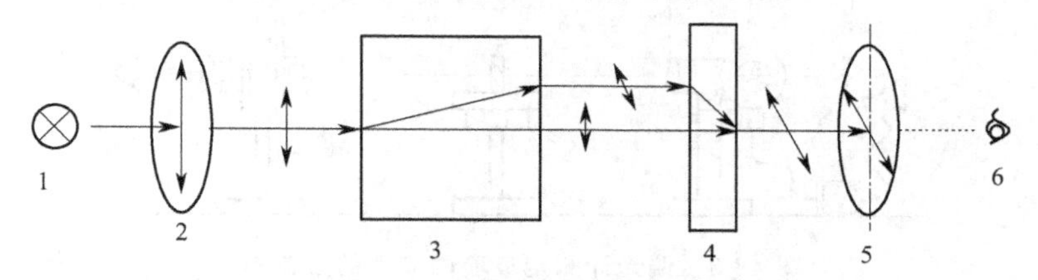

图 48-2 补偿器测定法原理

1—光源；2—起偏镜；3—有应力的玻璃试样；4—1/4 波长片；5—检偏镜；6—眼睛

补偿器测定法的基本原理如图 48-2 所示。由光源 1 发出的光经起偏镜 2 后，变成平面偏振光（假设其振动方向为垂直方向），当旋转检偏镜 5 与之正交时，偏振光不能通过，用眼睛 6 观察时视场呈黑色。若在光路中放入有应力的玻璃试样 3 时，该偏振光通过玻璃后被分解为具有程差的水平偏振光和垂直偏振光。当两束偏振光通过 1/4 波片 4 后，被合成为平面偏振光，但此时的平面偏振光的偏振面对起偏镜产生的平面偏振光的振动方向有一个 θ 角的旋转。因此，在视场中就可看到两条黑色条纹隔开的明亮区。旋转检偏镜，重新使玻璃中心变黑，根据检偏镜的角度差 θ，就可计算玻璃的光程差。

由理论推导可知，玻璃试样的光程差与偏转角成正比，即：

$$R=\frac{\lambda\theta}{\pi} \qquad (48\text{-}2)$$

式中 R——玻璃的光程差，nm；

λ——照射光源的波长，nm；

π——弧度，$\pi=180°$。

当以白光灯为光源时，$\lambda=540\text{nm}$，则：

$$R=3\theta \qquad (48\text{-}3)$$

在精密测定时，以钠光灯为光源，$\lambda=589.3\text{nm}$，则：

$$R=3.27\theta \qquad (48\text{-}4)$$

通常，用单位长度的光程差来表示玻璃的内应力：

$$\delta=\frac{R}{d} \qquad (48\text{-}5)$$

式中 δ——单位长度的光程差，nm/cm；

d——光在玻璃中的行程长度，cm。

将以上结果代入式(48-1)，就可得玻璃内应力计算公式，即：

$$\sigma=\frac{\delta}{B} \tag{48-6}$$

对于普通工业玻璃，$B=2.55\times10^{-12}\text{Pa}^{-1}$。这样，就可由式(48-6) 计算出玻璃的内应力值。

三、实验器材

① 双折射仪，1台。

测定玻璃内应力最广泛的方法是采用偏光仪即双折射仪来测定光程差。仪器由镇流器箱、光源及起偏镜、载物台、检偏振镜和目镜等组成，如图 48-3 所示。

② 玻璃试体若干：(10～20)mm×(100～120)mm 长方条玻璃。

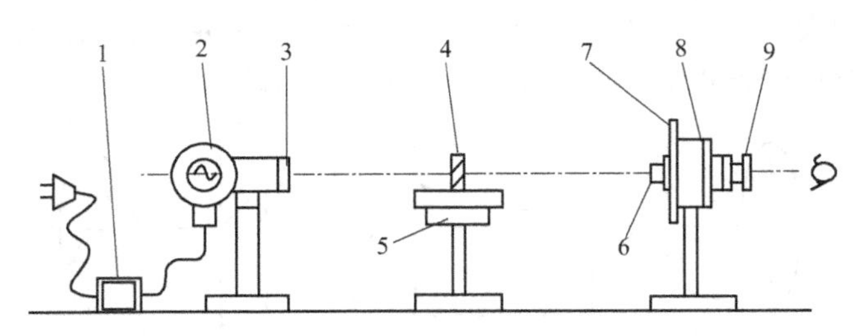

图 48-3 偏光计测定玻璃内应力的装置图

1—镇流器箱；2—光源；3—起偏振片；4—试样；5—载物台；6—1/4 波长片；7—1/4 波片长度盘；8—检偏振片度盘；9—检偏振片

四、测定步骤

① 测定前将仪器检查一遍，接通电源，调节检偏振片与起偏振片成正交消光位置，使视野为黑暗，此时检偏镜指针应当在刻度盘的"O"位，若有偏离记应记下偏离角度 ϕ_0，1/4 波长片也放在"O"位。

② 将具有内应力的玻璃试样放入载物台（若端面粗糙需抛光或浸在汽油或煤油里），其定位应使偏振光束垂直通过试体的端面（片状试体）。

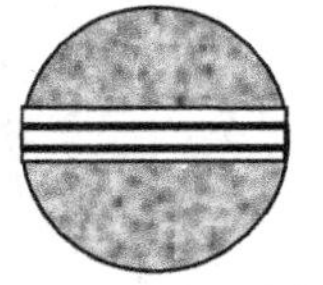

(a) 分离应力线

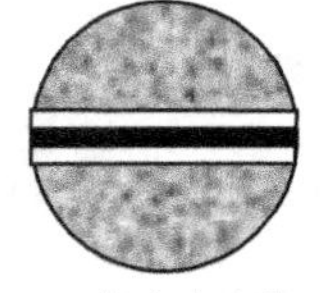

(b) 集合应力线

图 48-4 有残余应力的玻璃片

③ 观察检偏器的视场，可以看到片状试体端面有两条平行的黑线，如图 48-4(a) 所示，说明此位置不存在应力，而在黑线两侧有灰色背景，这就是双折射引起的干涉色，沿两条线的外侧是压应力，内侧是张应力。慢慢向反方向旋转检偏镜，在两条暗线之间就会形成一个小小的间隙，然后接触，使两条黑线集合成一条棕褐色的线［图 48-4(b)］，即由应力产生的双折射已被检偏镜补偿。记下旋转的角度 ϕ。

五、测试记录及数据处理

应力测定的原始数据可按表 48-1 的方式进行记录。单位长度的光程差可按式(48-7) 计算：

$$\delta=\frac{3(\phi-\phi_0)}{d} \tag{48-7}$$

式中 $\phi-\phi_0$——在引入玻璃试样前后检偏镜的旋转角度之差，nm；

d——光通过试体内的行程长度（即试体的宽度，一般测其三点，取平均值），cm。

根据光程差，按式(48-6）计算试体中心的最大残余应力值。

表 48-1　玻璃内应力测定记录及结果计算表

试样编号	试样尺寸/cm		检偏镜刻度盘读数/(°)		单位光程差/nm·cm^{-1}	应力值/Pa
	厚度	宽度（光垂直通过的距离）	无试样	有试样	$\delta=\frac{3(\phi-\phi_0)}{d}$	$\sigma=\frac{\delta}{B}\times10^{-7}$
	h	d	ϕ_0	ϕ		
1						
2						
3						
测试结果						

Ⅱ．玻璃退火温度的测定

一、目的意义

为了消除热不均匀所产生的内应力，在生产中绝大多数玻璃制品都需作退火处理（少数薄壁的小件制品，有时省去退火工序），以期减少或消除玻璃中的内应力，提高制品的机械强度和热稳定性，减小生产过程中的破损，提高产品的产量。测定玻璃的退火温度上、下限，可以合理地确定退火工艺制度，对生产控制有很大的作用。

本实验的目的：

① 进一步了解玻璃退火的实质；

② 掌握测定玻璃退火温度的原理和方法。

二、基本原理

玻璃中内应力的消除与玻璃粘度有关，粘度越小，应力松弛越快，应力消除也越快。退火处理的安全温度，常称为最高退火温度或退火点，它是指在此温度下维持 3min 能使玻璃内的应力消除 95%，相当于玻璃粘度为 10^{12} Pa·s 时的温度。最低退火温度是指在此温度下维持 3min 仅能使应力消除 5%，即相当于玻璃粘度为 10^{15} Pa·s 时的温度。玻璃退火温度与化学组成有关，普通工业玻璃的最高退火温度为 400～600℃，一般采用的最低退火温度比这个温度低 50～150℃。

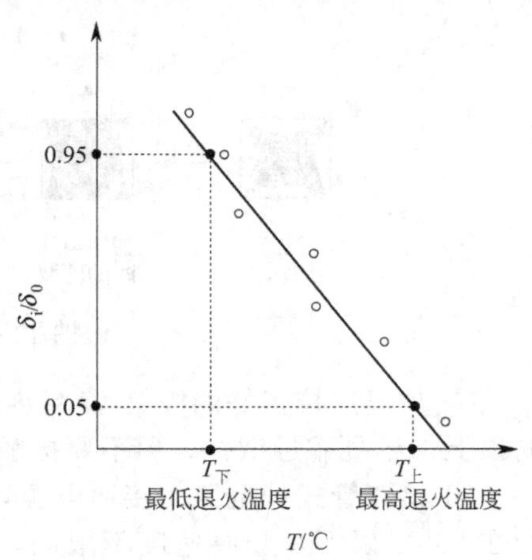

图 48-5　玻璃退火温度的图解方法

理论和实践都证明，在玻璃的退火温度范围内，玻璃试样退火时的剩余应力 δ_i 与初始应力 δ_0 的比值 δ_i/δ_0，与温度呈线性关系，因此根据上述定义就可以求出玻璃的最高退火温度和最低退火温度，如图 48-5 所示。

三、实验器材

玻璃最高退火温度和最低退火温度的测定装置与测定玻璃内应力的装置相同。所用设备及需要增加的附件如下。

① 双折射仪，1台。

② 管式电炉，1台。

③ 电位差计，1台。

④ 时钟或秒表，1个。

⑤ 自耦变压调压器，1台。

⑥ 热电偶1支（镍铬-镍铝热电偶）。

⑦ 待测试样：10mm×10mm的方块状玻璃；或者，ϕ6mm×30mm的棒状玻璃。

四、测定步骤

1. 试样制备

（1）块状试样的制备

用玻璃刀或切片机将待测玻璃切成尺寸为10mm×10mm的方块玻璃，选取无砂子、条纹、气泡、裂纹等缺陷的小块为试块。试块需经淬火处理，即将选取的试块置于马弗炉中，在稍高于玻璃退火温度下保温0.5～1h，取出在空气中自然冷却到室温。

（2）棒状试样的制备

若试样为棒状时，可选取ϕ6mm的玻璃棒为试样。用薄砂轮片将玻璃棒切成约30mm长的棒状试体，然后按上述方法进行淬火处理。

2. 仪器的调整

在前述的双折射仪（图48-3）中，用管式退火炉替代载物台，并进行调整，使炉管的中轴与光学系统的轴一致。

3. 块状试样的测试方法

① 在试样支架上装上玻璃试体（即被测试样），推入炉管中央，边调整支架的位置，边观察试样，直至试样的四周边缘出现四个月牙形的亮域（图48-6）为止，此时检偏镜旋转角度为ϕ_0。按照上述测定内应力的方法测出相应于内应力最大时的光程差，即旋转检偏镜使试体左右两侧边缘出现月牙形小暗域（上、下无月牙形），定出应力值最大时的初始角度ϕ_{max}。

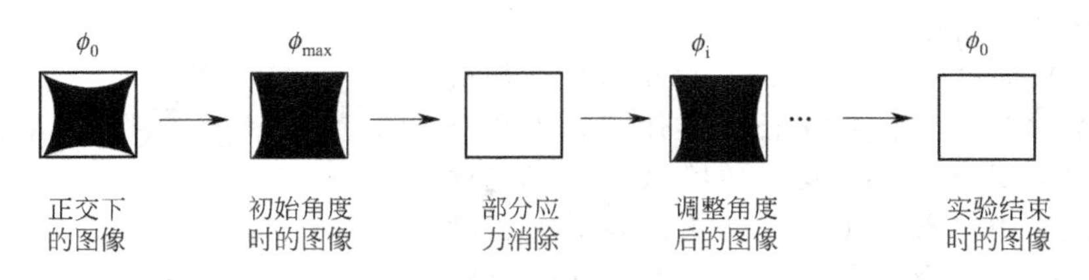

图48-6 试样在仪器视域中的图像

② 炉温用校正好的镍铬-镍铝热电偶及电位差计组合测定，热电偶的热端刚好置于试样的顶上，尽量靠近试样，但不要接触试样，用调压器控制升温速度。

③ 检查管式炉电路，接通电源，从室温至退火温度以下150℃左右（对工业玻璃来说，约在350℃以下）升温速度不限制，当达300℃以后，开始用调压器控制升温速度为3℃/min，注意观察视域内试样干涉色的变化。当试体进入最低退火温度时，光程差（即干涉

色）开始显著平稳地减小，试样两侧的月牙形小暗域往边部移动。此时，每 3min 慢慢旋转偏镜，使月牙形亮域出现于试体边部两侧，以保持原始 ϕ_{max} 时月牙亮域的大小。并记下此时的角度 ϕ_i 和温度 T_i；如此下去，直到试体内的光程差为“0”，此时正好检偏镜转回到 ϕ_0 的位置上，视域全为灰暗，即应力完全消除。

④ 待炉子凉后，换上一个试样，重复实验一次。

4. 棒状试样的测试方法

若采用 ϕ6mm×30mm 棒状试体，其退火温度的测定步骤同上述步骤一样，只是观察的现象有所不同。当角度 ϕ_0 时，试样周围视场呈“深灰色”，试样中央呈现一条最亮线。将检偏镜旋转，当看到试样中的亮线变成原来视域所呈现的“深灰色”为止，测出检偏镜度盘上的角度为 ϕ_{max}。控制 3℃ · min^{-1} 的升温速度，当接近最低退火温度时，开始观察试样干涉色的变化。旋转检偏镜以维持中央的原始“深灰色”，每 3min 观察记录一次，直到视场与试样呈现相同颜色为止。此时，检偏镜刻度盘的位置正好回到 ϕ_0 时的位置为止，应力全部消除。

五、测试记录及数据处理

1. 数据记录

退火温度测定的原始数据可按表 48-2 的形式记录。

表 48-2 玻璃退火温度范围测定记录及结果计算表

测定记录						结果计算		
实验持续时间		炉内温度	检偏镜刻度盘的读数		加热试样时，每次检偏镜的转角	试样加热前所存在的光程差	试样加热后各测点的光程差	$\frac{\delta_i}{\delta_0}$
时	分	/℃	ϕ_0/(°)	ϕ_{max}	ϕ_i/(°)	δ_0/nm · cm^{-1}	δ_i	

2. 图解法

在直角坐标纸上以温度为横坐标，δ_i/δ_0 为纵坐标作图。在“δ_i/δ_0-T”直线上取 δ_i/δ_0 在 0.95 和 0.05 的点所对应的温度值即分别为该玻璃的最低退火温度和最高退火温度。如图 48-5 所示。

思考题

1. 什么叫应力？什么叫内应力？什么叫主应力？
2. 退火的目的和实质是什么？
3. 什么是最高退火温度和最低退火温度？
4. 本实验的原理是什么？为提高测试的准确性，实验过程中应注意哪些事项？

5. 试推导式(48-1)。

6. 从理论上证明，在玻璃的退火温度范围内，玻璃试样退火时的剩余应力 δ_i 和初始应力 δ_0 的比值 δ_i/δ_0 与温度呈线性关系。

参考文献

[1] 玻璃测试技术编写组. 玻璃测试技术. 北京：中国建筑工业出版社，1987.
[2] JC/T 655—1996. 石英玻璃制品内应力检验方法.
[3] ASTM C148—77. 玻璃瓶罐偏光应力检验的标准方法.
[4] 西北轻工业学院主编. 玻璃工艺学. 北京：中国轻工业出版社，1995.
[5] 巴甫鲁什金 H M 等著. 玻璃工艺实验. 张厚尘译. 北京：中国工业出版社，1963.
[6] 霍洛威 D C. 玻璃的物理性质. 张恩溥译. 北京：轻工业出版社，1985.

实验 49 材料化学稳定性的测定

材料在使用过程中，经常受到各种侵蚀介质的作用而引起不同程度的破坏。材料具有抵抗这种破坏的能力称为化学稳定性。

化学稳定性的测试是许多无机非金属材料质量检验的主要内容之一。无机非金属材料的种类很多，其测定方法也不尽相同。本试验主要测定陶瓷和玻璃的化学稳定性。

Ⅰ. 陶瓷化学稳定性的测定

一、目的意义

陶瓷产品根据其使用条件，经常受着各种化学试剂（如酸、碱、盐及其蒸气）的相互作用。如果化学稳定性差，在使用中就会变质，因此测定陶瓷材料的化学稳定性十分重要。

本实验的目的：

① 了解影响陶瓷材料化学稳定性的因素；

② 掌握陶瓷材料化学稳定性的测定原理及方法；

③ 了解其他无机非金属材料化学稳定性的测定方法。

二、基本原理

在高温下，酸的长时间作用，有时会导致釉层的破裂。当坯体受到各种浓度的沸腾酸、碱液和溶盐的作用时，就会遭到不同程度的腐蚀。坯体的结构特征和密度，以及釉层的成分均直接影响其耐腐蚀程度。凡结构致密和涂有长石釉的瓷坯，一般均具有较好的抗酸碱作用，而气孔率高的坯体和涂有铅釉的陶瓷，即使在弱酸和弱碱的作用下也易受到腐蚀。

坯体的化学成分也能影响其耐酸性。坯内氧化物在酸性溶液中的溶解度可归纳为下列顺序：$K_2O > Na_2O > CaO > MgO > ZnO > Al_2O_3 > Fe_2O_3 > SiO_2$，即 K_2O 耐酸侵蚀性最弱，SiO_2 最强。

酸液（尤其是盐酸）对于釉有不同程度的溶化作用，其溶化大小的次序如下：盐酸>硫酸>硝酸>柠檬酸>醋酸。

根据以上特点，如果坯体结构致密，Al_2O_3、SiO_2 含量高，又涂有一层良好的釉层（釉中 Al_2O_3、SiO_2 含有较多，釉层光滑平整）的瓷坯其化学稳定性就好。而坯体气孔率高，含 K_2O、Na_2O 较多，釉层质量又不好的瓷坯，其化学稳定性就差。

测定陶瓷材料化学稳定性的方法，多采用磨细状态的试样与水、酸或碱共同煮沸，以试样所溶去的质量占原始试样质量的百分数来表示。

三、实验器材

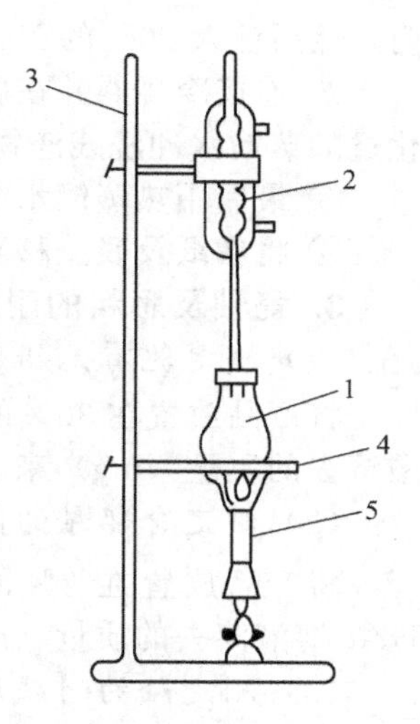

图 49-1 回流冷凝装置
1—锥形瓶；2—冷凝器；
3—支架；4—石棉网；
5—酒精灯（或电炉）

① 铁研钵及磁铁；

② 分析天平；

③ 筛子（12 孔/cm^2、20 孔/cm^2）；

④ 回流冷凝器装置，附 200～250mL 的烧瓶（圆底或平底均可），如图 49-1 所示；

⑤ 无灰滤纸（中等密度）；

⑥ 瓷坩埚；

⑦ 漏斗及过滤设备；

⑧ 小电炉或喷灯；

⑨ 浓硫酸（相对密度 1.84）；

⑩ 苛性钠溶液（20%）；

⑪ 甲基橙指示剂（0.25%）；

⑫ Na_2CO_3 溶液（5%）；

⑬ 酚酞指示剂（1%的酒精溶液）；

⑭ $AgNO_3$ 溶液；

⑮ 稀盐酸。

四、试样制备

1. 用作测定耐酸度的试样

称取粒状试样约 50g，在铁研钵中磨细，使能全部通过 12 孔/cm^2 筛，取其在 20 孔/cm^2 筛的筛上料（粒度介于 0.84～1.19mm 之间）。经过除铁，洗去尘粉，烘干，即可使用。

2. 用作测定耐碱度的试样

称取粒状试样约 50g，在研钵中磨细，过 12 孔/cm^2 筛，取其 20 孔/cm^2 筛的筛上料，其粒度介于 0.84～1.19mm 之间，经过除铁，洗去尘粉，烘干，即可使用。

五、测试步骤

1. 耐酸度的测定

① 称取制备好的试样 1g，仔细地放入已洗净和烘干的烧瓶内，加入浓硫酸 25mL。

② 连接冷凝器并在瓶底进行加热，煮沸 1h 后，停止加热使烧瓶冷却。

③ 将 75mL 蒸馏水分次加入烧瓶内，以冲稀瓶内的溶解物（此时，如瓶内出现浑浊或乳状物，则需将烧瓶在水浴上煮沸 15～20min，直至浑浊物——硫酸铝结晶完全溶解）。

④ 用中等密度的过滤纸过滤混合物的清液部分，并用热蒸馏水冲洗瓶内残渣使其呈中性反应（根据甲基橙显色）

⑤ 于瓶内注入 5%的 Na_2CO_3 溶液 50mL，使其与残渣作用，然后置瓶在水浴上煮沸 15min，并不断摇动。

⑥ 将瓶内热碱液倾入最初的滤纸上，用蒸馏水冲洗瓶内残渣使其呈中性反应（根据酚酞显色），然后将残渣全部移至滤纸上。

⑦ 烘干滤纸及残渣，并将其移至已知质量的瓷坩埚中进行灰化，并灼烧至恒重。

2. 耐碱度的测定

① 称取已制备好的试样约 1g（需进行 3 个平行试验），放入预先洗净和烘干的锥形瓶

内，然后注入20%的NaOH溶液25mL。

② 连接冷凝器并在瓶底进行加热，煮沸1h后，将瓶内热碱液倒出。过滤前需用盐酸酸化过的蒸馏水冲洗残渣物，并将残渣全部移至滤纸上。

③ 最后用热蒸馏水洗涤滤纸上的残渣，直至洗液内不含氯离子（$AgNO_3$检验）为止。

④ 将滤纸及残渣移至已知质量的瓷坩埚内，进行烘干、灰化及灼烧至恒重。

3. 瓷釉及彩料的耐酸碱作用的测定方法

（1）测定施有无铅釉的陶器及日用瓷的耐酸度

将产品放置在30%的盐酸内，于20℃温度下处理24h，以每平方厘米的产品表面被盐酸溶去的质量（mg）来表示。

（2）测定含铅釉的陶器或不透明陶器的耐酸度

将产品放置在3%的醋酸（HAc）内，煮沸30min，以单位面积（$1cm^2$）的产品被HAc溶液溶去的质量（mg）来表示。

（3）测定釉的耐碱度

将产品放在4%的Na_2CO_3溶液中煮沸3h，然后在此溶液中静置15h，取出洗净，擦干，从釉面光泽和外形的改变来确定釉的破坏程度。

（4）测定釉上彩料的耐酸、耐碱性

选用具有同样彩画、色彩和光泽的瓷坯三件，一件放在0.75%的冷盐酸液内，一件放在5%的Na_2CO_3溶液中煮沸（用回流冷凝装置）3h，取出试样，洗净，烘干，然后与未经任何处理的瓷坯（即余下的一件）进行检验比较，按下列特征来确定其稳定性：

① 无任何改变的——稳定性良好；

② 珍珠光和阴暗处的颜色均有改变的——稳定性合格；

③ 产品上的彩料易于擦掉的——稳定性不合格。

六、测试记录与结果计算

1. 测试记录

陶瓷材料化学稳定性测定记录表见表49-1。

表49-1 陶瓷材料化学稳定性测定记录表

试样名称		测定人		测定日期	
试样处理					
试样编号	试样重/g			耐酸(或耐碱)度/%	备注
	实验前重 g_0/g		实验后重 g_1/g		

2. 计算公式

$$耐酸度=\frac{g_1}{g_0}\times100\% \quad (49\text{-}1)$$

$$耐碱度=\frac{g_1}{g_0}\times100\% \quad (49\text{-}2)$$

式中 g_0——试样试验前的质量，g；

g_1——试样试验后的质量，g。

七、注意事项

① 试样磨细的程度、实验时采用酸或碱的种类、浓度以及处理的特征（如用冷酸或加

热等）均关系到结果的正确与否，因此，操作中必须严格遵守规定的试验条件。

② 当采用相对密度为 1.80～1.84 的浓硫酸处理时，所得的耐酸度指标最为精确（与采 HNO_3、HCl 时比较）。

③ 加热处理时，烧瓶颈下部的表面必须用石棉物加以绝热，以保证瓶内液体能在短时间内均匀而及时地沸腾。

④ 为了避免因在沸腾时蒸汽猛烈逐出过程中将小颗粒试样带入冷凝器管内所引起的误差，必须在冷凝器拆除前，用水冲洗其管道，并将此洗液回收并倒入烧瓶内。

有关陶瓷制品的性质见表 49-2～表 49-4。

表 49-2 陶瓷制品（耐酸砖）的耐酸性与吸水率的关系

吸水率/%	0.4	0.7	1.2	1.7	2.2	3.5	4.8	7.6	8.6	9.7	10.2
耐酸度/%	99.2	98.8	98.5	98.3	98.2	97.1	97.0	93.4	92.8	92.4	90.4

表 49-3 各种陶瓷制品的化学稳定性

指　标	耐酸瓷器	耐酸砖	瓷器	块滑石制品	堇青石制品	镁橄榄石制品
酸液溶解度/%	4～6	5～6	3～6	0.5～0.8	2～3	5～6
碱液溶解度/%	12～21	17～19	12～14	5～6	14～15	11～12

表 49-4 几种陶瓷坯体的耐酸比较

酸　类	浓度/%	温度/℃	优质瓷/[g/(m·h)]	耐热瓷/[g/(m·h)]	瓷器/[g/(m·h)]
H_2SO_4	96	270	0.0150	0.06	1.10
HCl	39	110	0.0063	0.10	0.20
HNO_3	70	114	0.0048	0.07	0.10
HAc	98	97	0.0066	0.10	0.03
H_3PO_4	90	102	0.6780	5.26	—
苦味酸	5	92	0.0081	0.67	—

Ⅱ. 玻璃化学稳定性的测定

一、目的意义

玻璃的化学稳定性（也叫安定性）、耐久性或抗蚀性是指玻璃在各种自然气候条件下抵抗气体（包括大气）、水、细菌和在各种人工条件下抵抗各种酸液、碱液或其他化学试剂、药品溶液侵蚀破坏的能力。

玻璃的化学稳定性是玻璃的一个重要性质，也是衡量玻璃制品质量的一个重要指标，因为任何制品的任何用途都要求玻璃具有一定的化学稳定性。当玻璃的化学稳定性差时，玻璃制品就不能使用。例如，平板玻璃在仓库存放或在运输过程中就会因受潮而粘片；光学仪器的玻璃零件就会因发霉生斑而影响透光性和成像质量，严重时甚至使整个仪器报废；玻璃化学仪器会因受酸、碱、盐的侵蚀而影响分析结果；一些生活用品，如保温瓶等会因受水的作用成片脱落而影响人体的健康；特别是医用药瓶、安瓿、盐水瓶等会因玻璃溶入药液中而影响药液的质量，甚至会危及生命。因此，在这些产品的生产中必须严格地测定其化学稳定性，对于化学稳定性不合格的玻璃制品不能出厂使用。

本实验的目的：

① 进一步理解玻璃被侵蚀的机理；

② 了解测定玻璃化学稳定性的各种方法及应用范围；

③ 掌握常用的试测玻璃化学稳定性的方法。

二、实验原理

侵蚀介质对玻璃的破坏过程是很复杂的。就一般情况而论，当玻璃与侵蚀介质接触时，破坏机理可分为溶解和浸析两大类。当溶解发生时，玻璃各组分以其在玻璃中存在的比例同时进入溶液（例如氢氧化物溶液、磷酸盐溶液、碳酸盐溶液、磷酸或氢氟酸等溶液）中。这种侵蚀也叫完全侵蚀。当浸析发生时，只是玻璃中的某些组分溶入溶液中，其余部分残留在玻璃表面而形成化学稳定性较高的保护膜，玻璃的骨架没有被瓦解。

玻璃制品经常遇到的介质有气体与液体。气体有 CO_2、SO_2 等。液体有水（包括潮湿空气中的水蒸气）、酸液、碱液和盐类溶液等。下面简单讨论各液体介质对玻璃的侵蚀。

1. 水对玻璃的侵蚀

从实验知道，各种酸、碱、盐的水溶液对玻璃发生破坏作用时，都是水先与玻璃表面起反应。因此可以说水是玻璃的最大“敌人”。就目前情况而言，水能与任何一种玻璃作用，只是程度不同而已。

从微观角度来看，玻璃的内部是比较空旷的。即玻璃网络结构内有很大空隙。因此，当玻璃与侵蚀介质接触时，介质的某些分子或离子能从玻璃表面进入内部与玻璃内部的某些离子进行交换或者同玻璃结构网络进行反应。反应结果，玻璃表面的 Si—O 键断裂，形成硅醇—OH 基团，随着这一水化反应的继续，Si 原子周围原有的四个桥氧全部成为—OH，这就是 H_2O 分子对硅氧骨架的直接破坏。当水进一步作用时，在玻璃表面将形成一层均匀的高硅酸薄层，俗称为硅酸凝胶膜，这层薄膜具有一定的坚固性，同时又具有很强的吸附能力，使玻璃的进一步破坏过程减慢，故称为保护膜。水对玻璃的作用时间越长，生成的保护膜越厚，破坏的过程就越慢。所以水对硅酸盐玻璃的侵蚀作用只是在最初一个阶段比较显著，随着侵蚀过程的进行，玻璃的抗水能力便逐步增强。在到达一定时间后，侵蚀作用基本停止。

2. 酸对玻璃的侵蚀

酸对玻璃的侵蚀机理与水不同，酸（特别是稀酸）中有许多活动能力较强的氢离子（H^+），它的平均直径只有 0.001nm，而玻璃网络空隙的平均直径是 0.3nm，这样大的孔隙对 H^+ 来说是畅通无阻的。当 H^+ 的浓度较高时，H^+ 可以深入到玻璃较深的内部去置换金属阳离子，因而玻璃被侵蚀的深度要比水中深得多。酸根离子的尺寸较大，不容易扩散进入玻璃内部，只能同 H^+ 交换出来的阳离子生成盐来影响侵蚀过程。一般情况下，酸分子是不直接与玻璃作用的。另一方面，酸溶液能同 H^+ 侵蚀玻璃后生成的水解产物（氢氧化物）形成易溶的盐类，这使玻璃的溶解速度大大增加。由于这两个原因，酸对玻璃的侵蚀要比水严重得多。但是，由于水解深度的增加，所生成的保护膜也增厚，可达数十纳米。所以，玻璃也具有抵抗酸侵蚀破坏的能力，只是比抗水能力差些。

3. 碱对玻璃的侵蚀

碱液对玻璃的侵蚀过程比较复杂，首先是碱液中的水与玻璃表面作用，生成保护膜，然后是碱与保护膜起反应，水解反应继续进行，所以，玻璃将不断地受到破坏。

另外，碱液中有大量的 OH^-，它可以通过水侵蚀的玻璃表面深入到玻璃内部与玻璃网络起反应。OH^- 破坏了玻璃的网络骨架，使玻璃的整体瓦解。所以，对于水、酸、碱三种侵蚀液，玻璃的耐碱性是最差的。

4. 盐溶液对玻璃的侵蚀

有些盐溶液也能与玻璃作用，有的侵蚀能力甚至超过氢氧化物很多倍。

碳酸盐对玻璃的侵蚀机理与氢氧化物相似，当玻璃与碳酸盐（R_2CO_3）溶液接触时，首先是水与玻璃表面起反应，生成 ROH、$R(OH)_2$ 等氢氧化物和硅酸凝胶。其中 $R(OH)_2$ 遇到 CO_3^{2+} 阴离子后将进行如下的反应。

$$R^{2+} + CO_3^{2-} \longrightarrow RCO_3 \downarrow$$

这个反应有利于玻璃的溶解。所以，与等当量的 ROH 对玻璃的腐蚀能力相比，R_2CO_3 具有更大的破坏性，这也是用 Na_2CO_3 + NaOH 混合液侵蚀玻璃要比单独使用 NaOH 或者 Na_2CO_3 溶液侵蚀玻璃严重得多的原因。窗户上的玻璃安装时间较长时会出现彩虹（侵蚀斑），这种现象也基于这个道理：当窗户上的玻璃吸附空气中的水分使玻璃表面水化生成苛性碱以后，如果空气中有 CO_2 则会生成 Na_2CO_3 堆积在玻璃表面上，Na_2CO_3 再吸收空气中的水分而潮解，生成浓的碱式碳酸盐溶液小滴，在窗玻璃表面就形成很深的侵蚀斑。

此外，磷酸盐溶液也能侵蚀玻璃，而且比碱液严重几十倍。因为磷酸盐能使水解后产生的硅酸凝胶膜生成可溶性的硅磷酸盐，直接破坏了保护膜。

从以上讨论可见，酸、碱或盐类溶液对玻璃的作用，首先都是由水中的 H^+、H_3O^+ 置换玻璃表面或内部的金属阳离子开始的。因此，对水的抗蚀性能是各种不同要求的玻璃制品的共同要求。

三、玻璃粉末耐水性的测定

1. 概述

粉末法可以说是一种万能的方法，因为这种方法可以测定各种玻璃制品的化学稳定性（不管什么形状都可加工成粉末试样）。粉末法的实质是将具有一定颗粒度的试样，在某种侵蚀剂的作用下，于某一特定温度时保持一定的时间，然后测定粉末损失的质量或用一定的分析手段测定玻璃转移到溶液中的成分的含量。

粉末法的特点是简单而快速。因为试验样品是粉末，玻璃表面积大，增大了与侵蚀剂的作用面积，而提取的组分也足够大，可以消除某些偶然因素的影响。粉末法的不足之处是容易受表面大小、温度、溶剂用量等因素的影响，因而测定精确度比较差。若不做细心的准备工作，遵守一切规程，便难以获得精确的结果。

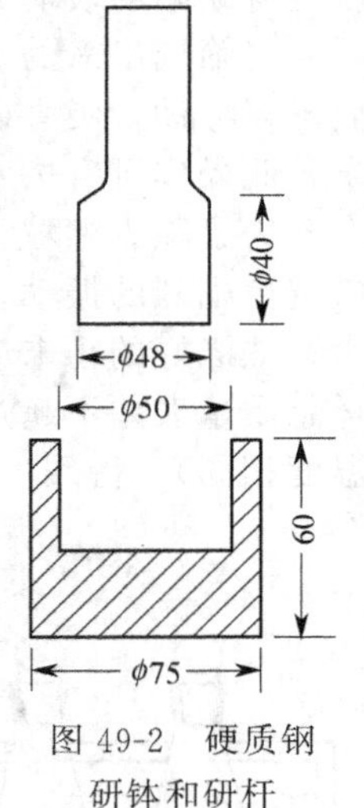

图 49-2 硬质钢研钵和研杆
图中尺寸供参考用

2. 实验器材

① 水浴锅（4 孔或 6 孔）；
② 冷凝管（4 只或 6 只）；
③ 锥形烧瓶（50mL 或 100mL）；
④ 电烘箱 1 台；
⑤ 分析天平 1 台；
⑥ 筛子（孔径为 0.3mm 和 0.5mm 的标准筛各 1 把）；
⑦ 镊子 1 把；
⑧ 温度计 2 支（读数精确到 0.2℃）；
⑨ 干燥器 1 个；
⑩ 酸式滴定管 1 支（5mL，刻度为 0.02mL）；
⑪ 锤子、重约 1kg；
⑫ 硬质钢研钵 1 个［如图 49-2 所示，这是 ISO-719—1981(E) 推荐的形状和尺寸］；
⑬ 磁铁（棒形或马蹄形）；
⑭ 无水乙醇；

⑮ 中性蒸馏水（新鲜的、去气、存放不超过 24h）；
⑯ 带塞容量瓶（50mL）5 个；
⑰ 甲基红指示剂；
⑱ 标准盐酸（0.01mol/L）。

3. 玻璃粉末的制备

取按日常生产方法进行退火，已消除应力的玻璃块（其厚度大于 1.5mm）50g，用布把玻璃表面擦干净，再用干净的纸包上，用锤子把试样敲碎；选取 30g 以上、直径在 10～30mm 之间的玻璃块。放入硬质锡研体中，插入研杆，用锤猛击一下研杆。应当注意，锤击次数多于一次时，会产生过细的粉碎。锤击之后，将研钵内的玻璃在 0.5mm 和 0.3mm 的标准筛上过筛，过筛后，又将 0.5mm 标准筛上的玻璃放入研钵中粉碎，过筛，如此操作数次，直至留在 0.3mm 标准筛上的玻璃粉末达到 15g 左右为止，最后移去 0.5mm 的标准筛，再激烈筛 5min。

如果一时没有如图 49-2 所示的钢质研钵，也可用瓷研钵来加工玻璃粉末，方法如下：取 100g 的玻璃在瓷研钵中研细。因为粉末法是使玻璃颗粒表面受化学处理、为了获得可以比较的结果，玻璃颗粒要求表面相等，即要求球形颗粒。为此，制备试样时应采用薄玻璃块，用弱撞击的方法粉碎，玻璃碎块应在大研钵中研磨，杆应在研钵中做圆周运动，这样可以使玻璃块免受冲击而形成片状体。玻璃块研细后，使之过孔径为 0.5mm 和 0.3mm 的标准筛，去掉大于 0.5mm 和小于 0.3mm 的颗粒，取 0.3～0.5mm 粒级的颗粒做试样，过筛时最好用机械筛而不用人工筛。因为机械筛能加快筛分的速度，并能得到较均匀的粒级。此外，过筛时应先过大孔筛，后过小孔筛，过筛时间不宜过长，否则会造成大量的粉尘。

玻璃粉末分级后应用镊子仔细地选择球形颗粒，去掉扁平的，或带有玻璃末的颗粒。为此，可将所得的玻璃粉末撒到倾斜放置的木板或胶合板上，然后轻轻敲击木板，球形颗粒便向下滚动，而扁平颗粒便被阻滞下来，按上法重复 2～3 次，即可获得较为均匀的球形颗粒。至于有粉壳的玻璃，可将粉末放到底部照明的乳白玻璃板上观察，不透明的与暗颜色的颗粒就是有缺陷的玻璃。这些颗粒可用镊子除掉。

将筛选出来的 0.3～0.5mm 的玻璃粉末约 10g 放在光滑的白纸上，摊平，用磁铁在上面反复移动，吸去研钵上落下的铁屑，直至磁铁上不再出现铁屑为止。若用瓷研钵研磨的粉末，此操作可省去不做。

为了除去颗粒上的细末，可用不与玻璃作用的液体（如乙醇）进行洗涤，在洗涤过程中应避免剧烈的振动，以免形成细分散的玻璃粒级。

洗涤好的粉末应放入电烘箱内，在 100～110℃下干燥至恒重（要求两次称重过程中试样总质量误差不超过 0.5mg）。干燥结束后试样移入干燥器中冷却至室温（即与天平周围的温度相同），待用。

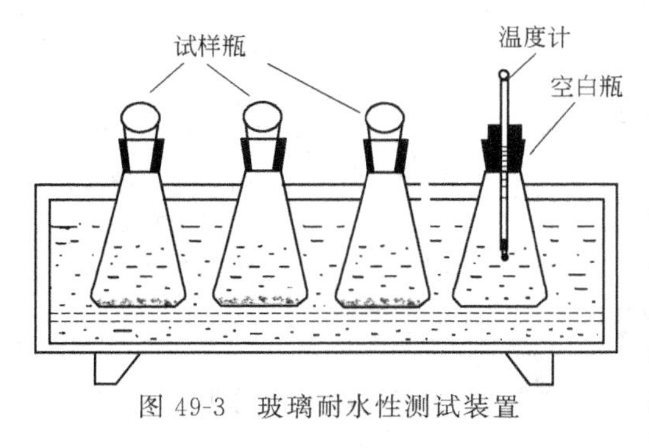

图 49-3 玻璃耐水性测试装置

4. 测试步骤

① 在恒温水浴锅内加入足量的水，通电加热至沸待用。

② 在分析天平上准确称取处理后的试样 2 份，每份 2g（精确至 0.002g），分别放入三个 50mL 的容量瓶内，用蒸馏水冲洗瓶壁上的样品，使之流入瓶底，再加入蒸馏水至瓶的刻度线。此外，另取两只 50mL 容量瓶，加蒸馏水至刻线，其中用一个做空白实验，另一个插上温度计，用来控制温度。

③ 上述 5 个容量瓶平稳地浸入沸水浴中，浸入深度以超过刻度为限，如图 49-3 所示。

加快升温速度，使容量瓶内温度在3min内达到（98.0±0.5）℃盖上盖子，连续加热60min，在加热中，瓶内温度应保持（98.0±0.5）℃。

④ 将容量瓶从热水浴中取出，打开瓶塞，将瓶浸入冷水浴中迅速冷却至室温，并用蒸馏水补齐至瓶的刻线，盖上盖子，摇匀后静置5min，使样品颗粒下沉，得到上层清液。

⑤ 用移液管从每个容量瓶中移取25mL清液，放入相应的锥形烧瓶内，各加入2滴甲基红溶液，用0.01mol·L^{-1}盐酸标准溶液滴定至微红色，分别记下所耗用0.1mol·L^{-1}标准盐酸溶液的体积（mV）。

⑥ 以同样方法确定空白溶液所耗用的标准盐酸的体积（mV）。

5. 结果计算

从得到的三个试样测定值中分别减去空白值，然后计算出平均值，即得到结果。如果要相应碱析出量的数据，可按下式计算：

$$Na_2O = 310V_{HCl} \quad (\mu g \cdot g^{-1})$$

式中 V_{HCl}——所消耗标准盐酸的体积，mL。

假如在耐水等级为1和2的试样中，每个结果与平均值的误差大于±10%，3～5级玻璃中误差大于5%，则需重新测定。

玻璃的耐水等级由表49-5确定。

表49-5 玻璃水解等级的分级

玻璃等级	每克玻璃粉末耗用0.01mol·L^{-1}盐酸溶液的量/mL·g^{-1}	每克玻璃粉末的氧化钠浸出量/$\mu g \cdot g^{-1}$
1	<0.10	<31
2	0.10～0.20	31～62
3	0.20～0.85	62～264
4	0.85～2.0	264～620
5	2.0～3.5	620～1035

注意：如果试验样品的厚度小于1.5mm，或者在20℃时，玻璃的密度大于270kg/m^3或小于230kg/m^3时，这些数据应记录在实验报告中。为保持试样表面一致，此试样的每份应称取的质量（g）改为0.8乘玻璃的密度。

实验结果可按表49-6的格式记录。

表49-6 实验结果记录

试样编号	耗用0.01mol·L^{-1}盐酸的体积/mL		析出Na_2O的量/μg		水解等级
	单个试样	平均值	单个试样	平均值	
1					
2					
3					

四、玻璃块表面耐碱性的测定

1. 概述

大块法测定的是玻璃块表面的化学稳定性，这比较接近玻璃制品的实际使用情况。大块法可用来测定玻璃抗水、酸和碱的侵蚀性能，本实验只讨论抗碱性的测试。

由于玻璃试块的表面可以较准确地测定，所以与粉末法相比，其测量的精度高，实验重复性好，而且试样的制备也简单得多，只是测试的时间较长。

2. 实验器材

① 化学稳定性测定装置，如图 49-4 所示，包括：水浴锅（4 孔或 6 孔）；回流冷凝管（4 支或 6 支）；银坩埚（500mL，4 或 6 个）或 100mL 锥形烧杯。

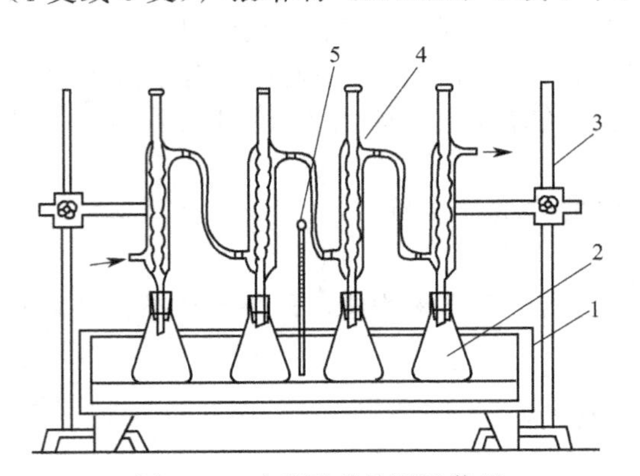

图 49-4　玻璃耐碱性测试装置
1—温水浴；2—锥形瓶或银坩埚；3—铁支架；
4—回流冷凝管；5—温度计

② 电热干燥箱 1 台。

③ 分析天平 1 台。

④ 游标卡尺 1 把。

⑤ 瓷盘（带盖）1 个。

⑥ 干燥器 1 个。

⑦ 烧杯（100mL）2 个。

⑧ 量筒 1 个（100mL）。

⑨ 温度计 2 支。

⑩ 镊子 1 把。

⑪ 细白手套。

⑫ 石棉绳。

⑬ pH 试纸。

⑭ 弱盐酸（1∶25）。

⑮ 蒸馏水。

⑯ 无水乙醇。

⑰ 混合碱溶液（$1mol \cdot L^{-1}$ NaOH＋$0.5mol \cdot L^{-1}$ Na_2CO_3）。

3. 玻璃试块的制备

取 2mm 厚待测玻璃切成尺寸为 3cm×3cm 的玻璃块，每种玻璃以两块试样为一组进行测试，共准备 2～3 组试样。

对切成的试块用游标卡尺精确测量其尺寸，每边测三次（精确到 0.05mm），取平均值计算其总面积。

把经上述处理后的样品放入电烘箱内，在 100～110℃下干燥至恒重，并移入干燥器中冷却至室温待用。

4. 测试步骤

① 在分析天平上称量试块（精确到 0.0002g）。

② 往水浴内加入足量的水，通电加热至沸，与此同时，把已混合好的 $0.5mol \cdot L^{-1}$ Na_2CO_3 ＋$1mol \cdot L^{-1}$ NaOH 溶液 100mL（以淹埋试块为准）放入银质坩埚内加热至沸。

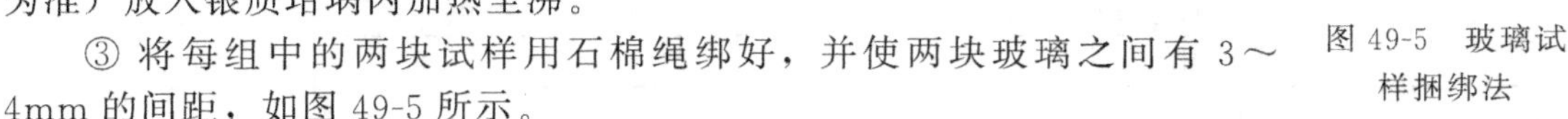

图 49-5　玻璃试样捆绑法

③ 将每组中的两块试样用石棉绳绑好，并使两块玻璃之间有 3～4mm 的间距，如图 49-5 所示。

④ 把绑好的试样放入银坩埚内，接上回流冷凝器，煮沸 3h。应当注意由于煮沸时间长，水分挥发较多，煮沸过程中如水浴锅内的位置下降过多时，应向水浴锅内加开水补足到原来的水位，若银烧杯内混合液因水分蒸发而没有淹没玻璃试块时，应向银坩埚内补充煮沸的蒸馏水。

⑤ 煮沸终了时，切断电源，待稍冷却后取下冷却器，拿出试体，解去石棉绳，先用蒸馏水洗涤，再用弱盐酸溶液洗涤，并重新用蒸馏水洗涤至中性（可用石蕊试纸检查），最后用乙醚或 93%～96%的乙醇洗涤，用滤纸擦干，并按前述方法烘干至恒重称量。

5. 玻璃化学稳定性的评定

实验结果可用两块试样的质量损失平均值来表示，此时，结果可用下式计算：

$$W=\frac{(G_1-G_2)\times10^3}{A}$$

式中 W——质量损失，mg·100cm^{-2}；

G_1——试样处理前的质量，g；

G_2——试样煮沸后的质量，g；

A——试样的表面积，cm^2。

实验结果可按表 49-7 列格式记录。

表 49-7 实验结果记录

试样编号	试样平均尺寸/cm			试样的表面积/cm^2	试样处理前重/g	试样处理后重/g	试样失重/mg·100cm^{-2}	平均失重/mg·100cm^{-2}
	长	宽	高					

思考题

1. 哪些陶瓷产品必须检验其化学稳定性？
2. 影响陶瓷坯体化学稳定性的因素有哪些？如何从坯体或釉料的成分上、结构性能上来提高及改善它们的化学稳定性？
3. 其他无机非金属材料化学稳定性用什么方法测试？
4. 影响玻璃化学稳定性的因素有哪些？在做本实验时，如何才能获得比较准确的结果？
5. 用盐酸进行滴定时，盐酸用量可能有偏高的现象，为什么？
6. 玻璃的耐水性有几种，各用什么方法测定？
7. 玻璃的耐酸性应如何测定？
8. 玻璃化学稳定性测定的实质是什么？

参考文献

[1] 祝桂洪. 陶瓷工艺实验. 北京：中国建筑工业出版社，1987.
[2] 南京玻璃纤维研究设计院. 玻璃测试技术. 北京：中国建筑工业出版社，1987.
[3] GB/T 13478—92. 陶瓷砖釉面抗化学腐蚀试验方法.
[4] GB 9966.6—88. 天然饰面石材试验方法 耐酸性试验方法.
[5] GB/T 259—93. 铸石制品性能试验方法 耐酸、耐碱性能试验.
[6] GB 749—65. 水泥抗硫酸盐侵蚀试验方法.
[7] GB 2420—81. 水泥抗硫酸盐侵蚀快速试验方法.

实验 50 粘土或坯料可塑性的测定

可塑性是陶瓷泥料的重要工艺性能，其测定方法有间接和直接法两种，但到目前为止仍无一种方法能完全符合生产实际，因此，国内外正在积极研究适宜的定量测定方法。目前各研究单位或工厂仍广泛沿用直接法，即用可塑性指标和可塑性指数对粘土或坯料的可塑性进行初步评价。

Ⅰ. 可塑性指标的测定

一、目的意义

可塑性指标是利用一定大小的泥球，测定其在受力情况下所产生的应变，以对粘土或坯料的可塑性进行初步评价，对陶瓷的成型和干燥性能进行分析。

本实验的目的：

① 了解粘土或坯料的可塑性指标对生产的指导意义；

② 熟悉影响粘土可塑性指标的因素；

③ 掌握粘土或坯料可塑性指标的测定原理及测定方法。

二、基本原理

可塑性是指含工作水分的泥团，在一定外力作用下产生形变，除去外力仍保持其形变性能的能力。即将具有一定细度和分散度的粘土或配合料，加适量水调和均匀，成为含水率一定的塑性泥料，在外力作用下能获得任意形状而不产生裂缝或破坏，并在外力作用停止后仍能保持该形状的能力。

可塑性指标以一定大小的泥球在受力情况下所产生的应变与应力的乘积来表示：

$$S=(D-h)P \tag{50-1}$$

式中 S——可塑性指标，cm·kg；

D——泥球在试验前的直径，cm；

h——泥球受压后产生裂缝时的高度，kg；

P——泥球出现裂纹时的负荷，kg。

可塑性与调和水量，亦即与颗粒周围形成的水化膜厚度有一定的关系。一定厚度的水化膜会使颗粒相互联系，形成连续结构，加大附着力；水膜又能降低颗料间的内摩擦力，使质点能相互沿着表面滑动而易于塑造成各种形状，从而增加了可塑性。但加入水量过多又会产生流动，失去塑性；加入水量过少，则连续水膜破裂，内摩擦力增加，塑性变坏，甚至在不大的压力下就呈松散状态。

高可塑性粘土的可塑性指标大于3.6；中可塑性粘土可塑性指标为2.5～3.6；低可塑性粘土的可塑性指标低于2.4。

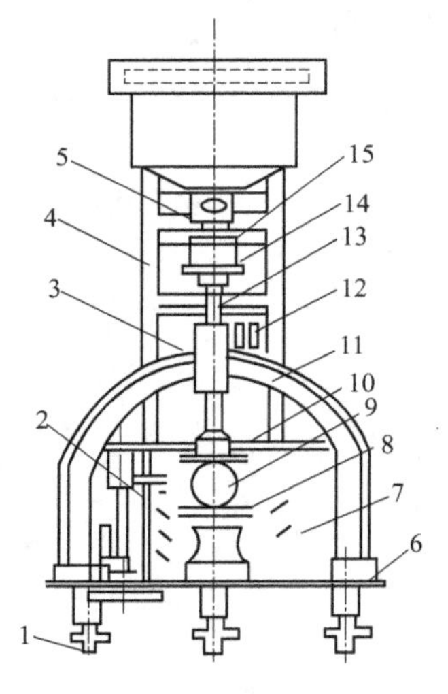

图 50-1 可塑性指标仪

1—调节仪；2—游块；3—电磁铁；4—支架；5—滑板架；6—机座；7—镜子；8—座板；9—泥团；10—下压板；11—框架；12—指紧螺钉；13—中心轴；14—上压板；15—盛砂杯部分

三、实验器材

① 可塑性指标仪（图 50-1)；

② 天平；

③ 量筒；

④ 卡尺；

⑤ 调泥皿；

⑥ 调泥刀；

⑦ 保湿器；

⑧ 0.5mm 孔径筛，

⑨ 水平仪等。

四、测定步骤

① 将 400g 通过 0.5mm 孔径筛的粘土（或直接取生产用坯料）加入适量水分，充分调和捏练使其达到具有正常工作稠度的致密泥团（此时，泥团极易塑造成型而又不粘手）。将泥团铺于玻璃板上，制成厚 30mm 的泥饼，用直径 45mm 的铁环割取 5 段，保存在保湿器中，随时取用。

② 将泥团用手搓成泥球，球面要求光滑无裂纹，球的直径（45±1）mm，为了使手掌不致吸去泥段表面水分和沾污泥球表面，实验前应先用湿毛巾擦手。

③ 按先后顺序把圆球放在可塑性指标仪座板的中心，用左手托住中心轴，右手旋开框架上的指紧螺钉，让中心轴慢慢放下，至下压板刚接触到泥球为止，锁紧指紧螺钉，从中心轴标尺上读取泥球的直径。

④ 把砂杯放在中心轴上压板上，用左手握住压杆，右手旋开指紧螺钉 12，让中心轴慢慢落下，直至不再下降为止。

⑤ 打开盛铅丸漏斗开关（滑板架 5），让铅丸匀速落入铅丸容器中，逐渐加压到泥球上，两眼注意观察泥球变形的情况，可以从正面或镜中细看。随着铅丸重量的增加，泥球逐渐变形至一定程度后将出现裂纹。当发现裂纹时，立即按动按钮开关，利用电磁铁迅速关闭铅丸漏斗开关，锁紧指紧螺钉，读取泥球的高度，称取铅丸质量（再加上下压板、中心轴及盛铅丸容器的重量 800g 即为破坏负荷）。

⑥ 将泥球取下置于预先称量恒重的编好号的称量瓶中，迅速称重，然后放入烘箱中，在 105～110℃下烘干至恒重，在干燥器中冷却后称重。

五、数据处理

1. 测定记录

见表 50-1。

2. 计算方法

① 可塑性指标计算。将测定数据代入式(50-1) 进行计算。

表 50-1 可塑性指标测定记录表

试样名称												
试样处理												
试样编号	试样直径 D/cm	形变后高度 H/cm	应变 $D-h$/cm	破坏负荷 P/kg	可塑性指标 $S=(D-h)P$/cm·kg	粘土或坯泥可塑水分的测定						备注
						称量瓶编号	称量瓶重 G_0/g	称量瓶及湿样重 G_1/g	称量瓶及干样重 G_2/g	干基含水率/%	湿基含水率/%	
1												
2												
3												
4												
5												

② 水分计算。

$$干基水分（\%）=\frac{G_1-G_2}{G_2-G_0}\times 100\% \qquad (50-2)$$

$$湿基水分(\%)=\frac{G_1-G_2}{G_1-G_0}\times100\% \quad (50\text{-}3)$$

式中 G_0——称量瓶的质量，g；

G_1——称量瓶和湿样的质量，g；

G_2——称量瓶和干样的质量，g。

③ 全面表征可塑性指标的数据，应包括指标、应力、应变和相应含水率，数据应精确到小数点后一位。

④ 每种试样需平行测定 5 个。用于计算可塑性指标的数据，其相对误差不应大于±0.5%。

六、注意事项

① 试样加水调和应均匀一致，水分必须是正常操作水分，搓球前必须经过充分捏练。

② 搓球必须用润湿的掌心，搓球时间大致差不多，球表面必须光滑，滚圆无疵，球的尺寸必须控制在 ϕ (4.5±0.1) cm 范围内。

③ 试验操作必须正确，顺序不得颠倒，掌握开裂标准应该一致。

④ 如需详细研究可塑性指标与含水量的关系时，可做不同含水率的可塑性指标测定，并绘制出指标-含水率曲线图。

Ⅱ. 可塑性指数的测定

一、目的意义

可塑性指数即表示泥料呈可塑状态时含水量的变化范围，它虽不是评定泥料可塑性的直接方法，但应用仍极广。

本实验的目的：

① 了解粘土或坯料的塑性指数对生产的指导意义；

② 熟悉影响粘土可塑性指数的因素；

③ 掌握粘土或坯料可塑性指数的测定原理及测定方法。

二、基本原理

可塑性指数值为液限与塑限之差。所谓液限就是使泥料具有可塑性时的最高含水率。一般采用华氏平衡锥法。即利用一定重量、一定规格的平衡锥，在一定的时间内，自由下落至泥层一定高度时所测得的泥料含水量来表示。

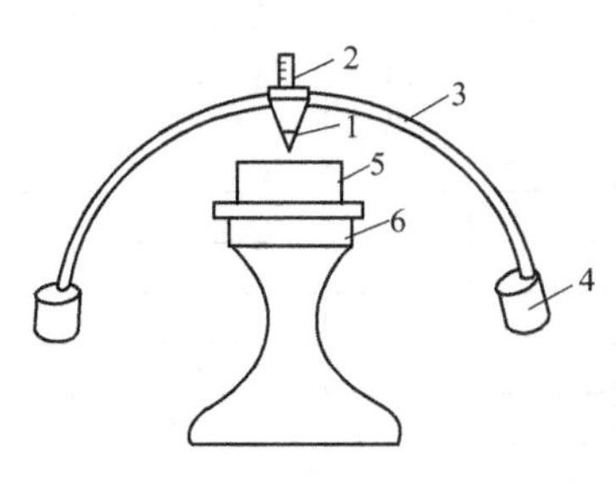

图 50-2 华氏平衡锥装置
1—圆锥体（呈 30°尖角）；
2—手柄；3—半圆形钢丝；
4—金属圆球；5—泥样杯；6—台座

塑限则是使泥料具有塑性时的最低含水率。

一般高可塑性泥料塑性指数范围大于 15；中可塑性泥料在 7～15 之间；低可塑性在 1～7 之间。

三、实验器材

仪器装置如图 50-2 所示，平衡锥是 30°的尖角锥体，从尖顶起在 10mm 处有环形刻度，圆锥两侧有直径 3mm 的钢丝，其两端各连有直径 19mm 的圆球，平衡锥连附件总体重 (76.0±0.2) g。

此外，还有电磁装置、天平（感量 0.01g）、调泥刀、称量瓶、干燥器、烘箱、毛玻璃、0.5mm 孔径筛等。

四、实验步骤

1. 液限的测定

(1) 试验步骤

① 将 200g 通过孔径为 0.5mm 筛的自然粘土或直接取用的生产坯泥，在调泥皿内逐渐加水调成接近正常工作稠度的均匀泥料。加水量一般在 30%～50%之间，陈腐 24h 备用，若直接取自真空练泥机的坯泥，可不陈腐。

② 试验前，将制备的泥料再仔细拌匀，用刮刀分层将其装入试样杯中，每装一层轻轻敲击一次，以除泥料中气泡，最后用刮刀刮去多余的泥料，使其与试样杯齐平，置于试样杯底座下。

③ 取出华氏平衡锥，用布擦净锥尖，并涂以少量凡士林。借电磁铁装置将平衡锥吸住，使锥尖刚与泥料表面接触，切断电磁装置电源，平衡锥垂直下沉，也可用手拿住平衡锥手柄，轻轻地放在泥料面上，让其自由下沉（用手防止歪斜），待 15s 后读数。每个试样应检验 5 次（其中 1 次在中心，其余 4 次在离试样杯边不小于 5mm 的四周），每次检验落入的深度应该一致。

④ 若锥体下沉的深度均为 10mm 时，即表示到了液限，则可测定其含水率。若下沉的深度小于 10mm，则表示含水率低于液限，应将试样取出置于调泥皿中，加入少量水重新拌和（或用湿布捏练），重新进行实验。若下沉的深度大于 10mm，则将试样取出置于调泥皿中，用刮刀多加搅拌（名用干布捏练），待水分合适后再进行试验。

⑤ 取测定水分的试样前，先刮去表面一层（2～3mm）试样，然后用刮刀挖取 15g 左右的试样，置于预先称量恒重并编好号的称量瓶中，称重后于 105～110℃下烘干至恒重，在干燥器中冷却至室温称量（准确至 0.01g），每种试样应平行测定 5 个。

(2) 测定记录

将有关数据记入表 50-2 中。

表 50-2 液限测定记录表

试样名称		测定人		测定日期	
试样处理					
实验编号	称量瓶重 G_0/g	称量瓶及湿样重 G_1/g	称量瓶及干样重 G_2/g	液限含水率/%	备注
1					
2					
3					
4					
5					

(3) 计算方法

$$\text{液限含水率}(\%)=\frac{G_1-G_2}{G_2-G_0}\times 100\%(\text{干基}) \tag{50-4}$$

式中 G_0——称量瓶的质量，g；

G_1——称量瓶及湿试样的质量，g；

G_2——称量瓶及干试样的质量，g。

① 代表液限度的数据精确到小数点后一位。

② 用于计算平均值的数据，其绝对误差应不大于±0.5%。

③ 平行测定的5个试样，其中3个以上超过上述误差范围时，应重新进行测定。

(4) 注意事项

① 试样加水调和应保证均匀一致，泥样装入试样杯内应保证致密无气孔。

② 平衡锥应保证干净、光滑（锥体涂一薄层凡士林），下沉时应保证垂直，轻缓，不受冲击，自由下落。

2. 塑限的测定

塑限一般采用滚搓法进行测定。

(1) 试验步骤

① 称100g过0.5mm孔径筛的粘土或生产用的坯泥，加入略低于正常工作稠度的水量拌和均匀，陈腐24h备用，或直接取经真空练泥机的坯泥或测定塑性指标剩余软泥。取小块泥料在毛玻璃板上，用手掌轻轻地滚搓成直径3mm的泥条，若泥条没有裂断现象，可用手将泥条搓成一团反复揉捏，以减少含水量，直至泥条搓成直径为3mm左右而自然断裂成长度均10mm左右时，则表示达到塑限水分。

② 迅速将5～10g搓断泥条装入预先称量恒重的称量瓶中，称重后放在烘箱内于105～110℃下烘干至恒重，在干燥器中冷却至室温后再称重（准确0.01g）。

③ 为了检查滚搓至直径3mm断裂成10mm左右的泥条是否达到塑性限度，可将断裂的泥条进行捏练，此时应不能再捏成泥团，而是呈松散状。

(2) 测定记录

将有关数据记入表50-3中。

表50-3 塑限测定记录表

试样名称		测定人		测定日期	
试样处理					
实验编号	称量瓶重 G_0/g	称量瓶及湿样重 G_1/g	称量瓶及干样重 G_2/g	塑限含水率/%	备注
1					
2					
3					
4					
5					

(3) 计算方法

$$\text{塑限含水率}(\%)=\frac{G_1-G_2}{G_2-G_0}\times100\% \tag{50-5}$$

式中 G_0——称量瓶的质量，g；

G_1——称量瓶及湿试样的质量，g；

G_2——称量瓶及干试样的质量，g。

① 代表塑限度的数据精确到小数点后一位，其数据应不少于5个数据的平均值。

② 用于计算平均值的数据，其绝对误差应不大于±1%。

③ 每次试验需平行测定5个样品，其中3个以上超过上述误差范围时应重新进行测定。

(4) 注意事项

① 试样加水应适当，调和均匀，并应经过充分的捏练。

② 滚搓时只能用手掌不能用手指，断裂应是自然断裂，不是扭断。

③ 滚搓时如嫌泥料水分高，不得采用烘干或加入干粉的办法调整水分，只能采用空气中捏练风干的办法，或者重新调制。

（5）可塑性指数的计算

$$可塑性指数=液限含水率-塑限含水率$$

思考题

1. 什么是可塑性？测定粘土可塑性指标和可塑性指数的原理是什么？
2. 测定粘土可塑性有哪几种方法？代表的意义如何？在生产中有何指导作用？
3. 影响粘土的可塑性主要因素有哪些？
4. 可塑性指数如何测定？其注意事项有哪些？
5. 可塑性对生产配方的选择，可塑泥料的制备，坯体的成型、干燥、烧成有何重要意义？
6. 可塑性指标如何测定？其计算方法如何？

参考文献

[1] 盛元兴. 现代建筑卫生陶瓷手册. 北京：中国建材出版社，1998.
[2] 祝桂洪. 陶瓷工艺实验. 北京：中国建材出版社，1997.
[3] QB/T 1322—91. 陶瓷泥料可塑性指数测定方法.

实验 51 泥浆性能的测试

泥浆是陶瓷原料在水中的一种悬浮体。为了保证产品的质量，要求泥浆应具备一定的渗透性、流动性等方面的性质，需要对泥浆的粘度、触变性、厚化度、容重、细度、水分、pH 值等工艺指标进行测定。本实验仅测定泥浆的“相对粘度及触变性”、“绝对粘度及厚化度”。

Ⅰ. 泥浆相对粘度及触变性的测定

一、目的意义

在陶瓷材料的生产中，泥浆粘度、触变性与渗透性是否恰当，将影响球磨、输送、贮存、榨泥和上釉等生产工艺。特别是注浆成型时，将直接影响浇注制品的质量。如何调节和控制泥浆的流动度、触变性与渗透性，对于满足生产需要、提高产品质量和生产效率，具有重要意义。

本实验的目的：

① 了解泥浆的稀释原理，如何选择稀释剂确定其用量；

② 了解泥浆性能对陶瓷生产工艺的影响；

③ 掌握泥浆相对粘度、触变性的测试方法及控制方法。

二、基本原理

泥浆在流动时，其内部存在着摩擦力。内摩擦力的大小一般可通过其粘度的大小来反映，纯液体和真溶液可根据泊赛定律测定其绝对粘度。对于泥浆这种具有一定结构特点的悬浮体和胶体系统，一般只测定其相对粘度。相对粘度的倒数称为相对流动性。粘度越大，流动性就越小。

泥浆的流动性与触变性，取决于泥料的配方组成。即所用粘土原料的矿物组成与性质，泥浆的颗粒分散和配制方法，水分含量和温度，使用电解质的种类。

实践证明，电解质对泥浆流动性等性能的影响是很大的，即使在含水量较少的泥浆内加入适量电解质后，也能得到像含水量多时一样或更大的流动性。因此，调节和控制泥浆流动性和触变性的常用方法是选择适宜的电解质，并确定其加入量。

在粘土水系统中，粘土粒子带负电，因而粘土粒子在水中能吸附阳离子形成胶团。一般天然粘土粒子上吸附着各种盐的 Ca^{2+} 、Mg^{2+} 、Fe^{3+} 、Al^{3+} 等阳离子，其中以 Ca^{2+} 为最多。在粘土系统中，粘土粒子还大量吸附 H^{+} 。在未加电解质时，由于 H^{+} 半径小，电荷密度大，与带负电的粘土粒子作用力大，易进入胶团吸附层，中和粘土粒子的大部分电荷，使相邻粒子间的同性电荷减少，斥力减小，以至于粘土粒子易于粘附凝聚，而使流动性变差。Ca^{2+} 以及其他高价离子等，由于其电价高（与一价阳离子相比），与粘土粒子间的静电引力大，易进入胶团吸附层，因而产生与上述一样的结果，使流动性变差。如果加入电解质，这种电解质的阳离子离解程度大，且所带的水膜较厚，而与粘土粒子间的作用不很大，大部分仅进入胶团的扩散层，使扩散层加厚，电动电位增大，粘土粒子间排斥力增大，故增加泥浆的流动性。

泥浆的最大稀释度（最低粘度）与其电动电位的最大值相适应。若加入过量的电解质，泥浆中这种电解质的阳离子浓度过高，含有较多的阳离子进入胶团的吸附层，中和粘土胶团的负电荷，从而使扩散层变薄，电动电位下降，粘土胶粒不易移动，使泥浆粘度增加，流动性下降，所以电解质的加入量应有一定的范围。

阴离子对稀释作用也有影响。

1. 用于稀释泥浆的电解质必须具备三个条件

① 具有水化能力强的一价阳离子，如 Na^{+} 等。

② 能直接离解或水解而提供足够的 OH^{-}，使分散系统呈碱性。

③ 能与粘土中有害离子发生交换反应，生成难溶的盐类或稳定的络合物。

2. 生产中常用的稀释剂可分为三类

① 无机电解质，如水玻璃、碳酸钠、六偏磷酸钠（$NaPO_4$）$_6$、焦磷酸钠（$Na_4P_2O_7 \cdot 10H_2O$）等，电解质的用量一般为干坯料质量的 0.3%～0.5%。

② 能生成保护胶体的有机酸盐类，如腐殖酸钠、单宁酸钠、柠檬酸钠、松香皂等，用量一般为 0.2%～0.6%。

③ 聚合电解质，如聚丙烯酸盐、羧甲基纤维素、木质素磺酸盐、阿拉伯树胶等。

稀释泥浆的电解质，可单独使用或几种混合使用，其加入量必须适当。若过少则稀释作用不完全，过多反而引起凝聚。适当的电解质加入量与合适的电解质种类，对于不同粘土必须通过实验来确定。一般电解质加入量控制在不大于 0.5 %（对于干料而言）的范围内。采用复合电解质时，还需注意加入顺序对稀释效果的影响，当采用 Na_2CO_3 与水玻璃或 Na_2CO_3 和丹宁酸钠复合时，都应先加入 Na_2CO_3，加水玻璃或丹宁酸钠。

在选择电解质，并确定各电解质的最适宜用量时，一般是将电解质加入粘土泥浆中，并测该泥浆的相对流动性。对泥浆胶体，相对流动性用相对粘度来表示，即测定泥浆与水在同一温度下，流出同一体积所需流出的时间之比来表示。

三、实验器材

1. 涂-4 粘度计

涂-4 粘度计被广泛用于测定泥浆相对粘度，其结构如图 51-1 所示，该仪器有一个圆筒形容器，容器底部中心开有一个圆锥形流出孔（下部出口孔径为4mm），供泥浆流出之用，此孔下有一个开关将孔挡住。

圆筒形容器被固定在铁架台上的环形托架托住。在铁架台的底板上放置一个搪瓷杯，供承接从圆筒形容器流出的泥浆。

温度对泥浆粘度的影响很大。在测定不同的泥浆粘度时，最好能保持温度一致。

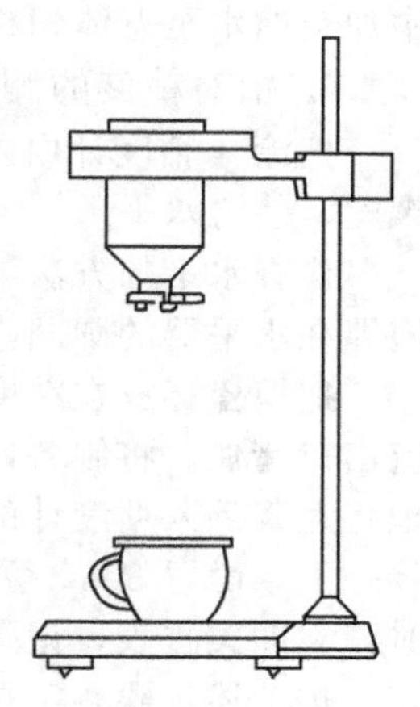

图 51-1 涂-4 粘度计

2. 其他

① 分析天平；

② 粗天平；

③ 电动搅拌机；

④ 粘度计承受瓶；

⑤ 滴定管；

⑥ 秒表；

⑦ 量筒；

⑧ 泥浆杯。

四、试样的制备

1. 电解质标准溶液的制备

配制浓度为5%或10%的Na_2CO_3、水玻璃（或两者混合）等不同电解质的标准溶液。

电解质应在使用时配制。尤其是水玻璃极易吸收空气中CO_2而降低稀释效果；Na_2CO_3也必须保存在干燥的地方，以免在空气中变成$NaHCO_3$，而使泥浆凝聚。

2. 粘土试样的制备

① 取2kg左右的粘土，磨细、风干、全部通过100目筛。

② 若为已制备好的坯泥（釉）浆，可直接取样3～4kg，并测定含水率。其含水率最好低于试验时的含水率。

五、实验步骤

1. 泥浆需水量的测定

称200.0g粘土试样（准确至0.1），用滴定管加入蒸馏水，充分拌和至泥浆开始呈流动性为止，可借微测泥浆杯，观察泥浆是否初呈蠕动。或将泥浆注入粘度计，测定流出100mL的时间为40～50min来判断，记下加水量V_0（准确至0.1mL）。不同粘土的需水量的变动范围一般为50%～80%。

2. 初步试验

在呈微动的泥浆中，以滴定管仔细将配好的电解质溶液滴入，不断拌和。记下泥浆呈明显稀释时电解质的加入量。

3. 选择电解质用量

在编好号的5个泥浆杯中，各称取泥样200.0～250.0g（准确至0.1g）。各加一定水量调至微微流动。根据初步实验所加电解质的量，选择电解质加入量的范围，其间隔为一定(可由大至小，0.5～0.1mL)。5个泥浆杯中加入的电解质溶液量不同，但杯中总液体体积相等。调和后，用小型电动搅拌机搅动5min，用粘度计测定流动度，所选择电解质浓度范围应包括使泥浆获得最大稀释的合适用量。

若为泥（釉）浆，每个杯中加入泥浆350.0g，按最大的电解质标准溶液用量在其余杯中加蒸馏水至总体积相等，拌和均匀备用。

4. 相对粘度的测定

把涂-4粘度计内外容器洗净、擦干，置于不受振动的平台上，调节粘度计三个支脚的螺丝，使之水平。

检查水平的方法与天平类似。在粘度计环形托架上有一个水平器，当调节到水平时，液泡即在水平器的圆圈内。

把搪瓷杯放在粘度计下面中央，粘度计的流出口对准杯的中心。转动开关，把粘度计的流出口堵住，将制备好的试样充分搅拌均匀（可用小型搅拌机搅拌5min），借助玻璃棒慢慢地将泥浆倒入粘度计的圆柱形容器中，至恰好装满容器（稍有溢出）为止，用玻璃棒仔细搅拌一下，静置30s，立即打开开关，同时启动秒表，眼睛平视容器的出口，待泥浆流断流时，立即关秒表，记下时间。这一试样重复测定三次，取平均值。

按上述步骤测定相同条件下，流出100mL蒸馏水所需要的时间。

5. 确定最适宜电解质

用上述方法测定其他电解质对该粘土的稀释作用，比较泥浆获得最大稀释时的相对粘度，电解质的用量及泥浆获得一定流动度的最低含水量。

6. 触变性的测定

在机械外力影响下，流动性增加，外力除去后，变得稠厚，这种性能称为泥浆胶体系统的触变性能。

搅拌后静止30min的泥浆从粘度计中流出100mL所用的时间与搅拌后静止30s的泥浆流出同体积所用的时间比称为该泥浆的触变性。

测定方法与相对粘度的测定相同。

六、实验记录与处理

1. 实验记录

记录泥浆与水在同一温度下流出同一体积所需时间，见表51-1。

表51-1 相对粘度及厚化度测定记录表

<table>
<tr><td colspan="2">试样名称</td><td colspan="3"></td><td colspan="3">测定日期</td><td colspan="2"></td></tr>
<tr><td colspan="2">试样处理</td><td colspan="3"></td><td colspan="2">流出100mL蒸馏水的时间/s</td><td></td><td>水浴温度/℃</td><td></td></tr>
<tr><td rowspan="2">编号</td><td rowspan="2">试样加蒸馏水的体积/mL</td><td colspan="3">电解质</td><td rowspan="2">粘度试验泥浆干基含水量/%</td><td colspan="2">流出100mL泥浆所需的时间/s</td><td rowspan="2">相对粘度</td><td rowspan="2">厚化度</td></tr>
<tr><td>名称</td><td>加入电解质的量/mL</td><td>电解质等于干样百分数/%</td><td>静止30s</td><td>静止30min</td></tr>
<tr><td>1</td><td></td><td></td><td></td><td></td><td></td><td></td><td></td><td></td><td></td></tr>
<tr><td>2</td><td></td><td></td><td></td><td></td><td></td><td></td><td></td><td></td><td></td></tr>
<tr><td>3</td><td></td><td></td><td></td><td></td><td></td><td></td><td></td><td></td><td></td></tr>
<tr><td>4</td><td></td><td></td><td></td><td></td><td></td><td></td><td></td><td></td><td></td></tr>
<tr><td>5</td><td></td><td></td><td></td><td></td><td></td><td></td><td></td><td></td><td></td></tr>
</table>

2. 结果计算

① 按式(51-1)计算泥浆的相对粘度（恩氏粘度）。

$$^{0}E=\frac{\tau_{30s}}{\tau_{水}} \tag{51-1}$$

式中 τ_{30s}——泥浆静止 30s 后，从粘度计中流出 100mL 所需的时间，s；

$\tau_{水}$——水从粘度计中流出 100mL 所需要的时间，s。

取三次测定的平均时间进行计算。三次测定的绝对误差，流出时间在 40s 以内的不能大于 0.5s，40s 以上的不能大于 1s。计算精确到小数点后一位。

② 泥浆相对流动性：泥浆相对粘度的倒数称为泥浆的相对流动性，$F_s = \tau_{H_2O}/\tau_{30s}$。

③ 根据泥浆相对粘度与电解质加入量（以毫克当量数/100g 的干粘土为单位）的关系绘成曲线，再根据转折点判断最适宜电解质加入量。

④ 比较不同电解质的稀释曲线及不同电解质的作用，从而确定稀释作用良好的电解质及其最适宜的加入量（相对某一种粘土而言）。

⑤ 泥浆胶体系统的触变性能。

$$\text{触变性 } T_s = \frac{\tau_{30min}}{\tau_{30s}} \tag{51-2}$$

式中 τ_{30min}——泥浆在粘度计内静置 30min 后从粘度计中流出 100mL 所需要的时间，s；

τ_{30s}——泥浆在粘度计内静置 30s 后从粘度计中流出 100mL 所需要的时间，s。

七、注意事项

① 用电动搅拌机搅拌泥浆时，电动机转速和运转时间要保持一定。在启动搅拌机前，先将搅拌叶片埋入泥浆中，以免泥浆飞溅。

② 泥浆从流出口流出时，勿使触及量瓶颈壁，否则需重作。

③ 在进行静置 30min 和泥浆（或釉浆）温度超过 30℃ 以上的实验时，每做一次，应洗一次粘度计流出口。

④ 每测定一次粘度，应将量瓶洗净，烘干，或用无水乙醇除掉量瓶中剩余水分。

⑤ Na_2CO_3 易在潮湿空气中变质为 $NaHCO_3$。后者使粘土发生凝聚作用，应注意防潮和检查。

Ⅱ. 泥浆粘度及厚化度的测定

一、目的意义

本实验的目的：

① 了解泥浆的绝对粘度和相对粘度的区别；

② 了解旋转粘度计的工作原理；

③ 掌握泥浆粘度、厚化度的测试方法及控制方法。

二、基本原理

当流动着的泥浆静止后，常会产生凝聚沉积而稠化，这种现象称为稠化性，稠化的程度即为厚化度。

液体的粘度是抵抗自身剪切变形能力的表现。当转子在某种液体中作恒速旋转时，液体由于粘性作用而产生的剪切力会产生作用在转子上的力矩。液体的粘度越大，由粘性产生的力矩越大；反之，液体的粘度越小，粘性力矩就越小。如果将液体看作为牛顿型流体，在这种情况下，粘度（μ）的计算公式为：

$$\tau = \mu \frac{dU}{dr} \tag{51-3}$$

$$\tau=\frac{M}{2\pi R^2 h} \tag{51-4}$$

式中 τ——剪切应力，Pa；

$\frac{dU}{dr}$——剪切速度梯度，s^{-1}；

M——总转动力矩，N·m；

R——转子的半径，m；

h——转子浸入液体的深度，m。

在选定到转速U下，当转子的直径与浸入液体的高度确定，作用在转子上的粘性力矩由传感器检测，根据式(51-3)和式(51-4)经过计算机处理后，可得出被测液体的粘度。

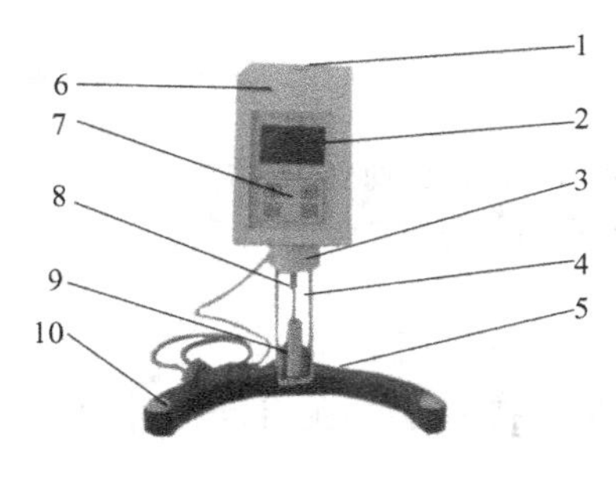

图 51-2 NDJ-8S 型旋转粘度计
1—机头水准泡；2—液晶显示屏；3—外罩；4—转子保护架；5—主机底座；6—粘度计机头；7—操作键盘；8—转子连接头；9—转子；10—底座水平调节旋钮

三、实验器材

NDJ-8S 型旋转粘度计（图 51-2）主要技术指标如下。

测量范围：$(10\sim20)\times10^5$mPa·s。

转子规格：1～4号，4种。

转子转速：0.3r/min、0.6r/min、1.5r/min、3.0r/min、6.0r/min、12r/min、30r/min、60r/min，8挡。

测量误差：±3%（Pa·s）。

四、试样的制备

① 电解质标准溶液的制备：配制浓度为5%或10%的Na_2CO_3、NaOH、水玻璃三种标准溶液。电解质应在使用时配制，尤其是水玻璃极易吸附空气中CO_2而降低稀释效果。Na_2CO_3也应保存于干燥处，以免在空气中变成$NaHCO_3$而使泥浆凝聚。

② 粘土试样需经磨细、风干，过100目筛。

③ 泥浆需水量的测定：称200.0g干粘土试样（准确至0.1g），用滴定管加入蒸馏水，充分拌和至泥浆开始呈微流动为止，或注入涂-4粘度计内，以测定流出100mL泥浆的时间为40～50min来判断标准加水量，记下加水量V_0（准确至0.1mL），不同粘土的需水量变动于50%～80%之间。

④ 电解质用量初步实验。

⑤ 取五个泥浆杯编好号，各称取试样200.0g（准确至0.1g），各加入所确定的加水量，调至呈微流动状态。

⑥ 在五个泥浆杯中加入所确定的电解质加入量，其间隔为0.5～1mL。5个泥浆杯中所加电解质量不同，但溶液体积相等，用电动搅拌机搅拌5min。

五、测定步骤

1. 测量前准备

① 调节仪器的水平度：调节底座上的三个水平调节螺钉，使机头上的水准泡处于中间位置。

② 旋松机头下方的黄色保护帽上的紧固螺钉，取下保护帽。

③ 将制备好的泥浆试样置于直径不小于70mm，高度不低于125mm的烧杯中。

④ 估算被测试样的粘度范围，依照表51-3中转子和转速相应的量程选择适宜的转子和

转速。原则上高粘度的试样选择大号的转子，慢转速；低粘度的试样选用小号转子，转速快。

⑤ 缓慢调节升降旋钮，调整转子在被测试样中的高度，直至转子的液面标志（凹槽中部）于液面相平为止。

2. 测量

① 打开仪器背面的电源开关，进入用户选择状态。

② 按“▶”键选择所需要的转子号；按“▼”键切换为转速选择；按“▶”键选择所需要的转速。

③ 按“确定”键，转子开始旋转，仪器开始测量。测量过程中量程百分比（所测粘度为该挡位满量程值的百分数）应在10%～100%之间，如测量显示值闪烁，表示溢出或不足，应更换量程。按“复位”键，仪器停止测量，操作界面回到用户选择工作状态，重复②的操作，重新设置转子号和转速进行测量。

④ 根据最右边显示采样进程的竖条所显示的进程，在显示屏上读取并记录相应的试样粘度值。

⑤ 用6r/min的转速连续测定静止0～30min的泥浆粘度，两者的差值$\mu_{30}-\mu_0$定为厚化度。

$$厚化度=\mu_{30}-\mu_0$$

式中　μ_{30}——泥浆静止30min后用6r/min转速测定的粘度；

　　　μ_0——泥浆不静止用6r/min转速测定的粘度。

六、测定记录

将测定结果记入表51-2中，并按有关计算公式计算最终结果。

表51-2　泥浆粘度测定记录表

试样名称								
试样处理				试样细度（筛目）		泥浆含水量/%		
编号	电解质标准溶液的浓度/%	电解质标准溶液的用量/mL	转子号数	转子转速/(r/min)	粘度读数/Pa·s	泥浆静止30min后的粘度μ_{30}	泥浆不静止时的粘度μ_0	厚化度$=\mu_{30}-\mu_0$
1								
2								
3								
4								
5								

七、注意事项

（1）悬浊液、乳浊液、高聚物及其他高粘度液体中很多是“非牛顿型液体”，其表观粘度往往随切变速度和时间的变化而变化，因此，出现在不同的转子、转速和时间下测定其结果不一致现象，是属于正常情况，并非仪器不准确。因此，一般非牛顿型液体应在规定的转子、转速和时间下进行测定。转子转速量程表见表51-3。

表 51-3　转子转速量程表　　单位：mPa·s

转速/(r/min)	转子			
	1	2	3	4
60	100	500	20×10^2	10×10^3
30	200	10×10^2	40×10^2	20×10^3
12	500	25×10^2	10×10^3	50×10^3
6	10×10^2	50×10^2	20×10^3	10×10^4
3	20×10^2	10×10^3	40×10^3	20×10^4
1.5	40×10^2	20×10^3	80×10^3	40×10^4
0.6	10×10^3	50×10^3	20×10^4	10×10^5
0.3	20×10^3	10×10^4	40×10^4	20×10^5

(2) 为了得到较准确的测定数据应遵照以下几点要求：

① 精确控制被测液体的温度；

② 将转子以足够长的时间浸于被测液体中同时进行恒温，使其能与被测液体温度一致。

③ 保证被测液体的均匀性。

④ 防止转子浸入被测液体时于气泡粘附在转子下面，同时测量时尽可能将转子置于容器中央。

⑤ 使用保护架进行测量。

(3) 装卸转子时应小心操作。要将仪器下部的连接螺杆轻轻向上托起后进行拆装，不要用力过大，不要使转子横向受力，以免转子弯曲。连接螺杆和转子连接端面及螺纹处应保持清洁，否则会影响转子的正确连接及转动时的稳定性。

思考题

1. 电解质稀释泥浆的机理是什么？
2. 电解质应具备哪些条件？
3. 对 H-粘土而言应加入哪种电解质为宜？为什么？
4. 进行泥浆性能的测定实验对生产有何指导作用？
5. 做好相对粘度实验应注意些什么？
6. 为什么电解质不用固体 Na_2SiO_3 而用水玻璃？
7. 评价泥浆性能应从哪几个方面考虑？

参考文献

[1] 盛元兴．现代建筑卫生陶瓷手册．北京：中国建材出版社，1998.

[2] 祝桂洪．陶瓷工艺实验．北京：中国建材出版社，1997.

[3] QB/T 1503—92. 陶瓷泥浆相对粘度、相对流动性及触变性测定方法．

实验 52　粘土或坯体干燥性能的测定

在陶瓷或耐火材料等的生产中，成型后的坯体中都含有较高的水分，在煅烧以前必须通过干燥过程将自由水除去。在干燥过程中随着水分的排出，坯体会发生收缩而变形，一般是在形状上向最后一次成型以前的状态扭转，这会影响坯体的造型和尺寸的准确性，甚至使坯体开裂。了解粘土或坯料的干燥性能，可有效地防止坯体开裂和变形现象的发生。本试验进行“线收缩与体积收缩率的测定”、和“干燥强度的测定”。

Ⅰ．线收缩率与体积收缩率的测定

一、目的意义

在陶瓷配方中，可塑性粘土对坯体的干燥性能影响最大。粘土的各项干燥性能对制定陶瓷坯体的干燥过程有着极重要的意义。干燥收缩大，临界水分和灵敏指数高的粘土，干燥中就容易造成开裂变形等缺陷，干燥过程（尤其在等速干燥阶段）就应缓慢平稳。干燥收缩过大的粘土，常配入一定的粘土熟料、石英、长石等来调节。工厂中根据干燥收缩的大小确定毛坯、模具及挤泥机出口的尺寸；根据干燥强度的高低选择生坯的运输和装窑的方式。因此，测定粘土或坯料的干燥收缩率是十分重要的。

本试验的目的：

① 了解粘土或坯料的干燥收缩率与制定陶瓷坯体干燥工艺的关系；

② 了解调节粘土或坯体干燥收缩率的各种措施；

③ 掌握测定粘土或坯体干燥收缩率的实验原理及方法。

二、基本原理

影响粘土或坯体干燥性能的因素很多，如颗粒大小、形状、可塑性、矿物组成、吸附离子的种类和数量、成型方式等。一般粘土细度愈高，可塑性愈大，收缩也大，干燥敏感性愈大。

干燥收缩有线收缩和体积收缩两种表示法，前者测定较简单。对某些在干燥过程易于发生变形、歪扭的试样，必须测定体积收缩。

坯、泥料的干燥线收缩率是指陶瓷坯、泥料干燥前后标线长度产生的差值与干燥前标线原长度的百分比。

$$\text{线收缩率}\ I=\frac{L_0-L_1}{L_0}\times 100\% \tag{52-1}$$

式中 L_0——试样干燥前（刚成型时）标线间的距离，cm；

L_1——试样干燥后标线间的距离，cm。

陶瓷坯、泥料干燥前后体积产生的差值与干燥前原体积的百分比称为该坯、泥料的干燥体积收缩率。

$$\text{体积收缩率}\ S=\frac{V_0-V_1}{V_0}\times 100\% \tag{52-2}$$

式中 V_0——试样干燥前的体积，m^3；

V_1——试样干燥后的体积，m^3。

试样的体积可根据阿基米德原理，测其在煤油中减轻的质量计算求得。干燥前后的试样称重前必须饱吸煤油，计算式如下：

$$V_0=\frac{m_0-m_0'}{\rho} \tag{52-3}$$

式中 m_0——成型试样饱吸煤油后在空气中的质量，kg；

m_0'——成型试样饱吸煤油后在煤油中的质量，kg；

ρ——煤油的密度，kg/m^3。

同样
$$V_1=\frac{m_1-m_1'}{\rho} \tag{52-4}$$
式中 m_1——干燥后试样饱吸煤油后在空气中质量，kg；

m_1'——干燥后试样饱吸煤油后在煤油中的质量，kg；

ρ——煤油的密度，kg/m^3。

坯体在干燥过程中，经过表面汽化控制阶段以后进入内部迁移控制阶段，两个阶段的分界点称为临界点，相应的坯体平均含水量为坯体临界水分。在表面汽化控制阶段，自由水排出，体积收缩；达到临界点后，坯体只有微小收缩。实验中根据干燥收缩曲线找出收缩终止点，再从失重曲线找出其相应的含水率即可求得坯体的临界水分。

干燥灵敏指数，表示干燥的安全程度。根据不同基准，定量地表示干燥灵敏指的方式很多。本试验以干燥收缩体积对于干燥后的真孔隙体积的比值表示：
$$K=\frac{收缩体积}{孔隙体积}=\frac{W_H-W_K}{W_K} \tag{52-5}$$
式中 K——粘土的干燥灵敏度指数；

W_H——试样干燥前的含水量，%；

W_K——试样的临界水分，%。

粘土的干燥灵敏指数可分为三类：

$K\leqslant1$，干燥灵敏性小，是安全的；

$K=1\sim2$，干燥灵敏性中等，较安全；

$K\geqslant2$，干燥灵敏性大，不安全。

三、实验器材

① 调温调湿箱及热天平装置，方试样形状如图 52-1 所示，天平左盘放上试样，伸入调温调湿箱内，天平另一盘中放砝码，以平衡其不断排出水的质量；

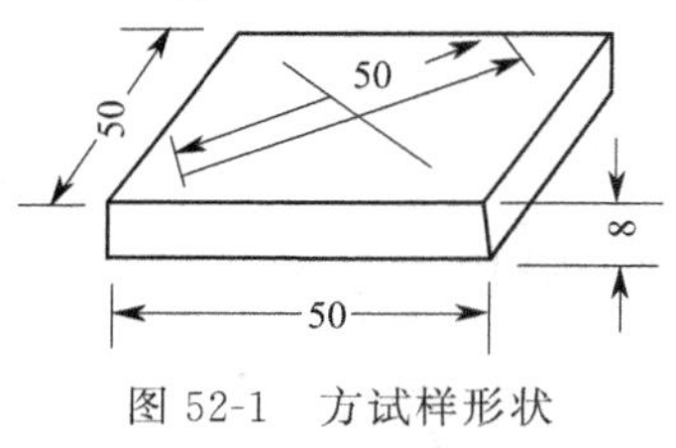

图 52-1 方试样形状尺寸（单位：mm）

② 天平（感量 0.01g）；

③ 测高仪（分度值 0.01mm）及支架，用来测定试样连续收缩；

④ 计时钟；

⑤ 抗折强度试验机；

⑥ 物理天平（感量 0.1g）；

⑦ 静力天平；

⑧ 真空泵；

⑨ 游标卡尺（准确度 0.02mm）；

⑩ 收缩卡尺；

⑪ 玻璃板（30mm×30mm）；

⑫ 金属丝；

⑬ 0.5mm 孔径筛；

⑭ 骨刀；

⑮ 铜切膜；

⑯ 碾棒（铝质或木质的）；

⑰ 衬布；

⑱ 调泥皿。

四、线收缩与体积收缩率的测定

1. 试样的制备

(1) 粘土试样的制备

称取已通过 0.5mm 孔径筛的原料，置于调泥皿中，逐渐加水拌和至正常工作水分，充分捏练后，盖好陈腐 24h 备用。

(2) 坯料试样的制备

一般直接取用经真空练泥机练的泥料，如用干坯料其制备方法与粘土相同。

2. 线收缩的测定

① 取经充分捏练（或真空练泥）后的泥料一团，放在铺有湿布的玻璃板上，上面再放一层湿布，用专用碾棒，有规律地进行碾。碾滚时注意换方向，使各面受力均匀，最后把泥块表面轻轻滚平，用铜切模切成 50mm×50mm×8mm 的试样 3 块，然后小心地脱出置于垫有薄纸的玻璃板上放平，随后用专用的卡尺在试样的对角线方向互相垂直地打上长 50mm 的两根线条，并编好号码。或者取经真空练泥机直接挤出的泥条，用钢丝刀切成 ϕ23mm×70mm 的圆柱体 3 个，用专用卡尺在圆柱体两相对应的面上打上长 50mm 的两根线条，并编好号。

② 制备好的试样在室温中阴干 1～2d。阴干过程中，注意翻动，以不使紧贴玻璃阻碍收缩引起变形，待至试样发白后放入烘箱中，在温度 105～110℃下烘干 4h，冷却后用细砂纸磨去标记处边缘的突出部分，用游标卡尺或工具显微镜量取记号点之间的长度（准确至 0.02mm）。

③ 将测量过干燥收缩的试样装电炉（或试验窑、生产窑）中焙烧（装烧时应选择平整的垫板和垫上石英砂或氧化铝粉），烧成后取出，再用游标卡尺或显微镜量取其记号间的长度。

3. 体积收缩的测定

① 取经充分捏练（或经真空练泥）后的泥料，碾滚成厚 10mm 的泥块（碾滚方法与线收缩试样同），然后切成 15mm×15mm×70mm 的试条 5 块，并且标上记号。

或者取经小真空练泥机直接挤出的泥条，用钢丝刀切成 15mm×15mm×70mm 的试条 5 块，并标上记号。

② 将制备好的试样，当即用天平迅速称量（准确至 0.005g），然后放入煤油中称取其在煤油中的质量和饱吸煤油后在气中的质量，然后置于垫有薄纸的玻璃板上阴干 1～2d，待试样发白后放入烘箱中，在 105～110℃下烘干至恒重（约 4h），冷却后称取在空气中的质量（准确至 0.005g）。

③ 把在空气中称重的试样放在抽真空的装置中，在相对真空度不小于 95%的条件下，抽真空 1h，然后放入煤油（至浸没试样），再抽真空 1h（试样中没有气泡出现为止），取出后称其注煤油中的质量和饱吸煤油后在空气中的质量（0.005g），称量时应抹去多余的煤油。

4. 测定记录

将有关数据记入表 52-1 中。

5. 计算公式

$$试样含水率：W=\frac{G_0-G_1}{G_0}\times 100\%$$

$$线收缩率：I=\frac{L_0-L_1}{L_0}\times 100\%$$

$$体收缩率：S=\frac{V_0-V_1}{V_0}\times100\%$$

式中 G_0——成型后试样原始质量，g；

G_1——干燥后试样质量，g；

L_0——试样原始长度，mm；

L_1——干燥后试样长度，mm；

V_0——成型后试样原始体积，mm^3；

V_1——干燥后试样的体积，mm^3。

表 52-1 线收缩率及体积收缩率测定记录表

<table>
<tr><td colspan="2">试样名称</td><td colspan="5"></td><td colspan="2">测定人</td><td colspan="3"></td><td>测定日期</td><td></td></tr>
<tr><td colspan="2">试样处理</td><td colspan="6"></td><td colspan="3">煤油密度 $\rho/(kg/m^3)$</td><td colspan="3"></td></tr>
<tr><td rowspan="2">编号</td><td rowspan="2">湿试样记号间距离/mm</td><td rowspan="2">干试样记号间距离/mm</td><td rowspan="2">干燥线收缩率/%</td><td colspan="4">湿试样</td><td colspan="4">干试样</td><td rowspan="2">干燥体收缩率/%</td><td rowspan="2">试样含水率W/%</td></tr>
<tr><td>成型后试样在空气中的质量G_0/g</td><td>饱吸煤油后在空气中的质量m_0/g</td><td>饱吸煤油后在煤油中的质量m_0'/g</td><td>试样的体积V_0/mm^3</td><td>干燥后试样在空气中的质量G_1/g</td><td>饱吸煤油后空气中的质量m_1/g</td><td>饱吸煤油后在煤油中的质量m_1'/g</td><td>试样体积V_1/mm^3</td></tr>
<tr><td>1</td><td></td><td></td><td></td><td></td><td></td><td></td><td></td><td></td><td></td><td></td><td></td><td></td><td></td></tr>
<tr><td>2</td><td></td><td></td><td></td><td></td><td></td><td></td><td></td><td></td><td></td><td></td><td></td><td></td><td></td></tr>
<tr><td>3</td><td></td><td></td><td></td><td></td><td></td><td></td><td></td><td></td><td></td><td></td><td></td><td></td><td></td></tr>
<tr><td></td><td></td><td></td><td></td><td></td><td></td><td></td><td></td><td></td><td></td><td></td><td></td><td></td><td></td></tr>
</table>

线收缩率和体缩率之间有如下关系：

$$I=\left(1-\sqrt[3]{1-\frac{S}{100}}\right)\times100$$

6. 注意事项

① 线收缩率测定避免试样变形，测量应准确。

② 体积收缩率测定的试样，应避免边棱角碰损，称量力求准确，抹干煤油（或水）的程度应力求一致。

Ⅱ. 干燥强度的测定

一、目的意义

在陶瓷生产中，由可塑坯料成型的坯体要求具有较好的干燥强度。此外，在生产过程中往往希望能将坯体尽快干燥，且产生较高的干燥强度，以便脱模、修坯和施釉。如果干燥速率过快，干燥强度太大，坯体容易变形或开裂，因此，测定坯体的干燥强度也可给制订干燥工艺制度提供依据。

本试验的目的：

① 了解粘土或坯体干燥强度的变化规律；

② 了解调节粘土或坯体干燥强度的各种措施；

③ 掌握测定粘土或坯体干燥强度的实验原理及方法。

二、基本原理

粘土的干燥强度一般用抗折强度极限来表示，即材料受到弯曲力作用破坏时的最大应力

(Pa)，或者破坏时的弯曲力矩（N·m）与折断处截面阻力力矩（m^3）之比表示。

$$\sigma=\frac{M}{W}\times10^{-6}=\frac{\frac{F_0L}{4}}{\frac{bh^2}{6}}=\frac{3F_0L}{2bh^2} \tag{52-6}$$

式中 M——弯曲力矩，N·m；

W——阻力力矩，m^3；

F_0——试样折断瞬间的负荷重，N；

L——支承刀口之间的距离，mm；

b——试样的宽度，mm；

h——试样的高度，mm；

σ——试样的抗折强度，MPa。

三、实验器材

① 电动抗折仪（图 52-2）；

② 游标卡尺。

四、试样的制备

用真空练泥机挤制出来的泥段，制成所需要的试样。根据产品不同，所制作的试样尺寸要求也不同。

① 细陶瓷工业采用的试样是一个直径为10～16mm、长 120mm 的圆柱或截面呈正方形的方柱体 10mm×10mm×120mm，均用真空练泥机挤坯成型或在模型中成型。

② 试验粗陶坯泥时，系采用 20mm×20mm×120mm 或 15mm×15mm×120mm 的截面呈正方形的方柱体，试样用可塑法在石膏模或木模中成型，或在金属模中压制成型。

③ 无线电陶瓷工业中，采用的试样是一个直径为（7±1）mm 长为 65^{+5}_{-3}mm 的圆棒或截面呈正方形的方柱体 7mm×7mm×60mm，试样用热压铸法成型，或用半干压法成型。

以上试样制备时的条件（如对坯泥的要求、成型的方法或烧结条件）均应与制品的生产条件一致或相近。

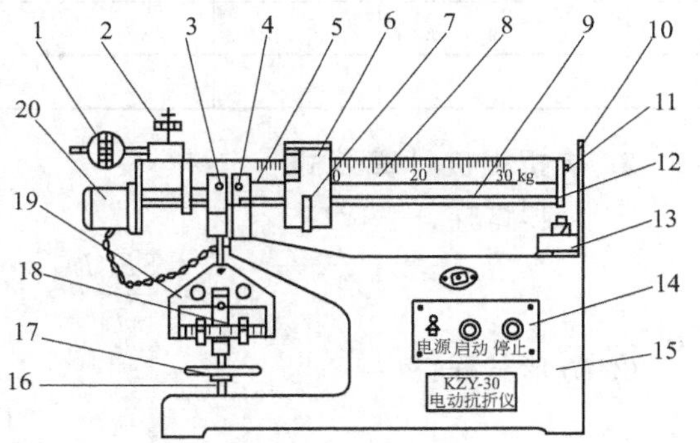

图 52-2 电动抗折仪

1—配重砣；2—感量砣；3—悬挂刀座；4—固定刀座；5—固定刀座挡板；6—游砣；7—压杆；8—重尺；9—丝杆；10—定位板；11—指针；12—吊板；13—微动开关座；14—操纵箱；15—底座；16—升降杆；17—手砣；18—下夹具；19—上夹具；20—电机

五、测定步骤

① 打开电源开头，接通电源。

② 调整零点（调正配重砣，使游铊在“0”位上，主杠杆处于水平位置）。

③ 清除夹具上圆柱表面粘附的杂物，将试样放入抗折夹具内，并调整夹具，使杠杆在试样折断时接近平衡状态。

④ 按动启动按钮，指示灯亮（红），电机带动丝杠转动，游砣移动加载，当加到一定数

值时，试样折断，主杠杆一端定位针压合微动开头，电机停转，记下此数值。

⑤ 按压游砣上的按钮，推游铊回到“0位”。

⑥ 用游标卡尺量取折断部尺寸，从不同方向测定两次，取其平均值。

⑦ 本实验至少应测定5个试样。

六、数据处理

1. 测定记录

将有关数据记入表52-2中。

表 52-2 抗折强度测定记录表

<table>
<tr><td colspan="2">试样名称</td><td colspan="2"></td><td rowspan="2">支承刀口间距离/mm</td><td rowspan="2"></td><td rowspan="2">杠杆的臂比 K 值</td><td rowspan="2"></td></tr>
<tr><td colspan="2">试样规格</td><td colspan="2"></td></tr>
<tr><td rowspan="2">编号</td><td colspan="2">试条折断处截面的尺寸/mm</td><td rowspan="2">折断荷重(F_0)/N</td><td rowspan="2">抗折强度(σ)/MPa</td><td rowspan="2">平均值(σ_c)/MPa</td><td rowspan="2">绝对误差($S=\sigma_c-\sigma$)</td><td rowspan="2">相对误差(其值$=S/\sigma_c\times100$)/%</td></tr>
<tr><td>高(h)</td><td>宽(b)</td></tr>
<tr><td>1</td><td></td><td></td><td></td><td></td><td></td><td></td><td></td></tr>
<tr><td>2</td><td></td><td></td><td></td><td></td><td></td><td></td><td></td></tr>
<tr><td>3</td><td></td><td></td><td></td><td></td><td></td><td></td><td></td></tr>
<tr><td></td><td></td><td></td><td></td><td></td><td></td><td></td><td></td></tr>
<tr><td></td><td></td><td></td><td></td><td></td><td></td><td></td><td></td></tr>
<tr><td></td><td></td><td></td><td></td><td></td><td></td><td></td><td></td></tr>
</table>

2. 抗折强度计算公式

① 圆形试样：

$$\sigma=\frac{8F_0L}{\pi D^3}\times K\approx2.5\frac{F_0L}{D^3}\times K$$

② 方形试样：

$$\sigma=\frac{3P_0L}{2bh^2}\times K$$

式中 σ——抗折强度，MPa；

F_0——试条折断时所载负荷，N；

L——支承刀口之间的距离，mm；

D——试条的直径，mm；

b——试条的宽度，mm；

h——试条的高度，mm；

K——杠杆的臂比。

③ 每种试验应至少做5个平行实验，求其平均值，相对偏差允许在5%～10%范围内，超过10%的结果应弃之不用。

七、注意事项

① 试样与刀口接触的两面应保持平行，与刀口接触点必须平整光滑。

② 试样安装时，试样表面与刀口接触只呈紧密状态，而不应受到任何弯曲负荷，否则引起结果偏低。

③ 试样折断处的尺寸应准确测量。

思考题

1. 粘土或陶瓷坯料的干燥性能对制坯工艺有何重要意义？
2. 粘土的干燥收缩与其可塑性程度的相互关系是什么？
3. 影响粘土原料收缩的一些因素有哪些？试分析其原因。

参考文献

[1] 盛元兴. 现代建筑卫生陶瓷手册. 北京：中国建材出版社，1998.
[2] 祝桂洪. 陶瓷工艺实验. 北京：中国建材出版社，1997.
[3] QB/T 1547—92. 陶瓷坯泥料线收缩率测定方法.
[4] 徐德龙. 谢峻林，材料工程基础. 武汉：武汉理工大学出版社，2008.

实验 53 陶瓷材料烧结温度范围的测定

一、目的意义

烧成是陶瓷材料生产过程中的一道关键工序。确定材料烧结温度和烧结温度范围，为选择合理的生产工艺、确定工艺参数提供科学依据。对在实际生产中提高生产效率、降低生产成本有重要的意义。

本实验的目的：

① 了解试样在烧成时的安全温度范围，为选择合理的工艺参数提供依据；

② 掌握测定陶瓷材料烧结性能的实验方法。

二、基本原理

烧结体在烧结过程中，随温度升高发生一系列物理化学变化，伴随这些反应的同时，烧结体气孔率下降，逐渐致密，直到体积密度达到最大值，收缩率最大，气孔率最低，此时状态称为坯体的烧结，对应的温度称为“烧结温度”。如果烧结后继续加热升温，坯体开始软化（工艺上称过烧现象）发生局部熔融，对应的温度称为熔融温度或软化温度，也称为“耐火度”。烧结温度与熔融温度之间的温度范围称“烧结温度范围”。

测定烧结温度范围的方法有高温显微镜法、高温膨胀法。本实验采用高温膨胀法。在实验过程中记录加热过程中试样形变（体积膨胀、收缩、球化等）与温度的变化的关系，得到膨胀（收缩）-温度曲线，根据曲线的上限温度点和下限温度点确定其烧结温度范围。

上限温度点：试样烧结收缩已停止，致密度最高，且尚未发生过烧膨胀或软化收缩。

下限温度点：试样烧结线收缩为 1.0%，吸水率不大于 0.5%。

三、实验器材

1. 仪器

① 材料耐火度测定仪，1 台；

② 小型压型机，1 台；

③ 氩气瓶装置，1 套；

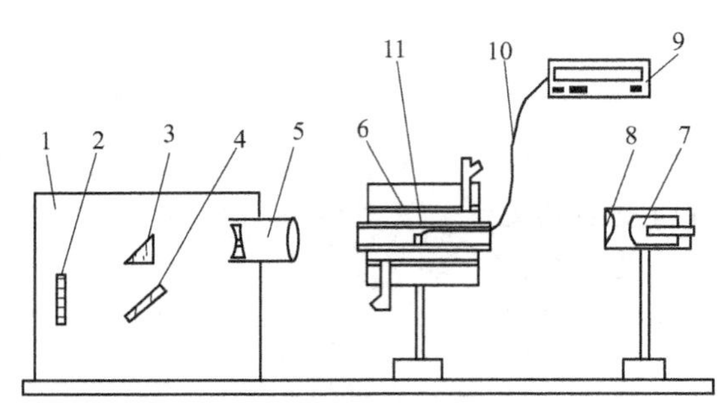

图 53-1 仪器结构示意图

1—投影装置；2—投影屏；3—棱镜；4—平面反射镜；5—投影物镜筒；6—钼丝炉；7—聚光镜片；8—光源灯泡；9—XCT-161 动圈仪表；10—热电偶；11—试样

④ 不锈钢镊子，1 把；

⑤ 刚玉质托管，托板，1 套；

⑥ 粉状试样，1 瓶。

2. 耐火度测定仪的结构

耐火度测定仪由光源、钼丝炉、投影装置、温控装置及制样五部分组成，如图 53-1 所示。

（1） 光源

光源采用 12V、30W 光源灯泡，经聚光镜聚光，整个部分装在导轨上，可以上下左右移动。

（2） 加热炉

加热炉采用钼丝加热体，氩气保护（防止钼丝氧化），最高温度可达 1600℃。升温时可手动也可自动。炉内温度梯度±13℃。

（3） 投影部分

来自聚光镜的平行光，通过炉膛投影在试样上，把试样的阴影经过镜头放大，再经棱镜折射到平面镜上，经反光镜到乳白玻璃镜屏。实验者可清晰地看到样品发生物理化学变化时产生的收缩、膨胀、钝化、球化的投影像及发生此现象的温度。

（4） 电气部分

由调电柜控制，可自动升温、恒温、降温，也可以手动控制温度变化及升温速率等。

（5） 炉温测量与显示

炉温采用双铂铑电偶进行测量，测得的温度可以通过 XCT-动圈温度指示仪显示出来。

四、测定步骤

1. 试样制备

将要测定的干粉料加适当水搅拌匀，装入模具内，在小型压机上均匀加压，压成 ϕ8mm×8mm 圆柱形试样，试样表面要求光洁（表面磨光），每次压缩的松紧程度要一致。然后在 105～110℃烘干，备用。

2. 测定准备

① 调整钼丝炉、聚光镜、投影装置位置，使投影装置前端镜面至电炉壳中心的距离为 260mm。调整钼丝炉、聚光镜、投影装置的高度，使三个部件透光部分在同一光轴上，使光源在投影屏上清楚地反映出一个亮圈。亮圈尺寸为 70mm×70mm。

② 试样的放置：用水玻璃将试样粘在耐火材料板上，缓慢推入炉膛中心。然后打开光源，此时在投影屏上应当有清晰的试样投影像，如图 53-2 所示。如果投影位置不正或不清

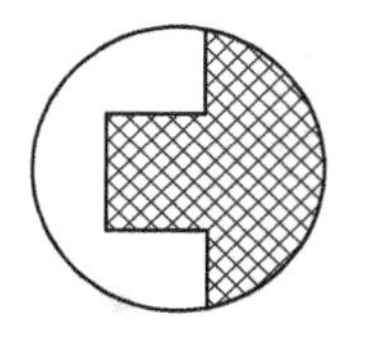

(a) 图像正确的位置

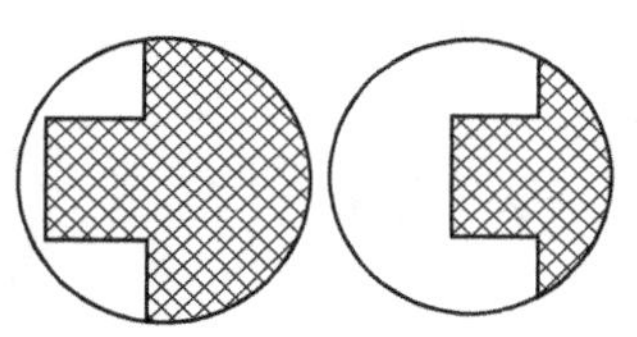

(b) 靠左或靠右

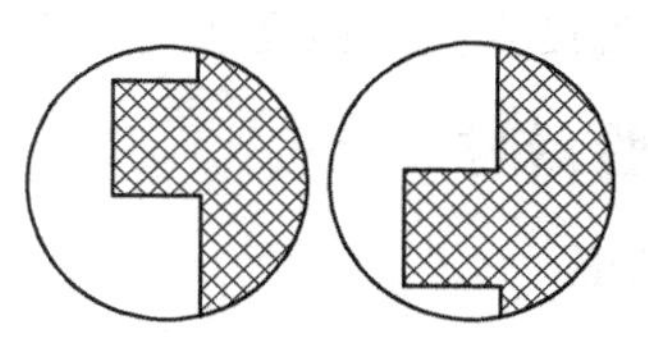

(c) 靠上或靠下

图 53-2 投影像的位置

晰，可按下述方法进行调整，以利观察读数。

当出现偏左或右时，调整电炉的升降手柄使其上下移动。

当出现偏上或下时，可转动小手柄，调整电炉的前后位置。

③ 通气通水：加热炉的钼丝在高温下极易氧化，因此在升温前，需采用氩气保护。氩气连接线路如图 53-3 所示。排出氩气的管口要求距水面 15～20mm。在刚开始升温的十几分钟里，应将氩气的气流量计调节至 40 刻度处。以后，可减少氩气，将流量计调节至 20 刻度处，直到实验结束，将电炉温度降至室温为止。

为保证炉内密封材料不受损坏，升温时要接通循环冷却水，炉温达 700℃前，冷却水流量要小些；700～1700℃，冷却水流量要大些，使出水温度保持在 50℃左右。直到实验结束，将电炉温度降至室温为止。

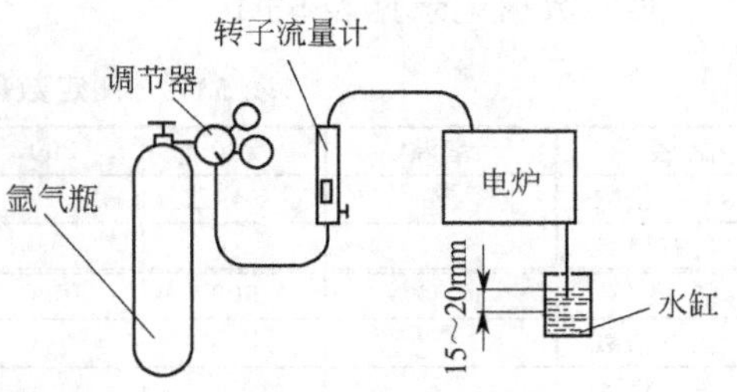

图 53-3 氩气连接线路图

④ 通电升温：以上准备工作完成后，用电气柜控制电炉升温速度。先将温度控制器的电源关闭，“手动-自动”开关拨到“手动”，并将“手动”旋钮反时针方向旋至最小。此时方可合上总电源，打开仪器电源开关。顺时针方向慢慢旋转手动调节旋钮，使电炉电流在 10A 左右预热 5min。然后可慢慢增加电流，提高升温速度。可将电流调至 19A，保持稳定。温度较高时，需增加电压，加大电流，但最大不得超过 24A。

3. 烧结温度的测定

实验主要是测定影像发生形变所对应的温度（如体积膨胀、收缩、直角钝化、球化时对应的温度）。粘土或坯料是多矿物组成的物质，没有固定的熔点，是在相当大的温度范围内逐渐软化。一般来说，当电炉温度升至 $T>800$℃后，粘土试样体积开始剧烈收缩（在屏幕上可以清楚地看到试样体积膨胀、收缩的情况），气孔率开始剧烈减少，这种剧烈变化的温度称作开始烧结的温度 T_1（图 53-4）。继续升温，开口气孔率下降至最低，此温度为完全烧结温度 T_2。

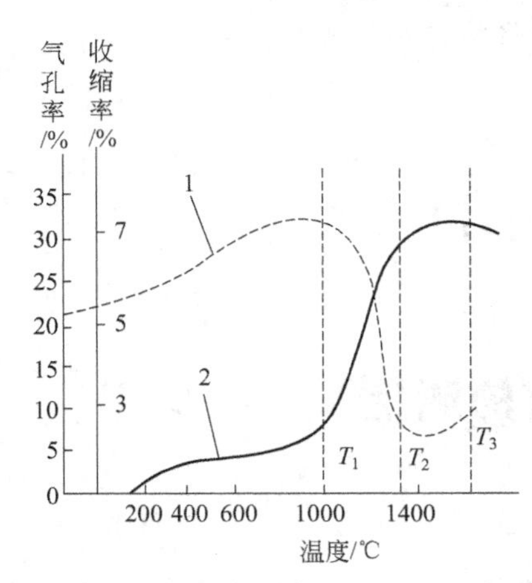

图 53-4 试样加热过程气孔率和收缩率变化

1—气孔率曲线；2—线收缩率曲线

4. 耐火度的测定

当温度到达烧结温度 T_2 后继续升温，试样（坯体）开始软化，甚至局部熔融，试样已不能保持原来的形状，其轮廓已发生很大变化，原来呈矩形投影截面的圆柱体，直角纯化。在屏幕上可以清楚地看到试样钝化及完全球化的情况，此时的温度 T_3 称为“耐火度”（亦称“软化温度”或“熔融温度”）。

5. 结束试验

试验做完时，必须先将电流慢慢调至零，再把电源开关拨至“关”的位置，然后才能断电拉闸。待炉温降低后，才能关闭气源和水源。

6. 烧结温度范围确定

上限温度点 T_3：在膨胀（收缩）-温度曲线上，当烧结收缩停止而过烧膨胀或软化收缩刚开始时，对应的温度。

下限温度点 T_L：在膨胀（收缩）-温度曲线上，将上限温度 T_3 时的收缩率回推 1.0%，对应的温度。

按定义，烧结温度范围是

$$T=T_3-T_2$$

五、数据记录与处理

实验数据记录见表 53-1

表 53-1 测定数据记录表：（记录相对变应温度）

温 度/℃	室温	100	200	300	400	800	600	700
上下格数								
左右格数								
温 度/℃	800	900	1000	1100	1200	1300	1400	
上下格数								
左右格数								

试样烧结温度 $T_2=$ ℃；

试样软化温度 $T_3=$ ℃；

试样烧结温度范围 $T=$ ～ ℃。

思考题

1. 烧结温度对产品性能影响？
2. 影响烧结性能的因素有哪些？
3. 完全烧结温度下，在试样气孔率、收缩率曲线上变化特征是什么？

参考文献

[1] 刘振群. 陶瓷工艺原理. 广州：华南理工大学出版社，1989.

[2] 盛元兴. 现代建筑卫生陶瓷手册. 北京：中国建材出版社，1998.

[3] QB/T 1547—92. 陶瓷材料烧结温度范围测定方法.

实验 54 陶瓷坯釉应力的测定

一、目的意义

在陶瓷制品的生产中，坯釉的适应性要好。如果适应性差，釉就会开裂或剥落而影响制品的质量。因此，测定坯釉应力有重要的意义。

本实验的目的：

① 了解坯釉应力的测定对生产的指导作用；

② 掌握测定坯釉应力的原理及方法。

二、基本原理

由于釉是与坯体紧密联系着的，所以当釉的膨胀系数低于坯体时，在冷却过程中，釉比坯体收缩小，釉除受本身收缩作用自动变形外，还受到坯体收缩时所赋予它的压缩作用，而使它产生压缩弹性变形，从而在凝固的釉层中保留下永久性的压缩应力，一般称压缩釉，也称为正釉。正釉一方面减轻表面裂纹的危害，又抵消一部分加在制品上的张应力，能提高制品的强度，起着改善表面性能和热性能的良好作用。然而，一旦釉中压应力超过釉层中的耐压极限值时，也会造成剥落性釉裂。釉层呈片状开裂，或从坯上崩落；反之，当釉的膨胀系数大于坯体时，则釉受到坯的拉伸作用，产生拉伸弹性变形，釉中就保留着永久张应力。具有张应力的釉称为负釉，负釉易开裂。当坯釉膨胀系数相同时，釉层应无永久热应力存在，所以，尽管坯釉的熔融性能配合良好，如果热膨胀系数不相适应，仍然无用，只有配制出膨胀系数近于坯而略小于坯的膨胀系数（约 $0.75\times10^{-5}℃^{-1}$）的釉料，才能获得合格釉层。

三、实验方法

定性地研究坯体和釉层之间的应力的方法很多，常用的有坩埚法、薄片法及高压釜法。其中坩埚法和薄片法较简单，分述如下。

1. 坩埚法

（1）实验器材

① 硅碳棒电炉；

② 筛子（100 目）；

③ 研钵；

④ 釉粉；

⑤ 石膏模（做坩埚用）；

⑥ 泥浆。

（2）试样的制备

① 把需要测定坯釉应力的坯料制成薄壁坩埚，坩埚高 2cm，内径 4cm，经过阴干，在105～110℃的干燥箱内烘干 2h。

② 将釉粉烘干，磨成细粉，过 100 目筛。

（3）测定步骤

① 将烘干后的坩埚在素烧温度 800～1000℃下焙烧，焙烧后加以仔细检查，有无眼睛能看见的裂纹出现，若没有裂纹时，则将磨细的釉粉，撒入坩埚内至高度的一半处。

② 把盛有釉粉的坩埚放在电炉或生产用的窑炉中，在烧釉（本烧）的温度下焙烧。

③ 冷却后坩埚表面上没有发现破隙或裂纹，而且釉层上也看不出裂纹，这就说明坯体所选择的釉料是合适的，两者没有显著的应力存在。如果有裂纹或破隙，则所选择的釉料是不适应于该坯体的。

（4）测定记录

将测定结果记入表 54-1 中。

表 54-1 施釉坯体中应力测定记录表

试样名称		测定人		测定日期	
试样处理					
编号	烧后坩埚釉层的变化	确定釉层的性质（正釉、负釉、适合）		备注	
1					
2					
3					

(5) 注意事项

① 烧后的坩埚要仔细检查有无裂纹，选择好的做实验用。

② 釉粉要加到坩埚的一半，保证坩埚内的釉粉等厚，以便于分析。

2. 薄片法

根据测量单面上釉的薄片弯曲程度来决定釉层与坯体间的应力。

(1) 实验器材

① 坯釉应力测定仪（图 54-1），它是由电阻炉 1、试样 3、支承架 2 构成，固定架 4 是固定试样用，试样未固定的一端位于有目镜测微计的显微镜 5 的观察范围内；

② 试条，规格为 300mm×15mm×6mm（中间厚 3mm），如图 54-2 所示；

③ 研钵；

④ 筛子（100 目）；

⑤ 釉粉。

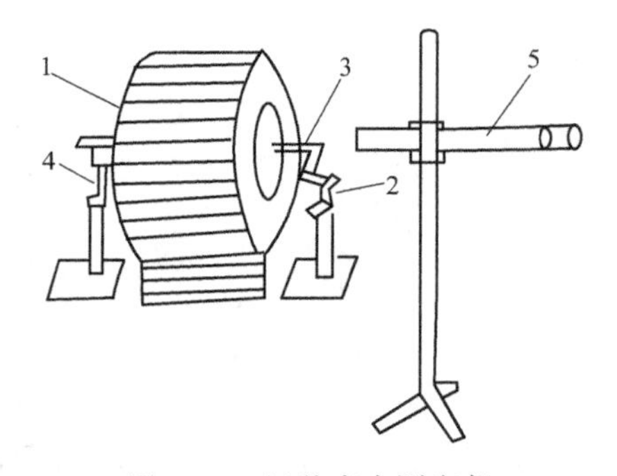

图 54-1 坯釉应力测定仪

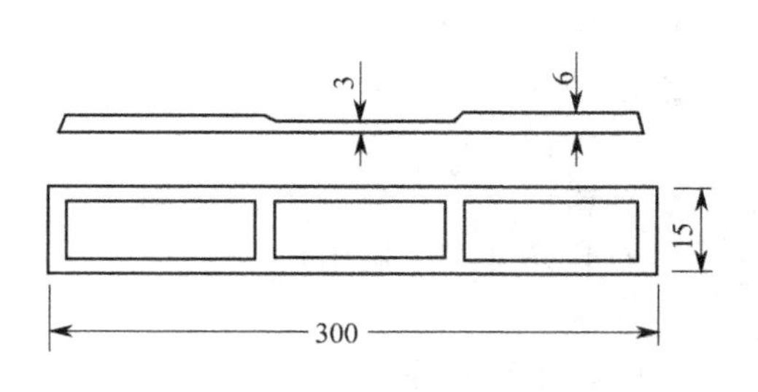

图 54-2 试条规格示意图

(2) 试样的制备

① 成型试条（用可塑法或注浆法成型均可），自然阴干变白后，放入烘箱内在 105～110℃烘干 2h，然后放在素烧的温度下焙烧，烧后检查试条是否平直，备用。

② 干釉粉磨细，过 100 目筛。

(3) 测定步骤

① 在焙烧后试样中间薄的部分均匀施上一层釉。

② 将试条放在坯釉应力测定仪内，并用固定架 4 及支承架 2 固定在炉内的位置，试样要在炉膛的中心，不可偏向任意一方。

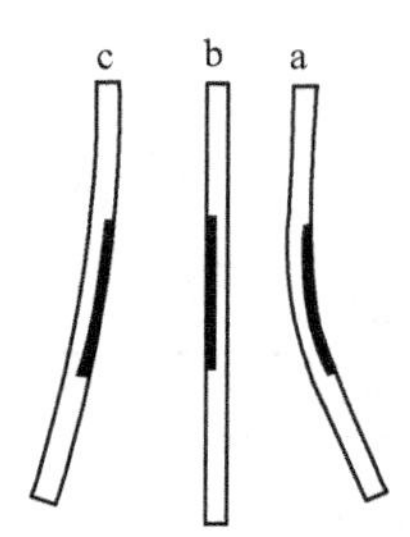

图 54-3 釉层应力测定后试样的形状

③ 打开固定架 4 端的指示灯。

④ 用测高仪目镜测微计的显微镜，观察试条在炉内某一位置。按制定的升温曲线加热到本烧温度，然后冷却。在实验时用测高仪目镜测微计的显微镜来观察试条的变化。

⑤ 实践证明，薄片的弯曲程度正比于釉层与坯体之间的应力，弯曲的方向表示应力的性质。如果釉层在冷却时的收缩比坯体的收缩大（即有碎釉的倾向），则试样向釉所在的方向弯曲（图 54-3a）。如果釉层有剥落的倾向，则试样向坯体未施釉的一面弯曲（图 54-3c），试条弯曲的大小与坯泥及釉层膨胀系数之差成比例。无应力产生时，试样并不变形（图 54-3b）。

(4) 测定记录

将测定结果记入表 54-2 中。

(5) 注意事项

① 坯体试样要求平直无损。

② 中间釉层要有一定的厚度。同时试条施釉部分放在电炉的中央，并均匀加热。

③ 测高仪的目镜测微计的显微镜观察到试样最初位置之后，就不要再移动，以免影响测定结果。

表 54-2 薄片法测定施釉坯体应力记录表

试样名称		测定人		测定日期	
试样处理					
编 号	试样弯曲的方向	确定坯釉哪个应力大			备 注
1					
2					
3					
4					
5					

3. 高压釜法

高压釜法是目前在陶瓷工业生产中采用最广泛的一种坯釉适应性测定方法。把施有釉层的试样放在试验电炉或生产窑中焙烧成瓷。将经检查无缺陷的试样放入高压釜中，在3.55MPa 水蒸气压力下处理 1h 后，放入流动的水中冷却（水温 17～20℃）。蒸压和冷却试验一直进行到施有釉层的表面有了裂纹，或从坯体上剥落时为止，以没有出现裂纹或剥落现象的循环次数来表征釉层与坯体之间的应力及适应性。

思考题

1. 影响坯釉应力的因素有哪些?
2. 测定施釉坯体中的应力原理是什么?
3. 做这个实验对生产有何指导作用?
4. 施釉坯体中正釉好还是负釉好? 为什么?
5. 根据测定结果如何调整坯釉配方和进行工艺控制?

参考文献

祝桂洪. 陶瓷工艺实验. 北京：中国建材出版社，1997

第三章 综合设计实验

本书“绪论”中已经指出：改革开放的形势要求大学毕业生要具有较强的动脑和动手能力。为了提高这些能力，学生在实验教学环节中不仅要做验证型的实验，还要做测试型、综合型和设计型的实验。本章将深入讨论这个问题。

一、设计型实验与综合型实验

在现有的教科书中，对设计型实验与综合型实验还没有规范的定义。为了叙述方便，首先对其名称、形式与内容进行探讨。

1. 设计型实验

（1）设计型实验的概念

设计型实验是指科学上为了阐明某一现象而创造必要条件，以便观察它的变化及结果的过程，或者为了检验某种科学理论或假设而进行的某种操作、所从事的某种活动。

（2）吴健雄的设计型实验

1956年10月1日，美籍华裔物理学家杨振宁和李政道在《物理评论》上发表了题为《弱相互作用中宇称守恒的问题》的论文，他们宣称：“为了毫不含糊地肯定宇称在弱相互作用中是否守恒，就必须进行实验以测定是否弱相互作用能把左和右分别开来，对这样一些可能进行的实验将加以讨论”。可是，当时大多数物理学家的态度是：这个实验难度太大，还是让别人去做吧。当时在美国哥伦比亚大学任物理教授的美籍华裔物理学家吴健雄却勇敢地决定做这一个别人不敢做的实验。吴健雄花了半年的时间为实验做各种准备，全世界的物理学家们都焦急地等待实验结果。1956年末实验结果出来了，但与大多数物理学家的期望相反，它确切地证明宇称的确是不守恒的。

吴健雄的这个震惊世界的实验是个典型的、优秀的设计型实验。为什么当时许多卓越的物理学家在宇称守恒的面前都犯了错误，表现得毫无办法，而三个年轻的华裔学者确能比较顺利地解决这个问题呢？这引起一些人的深思。有位美国学者认为，在中国的古老文化中素来就强调不对称的思想，这种不对称的思想对杨振宁和李政道的思想起了作用，而他们的西方同事则缺乏这种不对称的思想。

现在谈论这件事，仍然为中华民族的博大精深思想和伟大的教育事业而感到骄傲与自豪。如果继续注重对学生进行素质教育、通过设计型实验加强创新能力的培养，今后仍然会培养出许多世界一流的科学家和工程师。

（3）实验教学中的设计型实验

一般来说，学生在大学学习期间在实验室要做的课程实验是为了深化理论教学中的知识，因此一般是根据实验教科书上所规定的实验方法、步骤来进行操作的。这种实验就是现在实验教学改革中所称为的“传统实验教学”。而为了提高大学生的素质，提高动手动脑的能力，不做设计型实验，单做“验证型实验”是达不到目的的。

但是，学生在大学学习期间要做的设计型实验与有成就的科学家们所做的设计型实验是有区别的。这些科学家们所做的实验尽管有的现在看起来比较简单，但做这些实验是为了达到某种科研目的而自行设计的。而大学生的知识和阅历有限，一般来说要自己设计一个有影响力的设计实验是困难的。而在实验教材中做些提示，在教师的指导下让学生对实验原理、方法、过程等进行设计则是可能的。

例如，在“固体试剂的鉴别”实验中，给学生几种固体试剂，让学生从物态、溶解性、酸碱性、热稳定性、鉴定或鉴别反应等方面进行判断，提出实验设计方案，并实施该方案，将固体试剂鉴别出来，这是一个可行的设计型实验。

又如，在“热电偶的校准”实验中，要求学生对镍铬-镍铝热电偶进行校准，让学生自己设计出标准热电偶的实验电路，并校准；自己选定点温度；测出电偶常数，这也是较好的设计性实验。

2. 综合型实验

在材料的研究与开发中，人们对新材料进行设计，然后通过实验获得新材料，通过测试获得新材料的性能数据，并根据测量数据判断其是否满足应用的需要。如果没有满足需要，则继续进行设计与实验。有时，为了改进材料的种类或性能的测量方法，人们还要研究新的实验方法和测量手段。在实际工作中，无论是一个科研项目的探索性实验，还是一种材料的性能实验，一般都由一系列的单项实验组成，每个单项实验都为实验设计的总目标服务。这一系列实验就构成一个综合性实验。

对实验教学来说，让学生做综合性实验，就是让学生在学完一定基础实验之后，完成指定题目的一系列实验任务。

例如，指定一种材料，让学生自己设计这种材料的成分，选取制造这种材料的原材料，确定材料的制备方法，制定可行的实施方案。材料制备后，自己确定材料性能的测试项目并进行测试，最后得出实验结论，这样就做了一个综合性实验。

3. 综合设计型实验

从概念看，设计型实验与综合型实验是有差别的，这有利于问题的讨论。在实际工作中，这两种实验却往往不能截然分开。当需要证明一个新的命题或一种新的事实时，就需要设计一系列新的实验，在这种情况下，单个的设计型实验组成了综合型实验，称它为“综合设计型实验”或“设计综合型实验”则比较合适。

二、综合设计实验方法

1. 综合设计实验的指导思想

综合设计型实验是根据选题的需要，将各个孤立的实验贯穿起来组织与安排实验，这样既丰富了课题内容，又克服了由单纯验证性试验或测试性实验的孤立进行而造成理论与实际联系不够紧密的现象。通过课题内容的需求，将有关化学、物理及物理化学、工艺学及机械、电气等方面的基本知识有机地联系起来，既加深了对知识的系统理解，又拓宽了解决问题的思路和能力。

让学生进行综合设计实验，就是在教师指导下让学生根据实验题目、实验任务，独立完成确定实验方案、拟定实验程序，选择实验仪器并进行安装、调试，观察实验现象，做好实验记录，进行数据处理，写出实验报告或科学论文等。

综合设计型实验有一定难度，要圆满完成综合设计型实验，不仅需要一定的、较宽的理论知识，还需要灵活、多种的实验技能。为此，要求学生要有学习的主动性和高度的自觉性，在实施任务的过程中需查阅大量的科技文献资料，进行综合分析、推理判断，自行处理实验过程中的一切问题，在完成实验的过程中进一步开发智力，全面培养和发挥实验能力。所从事的设计型实验如果成功，则加强学生或实验技术人员的动手能力，培养学生与科技人员分析问题与解决问题的能力，开拓了学生的视野，提高了学习的自信心和努力进取的精神，最大限度地培养和造就独立进行科学实验的本领；如果失败了，则“失败为成功之母”。英国著名化学家戴维曾感触至深地说过：“我的那些最重要的发现是受到失败的启发而获得的”。法拉第和诺贝尔一生中所经历的失败甚至比他们的成功更多。他们成功的奥秘，就是在经历失败的痛苦煎熬时从不失望、从不气馁，培养了经受挫折的能力，这也是人生的巨大财富。

2. 综合设计实验的实施方法

综合设计型实验课题的题型是多种多样的，可以是教学方面有关的理论探讨、科研方面的研制专题或其中的某一分支；又可以是材料生产中亟待解决的实际问题，从而强化实验教学环节与加强科研及生产间的有机联系；还可以是学生自己感兴趣的、创造性的自选题目。选题可大可小，具有伸缩性。

由于选题多样化，纵横串联的实验项目也多，设计组织实验时要根据实际情况酌情处理。就一般情况而言，综合设计型实验可分为如下几个阶段。

（1）准备阶段

① 查阅、翻译大量文献资料。

② 选择题目。

③ 撰写立题报告。

立题报告内容包括题目名称、立题依据（如理论基础、现实意义与经济价值等）、具体方案、实施手段、测试方法、预期结果、工作计划与日程安排等。

④ 立题答辩。

立题报告要通过有关指导教师答辩，经批准方可立题。

（2）进入课题阶段

① 准备实验所需的原材料。

② 准备实验所需的设备、仪器及工具。

③ 制备材料。

④ 材料性能测试。

⑤ 修改方案、补充实验、完善所需的资料或数据。

3. 结束阶段

① 要大量、有针对性地查阅资料、文献以充实课题理论。

② 将实验得到的数据进行归纳、整理与分类并进行处理与分析，找出规律性或用数理统计方法建立关系式或经验公式。排除非正确数据的干扰。如果认为某些数据不可靠，可补做若干实验或采用平行验证实验，对比后决定数据取舍。

③ 根据拟题方案及课题要求写出总结实验报告。

报告内容，包括立题依据、原理、测试方法及有关数据、原材料的原始分析数据、常规与微观特性检验的数据、图片或图表、试制经过及结论，并提出存在问题。

如果是课程小论文题或小科研课题，要对某一专题研究的深度提出观点或论点。

在论文最后应按序号注明查阅的中外资料的名称及作者与页数。

④ 成绩评定，由指定教师考核完成。

三、本章综合设计实验的指导思想

根据以上所述，本章综合设计实验的指导思想简介如下。

1. 胶凝材料的综合设计实验

以“普通硅酸盐水泥的研制”为题目。要求制出较好的水泥试样，完成该水泥试样的一系列测试，写出总结报告（课题论文）。

在水泥材料的研究与生产中，这个题目是普通的命题，难度不大。目的是想通过这个难度不大的命题，给读者展示综合设计实验的轮廓框架。为便于学生操作，对实验设计思路、步骤等做了比较详细的叙述。这样做的另一个目的是给后面的综合设计实验提供参考示例，让学生进行移植，设计出更好的实验。

2. 玻璃材料的综合设计实验

以“建筑装饰用微晶玻璃的研制”为题目，要求制出较好的微晶玻璃试样，完成该微晶玻璃试样的一系列测试，写出总结报告（课题论文）。

微晶玻璃板材是新型建筑材料，国内已有几个厂家的产品上市。由于竞争的需要，这种产品的资料和技术均处于保密状态。因此，在玻璃材料的研究与生产中，这个题目是较新的命题，有一定的难度。目的是想通过这个难度较大的较新命题，培养学生的攻坚意识和闯关精神。

首先，实验中只给一个《微晶玻璃板材与天然石材性能对比表》，要求学生按这个指标进行试制，使学生处于材料研究人员在接题或立题时的初始状态，其他资料和实验条件要靠自己去解决，给学生一个紧迫感。其次，综合设计实验的其他内容只是一个粗略的提纲，给学生留出一个充分发挥想象力和施展才华的空间。

3. 陶瓷材料的综合设计性实验

以“制作一件陶瓷工艺品”为题目，要求制出较好的陶瓷工艺品，写出总结报告（课题论文）。

我国制作陶瓷工艺品有悠久的历史，曾有许多价值连城的古品在世界各地收藏。虽然在陶瓷材料的研究与生产中，做陶瓷工艺品一般不属于现代高精尖的命题，但陶瓷工艺品需加入艺术构思和技艺才能制成。以此为题可以激发学生做优质产品、创名牌的欲望，培养艺术才能，对工科专业的学生来说这方面的培养也是重要的。

实验中只有要求而没有具体细节，是因为这个题可大可小，可繁可简。既可以陶瓷材料制造为主，又可以艺术创作为主，还可以将材料制造与艺术创作两者结合起来，形成一个复杂的大课题。没有细节规定将给学生一个发挥自己才能的更自由更大的空间。

4. 混凝土配合比的设计实验

以“对某学校教学楼钢筋混凝土柱用的混凝土进行配合比设计”为题目。要求学生对施工现场拟用的混凝土材料（水泥、砂、石等）质量进行鉴定，完成该混凝土的实验配方设计、混凝土现场施工质量的评定，写出总结报告（课题论文）。

这是与科研和生产实际紧密结合的命题，难度不大却涉及面广。虽然实验中只列出混凝土制备方面的提纲，但有精力和时间时可延伸至金属材料、房屋结构、地质状况等方面。这样，通过这个难度不大却涉及面广的命题，可以给学生猎取更多知识的广阔空间。

目前，建筑材料市场中有许多劣质商品出售，不法承包商在施工现场以次充优、偷工减料的现象经常出现。让学生做这个题目可以提高打假意识，提高质量意识，培养严肃认真的科学态度和实事求是的工作作风。

四、综合设计实验的可行性

上述四道综合设计实验题在侧重点、深度和难度等方面不尽相同，但学生在学习《无机非金属材料工学》课程、在实验教学中做《无机非金属材料实验》中的一些基本实验之后，自己独立完成这些命题中的一个是完全可能的。

Ⅰ. 胶凝材料的综合设计实验

一、实验项目

建议题目：普通硅酸盐水泥的研制

二、实验要求

① 应用《无机非金属材料工学》课程中所学的工艺理论知识，设计普通硅酸盐水泥的组成。

② 在实验室条件下烧成水泥试样。

③ 在实验室完成水泥试样的物理化学性能测试。

④ 对水泥试样的质量进行评定。

三、实验论证与答辩

1. 查阅文献资料

通过查阅文献资料，了解国内外研究、生产普通硅酸盐水泥的科技动态。

2. 实验立题报告的编写内容

① 论述普通硅酸盐水泥在我国的社会效益与经济效益。

② 论述普通硅酸盐水泥的理论研究现状与发展趋势。

③ 论述普通硅酸盐水泥的技术现状与发展趋势。

④ 实施该项目的具体方案、实施手段。

⑤ 确定该项目的预期结果。

3. 实验立题答辩

在有关指导教师和同学组成的答辩会上宣讲立题报告，倾听指导教师和同学们的修改意见，完善实验立题报告。

将修改完善后的实验立题报告交指导教师审阅，经批准后方可进行实验准备。

四、实验提示

1. 原材料的准备

(1) 主要原料的分析检验

可选用天然矿物原料及工业废渣或化学试剂作原料。

① 将需要的主要原料备齐。

② 对所备齐的原料进行采样与制样，进行 CaO、SiO_2、Al_2O_3、Fe_2O_3、MgO 和烧失量等分析。要求分析者提出分析报告单作原始凭证。

③ 对某些原料做易碎性和易磨性实验以及强度、粒度、比表面积等物性检验。

(2) 主要原料的加工

对天然矿物原料及工业废渣需进行加工处理。一些经上述物性检验（粒度、比表面积等）不合格的原料也要进行加工处理。

① 石灰石

选取化学成分符合要求的石灰石，用实验室常用的小颚式破碎机、小球磨机进行破碎与粉磨至要求的细度。

② 粘土

选取化学成分符合要求的粘土。如果水分大时，应烘干，然后用小颚式破碎机、小球磨机破碎并粉磨至要求的细度。

③ 铁粉

选取符合要求的铁粉，检查细度，如不符合要求则要进行粉碎。

上述主要原料经加工处理后，要用桶或塑料袋等密封保存。

如果缺乏所选用天然矿物原料及工业废渣的加工处理数据，还应进行原料易磨性（易磨系数）的测定。

(3) 石膏与混合材料的制备

① 石膏

首先对石膏进行化学成分分析，填写化验报告单作原始凭证。然后检查细度，如不符合要求要进行加工处理。

② 混合材

混合材有粒状高温炉渣、粉煤灰、火山灰等。在化学成分分析后，若细度不符合要求应进行加工处理。

石膏与混合材料加工处理后，要用桶或塑料袋等密封保存。

(4) 燃料分析

气、液体燃料（如油类、煤气）或固体燃料（如焦炭、煤粉等）都需了解其性质与质量。如用焦炭、煤，要作工业分析和水分与热值分析。

上述混合材与燃料的分析结果均应提供报告单。

2. 合格生料的制备

(1) 配料计算

① 根据实验要求确定实验组数与生料量。

② 确定生料率值。

③ 以各原料的化验报告单作依据进行配料计算。

(2) 配制生料

① 按配料称量各种原料，放在研钵中研磨。如果量大，则置入球磨罐中充分混磨，直至全部通过 0.080mm 的方孔筛。

② 将混磨好的粉料加入 5%～7%的水，放入成型模具中，置于压力机机座上以 30～35MPa 的压力压制成块，压块厚度一般不大于 25mm。

③ 将块状试样在 105～110℃下缓慢烘干。

(3) 生料质量的检验

① 生料碳酸钙含量的测定。

② 生料化学全分析。

③ 生料细度、表面积测定。

3. 试烧（生料易烧性测定）

(1) 试烧所需仪器、设备及器具

① 电炉　试烧用电炉有硅碳棒电炉与硅钼棒电炉，根据最高烧成温度决定使用哪一种。若试烧的温度较高则选用后一种。

高温炉容易损坏，在实验中要求学会硅碳棒或硅钼棒电炉的安装技术，如炉膛的装配、万用表使用、硅碳（钼）棒电阻的测量及连接方式（并、串联等）、电阻值的计算等。

此外，应掌握与电炉相配套的仪表（如电流表、电压表、电位差计、变压器）的使用方法及接线方式等。有时控制仪表均装在控制箱内，要学会使用与维修。

温度测量的精度是实验结果是否可靠的影响因素之一。为此，要用标准热电偶在一定条件下对测温用热电偶进行标定。

② 试烧用坩埚的选择　坩埚在试烧过程中不能与熟料起化学反应，因此要根据生料成分、所确定的最高煅烧温度及范围来选用坩埚。若烧成温度为 1500℃以上，则选用铂坩埚；若烧成温度为 1350～1480℃，则选用刚玉坩埚；若烧成温度在 1350℃以下，则选用高铝坩埚。也可用耐火材料做的匣钵来放置试烧的块料。

如在试烧过程中起反应时，可将反应处的局部熟料弃除。

③ 辅助设备及器具　为了给熟料冷却、炉子降温，需要吹风装置或电风扇。

此外，还需要取熟料用的长柄钳子、石棉手套、干燥器等。

（2） 试烧

① 将生料块放进坩埚或匣钵中，按预定的烧成温度制度进行试烧。试烧结束后，戴上石棉手套和护目镜，用坩埚钳从电炉中拖出匣钵或坩埚，稍冷后取出试样，置于空气中自然冷却，并观察熟料的色泽等。

② 将冷却至室温的熟料试块砸碎磨细（要求全部通过 0.080mm 的筛），装在编号的样品袋中，置于干燥器内。

③ 取一部分样品，用甘油-乙醇法测定游离氧化钙含量，以分析水泥熟料的煅烧程度。

如果游离氧化钙高，易烧性不好，就应按上述步骤反复进行试烧（生料易烧性测定），直到满意为止。

4. 水泥熟料的煅烧（熟料的制备）

根据试烧（生料易烧性实验）的结果，对生料及烧成制度等进行调整。

（1） 首先根据各原料成分及生料化验分析单提供的数据，进行熟料率值的修改、熟料矿物组成的再设计与再计算。此外，为获得优质、高产、低能耗的熟料，还要考虑以下几个问题。

① 熟料的矿物组成与生料化学成分的关系。

② 熟料反应机理和动力学有关理论知识的联系。

③ 固相反应的活化能及活化方式及固相反应扩散系数等的联系。

④ 熟料形成时液相烧结与相平衡的关系。

⑤ 熟料易烧性和易磨性的试验效果与联系。

⑥ 少量矿化剂与助熔剂的加入作用与效果。

⑦ 熟料煅烧的热工制度对其熟料质量的影响。

⑧ 熟料的冷却速度及其对熟料质量的影响等。

（2） 按调整后的参数，配制新的生料。

（3） 将生料块放进坩埚或匣钵中，按预定的烧成温度制度进行煅烧。煅烧结束后，戴上石棉手套和护目镜，用坩埚钳从电炉中拖出匣钵或坩埚，稍冷后取出试样，立即用风扇吹风冷却（在气温较低时在空气中冷却），并观察熟料的色泽等。

（4） 将冷却至室温的熟料试块砸碎磨细，装在编号的样品袋中，置于干燥器内。

5. 水泥熟料性能试验

将制备好的熟料做如下实验。

① 熟料成分全分析并提供分析报告单。

② 根据化验单上的数据进行熟料矿物组成等计算以检查配料方案是否达到预期效果。

③ 取部分熟料进行岩相检验。

④ 熟料游离氧化钙的测定。

⑤ 熟料中氧化镁的测定。

⑥ 熟料易烧性试验。

⑦ 细度测定。

⑧ 掺适量石膏于熟料中，磨细至要求的细度后，要进行全套物理检验，即熟料标准稠度、凝结时间、安定性、强度检验以及确定熟料标号。

五、实验总结

① 要大量有针对性地查阅资料、文献以充实理论与课题。

② 将实验得到的数据进行归纳、整理与分类并进行数据处理与分析。

③ 根据拟题方案及课题要求写出总结实验报告。

报告内容包括立题依据、原理、测试方法及有关数据、原材料的原始分析数据、常规与微观特性检验的数据、图片或图表、试制经过及结论，并提出存在的问题。

要对某一专题研究的深度提出观点、论点。

在论文最后应注明查阅的中外资料的名称及作者与页数，按序号写清楚。

④ 成绩评定，由指定教师考核完成。

Ⅱ. 玻璃材料的综合设计实验

一、实验项目

建议题目：建筑装饰用微晶玻璃的研制

二、实验要求

某厂微晶玻璃板材与天然石材性能对比见下表。请按此指标研制自己的微晶玻璃试样。

微晶玻璃板材与天然石材性能对比表

性能指标	材料名称			性能指标	材料名称		
	微晶玻璃板	大理石	花岗岩		微晶玻璃板	大理石	花岗岩
密度/g·cm^{-3}	2.7	2.7	2.7	耐酸性(1%H_2SO_4)/%	0.08	10.2	1.0
抗压强度/MPa	341.3	67～100	100～220	耐碱性(1%NaOH)/%	0.05	0.30	0.1
抗折强度/MPa	41.5	6.7～20	9.0～24	热膨胀系数/×10^{-7}℃$^{-1}$	62	80～260	50～150
硬度/kg·mm^{-1}	530	150	70～720	耐海水性/mg·cm^{-2}	0.08	0.19	0.17
吸水率/%	0	0.30	0.35	抗冻性/%	0.028	0.23	0.25
扩散反射率/%	89	59	66				

三、实验准备

1. 查阅文献

阅读、翻译资料，了解该种材料在国内外的应用情况和市场情况，国内外研究该课题的科技动态等。

2. 立题报告

① 论述该项目的社会效益与经济效益。

② 论述该项目的理论基础或技术依据。

③ 执行该项目的具体方案、实施手段。

④ 执行该项目的工作计划与日程安排。

⑤ 提出该项目的预期结果。

3. 立题答辩

通过有关指导教师答辩，吸取有益的意见，修改立题报告，正式立题。

四、实验工作提示

1. 实验方案的制订

① 玻璃设计成分的确定。

② 玻璃熔制制度的确定。

③ 玻璃热处理制度的确定。

2. 玻璃试样的制备

① 原料的选择。

② 原料的加工。

③ 配合料的制备。

④ 玻璃的熔制。

⑤ 玻璃的热处理。

3. 玻璃性能的测试

根据《微晶玻璃板材与天然石材性能对比表》的要求，自己确定性能测试项目，并考虑是否有必要增加性能测试项目。

4. 重复或改进实验

① 玻璃设计成分的调整。

② 玻璃熔制制度的改进。

③ 玻璃热处理制度的改进。

④ 玻璃试样的制备。

⑤ 玻璃性质的测定。

⑥ 确定玻璃成分及玻璃制备的各种参数。

五、实验总结

① 将实验得到的数据进行归纳、整理与分类，进行数据处理。

② 查阅文献资料，用现代流行或不流行的有关理论解释自己的实验结果，分析自己的微晶玻璃试样是否达到用户的实用要求。

③ 根据拟题方案及课题要求写出实验总结报告。

Ⅲ. 陶瓷材料的综合设计性实验

一、实验项目

建议题目：制作一件陶瓷工艺品（花瓶、茶具或其他）

二、实验要求

① 制品要有足够的强度。

② 制品要有较好的造型。

③ 制品表面要有较好图画或文字装饰。

④ 制品表面要施釉。

⑤ 制品要烧制成正品。

三、提交立题报告并通过答辩

① 写立题报告。

② 答辩。
③ 修改立题报告。

四、实验

略。

五、提交完整的实验总结报告

① 写实验报告。
② 答辩。

Ⅳ. 普通混凝土配合比的设计实验

普通混凝土配合比设计在《无机非金属材料工学》（林宗寿）中已有介绍。本实验从实验的角度来完善、深化该部分内容。读者可根据实际情况对综合设计实验内容做适当的调整。

一、实验项目

建议题目：对某学校教学楼钢筋混凝土柱用的混凝土进行配合比设计

二、实验准备

1. 设计基本资料的收集

① 混凝土强度的设计要求。
② 混凝土耐久性的设计要求。
③ 拟用原材料的品种及其物理力学性质。
④ 施工条件。

2. 初步配合比的计算

① 确定配制强度。
② 初步确定水灰比值。
③ 确定粗骨料最大粒径。
④ 选取单位用水量。
⑤ 计算单位水泥用量。
⑥ 选取合理砂率值。
⑦ 计算砂及石子用量。
从以上计算确定初步配合比（$1m^3$混凝土的材料用量）。

三、实验室试验

1. 混凝土用材料的检验

① 水泥质量的检验
② 集料质量的检验

2. 混凝土工作性的调整

① 按初步配合比的计算结果配制混凝土拌和物。
② 测定所配制混凝土拌和物的坍落度、观察粘聚性和保水性。如该三项不符合要求，应对初步配合比进行调整。
③ 当坍落度、粘聚性和保水性符合要求后，测定该混凝土拌和物的实际表观密度；计

算初步配合比调整后 $1m^3$ 混凝土的材料用量。

3. 混凝土强度的复核

① 按调整后的混凝土配合比，制成三组不同水灰比的试件，经标准养护 28d 后，测定其抗压强度，用作图法求出与配制强度相对应的水灰比。

② 考虑是否增加混凝土抗渗、抗冻等试验。

4. 确定实验室配合比

初步配合比的工作性、强度校验和增加的实验结果符合要求后，确定混凝土的实验室配合比。

四、施工配合比的换算

① 测定施工现场所用原料的含水率。

② 计算施工配合比。

五、混凝土的质量控制与评定

1. 混凝土的施工与质量控制（提示）

① 原材料的质量控制。

② 混凝土配合比的控制。

③ 混凝土施工工艺的质量控制。

2. 混凝土质量的评定

① 在施工现场按施工配合比拌制混凝土，观察拌和物是否理想，所浇注的混凝土柱质量是否符合要求。

② 在施工现场（浇筑地点）随机抽取试样，进行混凝土的抗压强度试验，用强度平均值、标准差、变异系数和强度保证率等数理统计参数评定混凝土的质量。

六、撰写综合设计实验报告

形式与内容自定。

参考文献

[1] 赵家凤主编. 大学物理实验. 北京：科学出版社，2000.
[2] 陈金忠等. 浅议面向 21 世纪实验教学改革的形势与任务. 实验技术与管理，2000，(1)：101～104.
[3] 杨建邺等编. 杰出物理学家的失误. 武汉：华中师范大学出版社，1986.
[4] 姜玉英. 水泥工艺实验. 武汉：武汉工业大学出版社，1992.
[5] 鲁法增. 水泥生产过程中的质量检验. 北京：中国建材工业出版社，1996.
[6] 高琼英主编. 建筑材料. 第 2 版. 武汉：武汉工业大学出版社，1992：80-91.
[7] 林宗寿等. 无机非金属材料工学. 武汉：武汉工业大学出版社，1999.

第四章 实验报告的编写方法

在人们的生活、学习和工作中，难免要接触“化验报告”、“实验报告”、“研究报告”、“测试报告”、“检验报告”等词。严格地说，这些词之间的含义和用途是有区别的。为了简便，把这些报告分为“实验报告”和“检测报告”两大类。

在科学研究中，有时要写“实验报告”，有时要写“检测报告”。对某种事物的现象或规律的研究后，要写的报告一般属于“实验报告”；而对某些材料进行成分分析，或对材料的某个（些）性能进行测定后，要写的报告一般属于“检测报告”。此外，在生产实践中对产品的质量进行鉴别和评定，或在商品流通过程中对商品的质量进行鉴别和评定后，要写的报告一般也属于“检测报告”的范畴。因此，对这两种报告都应有所了解。

此外，实验报告是写给别人看的，必须详细、清楚、同时简明、扼要。

一、实验报告的基本格式

学生在实验课做实验后要写的报告属于“学习实验报告”，简称“实验报告”。应当指出，传统观点认为学生做实验是验证所学的书本知识，加深对知识的理解和记忆，这种概念是片面的，或者说是不够准确的。对于工科专业，即使在大学所开的物理、化学等基础课的实验中，有的实验项目是验证型的，有的也是检测型的（随着实验教学改革的深入开展，基础课的实验也有设计型或综合型的）。对于各种专业实验则比较明显，大部分实验项目是检测型的，少部分是验证型的。因此，学生到实验室去是既做实验，又做检测。严格地说，这两种实验的报告内容和格式是不同的，做验证型实验后应写实验报告，做检测型的实验后应写检测报告。为了简化，在此不再细分讨论。

编写实验报告是进行实践能力培养和训练的重要环节。通常做实验都是有目的的，因此在实验操作时要仔细观察实验现象，操作完成之后，要分析讨论出现的问题，整理归纳实验数据，要对实验进行总结，要把各种实验现象提高到理性认识，并得出结论。在实验报告中还应完成指定的思考题，提出改进本实验的意见或措施等。

1. 实验报告的基本格式

一个完整的实验报告应当包括的主要内容如下。

（1）实验名称

实验名称应当明确地表示所做实验的基本意图，要让阅读报告的人一目了然。

（2）实验目的与要求

① 实验目的　实验目的是对实验意图的进一步说明，即阐述该实验在科研或生产中的意义与作用。对于设计性实验，应指出该项实验的预期设计目标或预期的结果。

② 实验要求　这是实验教材根据实验教学需要，对学生提出的基本要求，可以不写。

（3）实验原理

实验原理是实验方法的理论根据或实验设计的指导思想。

实验原理包括两个部分。一是材料性质对周围环境条件（例如：电场、磁场、温度、压力等条件）的反应，这是能够进行实验的基础。如果没有反应，实验就无法进行，也没有实验的必要。二是仪器对该反应的接受与指示的原理，这是实验的保证，仪器不能接受和指示出反应的信号，实验就无法进行，就得更换仪器的类型或型号。当然，这两部分原理在实验教材中已有介绍，抄书没有必要，要用自己的语言简要地进行说明。如果能做到朱熹所说的“其言皆若出吾之口”，“其意皆若出于吾之心”则更好。

(4) 实验器材

实验所需的主要仪器、设备、工具、试剂等，这是实验的基本条件。

(5) 实验步骤

实验步骤表明操作顺序，一般包括试样制备、仪器准备、测试操作三大部分，要求用文字简要地说明。视具体情况也可以用简图、表格、反应式等表示，不必千篇一律。

(6) 数据记录与处理

① 实验现象记录。

包括测试环境有无变化，仪器运转是否正常，试样在处理或测试中有无变化，实验中有无异常或特殊的现象发生等。

② 原始数据记录。

做实验时，应将测得的原始数据按有效数据的处理方法进行取舍，再按一定的格式整理出来，填写在自己预习时所设计的表格（或教材的表格）中。

③ 结果计算。

首先，应对测量数据做分析，按测试结果处理程序，先分析有无过失误差、系统误差和随机误差，并进行相应的处理。然后计算每个试样的测试结果，再计算该批试样的测试结果，做出误差估计等。

④ 有的实验结果需用图形或表格的形式表示，在这种情况下，要在报告中列出图表。

(7) 实验结果分析

一般情况下，实验结果分析包括如下几项。

① 实验现象是否符合或偏离预定的设想，测量结果是否说明问题。

② 影响实验现象的发生，或影响测试结果的因素。

③ 改进测试方法或测试仪器的意见或建议。

(8) 实验结论

实验报告中应当明确写出实验结论。测定物理量的实验，必须写出测量的数值。

验证型的实验，必须写出实验结果与理论推断结果是否相符。

研究型的实验，要明确指出所研究的几个量之间的关系。

思考题是在实验完成的基础上进一步提出一些开发学生视野的一些问题，有时帮助分析实验中出现的问题，所以写实验报告时不能忽视思考题。

① 简要叙述实验结果，点明实验结论。

② 列出测试结果，注明测试条件。

2. 实验报告的改进格式

随着实验教学改革的推进，实验报告的格式也在进行改革，目前各学校的做法不一，未形成统一（固定）的格式。改革后的实验报告一般只要求写清楚以下主要内容。

① 数据测量的过程。

② 数据处理的过程。

③ 实验结果的分析讨论。

④ 实验过程中是否出现问题。如果出现问题，应写出正确处理出现问题的经验和体会。

⑤ 实验的改进意见。

二、检测报告的内容与格式

检测报告有单项报告和综合（多项）报告两种。有的科学研究和产品（商品）质量鉴定只要单项测试即可，因此所写的报告是单项检测报告；有的则要做多项测试才能说明问题，因此要写的报告是综合报告。

1. 单项检测报告

在国家标准和国际标准中，有一类标准是测试方法标准。在这类标准中，对测试原理、测试方法、测试仪器、测试条件、试样要求与制备、测试步骤、数据处理方法等都有具体的规定，有的还对测试报告提出要求。通常，单项检测报告以表格的形式给出，格式不完全固定，可自行设计。在本书中，有的实验项目附有测试数据记录表或测试结果报告表，可供读者作设计参考。比较简单的测试报告单如下所示。

××大学无机非金属材料实验中心测试报告单

委托单位：————　　　　　　　　　　测试日期：　年　月　日
送样日期：　年　月　日　　　　　　　报告日期：　年　月　日

样品名称			样品数量	
品种或代号			测试项目	
测试条件	应用标准的代号和名称			
	仪器名称、型号、规格			
	测试环境			
	其 他			
测试结果				
备注				

测试操作：　　　　　　复核：　　　　　　实验室主任：
（签字）————　　　　（签字）————　　　（签字）————

在填写这种简单报告单时，测试结果一栏有较大的灵活性，只要清楚表达实验结果即可。当用公式法计算测试结果时，应注明所用的计算公式；对于原始测试数据很多的测试项目，报告中可以作附件附上，也可以不附。对需要用作图法才能求出结果的测试项目，应将所作的图附上。

在现代测试设备中，许多设备用计算机处理测试数据，在仪器输出的结果中，有的是原始数据；有的是部分原始数据和测试结果；有的是一条曲线，一张图或一张照片，没有原始测试数据；有的在仪器输出的曲线或图中打印有最终实验结果；有的仅有部分结果，需人工进行分析归纳才能得出最终结果。因此，在填写测试结果一栏时要按具体情况分别处理，并将仪器的输出结果作附件附在报告中。

报告单中的备注栏可填写有关说明。报告单填写完毕，有关人员要签字，实验室要盖章。对于重要的测试报告，实验室还要编号存档，以备查询。

2. 综合检测报告

在国家标准和国际标准中，另有一类标准是材料或产品检测标准。在这类标准中，对材料或产品的各种性能指标作了具体的规定，对各种性能的测试原理、测试方法、测试仪器、测试条件、试样要求与制备、测试步骤、数据处理方法等也有具体的规定，有的也对检测报告提出要求。为了简化，这种标准通常采用组合方法来制定，如果各单项性能测试标准已经制定，即规定引用。

因此，综合检测报告一般也以组合的形式给出。具体做法是：将每项性能的测试结果以单项测试报告单的形式给出，且作为附件。将以上介绍的单项测试报告表进行改造，将每项测试结果进行汇总，列于测试结果栏中；将备注栏改为结论栏，注明按什么标准进行检验，综合检测结果是否合格等。

综合检测报告的内容较多，一般都装订成册，因此需要设计印制一个合适的封面。

三、设计型实验报告的基本要求

本书第三章中已对设计型实验、综合型实验、综合设计型实验的名称、形式与内容进行了探讨。实验报告的内容也在该章的“二、综合设计实验方法”中作了要求，这里不再重复。

设计型实验、综合型实验、综合设计型实验具有研究的性质，因此要求学生以科技小论文的格式写出实验报告，尽量完整、准确、简明扼要地用文字表达出自己的思想和观点，在写实验报告中培养概括科学实验的能力。

思考题

1. 科学研究实验报告与学生实验报告的编写方法是否相同？为什么？
2. 产品检验报告、商品检验报告有何功能与作用？
3. 检验报告的封面应写什么内容？

参考文献

[1] 丁振华，谢景山主编．物理实验预习与实验报告．成都：成都科技大学出版社，1997：65-66
[2] 陈金忠等．浅议面向21世纪实验教学改革的形势与任务．实验技术与管理，2000，1：101-104.

附录一 法定计量单位制的单位

单位类别	物理量单位	单位名称	单位符号		SI单位表示式
			中文	国际	
基本单位	长度	米	米	m	
	质量	千克(公斤)	千克(公斤)	kg	
	时间	秒	秒	s	
	电流	安培	安	A	
	热力学温标	开尔文	开	K	
	物质的量	摩尔	摩	mol	
	光强度	坎德拉	坎	cd	
辅助单位	平面角	弧度	弧度	rad	
	立体角	球面度	球面度	sr	
导出单位	面积	平方米	米^2	m^2	
	比面积	平方米每千克	米^2·千克$^{-1}$	$m^2\cdot kg^{-1}$	
	体积	立方米	米^3	m^3	
	比体积	立方米每千克	米^3·千克$^{-1}$	$m^3\cdot kg^{-1}$	
	速度	米每秒	米·秒$^{-1}$	$m\cdot s^{-1}$	
	加速度	米每秒平方	米·秒$^{-2}$	$m\cdot s^{-2}$	
	密度	千克每立方米	千克·米$^{-3}$	$kg\cdot m^{-3}$	
	频率	赫兹	赫	Hz	s^{-1}
	力	牛顿	牛	N	$m\cdot kg\cdot s^{-2}$
	力矩	牛顿米	牛·米	N·m	$m^{-1}\cdot kg\cdot s^{-2}$
	压力、压强、应力	帕斯卡	帕	Pa	N/m^2
	功、能量、热量	焦耳	焦	J	N·m
	功率、辐射通量	瓦特	瓦	W	J/s
	电量、电荷	库伦	库	C	A·s
	电位、电压、电动势	伏特	伏	V	W/A
	电容	法拉	法	F	C/V
	电阻	欧姆	欧	Ω	V/A
	电导	西门子	西	S	A/V
	电感	亨利	亨	H	Wb/A
	电场强度	伏特每米	伏·米$^{-1}$	$V\cdot m^{-1}$	
	电容率(介电常数)	法拉每米	法·米$^{-1}$	$F\cdot m^{-1}$	
	磁通量	韦伯	韦	Wb	V·s
	磁感应强度	特斯拉	特	T	$Wb\cdot m^{-2}$
	磁场强度	安培每米	安·米$^{-1}$	$A\cdot m^{-1}$	
	磁导率	亨利每米	亨·米$^{-1}$	$H\cdot m^{-1}$	
	光通量	流明	流	lm	cd·sr
	光照度	勒克司	勒	lx	$lm\cdot m^{-2}$
	[动力]粘度	帕斯卡秒	帕·秒	Pa·s	
	表面张力	牛顿每米	牛·米$^{-1}$	$N\cdot m^{-1}$	$kg\cdot s^{-2}$
	比热容	焦耳每千克开尔文	焦·千克$^{-1}$·开$^{-1}$	$J\cdot kg^{-1}\cdot K^{-1}$	$M^2\cdot s^{-2}\cdot K^{-1}$
	热导率(导热系数)	瓦特每米开尔文	瓦·米$^{-1}$·开$^{-1}$	$W\cdot m^{-1}\cdot K^{-1}$	

附录二　基本物理量

物　理　量	数　　值
真空中的光速	$C=2.99792458\times10^{8}\text{m}\cdot\text{s}^{-1}$
电子的电荷	$e=1.6021892\times10^{-19}\text{C}$
普朗克常量	$h=6.626176\times10^{-34}\text{J}\cdot\text{s}$
阿伏加德罗常量	$N_A=6.022045\times10^{23}\text{mol}^{-1}$
原子质量单位	$u=1.6605655\times10^{-27}\text{kg}$
电子静止质量	$m_e=9.109534\times10^{-31}\text{kg}$
玻尔磁子	$\mu_B=9.274078\times10^{-24}\text{J}\cdot\text{T}^{-1}$
电子磁矩	$\mu_e=9.2848832\times10^{-24}\text{J}\cdot\text{T}^{-1}$
法拉第常量	$F=9.648456\times10^{-4}\text{C}\cdot\text{mol}^{-1}$
摩尔气体常量	$R=8.31441\text{J}\cdot\text{mol}^{-1}\cdot\text{K}^{-1}$
玻尔兹曼常量	$K=1.380662\times10^{-23}\text{J}\cdot\text{K}^{-1}$
万有引力常量	$G=6.6720\times10^{-11}\text{N}\cdot\text{m}^{2}\cdot\text{kg}^{-1}$
标准大气压	$p_0=101325\text{Pa}$
冰点的绝对温度(标准温标零度)	$T_0=273.15\text{K}$
标准状态下声音在空气中的速度	$v=331.46\text{m}\cdot\text{s}^{-1}$
干燥空气的密度(标准状况下)	$\rho_{空气}=1.293\text{kg}\cdot\text{m}^{-3}$
理想气体的摩尔体积(标准状况下)	$V_m=22.41383\times10^{-3}\text{m}^{3}\cdot\text{mol}^{-1}$
水银的密度(标准状况下)	$\rho_{水银}=13595.0\text{kg}\cdot\text{m}^{-3}$
真空中介电常数(电容率)	$\varepsilon_0=8.854188\times10^{-12}\text{F}\cdot\text{m}^{-1}$
真空中的磁导率	$\mu_0=12.566371\times10^{-7}\text{H}\cdot\text{m}^{-1}$
钠光谱中的黄线的波长	$D=589.3\times10^{-9}\text{m}$

附录三　各种筛子的规格

日本工业标准筛		美国标准局		泰勒筛		德国筛		英国筛		中国筛	
标称/μm	筛孔尺寸/mm	标称(号)	筛孔尺寸/mm	标称(筛孔)	筛孔尺寸/mm	标称/mm	筛孔尺寸/mm	标称(筛孔)	筛孔尺寸/mm	筛号/目	孔径/mm
—	—	—	—	—	—	0.04	0.04	—	—	4	5.10
44	0.044	No.325	0.044	325	0.043	0.045	0.045	—	—	5	4.00
—	—	—	—	—	—	0.05	0.05	—	—	8	3.50
53	0.053	No.270	0.053	270	0.053	0.056	0.056	300	0.053	10	2.00
62	0.062	No.230	0.062	250	0.061	0.063	0.063	240	0.066	12	1.60
74	0.074	No.200	0.074	200	0.074	0.071	0.071	200	0.076	16	1.25
—	—	—	—	—	—	0.08	0.08	—	—	18	1.00
88	0.088	No.170	0.088	170	0.088	0.09	0.09	170	0.089	20	0.90
105	0.105	No.140	0.105	150	0.104	0.1	0.1	150	0.104	24	0.80
125	0.125	No.120	0.125	115	0.124	0.125	0.125	120	0.124	26	0.70
149	0.149	No.100	0.149	100	0.147	—	—	100	0.152	28	0.63
—	—	—	—	—	—	0.16	0.16	—	—	32	0.58
177	0.177	No.80	0.177	80	0.175	—	—	85	0.178	35	0.50
210	0.21	No.70	0.210	65	0.208	0.2	0.2	72	0.211	40	0.45
250	0.25	No.60	0.250	60	0.246	0.25	0.25	60	0.251	45	0.40
297	0.297	No.50	0.297	48	0.295	—	—	52	0.295	50	0.355
—	—	—	—	—	—	0.315	0.315	—	—	55	0.315

续表

日本工业标准筛		美国标准局		泰勒筛		德国筛		英国筛		中国筛	
标称/μm	筛孔尺寸/mm	标称(号)	筛孔尺寸/mm	标称(筛孔)	筛孔尺寸/mm	标称/mm	筛孔尺寸/mm	标称(筛孔)	筛孔尺寸/mm	筛号/目	孔径/mm
350	0.35	No.45	0.35	42	0.351	—	—	44	0.353	80	0.175
420	0.42	No.40	0.42	35	0.417	0.4	0.4	36	0.422	100	0.147
500	0.50	No.35	0.50	32	0.495	0.5	0.5	30	0.500	115	0.127
590	0.59	No.30	0.590	28	0.589	—	—	25	0.599	150	0.104
—	—	—	—	—	—	0.63	0.63	—	—	170	0.080
710	0.71	No.25	0.71	24	0.701	—	—	22	0.699	200	0.074
840	0.84	No.20	0.84	20	0.833	0.8	0.8	18	0.853	230	0.062
1000	1.00	No.18	1.00	16	0.991	1.0	1.0	16	1.000	250	0.061
1190	1.19	No.16	1.19	14	1.168	—	—	14	1.20	270	0.053
—	—	—	—	—	—	1.25	1.25	—	—	325	0.043
1410	1.41	No.14	1.41	12	1.397	—	—	12	1.40	400	0.038
1680	1.68	No.12	1.68	10	1.651	1.6	1.6	10	1.68		
2000	2.00	No.10	2.00	9	1.981	2.0	2.0	8	2.06		
2380	2.38	No.8	2.38	8	2.362	—	—	7	2.41		
—	—	—	—	—	—	2.5	2.5	—	—		
2830	2.83	No.7	2.83	7	2.794	—	—	6	2.81		
—	—	—	—	—	—	3.15	3.15	—	—		
3360	3.36	No.6	3.36	6	2.327	—	—	5	3.35		
4000	4.00	No.5	4.00	5	3.962	4.0	4.0	—	—		
4760	4.76	No.4	4.76	4	4.699	—	—	—	—		
—	—	—	—	—	—	5.0	5.0	—	—		
5660	5.66	No.$3\frac{1}{2}$	5.66	$3\frac{1}{2}$	5.613	—	—	—	—		

附录四 铂铑-铂热电偶电动势分度表

分度号：S（热电偶自由端0℃）

工作端温度/℃	0	1	2	3	4	5	6	7	8	9
	E/mV									
0	0.000	0.005	0.011	0.016	0.022	0.028	0.033	0.039	0.044	0.050
10	0.056	0.061	0.067	0.073	0.078	0.084	0.090	0.096	0.102	0.107
20	0.113	0.119	0.125	0.131	0.137	0.143	0.149	0.155	0.161	0.167
30	0.173	0.179	0.185	0.191	0.198	0.204	0.210	0.216	0.222	0.229
40	0.235	0.241	0.247	0.254	0.260	0.266	0.273	0.279	0.286	0.292
50	0.299	0.305	0.312	0.318	0.325	0.331	0.338	0.344	0.351	0.357
60	0.364	0.371	0.377	0.384	0.391	0.397	0.404	0.411	0.418	0.425
70	0.431	0.438	0.445	0.452	0.459	0.466	0.473	0.479	0.485	0.490

续表

工作端温度/℃	0	1	2	3	4	5	6	7	8	9
	E/mV									
80	0.500	0.507	0.514	0.521	0.528	0.535	0.543	0.550	0.557	0.564
90	0.571	0.578	0.585	0.593	0.600	0.607	0.614	0.621	0.629	0.636
100	0.643	0.651	0.658	0.665	0.673	0.680	0.687	0.694	0.702	0.709
110	0.717	0.724	0.432	0.739	0.747	0.754	0.762	0.769	0.777	0.784
120	0.792	0.800	0.807	0.815	0.823	0.830	0.838	0.845	0.853	0.861
130	0.869	0.876	0.884	0.892	0.900	0.907	0.915	0.923	0.931	0.939
140	0.946	0.954	0.962	0.970	0.987	0.986	0.994	1.002	1.009	1.017
150	1.025	1.033	1.041	1.049	1.057	1.065	1.073	1.081	1.089	1.079
160	1.106	1.114	1.122	1.130	1.138	1.146	1.154	1.162	1.170	1.179
170	1.187	1.195	1.203	1.211	1.220	1.228	1.236	1.244	1.253	1.261
180	1.269	1.277	1.286	1.294	1.302	1.311	1.319	1.327	1.336	1.344
190	1.352	1.361	1.369	1.377	1.386	1.394	1.403	1.411	1.419	1.428
200	1.436	1.445	1.453	1.462	1.470	1.479	1.487	1.496	1.504	1.513
210	1.521	1.530	1.538	1.547	1.555	1.564	1.573	1.581	1.590	1.598
220	1.607	1.615	1.624	1.633	1.641	1.650	1.659	1.667	1.676	1.685
230	1.693	1.702	1.710	1.719	1.728	1.736	1.745	1.754	1.763	1.771
240	1.780	1.788	1.797	1.805	1.814	1.823	1.832	1.840	1.849	1.858
250	1.867	1.876	1.884	1.893	1.902	1.911	1.920	1.929	1.937	1.946
260	1.955	1.964	1.973	1.982	1.991	2.000	2.008	2.017	2.026	2.035
270	2.044	2.053	2.062	2.071	2.080	2.089	2.098	2.107	2.116	2.125
280	2.134	2.143	2.152	2.161	2.170	2.179	2.188	2.197	2.206	2.215
290	2.224	2.233	2.242	2.251	2.260	2.270	2.279	2.288	2.297	2.306
300	2.315	2.324	2.333	2.342	2.352	2.361	2.370	2.379	2.388	2.397
310	2.407	2.417	2.425	2.434	2.443	2.452	2.462	2.471	2.480	2.489
320	2.498	2.508	2.517	2.526	2.535	2.545	2.554	2.563	2.572	2.582
330	2.591	2.600	2.609	2.619	2.628	2.637	2.647	2.656	2.665	2.675
340	2.684	2.693	2.703	2.712	2.721	2.730	2.740	2.749	2.759	2.786
350	2.777	2.787	2.796	2.805	2.815	2.824	2.833	2.843	2.852	2.862
360	2.871	2.880	2.890	2.899	2.909	2.918	2.928	2.937	2.946	2.956
370	2.965	2.975	2.984	2.994	3.003	3.013	3.022	3.031	3.041	3.050
380	3.060	3.069	3.079	3.088	3.098	3.107	3.117	3.126	3.136	3.145
390	3.155	3.164	3.174	3.183	3.193	3.202	3.212	3.221	3.231	3.240
400	3.250	3.260	3.269	3.279	3.288	3.298	3.307	3.317	3.326	3.336
410	3.346	3.355	3.365	3.374	3.384	3.393	3.403	3.413	3.422	3.432
420	3.441	3.451	3.461	3.470	3.480	3.489	3.499	3.509	3.518	3.528
430	3.538	3.547	3.557	3.566	3.576	3.586	3.595	3.605	3.615	3.624
440	3.634	3.644	3.653	3.663	3.673	3.682	3.692	3.702	3.711	3.721
450	3.731	3.740	3.750	3.760	3.770	3.779	3.789	3.799	3.808	3.818
460	3.828	3.838	3.847	3.857	3.967	3.877	3.886	3.894	3.906	3.916
470	3.925	3.935	3.945	3.955	3.964	3.974	3.984	3.994	4.003	4.013
480	4.023	4.033	4.043	4.052	4.062	4.072	4.082	4.092	4.102	4.111
490	4.121	4.131	4.141	4.151	4.161	4.170	4.180	4.190	4.200	4.210
500	4.220	4.229	4.239	4.249	4.259	4.269	4.279	4.289	4.299	4.309
510	4.318	4.328	4.338	4.348	4.358	4.368	4.378	4.388	4.398	4.408
520	4.418	4.427	4.437	4.447	4.457	4.467	4.777	4.487	4.497	4.507
530	4.517	4.527	4.537	4.547	4.557	4.567	4.577	3.587	4.597	4.607
540	4.617	4.627	4.637	4.647	4.657	4.667	4.677	4.687	4.697	4.707
550	4.717	4.727	4.737	4.747	4.757	4.767	4.777	4.787	4.797	4.807

续表

工作端温度/℃	0	1	2	3	4	5	6	7	8	9
	E/mV									
560	4.817	4.827	4.838	4.848	4.858	4.868	4.878	4.888	4.898	4.908
570	4.918	4.927	4.938	4.949	4.959	4.969	4.979	4.989	4.999	5.009
580	5.019	5.030	5.040	5.050	5.060	5.070	5.080	5.090	5.101	5.111
590	5.121	5.131	5.141	5.151	5.162	5.172	5.182	5.192	5.202	5.212
600	5.222	5.232	5.242	5.252	5.263	5.273	5.283	5.293	5.304	5.314
610	5.324	5.334	5.344	5.355	5.365	5.375	5.386	5.396	5.406	5.416
620	5.427	5.437	5.447	5.457	5.468	5.478	5.488	5.499	5.509	5.519
630	5.530	5.540	5.550	5.561	5.571	5.581	5.591	5.602	5.612	5.622
640	5.633	5.643	5.653	5.664	5.674	5.684	5.695	5.705	5.715	5.725
650	5.735	5.745	5.756	5.766	5.776	5.787	5.797	5.808	5.818	5.828
660	5.839	5.849	5.859	5.870	5.880	5.891	5.901	5.911	5.922	5.932
670	5.943	5.953	5.964	5.974	5.984	5.995	6.005	6.016	6.026	6.036
680	6.046	6.056	6.067	6.077	6.088	6.098	6.109	6.119	6.130	6.140
690	6.151	6.161	6.172	6.182	6.193	6.203	6.214	6.224	6.235	6.245
700	6.256	6.266	6.277	6.287	6.298	6.308	6.319	6.329	6.340	6.351
710	6.361	6.372	6.382	6.392	6.402	6.413	6.424	6.434	6.445	6.455
720	6.466	6.476	6.487	6.498	6.508	6.519	6.529	6.540	6.551	6.561
730	6.572	6.583	6.593	6.604	6.614	6.624	6.635	6.645	6.656	6.667
740	6.677	6.688	6.699	6.709	6.720	6.731	6.741	6.752	6.763	6.773
750	6.784	6.795	6.805	6.816	6.827	6.838	6.848	6.859	6.870	6.880
760	6.891	6.902	6.913	6.923	6.934	6.945	6.956	6.966	6.977	6.988
770	6.999	7.009	7.020	7.031	7.041	7.051	7.062	7.073	7.084	7.095
780	7.105	7.116	7.127	7.138	7.149	7.159	7.170	7.181	7.192	7.203
790	7.213	7.224	7.235	7.246	7.257	7.268	7.279	7.289	7.300	7.311
800	7.322	7.333	7.344	7.355	7.365	7.376	7.387	7.397	7.408	7.419
810	7.430	7.441	7.452	7.462	7.473	7.484	7.495	7.506	7.517	7.528
820	7.539	7.550	7.561	7.572	7.583	7.594	7.605	7.616	7.626	7.637
830	7.648	7.659	7.670	7.681	7.692	7.703	7.714	7.724	7.735	7.746
840	7.757	7.768	7.779	7.790	7.801	7.812	7.823	7.834	7.845	7.856
850	7.867	7.878	7.889	7.901	7.912	7.923	7.934	7.945	7.956	7.967
860	7.978	7.989	8.000	8.011	8.022	8.033	8.043	8.054	8.066	8.077
870	8.088	8.099	8.110	8.121	8.132	8.143	8.154	8.166	8.177	8.188
880	8.199	8.210	8.221	8.232	8.244	8.255	8.266	8.277	8.288	8.299
890	8.310	8.322	8.333	8.344	8.355	8.366	8.377	8.388	8.399	8.410
900	8.421	8.433	8.444	8.455	8.466	8.477	8.484	8.500	8.511	8.522
910	8.534	8.545	8.556	8.567	8.579	8.590	8.601	8.612	8.624	8.635
920	8.646	8.657	8.668	8.679	8.690	8.702	8.713	8.724	8.735	8.747
930	8.758	8.769	8.781	8.792	8.803	8.815	8.826	8.837	8.849	8.860
940	8.871	8.883	8.894	8.905	8.917	8.928	8.939	8.951	8.962	8.974
950	8.985	9.996	9.007	9.018	9.029	9.041	9.052	9.064	9.075	9.086
960	9.098	9.109	9.121	9.132	9.144	9.155	9.166	9.178	9.189	9.201
970	9.212	9.223	9.235	9.247	9.258	9.269	9.281	9.292	9.303	9.314
980	9.326	9.337	9.349	9.360	9.372	9.383	9.395	9.406	9.418	9.429
990	9.441	9.452	9.464	9.475	9.484	9.498	9.510	9.521	9.533	9.545
1000	9.556	9.568	9.579	9.591	9.602	9.613	9.624	9.636	9.648	9.659
1010	9.671	9.682	9.694	9.705	9.717	9.729	9.740	9.752	9.764	9.775

续表

工作端温度/℃	0	1	2	3	4	5	6	7	8	9
	E/mV									
1020	9.787	9.798	9.810	9.822	9.833	9.845	9.856	9.868	9.880	9.891
1030	9.902	9.914	9.925	9.937	9.749	9.960	9.972	9.984	9.995	10.007
1040	10.019	10.030	10.042	10.054	10.066	10.077	10.089	10.101	10.112	10.124
1050	10.136	10.147	10.159	10.171	10.183	10.194	10.205	10.217	10.229	10.240
1060	10.252	10.264	10.276	10.287	10.299	10.311	10.323	10.334	10.346	10.358
1070	10.370	10.382	10.393	10.405	10.417	10.429	10.441	10.452	10.464	10.476
1080	10.488	10.500	10.511	10.523	10.535	10.547	10.559	10.570	10.582	10.594
1090	10.605	10.617	10.629	10.640	10.652	10.664	10.676	10.688	10.700	10.711
1100	10.723	10.735	10.747	10.759	10.771	10.783	10.794	10.806	10.818	10.830
1110	10.842	10.854	10.866	10.878	10.889	10.901	10.913	10.925	10.937	10.949
1120	10.961	10.973	10.985	10.996	11.008	11.020	11.032	11.044	11.055	11.068
1130	11.080	11.092	11.104	11.115	11.127	11.139	11.151	11.163	11.175	11.187
1140	11.198	11.210	11.222	11.234	11.246	11.258	11.270	11.281	11.293	11.305
1150	11.317	11.329	11.341	11.353	11.365	11.377	11.389	11.401	11.413	11.425
1160	11.437	11.449	11.461	11.473	11.485	11.494	11.509	11.521	11.533	11.545
1170	11.556	11.568	11.580	11.592	11.604	11.616	11.628	11.640	11.652	11.664
1180	11.676	11.688	11.699	11.711	11.723	11.735	11.747	11.759	11.771	11.783
1190	11.795	11.807	11.819	11.831	11.843	11.855	11.867	11.879	11.891	11.903
1200	11.915	11.927	11.939	11.951	11.963	11.975	11.987	11.999	12.011	12.023
1210	12.035	12.047	12.059	12.071	12.083	12.095	12.107	12.119	12.131	12.143
1220	12.155	12.167	12.180	12.192	12.204	12.216	12.228	12.240	12.252	12.263
1230	12.275	12.287	12.299	12.311	12.323	12.335	12.347	12.359	12.371	12.383
1240	12.395	12.407	12.419	12.431	12.443	12.455	12.467	12.479	12.491	12.503
1250	12.515	12.527	12.539	12.552	12.564	12.576	12.588	12.600	12.612	12.624
1260	12.636	12.648	12.660	12.672	12.684	12.696	12.708	12.720	12.732	12.744
1270	12.756	12.768	12.780	12.792	12.804	12.816	12.828	12.840	12.851	12.863
1280	12.875	12.887	12.899	12.911	12.923	12.935	12.947	12.959	12.971	12.983
1290	12.996	13.008	13.020	13.032	13.044	13.056	13.068	13.080	13.092	13.104
1300	13.116	13.128	13.140	13.152	13.164	13.176	13.188	13.200	13.212	13.224
1310	13.236	13.248	13.260	13.272	13.284	13.296	13.308	13.320	13.332	13.344
1320	13.356	13.368	13.380	13.392	13.404	13.415	13.427	13.439	13.451	13.463
1330	13.475	13.487	13.499	13.511	13.523	13.535	13.547	13.559	13.571	13.583
1340	13.595	13.607	13.619	13.631	13.643	13.655	13.667	13.679	13.691	13.703
1350	13.715	13.727	13.739	13.751	13.763	13.775	13.787	13.799	13.811	13.823
1360	13.835	13.847	13.859	13.871	13.883	13.895	13.907	13.919	13.931	13.943
1370	13.955	13.967	13.979	13.990	14.002	14.014	14.026	14.038	14.050	14.062
1380	14.074	14.086	14.098	14.109	14.121	14.133	14.145	14.157	14.169	14.181
1390	14.193	14.205	14.217	14.229	14.241	14.253	14.265	14.277	14.289	14.301
1400	14.313	14.325	14.337	14.349	14.361	14.373	14.385	14.397	14.409	14.421
1410	14.433	14.445	14.457	14.469	14.480	14.492	14.504	14.516	14.528	14.540
1420	14.552	14.564	14.576	14.588	14.599	14.611	14.623	14.635	14.647	14.659
1430	14.671	14.683	14.695	14.707	14.719	14.730	14.742	14.764	14.766	14.778
1440	14.790	14.802	14.814	14.826	14.838	14.850	14.862	14.874	14.886	14.898
1450	14.910	14.921	14.933	14.945	14.957	14.969	14.981	14.993	15.005	15.017
1460	15.029	15.041	15.053	15.065	15.077	15.088	15.100	15.112	15.124	15.136
1470	15.148	15.160	15.172	15.184	15.195	15.207	15.219	15.230	15.242	15.254
1480	15.266	15.278	15.290	15.302	15.314	15.326	15.338	15.350	15.361	15.373
1490	15.385	15.397	15.409	15.421	15.433	15.445	15.457	15.469	15.481	15.492

续表

工作端温度/℃	0	1	2	3	4	5	6	7	8	9
	E/mV									
1500	15.504	15.516	15.528	15.540	15.552	15.564	15.576	15.588	15.599	15.611
1510	15.623	15.635	15.647	15.659	15.671	15.683	15.695	15.706	15.718	15.730
1520	15.742	15.754	15.766	15.778	15.790	15.802	15.813	15.824	15.836	15.848
1530	15.860	15.872	15.884	15.895	15.907	15.919	15.931	15.943	15.955	15.967
1540	15.979	15.990	16.002	16.014	16.026	16.038	16.050	16.062	16.073	16.085
1550	16.097	16.109	16.121	16.133	16.144	16.156	16.168	16.180	16.192	16.204
1560	16.216	16.227	16.239	16.251	16.263	16.275	16.287	16.298	16.310	16.322
1570	16.334	16.346	16.358	16.369	16.381	16.393	16.404	16.416	16.428	16.439
1580	16.451	16.463	16.475	16.487	16.499	16.510	16.522	16.534	16.546	16.558
1590	16.569	16.581	16.593	16.605	16.617	16.629	16.640	16.652	16.664	16.676
1600	16.688									

附录五 铂铑$_{30}$-铂铑$_6$ 热电偶电动势分度表

分度号：B（热电偶自由端为0℃）

工作端温度/℃	0	1	2	3	4	5	6	7	8	9
	E/mV									
300	0.431	0.434	0.437	0.440	0.443	0.446	0.449	0.453	0.456	0.459
310	0.462	0.465	0.468	0.472	0.475	0.478	0.481	0.484	0.488	0.491
320	0.494	0.497	0.501	0.504	0.507	0.510	0.514	0.517	0.520	0.524
330	0.527	0.530	0.534	0.537	0.541	0.544	0.548	0.551	0.554	0.558
340	0.561	0.565	0.568	0.572	0.575	0.579	0.582	0.586	0.589	0.593
350	0.596	0.600	0.604	0.607	0.611	0.614	0.618	0.622	0.625	0.629
360	0.632	0.636	0.640	0.644	0.647	0.651	0.655	0.658	0.662	0.666
370	0.670	0.673	0.677	0.681	0.685	0.689	0.692	0.696	0.700	0.704
380	0.708	0.712	0.716	0.719	0.723	0.727	0.731	0.735	0.739	0.743
390	0.747	0.751	0.755	0.759	0.763	0.767	0.771	0.775	0.779	0.783
400	0.787	0.791	0.795	0.799	0.803	0.808	0.812	0.816	0.820	0.842
410	0.828	0.832	0.836	0.841	0.845	0.849	0.853	0.858	0.862	0.866
420	0.870	0.874	0.879	0.883	0.887	0.892	0.896	0.900	0.905	0.909
430	0.913	0.918	0.922	0.926	0.931	0.935	0.940	0.944	0.949	0.953
440	0.957	0.962	0.966	0.971	0.975	0.980	0.984	0.989	0.993	0.998
450	1.002	1.007	1.012	1.016	1.021	1.025	1.030	1.034	1.039	1.044
460	1.048	1.053	1.058	1.062	1.067	1.072	1.077	1.081	1.086	1.091
470	1.096	1.100	1.105	1.110	1.115	1.119	1.124	1.129	1.134	1.139
480	1.143	1.148	1.153	1.158	1.163	1.168	1.173	1.178	1.182	1.187
490	1.192	1.197	1.202	1.207	1.212	1.217	1.222	1.227	1.232	1.237
500	1.242	1.247	1.252	1.257	1.262	1.267	1.273	1.278	1.283	1.288
510	1.293	1.298	1.303	1.308	1.314	1.319	1.324	1.329	1.334	1.340
520	1.345	1.350	1.355	1.360	1.366	1.371	1.376	1.382	1.387	1.392
530	1.397	1.403	1.408	1.413	1.419	1.424	1.429	1.435	1.440	1.446
540	1.451	1.456	1.462	1.467	1.473	1.478	1.484	1.489	1.494	1.500
550	1.505	1.510	1.516	1.521	1.527	1.533	1.539	1.544	1.549	1.555
560	1.560	1.565	1.571	1.577	1.583	1.588	1.594	1.600	1.605	1.611

续表

工作端温度/℃	0	1	2	3	4	5	6	7	8	9
	E/mV									
570	1.617	1.622	1.628	1.634	1.639	1.645	1.651	1.656	1.662	1.668
580	1.674	1.680	1.685	1.691	1.697	1.703	1.709	1.714	1.720	1.726
590	1.732	1.738	1.744	1.750	1.755	1.761	1.767	1.773	1.779	1.785
600	1.791	1.797	1.803	1.809	1.815	1.821	1.827	1.833	1.839	1.845
610	1.851	1.857	1.863	1.869	1.875	1.881	1.887	1.893	1.899	1.905
620	1.912	1.918	1.924	1.930	1.936	1.942	1.948	1.955	1.961	1.967
630	1.973	1.979	1.986	1.992	1.998	2.004	2.011	2.017	2.023	2.029
640	2.036	2.042	2.048	2.055	2.061	2.067	2.074	2.080	2.086	2.093
650	2.099	2.106	2.112	2.118	2.125	2.131	2.138	2.144	2.151	2.157
660	2.164	2.170	2.176	2.183	2.190	2.196	2.202	2.209	2.216	2.222
670	2.229	2.235	2.242	2.248	2.255	2.262	2.268	2.275	2.281	2.288
680	2.295	2.301	2.308	2.315	2.321	2.328	2.335	2.342	2.348	2.355
690	2.362	2.368	2.375	2.382	2.389	2.395	2.402	2.409	2.416	2.422
700	2.429	2.436	2.443	2.450	2.457	2.464	2.470	2.477	2.484	2.491
710	2.498	2.505	2.512	2.519	2.526	2.533	2.539	2.546	2.553	2.560
720	2.567	2.574	2.581	2.588	2.595	2.602	2.609	2.616	2.623	2.631
730	2.638	2.645	2.654	2.659	2.666	2.673	2.680	2.687	2.694	2.702
740	2.709	2.716	2.723	2.730	2.737	2.745	2.752	2.759	2.766	2.773
750	2.781	2.788	2.795	2.802	2.810	2.817	2.824	2.831	2.839	2.846
760	2.853	2.861	2.868	2.875	2.883	2.890	2.897	2.905	2.912	2.919
770	2.927	2.934	2.942	2.949	2.956	2.964	2.971	2.979	2.986	2.994
780	3.001	3.009	3.016	3.024	3.031	3.039	3.046	3.054	3.061	3.069
790	3.076	3.084	3.091	3.099	3.106	3.114	3.122	3.129	3.137	3.145
800	3.152	3.160	3.163	3.175	3.183	3.191	3.198	3.206	3.214	3.221
810	3.229	3.237	3.245	3.252	3.260	3.268	3.276	3.283	3.291	3.229
820	3.307	3.314	3.322	3.330	3.338	3.346	3.354	3.361	3.369	3.377
830	3.385	3.393	3.401	3.409	3.417	3.424	3.432	3.440	3.448	3.456
840	3.464	3.472	3.480	3.488	3.496	3.504	3.511	3.520	3.528	3.536
850	3.544	3.552	3.560	3.568	3.576	3.584	3.592	3.600	3.608	3.616
860	3.624	3.633	3.641	3.649	3.657	3.665	3.673	3.682	3.690	3.698
870	3.706	3.714	3.722	3.731	3.739	3.747	3.775	3.764	3.772	3.780
880	3.788	3.796	3.805	3.813	3.821	3.830	3.839	3.846	3.855	3.863
890	3.871	3.880	3.888	3.896	3.905	3.913	3.921	3.930	3.938	3.947
900	3.955	3.963	3.972	3.980	3.989	3.997	4.006	4.014	4.023	4.031
910	4.039	4.048	4.056	4.064	4.073	4.082	4.090	4.099	4.108	4.116
920	4.124	4.133	4.142	4.150	4.159	4.168	4.176	4.185	4.193	4.202
930	4.211	4.219	4.228	4.237	4.245	4.254	4.262	4.271	4.280	4.288
940	4.297	4.306	4.315	4.323	4.332	4.341	4.350	4.359	4.367	4.376
950	4.385	4.393	4.402	4.411	4.420	4.429	4.437	4.446	4.455	4.464
960	4.473	4.482	4.490	4.499	4.508	4.517	4.526	4.535	4.544	4.553
970	4.562	4.570	4.579	4.588	4.597	4.606	4.615	4.624	4.633	4.642
980	4.651	4.660	4.669	4.678	4.687	4.696	4.705	4.714	4.723	4.732
990	4.741	4.750	4.760	4.769	4.778	4.787	4.796	4.805	4.814	4.823
1000	4.832	4.842	4.851	4.860	4.869	4.876	4.887	4.896	4.906	4.915
1010	4.924	4.933	4.942	4.952	4.961	4.970	4.976	4.988	4.998	5.007
1020	5.016	5.026	5.035	5.044	5.053	5.063	5.072	5.081	5.091	5.100
1030	5.109	5.119	5.128	5.137	5.147	5.156	5.166	5.175	5.184	5.194
1040	5.203	5.212	5.222	5.231	5.241	5.250	5.260	5.269	5.279	5.288

续表

工作端温度/℃	0	1	2	3	4	5	6	7	8	9
	E/mV									
1050	5.297	5.307	5.316	5.326	5.335	5.345	5.354	5.364	5.373	5.383
1060	5.395	5.402	5.412	5.421	5.431	5.440	5.450	5.459	5.469	5.679
1070	5.488	5.498	5.507	5.517	5.527	5.536	5.546	5.556	5.565	5.575
1080	5.585	5.594	5.604	5.614	5.624	5.634	5.644	5.653	5.663	5.673
1090	5.683	5.692	5.702	5.712	5.722	5.731	5.741	5.751	5.761	5.771
1100	5.780	5.790	5.800	5.810	5.820	5.830	5.839	5.849	5.859	5.869
1110	5.879	5.889	5.899	5.910	5.919	5.928	5.938	5.948	5.958	5.968
1120	5.978	5.988	6.998	6.008	6.018	6.028	6.038	6.048	6.058	6.068
1130	6.078	6.088	6.098	6.108	6.118	6.128	6.138	6.148	6.158	6.168
1140	6.178	6.188	6.198	6.208	6.218	6.228	6.238	6.248	6.259	6.269
1150	6.279	6.289	6.299	6.309	6.319	6.329	6.340	6.350	6.360	6.370
1160	6.380	6.390	6.401	6.411	6.421	6.431	6.442	6.452	6.462	6.472
1170	6.482	6.493	6.503	6.513	6.523	6.534	6.544	6.554	6.564	6.575
1180	6.585	6.595	6.606	6.616	6.626	6.637	6.647	6.657	6.668	6.678
1190	6.688	6.699	6.709	6.719	6.730	6.740	6.750	6.760	6.771	6.782
1200	6.792	6.802	6.813	6.823	6.834	6.844	6.854	6.865	6.875	6.886
1210	6.896	6.907	6.917	6.928	6.938	6.949	6.959	6.970	6.980	6.991
1220	7.001	7.012	7.022	7.038	7.043	7.054	7.064	7.075	7.085	7.096
1230	7.106	7.117	7.128	7.138	7.149	7.159	7.170	7.180	7.191	7.202
1240	7.212	7.223	7.234	7.244	7.255	7.265	7.276	7.287	7.297	7.308
1250	7.319	7.329	7.340	7.351	7.361	7.372	7.383	7.393	7.404	7.415
1260	7.426	7.436	7.447	7.458	7.468	7.479	7.490	7.501	7.511	7.522
1270	7.533	7.544	7.554	7.565	7.576	7.587	7.598	7.608	7.619	7.630
1280	7.641	7.652	7.662	7.673	7.684	7.695	7.706	7.716	7.727	7.738
1290	7.749	7.760	7.771	7.782	7.792	7.803	7.814	7.825	7.836	7.847
1300	7.858	7.869	7.880	7.890	7.901	7.912	7.923	7.934	7.945	7.956
1310	7.967	7.978	7.989	8.000	8.011	8.022	8.033	8.044	8.054	8.065
1320	8.076	8.087	8.098	8.109	8.120	8.131	8.142	8.153	8.164	8.175
1330	8.186	8.197	8.208	8.220	8.231	8.242	8.253	8.264	8.275	8.286
1340	8.297	8.308	8.319	8.330	8.341	8.352	8.363	8.374	8.385	8.396
1350	8.408	8.419	8.430	8.441	8.452	8.463	8.474	8.485	8.497	8.508
1360	8.519	8.530	8.541	8.552	8.563	8.574	8.586	8.597	8.608	8.619
1370	8.630	8.642	8.653	8.664	8.675	8.686	8.697	8.709	8.720	8.731
1380	8.742	8.753	8.765	8.776	8.787	8.798	8.809	8.820	8.832	8.843
1390	8.854	8.866	8.877	8.888	8.899	8.911	8.922	8.933	8.945	8.956
1400	8.967	8.978	8.990	9.001	9.012	9.023	9.035	9.046	9.057	9.069
1410	9.080	9.091	9.103	9.114	9.125	9.137	9.148	9.159	9.170	9.182
1420	9.193	9.204	9.216	9.227	9.239	9.250	9.261	9.273	9.264	9.295
1430	9.307	9.318	9.329	9.341	9.352	9.363	9.375	9.386	9.398	9.409
1440	9.420	9.432	9.443	9.455	9.446	9.477	9.489	9.500	9.512	9.523
1450	9.534	9.546	9.557	9.569	9.580	9.592	9.603	9.614	9.626	9.637
1460	9.649	9.660	9.672	9.683	9.695	9.706	9.717	9.729	9.740	9.752
1470	9.763	9.775	9.786	9.796	9.809	9.821	9.832	9.844	9.855	9.866
1480	9.878	9.890	9.901	9.913	9.924	9.936	9.947	9.959	9.970	9.982
1490	9.993	10.005	10.016	10.028	10.039	10.051	10.062	10.074	10.085	10.097
1500	10.108	10.120	10.131	10.143	10.154	10.166	10.177	10.189	10.200	10.212
1510	10.224	10.235	10.247	10.258	10.270	10.281	10.293	10.304	10.316	10.328
1520	10.339	10.351	10.362	10.347	10.385	10.397	10.408	10.420	10.432	10.443

续表

工作端温度/℃	0	1	2	3	4	5	6	7	8	9
	E/mV									
1530	10.455	10.446	10.478	10.490	10.501	10.513	10.524	10.536	10.547	10.559
1540	10.571	10.582	10.594	10.605	10.617	10.629	10.640	10.652	10.663	10.675
1550	10.687	10.698	10.710	10.721	10.733	10.745	10.756	10.768	10.779	10.791
1560	10.803	10.814	10.826	10.838	10.849	10.961	10.872	10.884	10.896	10.907
1570	10.919	10.930	10.942	10.954	10.965	10.977	10.989	11.000	11.012	11.024
1580	11.035	11.047	11.053	11.070	11.082	11.093	11.105	11.116	11.128	11.140
1590	11.151	11.163	11.175	11.186	11.198	11.210	11.221	11.233	11.245	11.256
1600	11.268	11.280	11.291	11.303	11.314	11.326	11.338	11.349	11.361	11.373
1610	11.384	11.396	11.408	11.419	11.431	11.442	11.454	11.466	11.477	11.489
1620	11.501	11.512	11.524	11.536	11.547	11.559	11.571	11.582	11.594	11.606
1630	11.617	11.629	11.641	11.652	11.664	11.675	11.687	11.699	11.710	11.722
1640	11.734	11.745	11.757	11.768	11.780	11.792	11.804	11.815	11.827	11.838
1650	11.850	11.862	11.873	11.885	11.897	11.908	11.920	11.931	11.943	11.955
1660	11.966	11.978	11.990	12.001	12.013	12.025	12.036	12.048	12.060	12.071
1670	12.083	12.094	12.106	12.118	12.129	12.141	12.152	12.164	12.176	12.187
1680	12.199	12.211	12.222	12.234	12.245	12.257	12.269	12.280	12.292	12.303
1690	12.315	12.327	12.339	12.350	12.362	12.373	12.385	12.396	12.408	12.420
1700	12.431	12.443	12.454	12.466	12.478	12.489	12.501	12.512	12.524	12.536
1710	12.547	12.559	12.570	12.582	12.593	12.605	12.617	12.628	12.640	12.651
1720	12.663	12.674	12.686	12.698	12.709	12.721	12.732	12.744	12.755	12.767
1730	12.778	12.790	12.802	12.813	12.825	12.836	12.848	12.859	12.871	12.882
1740	12.894	12.906	12.917	12.929	12.940	12.952	12.963	12.974	12.986	12.998
1750	13.009	13.021	13.032	13.044	13.055	13.067	13.078	13.089	13.101	13.113
1760	13.124	13.136	13.147	13.159	13.170	13.182	13.193	13.205	13.216	13.228
1770	13.239	13.250	13.262	13.274	13.285	13.296	13.308	13.319	13.331	13.342
1780	13.354	13.365	13.376	13.388	13.399	13.411	13.422	13.434	13.445	13.456
1790	13.468	13.479	13.491	13.502	13.514	13.525	13.536	13.548	13.559	13.571
1800	13.582									

附录六　镍铬-镍硅（镍铬-镍铝）热电偶电动势分度表

分度号：K（热电偶自由端为0℃）

工作端温度/℃	0	1	2	3	4	5	6	7	8	9
	E/mV									
0	0.00	0.04	0.08	0.12	0.16	0.20	0.24	0.28	0.32	0.36
10	0.40	0.44	0.48	0.52	0.56	0.60	0.64	0.68	0.72	0.76
20	0.80	0.84	0.88	0.92	0.96	1.00	1.04	1.08	1.12	1.16
30	1.20	1.24	1.28	1.32	1.36	1.41	1.45	1.49	1.53	1.57
40	1.61	1.65	1.69	1.73	1.77	1.82	1.86	1.90	1.94	1.98
50	2.02	2.06	2.10	2.14	2.18	2.23	2.27	2.31	2.35	2.39
60	2.43	2.47	2.51	2.56	2.60	2.64	2.68	2.72	2.77	2.81
70	2.85	2.89	2.93	2.97	3.01	3.06	3.10	3.14	3.18	3.22
80	3.26	3.30	3.34	3.39	3.43	3.47	3.51	3.55	3.60	3.64
90	3.68	3.72	3.76	3.81	3.85	3.89	3.93	3.97	4.02	1.06

续表

工作端温度/℃	0	1	2	3	4	5	6	7	8	9
	E/mV									
100	4.10	4.14	4.18	4.22	4.26	4.31	4.35	4.39	4.43	4.47
110	4.51	4.55	4.59	4.63	4.67	4.72	4.76	4.80	4.84	4.88
120	4.92	4.96	5.00	5.04	5.08	5.13	5.17	5.21	5.25	5.29
130	5.33	5.37	5.41	5.45	5.49	5.53	5.57	5.61	5.65	5.69
140	5.73	5.77	5.81	5.85	5.89	5.93	5.97	6.01	6.05	6.09
150	6.13	6.17	6.21	6.25	6.29	6.33	6.37	6.41	6.45	6.49
160	6.53	6.57	6.61	6.65	6.69	6.73	6.77	6.81	6.85	6.89
170	6.93	6.97	7.01	7.05	7.09	7.13	7.17	7.21	7.25	7.29
180	7.33	7.73	7.41	7.45	7.49	7.53	7.57	7.61	7.65	7.69
190	7.73	7.77	7.81	7.85	7.89	7.93	7.97	8.01	8.05	8.09
200	8.13	8.17	8.21	8.25	8.29	8.33	8.37	8.41	8.45	8.49
210	8.53	8.57	8.61	8.65	8.69	8.73	8.77	8.81	8.85	8.89
220	8.93	8.97	9.01	9.06	9.09	9.14	9.18	9.22	9.26	9.30
230	9.34	9.38	9.42	9.46	9.50	9.54	9.58	9.62	9.66	9.70
240	9.74	9.78	9.82	9.86	9.90	9.95	9.99	10.03	10.07	10.11
250	10.15	10.19	10.23	10.27	10.31	10.35	10.40	10.44	10.48	10.52
260	10.56	10.60	10.64	10.68	10.72	10.77	10.81	10.85	10.89	10.93
270	10.97	11.01	11.05	11.09	11.13	11.17	11.22	11.26	11.30	11.34
280	11.38	11.42	11.46	11.51	11.55	11.59	11.63	11.67	11.72	11.76
290	11.80	11.84	11.88	11.92	11.96	12.01	12.05	12.09	12.13	12.17
300	12.21	12.25	12.29	12.33	12.37	12.42	12.46	12.50	12.54	12.58
310	12.62	12.66	12.70	12.75	12.79	12.83	12.87	12.91	12.96	13.00
320	13.04	13.08	13.12	13.16	13.20	13.25	13.29	13.33	13.37	13.41
330	13.45	13.49	13.53	13.58	13.62	13.66	13.70	13.74	13.79	13.83
340	13.87	13.91	13.95	14.00	14.04	14.08	14.12	14.16	14.21	14.25
350	14.30	14.34	14.38	14.43	14.47	14.51	14.55	14.59	14.64	14.68
360	14.72	14.76	14.80	14.85	14.89	14.93	14.97	15.01	15.06	15.10
370	15.14	15.18	15.22	15.27	15.31	15.35	15.39	15.43	15.48	15.52
380	15.56	15.60	15.64	15.69	15.73	15.77	15.81	15.85	15.90	15.94
390	15.99	16.02	16.06	16.11	16.15	16.19	16.23	16.27	16.32	16.36
400	16.40	16.44	16.49	16.53	16.57	16.63	16.66	16.70	16.74	16.79
410	16.83	16.87	16.91	16.96	17.00	17.04	17.08	17.12	17.17	17.21
420	17.25	17.29	17.33	17.38	17.42	17.46	17.50	17.54	17.59	17.63
430	17.67	17.71	17.75	17.79	17.84	17.88	17.92	17.96	18.01	18.05
440	18.09	18.13	18.17	18.22	18.26	18.30	18.34	18.38	18.43	18.47
450	18.51	18.55	18.60	18.64	18.68	18.73	18.77	18.81	18.85	18.90
460	18.94	18.98	19.03	19.07	19.11	19.16	19.20	19.24	19.28	19.33
470	19.37	19.41	19.45	19.50	19.54	19.85	19.62	19.66	19.71	19.75
480	19.79	19.83	19.88	19.92	19.96	20.01	20.05	20.09	20.13	20.18
490	20.22	20.26	20.31	20.35	20.39	20.44	20.48	20.52	20.56	20.61
500	20.66	20.69	20.74	20.78	20.82	20.87	20.91	20.95	20.99	21.01
510	21.08	21.12	21.16	21.21	21.25	21.29	21.33	21.37	21.42	21.46
520	21.50	21.54	21.59	21.63	21.67	21.72	21.76	21.80	21.84	21.89
530	21.93	21.97	22.01	22.06	22.10	22.14	22.18	22.22	22.27	22.31
540	22.35	22.39	22.44	22.48	22.52	22.57	22.61	22.65	22.69	22.74
550	22.78	22.82	22.87	22.91	22.95	23.00	23.04	23.08	23.12	23.17
560	23.21	23.25	23.29	23.34	23.38	23.42	23.46	23.50	23.55	23.59
570	23.63	23.67	23.71	23.75	23.79	23.84	23.88	23.92	23.96	24.01

续表

工作端温度/℃	0	1	2	3	4	5	6	7	8	9
	E/mV									
580	24.05	24.09	24.14	24.18	24.22	24.27	24.31	24.35	24.39	24.44
590	24.48	24.52	24.56	24.61	24.65	24.69	24.73	24.77	24.82	24.86
600	24.90	24.94	24.99	25.03	25.07	25.12	25.15	25.49	25.23	25.27
610	25.32	25.37	25.41	25.46	25.50	25.54	25.58	25.62	25.67	25.71
620	25.75	25.79	25.84	25.88	25.92	25.97	26.01	26.05	26.09	26.14
630	26.18	26.22	26.26	26.31	26.35	26.39	26.43	26.47	26.52	26.56
640	26.60	26.64	26.69	26.73	26.77	26.82	26.86	26.90	26.94	26.99
650	27.03	27.07	27.11	27.16	27.20	27.24	27.28	27.32	27.37	27.41
660	27.45	27.49	27.53	27.57	27.62	27.66	27.70	27.74	27.79	27.83
670	27.87	27.91	27.95	28.00	28.04	28.08	28.12	28.16	28.21	28.25
680	28.29	28.33	28.38	28.42	28.46	28.50	28.54	28.58	28.62	28.67
690	28.71	28.75	28.79	28.84	28.88	28.92	28.96	29.00	29.05	29.09
700	29.13	29.17	29.21	29.26	29.30	29.34	29.38	29.42	29.47	29.51
710	29.55	29.59	29.63	29.68	29.72	29.76	29.80	29.84	29.89	29.93
720	29.97	30.01	30.05	30.10	30.14	30.18	30.22	30.26	30.31	30.35
730	30.39	30.43	30.47	30.52	30.56	30.60	30.64	30.68	30.73	30.77
740	30.81	30.85	30.89	30.93	30.97	31.02	31.06	31.10	31.14	31.18
750	31.22	31.26	31.30	31.35	31.39	31.43	31.47	31.51	31.56	31.60
760	31.64	31.68	31.72	31.77	31.81	31.85	31.89	31.93	31.98	32.02
770	32.06	32.10	32.14	32.18	32.22	32.26	32.30	32.34	32.38	32.42
780	32.46	32.50	32.54	32.59	32.63	32.67	32.71	32.75	32.80	32.84
790	32.87	32.91	32.95	33.00	33.04	33.09	33.13	33.17	33.21	33.25
800	33.29	33.33	33.37	33.41	33.45	33.49	33.53	33.57	33.61	33.65
810	33.69	33.73	33.77	33.81	33.85	33.90	33.94	33.98	34.02	34.06
820	34.10	34.14	34.18	34.22	34.26	34.30	34.34	34.38	34.42	34.46
830	34.51	34.54	34.58	34.62	34.66	34.71	34.75	34.79	34.83	34.87
840	34.91	34.95	34.99	35.03	35.07	35.11	35.16	35.20	35.24	35.28
850	35.32	35.36	35.40	35.44	35.48	35.52	35.56	35.60	35.64	35.68
860	35.72	35.76	35.80	35.84	35.88	35.93	35.97	36.01	36.05	36.09
870	36.13	36.17	36.21	36.25	36.29	36.33	36.37	36.41	36.45	36.49
880	36.53	36.57	36.61	36.65	36.69	36.73	36.77	36.81	36.85	36.89
890	36.93	36.97	37.01	37.05	37.09	37.13	37.17	37.21	37.25	37.29
900	37.33	37.37	37.41	37.45	37.49	37.53	37.57	37.61	37.65	37.69
910	37.73	37.77	37.81	37.85	37.89	37.93	37.97	38.01	38.05	38.09
920	38.13	38.17	38.21	38.25	38.29	38.33	38.37	38.41	38.45	38.49
930	38.53	38.57	38.61	38.65	38.69	38.73	38.77	38.81	38.85	38.89
940	38.93	38.97	39.01	39.05	39.09	39.13	39.16	39.20	39.24	39.28
950	39.32	39.36	39.40	39.44	39.48	39.52	39.56	39.60	39.64	39.68
960	39.72	39.76	39.80	39.83	39.87	39.91	39.94	39.98	40.02	40.06
970	40.10	40.14	40.18	40.22	40.26	40.30	40.33	40.37	40.41	40.45
980	40.49	40.53	40.57	40.61	40.65	40.69	40.72	40.76	40.80	40.84
990	40.88	40.92	40.96	41.00	41.04	41.08	41.11	41.15	41.19	41.23
1000	41.27	41.31	41.35	41.39	41.43	41.47	41.50	41.54	41.58	41.62
1010	41.66	41.70	41.74	41.77	41.81	41.85	41.89	41.93	41.96	42.00
1020	42.04	42.08	42.12	42.16	42.20	42.24	42.27	42.31	42.35	42.39
1030	42.43	42.47	42.51	42.55	42.59	42.63	42.66	42.70	42.74	42.78
1040	42.83	42.87	42.90	42.93	42.97	43.01	43.05	43.09	43.13	43.17
1050	43.21	43.25	43.29	43.32	43.35	43.39	43.43	43.47	43.51	43.55

续表

工作端温度/℃	0	1	2	3	4	5	6	7	8	9
	E/mV									
1060	43.59	43.63	43.67	43.69	43.73	43.77	43.81	43.85	43.89	43.93
1070	43.97	44.01	44.05	44.08	44.11	44.15	44.19	44.22	44.26	44.30
1080	44.34	44.38	44.42	44.45	44.49	44.53	44.57	44.61	44.64	44.68
1090	44.72	44.76	44.80	44.83	44.87	44.91	44.95	44.99	45.02	45.06
1100	45.10	45.14	45.18	45.21	45.25	45.29	45.33	45.37	45.40	45.44
1110	45.48	45.52	45.55	45.59	45.63	45.67	45.70	45.74	45.78	45.81
1120	45.85	45.89	45.93	45.96	46.00	46.04	46.08	46.12	46.15	46.19
1130	46.23	46.27	46.30	46.34	46.38	46.42	46.45	46.49	46.53	46.56
1140	46.60	46.64	46.67	46.71	46.75	46.79	46.82	46.86	46.90	46.93
1150	46.97	47.01	47.04	47.08	47.12	47.16	47.19	47.23	47.27	47.30
1160	47.34	47.38	47.41	47.45	47.49	47.53	47.56	47.60	47.64	47.67
1170	47.71	47.75	47.78	47.82	47.86	47.90	47.93	47.97	48.01	48.04
1180	48.08	48.12	48.15	48.19	48.22	48.26	48.30	48.33	48.37	48.40
1190	48.44	48.48	48.51	48.55	48.59	48.63	48.66	48.70	48.74	48.77
1200	48.81	48.85	48.88	48.92	48.95	48.99	49.03	49.07	49.10	49.13
1210	49.17	49.21	49.24	49.28	49.31	49.35	49.39	49.42	49.46	49.49
1220	49.53	49.57	49.60	49.64	49.67	49.71	49.75	49.78	49.82	49.85
1230	49.89	49.93	49.96	50.00	50.03	50.07	50.11	50.14	50.18	50.21
1240	50.25	50.29	50.32	50.36	50.39	50.43	50.47	50.50	50.54	50.59
1250	50.61	50.65	50.68	50.72	50.75	50.79	50.83	50.86	50.90	50.93
1260	50.96	51.00	51.03	51.07	51.10	51.14	51.18	51.21	51.25	51.28
1270	51.32	51.35	51.39	51.43	51.46	51.50	51.54	51.57	51.61	51.64
1280	51.67	51.71	51.74	51.78	51.81	51.85	51.88	51.92	51.95	51.99
1290	52.02	52.06	52.09	52.13	52.16	52.20	52.23	52.27	52.30	52.33
1300	52.37									

附录七　镍铬-考铜热电偶电动势分度表

分度号：E（热电偶自由端为0℃）

工作端温度/℃	0	1	2	3	4	5	6	7	8	9
	E/mV									
0	0.00	0.07	0.13	0.20	0.26	0.33	0.39	0.46	0.52	0.59
10	0.65	0.72	0.78	0.85	0.91	0.96	1.05	1.11	1.18	1.24
20	1.13	1.38	1.44	1.51	1.57	1.64	1.70	1.77	1.84	1.91
30	1.98	2.05	2.12	2.18	2.25	2.32	2.38	2.45	2.52	2.59
40	2.66	2.73	2.80	2.87	2.94	3.00	3.07	3.14	3.21	3.28
50	3.35	3.42	3.49	3.56	3.63	3.70	3.77	3.84	3.91	3.98
60	4.05	4.12	4.10	4.26	4.33	4.41	4.48	4.55	4.62	4.69
70	4.76	4.83	4.90	4.98	5.05	5.12	5.20	5.27	5.34	5.41
80	5.48	5.56	5.63	5.70	5.78	5.85	5.92	5.99	6.07	6.14
90	6.21	6.29	6.36	6.43	6.51	6.58	6.65	6.73	6.80	6.87
100	6.95	7.03	7.10	7.17	7.25	7.32	7.40	7.47	7.54	7.62
110	7.69	7.77	7.84	7.91	7.99	8.06	8.13	8.21	8.28	8.35
120	8.43	8.50	8.53	8.65	8.73	8.80	8.88	8.95	9.03	9.10

续表

工作端温度/℃	0	1	2	3	4	5	6	7	8	9
	E/mV									
130	9.18	9.25	9.33	9.40	9.48	9.55	9.63	9.70	9.78	9.85
140	9.93	10.00	10.08	10.16	10.23	10.31	10.38	10.46	10.54	10.61
150	10.69	10.77	10.85	10.92	11.00	11.08	11.15	11.23	11.31	11.38
160	11.46	11.54	11.62	11.69	11.77	11.85	11.93	12.00	12.08	12.16
170	12.24	12.32	12.40	12.48	12.55	12.63	12.71	12.79	12.87	12.95
180	13.03	13.11	13.19	13.27	13.36	13.44	13.52	13.60	13.68	13.76
190	13.84	13.92	14.00	14.08	14.16	14.25	14.34	14.42	14.50	14.58
200	14.66	14.74	14.82	14.90	14.98	15.06	15.14	15.22	15.30	15.38
210	15.48	15.56	15.64	15.72	15.80	15.89	15.97	16.05	16.13	16.21
220	16.30	16.38	16.46	16.54	16.62	16.71	16.79	16.86	16.95	17.03
230	17.12	17.20	17.28	17.37	17.45	17.53	17.62	17.70	17.78	17.87
240	17.95	18.03	18.14	18.19	18.28	18.36	18.44	18.52	18.60	18.68
250	18.56	18.84	18.93	19.01	19.03	19.17	19.26	19.34	19.42	19.51
260	19.59	19.67	19.75	19.84	19.92	20.00	20.09	20.17	20.25	20.34
270	20.42	20.50	20.58	20.66	20.74	20.83	20.91	20.99	21.07	21.15
280	21.24	21.32	21.40	21.49	21.57	21.65	21.73	21.82	21.90	21.98
290	22.07	22.15	22.23	22.32	22.40	22.48	22.57	22.65	22.73	22.81
300	22.90	22.98	23.07	23.15	23.23	23.32	23.40	23.49	23.57	23.66
310	23.74	23.83	23.91	24.00	24.08	24.17	24.25	24.34	24.42	24.51
320	24.59	24.68	24.76	24.85	24.93	25.02	25.10	25.19	25.27	25.36
330	25.44	25.53	25.61	25.70	25.78	25.86	25.95	26.03	26.12	26.21
340	26.30	26.38	26.47	26.55	26.64	26.73	26.81	26.90	26.98	27.07
350	27.15	27.24	27.32	27.41	27.49	27.58	27.66	27.75	27.83	27.92
360	28.01	28.10	28.19	28.27	28.36	28.45	28.54	28.62	28.71	28.80
370	28.88	28.97	29.06	29.14	29.23	29.32	29.40	29.49	29.58	29.66
380	29.75	29.83	29.92	30.00	30.09	30.17	30.26	30.34	30.43	30.52
390	30.61	30.70	30.79	30.87	30.96	31.05	31.13	31.22	31.30	31.39
400	31.48	31.57	31.66	31.74	31.83	31.92	32.00	32.09	32.18	32.26
410	32.34	32.43	32.52	32.60	32.69	32.78	32.86	32.95	33.04	33.13
420	33.24	33.30	33.39	33.49	33.56	33.65	33.73	32.82	33.90	33.99
430	34.07	34.16	34.25	34.33	34.42	34.51	34.60	34.68	34.77	34.85
440	34.94	35.03	35.12	35.20	35.29	35.38	35.46	35.55	35.64	35.72
450	35.81	35.90	35.98	36.07	36.15	36.24	36.33	36.41	36.50	36.58
460	36.67	36.76	36.84	36.93	37.02	37.11	37.19	37.28	37.37	37.45
470	37.54	37.63	37.71	37.80	37.89	37.98	38.06	38.15	38.24	38.32
480	38.44	38.50	38.58	38.67	38.76	38.85	39.93	39.02	39.11	39.19
490	39.28	39.37	39.45	39.54	39.63	39.72	39.80	39.89	39.98	40.06
500	40.15	40.24	40.32	40.41	40.50	40.59	40.67	40.76	40.85	40.93
510	41.02	41.11	41.20	41.28	41.37	41.46	41.55	41.64	41.72	41.81
520	41.90	41.99	42.08	42.16	42.25	42.34	42.43	42.52	42.60	42.69
530	42.78	42.87	42.96	43.05	43.14	43.23	43.32	43.41	43.49	43.57
540	43.67	43.75	43.84	43.93	44.02	44.11	44.19	44.28	44.37	44.46
550	44.55	44.64	44.73	44.82	44.91	44.99	45.08	45.17	45.20	45.35
560	45.44	45.53	45.62	45.71	45.80	45.89	45.97	46.06	46.15	46.24
570	46.33	46.42	46.51	46.60	46.69	46.78	46.86	46.95	47.04	47.13
580	47.22	47.31	47.40	47.49	47.58	47.67	47.75	47.84	47.93	48.02
590	48.11	48.20	48.29	48.38	48.47	48.58	48.65	48.74	48.83	48.91

续表

工作端温度/℃	0	1	2	3	4	5	6	7	8	9
	E/mV									
600	49.01	49.10	49.18	49.27	49.36	49.45	49.54	49.62	49.71	49.80
610	49.89	49.98	50.07	50.15	50.24	50.32	50.41	50.50	50.58	50.67
620	50.76	50.85	50.94	51.02	51.11	51.20	51.29	51.38	51.46	51.55
630	51.64	51.73	51.81	51.90	51.99	52.08	52.16	52.25	52.34	52.42
640	52.51	52.60	52.69	52.77	52.86	52.95	53.04	53.13	53.21	53.30
650	53.39	53.48	53.56	53.65	53.74	53.83	53.91	54.00	54.09	54.17
660	54.26	54.35	54.43	54.52	54.60	54.69	54.77	54.86	54.95	55.03
670	55.12	55.24	55.29	55.38	55.47	55.56	55.64	55.73	55.82	55.91
680	56.00	56.09	56.17	56.26	56.35	56.44	56.52	56.61	56.70	56.78
690	56.87	56.96	57.04	57.13	57.22	57.33	57.39	57.48	57.57	57.66
700	57.74	57.83	57.91	58.00	58.08	58.17	58.25	58.34	58.43	58.51
710	58.57	58.69	58.77	58.86	58.95	59.04	59.12	59.21	59.30	59.33
720	59.47	59.56	59.64	59.73	59.81	59.90	59.99	60.07	60.16	60.24
730	60.33	60.42	60.50	60.59	60.68	60.77	60.85	60.94	61.03	61.11
740	61.20	61.29	61.37	61.46	61.54	61.63	61.71	61.80	61.89	61.97
750	62.06	62.15	62.23	62.32	62.40	62.49	62.58	62.66	62.75	62.83
760	62.92	63.01	63.09	63.18	63.26	63.35	63.44	63.52	63.61	63.69
770	63.78	63.87	63.95	64.04	64.12	64.21	64.30	64.38	64.47	64.55
780	64.64	64.73	64.81	64.90	64.98	65.07	65.15	65.24	65.33	65.41
790	65.50	65.59	65.67	65.76	65.84	65.93	66.02	66.10	66.19	66.27
800	66.36									

附录八 铜-康铜热电偶电动势分度表

分度号：T（热电偶自由端为0℃）

工作端温度/℃	0	1	2	3	4	5	6	7	8	9
	E/mV									
0	0.000	0.039	0.078	0.117	0.156	0.195	0.234	0.273	0.312	0.351
10	0.391	0.430	0.470	0.510	0.549	0.589	0.629	0.669	0.709	0.749
20	0.789	0.830	0.870	0.911	0.951	0.992	1.032	1.073	1.114	1.155
30	1.196	1.237	1.279	1.320	1.361	1.403	1.444	1.486	1.528	1.569
40	1.611	1.653	1.695	1.738	1.780	1.822	1.865	1.907	1.950	1.992
50	2.035	2.078	2.121	2.164	2.207	2.250	2.294	2.337	2.380	2.424
60	2.467	2.511	2.555	2.599	2.643	2.687	2.731	2.775	2.819	2.864
70	2.908	2.953	2.997	3.042	3.087	3.131	3.176	3.221	3.265	3.312
80	3.357	3.402	3.447	3.493	3.538	3.584	3.630	3.676	3.721	3.767
90	3.813	3.859	3.906	3.952	3.998	4.044	4.091	4.137	4.184	4.231
100	4.277	4.324	4.371	4.418	4.465	4.512	4.559	4.607	4.654	4.701
110	4.749	4.796	4.844	4.891	4.939	4.987	5.035	5.088	5.131	5.179
120	5.227	5.275	5.324	5.372	5.420	5.469	5.517	5.566	5.615	5.663
130	5.712	5.761	5.810	5.859	5.908	5.957	6.007	6.055	6.105	6.155
140	6.204	6.254	6.303	6.353	6.403	6.452	6.502	6.552	6.602	6.652
150	6.702	6.753	6.803	6.853	6.903	6.954	7.004	7.055	7.106	7.156
160	7.207	7.258	7.309	7.360	7.411	7.462	7.513	7.564	7.615	7.666

续表

工作端温度/℃	0	1	2	3	4	5	6	7	8	9
	E/mV									
170	7.718	7.769	7.821	7.872	7.924	7.975	8.027	8.079	8.131	8.183
180	8.235	8.287	8.339	8.391	8.443	8.495	8.548	8.600	8.652	8.705
190	8.757	8.810	8.863	8.915	8.968	9.021	9.074	9.127	9.180	9.233
200	9.286	9.339	9.392	9.446	9.499	9.553	9.606	9.659	9.713	9.766
210	9.820	9.874	9.928	9.982	10.036	10.090	10.144	10.198	10.252	10.306
220	10.360	10.414	10.469	10.523	10.578	10.632	10.687	10.741	10.796	10.851
230	10.905	10.960	11.015	11.070	11.125	11.130	11.235	11.290	11.345	11.401
240	11.456	11.511	11.566	11.622	11.677	11.733	11.788	11.844	11.900	11.956
250	12.011	12.067	12.123	12.179	12.235	12.291	12.347	12.403	12.459	12.513
260	12.572	12.628	12.684	12.741	12.797	12.854	12.910	12.967	13.024	13.080
270	13.137	13.194	13.251	13.307	13.364	13.421	13.478	13.535	13.592	13.650
280	13.707	13.764	13.821	13.879	13.936	13.993	14.051	14.108	14.166	14.223
290	14.281	14.339	14.396	14.454	14.512	14.570	14.628	14.686	14.744	14.802
300	14.860	14.918	14.974	15.034	15.092	15.151	15.209	15.267	15.320	15.384
310	15.443	15.501	15.560	15.619	15.677	15.736	15.795	15.853	15.912	15.971
320	16.030	16.089	16.148	16.207	16.266	16.325	16.384	16.444	16.503	16.562
330	16.621	16.681	16.740	16.800	16.859	16.919	16.978	17.038	17.097	17.157
340	17.217	17.277	17.336	17.396	17.456	17.516	17.576	17.636	17.696	17.757
350	17.861	17.877	17.937	17.997	18.057	18.118	18.178	18.238	18.299	18.359
360	18.420	18.480	18.541	18.602	18.662	18.723	18.784	18.845	18.905	18.966
370	19.027	19.088	19.149	19.210	19.271	19.332	19.393	19.455	19.516	19.577
380	19.638	19.699	19.761	19.822	19.883	19.945	20.006	20.068	20.129	20.191
390	20.252	20.314	20.376	20.437	20.499	20.560	20.622	20.684	20.746	20.807
400	20.869									